ABB工业机器人从入门到精通

龚仲华 编著

化学工业出版社

·北京·

内容提要

本书涵盖了工业机器人入门到ABB工业机器人产品应用的全部知识与技术。全书从机器人的产生、发展和分类，工业机器人的组成特点、技术性能和产品等基础知识出发，对工业机器人本体及谐波减速器、RV减速器等核心部件的结构原理、机械设计、安装维护等进行了全面阐述；对工业机器人坐标系、姿态、移动要素、程序结构等编程常识，以及RAPID程序数据、程序声明、程序执行管理方式等进行了系统介绍；对ABB工业机器人程序指令、函数命令的格式、编程要求及编程示例进行了详尽说明；对手动、示教、程序输入与编辑、调试与维修等操作方法和步骤进行了完整介绍。

本书面向工程应用，技术先进，知识实用，选材典型，内容全面，可供工业机器人设计、使用、维修人员和高等学校师生参考。

图书在版编目（CIP）数据

ABB工业机器人从入门到精通/龚仲华编著. —北京：化学工业出版社，2020.8（2023.6重印）

ISBN 978-7-122-36734-1

Ⅰ.①A… Ⅱ.①龚… Ⅲ.①工业机器人-基本知识 Ⅳ.①TP242.2

中国版本图书馆CIP数据核字（2020）第078433号

责任编辑：张兴辉 毛振威　　装帧设计：刘丽华
责任校对：王素芹

出版发行：化学工业出版社（北京市东城区青年湖南街13号 邮政编码100011）
印　　装：天津盛通数码科技有限公司
787mm×1092mm 1/16 印张32¼ 字数850千字 2023年6月北京第1版第6次印刷

购书咨询：010-64518888　　售后服务：010-64518899
网　　址：http://www.cip.com.cn
凡购买本书，如有缺损质量问题，本社销售中心负责调换。

定　　价：139.00元

版权所有 违者必究

前言

工业机器人是集机械、电子、控制、计算机、传感器、人工智能等多学科先进技术于一体的机电一体化设备，被称为工业自动化的三大支柱技术之一。随着社会的进步和劳动力成本的增加，工业机器人在我国的应用已越来越广。

本书涵盖了工业机器人入门到 ABB 工业机器人产品应用的全部知识与技术。全书在介绍机器人的产生、发展和分类概况，工业机器人组成特点和技术性能，以及工业机器人坐标系、姿态、移动要素、程序结构等入门知识的基础上，针对工业机器人设计、调试、使用、维修人员的需求，重点阐述了工业机器人本体及核心部件的结构原理、传动系统设计、安装维护要求；对 RAPID 程序数据、程序声明、程序执行管理，以及程序指令、函数命令的编程格式、要求及示例进行了详尽说明；对 ABB 工业机器人的手动、示教、程序输入与编辑、调试与维修等操作方法和步骤进行了完整介绍。

第 1、2 章扼要地介绍了机器人的产生、发展、分类及产品应用情况，对工业机器人的组成、特点、技术性能及 ABB 工业机器人产品进行了详细说明。

第 3～5 章详细阐述了垂直串联、水平串联（SCARA）、并联（Delta）结构的工业机器人本体，以及变位器、CRB 轴承、谐波减速器、RV 减速器等关键零部件的结构原理、安装维护要求。

第 6、7 章对工业机器人的坐标系与姿态定义方法、程序结构等编程常识，以及 RAPID 程序数据、程序执行管理的方法进行了系统阐述。

第 8～12 章对 ABB 工业机器人的基本移动指令、输入/输出指令、系统控制指令和系统调试指令进行了详尽说明，并提供了完整的搬运、弧焊机器人程序实例。

第 13、14 章对 ABB 工业机器人的手动操作、快速设置、应用程序创建与编辑、程序数据创建与编辑、程序输入与编辑、程序调试与自动运行、控制系统设定、调试与维修操作、系统重启与备份恢复等现场操作的方法、步骤进行了全面介绍。

本书的编写得到了 ABB 公司技术人员的大力支持与帮助，在此表示衷心的感谢！由于编著者水平有限，书中难免存在疏漏和不足之处，期望广大读者提出批评、指正，以便进一步提高本书的质量。

编著者

目录

第1章 概述 / 1

第2章 工业机器人的组成与性能 / 17

第3章 工业机器人机械结构 / 49

第4章 谐波减速器及维护 / 70

第5章 RV减速器及维护 / 123

第6章 工业机器人编程常识 / 160

第 7 章 RAPID 编程基础 / 196

第 8 章 基本移动指令编程 / 230

第9章 输入/输出指令编程 / 288

第10章 系统控制指令编程 / 326

第11章 系统调试指令编程 / 369

第12章 工业机器人程序设计实例 / 411

第13章 ABB 机器人操作（上）/ 433

第14章 ABB 机器人操作（下）/ 472

附录 / 506

第 1 章

概述

1.1 机器人的产生及发展

1.1.1 机器人的产生与定义

(1) 概念的出现

机器人（Robot）一词源自于捷克著名剧作家 Karel Čapek（卡雷尔・恰佩克）1920 年创作的剧本 *Rossumovi univerzální roboti*（《罗萨姆的万能机器人》，简称 R. U. R.），由于 R. U. R. 剧中的人造机器被取名为 Robota（捷克语，即奴隶、苦力），因此，英文 Robot 一词开始代表机器人。

机器人的概念一经出现，首先引起了科幻小说家的广泛关注。自 20 世纪 20 年代起，机器人成了很多科幻小说、电影的主人公，如《星球大战》中的 C-3PO 等。为了预防机器人可能引发的人类灾难，1942 年，美国科幻小说家 Isaac Asimov（艾萨克・阿西莫夫）在 *I*，*Robot* 的第 4 个短篇 *Runaround* 中，首次提出了“机器人学三原则”，它被称为“现代机器人学的基石”，这也是“机器人学（Robotics）”这个名词在人类历史上的首度亮相。

“机器人学三原则”的主要内容如下。

原则 1：机器人不能伤害人类，或因其不作为而使人类受到伤害。

原则 2：机器人必须执行人类的命令，除非这些命令与原则 1 相抵触。

原则 3：在不违背原则 1、原则 2 的前提下，机器人应保护自身不受伤害。

到了 1985 年，Isaac Asimov 在机器人系列最后作品 *Robots and Empire* 中，又补充了凌驾于“机器人学三原则”之上的“原则 0”，即：

原则 0：机器人必须保护人类的整体利益不受伤害，其他 3 条原则都必须在这一前提下才能成立。

继 Isaac Asimov 之后，其他科幻作家还不断提出了对“机器人学三原则”的补充、修正意见，但是，这些大都是科幻小说家对想象中的机器人所施加的限制；实际上，“人类整体利益”等概念本身就是模糊的，甚至连人类自己都搞不明白，更不要说机器人了。因此，目前人类的认识和科学技术发展，实际上还远未达到制造科幻片中的机器人的水平；制造出具有类似人类智慧、感情、思维的机器人，仍属于科学家的梦想和追求。

(2) 机器人的产生

现代机器人的研究起源于20世纪中叶的美国，是从工业机器人的研究开始的。

第二次世界大战期间（1939—1945），由于军事、核工业的发展需要，在原子能实验室的恶劣环境下，需要有操作机械来代替人类进行放射性物质的处理。为此，美国的Argonne National Laboratory（阿贡国家实验室）开发了一种遥控机械手（teleoperator）。接着，1947年，又开发出了一种伺服控制的主-从机械手（master-slave manipulator），这些都是工业机器人的雏形。

工业机器人的概念由美国发明家George Devol（乔治·德沃尔）最早提出，他在1954年申请了专利，并在1961年获得授权。1958年，美国著名的机器人专家Joseph F. Engelberger（约瑟夫·恩盖尔柏格）建立了Unimation公司，并利用George Devol的专利，于1959年研制出了图1.1.1所示的世界上第一台真正意义上的工业机器人Unimate，开创了机器人发展的新纪元。

图1.1.1 Unimate工业机器人

Joseph F. Engelberger对世界机器人工业的发展作出了杰出的贡献，被人们称为“机器人之父”。1983年，就在工业机器人销售日渐增长的情况下，他又毅然地将Unimation公司出让给了美国Westinghouse Electric Corporation（西屋电气，又译威斯汀豪斯），并创建了TRC公司，前瞻性地开始了服务机器人的研发工作。

从1968年起，Unimation公司先后将机器人的制造技术转让给日本KAWASAKI（川崎）和英国GKN公司，机器人开始在日本和欧洲得到了快速发展。据有关方面的统计，目前世界上至少有48个国家在发展机器人技术，其中的25个国家已在进行智能机器人的开发，美国、日本、德国、法国等都是机器人的研发和制造大国，无论在基础研究或是产品研发、制造方面都居世界领先水平。

(3) 国际标准化组织

随着机器人技术的快速发展，在发达国家，机器人及其零部件的生产已逐步形成产业，为了宣传、规范和引导机器人产业的发展，世界各国相继成立了相应的行业协会。目前，世界主要机器人生产与使用国的机器人行业协会如下。

① International Federation of Robotics（IFR，国际机器人联合会） 该联合会成立于1987年，目前已有超过20个成员国，它是世界公认的机器人行业代表性组织，已被联合国列为非政府正式组织。

② Japan Robot Association（JRA，日本机器人协会） 该协会原名Japan Industrial Robot Association（JIRA，日本工业机器人协会），也是全世界最早的机器人行业协会。JIRA成立于1971年3月，最初称“工业机器人恳谈会”；1972年10月更名为Japan Industrial Robot Association（JIRA）；1973年10月成为正式法人团体；1994年更名为Japan Robot Association（JRA）。

③ Robotics Industries Association（RIA，美国机器人协会） 该协会成立于1974年，

是美国机器人行业的专门协会。

④ Verband Deutscher Maschinen-und Anlagebau（VDMA，德国机械设备制造业联合会） VDMA是拥有3100多家会员企业、400余名专家的大型行业协会，它下设有37个专业协会和一系列跨专业的技术论坛、委员会及工作组，是欧洲目前最大的工业联合会，以及工业投资品领域中最大、最重要的组织机构。自2000年起，VDMA设立了专业协会 Deutsche Gesellschaft Association für Robotik（DGR，德国机器人协会），专门进行机器人产业的规划和发展等相关工作。

⑤ French Research Group in Robotics（FRGR，法国机器人协会） 该协会原名 Association Francaise de Robotique Industrielle（AFRI，法国工业机器人协会），后来随着服务机器人的发展，在2007年更为现名。

⑥ Korea Association of Robotics（KAR，韩国机器人协会） 亚洲较早的机器人协会之一，成立于1999年。

(4) 机器人的定义

由于机器人的应用领域众多、发展速度快，加上它又涉及人类的有关概念，因此，对于机器人，世界各国标准化机构，甚至同一国家的不同标准化机构，至今尚未形成一个统一、准确、世所公认的严格定义。

例如，欧美国家一般认为，机器人是一种“由计算机控制、可通过编程改变动作的多功能、自动化机械”。而日本作为机器人生产的大国，则将机器人分为“能够执行人体上肢（手和臂）类似动作”的工业机器人和“具有感觉和识别能力，并能够控制自身行为”的智能机器人两大类。

客观地说，欧美国家的机器人定义侧重其控制方式和功能，和现行的工业机器人较接近；而日本的机器人定义，关注的是机器人的结构和行为特性，且已经考虑到了现代智能机器人的发展需要，定义更为准确。

作为参考，目前在相关资料中使用较多的机器人定义主要有以下几种。

① International Organization for Standardization（ISO，国际标准化组织）的定义：机器人是一种“自动的、位置可控的、具有编程能力的多功能机械手，这种机械手具有几个轴，能够借助可编程序操作来处理各种材料、零件、工具和专用装置，执行各种任务”。

② Japan Robot Association（JRA，日本机器人协会）将机器人分为了工业机器人和智能机器人两大类，工业机器人是一种“能够执行人体上肢（手和臂）类似动作的多功能机器”；智能机器人是一种“具有感觉和识别能力，并能够控制自身行为的机器”。

③ NBS（美国国家标准局）定义：机器人是一种“能够进行编程，并在自动控制下执行某些操作和移动作业任务的机械装置”。

④ Robotics Industries Association（RIA，美国机器人协会）的定义：机器人是一种“用于移动各种材料、零件、工具或专用装置的，通过可编程的动作来执行各种任务的，具有编程能力的多功能机械手”。

⑤ 我国GB/T 12643—2013的标准定义：工业机器人是一种“能够自动定位控制、可重复编程的、多功能的、多自由度的操作机，能搬运材料、零件或操持工具，用于完成各种作业”。

由于以上标准化机构及专门组织对机器人的定义都是在特定时间所得出的结论，所以多偏重于工业机器人。但科学技术对未来是无限开放的，当代智能机器人无论在外观，还是功能、智能化程度等方面，都已超出了传统工业机器人的范畴。机器人正在源源不断地向人类活动的各个领域渗透，它所涵盖的内容越来越丰富，其应用领域和发展空间正在不断延伸和扩大，这也是机器人与其他自动化设备的重要区别。

可以想象，未来的机器人不但可接受人类指挥、运行预先编制的程序，而且也可根据人工智能技术所制定的原则纲领，选择自身的行动，甚至可能像科幻片所描述的那样，脱离人们的意志而"自行其是"。

1.1.2 机器人的发展

(1) 技术发展水平

机器人最早用于工业领域，它主要用来协助人类完成重复、频繁、单调、长时间的工作，或进行高温、粉尘、有毒、辐射、易燃、易爆等恶劣、危险环境下的作业。但是，随着社会进步、科学技术发展和智能化技术研究的深入，各式各样具有感知、决策、行动和交互能力，可适应不同领域特殊要求的智能机器人相继被研发，机器人已开始进入人们生产、生活的各个领域，并在某些领域逐步取代人类独立从事相关作业。

根据机器人现有的技术水平，人们一般将机器人产品分为如下三代。

① 第一代机器人 第一代机器人一般是指能通过离线编程或示教操作生成程序，并再现动作的机器人。第一代机器人所使用的技术和数控机床十分相似，它既可通过离线编制的程序控制机器人的运动，也可通过手动示教操作（数控机床称为 teach in 操作），记录运动过程并生成程序，并进行再现运行。

第一代机器人的全部行为完全由人控制，它没有分析和推理能力，不能改变程序动作，无智能性，其控制以示教、再现为主，故又称示教再现机器人。第一代机器人现已实用和普及，如图 1.1.2 所示的大多数工业机器人都属于第一代机器人。

图 1.1.2 第一代机器人

② 第二代机器人 第二代机器人装备有一定数量的传感器，它能获取作业环境、操作对象等的简单信息，并通过计算机的分析与处理，作出简单的推理，并适当调整自身的动作和行为。

例如，在图 1.1.3(a) 所示的探测机器人上，可通过所安装的摄像头及视觉传感系统，识别图像，判断和规划探测车的运动轨迹，它对外部环境具有了一定的适应能力。在图 1.1.3(b) 所示的人机协同作业机器人上，安装有触觉传感系统，以防止人体碰撞，它可取消第一代机器人作业区间的安全栅栏，实现安全的人机协同作业。

第二代机器人已具备一定的感知和简单推理等能力，有一定程度上的智能，故又称感知机器人或低级智能机器人，当前使用的大多数服务机器人或多或少都已经具备第二代机器人的特征。

③ 第三代机器人 第三代机器人应具有高度的自适应能力，它有多种感知机能，可通过复杂的推理，作出判断和决策，自主决定机器人的行为，具有相当程度的智能，故称为智能机器人。第三代机器人目前主要用于家庭、个人服务及军事、航天等行业，总体尚处于实验和研究阶段，目前还只有美国、日本、德国等少数发达国家能掌握和应用。

例如，日本 HONDA（本田）公司研发的图 1.1.4(a) 所示的 Asimo 机器人，不仅能实现跑步、爬楼梯、跳舞等动作，且还能进行踢球、倒饮料、打手语等简单智能动作。日本 Riken Institute（理化学研究所）研发的图 1.1.4(b) 所示的 Robear 护理机器人，其肩部、关节等部位都安装有测力感应系统，可模拟人的怀抱感，它能够像人一样，柔和地将卧床者从床上扶起，或将坐着的人抱起，其样子亲切可爱、充满活力。

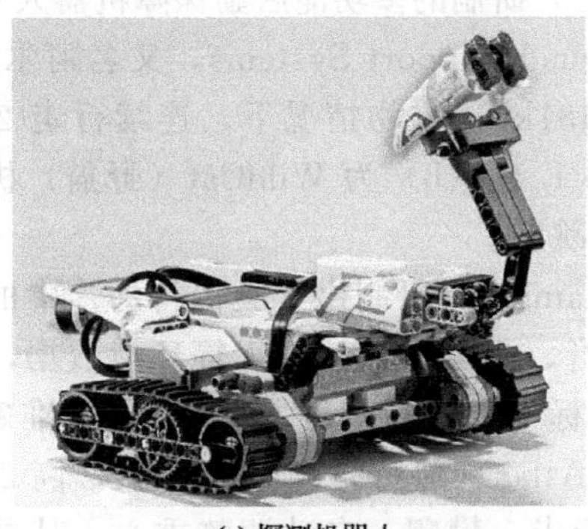

(a) 探测机器人

(b) 人机协同作业机器人

图 1.1.3 第二代机器人

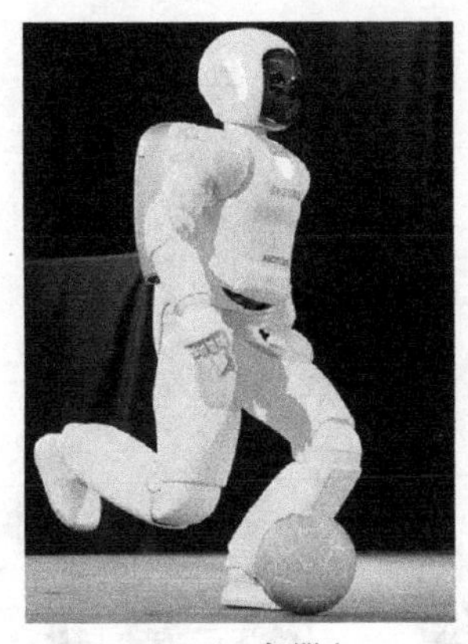

(a) Asimo机器人

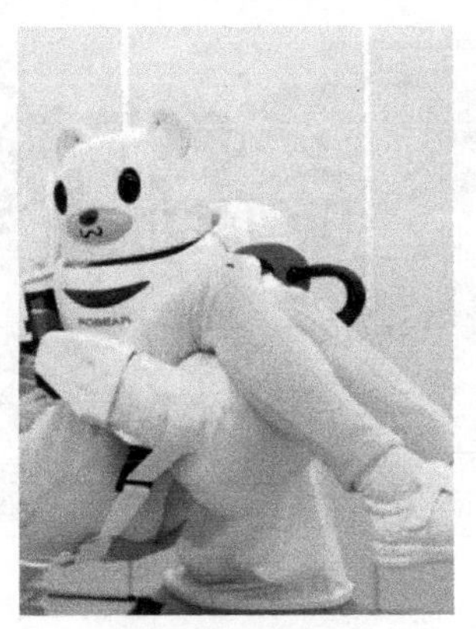

(b) Robear护理机器人

图 1.1.4 第三代机器人

(2) 主要生产国及产品水平

机器人问世以来，得到了世界各国的广泛重视，美国、日本和德国为机器人研究、制造和应用大国，英国、法国、意大利、瑞士等国的机器人研发水平也居世界前列。目前，世界主要机器人生产制造国的研发、应用情况如下。

1）美国

美国是机器人的发源地，其机器人研究领域广泛、产品技术先进，机器人的研究实力和产品水平均领先于世界，Adept Technology、American Robot、Emerson Industrial Automation、S-T Robotics 等都是美国著名的机器人生产企业。

美国的机器人研究从最初的工业机器人开始，但目前已更多地转向军用、医疗、家用服务及军事、场地等高层次智能机器人的研发。据统计，美国的智能机器人占据了全球约60%的市场，iRobot、Remotec 等都是全球著名的服务机器人生产企业。

美国的军事机器人（military robots）更是遥遥领先于其他国家，无论在基础技术研究、系统开发、生产配套方面，或是在技术转化、实战应用等方面都具有强大的优势，其产品研发与应用已涵盖陆、海、空、天等诸多兵种，美国是目前全世界唯一具有综合开发、试验和实战应用能力的国家。Boston Dynamics（波士顿动力）、Lockheed Martin（洛克希德·马丁）等公司均为世界闻名的军事机器人研发制造企业。

美国现有的军事机器人产品包括无人驾驶飞行器、无人地面车、机器人武装战车及多功能后勤保障机器人、机器人战士等。

图 1.1.5(a) 为 Boston Dynamics（波士顿动力）研制的多功能后勤保障机器人——BigDog（大狗）系列机器人的军用产品 LS3（Legged Squad Support Systems，又名阿尔法狗），重达 1250lb（约 570kg），它可在搭载 400lb（约 181kg）重物情况下，连续行走 20mile（约 32km），并能穿过复杂地形、应答士官指令；图 1.1.5(b) 为 WildCat（野猫）机器人，它能在各种地形上，以超过 25km/h 的速度奔跑和跳跃。

此外，为了避免战争中的牺牲，Boston Dynamics 还研制出了类似科幻片中的“机器人战士”。如“哨兵”机器人已经能够自动识别声音、烟雾、风速、火等环境数据，而且还可说 300 多个单词，向可疑目标发出口令，一旦目标不能正确回答，便可迅速、准确地瞄准和加以射击。该公司研发的图 1.1.5(c) 所示的 Atlas（阿特拉斯）机器人，高 1.88m、重 150kg，其四肢共拥有 28 个自由度，能够直立行走、攀爬、自动调整重心，其灵活性已接近于人类，堪称当今世界上最先进的机器人战士之一。

(a) BigDog-LS3

(b) WildCat

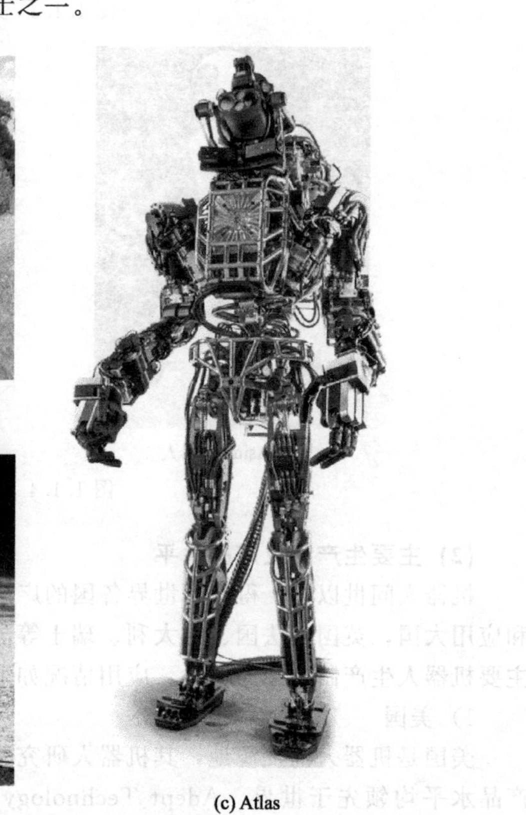
(c) Atlas

图 1.1.5 Boston Dynamics 研发的军事机器人

美国的场地机器人（field robots）研究水平同样令其他各国望尘莫及，其研究遍及空间、陆地、水下，并已经用于月球、火星等天体的探测。

早在 1967 年，National Aeronautics and Space Administration（NASA，美国宇航局）发射了“勘测者”3 号月球探测器，对月球土壤进行了分析和处理。1976 年，NASA 所发射的“海盗”号火星探测器已着陆火星，并对土壤等进行了采集和分析，以寻找生命迹象。到了 2003 年，NASA 又接连发射了 Spirit MER-A（“勇气”号）和 Opportunity（“机遇”号）两个火星探测器，并于 2004 年 1 月先后着陆火星表面，它们可在地面的遥控下，在火星上自由行走，通过它们对火星岩石和土壤的分析，收集到了表明火星上曾经有水流动的强有力证据，发现了形成于酸性湖泊的岩石、陨石等。2011 年 11 月，NASA 又成功发射了

图 1.1.6(a) 所示的 Curiosity（“好奇”号）核动力驱动的火星探测器，并于 2012 年 8 月 6 日安全着陆火星，开启了人类探寻火星生命元素的历程。图 1.1.6(b) 是卡内基梅隆大学 2014 年研发的 Andy（“安迪”号）月球车。

(a) Curiosity火星车

(b) Andy月球车

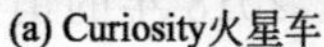
图 1.1.6　美国的场地机器人

2）日本

日本是目前全球最大的机器人研发、生产和使用国，在工业机器人及家用服务、护理机、医疗等智能机器人的研发上具有世界领先水平。

日本在工业机器人的生产和应用居世界领先地位。20 世纪 90 年代，日本就开始普及第一代和第二代工业机器人，截至目前，它仍保持工业机器人产量、安装数量世界第一的地位。据统计，日本的工业机器人产量约占全球的 50%，安装数量约占全球的 23%。

日本在工业机器人的主要零部件供给、研究等方面同样居世界领先地位，其主要零部件（精密减速机、伺服电机、传感器等）占全球市场的 90%以上。日本的 Harmonic Drive System（哈默纳科）是全球最早生产谐波减速器的企业和目前全球最大、最著名的谐波减速器生产企业，其产品规格齐全、产量占全世界总量的 15%左右。日本的 Nabtesco Corporation（纳博特斯克公司）是全球最大、技术领先的 RV 减速器生产企业，其产品占据了全球 60%以上的工业机器人 RV 减速器市场及日本 80%以上的数控机床自动换刀（ATC）装置 RV 减速器市场。世界著名的工业机器人几乎都使用 Harmonic Drive System 生产的谐波减速器和 Nabtesco Corporation 生产的 RV 减速器。

日本在发展第三代智能机器人上也取得了举世瞩目的成就。为了攻克智能机器人的关键技术，自 2006 年起，政府每年都投入巨资用于服务机器人的研发，如前述的 HONDA 公司 Asimo 机器人、Riken Institute 的 Robear 护理机器人等家用服务机器人的技术水平均居世界前列。

3）德国

德国的机器人研发稍晚于日本，但其发展十分迅速。在 20 世纪 70 年代中后期，德国政府在“改善劳动条件计划”中，强制规定了部分有危险、有毒、有害的工作岗位必须用机器人来代替人工的要求，它为机器人的应用开辟了广大的市场。据 VDMA（德国机械设备制造业联合会）统计，目前德国的工业机器人密度已在法国的 2 倍和英国的 4 倍以上，它是目前欧洲最大的工业机器人生产和使用国。

德国的工业机器人以及军事机器人中的地面无人作战平台、水下无人航行体的研究和应用水平居世界领先地位。德国的 KUKA（库卡）、REIS（徕斯，现为 KUKA 成员）、Carl-

Cloos（卡尔-克鲁斯）等都是全球著名的工业机器人生产企业；德国宇航中心、德国机器人技术商业集团、Karcher公司、Fraunhofer Institute for Manufacturing Engineering and Automatic（弗劳恩霍夫制造技术和自动化研究所）及STN公司、HDW公司等是有名的服务机器人及军事机器人研发企业。

德国在智能服务机器人的研究和应用上，同样具有世界公认的领先水平。例如，弗劳恩霍夫制造技术和自动化研究所最新研发的服务机器人Care-O-Bot4，不但能够识别日常的生活用品，而且能听懂语音命令和看懂手势命令、按声控或手势的要求进行自我学习。

4）中国

由于国家政策导向等多方面的原因，近年来，中国已成为全世界工业机器人增长最快、销量最大的市场，总销量已经连续多年位居全球第一。2013年，工业机器人销量近3.7万台，占全球总销售量（17.7万台）的20.9%；2014年的销量为5.7万台，占全球总销售量（22.5万台）的25.3%；2015年的销量为6.6万台，占全球总销售量（24.7万台）的26.7%；2016年的销量为8.7万台，占全球总销售量（29.4万台）的29.6%；2017年的销量为14.1万台，占全球总销售量（38万台）的37.1%；2018年的销量为13.5万台。

我国的机器人研发起始于20世纪70年代初期，到了90年代，先后研制出了点焊、弧焊、装配、喷漆、切割、搬运、包装码垛等工业机器人，在工业机器人及零部件研发等方面取得了一定的成绩。上海交通大学、哈尔滨工业大学、天津大学、南开大学、北京航空航天大学等高校都设立了机器人研究所或实验室，进行工业机器人和服务机器人的基础研究；广州数控、南京埃斯顿、沈阳新松等企业也开发了部分机器人产品。但是，总体而言，我国的机器人研发目前还处于初级阶段，和先进国家的差距依旧十分明显，产品以低档工业机器人为主，核心技术尚未掌握，关键部件几乎完全依赖进口，国产机器人的市场占有率十分有限，目前还没有真正意义上的完全自主机器人生产商。

高端装备制造产业是国家重点支持的战略性新兴产业，工业机器人作为高端装备制造业的重要组成部分，有望在今后一段时期得到快速发展。

1.2 机器人的分类

1.2.1 机器人的分类方法

机器人的分类方法很多，但由于人们观察问题的角度有所不同，直到今天，还没有一种分类方法能够令人满意地对机器人进行世所公认的分类。总体而言，通常的机器人分类方法主要有专业分类法和应用分类法两种，简介如下。

（1）专业分类法

专业分类法一般是机器人设计、制造和使用厂家技术人员所使用的分类方法，其专业性较强，业外较少使用。目前，专业分类又可按机器人控制系统的技术水平、机械机构形态和运动控制方式3种方式进行分类。

① 按控制系统水平分类　根据机器人目前的控制系统技术水平，一般可分为前述的示教再现机器人（第一代）、感知机器人（第二代）、智能机器人（第三代）三类。第一代机器人已实际应用和普及，绝大多数工业机器人都属于第一代机器人，第二代机器人的技术已部分实用化，第三代机器人尚处于实验和研究阶段。

② 按机械结构形态分类　根据机器人现有的机械结构形态，有人将其分为圆柱坐标

(cylindrical coordinate)、球坐标 (polar coordinate)、直角坐标 (cartesian coordinate) 及关节型 (articulated)、并联型 (parallel) 等，以关节型机器人为常用。不同形态机器人的在外观、机械结构、控制要求、工作空间等方面均有较大的区别。例如，关节型机器人的动作类似人类手臂；而直角坐标及并联型机器人的外形和结构，则与数控机床十分类似等。有关工业机器人的结构形态，将在第 2 章进行详细阐述。

③ 按运动控制方式分类 根据机器人的控制方式，可以将其分为顺序控制型、轨迹控制型、远程控制型、智能控制型等。顺序控制型又称点位控制型，这种机器人只需要按照规定的次序和移动速度，运动到指定点进行定位，而不需要控制移动过程中的运动轨迹，它可以用于物品搬运等。轨迹控制型机器人需要同时控制移动轨迹、移动速度和运动终点，它可用于焊接、喷漆等连续移动作业。远程控制型机器人可实现无线遥控，故多用于特定的行业，如军事机器人、空间机器人、水下机器人等。智能控制型机器人就是前述的第三代机器人，多用于军事、场地、医疗等专门行业，智能型工业机器人目前尚未有实用化的产品。

(2) 应用分类法

应用分类法是根据机器人应用环境（用途）进行分类的大众分类方法，其定义通俗，易为公众所接受。例如，日本将其分为工业机器人和智能机器人两类，我国将其则分为工业机器人和特种机器人两类。然而，由于对机器人的智能性判别尚缺乏严格、科学的标准，工业机器人和特种机器人的界线也较难划分。因此，本书参照国际机器人联合会（IFR）的相关定义，根据机器人的应用环境，将机器人分为工业机器人和服务机器人两类，前者用于环境已知的工业领域，后者用于环境未知的服务领域。如进一步细分，目前常用的机器人，基本上可分为图 1.2.1 所示的几类。

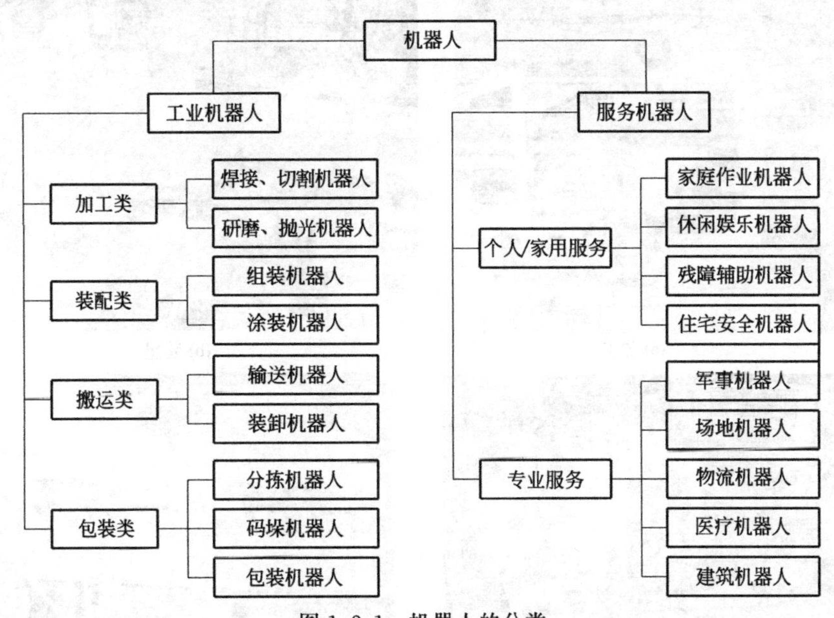

图 1.2.1 机器人的分类

① 工业机器人 工业机器人 (industrial robot，简称 IR) 是指在工业环境下应用的机器人，它是一种可编程的、多用途自动化设备。当前实用化的工业机器人以第一代示教再现机器人居多，但部分工业机器人（如焊接、装配等）已能通过图像的识别、判断，来规划或探测途径，对外部环境具有了一定的适应能力，初步具备了第二代感知机器人的一些功能。

工业机器人可根据其用途和功能，分为加工、装配、搬运、包装 4 大类，在此基础上，还可对每类进行细分。

② 服务机器人 服务机器人（service robot，简称 SR）是服务于人类非生产性活动的机器人总称，它在机器人中的比例高达 95%以上。根据 IFR（国际机器人联合会）的定义，服务机器人是一种半自主或全自主工作的机械设备，它能完成有益于人类的服务工作，但不直接从事工业品的生产。

服务机器人的涵盖范围非常广，简言之，除工业生产用的机器人外，其他所有的机器人均属于服务机器人的范畴。因此，人们根据其用途，将服务机器人分为个人/家用服务机器人（personal/domestic robots）和专业服务机器人（professional service robots）两类，在此基础上还可对每类进行细分。

1.2.2 工业机器人

工业机器人（industrial robot，简称 IR）是用于工业生产环境的机器人总称。用工业机器人替代人工操作，不仅可保障人身安全、改善劳动环境、减轻劳动强度、提高劳动生产率，而且还能够起到提高产品质量、节约原材料消耗及降低生产成本等多方面作用，因而，它在工业生产各领域的应用也越来越广泛。

工业机器人自 1959 年问世以来，经过几十多年的发展，在性能和用途等方面都有了很大的变化；现代工业机器人的结构越来越合理、控制越来越先进、功能越来越强大。根据工业机器人的功能与用途，其主要产品大致可分为图 1.2.2 所示的加工、装配、搬运、包装 4 大类。

(a) 加工

(b) 装配

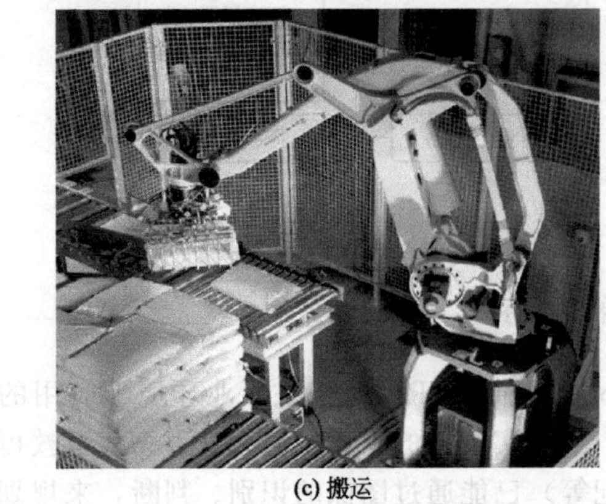

(c) 搬运

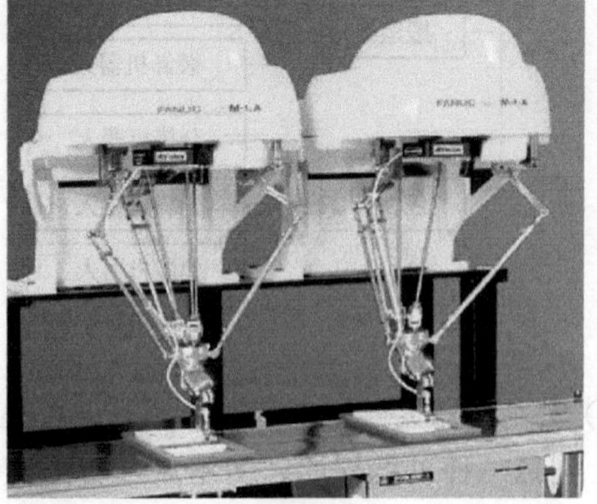

(d) 包装

图 1.2.2 工业机器人的分类

(1) 加工机器人

加工机器人是直接用于工业产品加工作业的工业机器人，常用的有金属材料焊接、切割、折弯、冲压、研磨、抛光等；此外，也有部分用于建筑、木材、石材、玻璃等行业的非金属材料切割、研磨、雕刻、抛光等加工作业。

焊接、切割、研磨、雕刻、抛光加工的环境通常较恶劣，加工时所产生的强弧光、高温、烟尘、飞溅、电磁干扰等都有害于人体健康。这些行业采用机器人自动作业，不仅可改善工作环境，避免人体伤害，而且还可自动连续工作，提高工作效率和改善加工质量。

焊接机器人（welding robot）是目前工业机器人中产量最大、应用最广的产品，被广泛用于汽车、铁路、航空航天、军工、冶金、电器等行业。自1969年美国GM公司（通用汽车）在美国Lordstown汽车组装生产线上装备首台汽车点焊机器人以来，机器人焊接技术已日臻成熟，通过机器人的自动化焊接作业，可提高生产效率、确保焊接质量、改善劳动环境，它是当前工业机器人应用的重要方向之一。

材料切割是工业生产不可缺少的加工方式，从传统的金属材料火焰切割、等离子切割、到可用于多种材料的激光切割加工都可通过机器人完成。目前，薄板类材料的切割大多采用数控火焰切割机、数控等离子切割机和数控激光切割机等数控机床加工；但异形、大型材料或船舶、车辆等大型废旧设备的切割已开始逐步使用工业机器人。

研磨、雕刻、抛光机器人主要用于汽车、摩托车、工程机械、家具建材、电子电气、陶瓷卫浴等行业的表面处理。使用研磨、雕刻、抛光机器人不仅能使操作者远离高温、粉尘、有毒、易燃、易爆的工作环境，而且能够提高加工质量和生产效率。

(2) 装配机器人

装配机器人（assembly robot）是将不同的零件或材料组合成组件或成品的工业机器人，常用的有组装和涂装两大类。

计算机（computer）、通信（communication）和消费性电子（consumer electronic）行业（简称3C行业）是目前组装机器人最大的应用市场。3C行业是典型的劳动密集型产业，采用人工装配，不仅需要使用大量的员工，而且操作工人的工作高度重复、频繁，劳动强度极大，致使人工难以承受；此外，随着电子产品不断向轻薄化、精细化方向发展，产品对零部件装配的精细程度在日益提高，部分作业人工已无法完成。

涂装类机器人用于部件或成品的油漆、喷涂等表面处理，这类处理通常含有影响人体健康的有害、有毒气体。采用机器人自动作业后，不仅可改善工作环境，避免有害、有毒气体的危害，而且还可自动连续工作，提高工作效率和改善加工质量。

(3) 搬运机器人

搬运机器人是从事物体移动作业的工业机器人的总称，常用的主要有输送机器人（transfer robot）和装卸机器人（handling robot）两大类。

工业生产中的输送机器人以无人搬运车（automated guided vehicle，简称AGV）为主。AGV具有自身的计算机控制系统和路径识别传感器，能够自动行走和定位停止，可广泛应用于机械、电子、纺织、卷烟、医疗、食品、造纸等行业的物品搬运和输送。在机械加工行业，AGV大多用于无人化工厂、柔性制造系统（flexible manufacturing system，简称FMS）的工件、刀具搬运、输送，它通常需要与自动化仓库、刀具中心及数控加工设备、柔性加工单元（flexible manufacturing cell，简称FMC）的控制系统互联，以构成无人化工厂、柔性制造系统的自动化物流系统。

装卸机器人多用于机械加工设备的工件装卸（上下料），它通常和数控机床等自动化加工设备组合，构成柔性加工单元（FMC），成为无人化工厂、柔性制造系统（FMS）的一部分。装卸机器人还经常用于冲剪、锻压、铸造等设备的上下料，以替代人工完成高风险、高温等恶劣环境下的危险作业或繁重作业。

(4) 包装机器人

包装机器人（packaging robot）是用于物品分类、成品包装、码垛的工业机器人，常用的主要有分拣、包装和码垛3类。

计算机、通信和消费性电子行业（3C行业）和化工、食品、饮料、药品工业是包装机器人的主要应用领域。3C行业的产品产量大、周转速度快，成品包装任务繁重；化工、食品、饮料、药品包装由于行业特殊性，人工作业涉及安全、卫生、清洁、防水、防菌等方面的问题；因此，都需要利用装配机器人来完成物品的分拣、包装和码垛作业。

1.2.3 服务机器人

(1) 基本情况

服务机器人是服务于人类非生产性活动的机器人总称。从控制要求、功能、特点等方面看，服务机器人与工业机器人的本质区别在于：工业机器人所处的工作环境在大多数情况下是已知的，因此，利用第一代机器人技术已可满足其要求；然而，服务机器人的工作环境在绝大多数场合是未知的，故都需要使用第二代、第三代机器人技术。从行为方式上看，服务机器人一般没有固定的活动范围和规定的动作行为，它需要有良好的自主感知、自主规划、自主行动和自主协同等方面的能力，因此，服务机器人较多地采用仿人或生物、车辆等结构形态。

早在1967年，在日本举办的第一届机器人学术会议上，人们就提出了两种描述服务机器人特点的代表性意见。一种意见认为服务机器人是一种“具有自动性、个体性、智能性、通用性、半机械半人性、移动性、作业性、信息性、柔性、有限性等特征的自动化机器”。另一种意见认为具备如下3个条件的机器，可称为服务机器人：

① 具有类似人类的脑、手、脚等功能要素；

② 具有非接触和接触传感器；

③ 具有平衡觉和固有觉的传感器。

当然，鉴于当时的情况，以上定义都强调了服务机器人的“类人”含义，突出了由“脑”统一指挥、靠“手”进行作业、靠“脚”实现移动，通过非接触传感器和接触传感器，使机器人识别外界环境，利用平衡觉和固有觉等传感器感知本身状态等基本属性，但它对服务机器人的研发仍具有参考价值。

服务机器人的出现虽然晚于工业机器人，但由于它与人类进步、社会发展、公共安全等诸多重大问题息息相关，应用领域众多，市场广阔，因此，其发展非常迅速、潜力巨大。有国外专家预测，在不久的将来，服务机器人产业可能成为继汽车、计算机后的另一新兴产业。据国际机器人联合会（IFR）2013年世界服务机器人统计报告等有关统计资料显示，目前已有20多个国家在进行服务型机器人的研发，有40余种服务型机器人已进入商业化应用或试用阶段。2012年全球服务机器人的总销量约为301.6万台，约为工业机器人（15.9万台）的20倍；其中，个人/家用服务机器人的销量约为300万台，销售额约为12亿美元；专业服务机器人的销量约为1.6万台，销售额为34.2亿美元。

在服务机器人中，个人/家用服务机器人（personal/domestic robots）为大众化、低价位产品，其市场最大。在专业服务机器人中，则以涉及公共安全的军事机器人（military robots）、场地机器人（field robots）、医疗机器人的应用较广。

在服务机器人的研发领域，美国不但在军事、场地、医疗等高科技专业服务机器人的研究上遥遥领先于其他国家，而且在个人/家用服务机器人的研发上同样占有显著的优势，其服务机器人总量约占全球服务机器人市场的60%。此外，日本的个人/家用服务机器人产量约占全球市场的50%；欧洲的德国、法国也是服务机器人的研发和使用大国。我国在服务机器人领域的研发起步较晚，直到2005年才初具市场规模，总体水平与发达国家相比存在很大的差距；目前，我国的个人/家用服务机器人主要有吸尘、教育娱乐、保安、智能玩具等，专用服务机器人主要有医疗及部分军事、场地机器人等。

(2) 个人/家用服务机器人

个人/家用服务机器人（personal/domestic robots）泛指为人们日常生活服务的机器人，包括家庭作业、娱乐休闲、残障辅助、住宅安全等。个人/家用服务机器人是被人们普遍看好的未来最具发展潜力的新兴产业之一。

在个人/家用服务机器人中，以家庭作业和娱乐休闲机器人的产量为最大，两者占个人/家用服务机器人总量的90%以上；残障辅助、住宅安全机器人的普及率目前还较低，但市场前景被人们普遍看好。

家用清洁机器人是家庭作业机器人中最早被实用化和最成熟的产品之一。早在20世纪80年代，美国已经开始进行吸尘机器人的研究，iRobot等公司是目前家用服务机器人行业公认的领先企业，其产品技术先进，市场占有率全球最大；德国的Karcher公司也是著名的家庭作业机器人生产商，它在2006年研发的Rc3000家用清洁机器人是世界上第一台能够自行完成所有家庭地面清洁工作的家用清洁机器人。此外，美国的Neato、Mint，日本的SHINK、Panasonic（松下），韩国的LG、三星等公司也都是全球较著名的家用清洁机器人的研发、制造企业。

在我国，由于家庭经济条件和发达国家的差距较大，加上传统文化的影响，绝大多数家庭的作业服务目前还是由自己或家政服务人员承担，所使用的设备以传统工具和普通吸尘器、洗碗机等简单设备为主，家庭作业服务机器人的使用率非常低。

(3) 专业服务机器人

专业服务机器人（professional service robots）的涵盖范围非常广，简言之，除工业生产用的工业机器人和为人们日常生活服务的个人/家用服务机器人外，其他所有的机器人均属于专业服务机器人。在专业服务机器人中，军事、场地和医疗机器人是应用最广的产品，3类产品的概况如下。

1）军事机器人

军事机器人（military robots）是为了军事目的而研制的自主、半自主式或遥控的智能化装备，它可用来帮助或替代军人，完成特定的战术或战略任务。军事机器人具备全方位、全天候的作战能力和极强的战场生存能力，可在超过人类承受能力的恶劣环境，或在遭到毒气、冲击波、热辐射等袭击时，继续进行工作；加上军事机器人也不存在人类的恐惧心理，可严格地服从命令、听从指挥，有利于指挥者对战局的掌控，在未来战争中，机器人战士完全可能成为军事行动中的主力军。

军事机器人的研发早在20世纪60年代就已经开始，产品已从第一代的遥控操作器，发展到了现在的第三代智能机器人。目前，世界各国的军用机器人已达上百个品种，其应用涵盖侦察、排雷、防化、进攻、防御及后勤保障等各个方面。用于监视、勘察、获取危险领域信息的无人驾驶飞行器（UAV）和地面车（UGV）、具有强大运输功能和精密侦查设备的机器人武装战车（ARV）、在战斗中担任补充作战物资的多功能后勤保障机器人（MULE）是当前军事机器人的主要产品。

目前，美国是世界唯一具有综合开发、试验和实战应用各类军事机器人的国家，其军事机器人的应用已涵盖陆、海、空等诸兵种。据报道，美军已装配了超过7500架无人机和

15000个地面机器人，现阶段正在大量研制和应用无人作战系统、智能机器人集成作战系统等，以全面提升陆、海、空军事实力。此外，德国的智能地面无人作战平台、反水雷及反潜水下无人航行体的研究和应用，英国的战斗工程牵引车（CET）、工程坦克（FET）、排爆机器人的研究和应用，法国的警戒机器人和低空防御机器人、无人侦察车、野外快速巡逻机器人的研究和应用，以色列的机器人自主导航车、“守护者（Guardium）”监视与巡逻系统、步兵城市作战用的手携式机器人的研究和应用等，也具有世界领先水平。

2）场地机器人

场地机器人（field robots）是除军事机器人外，其他可进行大范围作业的服务机器人的总称。场地机器人多用于科学研究和公共事业服务，如太空探测、水下作业、危险作业、消防救援、园林作业等。

美国的场地机器人研究始于20世纪60年代，其产品已遍及空间、陆地和水下，从1967年的“勘测者”3号月球探测器，到2003年的Spirit MER-A（“勇气”号）和Opportunity（“机遇”号）火星探测器、2011年的Curiosity（“好奇”号）核动力驱动的火星探测器，都无一例外地代表了当时全球空间机器人研究的最高水平。此外，俄罗斯和欧盟在太空探测机器人等方面的研究和应用也居世界领先水平，如早期的空间站飞行器对接、燃料加注机器人等；德国于1993年研制、由“哥伦比亚”号航天飞机携带升空的ROTEX远距离遥控机器人等，也都代表了当时的空间机器人技术水平。我国在探月、水下机器人方面的研究也取得了较大的进展。

3）医疗机器人

医疗机器人是今后专业服务机器人的重点发展领域之一。医疗机器人主要用于伤病员的手术、救援、转运和康复，它包括诊断机器人、外科手术或手术辅助机器人、康复机器人等。例如，通过外科手术机器人，医生可利用其精准性和微创性，大面积减小手术伤口、迅速恢复正常生活等。据统计，目前全世界已有约30个国家、近千家医院成功开展了数十万例机器人手术，手术种类涵盖泌尿外科、妇产科、心脏外科、胸外科、肝胆外科、胃肠外科、耳鼻喉科等。

当前，医疗机器人的研发与应用大部分都集中于美国、日本、欧洲等发达国家和地区，发展中国家的普及率还很低。美国的Intuitive Surgical（直觉外科）公司是全球领先的医疗机器人研发、制造企业，该公司研发的达芬奇机器人是目前世界上最先进的手术机器人系统，它可模仿外科医生的手部动作，进行微创手术，目前已经成功用于普通外科、胸外科、泌尿外科、妇产科、头颈外科及心脏等手术。

1.3 工业机器人的应用

1.3.1 技术发展与产品应用

(1) 技术发展简史

世界工业机器人的简要发展历程、重大事件和重要产品研制的简况如下。

1959年：Joseph F. Engelberger（约瑟夫·恩盖尔柏格）利用George Devol（乔治·德沃尔）的专利技术，研制出了世界上第一台真正意义上的工业机器人Unimate。该机器人具有水平回转、上下摆动和手臂伸缩3个自由度，可用于点对点搬运。

1961年：美国GM（通用汽车）公司首次将Unimate工业机器人应用于生产线，机器人承担了压铸件叠放等部分工序。

1968 年：美国斯坦福大学研制出了首台具有感知功能的第二代机器人 Shakey。同年，Unimation 公司将机器人的制造技术转让给了日本 KAWASAKI（川崎）公司，日本开始研制、生产机器人。

1969 年：瑞典的 ASEA 公司（阿西亚，现为 ABB 集团）研制了首台喷涂机器人，并在挪威投入使用。

1972 年：日本 KAWASAKI（川崎）公司研制出了日本首台工业机器人“Kawasaki - Unimate2000”。

1973 年：日本 HITACHI（日立）公司研制出了世界首台装备有动态视觉传感器的工业机器人；而德国 KUKA（库卡）公司则研制出了世界首台 6 轴工业机器人 Famulus。

1974 年：美国 Cincinnati Milacron（辛辛那提·米拉克隆，著名的数控机床生产企业）公司研制出了首台微机控制的商用工业机器人 Tomorrow Tool（T3）；瑞典 ASEA 公司（阿西亚，现为 ABB 集团）研制出了世界首台微机控制、全电气驱动的 5 轴涂装机器人 IRB6；全球最著名的数控系统（CNC）生产商——日本 FANUC 公司（发那科）开始研发、制造工业机器人。

1977 年：日本 YASKAWA（安川）公司开始工业机器人研发生产，并研制出了日本首台采用全电气驱动的机器人 MOTOMAN-L10（MOTOMAN 1 号）。

1978 年：美国 Unimate 公司和 GM（通用汽车）公司联合研制出了用于汽车生产线的垂直串联型（vertical series）可编程通用装配操作人 PUMA（programmable universal manipulator for assembly）；日本山梨大学研制出了水平串联型（horizontal series）自动选料、装配机器人 SCARA（selective compliance assembly robot arm）；德国 REIS（徕斯，现为 KUKA 成员）公司研制出了世界首台具有独立控制系统、用于压铸生产线工件装卸的 6 轴机器人 RE15。

1983 年：日本 DAIHEN 公司（大阪变压器集团 Osaka Transformer Co.，Ltd. 所属，国内称 OTC 或欧希地）公司研发了世界首台具有示教编程功能的焊接机器人。

1984 年：美国 Adept Technology（娴熟技术）公司研制出了世界首台电机直接驱动、无传动齿轮和铰链的 SCARA 机器人 Adept One。

1985 年：德国 KUKA（库卡）公司研制出了世界首台具有 3 个平移自由度和 3 个转动自由度的 Z 型 6 自由度机器人。

1992 年：瑞士 Demaurex 公司研制出了世界首台采用 3 轴并联结构（parallel）的包装机器人 Delta。

2005 年：日本 YASKAWA（安川）公司推出了新一代、双腕 7 轴工业机器人。

2006 年：意大利 COMAU（柯马，菲亚特成员，著名的数控机床生产企业）公司推出了首款 WiTP 无线示教器。

2008 年：日本 FANUC 公司（发那科）、YASKAWA（安川）公司的工业机器人累计销量相继突破 20 万台，成为全球工业机器人累计销量位居前列的企业。

2009 年：ABB 公司研制出全球精度最高、速度最快的六轴小型机器人 IRB 120。

2013 年：谷歌公司开始大规模并购机器人公司。至今已相继并购了 Autofuss、Boston Dynamics（波士顿动力）、Bot & Dolly、DeepMind（英）、Holomni、Industrial Perception、Meka、Redwood Robotics、Schaft（日）、Nest Labs、Spree、Savioke 等多家公司。

2014 年：ABB 公司研制出世界上首台真正实现人机协作的机器人 YuMi。同年，德国 REIS（徕斯）公司并入 KUKA（库卡）公司。

（2）典型应用

根据国际机器人联合会（IFR）等部门的最新统计，当前工业机器人的应用行业分布情况大致如图 1.3.1 所示。其中，汽车及汽车零部件制造业、电子电气工业、金属制品及加工业是目前工业机器人的主要应用领域。

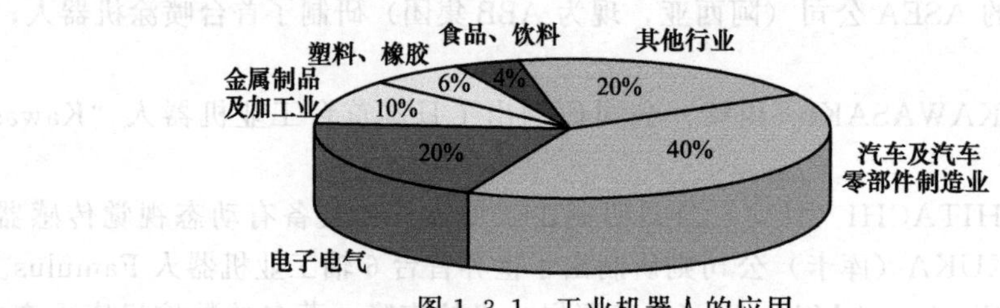

图 1.3.1　工业机器人的应用

汽车及汽车零部件制造业历来是工业机器人用量最大的行业，其使用量长期保持在工业机器人总量的 40%左右，使用的产品以加工、装配类机器人为主，是焊接、研磨、抛光、装配及涂装机器人的主要应用领域。

电子电气（包括计算机、通信、家电、仪器仪表等）是工业机器人应用的另一主要行业，其使用量也保持在工业机器人总量的 20%左右，使用的主要产品为装配、包装类机器人。

金属制品及加工业的机器人用量大致在工业机器人总量的 10%左右，使用的产品主要为搬运类的输送机器人和装卸机器人。

建筑、化工、橡胶、塑料以及食品、饮料、药品等其他行业的机器人用量都在工业机器人总量的 10%以下，橡胶、塑料、化工、建筑行业使用的机器人种类较多，食品、饮料、药品行业使用的机器人通常以加工、包装类为主。

1.3.2　主要生产企业

目前，全球工业机器人的主要生产厂家主要有日本的 FANUC（发那科）、YASKAWA（安川）、KAWASAKI（川崎）、NACHI（不二越）、DAIHEN（OTC 或欧希地）、Panasonic（松下），瑞士和瑞典的 ABB，德国 KUKA（库卡）、REIS（徕斯，现为 KUKA 成员），意大利 COMAU（柯马），奥地利 IGM（艾捷默），韩国的 HYUNDAI（现代）等。其中，FANUC、YASKAWA、ABB、KUKA 是当前工业机器人研发生产的代表性企业，KAWASAKI、NACHI 公司是全球最早从事工业机器人研发生产的企业，DAIHEN 的焊接机器人是国际名牌，以上企业的产品在我国的应用最为广泛。

以上企业从事工业机器人研发的时间，基本分为图 1.3.2 所示的 20 世纪 60 年代末、70 年代中、70 年代末 3 个时期。

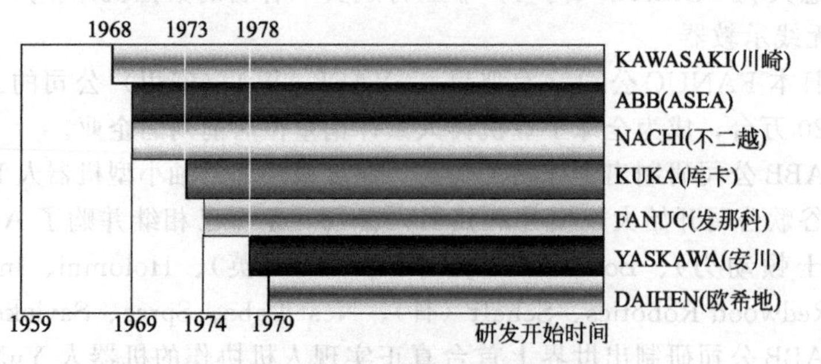

图 1.3.2　工业机器人研发起始时间

第2章

工业机器人的组成与性能

2.1 工业机器人的组成及特点

2.1.1 工业机器人的组成

(1) 工业机器人系统的组成

工业机器人是一种功能完整、可独立运行的典型机电一体化设备，它有自身的控制器、驱动系统和操作界面，可对其进行手动、自动操作及编程，它能依靠自身的控制能力来实现所需要的功能。广义上的工业机器人是由如图 2.1.1 所示的机器人及相关附加设备组成的完整系统，它总体可分为机械部件和电气控制系统两大部分。

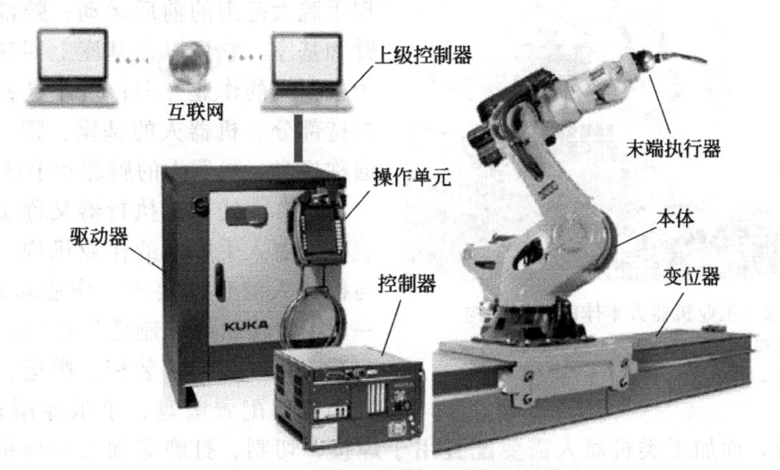

图 2.1.1 工业机器人系统的组成

工业机器人（以下简称机器人）系统的机械部件包括机器人本体、末端执行器、变位器等；电气控制系统主要包括控制器、驱动器、操作单元、上级控制器等。其中，机器人本体、末端执行器以及控制器、驱动器、操作单元是机器人必需的基本组成部件，在所有机器人上都必须配备。

末端执行器又称工具，它是机器人的作业机构，与作业对象和要求有关，其种类繁多，它一般需要由机器人制造厂和用户共同设计、制造与集成。变位器是用于机器人或工件的整体移动或进行系统协同作业的附加装置，它可根据需要选配。

在电气控制系统中，上级控制器是用于机器人系统协同控制、管理的附加设备，既可用于机器人与机器人、机器人与变位器的协同作业控制，也可用于机器人和数控机床、机器人和自动生产线其他机电一体化设备的集中控制，此外，还可用于机器人的操作、编程与调试。上级控制器同样可根据实际系统的需要选配，在柔性加工单元（FMC）、自动生产线等自动化设备上，上级控制器的功能也可直接由数控机床所配套的数控系统（CNC）、生产线控制用的 PLC 等承担。

(2) 机器人本体

机器人本体又称操作机，它是用来完成各种作业的执行机构，包括机械部件及安装在机械部件上的驱动电机、传感器等。

机器人本体的形态各异，但绝大多数都是由若干关节（joint）和连杆（link）连接而成的。以常用的 6 轴垂直串联型（vertical articulated）工业机器人为例，其运动主要包括整体回转（腰关节）、下臂摆动（肩关节）、上臂摆动（肘关节）、腕回转和弯曲（腕关节）等，本体的典型结构如图 2.1.2 所示，其主要组成部件包括手部、腕部、上臂、下臂、腰部、基座等。

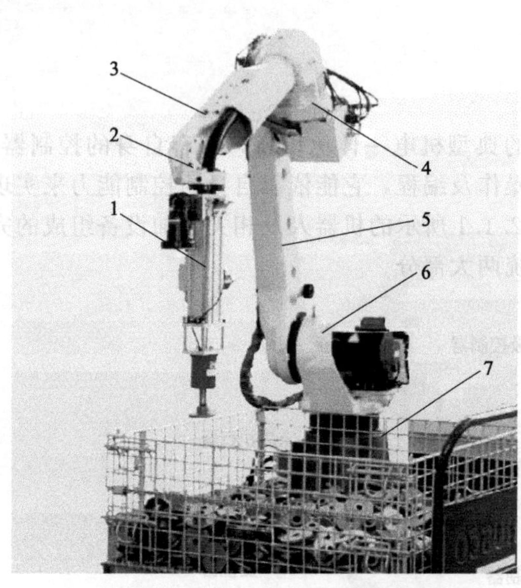

图 2.1.2 工业机器人本体的典型结构

1—末端执行器；2—手部；3—腕部；4—上臂；5—下臂；6—腰部；7—基座

机器人的手部用来安装末端执行器，它既可以安装类似人类的手爪，也可以安装吸盘或其他各种作业工具；腕部用来连接手部和手臂，起到支撑手部的作用；上臂用来连接腕部和下臂，上臂可回绕下臂摆动，实现手腕大范围的上下（俯仰）运动；下臂用来连接上臂和腰部，并可回绕腰部摆动，以实现手腕大范围的前后运动；腰部用来连接下臂和基座，它可以在基座上回转，以改变整个机器人的作业方向；基座是整个机器人的支持部分。机器人的基座、腰、下臂、上臂通称机身，机器人的腕部和手部通称手腕。

机器人的末端执行器又称工具，它是安装在机器人手腕上的作业机构。末端执行器与机器人的作业要求、作业对象密切相关，一般需要由机器人制造厂和用户共同设计与制造。例如，用于装配、搬运、包装的机器人则需要配置吸盘、手爪等用来抓取零件、物品的夹持器，而加工类机器人需要配置用于焊接、切割、打磨等加工的焊枪、割枪、铣头、磨头等各种工具或刀具。

(3) 变位器

变位器是工业机器人的主要配套附件，其作用和功能如图 2.1.3 所示。通过变位器，可增加机器人的自由度、扩大作业空间、提高作业效率，实现作业对象或多机器人的协同运动，提升机器人系统的整体性能和自动化程度。

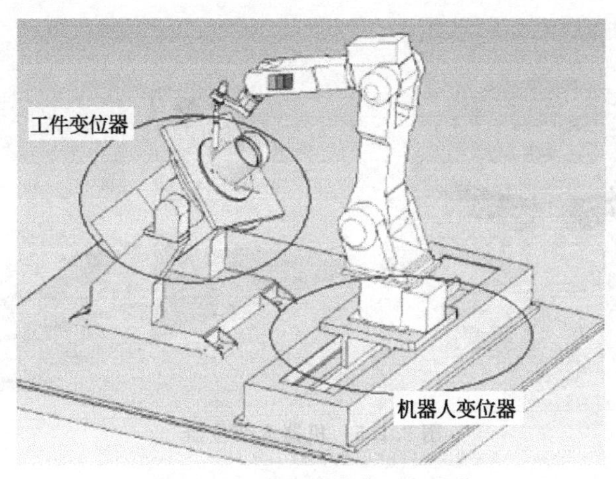

图 2.1.3　变位器的作用与功能

从用途上说，工业机器人的变位器主要有工件变位器、机器人变位器两大类。

工件变位器如图 2.1.4 所示，它主要用于工件的作业面调整与工件的交换，以减少工件装夹次数，缩短工件装卸等辅助时间，提高机器人的作业效率。

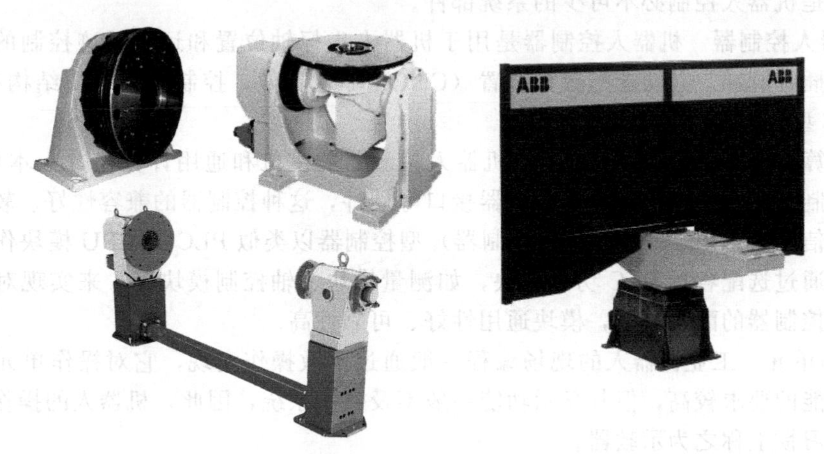

图 2.1.4　工件变位器

在结构上，工件变位器以回转变位器居多。通过工件的回转，可在机器人位置保持不变的情况下，改变工件的作业面，以完成工件的多面作业，避免多次装夹。此外，还可通过工装的 180°整体回转运动，实现作业区与装卸区的工件自动交换，使得工件的装卸和作业同时进行，从而大大缩短工件装卸时间。

机器人变位器有图 2.1.5 所示的回转变位器与直线变位器两类。机器人回转变位器主要用于大型、重型机器人的 360°回转变位，例如，取代 4、5 轴垂直串联机器人本体的腰回转轴，以简化机器人本体结构、增强结构刚度。直线变位器主要用于机器人的大范围整体运动，以扩大机器人的作业范围、实现大型工件、多工件的作业；或者，通过机器人的运动，实现作业区与装卸区的交换，以缩短工件装卸时间，提高机器人的作业效率。

工件变位器、机器人变位器既可选配机器人生产厂家的标准部件，也可根据用户需要设计、制作。简单机器人系统的变位器一般由机器人控制器直接控制，多机器人复杂系统的变位器需要由上级控制器进行集中控制。

图 2.1.5　机器人变位器

(4) 电气控制系统

在机器人电气控制系统中，上级控制器仅用于复杂系统的各种机电一体化设备的协同控制、运行管理和调试编程，它通常以网络通信的形式与机器人控制器进行信息交换，因此，实际上属于机器人电气控制系统的外部设备；而机器人控制器、操作单元、驱动器及辅助控制电路，则是机器人控制必不可少的系统部件。

① 机器人控制器　机器人控制器是用于机器人坐标轴位置和运动轨迹控制的装置，输出运动轴的插补脉冲，其功能与数控装置（CNC）非常类似，控制器的常用结构有工业 PC 机型和 PLC 型两种。

工业计算机（又称工业 PC 机）型机器人控制器的主机和通用计算机并无本质的区别，但机器人控制器需要增加传感器、驱动器接口等硬件，这种控制器的兼容性好、软件安装方便、网络通信容易。PLC（可编程序控制器）型控制器以类似 PLC 的 CPU 模块作为中央处理器，然后通过选配各种 PLC 功能模块，如测量模块、轴控制模块等，来实现对机器人的控制，这种控制器的配置灵活，模块通用性好、可靠性高。

② 操作单元　工业机器人的现场编程一般通过示教操作实现，它对操作单元的移动性能和手动性能的要求较高，但其显示功能一般不及数控系统，因此，机器人的操作单元以手持式为主，习惯上称之为示教器。

传统的示教器由显示器和按键组成，操作者可通过按键直接输入命令和进行所需的操作。目前常用的示教器为菜单式，它由显示器和操作菜单键组成，操作者可通过操作菜单选择需要的操作。先进的示教器使用了与目前智能手机同样的触摸屏和图标界面，这种示教器的最大优点是可直接通过 Wi-Fi 连接控制器和网络，从而省略了示教器和控制器间的连接电缆；智能手机型操作单元的使用灵活、方便，是适合网络环境下使用的新型操作单元。

③ 驱动器　驱动器实际上是用于控制器的插补脉冲功率放大的装置，实现驱动电机位置、速度、转矩控制，驱动器通常安装在控制柜内。驱动器的形式取决于驱动电机的类型，伺服电机需要配套伺服驱动器，步进电机则需要使用步进驱动器。机器人目前常用的驱动器以交流伺服驱动器为主，它有集成式、模块式和独立型 3 种基本结构形式。

集成式驱动器的全部驱动模块集成一体，电源模块可以独立或集成，这种驱动器的结构紧凑、生产成本低，是目前使用较为广泛的结构形式。模块式驱动器的电源模块为公用，驱动模块独立，驱动器需要统一安装。集成式、模块式驱动器不同控制轴间的关联性强，调试、维修和更换相对比较麻烦。独立型驱动器的电源和驱动电路集成一体，每一轴的驱动器可独立安装和使用，因此，其安装使用灵活、通用性好，调试、维修和更换也较方便。

④ 辅助控制电路　辅助电路主要用于控制器、驱动器电源的通断控制和接口信号的转换。由于工业机器人的控制要求类似，接口信号的类型基本统一，为了缩小体积、降低成本、方便安装，辅助控制电路常被制成标准的控制模块。

尽管机器人的用途、规格有所不同，但电气控制系统的组成部件和功能类似，因此，机器人生产厂家一般将电气控制系统统一设计成图 2.1.6 所示的控制箱型或控制柜型。

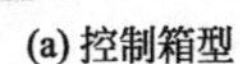
(a) 控制箱型

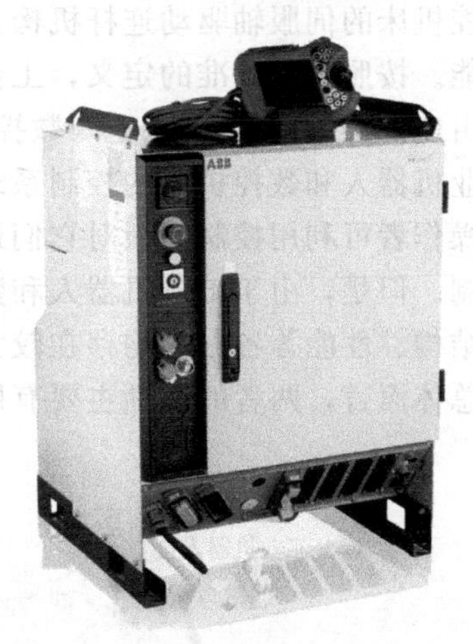

(b) 控制柜型

图 2.1.6　电气控制系统结构

在以上控制箱、控制柜中，示教器是用于工业机器人操作、编程及数据输入/显示的人机界面，为了方便使用，一般为可移动式悬挂部件，驱动器一般为集成式交流伺服驱动器，控制器则以 PLC 型为主。另外，在采用工业计算机型机器人控制器的系统上，控制器有时也可独立安装，系统的其他控制部件通常统一安装在控制柜内。

2.1.2　工业机器人的特点

(1) 基本特点

工业机器人是集机械、电子、控制、检测、计算机、人工智能等多学科先进技术于一体的典型机电一体化设备，其主要技术特点如下。

① 拟人　在结构形态上，大多数工业机器人的本体有类似人类的腰部、大臂、小臂、手腕、手爪等部件，并接受其控制器的控制。在智能工业机器人上，还安装有模拟人类等生物的传感器，如模拟感官的接触传感器、力传感器、负载传感器、光传感器，模拟视觉的图像识别传感器，模拟听觉的声传感器、语音传感器等。这样的工业机器人具有类似人类的环境自适应能力。

② 柔性　工业机器人有完整、独立的控制系统，它可通过编程来改变其动作和行为，此外，还可通过安装不同的末端执行器，来满足不同的应用要求，因此，它具有适应对象变化的柔性。

③ 通用　除了部分专用工业机器人外，大多数工业机器人都可通过更换工业机器人手部的末端操作器，如更换手爪、夹具、工具等，来完成不同的作业。因此，它具有一定执行不同作业任务的通用性。

工业机器人、数控机床、机械手三者在结构组成、控制方式、行为动作等方面有许多相似之处，以至于非专业人士很难区分，有时会引起误解。以下通过三者的比较，来介绍相互间的区别。

(2) 工业机器人与数控机床

世界首台数控机床出现于1952年，它由美国麻省理工学院率先研发，其诞生比工业机器人早7年，因此，工业机器人的很多技术都来自数控机床。

George Devol（乔治·德沃尔）最初设想的机器人实际就是工业机器人，他所申请的专利就是利用数控机床的伺服轴驱动连杆机构，然后通过操纵和控制器对伺服轴的控制，来实现机器人的功能。按照相关标准的定义，工业机器人是“具有自动定位控制、可重复编程的多功能、多自由度的操作机”，这点也与数控机床十分类似。

因此，工业机器人和数控机床的控制系统类似，它们都有控制面板、控制器、伺服驱动等基本部件，操作者可利用控制面板对它们进行手动操作或进行程序自动运行、程序输入与编辑等操作控制。但是，由于工业机器人和数控机床的研发目的有着本质的区别，因此，其地位、用途、结构、性能等各方面均存在较大的差异。图2.1.7是数控机床和工业机器人的功能比较图，总体而言，两者的区别主要有以下几点。

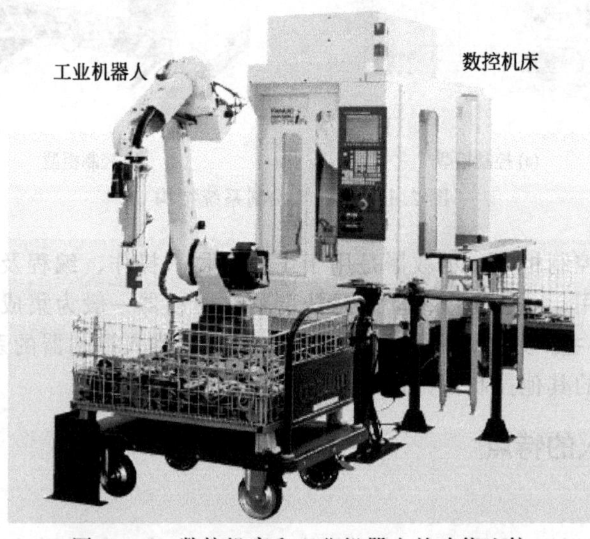

图 2.1.7 数控机床和工业机器人的功能比较

① 作用和地位 机床是用来加工机器零件的设备，是制造机器的机器，故称为工作母机；没有机床就几乎不能制造机器，没有机器就不能生产工业产品。因此，机床被称为国民经济基础的基础，在现有的制造模式中，它仍处于制造业的核心地位。工业机器人尽管发展速度很快，但目前绝大多数还只是用于零件搬运、装卸、包装、装配的生产辅助设备，或是进行焊接、切割、打磨、抛光等简单粗加工的生产设备，它在机械加工自动生产线上（焊接、涂装生产线除外）所占的价值一般只有15%左右。

因此，除非现有的制造模式发生颠覆性变革，否则工业机器人的体量很难超越机床。所以，那些认为“随着自动化大趋势的发展，机器人将取代机床成为新一代工业生产的基础”的观点，至少在目前看来是不正确的。

② 目的和用途 研发数控机床的根本目的是解决轮廓加工的刀具运动轨迹控制问题，而研发工业机器人的根本目的是用来协助或代替人类完成那些单调、重复、频繁或长时间、繁重的工作或进行高温、粉尘、有毒、易燃、易爆等危险环境下的作业。由于两者研发目的不同，因此，其用途也有根本的区别。简言之，数控机床是直接用来加工零件的生产设备，而大部分工业机器人则是用来替代或部分替代操作者进行零件搬运、装卸、装配、包装等作

业的生产辅助设备，两者目前尚无法相互完全替代。

③ 结构形态　工业机器人需要模拟人的动作和行为，在结构上以回转摆动轴为主、直线轴为辅（可能无直线轴），多关节串联、并联轴是其常见的形态；部分机器人（如无人搬运车等）的作业空间也是开放的。数控机床的结构以直线轴为主、回转摆动轴为辅（可能无回转摆动轴），绝大多数都采用直角坐标结构，其作业空间（加工范围）局限于设备本身。

但是，随着技术的发展，两者的结构形态也在逐步融合，如机器人有时也采用直角坐标结构，采用并联虚拟轴结构的数控机床也已有实用化的产品等。

④ 技术性能　数控机床是用来加工零件的精密加工设备，其轮廓加工能力、定位精度和加工精度等是衡量数控机床性能最重要的技术指标。高精度数控机床的定位精度和加工精度通常需要达到0.01mm或0.001mm的数量级，甚至更高，且其精度检测和计算标准的要求高于机器人。数控机床的轮廓加工能力决定于工件要求和机床结构，通常而言，能同时控制5轴（5轴联动）的机床，就可满足几乎所有零件的轮廓加工要求。

工业机器人是用于零件搬运、装卸、码垛、装配的生产辅助设备，或是进行焊接、切割、打磨、抛光等粗加工的设备，强调的是动作灵活性、作业空间、承载能力和感知能力。因此，除少数用于精密加工或装配的机器人外，其余大多数工业机器人对定位精度和轨迹精度的要求并不高，通常只需要达到0.1～1mm的数量级便可满足要求，且精度检测和计算标准的要求低于数控机床。但是，工业机器人的控制轴数将直接决定自由度、动作灵活性等关键指标，其要求很高；理论上说，需要工业机器人有6个自由度（6轴控制），才能完全描述一个物体在三维空间的位姿，如需要避障，还需要有更多的自由度。此外，智能工业机器人还需要有一定的感知能力，故需要配备位置、触觉、视觉、听觉等多种传感器；而数控机床一般只需要检测速度与位置，因此，工业机器人对检测技术的要求高于数控机床。

(3) 工业机器人与机械手

用于零件搬运、装卸、码垛、装配的工业机器人功能和自动化生产设备中的辅助机械手类似。例如，国际标准化组织（ISO）将工业机器人定义为“自动的、位置可控的、具有编程能力的多功能机械手”，日本机器人协会（JRA）将工业机器人定义为“能够执行人体上肢（手和臂）类似动作的多功能机器”，表明两者的功能存在很大的相似之处。但是，工业机器人与生产设备中的辅助机械手的控制系统、操作编程、驱动系统均有明显的不同。图2.1.8是工业机器人与机械手的比较图，两者的主要区别如下。

① 控制系统　工业机器人需要有独立的控制器、驱动系统、操作界面等，可对其进行手动、自动操作和编程，因此，它是一种可独立运行的完整设备，能依靠自身的控制能力来实现所需要的功能。机械手只是用来实现换刀或工件装卸等操作的辅助装置，其控制一般需要通过设备的控制器（如CNC、PLC等）实现，它没有自身的控制系统和操作界面，故不能独立运行。

② 操作编程　工业机器人具有适应动作和对象变化的柔性，其动作是随时可变的，如需要，最终用户可随时通过手动操作或编程来改变其动作，现代工业机器人还可根据人工智能技术所制定的原则纲领自主行动。但是，辅助机械手的动作和对象是固定的，其控制程序通常由设备生产厂家编制；即使在调整和维修时，用户通常也只能按照设备生产厂的规定进行操作，而不能改变其动作的位置与次序。

③ 驱动系统　工业机器人需要灵活改变位姿，绝大多数运动轴都需要有任意位置定位功能，需要使用伺服驱动系统；在无人搬运车（automated guided vehicle，简称AGV）等输送机器人上，还需要配备相应的行走机构及相应的驱动系统。而辅助机械手的安装位置、定位点和动作次序样板都是固定不变的，大多数运动部件只需要控制起点和终点，故较多地

采用气动、液压驱动系统。

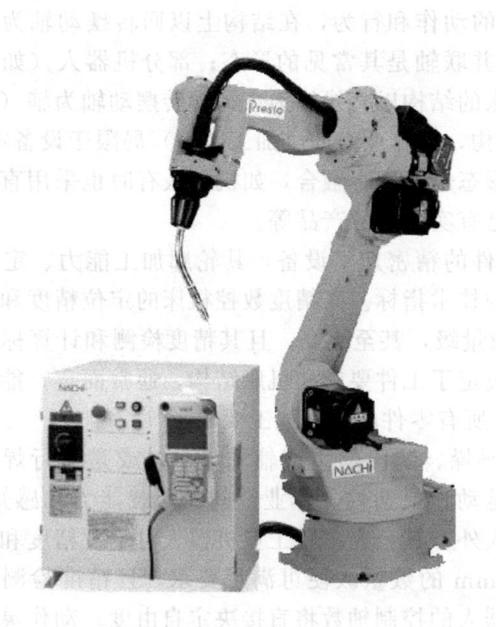

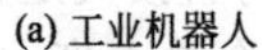

(a) 工业机器人 (b) 机械手

图 2.1.8 工业机器人与机械手的比较

2.2 工业机器人的结构形态

2.2.1 垂直串联机器人

从运动学原理上说，绝大多数机器人的本体都是由若干关节（joint）和连杆（link）组成的运动链。根据关节间的连接形式，多关节工业机器人的典型结构主要有垂直串联、水平串联（或 SCARA）和并联 3 大类。

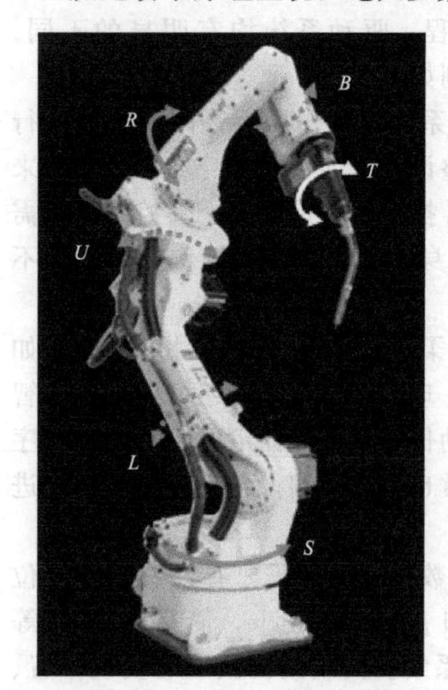

图 2.2.1 6 轴垂直串联结构

垂直串联（vertical articulated）是工业机器人最常见的结构形式，机器人的本体部分一般由 5～7 个关节在垂直方向依次串联而成，它可以模拟人类从腰部到手腕的运动，用于加工、搬运、装配、包装等各种场合。

(1) 6 轴串联结构

图 2.2.1 所示的 6 轴串联是垂直串联机器人的典型结构。机器人的 6 个运动轴分别为腰部回转轴 S（swing，亦称 J_1 轴）、下臂摆动轴 L（lower arm wiggle，亦称 J_2 轴）、上臂摆动轴 U（upper arm wiggle，亦称 J_3 轴）、腕回转轴 R（wrist rotation，亦称 J_4 轴）、腕弯曲摆动轴 B（wrist bending，亦称 J_5 轴）、手回转轴 T（turning，亦称 J_6 轴）；其中，图中用实线表示的腰回转轴 $S(J_1)$、腕回转轴 $R(J_4)$、手回转轴 $T(J_6)$ 可在 4 象限进行 360°

或接近 360°的回转，称为回转轴（roll）；用虚线表示的下臂摆动轴 $L(J_2)$、上臂摆动轴 $U(J_3)$、腕弯曲摆动轴 $B(J_5)$ 一般只能在 3 象限内进行小于 270°的回转，称为摆动轴（bend）。

6 轴垂直串联结构机器人的末端执行器作业点的运动，由手臂、手腕和手的运动合成；其中，腰、下臂、上臂 3 个关节，可用来改变手腕基准点的位置，称为定位机构。通过腰回转轴 S 的运动，机器人可绕基座的垂直轴线回转，以改变机器人的作业面方向；通过下臂摆动轴 L 的运动，可使机器人的大部进行垂直方向的偏摆，实现手腕参考点的前后运动；通过上臂摆动轴 U 的运动，它可使机器人的上部进行水平方向的偏摆，实现手腕参考点的上下运动（俯仰）。

手腕部分的腕回转、弯曲摆动和手回转 3 个关节，可用来改变末端执行器的姿态，称为定向机构。回转轴 R 可整体改变手腕方向，调整末端执行器的作业面向；腕弯曲轴 B 可用来实现末端执行器的上下或前后、左右摆动，调整末端执行器的作业点；手回转轴 T 用于末端执行器回转控制，它可改变末端执行器的作业方向。

6 轴垂直串联结构机器人通过以上定位机构和定向机构的串联，较好地实现了三维空间内的任意位置和姿态控制，它对于各种作业都有良好的适应性，因此，可用于加工、搬运、装配、包装等各种场合。

但是，6 轴垂直串联结构机器人的也存在以下固有的缺点。

第一，末端执行器在笛卡儿坐标系上的三维运动（X、Y、Z 轴），需要通过多个回转、摆动轴的运动合成，且运动轨迹不具备唯一性，X、Y、Z 轴的坐标计算和运动控制比较复杂，加上 X、Y、Z 轴的位置无法通过传感器进行直接检测，要实现高精度的闭环位置控制非常困难。这是采用关节和连杆结构的工业机器人所存在的固定缺陷，它也是目前工业机器人大多需要采用示教编程以及其位置控制精度不及数控机床的主要原因所在。

第二，由于结构所限，6 轴垂直串联结构机器人存在运动干涉区域，在上部或正面运动受限时，进行下部、反向作业非常困难。

第三，在典型结构上，所有轴的运动驱动机构都安装在相应的关节部位，机器人上部的质量大、重心高，高速运动时的稳定性较差，其承载能力通常较低。

为了解决以上问题，垂直串联工业机器人有时采用如下变形结构。

（2）7 轴串联结构

为解决 6 轴垂直串联结构存在的下部、反向作业干涉问题，先进的工业机器人有时也采用图 2.2.2 所示的 7 轴垂直串联结构。

7 轴垂直串联结构的机器人在 6 轴机器人的基础上，增加了下臂回转轴 LR（lower arm rotation，J_7 轴），使定位机构扩大到腰回转、下臂摆动、下臂回转、上臂摆动 4 个关节，手腕基准点（参考点）的定位更加灵活。

例如，当机器人上部的运动受到限制时，它仍能够通过下臂的回转，避让上部的干涉区，从而完成图 2.2.3(a) 所示的下部作业；在正面运动受到限制时，则通过下臂的回转，避让正面的干涉区，进行图 2.2.3(b) 所示的反向作业。

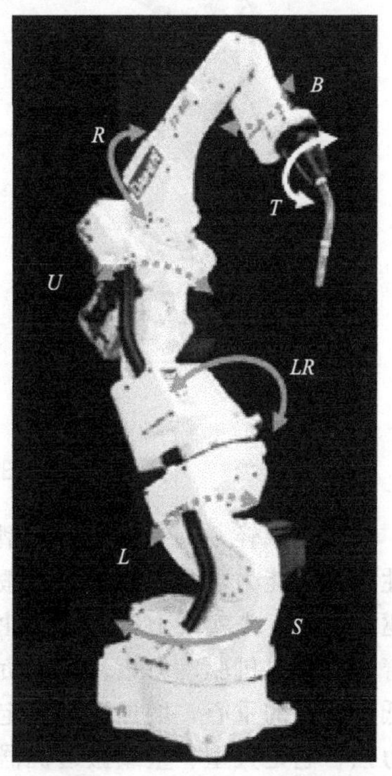

图 2.2.2　7 轴串联结构

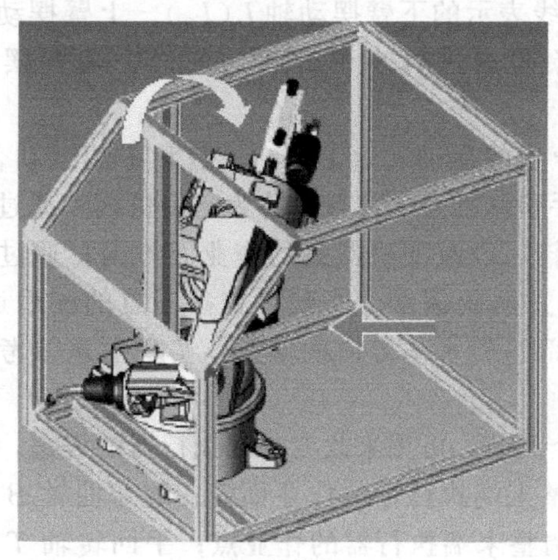
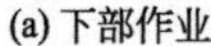

(a) 下部作业

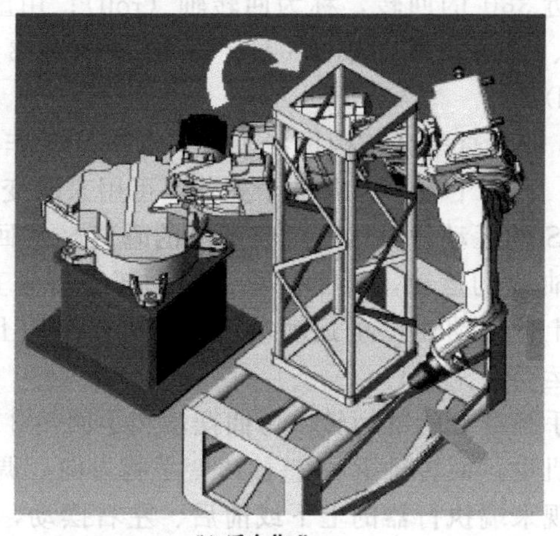

(b) 反向作业

图 2.2.3 7轴机器人的应用

(3) 其他结构

机器人末端执行器的姿态与作业要求有关，在部分作业场合，有时可省略1～2个运动轴，简化为图2.2.4所示的5轴、4轴垂直串联结构的机器人。

例如，对于以水平面作业为主的搬运、包装机器人，可省略腕回转轴 R，有时采用图2.2.4(a)所示的5轴串联结构；对于大型平面搬运作业的机器人，有时采用图2.2.4(b)所示的4轴结构，省略腕回转轴 R、腕弯曲摆动轴 B，以简化结构、增加刚性等。

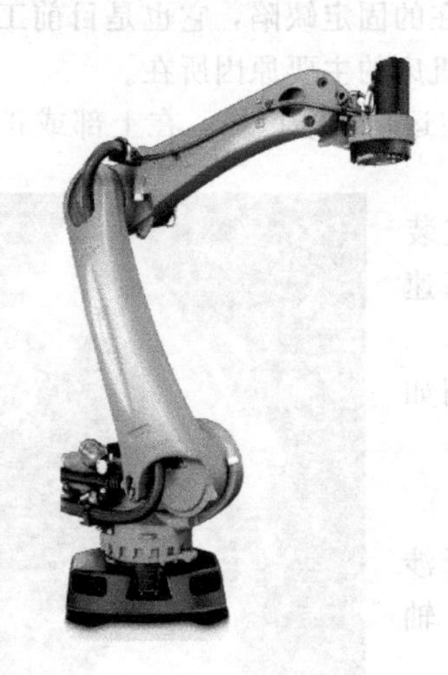

(a) 5轴

(b) 4轴

图 2.2.4 5轴、4轴机器人简化结构

为了减轻6轴垂直串联典型结构的机器人的上部质量，降低机器人重心，提高运动稳定性和承载能力，大型、重载的搬运、码垛机器人也经常采用图2.2.5所示的平行四边形连杆驱动机构，来实现上臂和腕弯曲的摆动运动。采用平行四边形连杆机构驱动，不仅可加长力臂，放大电机驱动力矩、提高负载能力，而且，还可将驱动机构的安装位置移至腰部，以降低机器人的重心，增加运动稳定性。平行四边形连杆机构驱动的机器人结构刚性高、负载能力强，它是大型、重载搬运机器人的常用结构形式。

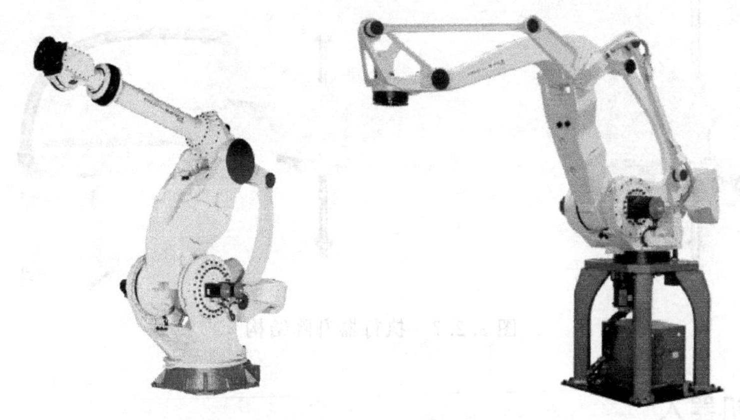

图 2.2.5　平行四边形连杆驱动机构

2.2.2　水平串联机器人

(1) 基本结构

水平串联（horizontal articulated）结构是日本山梨大学在 1978 年发明的一种建立在圆柱坐标上的特殊机器人结构形式，又称 SCARA（selective compliance assembly robot arm，选择顺应性装配机器手臂）结构。

SCARA 机器人的基本结构如图 2.2.6 所示。这种机器人的手臂由 2～3 个轴线相互平行的水平旋转关节 C_1、C_2、C_3 串联而成，以实现平面定位；整个手臂可通过垂直方向的直线移动轴 Z，进行升降运动。

SCARA 机器人的结构简单、外形轻巧、定位精度高、运动速度快，它特别适合于平面定位、垂直方向装卸的搬运和装配作业，故首先被用于 3C 行业（计算机 computer、通信 communication、消费性电子 consumer electronic）印刷电路板的器件装配和搬运作业；随后在光伏行业的 LED、太阳能电池安装，以及塑料、汽车、药品、食品等行业的平面装配和搬运领域得到了较为广泛的应用。SCARA 结构机器人的工作半径通常为 100～1000mm，承载能力一般在 1～200kg 之间。

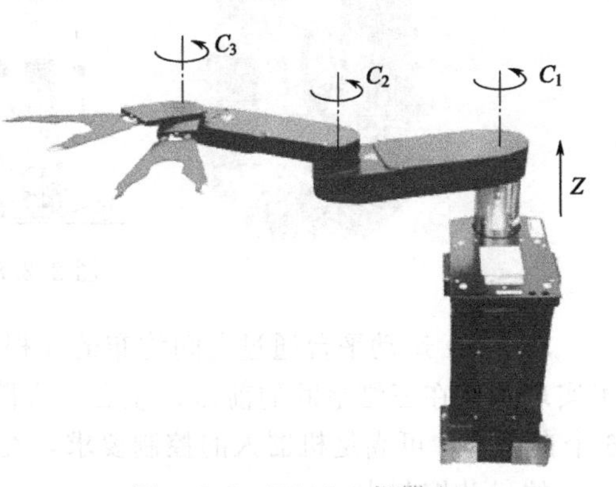

图 2.2.6　SCARA 机器人

(2) 执行器升降结构

采用 SCARA 基本结构的机器人结构紧凑、动作灵巧，但水平旋转关节 C_1、C_2、C_3 的驱动电机均需要安装在基座侧，其传动链长、传动系统结构较为复杂；此外，垂直轴 Z 需要控制 3 个手臂的整体升降，其运动部件质量较大、升降行程通常较小，因此，实际使用时经常采用图 2.2.7 所示的执行器升降结构。

采用执行器升降结构的 SCARA 机器人不但可扩大 Z 轴升降行程、减轻升降部件的重量、提高手臂刚性和负载能力，同时，还可将 C_2、C_3 轴的驱动电机安装位置前移，以缩短传动链、简化传动系统结构。但是，这种结构的机器人回转臂的体积大、结构不及基本型紧凑，因此，多用于垂直方向运动不受限制的平面搬运和部件装配作业。

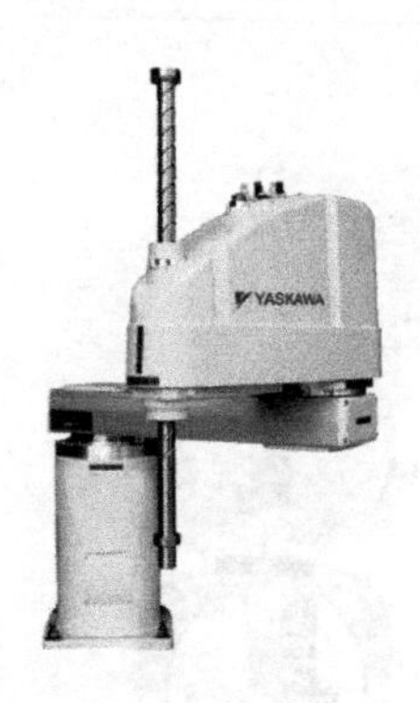

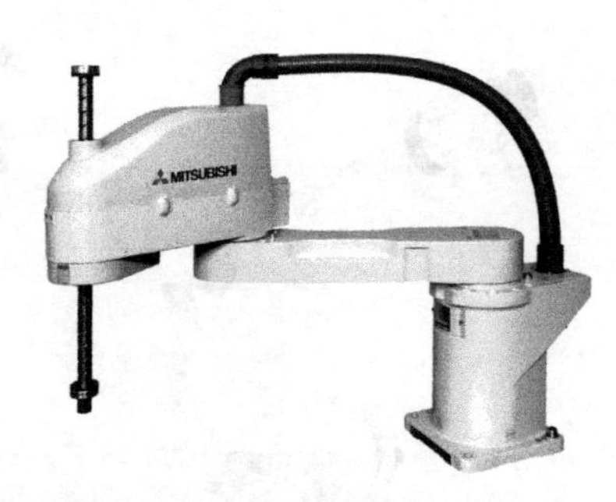

图 2.2.7 执行器升降结构

2.2.3 并联机器人

(1) 基本结构

并联机器人（parallel robot）的结构设计源自 1965 年英国科学家 Stewart 在 *A Platform with Six Degrees of Freedom* 中提出的 6 自由度飞行模拟器，即 Stewart 平台机构。Stewart 平台的标准结构如图 2.2.8 所示。

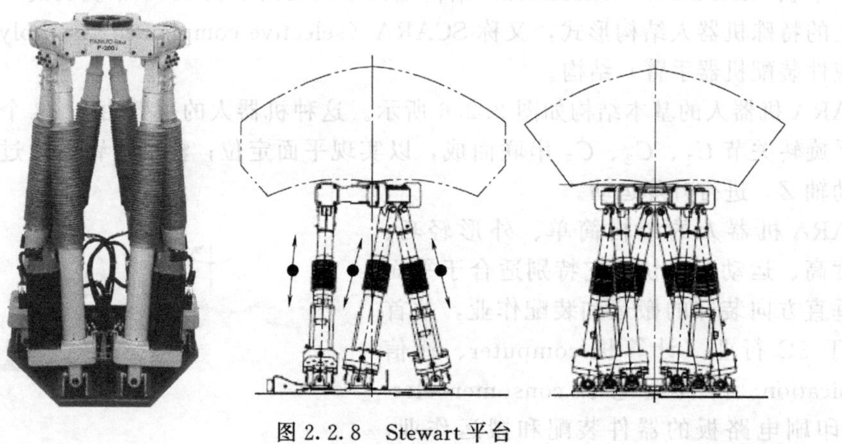

图 2.2.8 Stewart 平台

Stewart 运动平台通过空间均布的 6 根并联连杆支撑。当控制 6 根连杆伸缩运动时，便可实现平台在三维空间的前后、左右、升降及倾斜、回转、偏摆等运动。Stewart 平台具有 6 个自由度，可满足机器人的控制要求，在 1978 年，它被澳大利亚学者 Hunt 首次引入到机器人的运动控制中。

Stewart 平台的运动需要通过 6 根连杆轴的同步控制实现，其结构较为复杂、控制难度很大。1985 年，瑞士洛桑联邦理工学院（Swiss Federal Institute of Technology in Lausanne，法语简称 EPFL）的 Clavel 博士，发明了一种图 2.2.9 所示的简化结构，它采用悬挂式布置，可通过 3 根并联连杆轴的摆动，实现三维空间的平移运动，这一结构称之为 Delta 结构。

Delta 机构可通过运动平台上安装图 2.2.10 所示的回转轴，增加回转自由度，方便地实现 4、5、6 自由度的控制，以满足不同机器人的控制要求，采用了 Delta 结构的机器人称为 Delta 机器人或 Delta 机械手。

Delta 机器人具有结构简单、控制容易、运动快捷、安装方便等优点，因而 Delta 结构成为目前并联机器人的基本结构，被广泛用于食品、药品、电子、电工等行业的物品分拣、

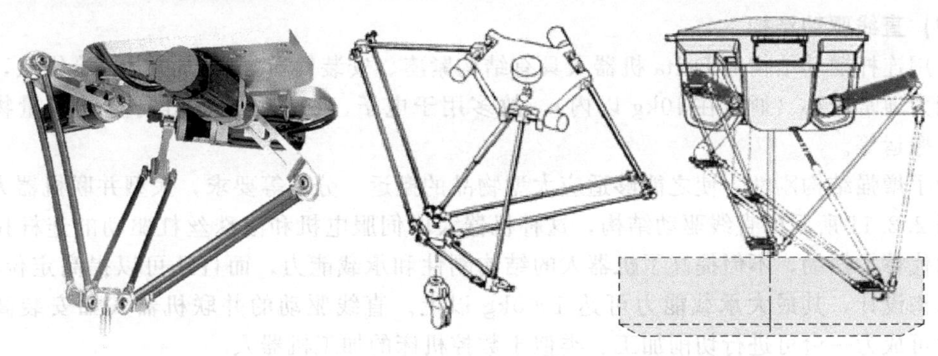

图 2.2.9　Delta 机构

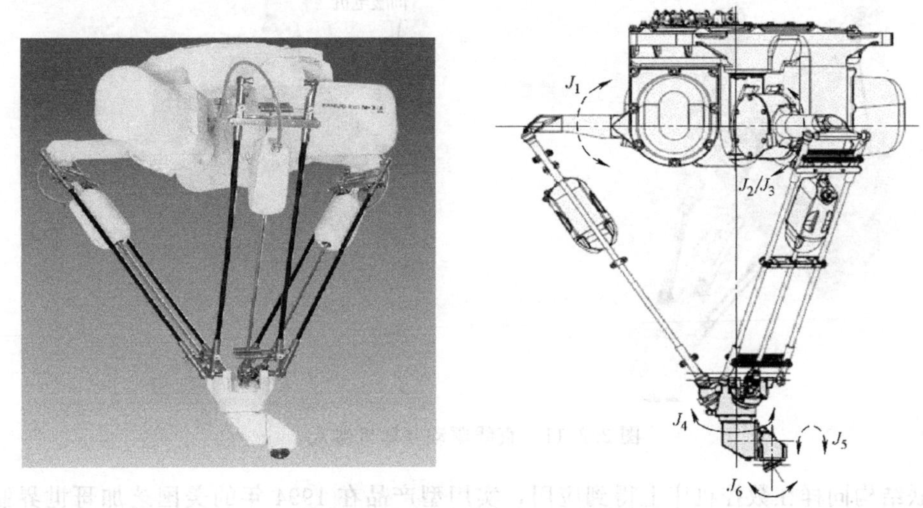

图 2.2.10　6 自由度 Delta 机器人

装配、搬运，它是高速、轻载并联机器人最为常用的结构形式。

(2) 结构特点

并联结构和前述的串联结构有本质的区别，它是工业机器人结构发展史上的一次重大变革。在传统的串联结构机器人上，从机器人的安装基座到末端执行器，需要经过腰部、下臂、上臂、手腕、手部等多级运动部件的串联。因此，当腰部进行回转时，安装在腰部上方的下臂、上臂、手腕、手部等都必须随之进行相应的空间运动；当下臂进行摆动运动时，安装在下臂上的上臂、手腕、手部等也必须随之进行相应的空间移动等。这就是说，串联结构的机器人的后置部件必然随同前置轴一起运动，这无疑增加了前置轴运动部件的重量；前置轴设计时，必须有足够的结构刚性。

另一方面，在机器人作业时，执行器上所受的反力也将从手部、手腕依次传递到上臂、下臂、腰部、基座上，末端执行器的受力也将串联传递至前端。因此，前端构件在设计时不但要考虑负担后端构件的重力，而且还要承受作业反力，为了保证刚性和精度，每部分的构件都得有足够的体积和质量。

由此可见，串联结构的机器人，必然存在移动部件质量大、系统刚度低等固有缺陷。

并联结构的机器人手腕和基座采用的是 3 根并联连杆连接，手部受力可由 3 根连杆均匀分摊，每根连杆只承受拉力或压力，不承受弯矩或扭矩，因此，这种结构理论上具有刚度高、重量轻、结构简单、制造方便等特点。

（3）直线驱动结构

采用连杆摆动结构的 Delta 机器人具有结构紧凑、安装简单、运动速度快等优点，但其承载能力通常较小（通常在 10kg 以内），故多用于电子、食品、药品等行业的轻量物品的分拣、搬运等。

为了增强结构刚性，使之能够适应大型物品的搬运、分拣等要求，大型并联机器人经常采用图 2.2.11 所示的直线驱动结构，这种机器人以伺服电机和滚珠丝杠驱动的连杆拉伸直线运动代替了摆动，不但提高了机器人的结构刚性和承载能力，而且还可以提高定位精度、简化结构设计，其最大承载能力可达 1000kg 以上。直线驱动的并联机器人如安装高速主轴，便可成为一台可进行切削加工、类似于数控机床的加工机器人。

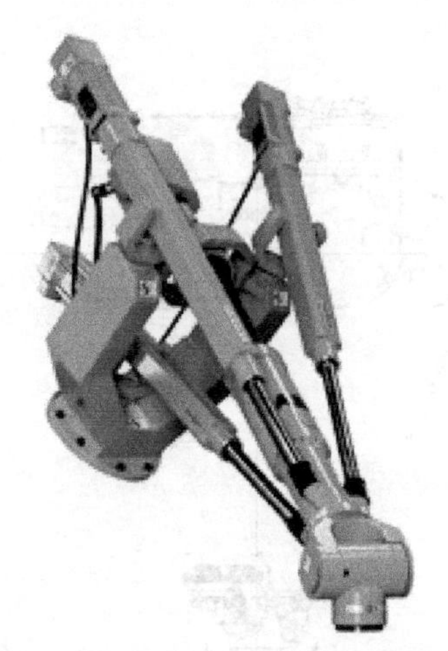

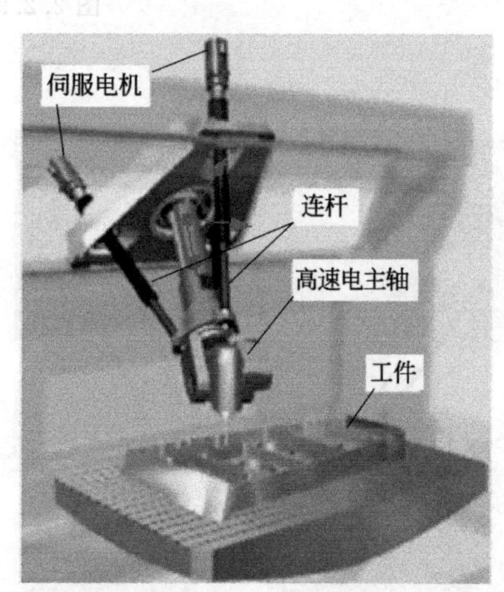

图 2.2.11　直线驱动并联机器人

并联结构同样在数控机床上得到应用，实用型产品在 1994 年的美国芝加哥世界制造技术博览会（IMTS94）上展出后，一度成为机床行业的研究热点，目前已有多家机床生产厂家推出了实用化的产品。由于数控机床对结构刚性、位置控制精度、切削能力的要求高，因此，一般需要采用图 2.2.12 所示的 Stewart 平台结构或直线驱动的 Delta 结构，以提高机床的结构刚性和位置精度。

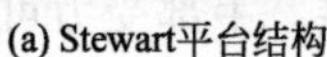

(a) Stewart平台结构

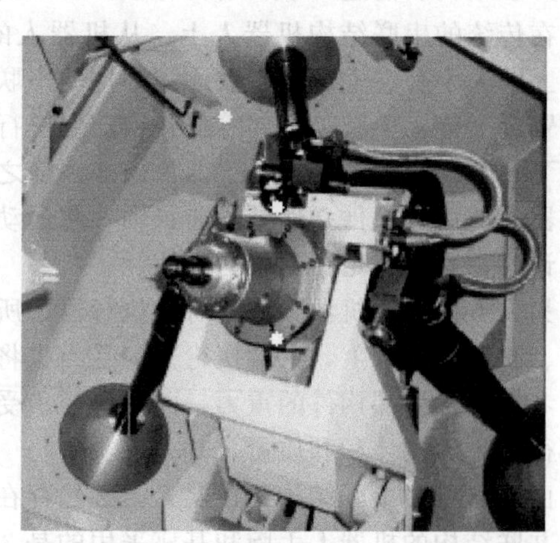

(b) Delta结构

图 2.2.12　并联轴数控机床

并联结构的数控机床同样具有刚度高、重量轻、结构简单、制造方便等特点，但是，由于数控机床对位置和轨迹控制的要求高，采用并联结构时，其笛卡儿坐标系的位置检测和控制还存在相当的技术难度，因此，目前尚不具备大范围普及和推广的条件。

2.3 工业机器人的技术性能

2.3.1 主要技术参数

(1) 基本参数

由于机器人的结构、用途和要求不同，机器人的性能也有所不同。一般而言，机器人样本和说明书中所给的主要技术参数有控制轴数（自由度）、承载能力、工作范围（作业空间）、运动速度、位置精度等；此外，还有安装方式、防护等级、环境要求、供电电源要求、机器人外形尺寸与重量等与使用、安装、运输相关的其他参数。

以 ABB 公司 IRB 140T 和安川公司 MH6 两种 6 轴通用型机器人为例，产品样本和说明书所提供的主要技术参数如表 2.3.1 所示。

表 2.3.1 6 轴通用型机器人主要技术参数表

机器人型号		IRB140T	MH6
规格(specification)	承载能力(payload)	6kg	6kg
	控制轴数(number of axes)	6	
	安装方式(mounting)	地面/壁挂/框架/倾斜/倒置	
工作范围(working range)	第 1 轴(Axis 1)	360°	−170°～+170°
	第 2 轴(Axis 2)	200°	−90°～+155°
	第 3 轴(Axis 3)	−280°	−175°～+250°
	第 4 轴(Axis 4)	不限	−180°～+180°
	第 5 轴(Axis 5)	230°	−45°～+225°
	第 6 轴(Axis 6)	不限	−360°～+360°
最大速度(maximum Speed)	第 1 轴(Axis 1)	250°/s	220°/s
	第 2 轴(Axis 2)	250°/s	200°/s
	第 3 轴(Axis 3)	260°/s	220°/s
	第 4 轴(Axis 4)	360°/s	410°/s
	第 5 轴(Axis 5)	360°/s	410°/s
	第 6 轴(Axis 6)	450°/s	610°/s
重复定位精度 RP(position repeatability)		0.03mm/ISO 9238	±0.08mm/JISB8432
工作环境(ambient)	工作温度(operation temperature)	+5℃～+45℃	0℃～+45℃
	储运温度(transportation temperature)	−25℃～+55℃	−25℃～+55℃
	相对湿度(relative humidity)	≤95%RH	20%～80%RH
电源(power supply)	电压(supply voltage)	200～600V/50～60Hz	200～400V/50～60Hz
	容量(power consumption)	4.5kV·A	1.5kV·A
外形(dimensions)	长/宽/高(width/depth/height)	800mm×620mm×950mm	640mm×387mm×1219mm
质量(mass)		98kg	130kg

机器人的安装方式与规格、结构形态等有关。一般而言，大中型机器人通常需要采用底面（floor）安装；并联机器人则多数为倒置安装；水平串联（SCARA）和小型垂直串联机器人则可采用底面（floor）、壁挂（wall）、倒置（inverted）、框架（shelf）、倾斜（tilted）等多种方式安装。

（2）作业空间

由于垂直串联等结构的机器人工作范围是三维空间的不规则球体，为了便于说明，产品样本中一般需要提供图 2.3.1 所示的详细作业空间图。

在垂直串联机器人上，从机器人安装底面中心至手臂前伸极限位置的距离，通常称为机器人的作业半径。例如，图 2.3.1(a) 所示的 IRB140 作业半径为 810mm（或约 0.8m），图 2.3.1(b) 所示的 MH6 作业半径为 1422mm（或约 1.42m）等。

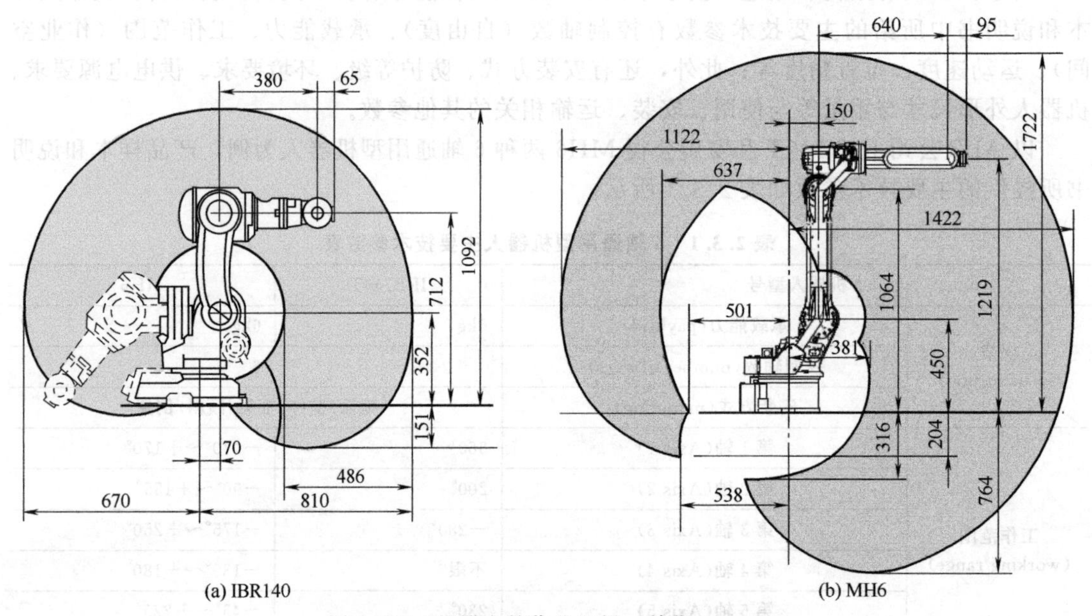

(a) IBR140　(b) MH6

图 2.3.1　机器人的作业空间（单位：mm）

（3）分类性能

工业机器人的性能与机器人的用途、作业要求、结构形态等有关。大致而言，对于不同用途的工业机器人，其常见的结构形态以及对控制轴数（自由度）、承载能力、重复定位精度等主要技术指标的要求如表 2.3.2 所示。

表 2.3.2　各类工业机器人的主要技术指标要求

类别		常见形态	控制轴数	承载能力/kg	重复定位精度/mm
加工类	弧焊、切割	垂直串联	6～7	3～20	0.05～0.1
	点焊	垂直串联	6～7	50～350	0.2～0.3
装配类	通用装配	垂直串联	4～6	2～20	0.05～0.1
	电子装配	SCARA	4～5	1～5	0.05～0.1
	涂装	垂直串联	6～7	5～30	0.2～0.5
搬运类	装卸	垂直串联	4～6	5～200	0.1～0.3
	输送	AGV	—	5～6500	0.2～0.5

续表

类别		常见形态	控制轴数	承载能力/kg	重复定位精度/mm
包装类	分拣、包装	垂直串联、并联	4～6	2～20	0.05～0.1
	码垛	垂直串联	4～6	50～1500	0.5～1

2.3.2 工作范围与承载能力

(1) 工作范围

工作范围（working range）又称作业空间，它是指机器人在未安装末端执行器时，其手腕参考点所能到达的空间。工作范围是衡量机器人作业能力的重要指标，工作范围越大，机器人的作业区域也就越大。

机器人的工作范围内还可能存在奇点（singular point）。奇点又称奇异点，其数学意义是不满足整体性质的个别点；按照RIA标准定义，机器人奇点是“由两个或多个机器人轴共线对准所引起的、机器人运动状态和速度不可预测的点”。垂直串联机器人的奇点可参见后述；如奇点连成一片，则称为“空穴”。

机器人的工作范围与机器人的结构形态有关。在实际使用时，还需要考虑安装末端执行器后可能产生的碰撞，因此，实际工作范围应剔除机器人在运动过程中可能产生自身碰撞的干涉区。

对于常见的典型结构机器人，其作业空间分别如下。

① 全范围作业机器人　在不同结构形态的机器人中，图2.3.2所示的直角坐标机器人（Cartesian coordinate robot）、并联机器人（parallel robot）、SCARA机器人的运动干涉区较小，机器人能接近全范围工作。

直角坐标的机器人手腕参考点定位通过三维直线运动实现，其作业空间为图2.3.2(a)所示的实心立方体；并联机器人的手腕参考点定位通过3个并联轴的摆动实现，其作业范围为图2.3.2(b)所示的三维空间的锥底圆柱体；SCARA机器人的手腕参考点定位通过3轴摆动和垂直升降实现，其作业范围为图2.3.2(c)所示的三维空间的圆柱体。

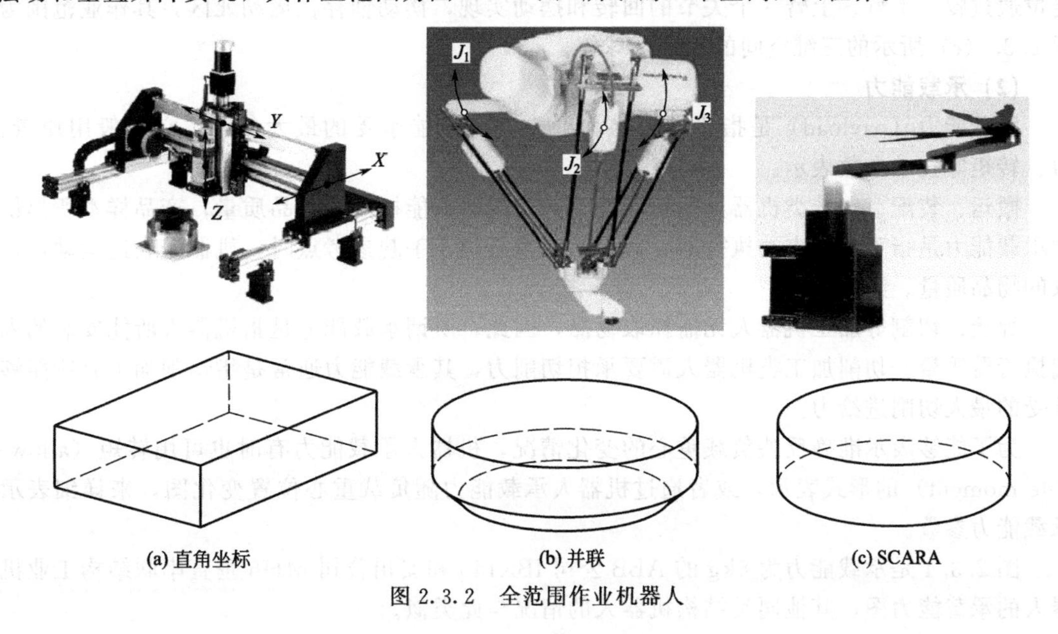

图2.3.2　全范围作业机器人

② 部分范围作业机器人　圆柱坐标（cylindrical coordinate robot）、球坐标（polar coordinate robot）和垂直串联（articulated robot）机器人的运动干涉区较大，工作范围需要去除干涉区，故只能进行图 2.3.3 所示的部分空间作业。

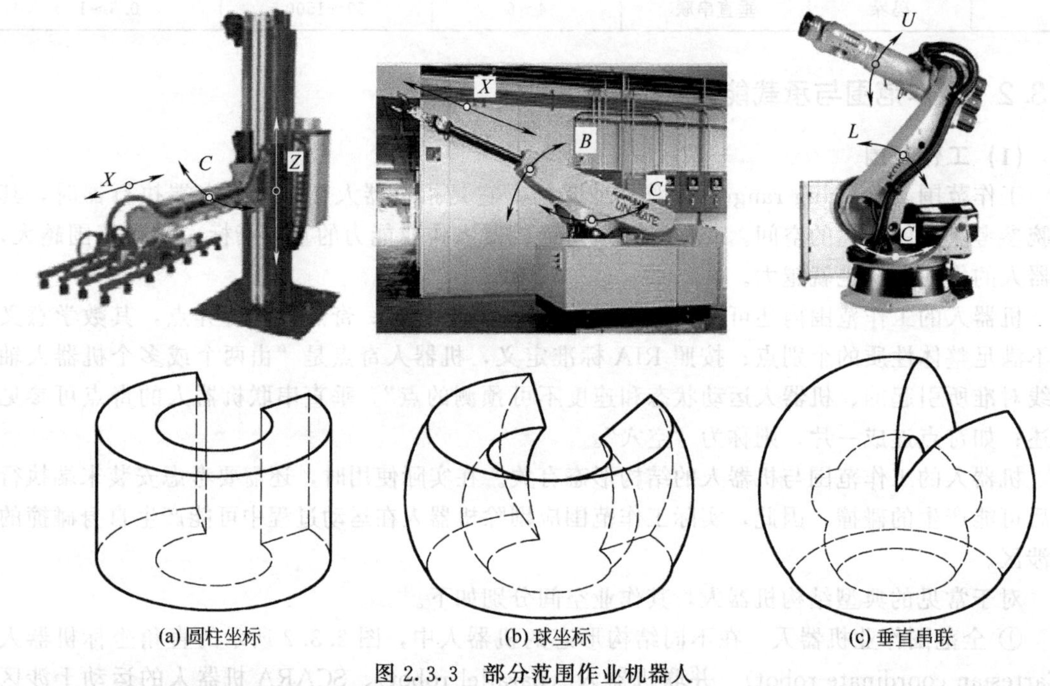

图 2.3.3　部分范围作业机器人

圆柱坐标机器人的手腕参考点定位通过 2 轴直线加 1 轴回转摆动实现，由于摆动轴存在运动死区，其作业范围通常为图 2.3.3(a) 所示的三维空间的部分圆柱体。球坐标型机器人的手腕参考点定位通过 1 轴直线加 2 轴回转摆动实现，其摆动轴和回转轴均存在运动死区，作业范围为图 2.3.3(b) 所示的三维空间的部分球体。垂直串联关节型机器人的手腕参考点定位通过腰、下臂、上臂 3 个关节的回转和摆动实现，摆动轴存在运动死区，其作业范围为图 2.3.3(c) 所示的三维空间的不规则球体。

(2) 承载能力

承载能力（payload）是指机器人在作业空间内所能承受的最大负载，它一般用质量、力、转矩等技术参数表示。

搬运、装配、包装类机器人的承载能力是指机器人能抓取的物品质量，产品样本所提供的承载能力是指不考虑末端执行器、假设负载重心位于手腕参考点时，机器人高速运动可抓取的物品质量。

焊接、切割等加工机器人无需抓取物品，因此，所谓承载能力是指机器人所能安装的末端执行器质量。切削加工类机器人需要承担切削力，其承载能力通常是指切削加工时所能够承受的最大切削进给力。

为了能够表示准确反映负载重心的变化情况，机器人承载能力有时也可用转矩（allowable moment）的形式表示，或者通过机器人承载能力随负载重心位置变化图，来详细表示承载能力参数。

图 2.3.4 是承载能力为 6kg 的 ABB 公司 IBR140 和安川公司 MH6 垂直串联结构工业机器人的承载能力图，其他同类结构机器人的情况与此类似。

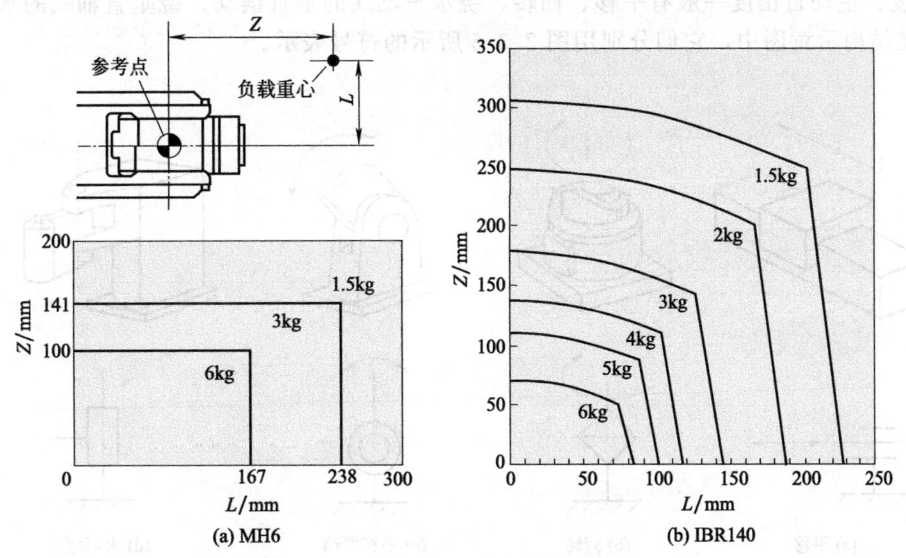

图 2.3.4 重心位置变化时的承载能力

2.3.3 自由度、速度及精度

(1) 自由度

自由度（degree of freedom）是衡量机器人动作灵活性的重要指标。所谓自由度，就是整个机器人运动链所能够产生的独立运动数，包括直线、回转、摆动运动，但不包括执行器本身的运动（如刀具旋转等）。机器人的每一个自由度原则上都需要有一个伺服轴进行驱动，因此，在产品样本和说明书中，通常以控制轴数（number of axes）表示。

一般而言，机器人进行直线运动或回转运动所需要的自由度为 1；进行平面运动（水平面或垂直面）所需要的自由度为 2；进行空间运动所需要的自由度为 3。进而，如果机器人能进行图 2.3.5 所示的 X、Y、Z 方向直线运动和回绕 X、Y、Z 轴的回转运动，具有 6 个自由度，执行器就可在三维空间上任意改变姿态，实现完全控制。

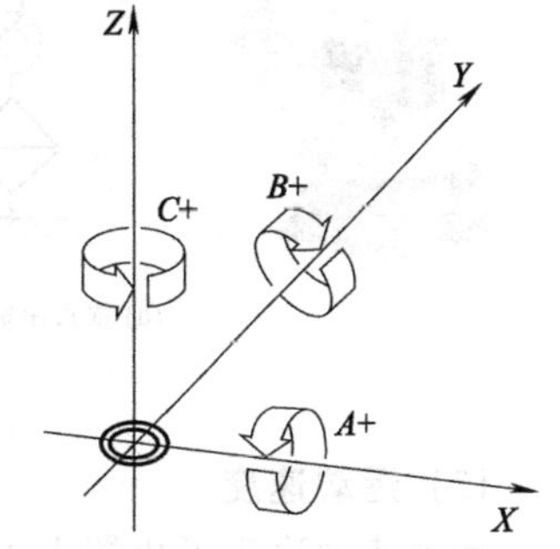

图 2.3.5 空间的自由度

如果机器人的自由度超过 6 个，多余的自由度称为冗余自由度（redundant degree of freedom），冗余自由度一般用来回避障碍物。

在三维空间作业的多自由度机器人上，由第 1～3 轴驱动的 3 个自由度，通常用于手腕基准点的空间定位；第 4～6 轴则用来改变末端执行器姿态。但是，当机器人实际工作时，定位和定向动作往往是同时进行的，因此，需要多轴同时运动。

机器人的自由度与作业要求有关。自由度越多，执行器的动作就越灵活，适应性也就越强，但其结构和控制也就越复杂。因此，对于作业要求不变的批量作业机器人来说，运行速度、可靠性是其最重要的技术指标，自由度则可在满足作业要求的前提下适当减少；而对于多品种、小批量作业的机器人来说，通用性、灵活性指标显得更加重要，这样的机器人就需要有较多的自由度。

(2) 自由度的表示

通常而言，机器人的每一个关节都可驱动执行器产生 1 个主动运动，这一自由度称为主动自由度。主动自由度一般有平移、回转、绕水平轴线的垂直摆动、绕垂直轴线的水平摆动4种，在结构示意图中，它们分别用图2.3.6所示的符号表示。

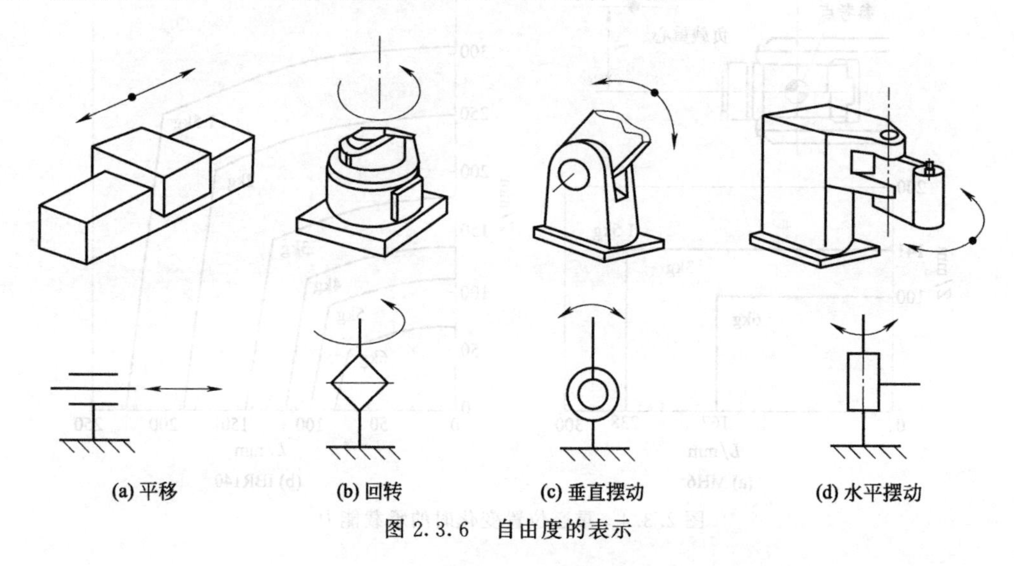

图 2.3.6 自由度的表示

当机器人有多个串联关节时，只需要根据其机械结构，依次连接各关节来表示机器人的自由度。例如，图2.3.7为常见的6轴垂直串联和3轴水平串联机器人的自由度的表示方法，其他结构形态机器人的自由度表示方法类似。

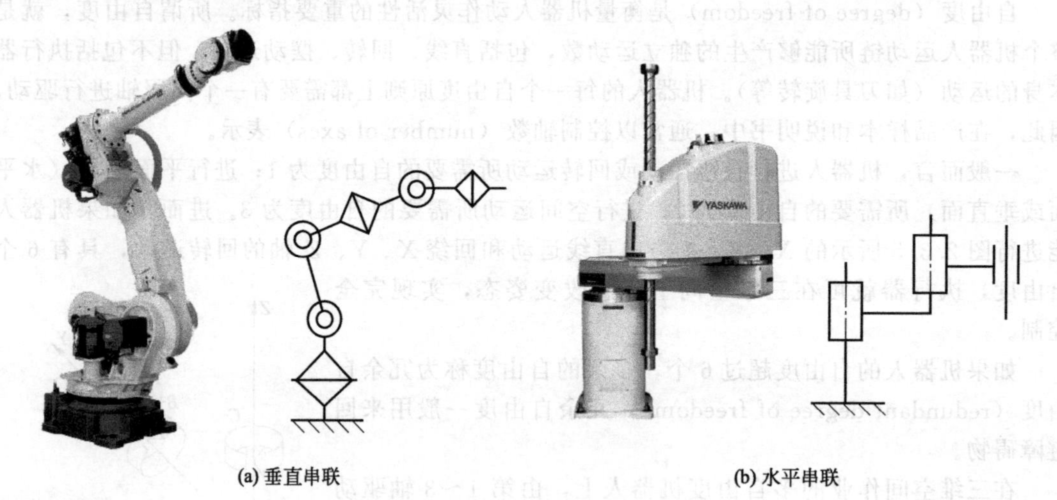

图 2.3.7 多关节串联的自由度表示

(3) 运动速度

运动速度决定了机器人工作效率，它是反映机器人性能水平的重要参数。样本和说明书中所提供的运动速度，一般是指机器人在空载、稳态运动时所能够达到的最大运动速度(maximum speed)。

机器人运动速度用参考点在单位时间内能够移动的距离（mm/s）、转过的角度或弧度（°/s 或 rad/s）表示，它按运动轴分别进行标注。当机器人进行多轴同时运动时，其空间运动速度应是所有参与运动轴的速度合成。

机器人的实际运动速度与机器人的结构刚性、运动部件的质量和惯量、驱动电机的功率、实际负载的大小等因素有关。对于多关节串联结构的机器人，越靠近末端执行器的运动轴，运动部件的质量、惯量就越小，因此，能够达到的运动速度和加速度也越大；而越靠近安装基座的运动轴，对结构部件的刚性要求就越高，运动部件的质量、惯量就越大，能够达到的运动速度和加速度也越小。

(4) 定位精度

机器人的定位精度是指机器人定位时，执行器实际到达的位置和目标位置间的误差值，它是衡量机器人作业性能的重要技术指标。机器人样本和说明书中所提供的定位精度一般是各坐标轴的重复定位精度 RP(position repeatability)，在部分产品上，有时还提供了轨迹重复精度 RT（path repeatability)。

由于绝大多数机器人的定位需要通过关节的旋转和摆动实现，其空间位置的控制和检测，远比以直线运动为主的数控机床困难得多，因此，机器人的位置测量方法和精度计算标准都与数控机床不同。目前，工业机器人的位置精度检测和计算标准一般采用 ISO 9283：1998 *Manipulating industrial robots—Performance criteria and related test methods*（《操纵型工业机器人 性能规范和试验方法》）或 JIS B8432（日本）等；而数控机床则普遍使用 ISO 230-2：2014、VDI/DGQ 3441（德国）、JIS B6336（日本）、NMTBA（美国）或 GB/T 17421.2—2016（国标）等，两者的测量要求和精度计算方法都不相同，数控机床的标准要求高于机器人。

机器人的定位需要通过运动学模型来确定末端执行器的位置，其理论位置和实际位置之间本身就存在误差；加上结构刚性、传动部件间隙、位置控制和检测等多方面的原因，其定位精度与数控机床、三坐标测量机等精密加工、检测设备相比，还存在较大的差距，因此，它一般只能用作零件搬运、装卸、码垛、装配的生产辅助设备，或是用于位置精度要求不高的焊接、切割、打磨、抛光等粗加工。

2.4 ABB工业机器人及性能

2.4.1 产品概况

ABB公司是全球著名的工业机器人生产厂家，产品规格齐全。ABB当前生产与销售的工业机器人产品主要有工业机器人、变位器以及配套的控制系统、焊接设备等。

(1) 工业机器人

ABB当前生产与销售的工业机器人产品主要有图 2.4.1(a)、(b) 所示的通用型机器人、图 2.4.1(c) 所示的 YuMi 协作型机器人（collaborative robot）两类。

通用型工业机器人属于传统的第一代机器人，此类机器人无触觉传感器，作业时即使与操作人员发生碰撞也不能自动停止，因此，其作业场所需要有防护栅栏等安全措施。通用型工业机器人是ABB公司当前的主要产品，其品种齐全、规格众多。根据结构，ABB通用型工业机器人有垂直串联、水平串联（SCARA）及并联（Delta）3大类；其中，垂直串联结构的机器人产品众多。ABB通用机器人的常用产品及性能详见后述。

YuMi协作型机器人是ABB公司近年研发的最新产品，它带有触觉传感器，它可感知人体的接触并安全停止，以便人机协同作业。YuMi机器人有单臂、双臂两种，机器人采用7轴垂直串联结构，运动灵活、几乎不存在作业死区，号称是迄今最紧凑、灵活的工业机器人。协作型机器人可用于3C、食品、药品等行业的人机协同作业。

YuMi单臂机器人目前只有 IRB14050 一种产品，其承载能力 0.5kg，作业半径 559mm，

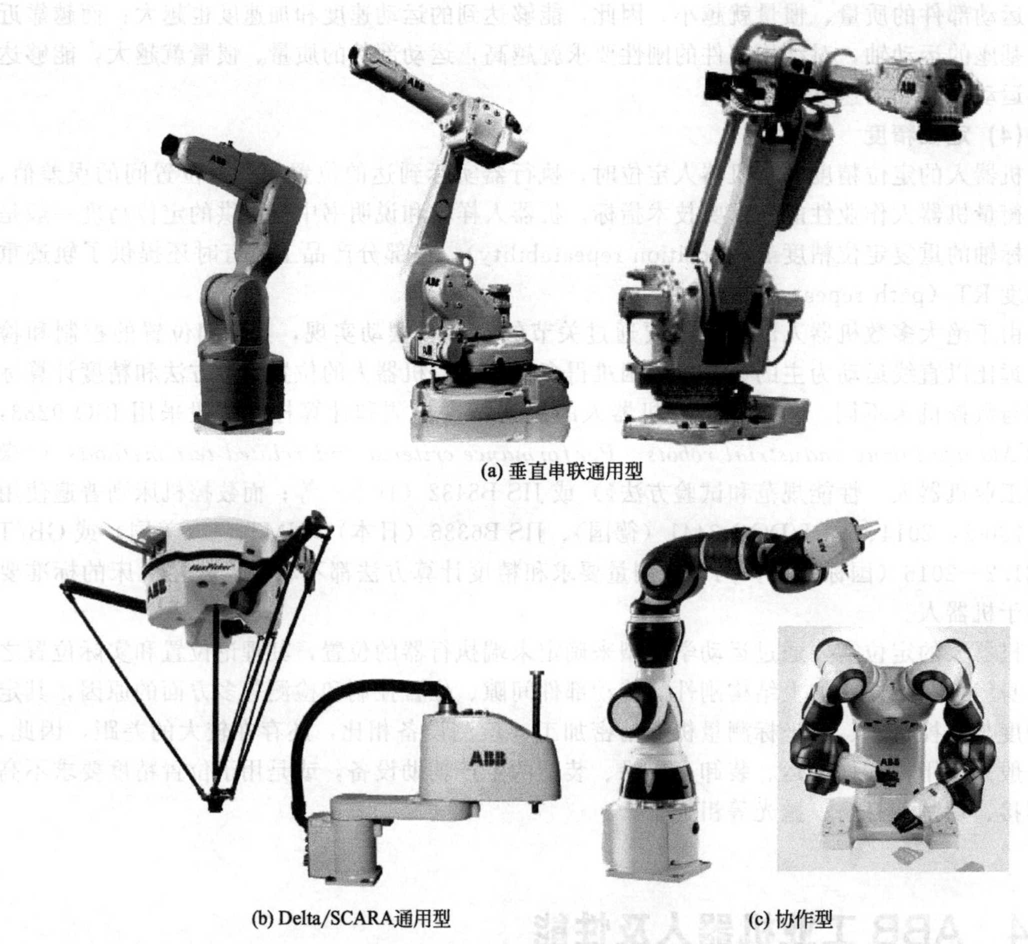

(a) 垂直串联通用型

(b) Delta/SCARA通用型　　(c) 协作型

图 2.4.1　ABB 工业机器人产品

重复定位精度为 0.02mm，最大移动速度为 1.5m/s，最大加速度为 $11m/s^2$。YuMi 双臂机器人实际上是 2 个 IRB14050 单臂机器人的组合，目前只有 IRB14000 一种产品，机器人单臂承载能力、作业半径，以及重复定位精度、最大移动速度、最大加速度均与 IRB14050 相同。YuMi 机器人的作业范围如图 2.4.2 所示。

(2) 变位器

ABB 工业机器人配套的变位器有图 2.4.3 所示的几类，变位器均采用伺服电机驱动，并可通过机器人控制器直接控制；变位器在半径 500mm 的圆周上的重复定位精度均为 (0.1±0.05) mm。

立式单轴 IRBP-C、卧式单轴 IRBP-L、立卧复合双轴 IRBP-A 是 ABB 变位器的基本结构，3 种变位器通过不同的组合，便可构成 IRBP-D、IRBP-R、IRBP-K、IRBP-B 双工位 180°交换等作业的多轴变位器。

立式单轴 IRBP-C 变位器的回转轴线垂直地面，故可用于工件的水平回转或 180°交换，变位器承载能力有 500/1000kg 两种。卧式 IRBP-L 变位器的回转轴线平行地面，故可用于工件的垂直回转，变位器承载能力有 300/600/1000/2000/5000kg 共 5 种；允许的工件最大直径为 1500～2200mm，最大长度为 1250～4000mm。立卧复合 IRBP-A 双轴变位器可进行水平、垂直 2 个方向回转，其承载能力有 250/500/750kg 三种；工件最大直径分别为 1180/1000/1450mm，最大高度分别为 900/950/950mm。

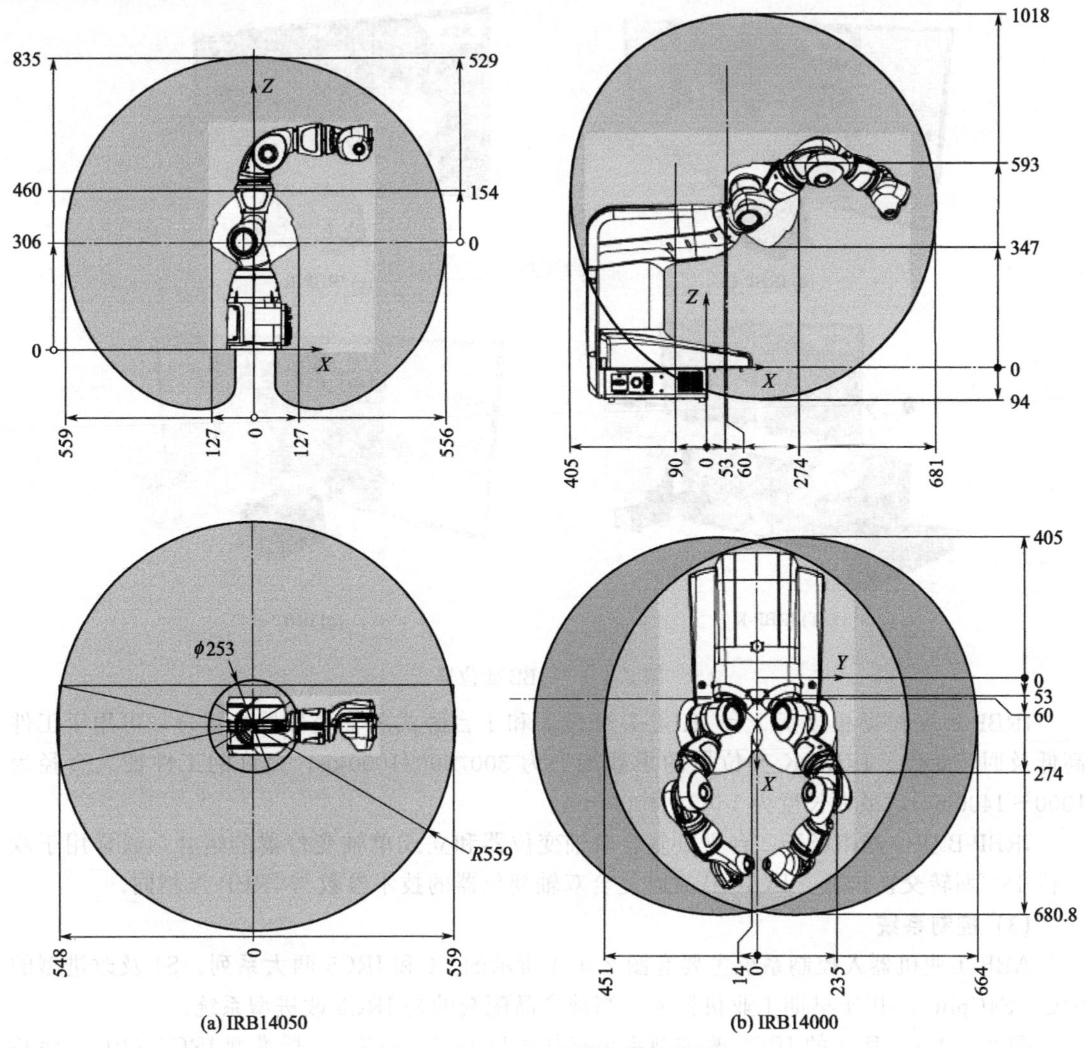

(a) IRB14050 (b) IRB14000

图 2.4.2 YuMi机器人作业范围

IRBP-D、IRBP-R变位器相当于2台IRBP-L变位器和1台立式单轴变位器的组合，通常用于双工位180°回转交换作业。IRBP-D的承载能力为300/600kg，IRBP-R的承载能力为300/600/1000kg，允许的工件最大直径均为1000～1200mm，最大长度均为1250～2000mm。

(a) IRBP-C (b) IRBP-L (c) IRBP-A

图 2.4.3

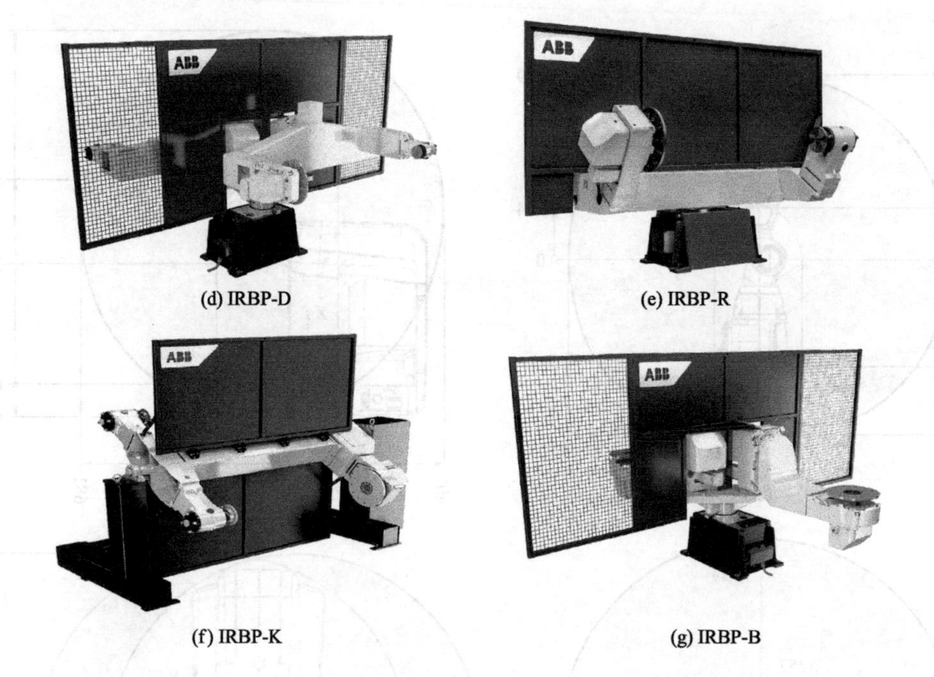
(d) IRBP-D (e) IRBP-R (f) IRBP-K (g) IRBP-B

图 2.4.3 ABB变位器

IRBP-K变位器相当于2台IRBP-L变位器和1台卧式单轴变位器的组合，可用于工件高低及回转变位。IRBP-K变位器的承载能力为300/600/1000kg，允许的工件最大直径为1000～1400mm，最大长度为1600～4000mm。

IRBP-B变位器相当于2台立卧复合双轴变位器和立式单轴变位器的组合，通常用于双工位180°回转交换作业。IRBP-B立卧复合双轴变位器的技术参数与IRBP-A相同。

(3) 控制系统

ABB工业机器人控制系统主要有图2.4.4所示的S4和IRC5两大系列。S4及改进型的S4C、S4Cplus多用于早期工业机器人，当前产品配套的是IRC5改进型系统。

图2.4.4(c) 所示的IRC5改进型系统有紧凑型IRC5C（左）、标准型IRC5（中）、涂装集成型IRC5P（右）3种基本结构。

IRC5C紧凑型系统（compact controller）采用箱式结构，所有电气控制部件均安装于控制箱内；紧凑型系统采用单相电源供电，可用于小型机器人的控制。

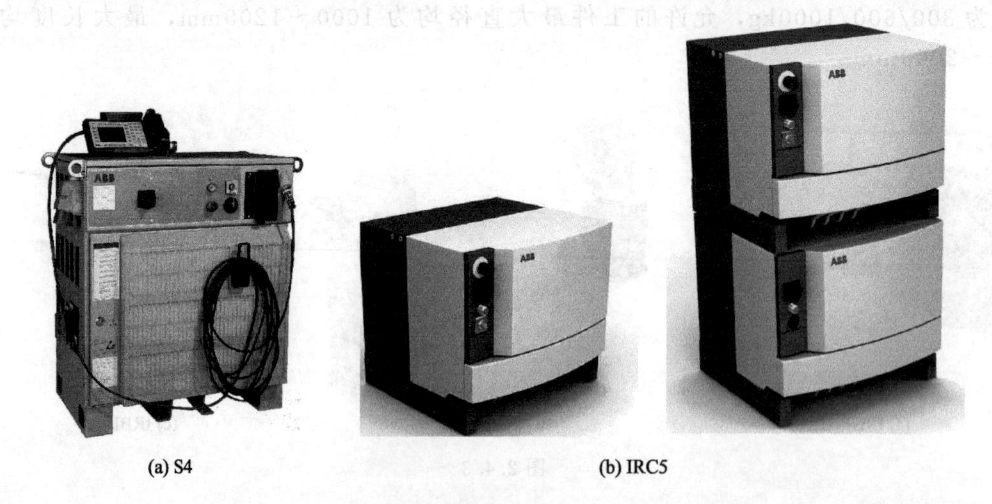
(a) S4 (b) IRC5

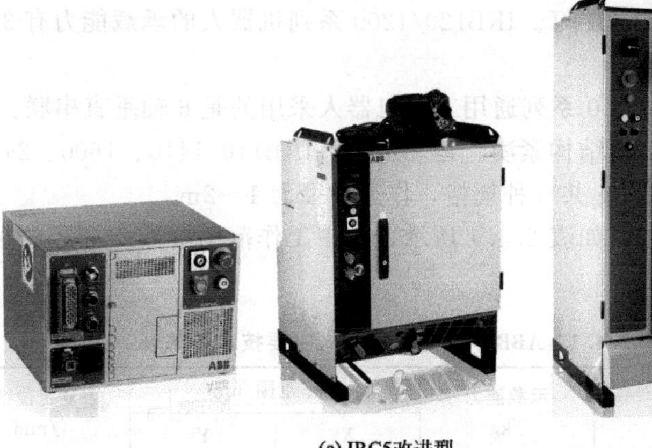

(c) IRC5改进型

图 2.4.4　ABB 控制系统

IRC5 标准型系统采用柜式结构，通常作为单机控制柜（single cabinet controller）使用；标准型系统采用三相供电，可用于大中型机器人的控制。如需要，标准型系统也可以板式安装部件型系统 IRC5PMC（panel mounted controller）的形式提供，安装在用户自行设计的控制柜内。

IRC5P 涂装集成型系统（paint controller）的机器人控制系统和涂装控制用的软硬件集成安装于控制柜内；系统采用三相供电，可直接用于涂装机器人的控制。

2.4.2　通用工业机器人

ABB 通用型工业机器人可用于加工、装配、搬运、包装等多种作业。根据承载能力，它可分为小型（20kg 以下）、中型（20～100kg）、大型（100～300kg）和重型（大于 300kg）4 大类，当前生产与销售的常用产品如下。

(1) 小型工业机器人

ABB 目前常用的 20kg 以下小型通用工业机器人主要有图 2.4.5 所示的 IRB120/1200、140/1410、1600、2400 等系列产品。

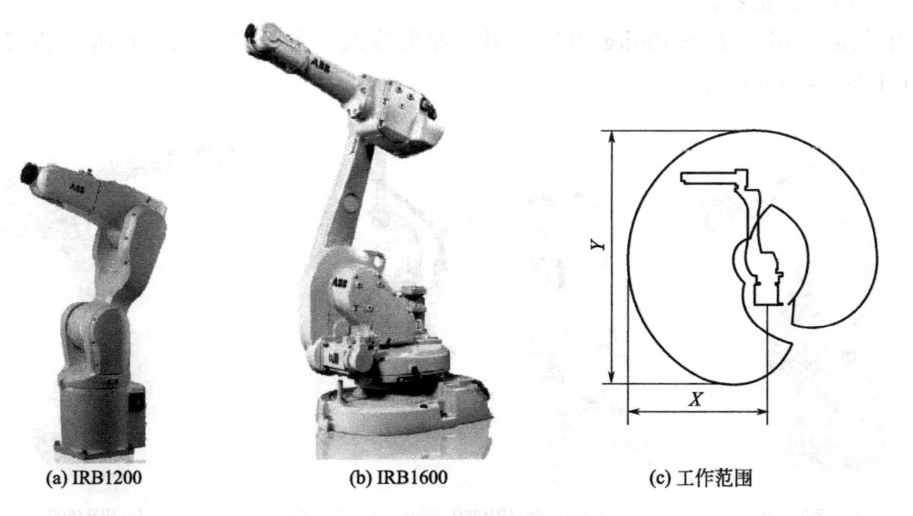

(a) IRB1200　(b) IRB1600　(c) 工作范围

图 2.4.5　ABB 小型工业机器人

IRB120/1200 系列通用工业机器人采用的是 6 轴垂直串联、驱动电机内置式前驱手腕结构，机器人外形简洁、防护性能好。IRB120/1200 系列机器人的承载能力有 3/5/7kg 共 3 种规格，作业半径在 1m 以内。

IRB140/1410、1600、2400 系列通用工业机器人采用的是 6 轴垂直串联、驱动电机外置式后驱手腕标准结构，机器人结构紧凑、运动灵活。IRB140/1410、1600、2400 系列机器人的承载能力有 5/6/10/12/20kg 共 5 种规格，作业半径为 1～2m。

以上产品的主要技术参数如表 2.4.1 所示，表中工作范围参数 X、Y 的含义如图 2.4.5 (c) 所示（下同）。

表 2.4.1　ABB 小型通用机器人主要技术参数表

系列	型号	承载能力/kg	工作范围/mm		重复定位精度/mm	控制轴数
			X	Y		
IRB120	3/0.6	3	580	982	0.01	6
IRB1200	5/0.9	5	901	1642	0.02	6
	7/0.7	7	703	1304	0.02	6
IRB1410	5/1.44	5	1440	1843	0.05	6
IRB140	6/0.8	6	810	1243	0.03	6
IRB1600	6/1.2	6	1225	2016	0.02	6
	6/1.45	6	1450	2506	0.02	6
	10/1.2	10	1225	2016	0.02	6
	10/1.45	10	1450	2506	0.05	6
IRB2400	10/1.55	12	1550	2065	0.03	6
	16/1.55	20	1550	2065	0.03	6
IRB2600	12/1.65	12	1653	2941	0.04	6
	12/1.85	12	1853	3322	0.04	6
	20/1.65	20	1653	2941	0.04	6

（2）中型工业机器人

ABB 目前常用的 20～100kg 中型通用工业机器人，主要有图 2.4.6 所示的 IRB4400、IRB460/4600 等系列产品。

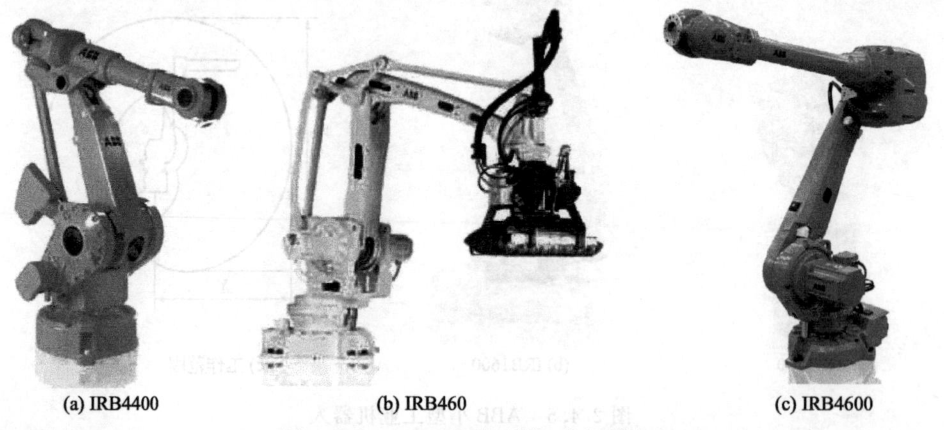

(a) IRB4400　(b) IRB460　(c) IRB4600

图 2.4.6　ABB 中型通用工业机器人

IRB4400 系列通用工业机器人采用的是 6 轴垂直串联、连杆驱动、驱动电机外置式后驱手腕结构，机器人结构稳定性好、运动速度快。IRB4400 机器人的承载能力为 60kg，作业半径为 1.955m。

IRB460 系列通用工业机器人可用于中型平面作业，机器人采用的是双连杆驱动、4 轴垂直串联结构，无手腕回转轴 R、手回转轴 T；机器人结构简单、稳定性好。IRB460 机器人的承载能力为 110kg，作业半径为 2.4m。

IRB4600 系列通用工业机器人采用的是 6 轴垂直串联、驱动电机外置式后驱手腕结构，机器人结构紧凑、运动灵活。IRB4600 机器人的承载能力有 20/40/45/60kg 共 4 种规格；作业半径为 2～2.5m。

以上产品的主要技术参数如表 2.4.2 所示，表中工作范围参数 X、Y 的含义同前。

表 2.4.2　ABB 中型通用机器人主要技术参数表

系列	型号	承载能力/kg	工作范围/mm		重复定位精度/mm	控制轴数
			X	Y		
IRB4400	60/1.96	60	1955	2430	0.19	6
IRB460	110/2.4	110	2403	2238	0.2	4
IRB4600	20/2.51	20	2513	4529	0.06	6
	40/2.55	40	2552	4607	0.06	6
	45/2.05	45	2051	3631	0.06	6
	60/2.05	60	2051	3631	0.06	6

(3) 大型工业机器人

ABB 目前常用的 100～300kg 大型通用工业机器人，主要有 IRB660、IRB6620/6640/6650S/6660、IRB6700/6790 等系列产品，部分见图 2.4.7。

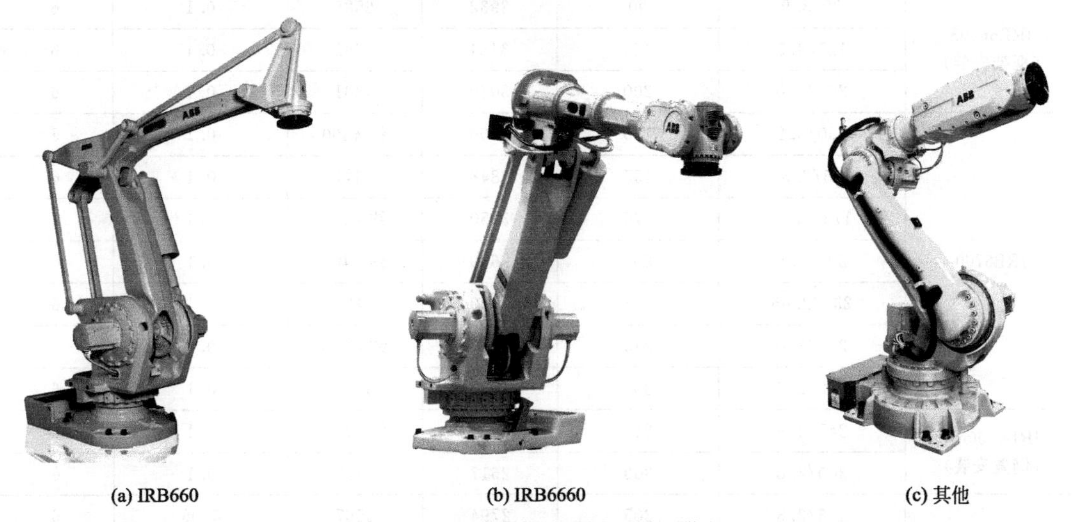

(a) IRB660　(b) IRB6660　(c) 其他

图 2.4.7　ABB 大型通用工业机器人

IRB660 系列通用工业机器人可用于大型平面作业，机器人采用的是双连杆驱动、4 轴垂直串联结构，无手腕回转轴 R、手回转轴 T；机器人结构简单、稳定性好。IRB660 机器人的承载能力有 180kg、250kg 共 2 种规格，作业半径均为 3.15m。

IRB6600 系列通用工业机器人采用连杆驱动、6 轴垂直串联结构，结构稳定性好、运动速度快。IRB6600 机器人的承载能力有 100/180/250kg 三种规格，作业半径为 1.9～3.3m。

IRB6620/6640/6650S/6660、IRB6700/6790 等系列产品，均采用 6 轴垂直串联、驱动电机外置式后驱手腕标准结构。其中，IRB6640、IRB6670 为 ABB 大型、通用机器人的常用产品，规格较多，IRB6640 的承载能力为 130～235kg，作业半径为 2.5～3.2m；IRB6670 的承载能力为 150～300kg，作业半径为 2.6～3.2m。此外，IRB6650S 系列产品采用的是框架式（shelf mounted）安装结构，其作业半径可达 3.9m；IRB6700inv 采用的是倒置式安装（inverted mounted）结构，可用于高空悬挂作业。

以上产品的主要技术参数如表 2.4.3 所示，表中工作范围参数 X、Y 的含义同前。

表 2.4.3 ABB 大型通用机器人主要技术参数表

系列	型号	承载能力/kg	工作范围/mm		重复定位精度/mm	控制轴数
			X	Y		
IRB660	180/3.15	180	3150	2980	0.1	4
	250/3.15	250	3150	2980	0.1	4
IRB6600	100/3.3	100	3343	约 3500	0.1	6
	130/3.1	130	3102	约 3500	0.11	6
	205/1.9	205	1932	2143	0.07	6
IRB6620	150/2.2	150	2204	3540	0.1	6
IRB6640	130/3.2	130	3200	4387	0.07	6
	180/2.55	180	2550	3301	0.07	6
	185/2.8	185	2800	3794	0.07	6
	205/2.75	205	2755	3487	0.07	6
	235/2.55	235	2550	3301	0.06	6
IRB6650S（框架安装）	90/3.9	90	3932	6585	0.1	6
	125/3.5	125	3484	5692	0.1	6
	200/3.0	200	3039	4801	0.1	6
IRB6700	150/3.2	150	3200	约 4400	0.1	6
	155/2.85	155	2848	3841	0.1	6
	175/3.05	175	3050	约 4100	0.1	6
	200/2.6	200	2600	约 3400	0.1	6
	235/2.65	235	2650	3434	0.1	6
	245/3.0	245	3000	约 4000	0.1	6
	300/2.7	300	2720	3503	0.1	6
IRB6700inv（倒置安装）	245/2.9	245	2900	约 3500	0.1	6
	300/2.6	300	2617	3119	0.1	6
IRB6790	205/2.8	205	2794	3567	0.05	6
	235/2.65	235	2650	3454	0.05	

（4）重型工业机器人

ABB 目前常用的 300kg 以上重型通用工业机器人，主要有图 2.4.8 所示的 IRB7600、IRB8700 两大系列产品。IRB7600 系列产品采用 6 轴垂直串联、驱动电机外置式后驱手腕标准结构，承载能力为 150～500kg，作业半径为 2.55～3.55m。IRB8700 系列产品采用 6 轴垂直串联、连杆驱动后驱手腕结构，承载能力为 550kg、800kg，作业半径分别为 3.5m、4.2m。

(a) IRB7600　(b) IRB8700

图 2.4.8　ABB 重型通用工业机器人

以上产品的主要技术参数如表 2.4.4 所示，表中工作范围参数 X、Y 的含义同前。

表 2.4.4　ABB 重型通用机器人主要技术参数表

系列	型号	承载能力/kg	工作范围/mm		重复定位精度/mm	控制轴数
			X	Y		
IRB7600	150/3.5	150	3500	5056	0.2	6
	325/3.1	325	3050	4111	0.1	6
	340/2.8	340	2800	3614	0.3	6
	400/2.55	400	2550	3117	0.2	6
	500/3.55	500	2550	3117	0.1	6
IRB8700	550/4.2	100	3343	约 3500	0.1	6
	800/3.5	130	3102	约 3500	0.1	6

2.4.3　专用工业机器人

专用型工业机器人是根据特定的作业需要，专门设计的工业机器人，ABB 专用工业机器人主要有弧焊、涂装 2 类，其常用规格及主要技术性能如下。

(1) 弧焊机器人

用于电弧熔化焊接（arc welding）作业的工业机器人简称弧焊机器人，它是工业机器人中用量最大的产品之一。弧焊机器人需要进行焊缝的连续焊接作业，对作业空间和运动灵活性的要求均较高，但其作业工具（焊枪）的质量相对较轻，因此，一般采用小型 6 轴垂直串联结构。

ABB 弧焊机器人以图 2.4.9 所示的 IRB1520ID、IRB1600ID 为常用；如果需要，也可以选用承载能力 8kg、作业半径 2m 或承载能力 15kg、作业半径 1.85m 的 IRB2600ID 系列较大规格弧焊机器人。

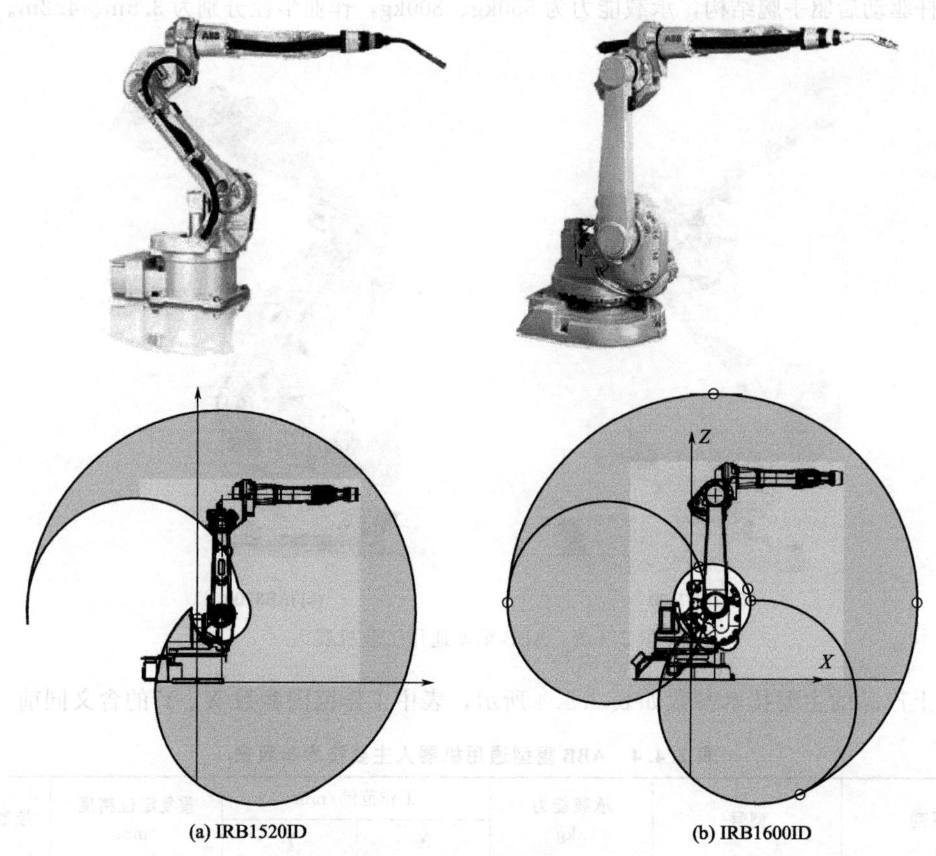

图 2.4.9 ABB 弧焊机器人

IRB1520ID 弧焊机器人采用 6 轴垂直串联、管线与手臂整体设计（integrated dressing）结构，机器人的全部管线均可与手臂一体运动，机器人外形紧凑、运动灵活。IRB1600ID 弧焊机器人不仅定位精度比 IRB1520ID 更高，而且还采用了倾斜式腰回转特殊结构，使机器人能进行背部作业，其作业范围比传统的水平腰回转更大。

IRB1520ID、IRB1600ID 弧焊机器人的主要技术参数如表 2.4.5 所示，工作范围参数的含义同前。

表 2.4.5 ABB 弧焊机器人主要技术参数表

系列	型号	承载能力/kg	工作范围/mm		重复定位精度/mm	控制轴数
			X	Y		
IRB1520ID	4/1.5	4	1500	2601	0.05	6
IRB1600ID	4/1.5	4	1500	2633	0.02	6

(2) 涂装机器人

用于油漆、喷涂等涂装作业的工业机器人，需要在充满易燃、易爆气雾的环境作业，它对机器人的机械结构、特别是手腕结构，以及电气安装与连接、产品防护等方面都有特殊要求，因此，需要选用专用工业机器人。ABB 涂装机器人的技术先进、性能优异，是全球著名品牌，目前，该公司常用的产品主要有图 2.4.10 所示的 IRB52、IRB5400、IRB5500、

IRB580 等系列。

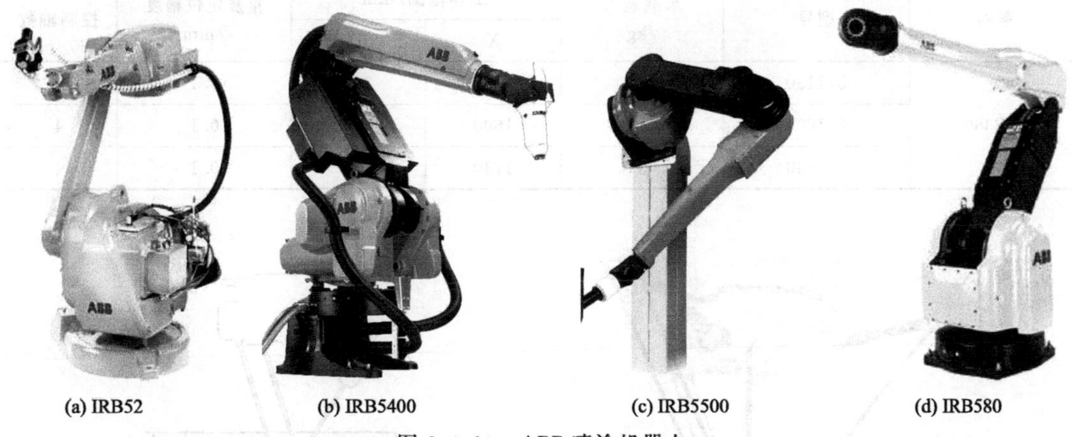
(a) IRB52　(b) IRB5400　(c) IRB5500　(d) IRB580

图 2.4.10　ABB 喷涂机器人

IRB52 系列涂装机器人采用 6 轴垂直串联标准结构，承载能力为 7kg，作业半径有 1.2m 和 1.45m 两种规格。

IRB5400 系列涂装机器人采用 6 轴垂直串联、3R 手腕结构，机器人的 j_4（R 轴）、j_5（B 轴）、j_6（T 轴）可无限回转，机器人运动灵活、作业范围大。IRB5400 的承载能力为 25kg，作业半径为 3.13m。

IRB5500 系列涂装机器人采用 6 轴垂直串联、3R 手腕、壁挂式结构，承载能力为 13kg，作业半径为 2.98m。

IRB580 系列涂装机器人采用 6 轴垂直串联、3R 手腕结构，承载能力为 10kg，作业半径有 2.2m、2.6m 两种规格。

2.4.4　Delta、SCARA 工业机器人

（1）Delta 机器人

并联 Delta 结构的工业机器人多用于输送线物品的拾取与移动（分拣），它在食品、药品、3C 行业的使用较为广泛。

3C 部件、食品、药品的质量较轻，运动以空间三维直线移动为主，但物品在输送线上的运动速度较快，因此，它对机器人承载能力、工作范围、动作灵活性的要求相对较低，但对快速性的要求较高。此外，由于输送线多为敞开式结构，故而采用顶挂式安装的并联 Delta 结构机器人是较为理想的选择。

ABB 并联 Delta 结构机器人目前只有图 2.4.11 所示的 IRB360 一个系列，机器人可用于承载能力 8kg 以下、作业直径不超过 1600mm、高度不超过 460mm 的分拣作业。

IRB360 并联 Delta 机器人的产品规格及主要技术参数如表 2.4.6 所示。

表 2.4.6　ABB 并联机器人主要技术参数表

系列	型号	承载能力/kg	工作范围/mm		重复定位精度/mm	控制轴数
			X	Y		
IRB360	1/800	1	800	200	0.1	4
	1/1130	1	1130	300	0.1	3 或 4
	1/1600	1	1600	300	0.1	4

续表

系列	型号	承载能力/kg	工作范围/mm		重复定位精度/mm	控制轴数
			X	Y		
IRB360	3/1130	3	1130	300	0.1	3或4
	6/1600	1	1600	460	0.1	4
	8/1130	3	1130	350	0.1	4

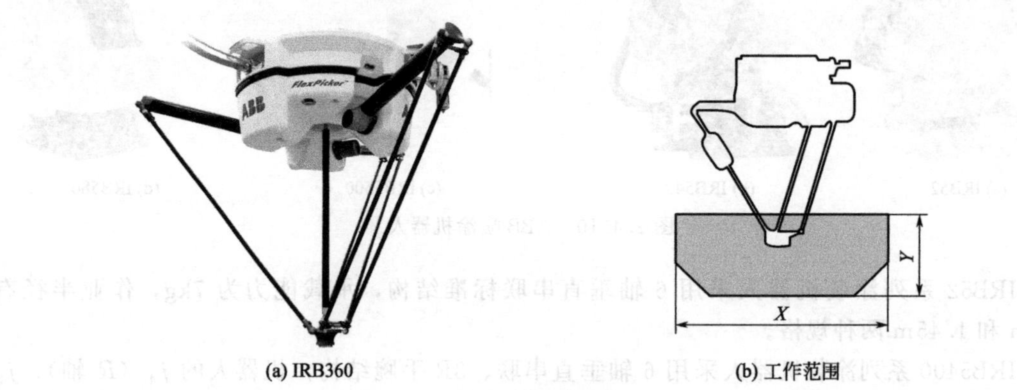
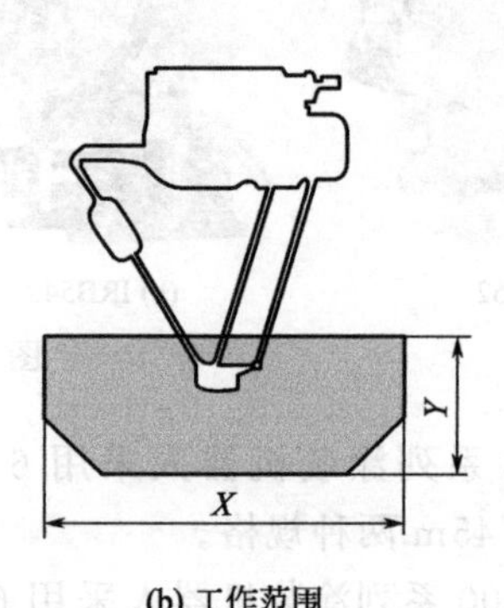

(a) IRB360　　(b) 工作范围

图 2.4.11　ABB并联机器人

(2) SCARA机器人

水平串联、SCARA结构的机器人外形轻巧、定位精度高、运动速度快，特别适合于3C、药品、食品等行业的平面搬运、装卸作业。

ABB公司IRB910SC系列SCARA机器人如图2.4.12所示，产品规格及主要技术参数如表2.4.7所示。

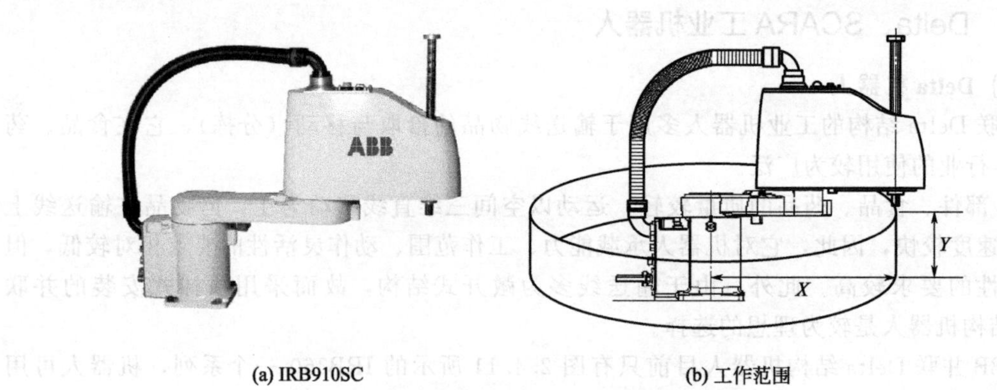

(a) IRB910SC　　(b) 工作范围

图 2.4.12　ABB水平串联机器人

表 2.4.7　ABB水平串联机器人主要技术参数表

系列	型号	承载能力/kg	工作范围/mm		重复定位精度/mm	控制轴数
			X	Y		
IRB910SC	3/0.45	3	450	180	±0.015	4
	3/0.55	3	550	180	±0.015	4
	3/0.65	3	650	180	±0.015	4

第3章

工业机器人机械结构

3.1 工业机器人本体结构

3.1.1 垂直串联结构

虽然工业机器人的形式有垂直串联、水平串联、并联等，但是，总体而言，它都是由关节和连杆按一定规律连接而成；每一关节都由一台伺服电机通过减速器进行驱动。因此，如将机器人进一步分解，它便是由若干伺服电机经减速器减速后，驱动运动部件的机械运动机构的叠加和组合；机器人结构形态的不同，实质只是机械运动机构的叠加和组合形式上的不同。

垂直串联是工业机器人最常见的形态，它被广泛用于加工、搬运、装配、包装等场合。垂直串联机器人的结构与承载能力有关，机器人本体的常用结构有以下几种。

(1) 电机内置前驱结构

小规格、轻量级的6轴垂直串联机器人经常采用图3.1.1所示的电机内置前驱结构。这种机器人外形简洁、防护性能好；传动系统结构简单、传动链短、传动精度高，它是小型机器人常用的结构。

6轴垂直串联机器人的运动主要包括腰回转轴$S(J_1)$、下臂摆动轴$L(J_2)$、上臂摆动轴$U(J_3)$及手腕回转轴$R(J_4)$、腕摆动轴$B(J_5)$、手回转轴$T(J_6)$；每一运动轴都需要有相应的电机驱动。交流伺服电机是目前最常用的驱动电机，它具有恒转矩输出特性，其最高转速一般为3000～6000r/min，额定输出转矩通常在30N·m以下。由于机器人关节回转和摆动的负载惯量大、回转速度低（通常25～100r/min），加减速时的最大转矩需要达到数百甚至数万N·m。因此，机器人的所有回转轴，原则上都需要配套结构紧凑、承载能力强、传动精度高的大比例减速器，以降低转速、提高输出转矩。RV减速器、谐波减速器是目前工业机器人最常用的两种减速器，它是工业机器人最为关键的机械核心部件，本书后述的内容中，将对其进行详细阐述。

在图3.1.1所示的基本结构中，机器人的所有驱动电机均布置在机器人罩壳内部，故称为电机内置结构；而手腕回转、腕摆动、手回转的驱动电机均安装在手臂前端，故称为前驱结构。

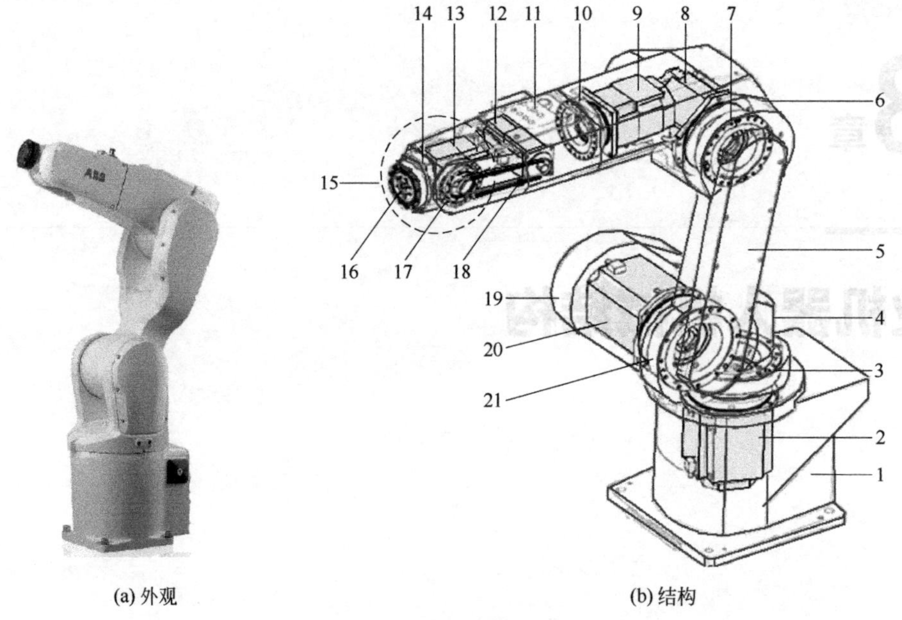

(a) 外观 (b) 结构

图 3.1.1 电机内置前驱结构

1—基座；2,8,9,12,13,20—伺服电机；3,7,10,14,17,21—减速器；
4—腰；5—下臂；6—肘；11—上臂；15—腕；16—工具安装法兰；18—同步带；19—肩

(2) 电机外置前驱结构

采用电机内置结构的机器人具有结构紧凑、外观整洁、运动灵活等特点，但驱动电机的安装空间受限、散热条件差、维修维护不便。此外，由于手回转轴的驱动电机直接安装在腕摆动体上，传动直接、结构简单，但它会增加手腕部件的体积和质量，影响手运动的灵活性。因此，通常只用于 6kg 以下小规格、轻量级机器人。

机器人的腰回转、上下臂摆动及手腕回转轴的惯量大、负载重，对驱动电机的输出转矩要求高，需要大规格电机驱动。为了保证驱动电机有足够的安装、散热空间，以方便维修维护，承载能力大于 6kg 的中小型机器人，通常需要采用图 3.1.2 所示的电机外置前驱结构。

图 3.1.2 电机外置前驱结构

在图 3.1.2 所示的机器人上，机器人的腰回转、上下臂摆动及手腕回转轴驱动电机均安装在机身外部，其安装、散热空间不受限制，故可提高机器人的承载能力，方便维修维护。

电机外置前驱结构的腕摆动轴 $B(J_5)$、手回转轴 $T(J_6)$ 的驱动电机同样安装在手腕前端（前驱），但是，其手回转轴 $T(J_6)$ 的驱动电机，也被移至上臂内腔，电机通过同步带、锥齿轮等传动部件，将驱动力矩传送至手回转减速器上，从而减小了手腕部件的体积和质量。因此，它是中小型垂直串联机器人应用最广的基本结构，本书将在后述的内容中，对其内部结构进行详细剖析。

(3) 手腕后驱结构

大中型工业机器人对作业范围、承载能力有较高的要求，其上臂的长度、结构刚度、体积和质量均大于小型机器人，此时，如采用腕摆动、手回转轴驱动电机安装在手腕前端的前驱结构，不仅限制了驱动电机的安装散热空间，而且，手臂前端的质量将大幅增大，上臂摆动轴的重心将远离摆动中心，导致机器人重心偏高、运动稳定较差。因此，大中型垂直串联工业机器人通常采用图 3.1.3 所示的腕摆动、手回转轴驱动电机后置的后驱结构。

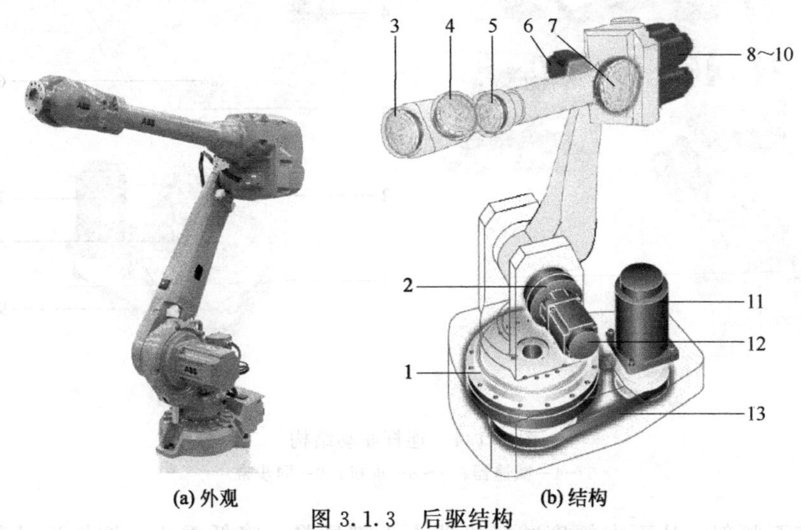

图 3.1.3 后驱结构

1～5，7—减速器；6，8～12—电机；13—同步带

在后驱结构的机器人上，手腕回转轴 $R(J_4)$、弯曲轴 $B(J_5)$ 及手回转轴 $T(J_6)$ 的驱动电机 8～10 并列布置在上臂后端，它不仅可增加驱动电机的安装和散热空间、便于大规格电机安装，而且还可大幅度降低上臂体积和前端质量，使上臂重心后移，从而起到平衡上臂重力、降低机器人重心、提高机器人运动稳定性的作用。

后驱垂直串联机器人的腰回转、上下臂摆动轴结构，一般采用与电机外置前驱机器人相同的结构，驱动电机均安装在机身外部，因此，这是一种驱动电机完全外置的垂直串联机器人典型结构，在大中型工业机器人上应用广泛。

在图 3.1.3 所示的机器人上，腰回转轴 $S(J_1)$ 的驱动电机采用的是侧置结构，电机通过同步带与减速器连接，这种结构可增加腰回转轴的减速比、提高驱动转矩，并方便内部管线布置。为了简化腰回转轴传动系统结构，实际机器人也经常采用驱动电机和腰回转同轴布置、直接传动的结构形式，有关内容可参见后述。

手腕后驱结构的机器人，需要通过上臂内部的传动轴，将腕弯曲、手回转轴的驱动力传递到手腕前端，其传动系统复杂、传动链较长、传动精度相对较低。

(4) 连杆驱动结构

大型、重型工业机器人多用于大宗物品的搬运、码垛等平面作业，其手腕通常无需回转，但对机器人承载能力、结构刚度的要求非常高，如果采用通常的电机与减速器直接驱动结构，就需要使用大型驱动电机和减速器，从而大大增加机器人的上部质量，导致机器人重心高、运动稳定性差。因此，需要采用图 3.1.4 所示的平行四边形连杆驱动结构。

采用连杆驱动结构的机器人腰回转驱动电机以侧置的居多，电机和减速器间采用同步带连接；机器人的下臂摆动轴驱动一般采用与中小型机器人相同的直接驱动结构。但是，其上臂摆动轴 $U(J_3)$、手腕弯曲轴 $B(J_5)$ 的驱动电机及减速器，均安装在机器人腰身上；然后，通过 2 对平行四边形连杆机构，驱动上臂摆动、手腕弯曲运动。

采用平行四边形连杆驱动的机器人，不仅可加长上臂摆动、手腕弯曲轴的驱动力臂，放大驱动电机转矩、提高负载能力，而且还可将上臂摆动、手腕弯曲轴的驱动电机、减速器的

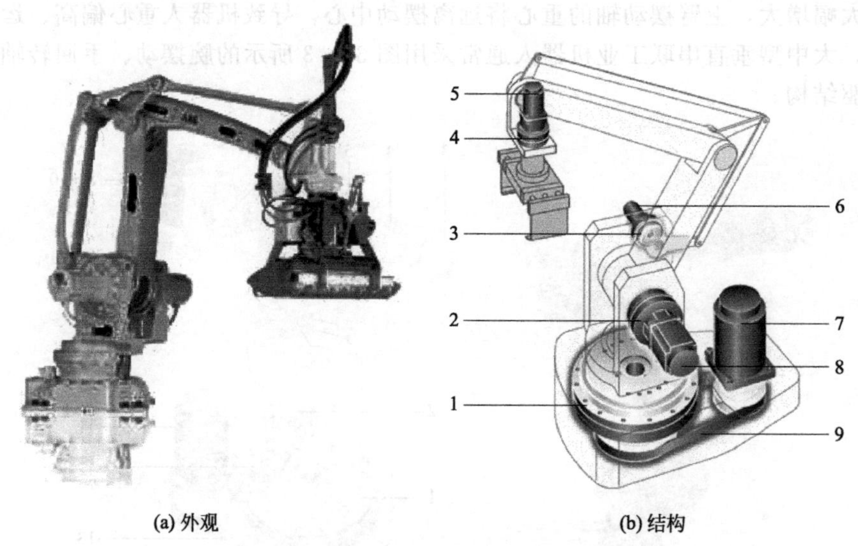

(a) 外观　　(b) 结构

图 3.1.4　连杆驱动结构

1～4—减速器；5～8—电机；9—同步带

安装位置下移至腰部，从而大幅度减轻机器人上部质量、降低重心、增加运动稳定性。但是，由于结构限制，在上臂摆动、手腕弯曲轴上同时采用平行四边形连杆驱动的机器人，其手腕的回转运动（R 轴回转）将无法实现，因此，通常只能采用无手腕回转的 5 轴垂直串联结构；部分大型、重型搬运、码垛作业的机器人，甚至同时取消手腕回转轴 $R(J_4)$、手回转轴 $T(J_6)$，成为只有腰回转和上下臂、手腕摆动的 4 轴结构。

采用 4 轴、5 轴简化结构的机器人，其作业灵活性必然受到影响。因此，对于需要有 6 轴运动的大型、重型机器人，有时也采用图 3.1.5 所示的仅上臂摆动采用平行四边形连杆驱动的单连杆驱动结构。

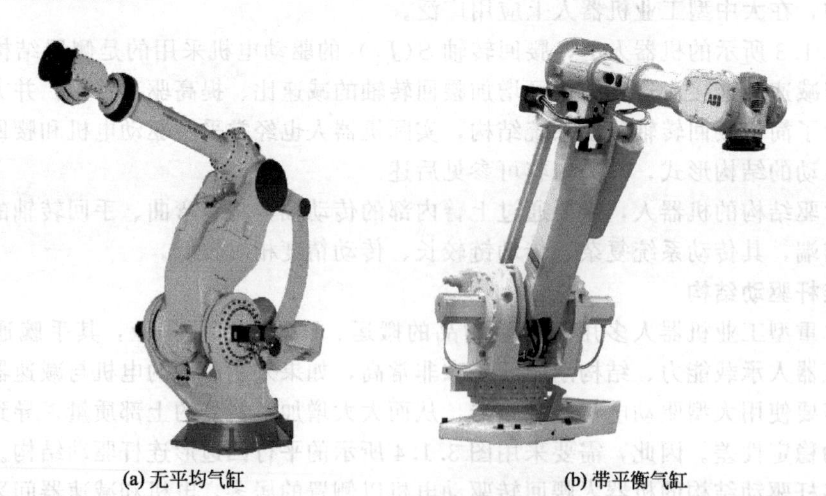

(a) 无平均气缸　　(b) 带平衡气缸

图 3.1.5　单连杆驱动结构

仅上臂摆动采用平行四边形连杆驱动的机器人，具有通常 6 轴垂直串联机器人同样的运动灵活性。但是，由于大型、重型工业机器人的负载质量大，为了平衡上臂负载，平行四边形连杆机构需要有较长的力臂，从而导致下臂、连杆所占的空间较大，影响机器人的作业范围和运动灵活性。因此，大型、重型机器人有时也采用图 3.1.5(b) 所示的带重力平衡气缸的连杆驱动结构，以减小下臂、连杆的安装空间，增加作业范围和运动灵活性。

3.1.2　垂直串联手腕结构

(1) 手腕基本形式

工业机器人的手腕主要用来改变末端执行器的姿态（working pose），进行工具作业点的定位，它是决定机器人作业灵活性的关键部件。

垂直串联机器人的手腕一般由腕部和手部组成。腕部用来连接上臂和手部；手部用来安装执行器（作业工具）。由于手腕的回转部件通常如图 3.1.6 所示、与上臂同轴安装、同时摆动，因此，它也可视为上臂的延伸部件。

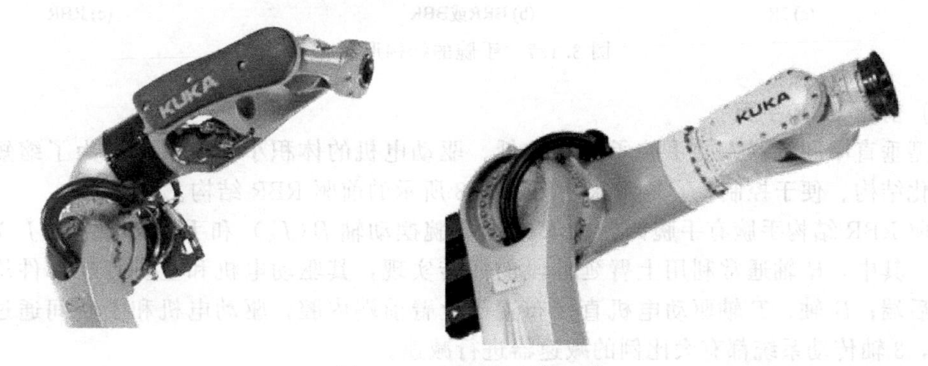

图 3.1.6　手腕外观与安装

为了能对末端执行器的姿态进行 6 自由度的完全控制，机器人的手腕通常需要有 3 个回转（roll）或摆动（bend）自由度。具有回转（roll）自由度的关节，能在 4 象限、进行接近 360°或大于等于 360°回转，称 R 型轴；具有摆动（bend）自由度的关节，一般只能在 3 象限以下进行小于 270°的回转，称 B 型轴。这 3 个自由度可根据机器人不同的作业要求，进行图 3.1.7 所示的组合。

图 3.1.7(a) 是由 3 个回转关节组成的手腕，称为 3R（RRR）结构。3R 结构的手腕一般采用锥齿轮传动，3 个回转轴的回转范围通常不受限制，这种手腕的结构紧凑、动作灵活、密封性好，但由于手腕上 3 个回转轴的中心线相互不垂直，其控制难度较大，因此，多用于油漆、喷涂等恶劣环境作业，对密封、防护性能有特殊要求的中小型涂装机器人；通用型工业机器人较少使用。

图 3.1.7(b) 为“摆动＋回转＋回转”或“摆动＋摆动＋回转”关节组成的手腕，称为 BRR 或 BBR 结构。BRR 和 BBR 结构的手腕回转中心线相互垂直，并和三维空间的坐标轴一一对应，其操作简单、控制容易，而且密封、防护容易，因此，多用于大中型涂装机器人和重载的工业机器人。BRR 和 BBR 结构手腕的外形较大、结构相对松散，在机器人作业要求固定时，也可被简化为 BR 结构的 2 自由度手腕。

图 3.1.7(c) 为“回转＋摆动＋回转”关节组成的手腕，称为 RBR 结构。RBR 结构的手腕回转中心线同样相互垂直，并和三维空间的坐标轴一一对应，其操作简单、控制容易；且结构紧凑、动作灵活，它是目前工业机器人最为常用的手腕结构形式。

RBR 结构的手腕回转驱动电机均可安装在上臂后侧，但手腕弯曲和手回转的电机可以置于上臂内腔（前驱），或者后置于上臂摆动关节部位（后驱）。前驱结构外形简洁、传动链短、传动精度高，但上臂重心离回转中心距离远、驱动电机安装及散热空间小，故多用于中小规格机器人；后驱结构的机器人结构稳定、驱动电机安装及散热空间大，但传动链长、传动精度相对较低，故多用于中大规格机器人。

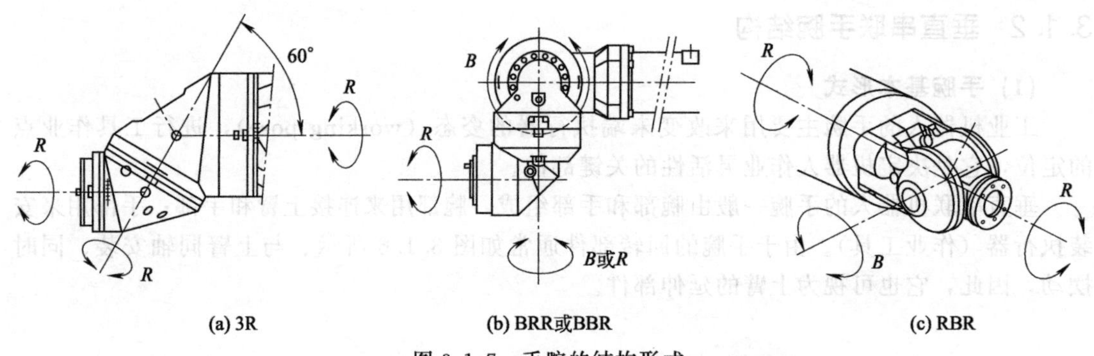

(a) 3R　(b) BRR或BBR　(c) RBR

图 3.1.7　手腕的结构形式

（2）前驱 RBR 手腕

小型垂直串联机器人的手腕承载要求低、驱动电机的体积小、重量轻，为了缩短传动链、简化结构、便于控制，它通常采用图 3.1.8 所示的前驱 RBR 结构。

前驱 RBR 结构手腕有手腕回转轴 $R(J_4)$、腕摆动轴 $B(J_5)$ 和手回转轴 T（J_6）3 个运动轴。其中，R 轴通常利用上臂延伸段的回转实现，其驱动电机和主要传动部件均安装在上臂后端；B 轴、T 轴驱动电机直接布置于上臂前端内腔，驱动电机和手腕间通过同步带连接，3 轴传动系统都有大比例的减速器进行减速。

（3）后驱 RBR 手腕

大中型工业机器人需要有较大的输出转矩和承载能力，$B(J_5)$、$T(J_6)$ 轴驱动电机的体积大、重量重。为保证电机有足够的安装空间和良好的散热，同时，能减小上臂的体积和重量、平衡重力、提高运动稳定性，机器人通常采用图 3.1.9 所示的后驱 RBR 结构，将手腕 R、B、T 轴的驱动电机均布置在上臂后端。然后，通过上臂内腔的传动轴，将动力传递到前端的手腕单元上，通过手腕单元实现 R、B、T 轴回转与摆动。

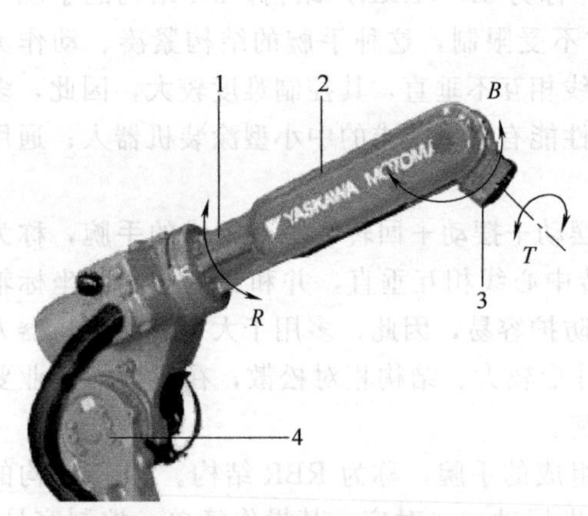

图 3.1.8　前驱 RBR 手腕结构

1—上臂；2—B/T 轴电机位置；3—摆动体；4—下臂

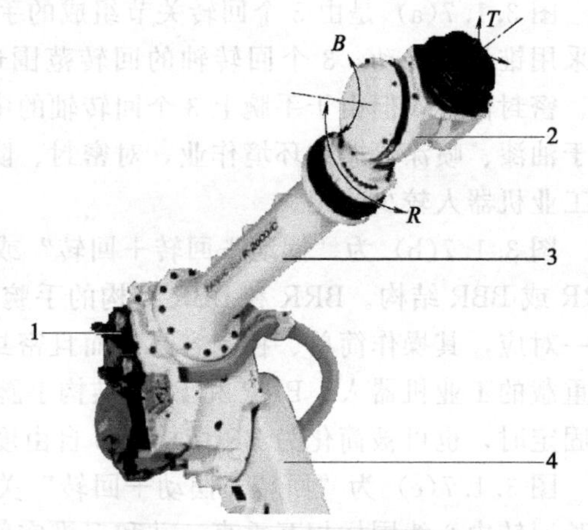

图 3.1.9　后驱 RBR 手腕结构

1—$R/B/T$ 轴电机；2—手腕单元；3—上臂；4—下臂

后驱结构不仅可解决前驱结构存在的 B、T 轴驱动电机安装空间小、散热差，检测、维修困难等问题，而且，还可使上臂结构紧凑、重心后移，提高机器人的作业灵活性和重力平衡性。由于后驱结构 R 轴的回转关节后，已无其他电气线缆，理论上 R 轴可无限回转。

后驱机器人的手腕驱动轴 $R/B/T$ 的电机均安装在上臂后部，因此，需要通过上臂内腔的传动轴，将动力传递至前端的手腕单元；手腕单元则需要将传动轴的输出转成 B、T 轴回转驱动力，其机械传动系统结构较复杂、传动链较长，B、T 轴传动精度不及前驱手腕。

后驱结构机器人的上臂结构通常采用图 3.1.10 所示的中空圆柱结构，臂内腔用来安装 R、B、T 传动轴。

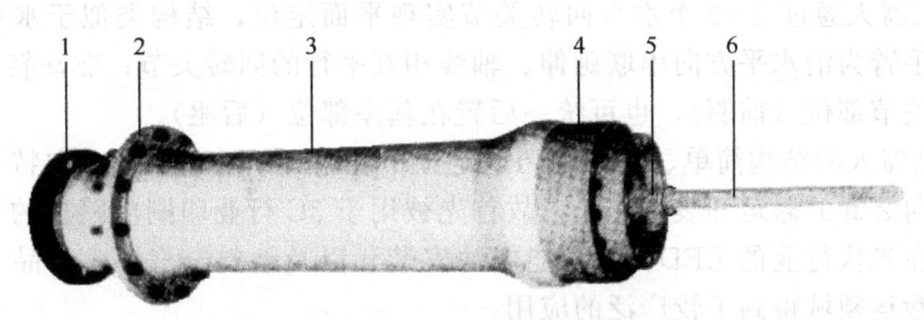

图 3.1.10　上臂结构

1—同步带轮；2—安装法兰；3—上臂体；4—R 轴减速器；5—B 轴；6—T 轴

上臂的后端为 R、B、T 轴同步带轮输入组件 1，前端安装手腕回转的 R 轴减速器 4，上臂体 3 可通过安装法兰 2 与上臂摆动体连接。R 轴减速器应为中空结构，减速器壳体固定在上臂体 3 上，输出轴用来连接手腕单元，B 轴 5 和 T 轴 6 布置在减速器的中空内腔。

后驱机器人的手腕单元结构一般如图 3.1.11 所示，它通常由 B/T 传动轴、B 轴减速摆动、T 轴中间传动、T 轴减速输出 4 个组件及连接体、摆动体等部件组成，其内部传动系统结构较复杂。

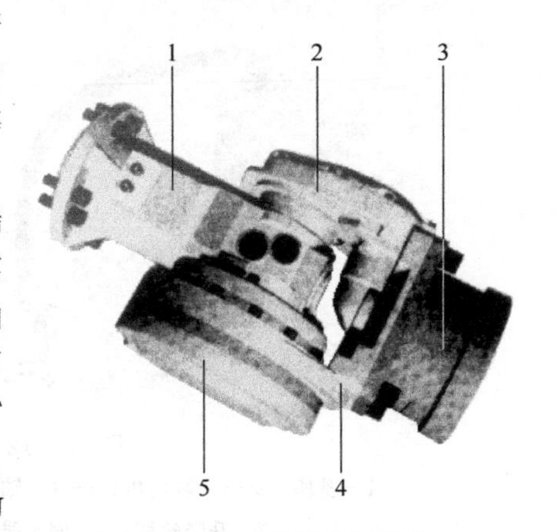

图 3.1.11　手腕单元结构

1—连接体；2—T 轴中间传动组件；3—T 轴减速输出组件；4—摆动体；5—B 轴减速摆动组件

连接体 1 是手腕单元的安装部件，它与上臂前端的 R 轴减速器输出轴连接后，可带动整个手腕单元实现 R 轴回转运动。连接体为中空结构，B/T 传动轴组件安装在连接体内部；B/T 传动轴组件的后端可用来连接上臂的 B/T 轴输入，前端安装有驱动 B、T 轴运动和进行转向变换的锥齿轮。

摆动体 4 是一个带固定臂和螺钉连接辅助臂的 U 形箱体，它可在 B 轴减速器的驱动下，在连接体 1 上摆动。

B 轴减速摆动组件 5 是实现手腕摆动的部件，其内部安装有 B 轴减速器及锥齿轮等传动件。手腕摆动时，B 轴减速器的输出轴可带动摆动体 4 及安装在摆动体上的 T 轴中间传动组件 2、T 轴减速输出组件 3 进行 B 轴摆动运动。

T 轴中间传动组件 2 是将连接体 1 的 T 轴驱动力，传递到 T 轴减速输出部件的中间传动装置，它可随 B 轴摆动。T 轴中间传动组件由 2 组采用同步带连接、结构相同的过渡轴部件组成；过渡轴部件分别安装在连接体 1 和摆动体 2 上，并通过两对锥齿轮完成转向变换。

T 轴减速输出组件直接安装在摆动体上，组件的内部结构和前驱手腕类似，传动系统主要有 T 轴谐波减速器、工具安装法兰等部件。工具安装法兰上设计有标准中心孔、定位法兰和定位孔、固定螺孔，可直接安装机器人的作业工具。

3.1.3 SCARA、Delta结构

(1) SCARA结构

SCARA(selective compliance assembly robot arm，选择顺应性装配机器手臂）结构是日本山梨大学在1978年发明的一种建立在圆柱坐标上的特殊机器人结构形式。

SCARA机器人通过2～3个水平回转关节实现平面定位，结构类似于水平放置的垂直串联机器人，手臂为沿水平方向串联延伸、轴线相互平行的回转关节；驱动转臂回转的伺服电机可前置在关节部位（前驱），也可统一后置在基座部位（后驱）。

SCARA机器人的结构简单、外形轻巧、定位精度高、运动速度快，它特别适合于平面定位、垂直方向装卸的搬运和装配作业，故首先被用于3C行业印刷电路板的器件装配和搬运作业，随后在光伏行业的LED、太阳能电池安装，以及塑料、汽车、药品、食品等行业的平面装配和搬运领域得到了较广泛的应用。

前驱SCARA机器人的典型结构如图3.1.12所示，机器人机身主要由基座1、后臂11、前臂5、升降丝杠7等部件组成。后臂11安装在基座1上，它可在C_1轴驱动电机2、减速器3的驱动下水平回转。前臂5安装在后臂11的前端，它可在C_2轴驱动电机10、减速器4的驱动下水平回转。

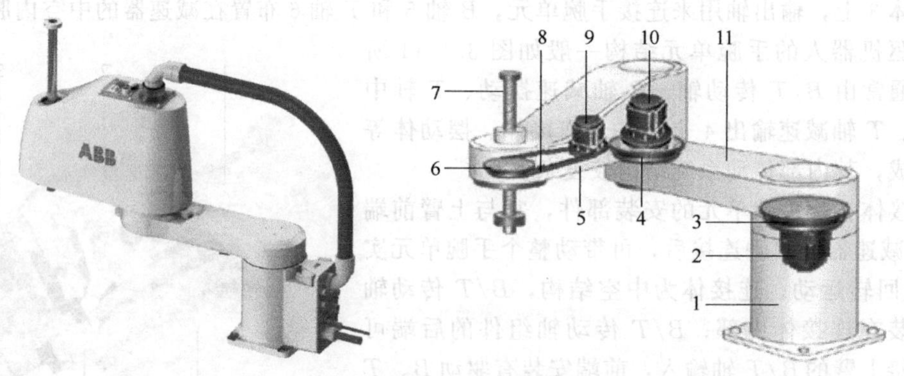

图3.1.12 前驱SCARA机器人结构

1—基座；2—C_1轴电机；3—C_1轴减速器；4—C_2轴减速器；5—前臂；6—升降减速器；7—升降丝杠；8—同步带；9—升降电机；10—C_2轴电机；11—后臂

前驱SCARA机器人的执行器垂直升降通过升降丝杠7实现，丝杠安装在前臂的前端，它可在升降电机9的驱动下进行垂直上下运动；机器人使用的滚珠丝杠导程通常较大，而驱动电机的转速较高，因此，升降系统一般也需要使用减速器6进行减速。此外，为了减轻前臂前端的质量和体积、提高运动稳定性、降低前臂驱动转矩，执行器升降电机9通常安装在前臂回转关节部位，电机和减速器6间通过同步带8连接。

前驱SCARA机器人的机械传动系统结构简单、层次清晰、装配方便、维修容易，它通常用于上部作业空间不受限制的平面装配、搬运和电气焊接等作业，但其转臂外形、体积、质量等均较大，结构相对松散；加上转臂的悬伸负载较重，对臂的结构刚性有一定的要求，因此，在多数情况下只有2个水平回转轴。

后驱SCARA机器人的结构如图3.1.13所示。这种机器人的悬伸转臂均为平板状薄壁，其结构非常紧凑。

后驱SCARA机器人前后转臂及工具回转的驱动电机均安装在升降套5上；升降套5可通过基座1内的滚珠丝杠（或气动、液压）升降机构升降。转臂回转减速的减速器均安装在

回转关节上；安装在升降套5上的驱动电机，可通过转臂内的同步带连接减速器，以驱动前后转臂及工具的回转。

由于后驱SCARA机器人的结构非常紧凑，负载很轻、运动速度很快，因此，回转关节多采用结构简单、厚度小、重量轻的超薄型减速器进行减速。

后驱SCARA机器人结构轻巧、定位精度高、运动速度快，它除了作业区域外，几乎不需要额外的安装空间，故可在上部空间受限的情况下，进行平面装配、搬运和电气焊接等作业，因此，多用于3C行业的印刷电路板器件装配和搬运。

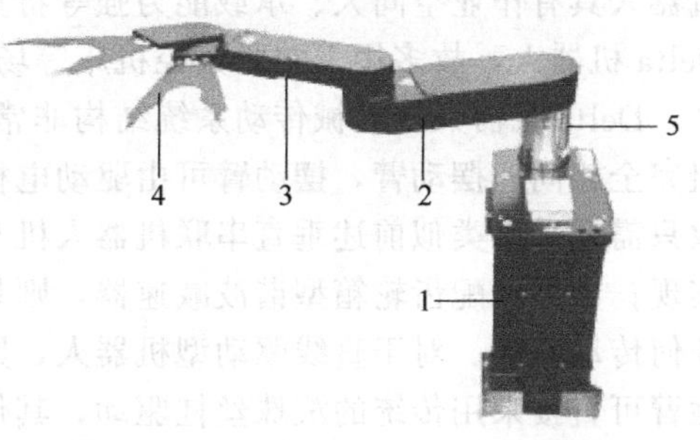

图 3.1.13 后驱SCARA机器人结构

1—基座；2—后臂；3—前臂；4—工具；5—升降套

（2）Delta 结构

并联机器人是机器人研究的热点之一，它有多种不同的结构形式；但是，由于并联机器人大都属于多参数耦合的非线性系统，其控制十分困难，正向求解等理论问题尚未完全解决；加上机器人通常只能倒置式安装，其作业空间较小等原因，因此，绝大多数并联机构都还处于理论或实验研究阶段，尚不能在实际工业生产中应用和推广。

目前，实际产品中所使用的并联机器人结构以Clavel发明的Delta机器人为主。Delta结构克服了其他并联机构的诸多缺点，它具有承载能力强、运动耦合弱、力控制容易、驱动简单等优点，因而在电子电工、食品药品等行业的装配、包装、搬运等场合得到了较广泛的应用。

从机械结构上说，当前实用型的Delta机器人，总体可分为图3.1.14所示的回转驱动型（rotary actuated Delta）和直线驱动型（linear actuated Delta）两类。

(a) 回转驱动型

(b) 直线驱动型

图 3.1.14 Delta机器人的结构

图3.1.14(a) 所示的回转驱动Delta机器人，其手腕安装平台的运动通过主动臂的摆动驱动，控制3个主动臂的摆动角度，就能使手腕安装平台在一定范围内运动与定位。旋转型Delta机器人的控制容易、动态特性好，但其作业空间较小、承载能力较低，故多用于高速、轻载的场合。

图3.1.14(b) 所示的直线驱动Delta机器人，其手腕安装平台的运动通过主动臂的伸缩或悬挂点的水平、倾斜、垂直移动等直线运动驱动，控制3（或4）个主动臂的伸缩距离，同样可使手腕安装平台在一定范围内定位。与旋转型Delta机器人比较，直线驱动型Delta

机器人具有作业空间大、承载能力强等特点，但其操作和控制性能、运动速度等不及旋转型Delta机器人，故多用于并联数控机床等场合。

Delta机器人的机械传动系统结构非常简单。例如，回转驱动型机器人的传动系统是3组完全相同的摆动臂，摆动臂可由驱动电机经减速器减速后驱动，无需其他中间传动部件，故只需要采用类似前述垂直串联机器人机身、前驱SCARA机器人转臂等减速摆动机构便可实现；如果选配齿轮箱型谐波减速器，则只需进行谐波减速箱的安装和输出连接，无需其他任何传动部件。对于直线驱动型机器人，则只需要3组结构完全相同的直线运动伸缩臂，伸缩臂可直接采用传统的滚珠丝杠驱动，其传动系统结构与数控机床进给轴类似，本书不再对其进行介绍。

3.2 主要零部件结构

从机械设计及使用、维修方面考虑，工业机器人的基座、手臂体、手腕体等部件，只是用来支承、连接机械传动部件的普通结构件，它们仅对机器人的外形、结构刚性等有一定的影响。但是，这些零件的结构简单、刚性好、加工制造容易，且在机器人正常使用过程中不存在运动和磨损，部件损坏的可能性较小，故很少需要进行维护和修理。

在工业机器人的机械部件中，变位器、减速器（RV减速器、谐波减速器）、CRB轴承、以及同步带、滚珠丝杠、直线导轨等传动部件是直接决定机器人运动速度、定位精度、承载能力等关键技术指标的核心部件；这些部件的结构复杂、加工制造难度大，加上部件存在运动和磨损，因此，它们是工业机器人机械维护、修理的主要对象。

变位器、减速器、CRB轴承、同步带、滚珠丝杠、直线导轨的制造，需要有特殊的工艺和加工、检测设备，它们一般由专业生产厂家生产，机器人生产厂家和用户只需要根据要求选购标准产品；如果使用过程中出现损坏，就需要对其进行整体更换，并重新进行安装及调整。

鉴于同步带、滚珠丝杠、直线导轨等直线传动部件通常只用于变位器或特殊结构的工业机器人，且属于机电一体化设备，特别是数控机床的通用部件，相关书籍对此都有详细的介绍，本书不再对此进行专门介绍。工业机器人用变位器、减速器、CRB轴承的主要结构与功能介绍如下。

3.2.1 变位器

从生产制造的角度看工业机器人系统配套的变位器有通用型和专用型两类。专用型变位器一般由机器人用户根据实际使用要求专门设计、制造，其结构各异、种类较多，难以尽述。通用型变位器通常由机器人生产厂家作为附件生产，用户可直接选用。

不同生产厂家生产的通用型变位器结构类似，主要分回转变位器和直线变位器两大类；每类产品又可分单轴、双轴、三轴多种。由于工业机器人对定位精度的要求低于数控机床等高精度加工设备，因此，在结构上与数控机床的直线轴、回转轴有所区别，简介如下。

(1) 回转变位器

通用型回转变位器类似于数控机床的回转工作台，变位器有单轴、双轴、三轴及复合型等结构。

单轴回转变位器有立式与卧式两种，回转轴线垂直于水平面、台面可进行水平回转的变位器称为立式；回转轴线平行水平面、台面可进行垂直偏摆（或回转）的变位器称为卧式。

立式单轴变位器又称C型变位器；卧式单轴变位器则常与尾架、框架设计成一体，并称之为L型变位器。配置单轴变位器后，机器人系统可以增加1个自由度。常见单轴回转变位器见图3.2.1。

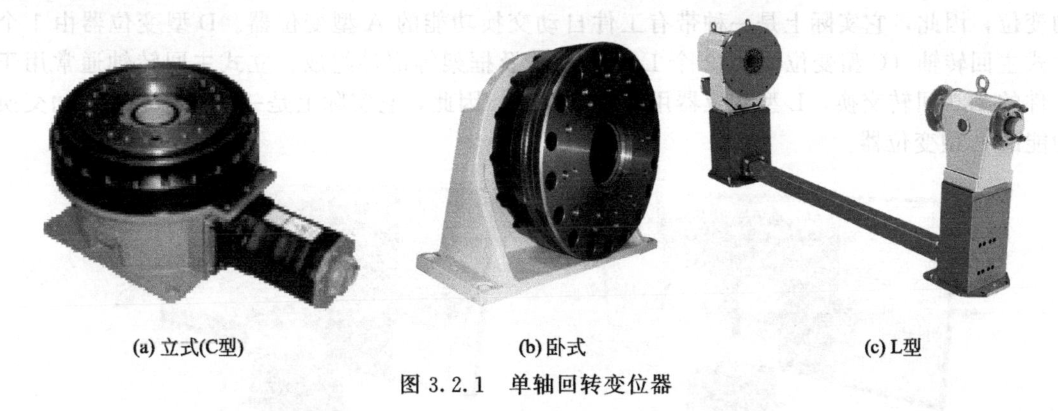

(a) 立式(C型)　(b) 卧式　(c) L型

图3.2.1　单轴回转变位器

双轴回转变位器一般采用图3.2.2所示的台面360°水平回转与垂直摆动（翻转）的立卧复合结构，变位器的回转轴、翻转轴及框架设计成一体，称之为A型结构。配置双轴变位器后，机器人系统可以增加2个自由度。

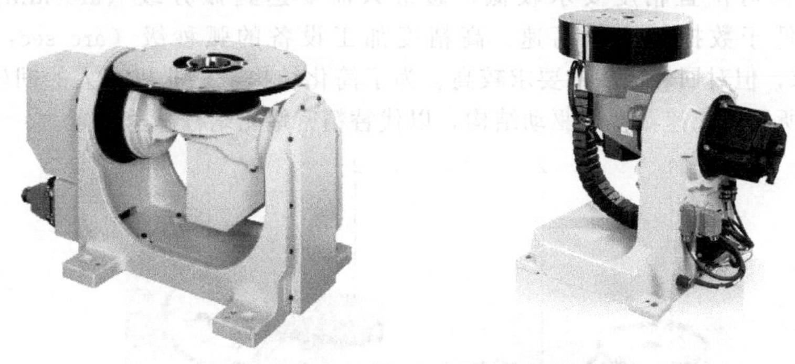

图3.2.2　双轴A型回转变位器

三轴回转变位器有图3.2.3所示的K型和R型两种常见结构。K型变位器由1个卧式主回转轴、2个卧式副回转轴及框架组成，卧式副回转轴通常采用L型结构。R型变位器由1个立式主回转轴、2个卧式副回转轴及框架组成，卧式副回转轴同样通常采用L型结构。K型、R型变位器可用于回转类工件的多方位焊接及工件的自动交换。

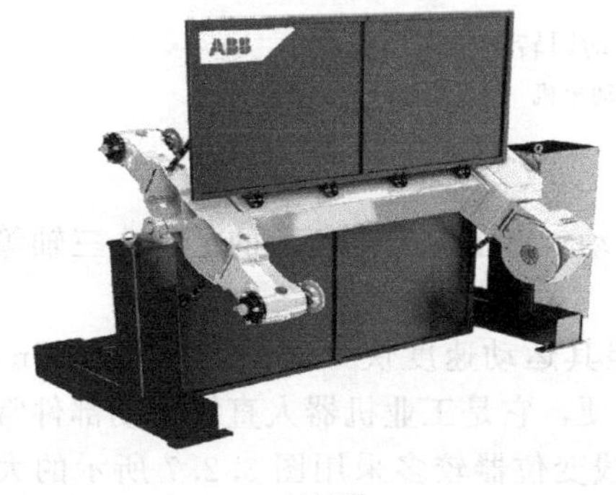

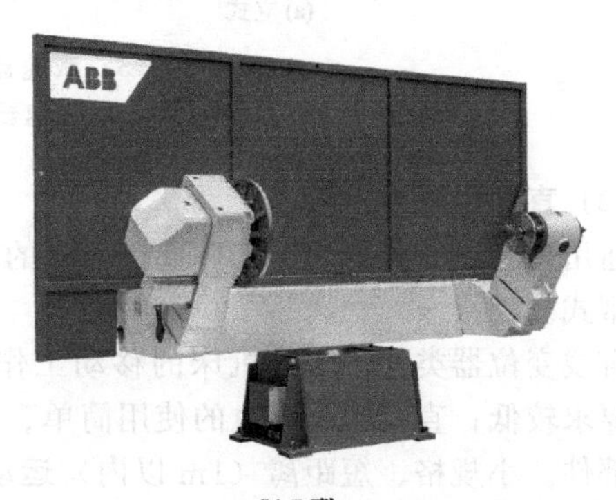

(a) K型　(b) R型

图3.2.3　三轴回转变位器

复合型回转变位器是具有工件变位与工件交换功能的变位器，它主要有图 3.2.4 所示的 B 型和 D 型两种常见结构。B 型变位器由 1 个立式主回转轴（C 型变位器）、2 个 A 型变位器及框架等部件组成；立式主回转轴通常用于工件的 180°回转交换，A 型变位器用于工件的变位，因此，它实际上是一种带有工件自动交换功能的 A 型变位器。D 型变位器由 1 个立式主回转轴（C 型变位器）、2 个 L 型变位器及框架等部件组成；立式主回转轴通常用于工件的 180°回转交换，L 型变位器用于工件变位，因此，它实际上是一种带有工件自动交换功能的 L 型变位器。

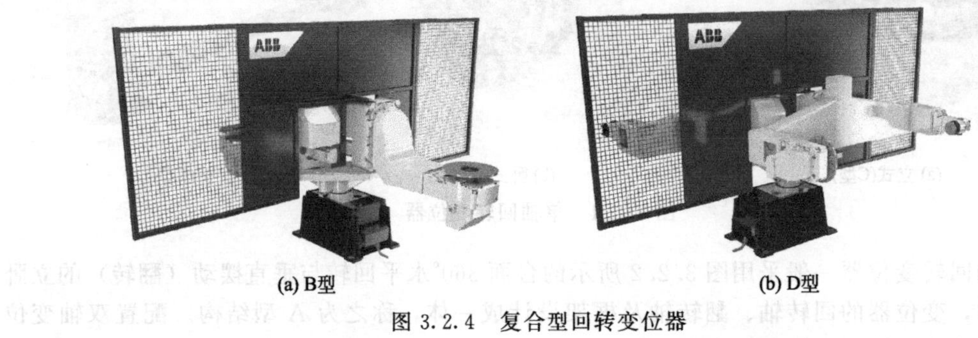

(a) B型　　(b) D型

图 3.2.4　复合型回转变位器

工业机器人对位置精度要求较低，通常只需要达到弧分级（arc min，$1' \approx 2.9 \times 10^{-4}$ rad），远低于数控机床等高速、高精度加工设备的弧秒级（arc sec，$1'' \approx 4.85 \times 10^{-6}$ rad）要求，但对回转速度的要求较高。为了简化结构，工业机器人的回转变位器有时使用图 3.2.5 所示的减速器直接驱动结构，以代替精密蜗轮蜗杆减速装置。

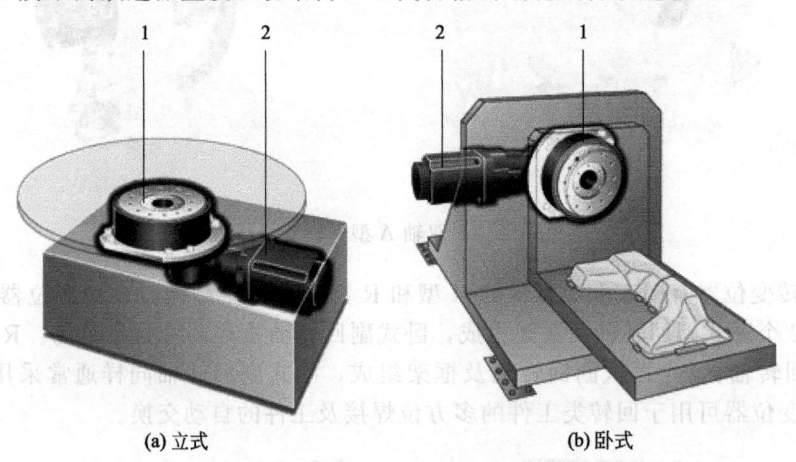

(a) 立式　　(b) 卧式

图 3.2.5　减速器直接驱动回转变位器

1—减速器；2—驱动电机

(2) 直线变位器

通用型直线变位器用于工件或机器人的直线移动，有图 3.2.6 所示的单轴、三轴等基本结构型式。

直线变位器类似于数控机床的移动工作台，但其运动速度快（通常为 120m/min）、而精度要求较低；直线滚动导轨的使用简单、安装方便，它是工业机器人直线运动部件常用的导向部件。小规格、短距离（1m 以内）运动的直线变位器较多采用图 3.2.7 所示的大导程滚珠丝杠驱动结构，电机和滚珠丝杠间有时安装有减速器、同步带等传动部件。大规格、长距离运动的直线变位器，则多采用图 3.2.8 所示的齿轮齿条驱动。

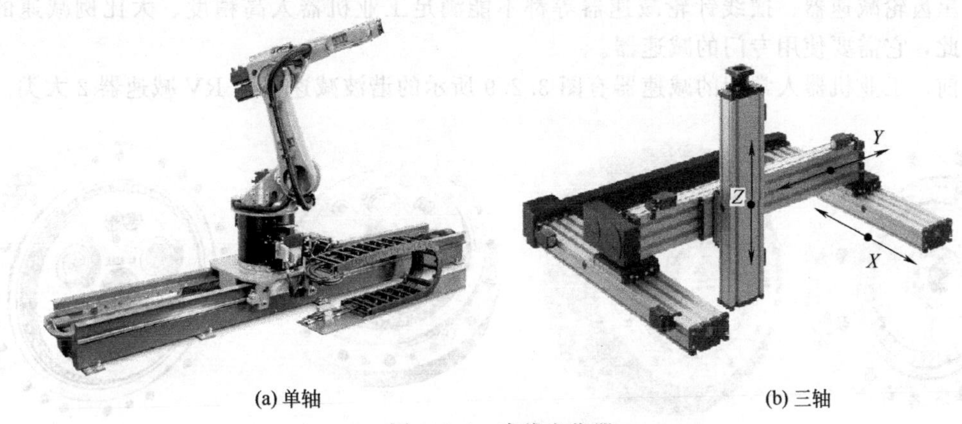

(a) 单轴　　(b) 三轴

图 3.2.6　直线变位器

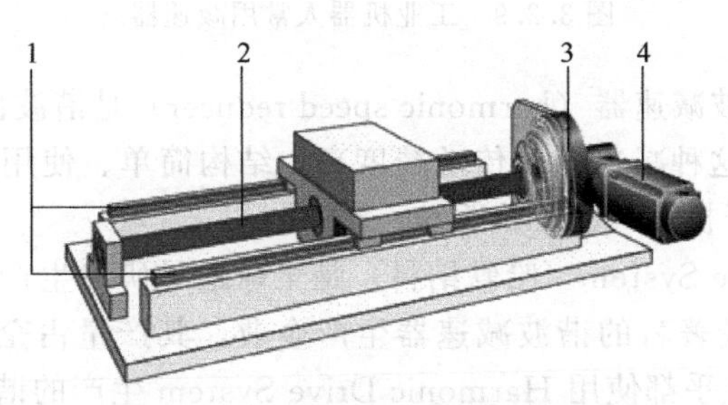

图 3.2.7　丝杠驱动的直线变位器

1—直线导轨；2—滚珠丝杠；3—减速器；4—电机

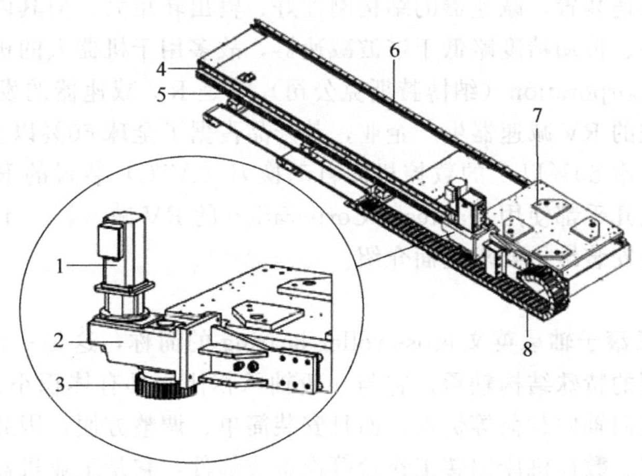

图 3.2.8　齿轮齿条驱动的直线变位器

1—电机；2—减速器；3—齿轮；4,6—直线导轨；5—齿条；7—机器人安装座；8—拖链

3.2.2　减速器与 CRB 轴承

(1) 减速器

减速器是工业机器人本体及变位器等回转运动都必须使用的关键部件。基本上，减速器的输出转速、传动精度、输出转矩和刚性，实际上就决定了工业机器人对应运动轴的运动速度、定位精度、承载能力。因此，工业机器人对减速器的要求很高，传统的普通齿轮减速

器、行星齿轮减速器、摆线针轮减速器等都不能满足工业机器人高精度、大比例减速的要求；为此，它需要使用专门的减速器。

目前，工业机器人常用的减速器有图 3.2.9 所示的谐波减速器和 RV 减速器 2 大类。

(a) 谐波减速器　　(b) RV减速器

图 3.2.9　工业机器人常用减速器

① 谐波减速器　谐波减速器（harmonic speed reducer）是谐波齿轮传动装置（harmonic gear drive）的简称，这种减速器的传动精度高、结构简单、使用方便，但其结构刚性不及 RV 减速器，故多用于机器人的手腕驱动。

日本 Harmonic Drive System（哈默纳科）是全球最早研发生产谐波减速器的企业，同时也是目前全球最大、最著名的谐波减速器生产企业，其产量占全世界总量的 15%左右，世界著名的工业机器人几乎都使用 Harmonic Drive System 生产的谐波减速器。本书第 4 章将对其产品的结构原理以及性能特点、安装维护要求进行全面介绍。

② RV 减速器　RV 减速器（rotary vector speed reducer）是由行星齿轮减速和摆线针轮减速组合而成的减速装置，减速器的结构刚性好、输出转矩大，但其内部结构比谐波减速器复杂、制造成本高、传动精度略低于谐波减速器，故多用于机器人的机身驱动。

日本 Nabtesco Corporation（纳博特斯克公司）既是 RV 减速器的发明者，又是目前全球最大、技术最领先的 RV 减速器生产企业，其产品占据了全球 60%以上的工业机器人 RV 减速器市场，以及日本 80%以上的数控机床自动换刀（ATC）装置的 RV 减速器市场，世界著名的工业机器人几乎都使用 Nabtesco Corporation 的 RV 减速器。本书第 5 章将对其结构原理、性能特点及安装维护要求全面介绍。

(2) CRB 轴承

CRB 轴承是交叉滚子轴承英文 cross roller bearing 的简称，这是一种滚柱呈 90°交叉排列、内圈或外圈分割的特殊结构轴承，它与一般轴承相比，具有体积小、精度高、刚性好、可同时承受径向和双向轴向载荷等优点，而且安装简单、调整方便，因此，特别适合于工业机器人、谐波减速器、数控机床回转工作台等设备或部件，它是工业机器人使用最广泛的基础传动部件。

图 3.2.10 为 CRB 轴承与传统的球轴承（深沟、角接触）、滚子轴承（圆柱、圆锥）的结构原理比较图。

由轴承的结构原理可见，深沟球轴承、圆柱滚子轴承等向心轴承一般只能承受径向载荷。角接触球轴承、圆锥滚子轴承等推力轴承，可承受径向载荷和单方向的轴向载荷，因此，在需要承受双向轴向载荷的场合，通常要由多个轴承进行配对、组合后使用。

CRB 轴承的滚子为间隔交叉地成直角方式排列，因此，即使使用单个轴承，也能同时承受径向和双向轴向载荷。此外，CRB 轴承的滚子与滚道表面为线接触，在承载后的弹性

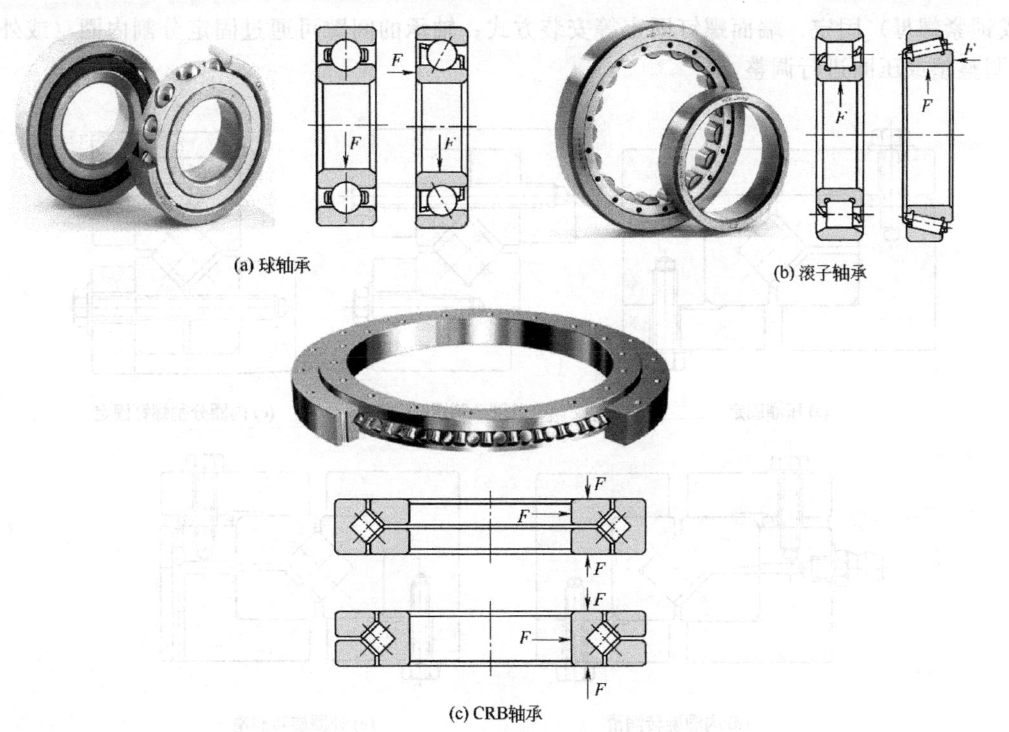

图 3.2.10 轴承结构原理

变形很小，故其刚性和承载能力也比传统的球轴承、滚子轴承更高；其内外圈尺寸可以被最大限度地小型化，并接近极限尺寸。再者，由于CRB轴承内圈或外圈采用分割构造，滚柱和保持器通过轴环固定，轴承不仅安装简单，且间隙调整和预载都非常方便。

总之，CRB轴承不仅具有体积小、结构刚性好、安装简单、调整方便等诸多优点，而且在单元型结构的谐波减速器上，其内圈内侧还可直接加工成减速器的刚轮齿，组成图 3.2.11 所示的谐波减速器单元，以最大限度地减小减速器体积。

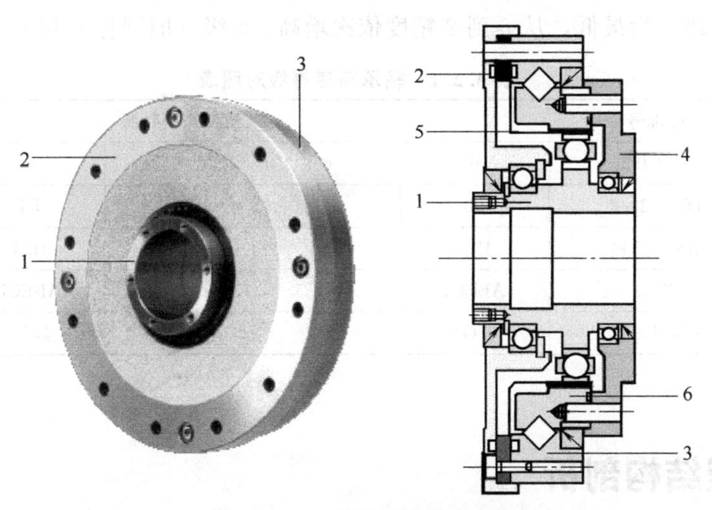

图 3.2.11 谐波减速器单元

1—输入轴；2—前端盖；3—CRB轴承外圈；4—后端盖；5—柔轮；6—CRB轴承内圈（刚轮）

CRB轴承的安装要求如图 3.2.12 所示。根据不同的结构设计，CRB轴承可采用压圈

（或锁紧螺母）固定、端面螺钉固定等安装方式；轴承的间隙可通过固定分割内圈（或外圈）的调整垫或压圈进行调整。

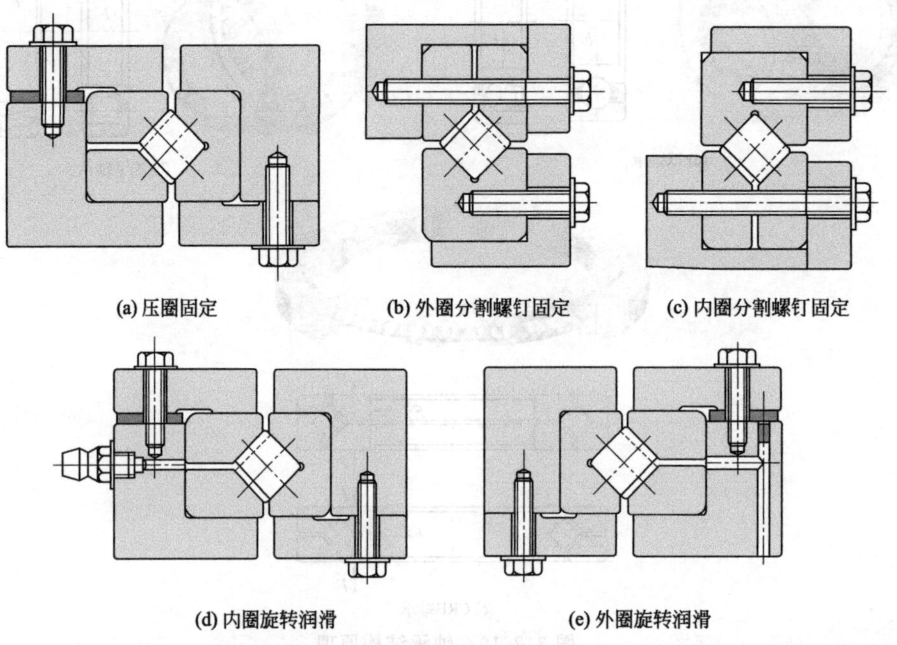

图 3.2.12 CRB 轴承的安装要求

CRB 轴承可采用油润滑或脂润滑。脂润滑不需要供油管路和润滑系统，无漏油问题，一次加注可使用 1000 小时以上，加上工业机器人的结构简单，运动速度与定位精度的要求并不高，因此，为了简化结构、降低成本，多使用脂润滑。结构设计时，可针对 CRB 轴承的不同结构和安装形式，在分割外圈（或内圈）的固定件上，加工图 3.2.12(d)、(e) 所示的润滑脂充填孔。

表 3.2.1 是常用的进口和国产轴承的精度等级比较表。在轴承精度等级中，ISO 492 的 0 级（旧国标 G 级）为最低，从 6 到 2 精度依次增高，2 级（旧国标 B 级）为最高。

表 3.2.1 轴承精度等级对照表

国别	标准号	精度等级对照				
国际	ISO 492	0	6	5	4	2
德国	DIN 620/2	P0	P6	P5	P4	P2
日本	JIS B 1514	JIS0	JIS6	JIS5	JIS4	JIS2
美国	ANSI B3.14	ABEC1	ABEC3	ABEC5	ABEC7	ABEC9
中国	GB/T 307	0(G)	6(E)	5(D)	4(C)	2(B)

3.3 典型结构剖析

3.3.1 机身结构剖析

6 轴垂直串联是工业机器人使用最广、最典型的结构形式，典型机器人的机身典型结构剖析如下。

(1) 基座及腰

基座用于机器人的安装、固定，也是机器人的线缆、管路的输入部位。垂直串联机器人基座的典型结构如图 3.3.1 所示。

基座的底部为机器人安装固定板，内侧上方的凸台用来固定腰回转 $S(J_1)$ 轴的 RV 减速器壳体（针轮），减速器输出轴连接腰体。基座后侧为机器人线缆、管路连接用的管线盒，管线盒正面布置有电线电缆插座、气管油管接头。

腰回转轴 S 的 RV 减速器一般采用针轮（壳体）固定、输出轴回转的安装方式，由于驱动电机安装在输出轴上，电机将随同腰体回转。

腰是机器人的关键部件，其结构刚性、回转范围、定位精度等都直接决定了机器人的技术性能。

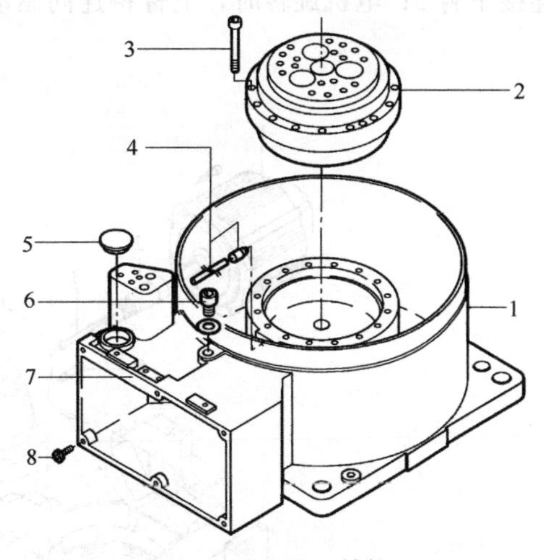

图 3.3.1　基座结构

1—基座体；2—RV 减速器；3,6,8—螺钉；4—润滑管；5—盖；7—管线盒

机器人腰部的典型结构如图 3.3.2 所示。腰回转驱动电机 1 的输出轴与 RV 减速器的芯轴 2（输入）连接。电机座 4 和腰体 6 安装在 RV 减速器的输出轴上，当电机旋转时，减速器输出轴将带动腰体、电机在基座上回转。腰体 6 的上部有一个凸耳 5，其左右两侧用来安装下臂及其驱动电机。

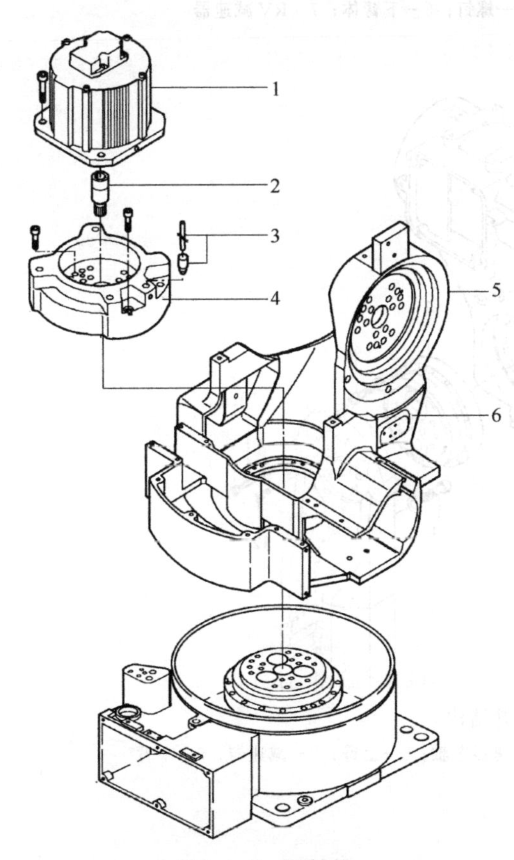

图 3.3.2　腰结构

1—驱动电机；2—减速器芯轴；3—润滑管；4—电机座；5—凸耳；6—腰体

(2) 上/下臂

下臂是连接腰部和上臂的中间体，它需要在腰上摆动，下臂的典型结构如图 3.3.3 所示。下臂体 5 和驱动电机 1 分别安装在腰体上部凸耳的两侧；RV 减速器安装在腰体上，伺服电机 1 可通过 RV 减速器，驱动下臂摆动。

下臂摆动的 RV 减速器通常采用输出轴固定、针轮（壳体）回转的安装方式。驱动电机 1 安装在腰体凸耳的左侧，电机轴与 RV 减速器 7 的芯轴 2 连接；RV 减速器输出轴通过螺钉 4 固定在腰体上，针轮（壳体）通过螺钉 8 连接下臂体 5；电机旋转时，针轮将带动下臂在腰体上摆动。

上臂连接下臂和手腕的中间体，它可连同手腕摆动，上臂的典型结构如图 3.3.4 所示。上臂 6 的后上方设计成箱体，内腔用来安装手腕回转轴 R 的驱动电机及减速器。上臂回转轴 U 的驱动电机 1 安装在臂左下方，电机轴与 RV 减速器 7 的芯轴 3 连接。RV 减速器 7 安装在上臂右下侧，减速器针轮（壳体）利用连接螺钉 5（或 8）连接上臂；输出轴通过螺钉 10

连接下臂 9；电机旋转时，上臂将连同驱动电机绕下臂摆动。

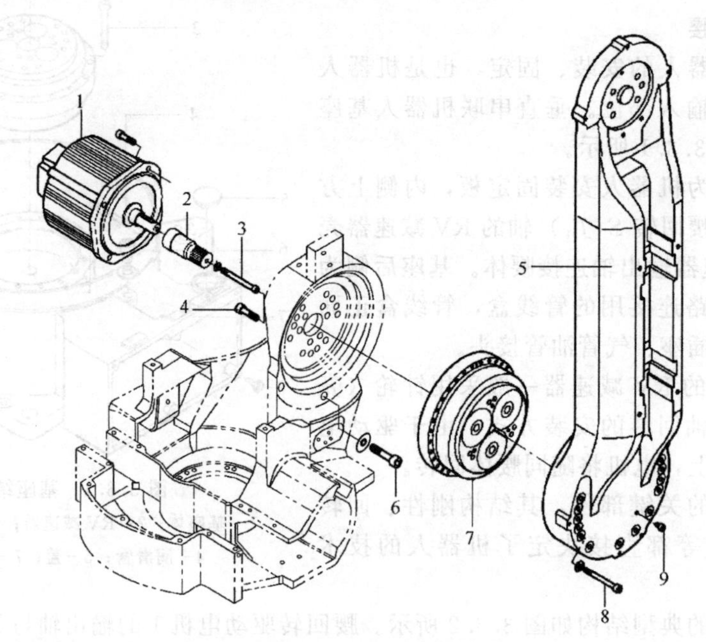

图 3.3.3 下臂结构

1—驱动电机；2—减速器芯轴；3,4,6,8,9—螺钉；5—下臂体；7—RV 减速器

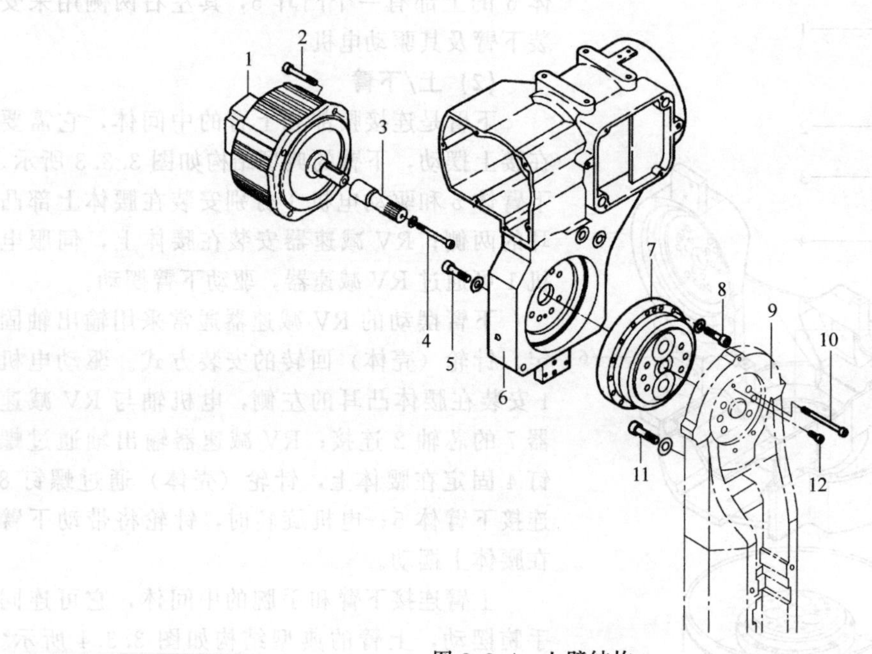

图 3.3.4 上臂结构

1—驱动电机；2,4,5,8,10～12—螺钉；3—RV 减速器芯轴；6—上臂；7—减速器；9—下臂

3.3.2 手腕结构剖析

(1) *R* 轴

垂直串联机器人的手腕回转轴 *R* 一般采用结构紧凑的部件型谐波减速器。*R* 轴驱动电

机、减速器、过渡轴等传动部件均安装在上臂的内腔；手腕回转体安装在上臂的前端；减速器输出和手腕回转体之间，通过过渡轴连接。手腕回转体可起到延长上臂的作用，故 *R* 轴有时可视为上臂回转轴。

前驱结构的机器人 *R* 轴典型传动系统如图 3.3.5 所示。

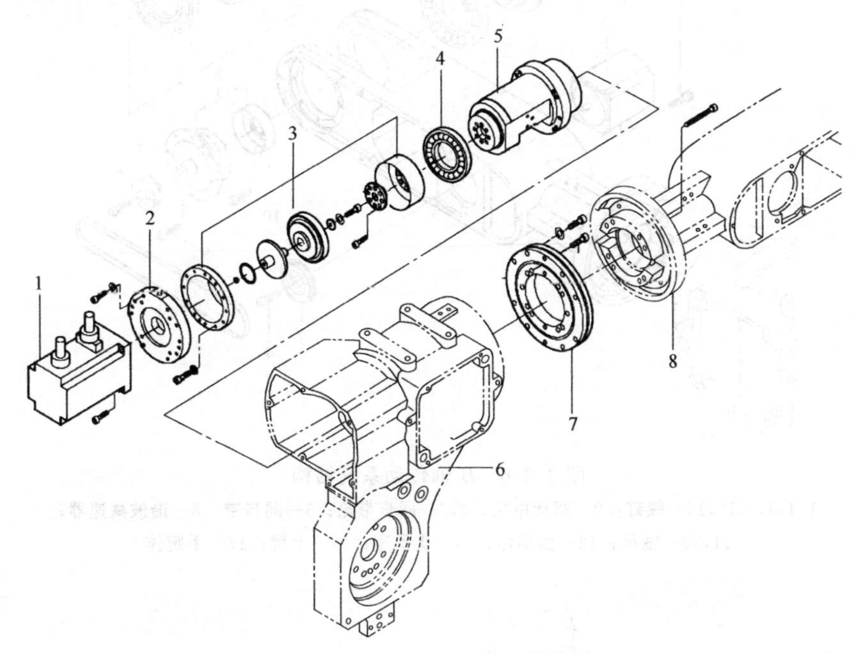

图 3.3.5　*R* 轴传动系统结构

1—电机；2—电机座；3—减速器；4—轴承；5—过渡轴；6—上臂；7—CRB 轴承；8—手腕回转体

R 轴谐波减速器 3 的刚轮和电机座 2 固定在上臂内壁；*R* 轴驱动电机 1 的输出轴和减速器的谐波发生器连接；谐波减速器的柔轮输出和过渡轴 5 连接。过渡轴 5 是连接谐波减速器和手腕回转体 8 的中间轴，它安装在上臂内部，可在上臂内回转。过渡轴的前端面安装有可同时承受径向和轴向载荷的交叉滚子轴承（CRB）7；后端面与谐波减速器柔轮连接。过渡轴的后支承为径向轴承 4，轴承外圈安装于上臂内侧；内圈与过渡轴 5、手腕回转体 8 连接，它们可在减速器输出的驱动下回转。

(2) *B* 轴

前驱结构的机器人 *B* 轴典型传动系统如图 3.3.6 所示。它同样采用部件型谐波减速器，以减小体积。前驱机器人的 *B* 轴驱动电机 2 安装在手腕体 17 的后部，电机通过同步带 5 与手腕前端的谐波减速器 8 输入轴连接，减速器柔轮连接摆动体 12；减速器刚轮和安装在手腕体 17 左前侧的支承座 14 是摆动体 12 摆动回转的支承。摆动体的回转驱动力来自谐波减速器的柔轮输出，当驱动电机 2 旋转时，可通过同步带 5 带动减速器谐波发生器旋转，柔轮输出将带动摆动体 12 摆动。

(3) *T* 轴

采用前驱结构的机器人 *T* 轴机械传动系统由中间传动部件和回转减速部件组成，其传统系统典型结构分别如下。

① *T* 轴中间传动部件　*T* 轴中间传动系统结构如图 3.3.7 所示。

T 轴驱动电机 1 安装在手腕体 3 的中部，电机通过同步带将动力传递至手腕回转体左前侧。安装在手腕体左前侧的支承座 13 为中空结构，其外圈作为腕弯曲摆动轴 *B* 的辅助支

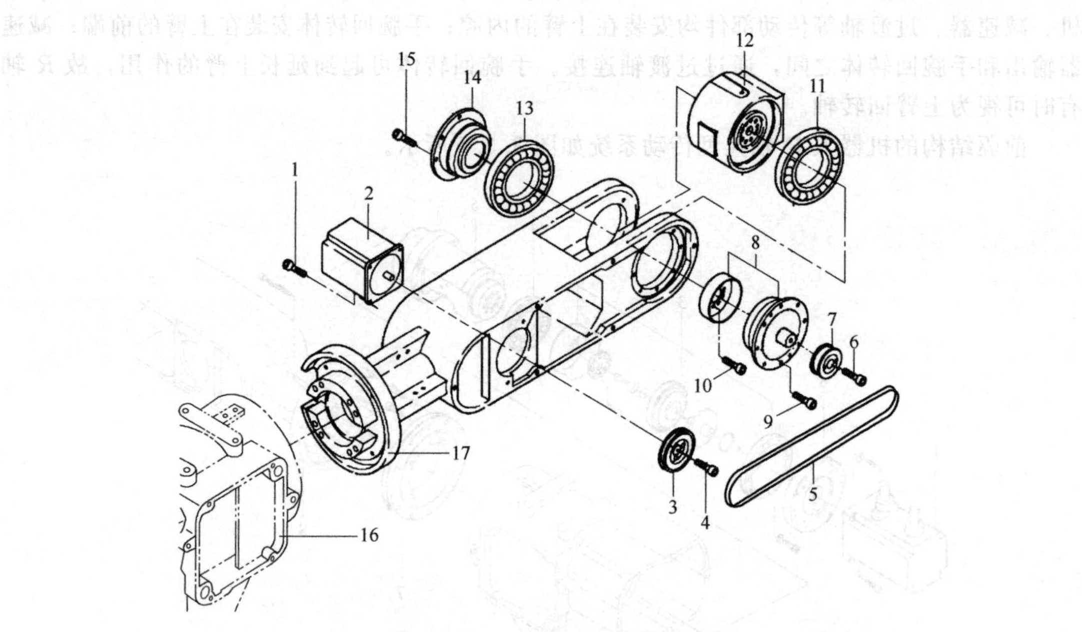

图 3.3.6 B 轴传动系统结构

1,4,6,9,10,15—螺钉；2—驱动电机；3,7—同步带轮；5—同步带；8—谐波减速器；
11,13—轴承；12—摆动体；14—支承座；16—上臂；17—手腕体

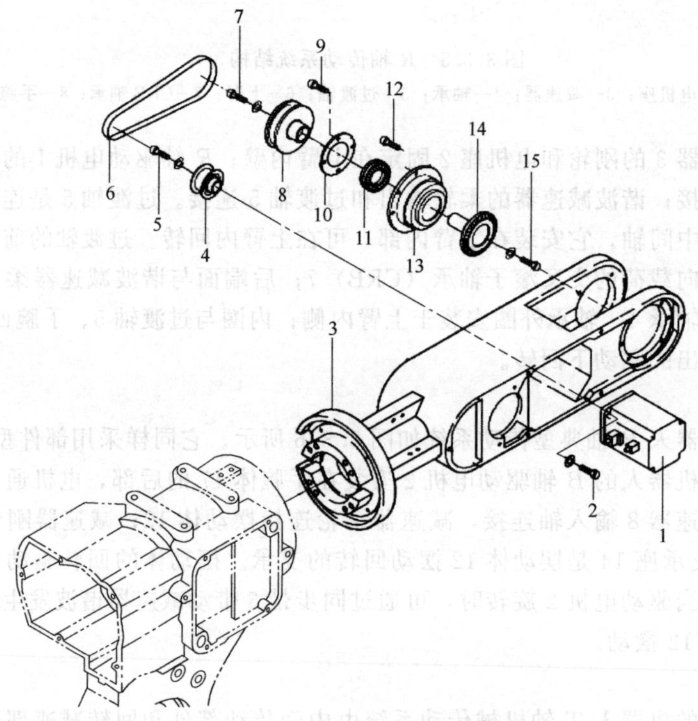

图 3.3.7 T 轴中间传动系统结构

1—驱动电机；2,5,7,9,12,15—螺钉；3—手腕体；4,8—同步带轮；6—同步带；
10—端盖；11—轴承；13—支承座；14—锥齿轮

承；内部安装有手回转轴 T 的中间传动轴。中间传动轴外侧安装有与电机连接的同步带轮

8，内侧安装有45°锥齿轮14。锥齿轮14和摆动体上的45°锥齿轮啮合，实现传动方向变换，将动力传递到手腕摆动体。

② T 轴回转减速部件　机器人手回转轴 T 的机械传动系统典型结构如图3.3.8所示。

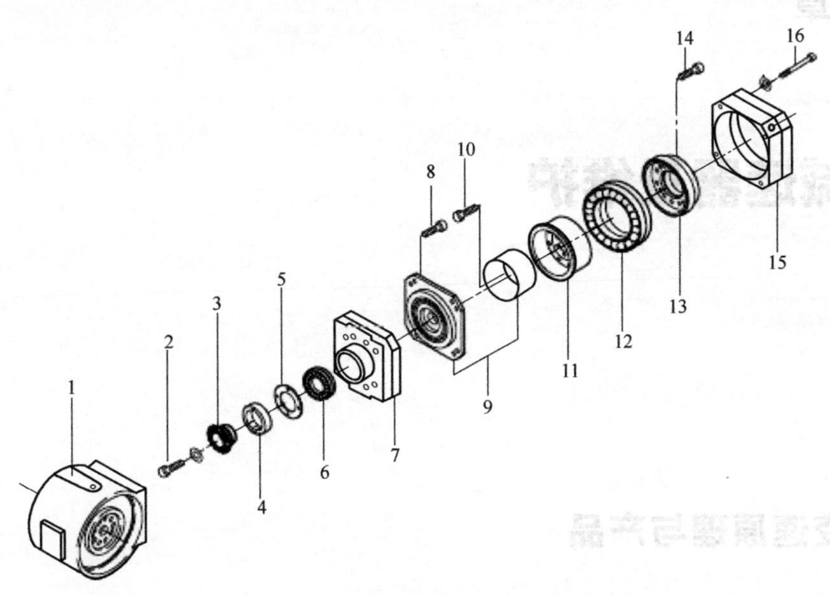

图3.3.8　T 轴回转减速传动系统结构

1—摆动体；2,8,10,14,16—螺钉；3—锥齿轮；4—锁紧螺母；5—垫；6,12—轴承；7—壳体；9—谐波减速器；11—轴套；13—安装法兰；15—密封端盖

T 轴同样采用部件型谐波减速器，主要传动部件安装在壳体7、密封端盖15组成的封闭空间内；壳体7安装在摆动体1上。T 轴谐波减速器9的谐波发生器通过锥齿轮3与中间传动轴上的锥齿轮啮合；柔轮通过轴套11，连接CRB轴承12内圈及工具安装法兰13；刚轮、CRB轴承外圈固定在壳体7上。谐波减速器、轴套、CRB轴承、工具安装法兰的外部通过密封端盖15封闭，并和摆动体1连为一体。

第4章

谐波减速器及维护

4.1 变速原理与产品

4.1.1 谐波齿轮变速原理

(1) 基本结构

谐波减速器是谐波齿轮传动装置（harmonic gear drive）的俗称。谐波齿轮传动装置实际上既可用于减速，也可用于升速，但由于其传动比很大（通常为30～320），因此，在工业机器人、数控机床等机电产品上应用时，多用于减速，故习惯上称谐波减速器。

谐波齿轮传动装置是美国发明家C. W. Musser（马瑟，1909—1998）在1955年发明的一种特殊齿轮传动装置，最初称变形波发生器（strain wave gearing）；1960年，美国United Shoe Machinery公司（USM）率先研制出样机；1964年，日本的长谷川齿轮株式会社（Hasegawa Gear Works，Ltd.）和USM合作成立了Harmonic Drive（哈默纳科，现名Harmonic Drive System Co.，Ltd.）公司，开始对其进行产业化研究和生产，并将产品定名为谐波齿轮传动装置（Harmonic gear drive）。因此，Harmonic Drive System（哈默纳科）既是全球最早研发生产谐波减速器的企业，也是目前全球最大、最著名的谐波减速器生产企业，世界著名的工业机器人几乎都使用Harmonic Drive System的谐波减速器。

谐波减速器的基本结构如图4.1.1所示。减速器主要由刚轮（circular spline）、柔轮（flex spline）、谐波发生器（wave generator）3个基本部件构成。刚轮、柔轮、谐波发生器可任意固定其中1个，其余2个部件一个连接输入（主动），另一个即可作为输出（从动），以实现减速或增速。

① 刚轮　刚轮（circular spline）是一个加工有连接孔的刚性内齿圈，其齿数比柔轮略多（一般多2或4齿）。刚轮通常用于减速器安装和固定，在超薄型或微型减速器上，刚轮一般与交叉滚子轴承（cross roller bearing，简称CRB）设计成一体，构成减速器单元。

② 柔轮　柔轮（flex spline）是一个可产生较大变形的薄壁金属弹性体，弹性体与刚轮啮合的部位为薄壁外齿圈，它通常用来连接输出轴。柔轮有水杯、礼帽、薄饼等形状。

③ 谐波发生器　谐波发生器（wave generator）又称波发生器，其内侧是一个椭圆形的

图 4.1.1　谐波减速器的基本结构

1—谐波发生器；2—柔轮；3—刚轮

凸轮，凸轮外圆套有一个能弹性变形的柔性滚动轴承（flexible rolling bearing），轴承外圈与柔轮外齿圈的内侧接触。凸轮装入轴承内圈后，轴承、柔轮均将变成椭圆形，并使椭圆长轴附近的柔轮齿与刚轮齿完全啮合，短轴附近的柔轮齿与刚轮齿完全脱开。凸轮通常与输入轴连接，它旋转时可使柔轮齿与刚轮齿的啮合位置不断改变。

(2) 变速原理

谐波减速器的变速原理如图 4.1.2 所示。

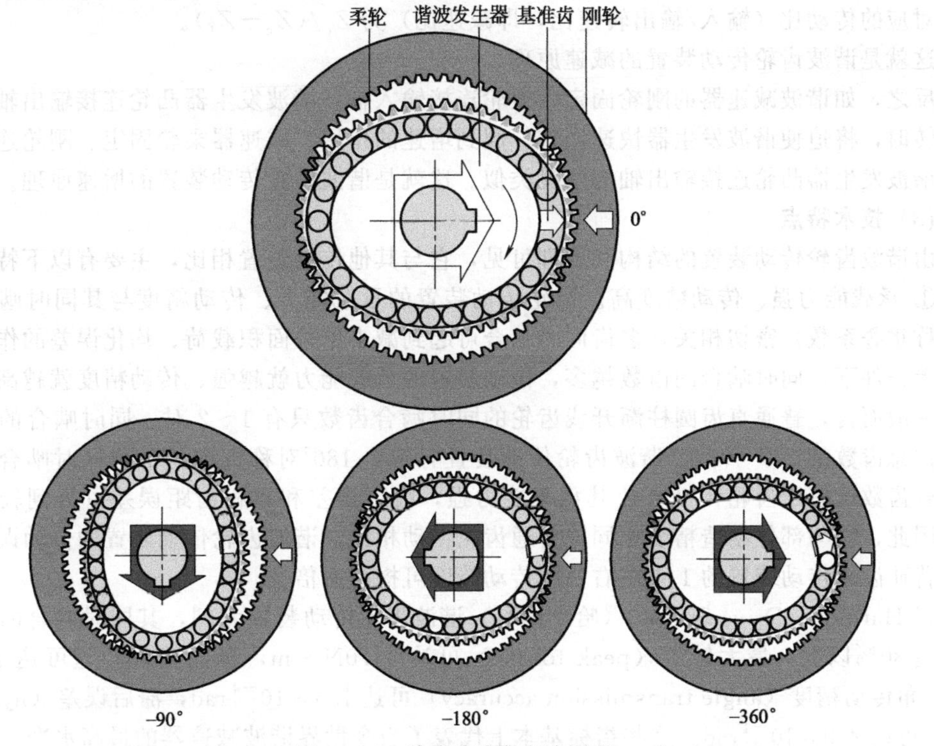

图 4.1.2　谐波减速器变速原理

假设减速器的刚轮固定、谐波发生器凸轮连接输入轴、柔轮连接输出轴，图 4.1.2 所示的谐波发生器椭圆凸轮长轴位于 0°的位置为起始位置。当谐波发生器顺时针旋转时，由于柔轮的齿形和刚轮相同但齿数少于刚轮（如 2 齿），因此，当椭圆长轴到达刚轮－90°位置时，柔轮所转过的齿数必须与刚轮相同，故转过的角度将大于 90°。例如，对于齿差为 2 的减速器，柔轮转过的角度将为“90°＋0.5 齿”，即柔轮基准齿逆时针偏离刚轮 0°位置 0.5

个齿。

进而，当谐波发生器椭圆长轴到达刚轮－180°位置时，柔轮转过的角度将为“90°＋1齿”，即柔轮基准齿将逆时针偏离刚轮0°位置1个齿。如椭圆长轴绕刚轮回转一周，柔轮转过的角度将为“90°＋2齿”，柔轮的基准齿将逆时针偏离刚轮0°位置一个齿差（2个齿）。

因此，当刚轮固定、谐波发生器凸轮连接输入轴、柔轮连接输出轴时，输入轴顺时针旋转1转（－360°），输出轴将相对于固定的刚轮逆时针转过一个齿差（2个齿）。假设柔轮齿数为Z_f、刚轮齿数为Z_c；输出/输入的转速比为：

$$i_1=\frac{Z_c-Z_f}{Z_f}$$

对应的传动比（输入/输出转速比，即减速比）为$Z_f/(Z_c-Z_f)$。

同样，如谐波减速器柔轮固定、刚轮旋转，当输入轴顺时针旋转1转（－360°）时，将使刚轮的基准齿顺时针偏离柔轮一个齿差，其偏移的角度为：

$$\theta=\frac{Z_c-Z_f}{Z_c}\times 360°$$

其输出/输入的转速比为：

$$i_2=\frac{Z_c-Z_f}{Z_c}$$

对应的传动比（输入/输出转速比，即减速比）为$Z_c/(Z_c-Z_f)$。

这就是谐波齿轮传动装置的减速原理。

反之，如谐波减速器的刚轮固定、柔轮连接输入轴、谐波发生器凸轮连接输出轴，则柔轮旋转时，将迫使谐波发生器快速回转，起到增速的作用；减速器柔轮固定、刚轮连接输入轴、谐波发生器凸轮连接输出轴的情况类似。这就是谐波齿轮传动装置的增速原理。

(3) 技术特点

由谐波齿轮传动装置的结构和原理可见，它与其他传动装置相比，主要有以下特点。

① 承载能力强、传动精度高。齿轮传动装置的承载能力、传动精度与其同时啮合的齿数（称重叠系数）密切相关，多齿同时啮合可起到减小单位面积载荷、均化误差的作用，故在同等条件下，同时啮合的齿数越多，传动装置的承载能力就越强、传动精度就越高。

一般而言，普通直齿圆柱渐开线齿轮的同时啮合齿数只有1～2对、同时啮合的齿数通常只占总齿数的2%～7%。谐波齿轮传动装置有两个180°对称方向的部位同时啮合，其同时啮合齿数远多于齿轮传动，故其承载能力强，齿距误差和累积齿距误差可得到较好的均化。因此，它与部件制造精度相同的普通齿轮传动相比，谐波齿轮传动装置的传动误差大致只有普通齿轮传动装置的1/4左右，即传动精度可提高4倍。

以 Harmonic Drive System（哈默纳科）谐波齿轮传动装置为例，其同时啮合的齿数最大可达30%以上，最大转矩（peak torque）可达4470N·m，最高输入转速可达14000r/min；角传动精度（angle transmission accuracy）可达1.5×10^{-4}rad，滞后误差（hysteresis loss）可达2.9×10^{-4}rad。这些指标基本上代表了当今世界谐波减速器的最高水准。

需要说明的是，虽然谐波减速器的传动精度比其他减速器要高很多，但目前它还只能达到弧分级（arc min，$1'\approx2.9\times10^{-4}$rad），它与数控机床回转轴所要求的弧秒级（arc sec，$1''\approx4.85\times10^{-6}$rad）定位精度比较，仍存在很大差距，这也是目前工业机器人的定位精度普遍低于数控机床的主要原因之一。因此，谐波减速器一般不能直接用于数控机床的回转轴驱动和定位。

② 传动比大、传动效率较高。在传统的单级传动装置上：普通齿轮传动的推荐传动比

一般为 8～10，传动效率为 0.9～0.98；行星齿轮传动的推荐传动比 2.8～12.5，齿差为 1 的行星齿轮传动效率为 0.85～0.9；蜗轮蜗杆传动装置的推荐传动比为 8～80，传动效率为 0.4～0.95；摆线针轮传动的推荐传动比 11～87，传动效率为 0.9～0.95。而谐波齿轮传动的推荐传动比为 50～160、可选择 30～320，正常传动效率为 0.65～0.96（与减速比、负载、温度等有关），高于传动比相似的蜗轮蜗杆减速。

③ 结构简单，体积小，重量轻，使用寿命长。谐波齿轮传动装置只有 3 个基本部件，它与达到同样传动比的普通齿轮减速箱比较，其零件数可减少 50%左右，体积、重量大约只有 1/3 左右。此外，在传动过程中，由于谐波齿轮传动装置的柔轮齿进行的是均匀径向移动，齿间的相对滑移速度一般只有普通渐开线齿轮传动的 1%；加上同时啮合的齿数多、轮齿单位面积的载荷小、运动无冲击，因此，齿的磨损较小，传动装置使用寿命可长达 7000～10000h。

④ 传动平稳，无冲击、噪声小。谐波齿轮传动装置可通过特殊的齿形设计，使得柔轮和刚轮的啮合、退出过程实现连续渐进、渐出，啮合时的齿面滑移速度小，且无突变，因此，其传动平稳，啮合无冲击，运行噪声小。

⑤ 安装调整方便。谐波齿轮传动装置的只有刚轮、柔轮、谐波发生器三个基本构件，三者为同轴安装。刚轮、柔轮、谐波发生器可按部件提供（称部件型谐波减速器），由用户根据自己的需要，自由选择变速方式和安装方式，并直接在整机装配现场组装，其安装十分灵活、方便。此外，谐波齿轮传动装置的柔轮和刚轮啮合间隙，可通过微量改变谐波发生器的外径调整，甚至可做到无侧隙啮合，因此，其传动间隙通常非常小。

但是，谐波齿轮传动装置需要使用高强度、高弹性的特种材料制作，特别是柔轮、谐波发生器的轴承，它们不但需要在承受较大交变载荷的情况下不断变形，而且，为了减小磨损，材料还必须要有很高的硬度，因而，它对材料的材质、抗疲劳强度及加工精度、热处理的要求均很高，制造工艺较复杂。截至目前，除了 Harmonic Drive System 外，全球能够真正产业化生产谐波减速器的厂家还不多。

(4) 变速比

谐波减速器的输出/输入速比与减速器的安装方式有关，如用正、负号代表转向，并定义谐波传动装置的基本减速比 R 为：

$$R=\frac{Z_f}{Z_c-Z_f}$$

式中　R——谐波减速器基本减速比；

Z_f——减速器柔轮齿数；

Z_c——减速器刚轮齿数。

这样，通过不同形式的安装，谐波齿轮传动装置将有表 4.1.1 所示的 6 种不同用途和不同输出/输入速比，速比为负值时，代表输出轴转向和输入轴相反。

表 4.1.1　谐波齿轮传动装置的安装形式与速比

序号	安装形式	安装示意图	用途	输出/输入速比
1	刚轮固定，谐波发生器输入、柔轮输出	固定 输出 输入	减速，输入、输出轴转向相反	$-\frac{1}{R}$

续表

序号	安装形式	安装示意图	用途	输出/输入速比
2	柔轮固定，谐波发生器输入、刚轮输出	输出 固定 输入	减速，输入、输出轴转向相同	$\frac{1}{R+1}$
3	谐波发生器固定，柔轮输入、刚轮输出	输出 输入 固定	减速，输入、输出轴转向相同	$\frac{R}{R+1}$
4	谐波发生器固定，刚轮输入、柔轮输出	输入 输出 固定	增速，输入、输出轴转向相同	$\frac{R+1}{R}$
5	刚轮固定，柔轮输入、谐波发生器输出	固定 输入 输出	增速，输入、输出轴转向相反	$-R$
6	柔轮固定，刚轮输入、谐波发生器输出	输入 固定 输出	增速，输入、输出轴转向相同	$R+1$

4.1.2 产品与结构

(1) 结构型式与输入连接

① 结构型式。Harmonic Drive System（哈默纳科）谐波减速器的结构型式分为部件型（component type）、单元型（unit type）、简易单元型（simple unit type）、齿轮箱型（gear head type）、微型（mini type 及 supermini type）5 大类；柔轮形状分为水杯形（cup type）、礼帽形（silk hat type）和薄饼形（pancake type）3 大类；减速器轴向长度分为标准型（standard）和超薄型（super flat）两类；用户可以根据自己的需要选用。其中，部件型、单元型、简易单元型是工业机器人最为常用的谐波减速器产品（见下述）。

我国现行的 GB/T 30819—2014 标准，目前只规定了部件（component）、整机（unit）两种结构；柔轮形状上也只规定了杯形（cup）和中空礼帽形（hollow）两种；轴向长度分为标准型（standard）和短筒型（dwarf）两类。国标中所谓的“整机”结构，实际就是哈默纳科的单元型减速器，所谓“短筒型”就是哈默纳科的超薄型。

② 输入连接。谐波减速器用于大比例减速时，谐波发生器凸轮需要连接输入轴，两者的连接形式有刚性连接和柔性连接两类。

刚性连接的谐波发生器凸轮和输入轴，直接采用图4.1.3所示的轴孔、平键或法兰、螺钉等方式连接。刚性连接的减速器输入传动部件结构简单、外形紧凑，并且可做到无间隙传动，但是，它对输入轴和减速器的同轴度要求较高，故多用于薄饼形、超薄型、中空型谐波减速器。

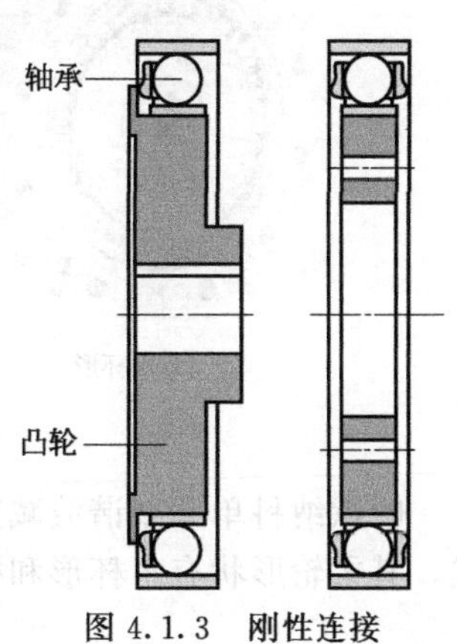

图 4.1.3 刚性连接

柔性连接的谐波减速器，其谐波发生器凸轮和输入轴间采用图4.1.4所示的奥尔德姆联轴器（Oldham's coupling，俗称十字滑块联轴器）连接。联轴器滑块可十字滑动，自动调整输入轴与输出轴的偏心，降低输入轴和输出轴的同轴度要求。但由于滑块存在间隙，减速器不能做到无间隙传动。

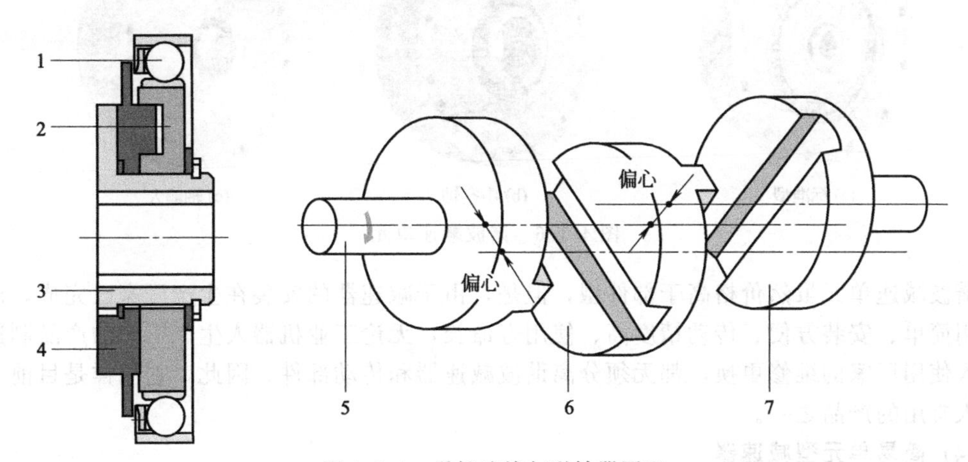

图 4.1.4 柔性连接与联轴器原理

1—轴承；2,7—输出轴（凸轮）；3,5—输入轴（轴套）；4,6—滑块

(2) 部件型减速器

部件型（component type）谐波减速器只提供刚轮、柔轮、谐波发生器3个基本部件；用户可根据自己的要求，自由选择变速方式和安装方式。哈默纳科部件型减速器的规格齐全、产品的使用灵活、安装方便、价格低，它是日前工业机器人广泛使用的产品。

根据柔轮形状，部件型谐波减速器又分为图4.1.5所示的水杯形（cup type）、礼帽形（silk hat type）、薄饼形（pancake）3大类，并有通用、高转矩、超薄等不同系列。

部件型谐波减速器采用的是刚轮、柔轮、谐波发生器分离型结构，无论是工业机器人生产厂家的产品制造，还是机器人使用厂家维修，都需要进行谐波减速器和传动零件的分离和安装，其装配调试的要求较高。

(3) 单元型减速器

单元型（unit type）谐波减速器又称谐波减速单元，它是带有外壳和CRB输出轴承，减速器的刚轮、柔轮、谐波发生器、壳体、CRB轴承被整体设计成统一的单元；减速器带有输入/输出连接法兰或连接轴，输出采用高刚性、精密CRB轴承支承，可直接驱动负载。

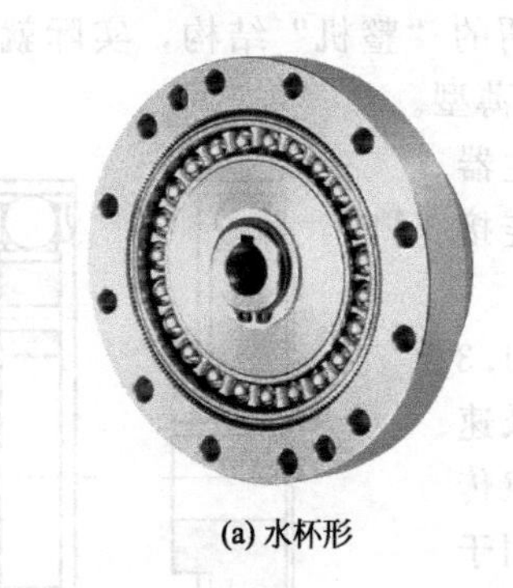
(a) 水杯形

(b) 礼帽形

(c) 薄饼形

图 4.1.5 部件型谐波减速器

哈默纳科单元型谐波减速器有图 4.1.6 所示的标准型、中空轴、轴输入三种基本结构型式，其柔轮形状有水杯形和礼帽形 2 类，并有轻量、密封等系列。

(a) 标准型

(b) 中空轴

(c) 轴输入

图 4.1.6 谐波减速单元

谐波减速单元虽然价格高于部件型，但是，由于减速器的安装在生产厂家已完成，产品的使用简单、安装方便、传动精度高、使用寿命长，无论工业机器人生产厂家的产品制造或机器人使用厂家的维修更换，都无须分离谐波减速器和传动部件，因此，它同样是目前工业机器人常用的产品之一。

(4) 简易单元型减速器

简易单元型（simple unit type）谐波减速器是单元型谐波减速器的简化结构，它将谐波减速器的刚轮、柔轮、谐波发生器 3 个基本部件和 CRB 轴承整体设计成统一的单元，但无壳体和输入/输出连接法兰或轴。

哈默纳科简易谐波减速单元的基本结构有图 4.1.7 所示的标准型、中空轴两类，柔轮形状均为礼帽形。简易单元型减速器的结构紧凑、使用方便，性能和价格介于部件型和单元型之间，它经常用于机器人手腕、SCARA 结构机器人。

(a) 标准型

(b) 中空轴

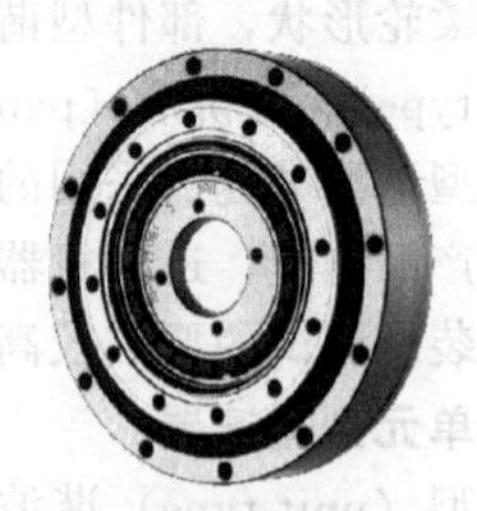
(c) 超薄中空轴

图 4.1.7 简易谐波减速单元

(5) 齿轮箱型减速器

齿轮箱型(gear head type)谐波减速器又称谐波减速箱,它可像齿轮减速箱一样,直接安装驱动电机,以实现减速器和驱动电机的结构整体化。

哈默纳科谐波减速箱的基本结构有图 4.1.8 所示的连接法兰输出和连接轴输出两类;其谐波减速器的柔轮形状均为水杯形,并有通用系列、高转矩系列产品。齿轮箱型减速器特别适合于电机的轴向安装尺寸不受限制的 Delta 结构机器人。

(a) 法兰输出

(b) 轴输出

图 4.1.8 谐波减速箱

(6) 微型和超微型

微型(mini)和超微型(supermini)谐波减速器是专门用于小型、轻量工业机器人的特殊产品,它实际上就是微型化的单元型、齿轮箱型谐波减速器,常用于 3C 行业电子产品、食品、药品等小规格搬运、装配、包装工业机器人。

哈默纳科微型减速器有图 4.1.9 所示的单元型(微型谐波减速单元)、齿轮箱型(微型谐波减速箱)两种基本结构,微型谐波减速箱也有连接法兰输出和连接轴输出两类。超微型减速器实际上只是对微型系列产品的补充,其结构、安装使用要求均和微型相同。

(a) 减速单元

(b) 法兰输出减速箱

(c) 轴输出减速箱

图 4.1.9 微型谐波减速器

4.2 主要技术参数与选择

4.2.1 主要技术参数

(1) 规格代号

谐波减速器规格代号以柔轮节圆直径(单位:0.1in)表示,常用规格代号与柔轮节圆直径的对照如表 4.2.1 所示。

4.2.1 规格代号与柔轮节圆直径对照表

规格代号	8	11	14	17	20	25	32	40	45	50	58	65
节圆直径/mm	20.32	27.94	35.56	43.18	50.80	63.5	81.28	101.6	114.3	127	147.32	165.1

(2) 输出转矩

谐波减速器的输出转矩主要有额定输出转矩、启制动峰值转矩、瞬间最大转矩等，额定输出转矩的、启制动峰值转矩、瞬间最大转矩含义如图 4.2.1 所示。

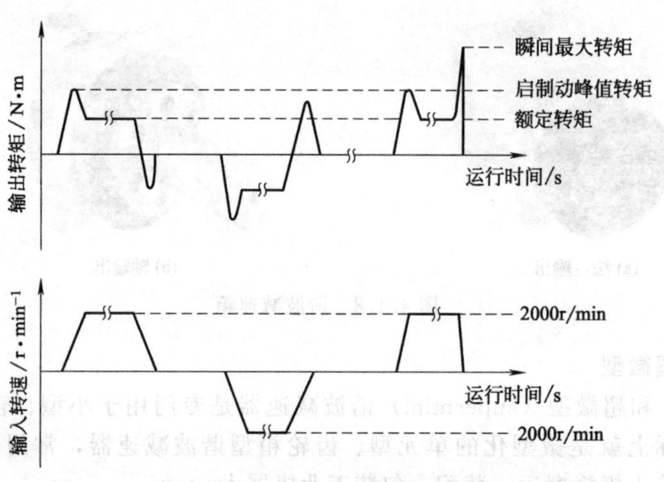

图 4.2.1 输出转矩、启制动峰值转矩与瞬间最大转矩

额定转矩（rated torque）：谐波减速器在输入转速为 2000r/min 情况下连续工作时，减速器输出侧允许的最大负载转矩。

启制动峰值转矩（peak torque for start and stop）：谐波减速器在正常启制动时，短时间允许的最大负载转矩。

瞬间最大转矩（maximum momentary torque）：谐波减速器工作出现异常时（如机器人冲击、碰撞），为保证减速器不损坏，瞬间允许的负载转矩极限值。

最大平均转矩和最高平均转速：最大平均转矩（permissible max value of average load torque）和最高平均转速（permissible average input rotational speed）是谐波减速器连续工作时所允许的最大等效负载转矩和最高等效输入转速的理论计算值。

谐波减速器实际工作时的等效负载转矩、等效输入转速，可根据减速器的实际运行状态计算得到，对于图 4.2.2 所示的减速器运行，其计算式如下。

$$T_{av}=\sqrt[3]{\frac{n_1t_1|T_1|^3+n_2t_2|T_2|^3+\cdots+n_nt_n|T_n|^3}{n_1t_1+n_2t_2+\cdots+n_nt_n}}$$

$$N_{av}=N_{oav}R=\frac{n_1t_1+n_2t_2+\cdots+n_nt_n}{t_1+t_2+\cdots+t_n}R \tag{4-1}$$

式中 T_{av}——等效负载转矩，N·m；

N_{av}——等效输入转速，r/min；

N_{oav}——等效负载（输出）转速，r/min；

n_n——各段工作转速，r/min；

t_n——各段工作时间，h、s 或 min；

T_n——各段负载转矩，N·m；

R——基本减速比。

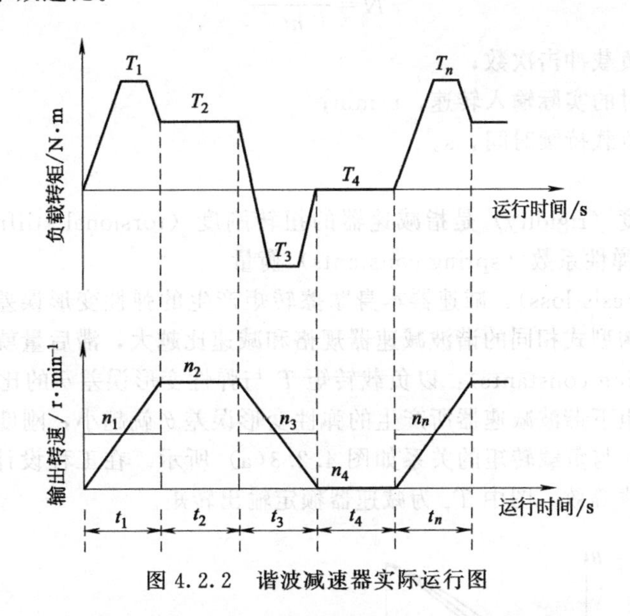

图 4.2.2 谐波减速器实际运行图

启动转矩（starting torque）：又称启动开始转矩（on starting torque），它是在空载、环境温度为20℃的条件下，谐波减速器用于减速时，输出侧开始运动的瞬间，所测得的输入侧需要施加的最大转矩值。

增速启动转矩（on overdrive starting torque）：在空载、环境温度为20℃的条件下，谐波减速器用于增速时，在输出侧（谐波发生器输入轴）开始运动的瞬间，所测得的输入侧（柔轮）需要施加的最大转矩值。

空载运行转矩（on no-load running torque）：谐波减速器用于减速时，在工作温度为20℃、规定的润滑条件下，以2000r/min的输入转速空载运行2h后，所测得的输入转矩值。空载运行转矩与输入转速、减速比、环境温度等有关，输入转速越低、减速比越大、温度越高，空载运行转矩就越小，设计、计算时可根据减速器生产厂家提供的修整曲线修整。

(3) 使用寿命

额定寿命（rated life）：谐波减速器在正常使用时，出现10%产品损坏的理论使用时间（h）。

平均寿命（average lifc）：谐波减速器在正常使用时，出现50%产品损坏的理论使用时间（h）。谐波减速器的使用寿命与工作时的负载转矩、输入转速有关，其计算式如下。

$$L_h=L_n\left(\frac{T_r}{T_{av}}\right)^3\frac{N_r}{N_{av}} \tag{4-2}$$

式中 L_h——实际使用寿命，h；

L_n——理论寿命，h；

T_r——额定转矩，N·m；

T_{av}——等效负载转矩，N·m；

N_r——额定转速，r/min；

N_{av}——等效输入转速，r/min。

(4) 强度

强度（intensity）以负载冲击次数衡量，减速器的等效负载冲击次数可按下式计算，此值不能超过减速器允许的最大冲击次数（一般为10000次）。

$$N=\frac{3\times10^5}{nt} \tag{4-3}$$

式中 N——等效负载冲击次数；

n——冲击时的实际输入转速，r/min；

t——冲击负载持续时间，s。

(5) 刚度

谐波减速器刚度（rigidity）是指减速器的扭转刚度（torsional stiffness），常用滞后量（hysteresis loss）、弹性系数（spring constants）衡量。

滞后量（hysteresis loss）：减速器本身摩擦转矩产生的弹性变形误差 θ，与减速器规格和减速比有关，结构型式相同的谐波减速器规格和减速比越大，滞后量就减小。

弹性系数（spring constants）：以负载转矩 T 与弹性变形误差 θ 的比值衡量。弹性系数越大，同样负载转矩下谐波减速器所产生的弹性变形误差 θ 就越小，刚度就越高。

弹性变形误差 θ 与负载转矩的关系如图 4.2.3(a) 所示。在工程设计时，常用图 4.2.3(b) 所示的 3 段直线等效，图中 T_r 为减速器额定输出转矩。

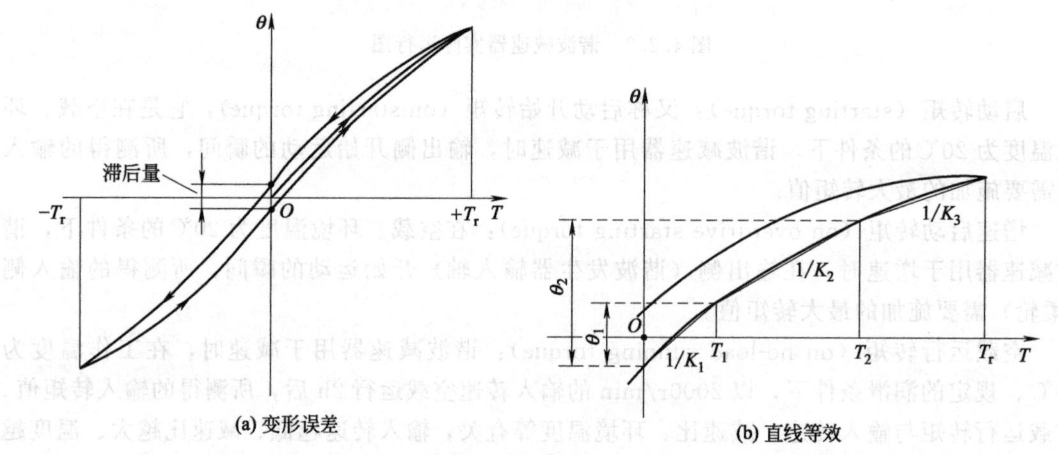

图 4.2.3 谐波减速器的弹性变形误差

等效直线段的 $\Delta T/\Delta\theta$ 值 K_1、K_2、K_3，就是谐波减速器的弹性系数，它通常由减速器生产厂家提供。弹性系数确定时，便可通过下式，计算出谐波减速器在对应负载段的弹性变形误差 $\Delta\theta$。

$$\Delta\theta=\frac{\Delta T}{K_i} \tag{4-4}$$

式中 $\Delta\theta$——弹性变形误差，rad；

ΔT——等效直线段的转矩增量，N·m；

K_i——等效直线段的弹性系数，N·m/rad。

谐波减速器弹性系数与减速器结构、规格、基本减速比有关，结构相同时，减速器规格和基本减速比越大，弹性系数也越大。但是薄饼形柔轮的谐波减速器，以及我国 GB/T 30819—2014 标准定义的减速器，其刚度参数有所不同，有关内容详见后述。

(6) 最大背隙

最大背隙（max backlash quantity）是减速器在空载、环境温度为 20℃ 的条件下，输出侧开始运动瞬间，所测得的输入侧最大角位移。我国 GB/T 30819—2014 标准定义的减速器背隙有所不同，详见国产谐波减速器产品说明。

进口谐波减速器（如哈默纳科）刚轮与柔轮的齿间啮合间隙几乎为0，背隙主要由谐波发生器输入组件上的奥尔德姆联轴器（Oldham's coupling）产生，因此，输入为刚性连接的减速器，可以认为无背隙。

（7）传动精度

谐波减速器传动精度又称角传动精度（angle transmission accuracy），它是谐波减速器用于减速时，在图4.2.4的任意360°输出范围上，其实际输出转角θ_2和理论输出转角θ_1/R间的最大差值θ_{er}衡量，θ_{er}值越小，传动精度就越高。传动精度的计算式如下：

$$\theta_{er}=\theta_2-\frac{\theta_1}{R} \tag{4-5}$$

式中 θ_{er}——传动精度，rad；

θ_1——1∶1传动时的理论输出转角，rad；

θ_2——实际输出转角，rad；

R——谐波减速器基本速比。

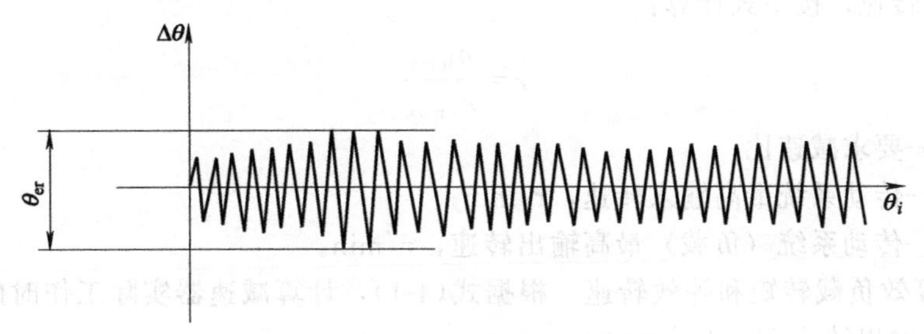

图4.2.4 谐波减速器的传动精度

谐波减速器的传动精度与减速器结构、规格、减速比等有关；结构相同时，减速器规格和减速比越大，传动精度越高。

（8）传动效率

谐波减速器的传动效率与减速比、输入转速、负载转矩、工作温度、润滑条件等诸多因素有关。减速器生产厂家出品样本中所提供的传动效率η_r，一般是指输入转速2000r/min、输出转矩为额定值、工作温度为20℃、使用规定润滑方式下，所测得的效率值；设计、计算时需要根据生产厂家提供的如图4.2.5(a)所示的转速、温度修整曲线进行修整。

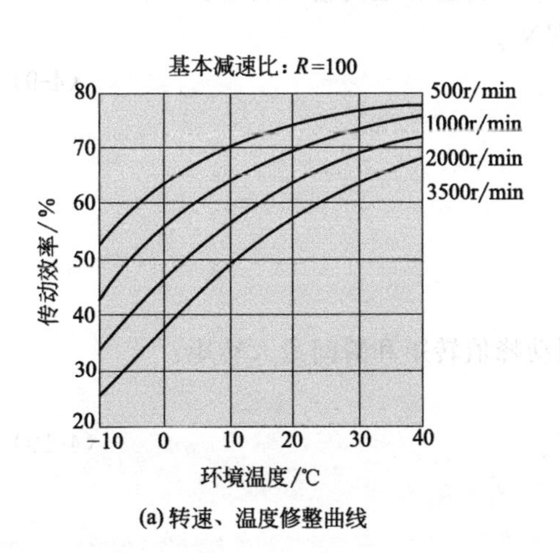

(a) 转速、温度修整曲线

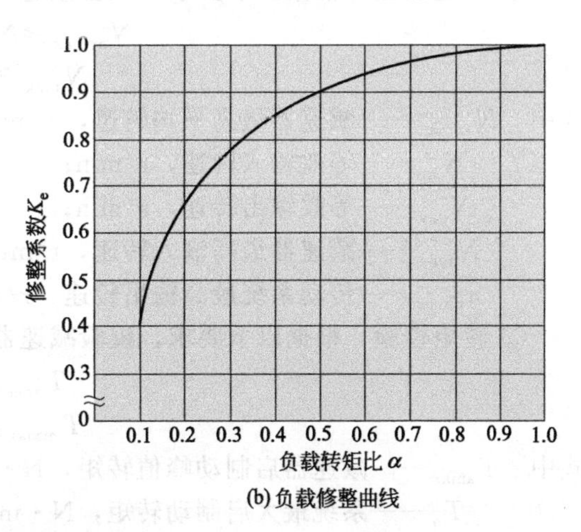

(b) 负载修整曲线

图4.2.5 传动效率修整

谐波减速器传动效率还受实际输出转矩的影响，输出转矩低于额定值时，需要根据负载转矩比$\alpha(\alpha=T_{av}/T_r)$，按生产厂家提供的如图4.2.5(b)所示的修整系数K_e曲线，利用下式修整传动效率。

$$\eta_{av}=K_e\eta_r \tag{4-6}$$

式中 η_{av}——实际传动效率；
K_e——修整系数；
η_r——传动效率或基本传动效率。

4.2.2 谐波减速器选择

(1) 基本参数计算与校验

谐波减速器的结构型式、传动精度、背隙等基本参数可根据传动系统要求确定，在此基础上，可通过如下方法确定其他技术参数、初选产品，并进行技术性能校验。

① 计算要求减速比 传动系统要求的谐波减速器减速比，可根据传动系统最高输入转速、最高输出转速，按下式计算：

$$r=\frac{n_{imax}}{n_{omax}} \tag{4-7}$$

式中 r——要求减速比；
n_{imax}——传动系统最高输入转速，r/min；
n_{omax}——传动系统（负载）最高输出转速，r/min。

② 计算等效负载转矩和等效转速 根据式(4-1)，计算减速器实际工作时的等效负载转矩T_{av}和等效输出转速N_{oav}(r/min)。

③ 初选减速器 按照以下要求，确定减速器的基本减速比、最大平均转矩，初步确定减速器型号：

$$R\leqslant r(\text{柔轮输出})\text{或}R+1\leqslant r(\text{刚轮输出})$$
$$T_{avmax}\geqslant T_{av} \tag{4-8}$$

式中 R——减速器基本减速比；
T_{avmax}——减速器最大平均转矩，N·m；
T_{av}——等效负载转矩，N·m。

④ 转速校验 根据以下要求，校验减速器最高平均转速和最高输入转速：

$$N_{avmax}\geqslant N_{av}=RN_{oav}$$
$$N_{max}\geqslant Rn_{omax} \tag{4-9}$$

式中 N_{avmax}——减速器最高平均转速，r/min；
N_{av}——等效输入转速，r/min；
N_{oav}——等效输出转速，r/min；
N_{max}——减速器最高输入转速，r/min；
n_{omax}——传动系统最高输出转速，r/min。

⑤ 转矩校验 根据以下要求，校验减速器启制动峰值转矩和瞬间最大转矩：

$$T_{amax}\geqslant T_a$$
$$T_{mmax}\geqslant T_{max} \tag{4-10}$$

式中 T_{amax}——减速器启制动峰值转矩，N·m；
T_a——系统最大启制动转矩，N·m；
T_{mmax}——减速器瞬间最大转矩，N·m；

T_{max}——传动系统最大冲击转矩，N·m。

⑥ 强度校验　根据以下要求，校验减速器的负载冲击次数：

$$N=\frac{3\times 10^5}{nt}\leqslant 1\times 10^4 \tag{4-11}$$

式中　N——等效负载冲击次数；

n——冲击时的输入转速，r/min；

t——冲击负载持续时间，s。

⑦ 使用寿命校验　根据以下要求，计算减速器使用寿命，确认满足传动系统设计要求：

$$L_h=7000\left(\frac{T_r}{T_{av}}\right)^3\frac{N_r}{N_{av}}\geqslant L_{10} \tag{4-12}$$

式中　L_h——实际使用寿命，h；

T_r——减速器额定输出转矩，N·m；

T_{av}——等效负载转矩，N·m；

N_r——减速器额定转速，r/min；

N_{av}——等效输入转速，r/min；

L_{10}——设计要求使用寿命，h。

(2) 减速器选择示例

假设某谐波减速传动系统设计要求如下：

① 减速器正常运行过程如图 4.2.6 所示；

② 传动系统最高输入转速 n_{imax} = 1800r/min；

③ 负载最高输出转速 n_{omax} = 14r/min；

④ 负载冲击：最大冲击转矩 500N·m，冲击负载持续时间 0.15s，冲击时的输入转速 14r/min。

⑤ 设计要求的使用寿命：7000h。

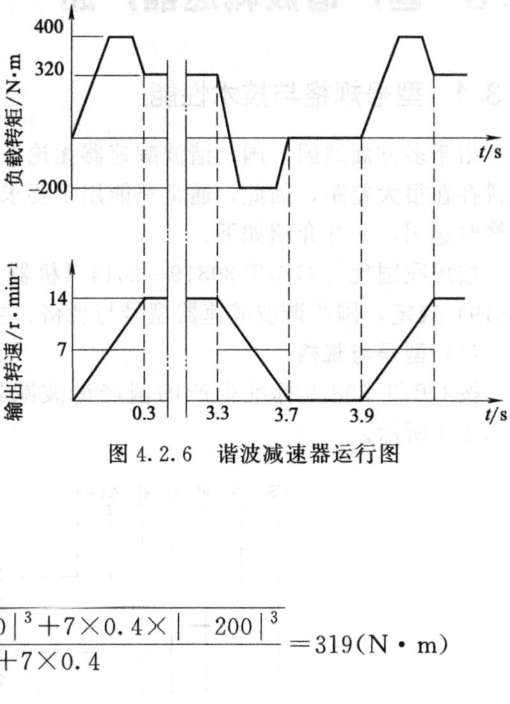

谐波减速器的选择方法如下。

图 4.2.6　谐波减速器运行图

① 要求减速比：$r=\frac{1800}{24}=128.6$

② 等效负载转矩和等效输出转速：

$$T_{av}=\sqrt[3]{\frac{7\times 0.3\times|400|^3+14\times 3\times|320|^3+7\times 0.4\times|-200|^3}{7\times 0.3+14\times 3+7\times 0.4}}=319(\text{N}\cdot\text{m})$$

$$N_{oav}=\frac{7\times 0.3+14\times 3+7\times 0.4}{0.3+3+04+0.2}=12(\text{r/min})$$

③ 初选减速器：选择日本 Harmonic Drive System（哈默纳科）CSF-40-120-2A-GR（见哈默纳科产品样本）部件型谐波减速器，基本参数如下。

$$R=120\leqslant 128.6$$

$$T_{avmax}=451\text{N}\cdot\text{m}\geqslant 319\text{N}\cdot\text{m}$$

④ 转速校验：CSF-40-120-2A-GR 减速器的最高平均转速和最高输入转速校验如下。

$$N_{avmax}=3600r/min \geqslant N_{av}=12\times120=1440(r/min)$$

$$N_{max}=5600r/min \geqslant Rn_{omax}=14\times120=1680(r/min)$$

⑤ 转矩校验：CSF-40-120-2A-GR启制动峰值转矩和瞬间最大转矩校验如下。

$$T_{amax}=617N \cdot m \geqslant 400N \cdot m$$

$$T_{mmax}=1180N \cdot m \geqslant 500N \cdot m$$

⑥ 强度校验：等效负载冲击次数的计算与校验如下。

$$N=\frac{3\times10^5}{14\times120\times0.15}=1190 \leqslant 1\times10^4$$

⑦ 使用寿命计算与校验：

$$L_h=7000\left(\frac{T_r}{T_{av}}\right)^3\frac{N_r}{N_{av}}=7000\times\left(\frac{294}{319}\right)^3\times\frac{2000}{1440}=7610 \geqslant 7000$$

结论：该传动系统可选择日本 Harmonic Drive System（哈默纳科）CSF-40-120-2A-GR部件型谐波减速器。

4.3 国产谐波减速器产品

4.3.1 型号规格与技术性能

由于多方面原因，国产谐波减速器无论在产品规格、性能、使用寿命等方面，都与哈默纳科存在很大差距，因此，通常只能用于要求不高的工业机器人维修。为了便于读者在产品维修时选用，一并介绍如下。

按照我国现行GB/T 30819—2014《机器人用谐波齿轮减速器》标准（以下简称GB/T 30819）规定，国产谐波减速器型号与规格、主要技术参数、产品技术要求分别如下。

(1) 型号与规格

按GB/T 30819标准生产的国产谐波减速器型号规定如下，型号中各参数的含义如表4.3.1所示。

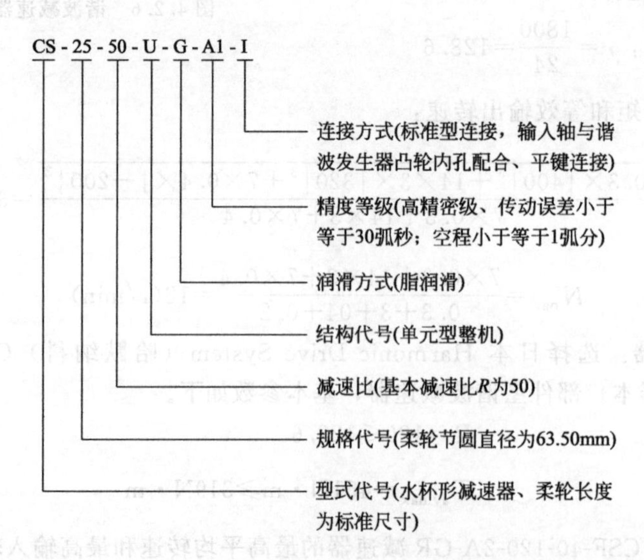

表 4.3.1 国产谐波减速器规格与型号

<table>
<tr><th>序号</th><th>项目</th><th>代号</th><th>说 明</th></tr>
<tr><td>1</td><td>型式代号</td><td>CS、CD，HS、HD</td><td>第一位字母代表柔轮形状，GB/T 30819—2014 标准规定的代号如下
C：柔轮为水杯形（cup）
H：柔轮为礼帽形（中空，hollow）
第二位字母代表柔轮轴向长度，GB/T 30819—2014 标准规定的代号如下
S：标准长度（standard）
D：短筒（超薄型，dwarf）</td></tr>
<tr><td>2</td><td>规格代号</td><td>8～50</td><td>柔轮节圆直径（单位：0.1in），参见表 4.2.1</td></tr>
<tr><td>3</td><td>减速比</td><td>30～160</td><td>减速器采用刚轮固定、谐波发生器连接输入、柔轮连接输出负载时的基本减速比 R</td></tr>
<tr><td rowspan="2">4</td><td rowspan="2">结构代号</td><td>U</td><td>整机（unit）：单元型谐波减速器</td></tr>
<tr><td>C</td><td>部件（component）：部件型谐波减速器</td></tr>
<tr><td rowspan="2">5</td><td rowspan="2">润滑方式</td><td>G</td><td>润滑脂（grease）润滑</td></tr>
<tr><td>O</td><td>润滑油（oil）润滑</td></tr>
<tr><td>6</td><td>精度等级</td><td>A1～A3，B1～B3，C1～C3</td><td>第一位字母代表减速器传动精度等级，GB/T 30819—2014 标准规定的精度等级代号如下。
A：高精密级，传动误差≤30 弧秒①
B：精密级，30 弧秒＜传动误差≤1 弧分①
C：普通级，1 弧分＜传动误差≤3 弧分
第二位数字代表减速器空程、背隙的精度等级，GB/T 30819—2014 标准规定的空程、背隙的精度等级如表 1 所示

表 1 减速器空程、背隙精度等级
<table>
<tr><th>等级</th><th>空程</th><th>背隙</th></tr>
<tr><td>1</td><td>空程≤1 弧分</td><td>背隙≤10 弧秒</td></tr>
<tr><td>2</td><td>1 弧分＜空程≤3 弧分</td><td>10 弧秒＜背隙≤1 弧分</td></tr>
<tr><td>3</td><td>3 弧分＜空程≤6 弧分</td><td>1 弧分＜空程≤3 弧分</td></tr>
</table>
① 单位似有误。在 SI 单位制中：
1 弧分（arc min）＝1/60deg（度）＝2.91×10^{-4}rad（弧度）
1 弧秒（arc sec）＝1/3600deg（度）＝4.85×10^{-6}rad（弧度）
因此，国产 A1 级减速器的精度要求为：
传动精度≤30 弧秒＝1.45×10^{-4}rad（弧度）
空程≤1 弧分＝2.91×10^{-4}rad（弧度）
背隙≤10 弧秒＝4.85×10^{-5}rad（弧度）
但是，即使是国外先进产品，如日本哈默纳科 CSG-20-30-2A-GR 高精密型谐波减速器，所能达到的指标仅为：
传动精度≤1 arc min＝2.91×10^{-4}rad
滞后量（空程）≤3 arc min＝8.73×10^{-4}rad
背隙≤28 arc sec＝13.6×10^{-5}rad
即：国产 A1 级谐波减速器的精度远高于哈默纳科 CSG 系列高精密型谐波减速器，这一要求似乎不合理</td></tr>
</table>

续表

序号	项目	代号	说明
7	连接方式	Ⅰ/Ⅱ/Ⅲ	谐波减速器输入轴与谐波发生器凸轮的连接方式。GB/T 30819—2014 标准规定的连接方式如图(a)所示,连接方式代号如下 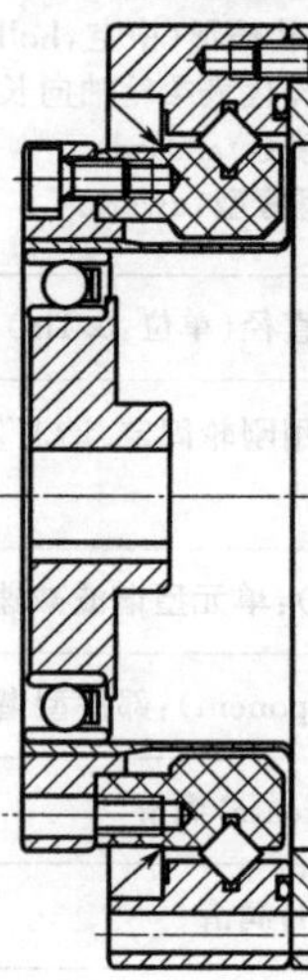 Ⅰ型连接 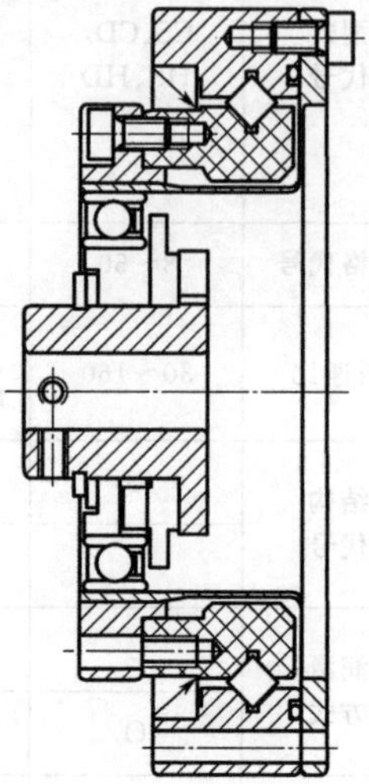　Ⅱ型连接 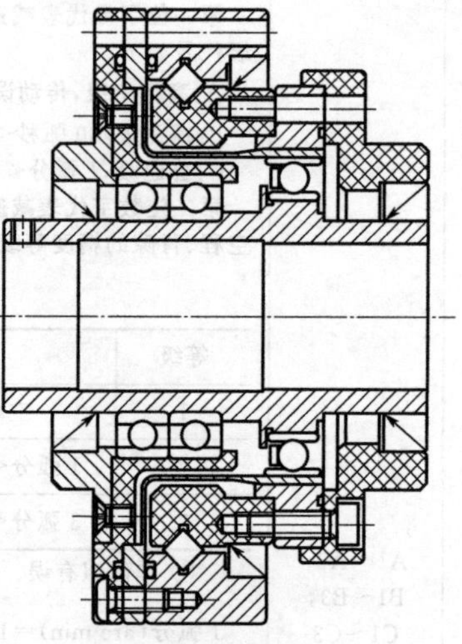 Ⅲ型连接 图(a)输入连接方式 Ⅰ:标准型连接。连接轴孔直接加工在谐波发生器椭圆凸轮上,凸轮与输入轴为内孔配合、平键刚性连接 Ⅱ:十字滑块联轴节型连接。输入轴套与谐波发生器凸轮间通过十字滑块联轴节(奥尔德姆联轴器)柔性连接,凸轮与输入轴套为内孔配合、支头螺钉或平键连接 Ⅲ:筒形中空型连接。谐波发生器椭圆凸轮直接加工在中空轴上,中空轴与输入轴通过支头螺钉刚性连接

(2) 主要技术参数

我国现行 GB/T 30819—2014《机器人用谐波齿轮减速器》标准的谐波减速器技术参数定义如下。

额定转矩（rated torgue）：减速器以 2000r/min 的输入转速连续工作时，输出端允许的最大负载转矩。

启动转矩（starting torgue）：减速器空载启动时，需要施加的力矩。

传动误差（transmission accuracy）：在工作状态下，当输入轴单向旋转时，输出轴实际转角与理论转角之差。

传动精度（transmission accuracy）：在工作状态下，输入轴单向旋转时，输出轴的实际转角与相对理论转角的接近程度。减速器传动精度用传动误差衡量，传动误差越小、传动精度越高。

扭转刚度（torsional stiffness）：在扭转力矩的作用下，构件抗扭转变形的能力，以额定转矩与切向弹性变形转角之比值衡量。

GB/T 30819—2014 标准的扭转刚度以图 4.3.1 所示的两段直线进行等效。图中的 T_n 为谐波减速器的额定输出转矩；K_1 为输出转矩 0～$T_n/2$ 区间的扭转刚度；K_2 为输出转矩 $T_n/2$～T_n 区间的扭转刚度。

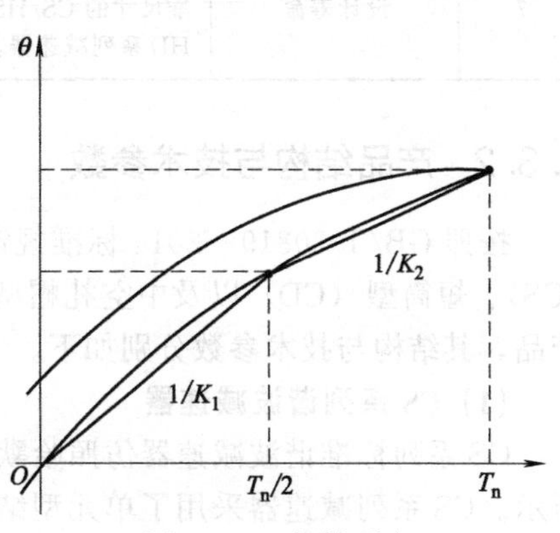

图 4.3.1　扭转刚度

空程（lost motion）：在工作状态下，当输入轴由正向旋转改为反向旋转时，输出轴的转角滞后量。

背隙（backlash）：将减速器壳体和输出轴固定，在输入轴施加±2%额定转矩、使减速器正/反向旋转时，减速器输入端所产生的角位移。

设计寿命（design life）：减速器以 2000r/min 的输入转速、带动额定负载工作时的理论使用时间。

(3) 产品技术要求

GB/T 30819—2014 标准对国产谐波减速器的技术要求如表 4.3.2 所示。

表 4.3.2　国产谐波减速器的基本技术要求

序号	技术参数	要　求
1	启动转矩	国产谐波减速器空载启动时的启动转矩不得超过表 1 规定的值
2	扭转刚度	国产谐波减速器按 GB/T 14118—1993 标准测试的扭转刚度要求如表 2 所示

表 1　谐波减速器的启动转矩要求

规格代号	8	11	14	17	20
启动转矩/N·m	0.013	0.027	0.043	0.065	0.11
规格代号	25	32	40	45	50
启动转矩/N·m	0.19	0.45	0.46	0.63	0.86

表 2　谐波减速器的扭转刚度要求

规格代号	8	11	14	17	20
K1/10^4N·m	0.09	0.27	0.47	1.00	1.60
K2/10^4N·m	0.10	0.34	0.61	1.40	2.50
规格代号	25	32	40	45	50
K1/10^4N·m	3.10	6.70	13.00	18.00	25.00
K2/10^4N·m	5.00	11.00	20.00	29.00	40.00

续表

序号	技术参数	要　求
3	传动效率	按JB/T 9050—1999标准测试，在输入转速2000r/min时，柔轮轴向长度为标准尺寸的CS/HS系列减速器，其传动效率不得小于80%；柔轮轴向长度为短筒的CD/HD系列减速器，其传动效率不得小于65%
4	过载性能	在负载转矩为4倍额定转矩的情况下，减速器应能正常运转2min，试验后检查，零件不应有损坏；再启动时不应有滑齿现象；恢复正常运转时，不应有异常的振动和噪声
5	允许温升	在额定负载下连续工作时，减速器壳体的最高温度不大于65℃
6	噪声	按GB/T 6404.1标准测试，在额定转速、转矩工作时，减速器噪声不大于60dB
7	设计寿命	在输入转速2000r/min、额定负载及正常工作温度、湿度的情况下，柔轮轴向长度为标准尺寸的CS/HS系列减速器，其设计寿命不低于10000h；柔轮轴向长度为短筒的CD/HD系列减速器，其设计寿命不低于8000h

4.3.2 产品结构与技术参数

按照GB/T 30819—2014标准规定生产的国产谐波减速器产品，有水杯形柔轮的标准型(CS)、短筒型（CD）以及中空礼帽型柔轮的标准型（HS)、短筒型（HD）2个系列、4类产品，其结构与技术参数分别如下。

(1) CS系列谐波减速器

CS系列标准谐波减速器仿照哈默纳科CSF单元型谐波减速器设计，其结构如图4.3.2所示。CS系列减速器采用了单元型结构设计，刚轮齿直接加工在壳体上，并与CRB轴承的外圈连为一体；柔轮通过连接板和CRB轴承内圈连接，减速器为密封型整体，刚轮和柔轮能承受径向/轴向载荷、直接连接负载。减速器输入轴与谐波发生器凸轮采用的是具有轴心自动调整功能的联轴器连接，输入轴和联轴器间为标准轴孔、支头螺钉连接。

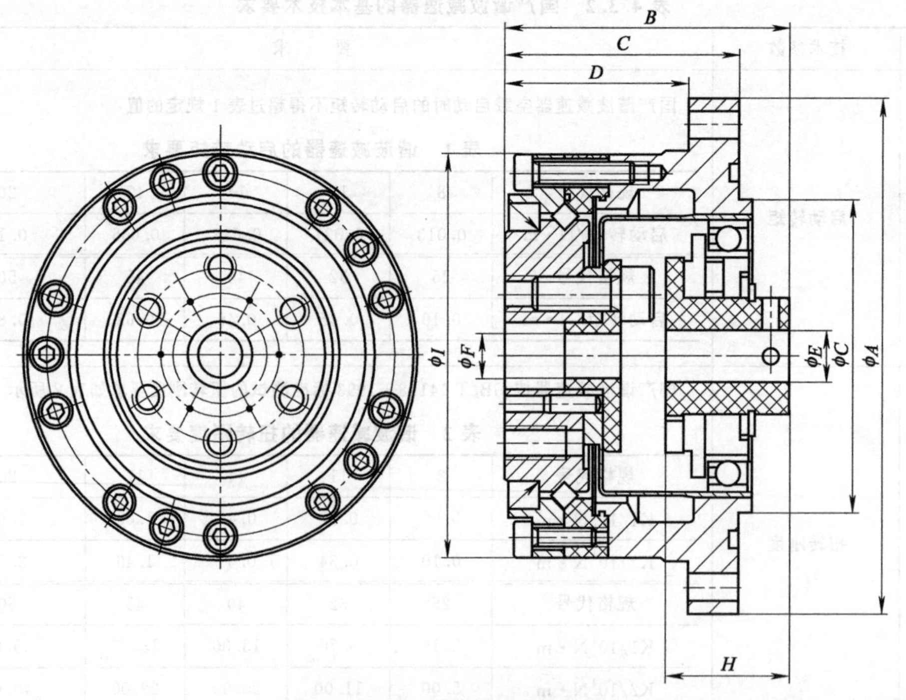

图4.3.2 CS系列谐波减速器结构

CS系列减速器的主要技术参数如表4.3.3所示。

表4.3.3 CS系列谐波减速器主要技术参数

规格代号	减速比	额定转矩/N·m	启制动峰值转矩/N·m	瞬间最大转矩/N·m	允许最高输入转速/$r \cdot min^{-1}$	
					油润滑	脂润滑
8	30	0.7	1.4	2.6	12000	7000
	50	1.4	2.6	5.3		
	100	1.9	3.8	7.2		
11	30	1.7	3.6	6.8	12000	7000
	50	2.8	6.6	13.6		
	100	4.0	8.8	20		
14	30	3.2	7.2	14	12000	7000
	50	4.3	14	28		
	80	6.2	18	38		
	100	6.2	22	43		
17	30	7.0	13	24	8000	6000
	50	13	27	56		
	80	18	34	70		
	100	19	43	86		
	120	19	43	69		
20	30	12	22	40	8000	5200
	50	20	45	78		
	80	27	59	102		
	100	32	66	118		
	120	32	70	118		
	160	32	74	118		
25	30	22	40	76	6000	4500
	50	31	78	149		
	80	50	110	204		
	100	54	126	227		
	120	54	134	243		
	160	54	141	251		
32	30	43	80	160	5500	4000
	50	61	173	306		
	80	94	243	454		
	100	110	266	518		
	120	110	282	549		
	160	110	298	549		
40	50	110	322	549	4500	3200
	80	165	415			

续表

规格代号	减速比	额定转矩/N·m	启制动峰值转矩/N·m	瞬间最大转矩/N·m	允许最高输入转速/r·min^{-1}	
					油润滑	脂润滑
40	100	212	454	864	4500	3200
	120	235	494	944		
	160	235	518	944		
45	50	141	400	760	4000	3000
	80	250	565	1016		
	100	282	604	1256		
	120	322	658	1408		
	160	322	706	1528		
50	50	196	572	1144	3500	2800
	80	298	753	1488		
	100	376	784	1648		
	120	423	864	1648		
	160	423	944	1960		

(2) CD系列谐波减速器

CD系列水杯形柔轮短筒谐波减速器仿照哈默纳科CSD超薄单元型谐波减速器设计，其结构如图4.3.3所示。CD系列减速器同样采用了单元型结构设计，刚轮齿直接加工在壳体上，并与CRB轴承的外圈连为一体；柔轮通过连接板和CRB轴承内圈连接，刚轮和柔轮能承受径向/轴向载荷、直接连接负载。

CD系列减速器的柔轮轴向长度较短，且输入轴与谐波发生器凸轮采用的是法兰、螺钉刚性连接，因此，减速器的轴向长度小于CS系列减速器；但是，减速器输入不具备轴心自动调整功能，它对输入轴与减速器的同轴度要求较高。

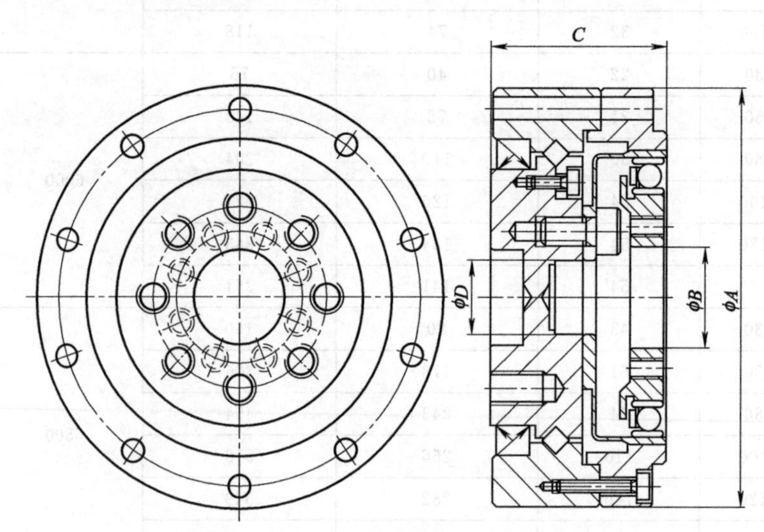

图4.3.3 CD系列谐波减速器结构

CD系列减速器的主要技术参数如表4.3.4所示。

表 4.3.4 CD系列谐波减速器主要技术参数

规格代号	减速比	额定转矩 /N·m	启制动峰值转矩 /N·m	瞬间最大转矩 /N·m	允许最高输入转速/r·min^{-1}	
					油润滑	脂润滑
14	50	2.96	9.6	19	12000	7000
	100	4.32	15	28		
17	50	8.8	18	38	8000	6000
	100	13	30	57		
20	50	14	31	55	8000	5200
	100	22	46	76		
	160	22	51	76		
25	50	22	55	102	6000	4500
	100	38	88	147		
	160	38	98	163		
32	50	42	121	214	5500	4000
	100	77	186	336		
	160	77	209	356		
40	50	77	225	384	4500	3200
	100	148	318	560		
	160	165	362	612		
50	50	137	400	800	3500	2800
	100	263	548	1150		
	160	296	658	1260		

(3) HS系列谐波减速器

HS系列中空礼帽形柔轮标准谐波减速器仿照哈默纳科 SHF-2UH 中空轴单元型谐波减速器设计，其结构如图 4.3.4 所示。HS系列减速器采用了单元型结构设计，刚轮与 CRB 轴承内圈、后端盖连为一体；柔轮与 CRB 轴承外圈、前端盖连为一体；减速器为密封型整体，刚轮和柔轮能承受径向/轴向载荷、直接连接负载。

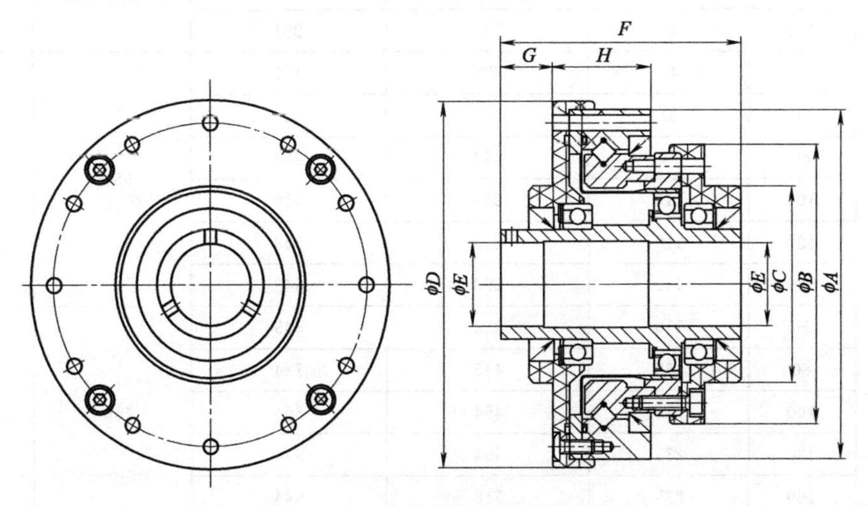

图 4.3.4 HS系列谐波减速器结构

CD系列减速器的输入轴为中空结构，中空轴利用安装在前后端盖上的轴承支承，内部可以布置管线或其他传动部件；谐波发生器的椭圆凸轮直接加工在中空轴上。输入轴和中空轴之间利用轴孔、端面定位，支头螺钉刚性连接；输入不具备轴心自动调整功能。

HS系列减速器的主要技术参数如表4.3.5所示。

表4.3.5 HS系列谐波减速器主要技术参数

规格代号	减速比	额定转矩/N·m	启制动峰值转矩/N·m	瞬间最大转矩/N·m	允许最高输入转速/r·min^{-1}	
					油润滑	脂润滑
14	30	3.2	7.2	14	12000	7000
	50	4.3	14	28		
	80	6.2	18	38		
	100	6.2	22	43		
17	30	7.0	13	24	8000	6000
	50	13	27	56		
	80	18	34	70		
	100	19	43	88		
	120	19	43	69		
20	30	12	22	40	8000	5200
	50	20	45	78		
	80	27	59	102		
	100	32	66	118		
	120	32	70	118		
	160	32	74	118		
25	30	22	40	76	6000	4500
	50	31	78	149		
	80	50	110	204		
	100	54	126	227		
	120	54	134	243		
	160	54	141	251		
32	30	43	80	160	5500	4000
	50	61	173	306		
	80	94	243	454		
	100	110	266	518		
	120	110	282	549		
	160	110	298	549		
40	50	110	322	549	4500	3200
	80	165	415	784		
	100	212	454	864		
	120	235	494	944		
	160	235	518	944		

续表

规格代号	减速比	额定转矩/N·m	启制动峰值转矩/N·m	瞬间最大转矩/N·m	允许最高输入转速/r·min^{-1}	
					油润滑	脂润滑
45	50	141	400	760	4000	3000
	80	250	565	1016		
	100	282	604	1256		
	120	322	658	1408		
	160	322	706	1528		
50	50	196	572	1144	3500	2800
	80	298	753	1488		
	100	376	784	1648		
	120	423	864	1648		
	160	423	944	1960		

(4) HD系列谐波减速器

HD系列中空礼帽形柔轮短筒谐波减速器仿照哈默纳科SHD-2SH超薄简易单元型谐波减速器设计，其结构如图4.3.5所示。

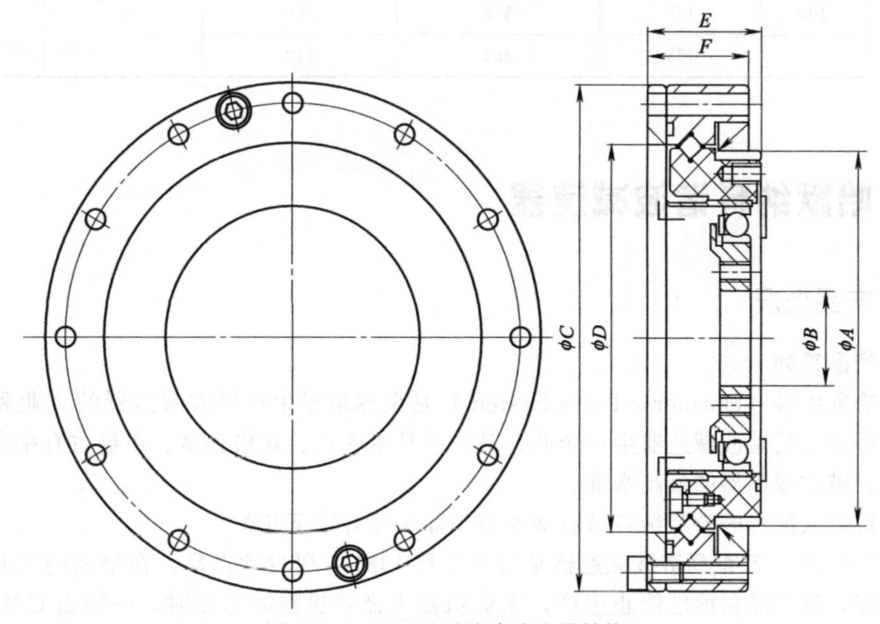

图4.3.5　HD系列谐波减速器结构

HD系列减速器采用的是简易单元型结构设计，刚轮直接加工在CRB轴承内圈上，柔轮与CRB轴承外圈连为一体；刚轮和柔轮能承受径向/轴向载荷、直接连接负载，但无外壳、不能使用润滑油润滑。

HD系列减速器的椭圆凸轮直接加工连接输入的中空法兰上，输入轴与谐波发生器间为法兰刚性连接；输入不具备轴心自动调整功能。

HD系列减速器的主要技术参数如表4.3.6所示。

表 4.3.6 HD系列谐波减速器主要技术参数

规格代号	减速比	额定转矩/N·m	启制动峰值转矩/N·m	瞬间最大转矩/N·m	允许最高输入转速/r·min^{-1}	
					油润滑	脂润滑
14	50	3.0	9.6	18	—	7000
	100	4.3	15	28		
17	50	8.8	18	38	—	6000
	100	13	30	57		
20	50	14	31	55	—	5200
	100	22	46	76		
	160	22	51	76		
25	50	22	55	102	—	4500
	100	38	88	147		
	160	38	98	163		
32	50	42	121	214	—	4000
	100	77	186	336		
	160	77	209	356		
40	50	77	225	384	—	3200
	100	148	318	560		
	160	165	362	612		

4.4 哈默纳科谐波减速器

4.4.1 产品概况

(1) 产品系列

日本哈默纳科（Harmonic Drive System）是全球最早生产谐波减速器的企业和目前全球最大、最著名的谐波减速器生产企业，其产品技术先进、规格齐全、市场占有率高，代表了当今世界谐波减速器的最高水准。

工业机器人配套的哈默纳科谐波减速器产品主要有以下几类。

① CS系列　CS系列谐波减速器是哈默纳科1981年研发的产品，在早期的工业机器人上使用较多，该产品目前已停止生产，工业机器人需要更换减速器时，一般由CSF系列产品进行替代。

② CSS系列　CSS系列是哈默纳科1988年研发的产品，在20世纪90年代生产的工业机器人上使用较广。CSS系列产品采用了IH齿形，减速器刚性、强度和使用寿命均比CS系列提高了2倍以上。CSS系列产品也已停止生产，更换时，同样可由CSF系列产品替代。

③ CSF系列　CSF系列是哈默纳科1991年研发的产品，是当前工业机器人广泛使用的产品之一。CSF系列减速器采用了小型化设计，其轴向尺寸只有CS系列的1/2，整体厚度为CS系列的3/5，最大转矩比CS系列提高了2倍，安装、调整性能也得到了大幅度

改善。

④ CSG系列 CSG系列是哈默纳科1999年研发的产品，该系列为大容量、高可靠性产品。CSG系列产品的结构、外形与同规格的CSF系列产品完全一致，但其性能更好，减速器的最大转矩在CSF系列基础上提高了30%，使用寿命从7000小时提高到10000小时。

⑤ CSD系列 CSD系列是哈默纳科2001年研发的产品，该系列产品采用了轻量化、超薄型设计，整体厚度只有同规格的早期CS系列的1/3和CFS系列标准产品的1/2，重量比CSF/CSG系列减轻了30%。

以上为哈默纳科谐波减速器常用产品的主要情况，除以上产品外，该公司还可提供相位调整型（phase adjustment type）谐波减速器、伺服电机集成式回转执行器（rotary actuator）、等新产品，有关内容可参见哈默纳科相关技术资料。

(2) 产品结构

工业机器人常用的哈默纳科谐波减速器的结构型式有部件型（component type）、单元型（unit type）、简易单元型（simple unit type）、齿轮箱型（gear head type）、微型（mini type及supermini type）5大类；柔轮形状分为水杯形（cup type）、礼帽形（silk hat type）和薄饼形（pancake type）3大类，减速器轴向长度分为标准型（standard）和超薄型（super flat）两类；用户可以根据自己的需要选用。其中，部件型、单元型、简易单元型是工业机器人最为常用的谐波减速器产品，有关内容见下述。

部件型谐波减速器只提供刚轮、柔轮、谐波发生器3个基本部件；用户可根据自己的要求，自由选择变速方式和安装方式；减速器的柔轮形状有水杯形、礼帽形、薄饼形3类，并有通用、高转矩、超薄等不同系列的产品。部件型减速器规格齐全、产品使用灵活、安装方便、价格低，它是目前工业机器人广泛使用的产品。

单元型谐波减速器简称谐波减速单元，它带有外壳和CRB输出轴承，减速器的刚轮、柔轮、谐波发生器、壳体、CRB轴承被整体设计成统一的单元；减速器带有输入/输出连接法兰或连接轴，输出采用高刚性、精密CRB轴承支承，可直接驱动负载。单元型谐波减速器有标准型、中空轴、轴输入三种基本结构型式，其柔轮形状有水杯形和礼帽形两类。此外，还可根据需要选择轻量、高转矩密封系列产品。

简易单元型谐波减速器简称简易谐波减速单元，它是单元型谐波减速器的简化结构，它将谐波减速器的刚轮、柔轮、谐波发生器3个基本部件和CRB轴承整体设计成统一的单元；但无壳体和输入/输出连接法兰或轴。简易谐波减速单元的基本结构有标准型、中空轴两类，柔轮形状均为礼帽形。

齿轮箱型谐波减速器简称谐波减速箱，它可像齿轮减速箱一样，直接在其上安装驱动电机，以实现减速器和驱动电机的结构整体化，简化减速器的安装。谐波减速箱有法兰输出和连接轴输出两类；其柔轮形状均为水杯形，并可根据需要选择通用、高转矩系列产品。

微型（mini）和超微型（supermini）谐波减速器是专门用于小型、轻量工业机器人的特殊产品，它常用于3C行业电子产品、食品、药品等小规格搬运、装配、包装工业机器人。微型减速器有单元型、齿轮箱型两种基本结构，可选择法兰输出和连接轴输出。超微型减速器实际上只是对微型系列产品的补充，其结构、安装使用要求均和微型相同。

(3) 技术特点

哈默纳科谐波减速器采用了图4.4.1(a)所示的特殊IH齿设计，它与图4.4.1(b)所示的普通梯形齿相比，可使柔轮与刚轮齿的啮合过程成为连续、渐进，啮合的齿数更多、刚性更高、精度更高；啮合时的冲击和噪声更小，传动更为平稳。同时，圆弧形的齿根设计可避免梯形齿的齿根应力集中，提高产品的使用寿命。

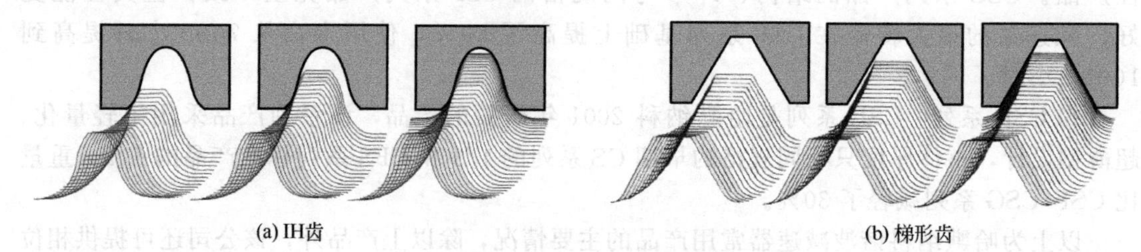

图 4.4.1 齿轮啮合过程比较

根据技术性能，哈默纳科谐波减速器可分为标准型、高转矩型和超薄型 3 大类，其他产品都是在此基础上所派生的产品。3 类谐波减速器的基本性能比较如图 4.4.2 所示。

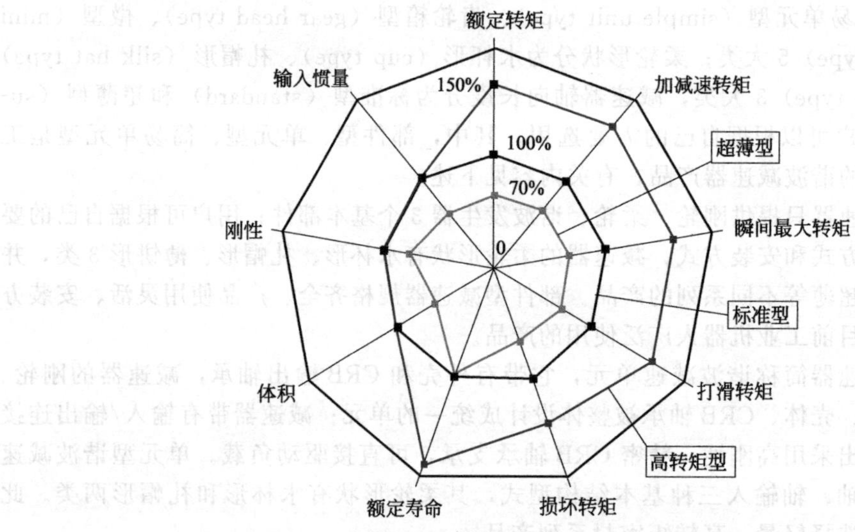

图 4.4.2 谐波减速器基本性能比较

大致而言，同规格的标准型和高转矩型减速器的结构、外形相同，但高转矩型的输出转矩比标准型提高了30%以上，使用寿命从 7000 小时提高到 10000 小时。超薄型减速器采用了紧凑型结构设计，其轴向长度只有通用型的 60%左右，但减速器的额定转矩、加减速转矩、刚性等指标也将比标准型减速器有所下降。

(4) 回转执行器

机电一体化集成是当前工业自动化的发展方向。为了进一步简化谐波减速器的结构、缩小体积、方便使用，哈默纳科在传统的谐波减速器基础上，推出了谐波减速器/驱动电机集成一体的回转执行器（rotary actuator）产品，代表了机电一体化技术在谐波减速器领域的最新成果和发展方向。

回转执行器又称伺服执行器（servo actuator），哈默纳科谐波减速回转执行器的外形与结构原理如图 4.4.3 所示。

谐波减速回转执行器一般采用刚轮固定、柔轮输出、谐波发生器输入的设计，输出采用高刚性、高精度 CRB 轴承；CRB 轴承内圈的内部与谐波减速器的柔轮连接，外部加工有连接输出轴的连接法兰；CRB 轴承外圈和壳体连接一体，构成了单元的外壳。谐波减速器的刚轮固定在壳体上，谐波发生器和交流伺服电机的转子设计成一体，伺服电机的定子、速度/位置检测编码器安装在壳体上，因此，当电机旋转时，可在输出轴连接法兰上得到可直接驱动负载的减速输出。

谐波减速回转执行器省略了传统谐波减速系统所需要的驱动电机和谐波发生器间、柔轮和输出轴间的机械连接件，其结构刚性好、传动精度高，整体结构紧凑、安装容易、使用方便，真正实现了机电一体化。

图 4.4.3 回转执行器结构原理

1—谐波减速器；2—位置/速度检测编码器；3—伺服电机；4—CRB轴承

4.4.2 部件型减速器

哈默纳科部件型谐波减速器产品系列与结构如表 4.4.1 所示，简要说明如下。

表 4.4.1 哈默纳科部件型谐波减速器产品系列与结构

系列	结构型式(轴向长度)	柔轮形状	输入连接	其他特征
CSF	标准	水杯	标准轴孔、联轴器柔性连接	无
CSG	标准	水杯	标准轴孔、联轴器柔性连接	高转矩
CSD	超薄	水杯	法兰刚性连接	无
SHF	标准	礼帽	标准轴孔、联轴器柔性连接	无
SHG	标准	礼帽	标准轴孔、联轴器柔性连接	高转矩
FB	标准	薄饼	轴孔刚性连接	无
FR	标准	薄饼	轴孔刚性连接	高转矩

(1) CSF/CSG/CSD 系列

哈默纳科采用水杯形柔轮的部件型谐波减速器，有标准型 CSF、高转矩型 CSG 和超薄型 CSD 三系列产品。

标准型、高转矩型减速器的结构相同、安装尺寸一致，减速器由图 4.4.4 所示的输入连接件 1、谐波发生器 4、柔轮 2、刚轮 3 组成；柔轮 2 的形状为水杯状，输入采用标准轴孔、联轴器柔性连接，具有轴心自动调整功能。

图 4.4.4 CSF/CSG 减速器结构

1—输入连接件；2—柔轮；3—刚轮；4—谐波发生器

CSF 系列标准型谐波减速器的规格、型号如下：

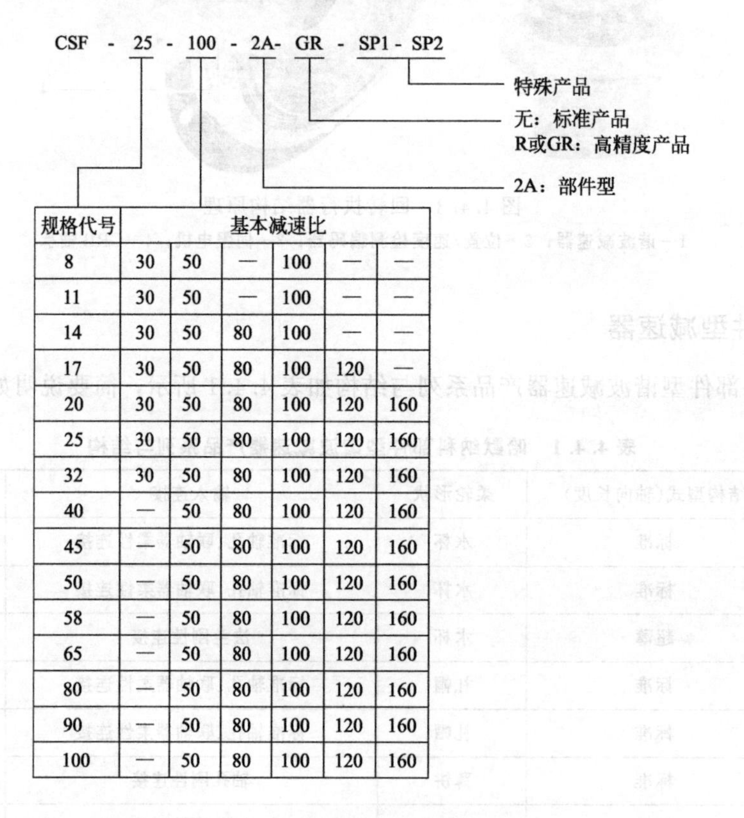

规格代号	基本减速比					
8	30	50	—	100	—	—
11	30	50	—	100	—	—
14	30	50	80	100	—	—
17	30	50	80	100	120	—
20	30	50	80	100	120	160
25	30	50	80	100	120	160
32	30	50	80	100	120	160
40	—	50	80	100	120	160
45	—	50	80	100	120	160
50	—	50	80	100	120	160
58	—	50	80	100	120	160
65	—	50	80	100	120	160
80	—	50	80	100	120	160
90	—	50	80	100	120	160
100	—	50	80	100	120	160

CSF 系列谐波减速器规格齐全。减速器额定输出转矩为 0.9～3550N·m，同规格产品的额定输出转矩大致为国产 CS 系列的 1.5 倍；润滑脂润滑时的最高输入转速为 8500～3000r/min、平均输入转速为 3500～1200r/min。普通型产品的传动精度、滞后量为 (2.9～5.8)$\times10^{-4}$rad，最大背隙为 (1.0～17.5)$\times10^{-5}$rad；高精度产品的传动精度可提高至 (1.5～2.9)$\times10^{-4}$rad。

CSG 系列高转矩型谐波减速器是 CSF 的改进型产品，两系列产品的结构、安装尺寸完全一致。CSG 系列谐波减速器规格、型号如下：

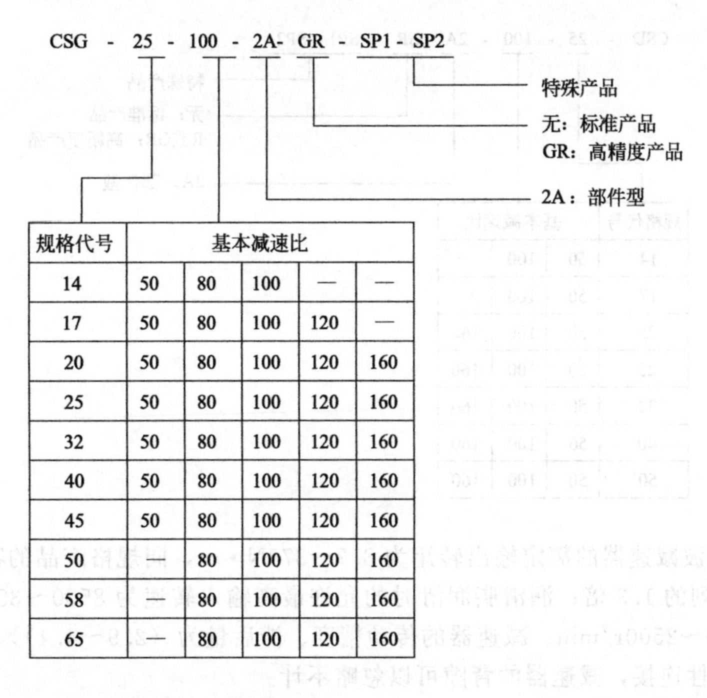

规格代号	基本减速比				
14	50	80	100	—	—
17	50	80	100	120	—
20	50	80	100	120	160
25	50	80	100	120	160
32	50	80	100	120	160
40	50	80	100	120	160
45	50	80	100	120	160
50	—	80	100	120	160
58	—	80	100	120	160
65	—	80	100	120	160

CSG 系列谐波减速器的额定输出转矩为 7～1236N・m，同规格产品的额定输出转矩大致为国产 CS 系列的 2 倍；润滑脂润滑时的最高输入转速为 8500～2800r/min，平均输入转速为 3500～1800r/min。普通型产品的传动精度、滞后量为（2.9～4.4）×10^{-4}rad，最大背隙为（1.0～17.5）×10^{-5}rad；高精度产品的传动精度可提高至（1.5～2.9）×10^{-4}rad。

CSD 系列超薄型减速器的结构如图 4.4.5 所示，减速器输入法兰刚性连接，谐波发生器凸轮与输入连接法兰设计成一体，减速器轴向长度只有 CSF/CSG 系列减速器的 2/3 左右。CSD 系列减速器的输入无轴心自动调整功能，对输入轴和减速器的安装同轴度要求较高。

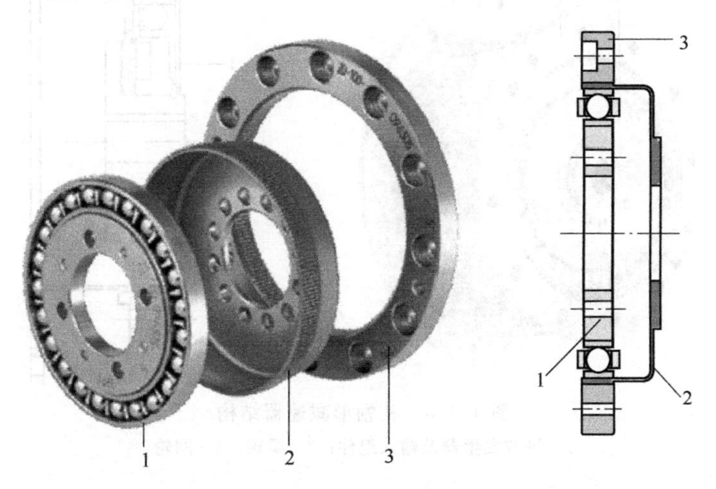

图 4.4.5　CSD 减速器结构

1—谐波发生器组件；2—柔轮；3—刚轮

CSD 系列超薄型谐波减速器规格、型号如下：

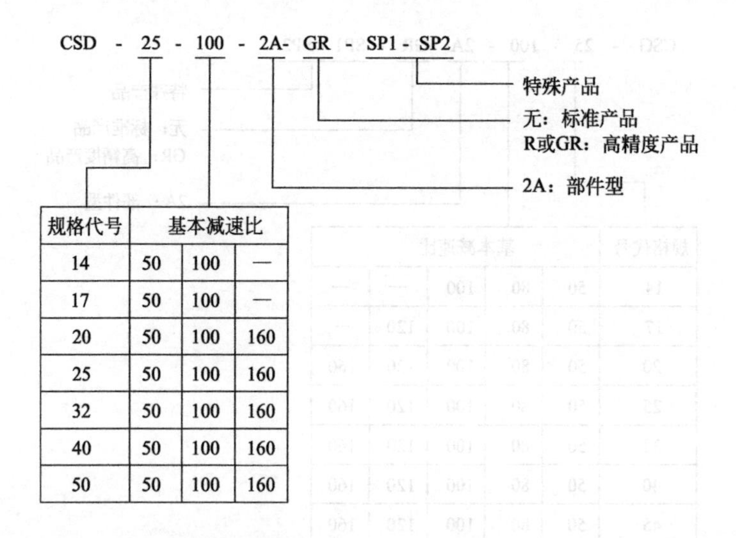

规格代号	基本减速比		
14	50	100	—
17	50	100	—
20	50	100	160
25	50	100	160
32	50	100	160
40	50	100	160
50	50	100	160

CSD 系列谐波减速器的额定输出转矩为 3.7～370N・m，同规格产品的额定输出转矩大致为国产 CD 系列的 1.3 倍；润滑脂润滑时的允许最高输入转速为 8500～3500r/min、平均输入转速为 3500～2500r/min。减速器的传动精度、滞后量为 $(2.9\sim4.4)\times10^{-4}$rad；由于输入采用法兰刚性连接，减速器的背隙可以忽略不计。

(2) SHF/SHG 系列

哈默纳科采用礼帽形柔轮的部件型谐波减速器，有标准型 SHF、高转矩型 SHG 两系列产品，两者结构相同，减速器由图 4.4.6 所示的谐波发生器及输入组件、柔轮、刚轮等部分组成；柔轮为大直径、中空开口的结构，内部可安装其他传动部件；输入为标准轴孔、联轴器柔性连接，具有轴心自动调整功能。

图 4.4.6 礼帽形减速器结构

1—谐波发生器及输入组件；2—柔轮；3—刚轮

SHF 系列标准型谐波减速器的规格、型号如下：

SHF 系列谐波减速器的额定输出转矩为 4～745N・m，润滑脂润滑时的最高输入转速为 8500～3000r/min、平均输入转速为 3500～2200r/min。普通型产品的传动精度、滞后量为 $(2.9\sim5.8)\times10^{-4}$rad，最大背隙为 $(1.0\sim17.5)\times10^{-5}$rad；高精度产品传动精度可提高至（1.5～2.9）$\times10^{-4}$rad。

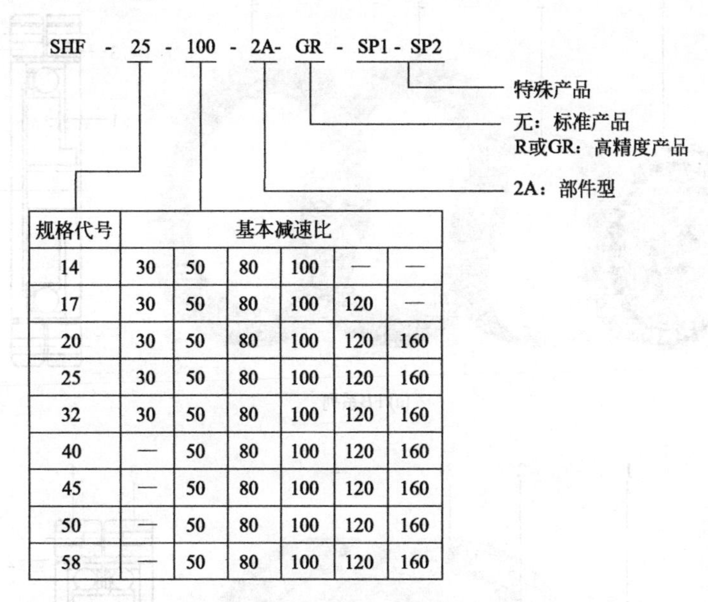

规格代号	基本减速比					
14	30	50	80	100	—	—
17	30	50	80	100	120	—
20	30	50	80	100	120	160
25	30	50	80	100	120	160
32	30	50	80	100	120	160
40	—	50	80	100	120	160
45	—	50	80	100	120	160
50	—	50	80	100	120	160
58	—	50	80	100	120	160

哈默纳科SHG系列高转矩谐波减速器是SHF的改进型产品，两系列产品的结构、安装尺寸完全一致。SHG系列谐波减速器规格、型号如下：

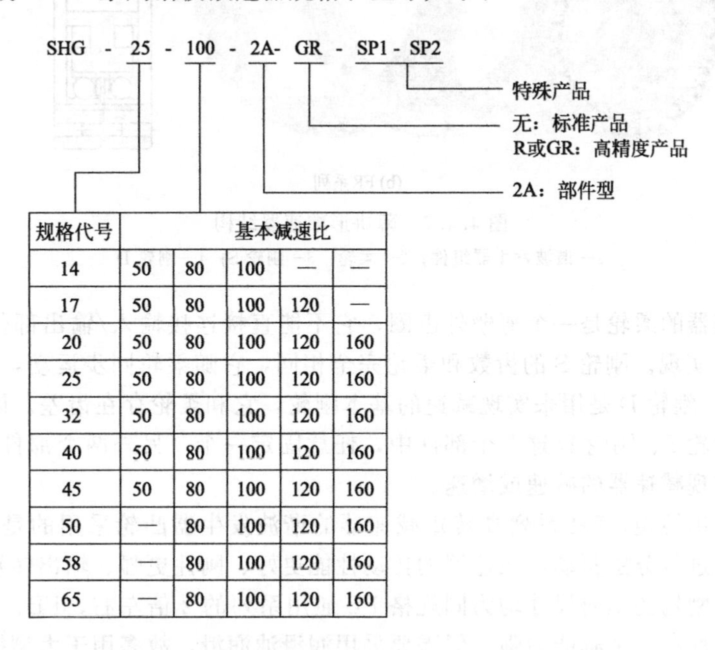

规格代号	基本减速比				
14	50	80	100	—	—
17	50	80	100	120	—
20	50	80	100	120	160
25	50	80	100	120	160
32	50	80	100	120	160
40	50	80	100	120	160
45	50	80	100	120	160
50	—	80	100	120	160
58	—	80	100	120	160
65	—	80	100	120	160

SHG系列谐波减速器的额定输出转矩为7～1236N·m，润滑脂润滑时的最高输入转速为8500～2800r/min、平均输入转速为3500～1900r/min。普通型产品的传动精度、滞后量为（2.9～5.8）$\times10^{-4}$rad，最大背隙为（1.0～17.5）$\times10^{-5}$rad；高精度产品传动精度可提高至（1.5～2.9）$\times10^{-4}$rad。

(3) FB/FR系列

哈默纳科FB/FR系列薄饼形谐波减速器的结构如图4.4.7所示，减速器由谐波发生器、柔轮、刚轮S、刚轮D共4个部件组成。

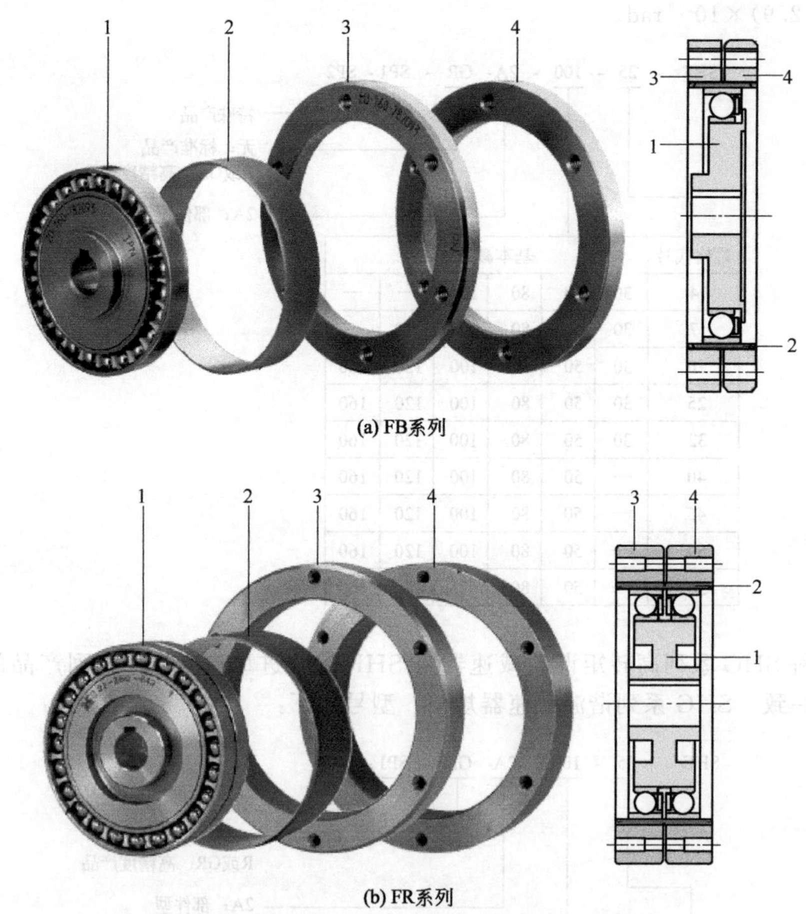

图 4.4.7 薄饼形减速器结构

1—谐波发生器组件；2—柔轮；3—刚轮 S；4—刚轮 D

薄饼形减速器的柔轮是一个薄壁外齿圈，它不能直接连接输入/输出部件；柔轮的连接需要通过刚轮 S 实现。刚轮 S 的齿数和柔轮完全相同，它随柔轮同步运动，故可替代柔轮、连接输入/输出。刚轮 D 是用来实现减速的基本刚轮，它和柔轮存在齿差。因此，减速器的谐波发生器、刚轮 S、刚轮 D 这 3 个部件中，任意固定一个，另外两个部件用来连接输入、输出，同样可实现减速器的减速或增速。

为了提高输出转矩，FR 系列高转矩减速器的谐波发生器凸轮采用的是双列滚珠轴承，刚轮 D、刚轮 S 进行分别驱动，减速器的传动性能更好、刚性更强、输出转矩更大。但谐波发生器、柔轮、刚轮的轴向尺寸均为同规格 FB 通用系列的 2 倍左右，FB、FR 系列减速器的结构紧凑、刚性高、承载能力强，但需要采用润滑油润滑，故多用于大型搬运、装卸的机器人。使用润滑脂润滑的 FB、FR 系列减速器只能用于输入转速不能超过平均输入转速、负载率 ED%不能超过 10%、连续运行时间不能超过 10min 的低速、断续、短时间工作的情况。

FB、FR 系列谐波减速器规格、型号如下：

FB 系列谐波减速器的额定输出转矩为 2.6～304N · m，润滑油润滑时的最高输入转速为 6000～3500r/min、平均输入转速为 4000～1700r/min。FR 系列谐波减速器的额定输出转矩为 4.4～4470N · m，润滑油润滑时的最高输入转速为 6000～2000r/min、平均输入转

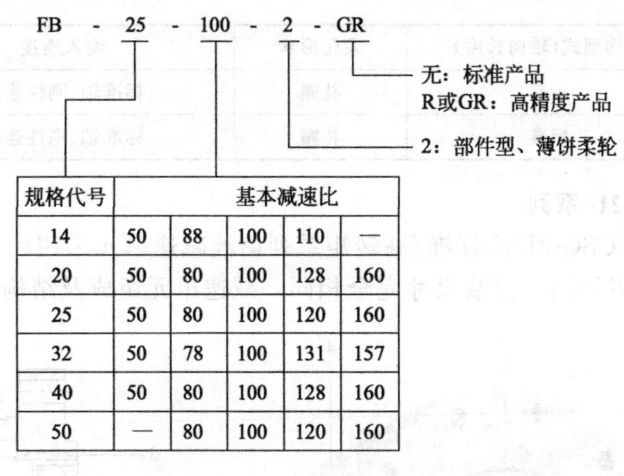

规格代号	基本减速比				
14	50	88	100	110	—
20	50	80	100	128	160
25	50	80	100	120	160
32	50	78	100	131	157
40	50	80	100	128	160
50	—	80	100	120	160

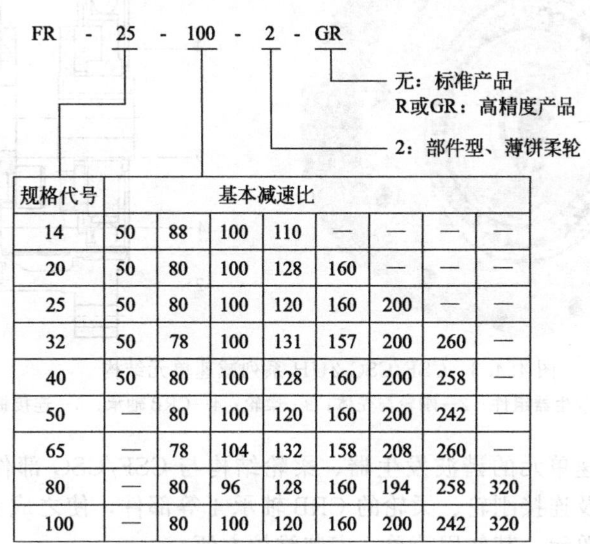

规格代号	基本减速比							
14	50	88	100	110	—	—	—	—
20	50	80	100	128	160	—	—	—
25	50	80	100	120	160	200	—	—
32	50	78	100	131	157	200	260	—
40	50	80	100	128	160	200	258	—
50	—	80	100	120	160	200	242	—
65	—	78	104	132	158	208	260	—
80	—	80	96	128	160	194	258	320
100	—	80	100	120	160	200	242	320

速为 4000～1000r/min。由于减速器的刚轮 S 需要用户连接，减速器的传动精度、滞后量、最大背隙等参数，与用户传动系统设计密切相关。

4.4.3 单元型减速器

哈默纳科单元型谐波减速器的产品种类较多，不同类别的减速器结构如表 4.4.2 所示，简要说明如下。

表 4.4.2 哈默纳科单元型谐波减速器产品系列与结构

系列	结构型式(轴向长度)	柔轮形状	输入连接	其他特征
CSF-2UH	标准	水杯	标准轴孔、联轴器柔性连接	无
CSG-2UH	标准	水杯	标准轴孔、联轴器柔性连接	高转矩
CSD-2UH	超薄	水杯	法兰刚性连接	无
CSD-2UF	超薄	水杯	法兰刚性连接	中空
SHF-2UH	标准	礼帽	中空轴、法兰刚性连接	中空
SHG-2UH	标准	礼帽	中空轴、法兰刚性连接	中空、高转矩
SHD-2UH	超薄	礼帽	中空轴、法兰刚性连接	中空

续表

系列	结构型式(轴向长度)	柔轮形状	输入连接	其他特征
SHF-2UJ	标准	礼帽	标准轴、刚性连接	无
SHG-2UJ	标准	礼帽	标准轴、刚性连接	高转矩

(1) CSF/CSG-2U 系列

哈默纳科 CSF/CSG-2UH 标准/高转矩系列谐波减速单元采用的是水杯形柔轮、带键槽标准轴孔输入，两者结构、安装尺寸完全相同，减速单元组成及结构如图 4.4.8 所示。

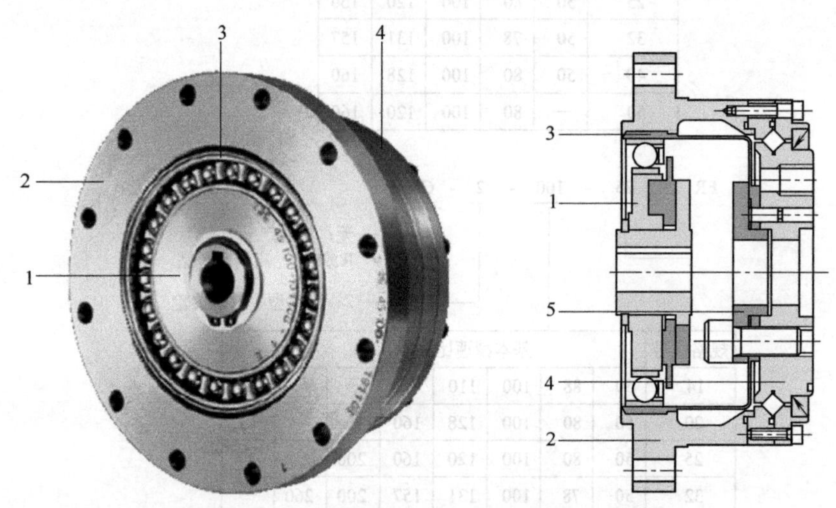

图 4.4.8 CSF/CSG-2UH 系列减速单元结构

1—谐波发生器组件；2—刚轮与壳体；3—柔轮；4—CRB 轴承；5—连接板

CSF/CSG-2UH 减速单元的谐波发生器、柔轮结构与 CSF/CSG 部件型谐波减速器相同，但它增加了壳体 2 及连接刚轮、柔轮的 CRB 轴承 4 等部件，使之成为一个可直接安装和连接输出负载的完整单元，其使用简单、安装维护方便。

哈默纳科 CSF/CSG-2UH 系列谐波减速单元的规格、型号如下：

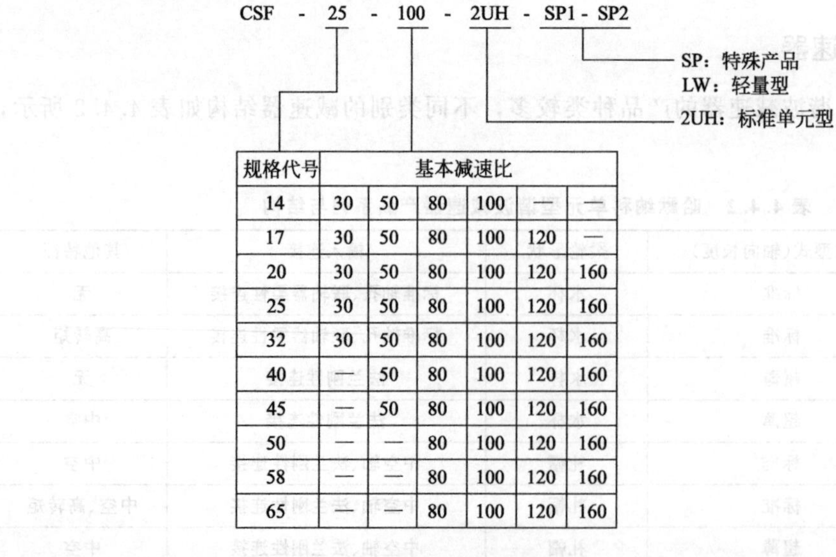

规格代号	基本减速比					
14	30	50	80	100	—	—
17	30	50	80	100	120	—
20	30	50	80	100	120	160
25	30	50	80	100	120	160
32	30	50	80	100	120	160
40	—	50	80	100	120	160
45	—	50	80	100	120	160
50	—	—	80	100	120	160
58	—	—	80	100	120	160
65	—	—	80	100	120	160

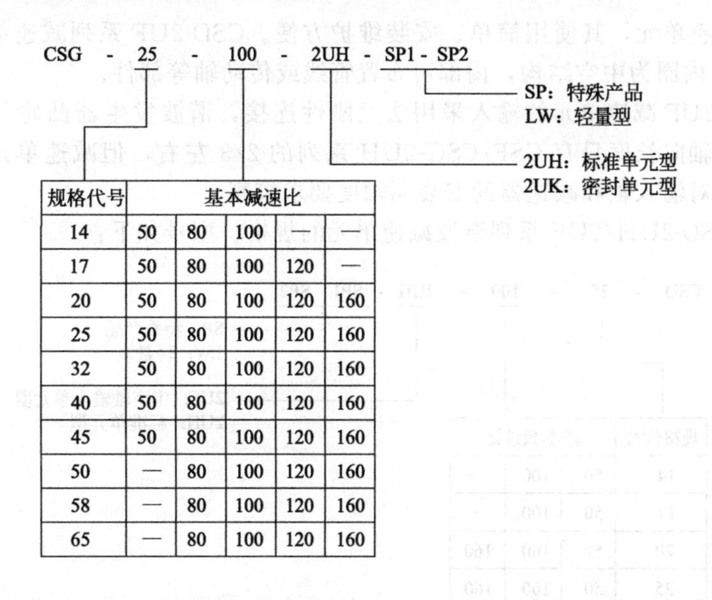

规格代号	基本减速比				
14	50	80	100	—	—
17	50	80	100	120	—
20	50	80	100	120	160
25	50	80	100	120	160
32	50	80	100	120	160
40	50	80	100	120	160
45	50	80	100	120	160
50	—	80	100	120	160
58	—	80	100	120	160
65	—	80	100	120	160

CSF 系列谐波减速单元的额定输出转矩为 4～951N·m，CSG 高转矩系列谐波减速单元的额定输出转矩为 7～1236N·m。两系列产品的允许最高输入转速均为 8500～2800r/min、平均输入转速均为 3500～1900r/min；普通型产品的传动精度、滞后量为（2.9～5.8）$\times 10^{-4}$rad，减速器最大背隙为（1.0～17.5）$\times 10^{-5}$rad；高精度产品传动精度可提高至（1.5～2.9）$\times 10^{-4}$rad。

（2）CSD-2UH/2UF 系列

哈默纳科 CSD-2UH/2UF 系列超薄减速单元是在 CSD 超薄型减速器的基础上单元化的产品，CSD-2UH 采用超薄型标准结构、CSD-2UF 为超薄型中空结构，两系列产品的组成及结构如图 4.4.9 所示。

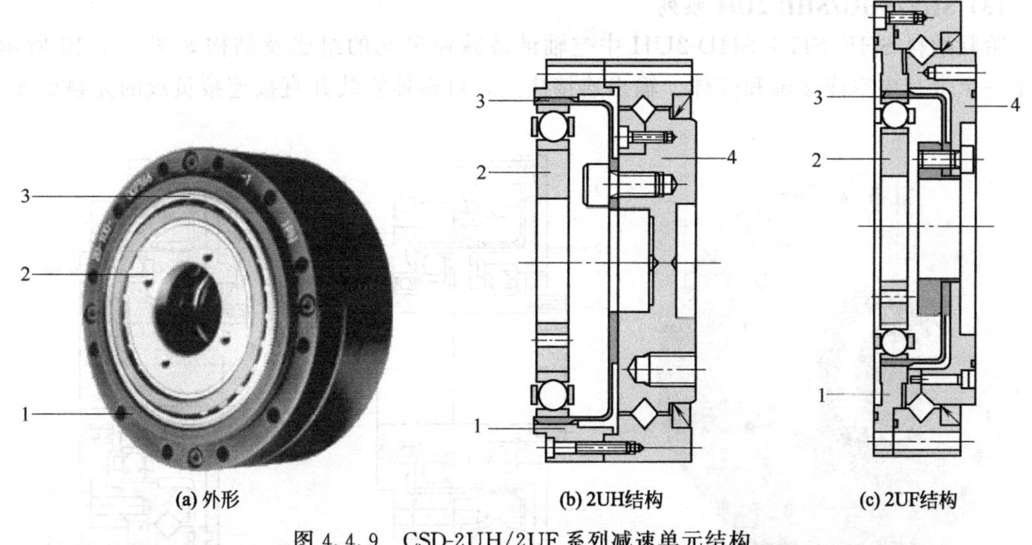

图 4.4.9 CSD-2UH/2UF 系列减速单元结构

1—刚轮（壳体）；2—谐波发生器；3—柔轮；4—CRB 轴承

CSD-2UH/2UF 超薄减速单元的谐波发生器、柔轮结构与 CSD 超薄部件型减速器相同，但它增加了壳体 1 及连接刚轮、柔轮的 CRB 轴承 4 等部件，使之成为一个可直接安装和连接输出负载的完整单元，其使用简单、安装维护方便。CSD-2UF 系列减速单元的柔轮连接板、CRB 轴承 4 内圈为中空结构，内部可布置管线或传动轴等部件。

CSD-2UH/2UF 减速单元的输入采用法兰刚性连接，谐波发生器凸轮与输入法兰设计成一体，减速器轴向长度只有 CSF/CSG-2UH 系列的 2/3 左右，但减速单元的输入无轴心自动调整功能，对输入轴和减速器的安装同轴度要求较高。

哈默纳科 CSD-2UH/2UF 系列谐波减速单元的规格、型号如下：

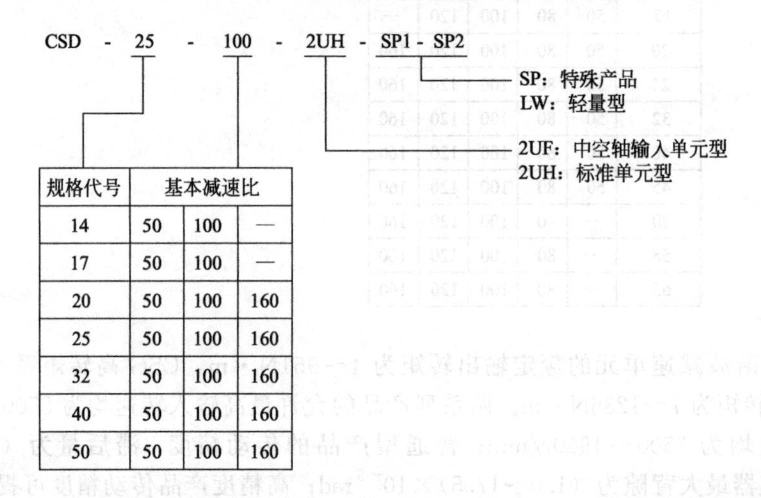

规格代号	基本减速比		
14	50	100	—
17	50	100	—
20	50	100	160
25	50	100	160
32	50	100	160
40	50	100	160
50	50	100	160

CSD-2UH 系列减速单元的额定输出转矩为 3.7～370N·m，最高输入转速为 8500～3500r/min、平均输入转速为 3500～2500r/min。CSD-2UF 系列减速单元的额定输出转矩为 3.7～206N·m，最高输入转速为 8500～4000r/min、平均输入转速为 3500～3000r/min。两系列产品的传动精度、滞后量均为 $(2.9\sim4.4)\times10^{-4}$ rad；减速单元采用法兰刚性连接，背隙可忽略不计。

(3) SHF/SHG/SHD-2UH 系列

哈默纳科 SHF/SHG/SHD-2UH 中空轴谐波减速单元的组成及结构如图 4.4.10 所示，它是一个带有中空连接轴和壳体、输出连接法兰，可整体安装并直接连接负载的完整单元。

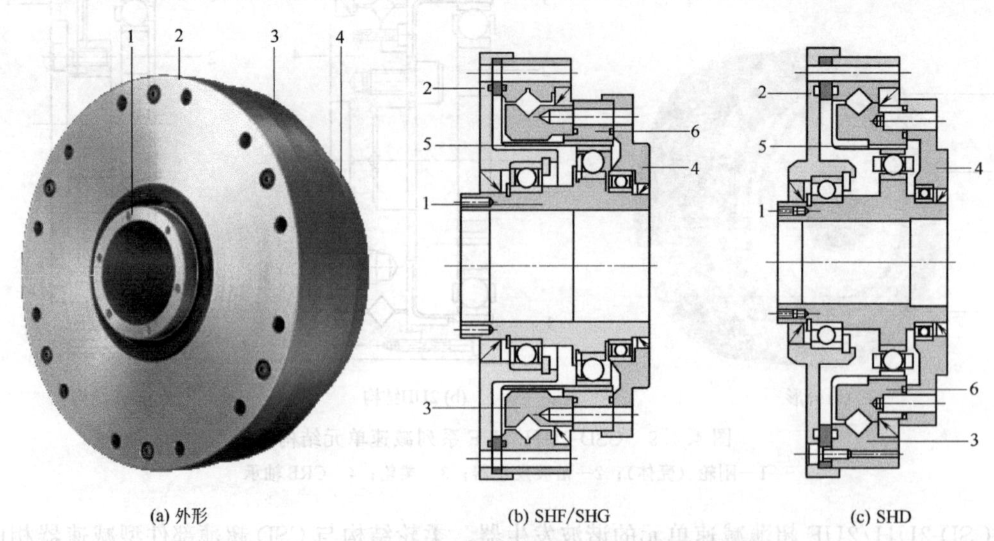

图 4.4.10 SHF/SHG/SHD-2UH 系列减速单元结构

1—中空轴；2—前端盖；3—CRB 轴承；4—后端盖；5—柔轮；6—刚轮

SHF/SHG-2UH 系列减速单元的刚轮、柔轮与部件型 SHF/SHG 减速器相同，但它在刚轮 6 和柔轮 5 间增加了 CRB 轴承 3，CRB 轴承的内圈与刚轮 6 连接，外圈与柔轮 5 连接，使得刚轮和柔轮间能够承受径向/轴向载荷、直接连接负载。减速单元的谐波发生器输入轴是一个贯通整个减速单元的中空轴，输入轴的前端面可通过法兰连接输入轴，中间部分直接加工成谐波发生器的椭圆凸轮；轴前后端安装有支承轴承及端盖，前端盖 2 与柔轮 5、CRB 轴承 3 的外圈连接成一体后，作为减速单元前端外壳；后端盖 4 和刚轮 6、CRB 轴承 3 的内圈连接成一体后，作为减速单元内芯。

SHD-2UH 系列减速单元采用了刚轮和 CRB 轴承一体化设计，刚轮齿直接加工在 CRB 轴承内圈 6 上，使轴向尺寸比同规格的 SHF/SHG-2UH 系列缩短约 15%；中空直径也大于同规格的 SHF/SHG-2UH 系列减速单元。

SHF/SHG/SHD-2UH 系列中空轴谐波减速单元的内部可布置管线、传动轴等部件，其使用简单、安装方便、结构刚性好。

哈默纳科 SHF/SHG/SHD-2UH 系列谐波减速单元的规格、型号如下：

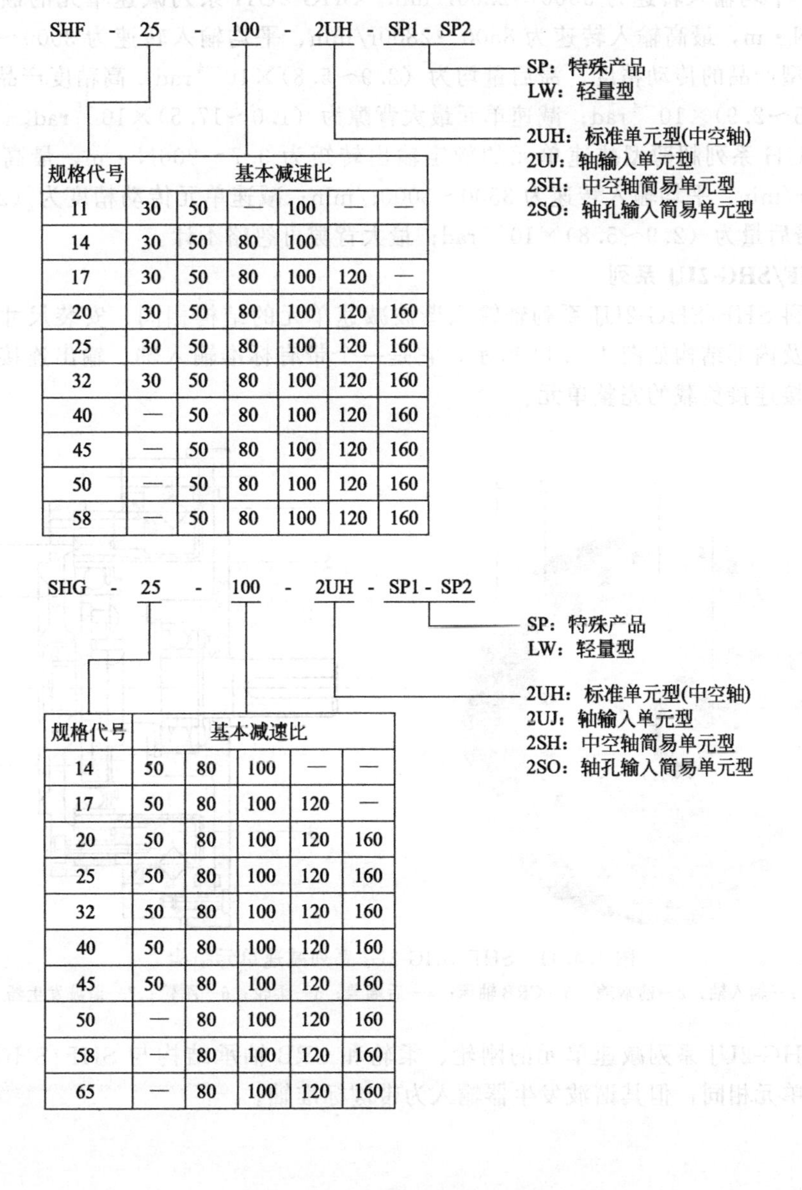

规格代号	基本减速比					
11	30	50	—	100	—	—
14	30	50	80	100	—	—
17	30	50	80	100	120	—
20	30	50	80	100	120	160
25	30	50	80	100	120	160
32	30	50	80	100	120	160
40	—	50	80	100	120	160
45	—	50	80	100	120	160
50	—	50	80	100	120	160
58	—	50	80	100	120	160

规格代号	基本减速比				
14	50	80	100	—	—
17	50	80	100	120	—
20	50	80	100	120	160
25	50	80	100	120	160
32	50	80	100	120	160
40	50	80	100	120	160
45	50	80	100	120	160
50	—	80	100	120	160
58	—	80	100	120	160
65	—	80	100	120	160

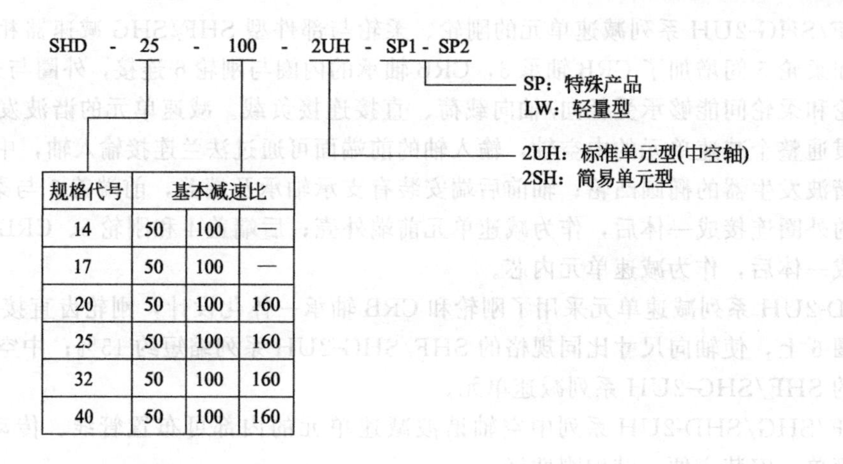

规格代号	基本减速比		
14	50	100	—
17	50	100	—
20	50	100	160
25	50	100	160
32	50	100	160
40	50	100	160

SHF-2UH 系列减速单元的额定输出转矩为 3.7～745N·m，最高输入转速为 8500～3000r/min、平均输入转速为 3500～2200r/min。SHG-2UH 系列减速单元的额定输出转矩为 7～1236N·m，最高输入转速为 8500～2800r/min、平均输入转速为 3500～1900r/min。两系列普通型产品的传动精度、滞后量均为 $(2.9\sim5.8)\times10^{-4}$ rad，高精度产品传动精度可提高至 $(1.5\sim2.9)\times10^{-4}$ rad；减速单元最大背隙为 $(1.0\sim17.5)\times10^{-5}$ rad。

SHD-2UH 系列超薄型减速单元的额定输出转矩为 3.7～206N·m，最高输入转速为 8500～4000r/min、平均输入转速为 3500～3000r/min；减速单元传动精度为 $(2.9\sim4.4)\times10^{-4}$ rad，滞后量为 $(2.9\sim5.8)\times10^{-4}$ rad；最大背隙可忽略不计。

(4) SHF/SHG-2UJ 系列

哈默纳科 SHF/SHG-2UJ 系列轴输入谐波减速单元的结构相同、安装尺寸一致，减速单元的组成及内部结构如图 4.4.11 所示，它是一个带有标准输入轴、输出连接法兰，可整体安装与直接连接负载的完整单元。

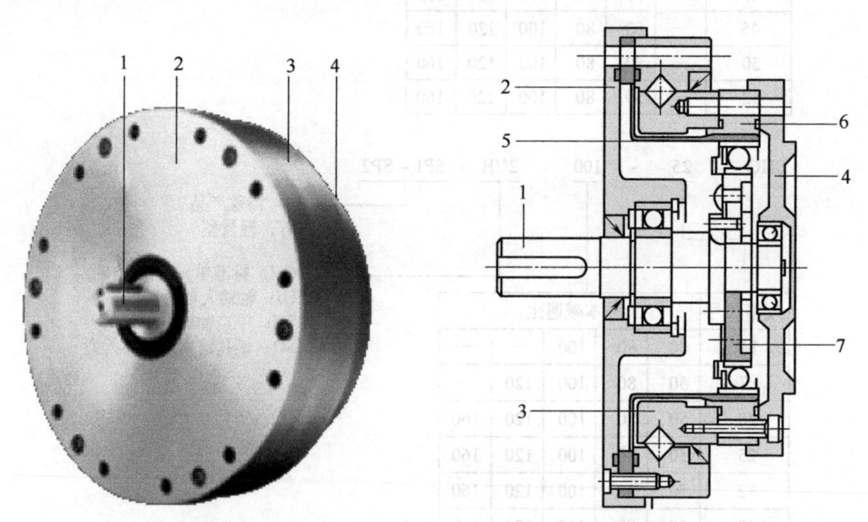

图 4.4.11 SHF/SHG-2UJ 系列减速单元结构

1—输入轴；2—前端盖；3—CRB 轴承；4—后端盖；5—柔轮；6—刚轮；7—谐波发生器

SHF/SHG-2UJ 系列减速单元的刚轮、柔轮和 CRB 轴承结构与 SHF/SHG-2UH 中空轴谐波减速单元相同，但其谐波发生器输入为带键标准轴。

采用轴输入的谐波减速单元可直接安装同步带轮或齿轮等传动部件，其使用非常简单、安装方便。

哈默纳科 SHF/SHG-2UJ 系列谐波减速单元的规格、型号，可参见 SHF/SHG/SHD-2UH 系列谐波减速单元说明。

SHF-2UJ 系列减速单元的额定输出转矩为 3.7～745N·m，最高输入转速为 8500～3000r/min、平均输入转速为 3500～2200r/min。SHG-2UJ 系列减速单元的额定输出转矩为 7～1236N·m，最高输入转速为 8500～2800r/min、平均输入转速为 3500～1900r/min。两系列普通型产品的传动精度、滞后量均为（2.9～5.8）$\times10^{-4}$rad，高精度产品传动精度可提高至（1.5～2.9）$\times10^{-4}$rad；减速单元最大背隙为（1.0～17.5）$\times10^{-5}$rad。

4.4.4　简易单元型减速器

哈默纳科简易单元型（simple unit type）谐波减速器是单元型谐波减速器的简化结构，它保留了单元型谐波减速器的刚轮、柔轮、谐波发生器和 CRB 轴承 4 个核心部件，取消了壳体和部分输入、输出连接部件；提高了产品性价比。

哈默纳科简易单元型谐波减速器的产品系列与结构如表 4.4.3 所示，简要说明如下。

表 4.4.3　哈默纳科简易单元型谐波减速器产品系列与结构

系列	结构型式(轴向长度)	柔轮形状	输入连接	其他特征
SHF-2SO	标准	礼帽	标准轴孔、联轴器柔性连接	无
SHG-2SO	标准	礼帽	标准轴孔、联轴器柔性连接	高转矩
SHD-2SH	超薄	礼帽	中空法兰刚性连接	中空
SHF-2SH	标准	礼帽	中空轴、法兰刚性连接	中空
SHG-2SH	标准	礼帽	中空轴、法兰刚性连接	中空、高转矩

(1) SHF/SHG-2SO 系列

哈默纳科 SHF/SHG-2SO 系列标准型简易减速单元的结构相同、安装尺寸一致，其组成及结构如图 4.4.12 所示。

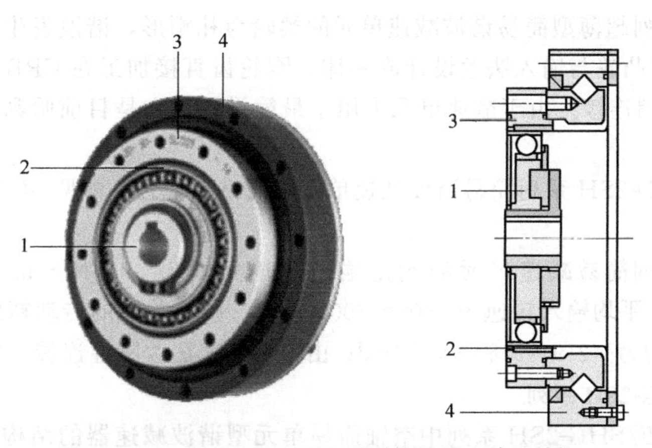

图 4.4.12　SHF/SHG-2SO 系列简易减速单元结构

1—谐波发生器输入组件；2—柔轮；3—刚轮；4—CRB 轴承

SHF/SHG-2SO 系列简易减速单元是在 SHF/SHG 系列部件型减速器的基础上发展起来的产品，其柔轮、刚轮、谐波发生器输入组件的结构相同。SHF/SHG-2SO 系列简易减速单元增加了连接柔轮 2 和刚轮 3 的 CRB 轴承 4，CRB 轴承内圈与刚轮连接、外圈与柔轮连接，减速器的柔轮、刚轮和 CRB 轴承构成了一个可直接连接输入及负载的整体。

哈默纳科 SHF/SHG-2SO 系列简易谐波减速单元的规格、型号，可参见 SHF/SHG-2UH 系列谐波减速单元说明。

SHF-2SO 系列简易减速单元的额定输出转矩为 3.7～745N·m，最高输入转速为 8500～3000r/min、平均输入转速为 3500～2200r/min。SHG-2SO 系列简易减速单元的额定输出转矩为 7～1236N·m，最高输入转速为 8500～2800r/min，平均输入转速为 3500～1900r/min。两系列普通型产品的传动精度、滞后量均为 $(2.9\sim5.8)\times10^{-4}$ rad，高精度产品传动精度可提高至 $(1.5\sim2.9)\times10^{-4}$ rad；减速单元最大背隙为 $(1.0\sim17.5)\times10^{-5}$ rad。

(2) SHD-2SH 系列

哈默纳科 SHD-2SH 系列超薄型简易谐波减速单元的组成及结构如图 4.4.13 所示。

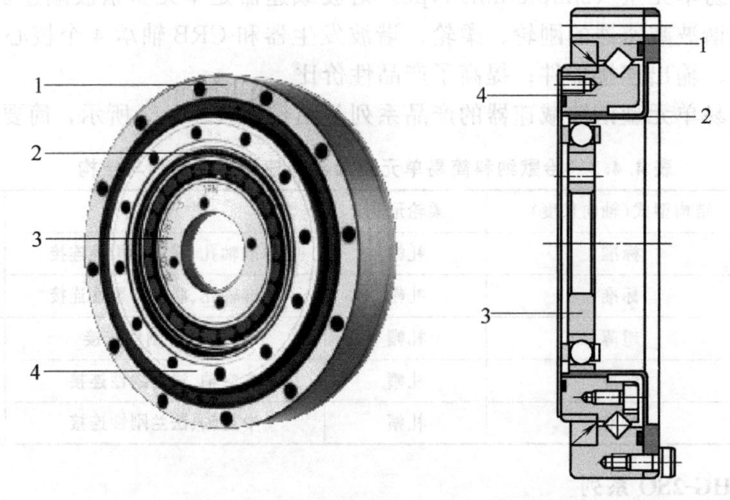

图 4.4.13 SHD-2SH 系列减速器结构
1—CRB 轴承（外圈）；2—柔轮；3—谐波发生器；4—刚轮（CRB 轴承内圈）

SHD-2SH 系列超薄型简易谐波减速单元的柔轮为礼帽形，谐波发生器输入为法兰刚性连接，谐波发生器凸轮与输入法兰设计成一体，刚轮齿直接加工在 CRB 轴承 4 内圈上；柔轮与 CRB 轴承外圈连接。由于减速单元采用了最简设计，它是目前哈默纳科轴向尺寸最小的减速器。

哈默纳科 SHD-2SH 系列简易谐波减速单元的规格、型号可参见 SHD-2UH 系列谐波减速单元说明。

SHD-2SH 系列简易减速单元的额定输出转矩为 3.7～206N·m，最高输入转速为 8500～4000r/min、平均输入转速为 3500～3000r/min。减速单元的传动精度为 $(2.9\sim4.4)\times10^{-4}$ rad，滞后量均为 $(2.9\sim5.8)\times10^{-4}$ rad；由于输入为法兰刚性连接，背隙可忽略不计。

(3) SHF/SHG-2SH 系列

哈默纳科 SHF/SHG-2SH 系列中空轴简易单元型谐波减速器的结构相同、安装尺寸一致，其组成及结构如图 4.4.14 所示。

SHF/SHG-2SH 系列中空轴简易单元型谐波减速器是在 SHF/SHG-2UH 系列中空轴单元型谐波减速器基础上派生的产品，它保留了谐波减速单元的柔轮、刚轮、CRB 轴承和谐波发生器的中空输入轴等核心部件，取消了前后端盖、支承轴承及相关的连接件。减速单元

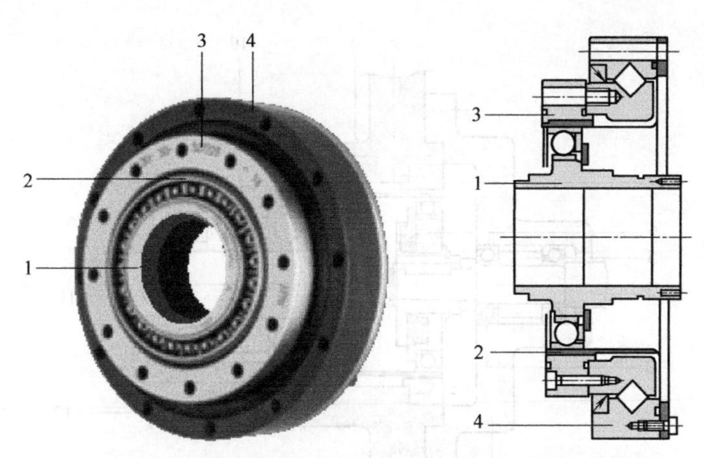

图 4.4.14 SHF/SHG-2SH 系列简易减速单元结构

1—谐波发生器输入组件；2—柔轮；3—刚轮；4—CRB 轴承

的柔轮、刚轮、CRB 轴承设计成统一的整体，但谐波发生器中空输入轴的支承部件需要用户自行设计。

哈默纳科 SHF/SHG-2SO 系列简易谐波减速单元的规格、型号，可参见 SHF/SHG-2UH 系列谐波减速单元说明。

SHF-2SH 系列简易减速单元的额定输出转矩为 3.7～745N·m，最高输入转速为 8500～3000r/min、平均输入转速为 3500～2200r/min。SHG-2SH 系列简易减速单元的额定输出转矩为 7～1236N·m，最高输入转速为 8500～2800r/min、平均输入转速为 3500～1900r/min。两系列普通产品的传动精度、滞后量均为 $(2.9\sim5.8)\times10^{-4}$rad，高精度产品的传动精度可提高至 $(1.5\sim2.9)\times10^{-4}$rad；减速单元最大背隙为 $(1.0\sim17.5)\times10^{-5}$rad。

4.5 谐波减速器的安装维护

4.5.1 部件型谐波减速器

(1) 传动系统设计

部件型谐波减速器需要用户自行设计输入、输出传动系统，传动系统结构可参照图 4.5.1 设计。如谐波发生器的输入为电机轴，由于电机轴本身有可靠的前后支承，谐波发生器可直接安装在电机轴上，无需再进行输入侧的传动系统设计。

谐波减速器传动系统设计的要点如下。

① 传动系统设计应保证输入轴 4、输出轴 11 和谐波减速器刚轮 7 的同轴。不同结构型式的谐波减速器的安装孔、安装面的要求见下述。

② 谐波减速器工作时，将产生轴向力，输入轴 4 应有可靠的轴向定位措施，以防止谐波发生器出现轴向窜动。

③ 柔轮 8 和输出轴 11 的连接，必须按照要求使用规定的固定件 9，而不能使用普通的螺钉加垫圈固定。

④ 谐波减速器工作时，柔轮 8 将产生弹性变形，因此，柔轮 8 和安装座 1 间应有留有足够的柔轮弹性变形空间。

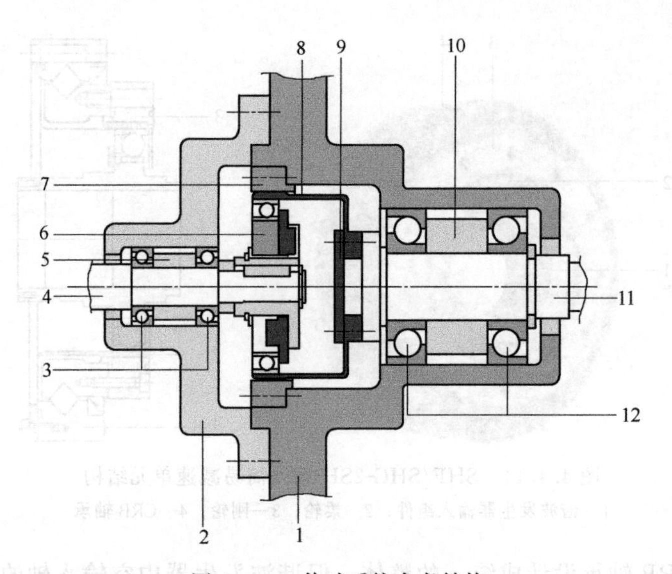

图 4.5.1 传动系统参考结构

1—安装座；2—输入支承座；3—输入轴承；4—输入轴；5,10—隔套；6—谐波发生器；7—刚轮；8—柔轮；9—固定圈；11—输出轴；12—输出轴承

⑤ 输入轴 4 和输出轴 11 原则上应使用 2 对轴承、进行 2 点支承；支承设计时，应使用能同时承受径向、轴向载荷的支承形式，如组合角接触球轴承、CRB 轴承等。

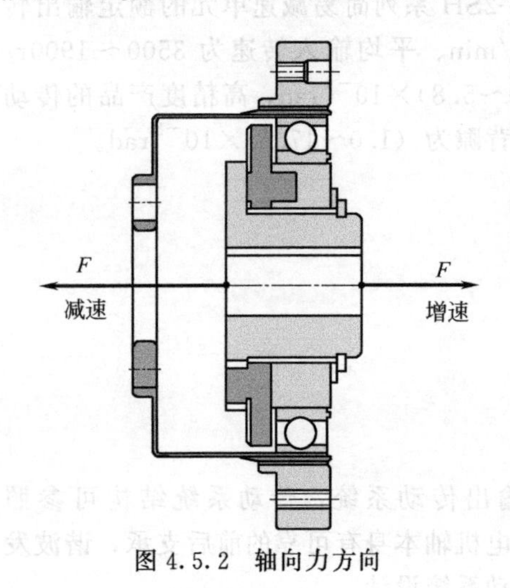

图 4.5.2 轴向力方向

谐波减速器在运行时将产生轴向力。谐波减速器用于减速、增速时，轴向力方向有图 4.5.2 所示的区别。

谐波发生器轴向力大小与传动比、减速器规格、负载转矩有关；哈默纳科不同传动比的减速器轴向力 F 的计算式分别如下。

① 传动比 $R=30$：

$$F=\frac{0.14T\tan 32°}{0.00254\times(\text{减速器规格号})}$$

② 传动比 $R=50$：

$$F=\frac{0.14T\tan 30°}{0.00254\times(\text{减速器规格号})}$$

③ 传动比 $R\geqslant 80$：

$$F=\frac{0.14T\tan 20°}{0.00254\times(\text{减速器规格号})}$$

式中 F——轴向力，N；

T——负载转矩，N·m，计算最大轴向力时，可以使用减速器瞬间最大转矩值。

例如，Harmonic Drive System CSF-32-50-2A 标准部件型谐波减速器的规格号为 32、传动比为 50、瞬间最大转矩为 382N·m，其最大轴向力可计算如下：

$$F=\frac{0.14\times 382\times\tan 30°}{0.00254\times 32}=380(\text{N})$$

(2) 安装公差及检查

部件型谐波减速器对安装、支承面的公差要求如图 4.5.3、表 4.5.1 所示。

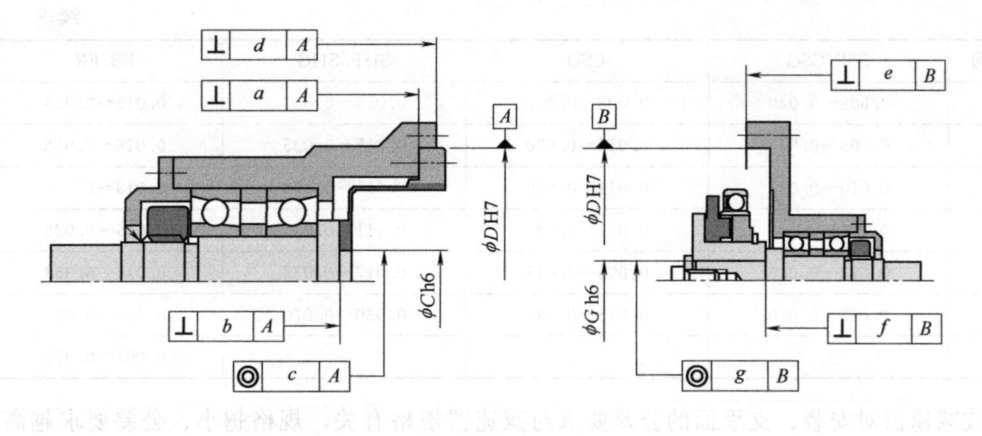

(a) CSF/CSG/CSD

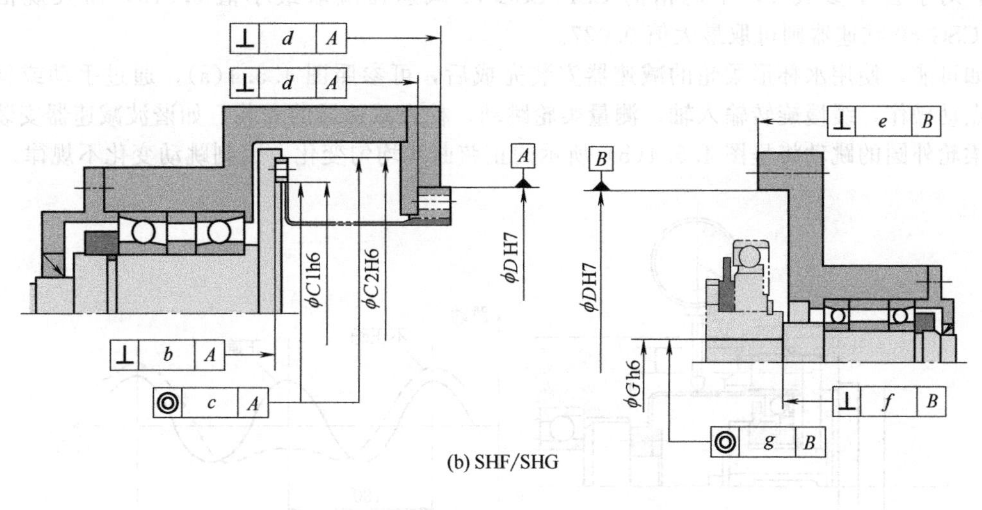

(b) SHF/SHG

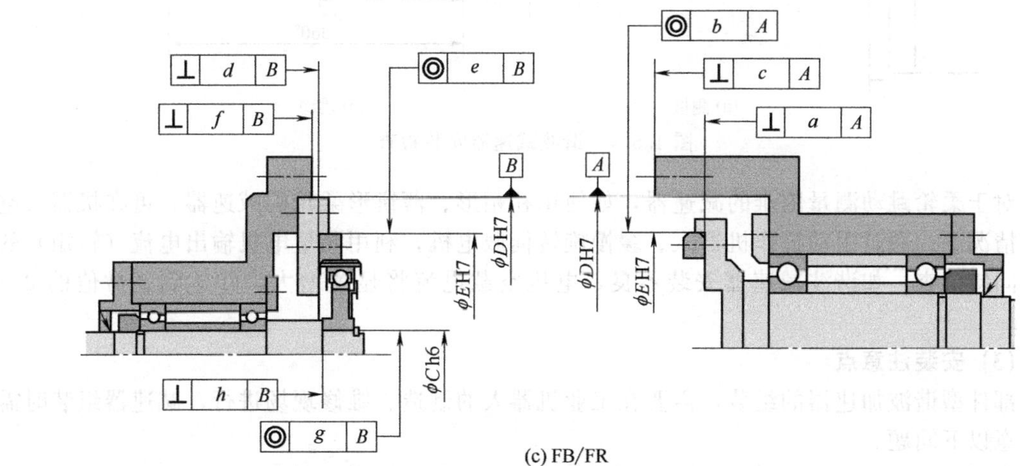

(c) FB/FR

图 4.5.3 部件型谐波减速器安装、支承面公差要求

表 4.5.1 部件型谐波减速器的安装公差参考表 mm

参数代号	CSF/CSG	CSD	SHF/SHG	FB/FR
a	0.010～0.027	0.011～0.018	0.011～0.023	0.013～0.057

续表

参数代号	CSF/CSG	CSD	SHF/SHG	FB/FR
b	0.006～0.040	0.008～0.030	0.016～0.067	0.015～0.038
c	0.008～0.043	0.015～0.030	0.015～0.035	0.016～0.068
d	0.010～0.043	0.011～0.028	0.011～0.034	0.013～0.057
e	0.010～0.043	0.011～0.028	0.011～0.034	0.015～0.038
f	0.012～0.036	0.008～0.015	0.017～0.032	0.016～0.068
g	0.015～0.090	0.016～0.030	0.030～0.070	0.011～0.035
h	—	—	—	0.007～0.015

谐波减速器对安装、支承面的公差要求与减速器规格有关，规格越小、公差要求越高。例如，对于公差参数 *a*，小规格的 CSF/CSG-11 减速器应取最小值 0.010，而大规格的 CSF/CSG-80 减速器则可取最大值 0.027。

如可能，使用水杯形柔轮的减速器安装完成后，可参照图 4.5.4(a)，通过手动或伺服电机点动操作，缓慢旋转输入轴、测量柔轮跳动，检查减速器的安装。如谐波减速器安装良好，柔轮外圆的跳动将呈图 4.5.4(b) 所示的正弦曲线均匀变化，否则跳动变化不规律。

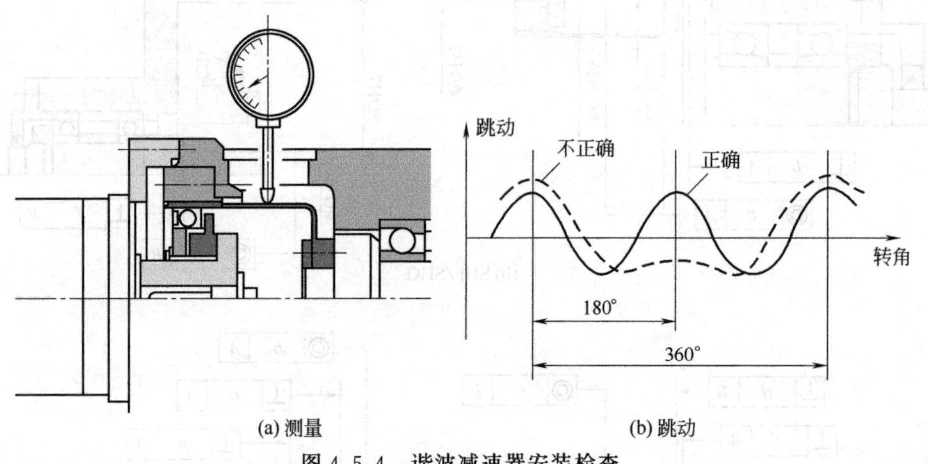

(a) 测量　　(b) 跳动

图 4.5.4　谐波减速器安装检查

对于柔轮跳动测量困难的减速器，如使用礼帽形、薄饼形柔轮的减速器，可在机器人空载的情况下，通过手动操作机器人、缓慢旋转伺服电机，利用测量电机输出电流（转矩）的方法间接检查，如谐波减速器安装不良，电机空载电流将显著增大，并达到正常值的 2～3 倍。

(3) 安装注意点

部件型谐波加速器的组装，需要在工业机器人的制造、维修现场进行，减速器组装时需要注意以下问题。

① 水杯形减速器的柔轮连接，必须按图 4.5.5 所示的要求进行。由于减速器工作时，柔轮需要连续变形，为防止因变形引起的连接孔损坏，柔轮和输出轴连接时，必须使用专门的固定圈、利用紧固螺钉压紧输出轴和柔轮结合面，而不能通过独立的螺钉、垫圈，连接柔轮和输出轴。

② 礼帽形减速器的柔轮安装与连接，需要注意图 4.5.6 所示的问题。第一，柔轮固定螺钉不得使用垫圈，也不能反向安装固定螺钉；第二，由于结构原因，礼帽形柔轮的根部变

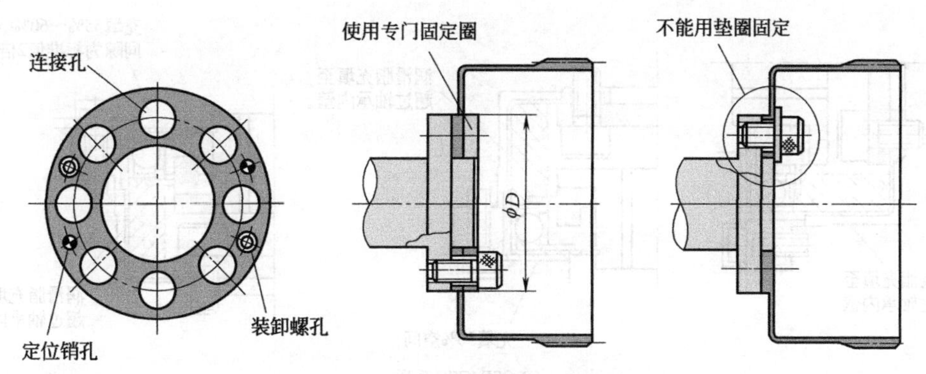

图 4.5.5 水杯形柔轮安装要求

形十分困难，因此，在装配谐波发生器时，柔轮需要从与刚轮啮合的齿圈侧安装，不能从柔轮固定侧安装谐波发生器，单元型减速器同样需要遵守这一原则。

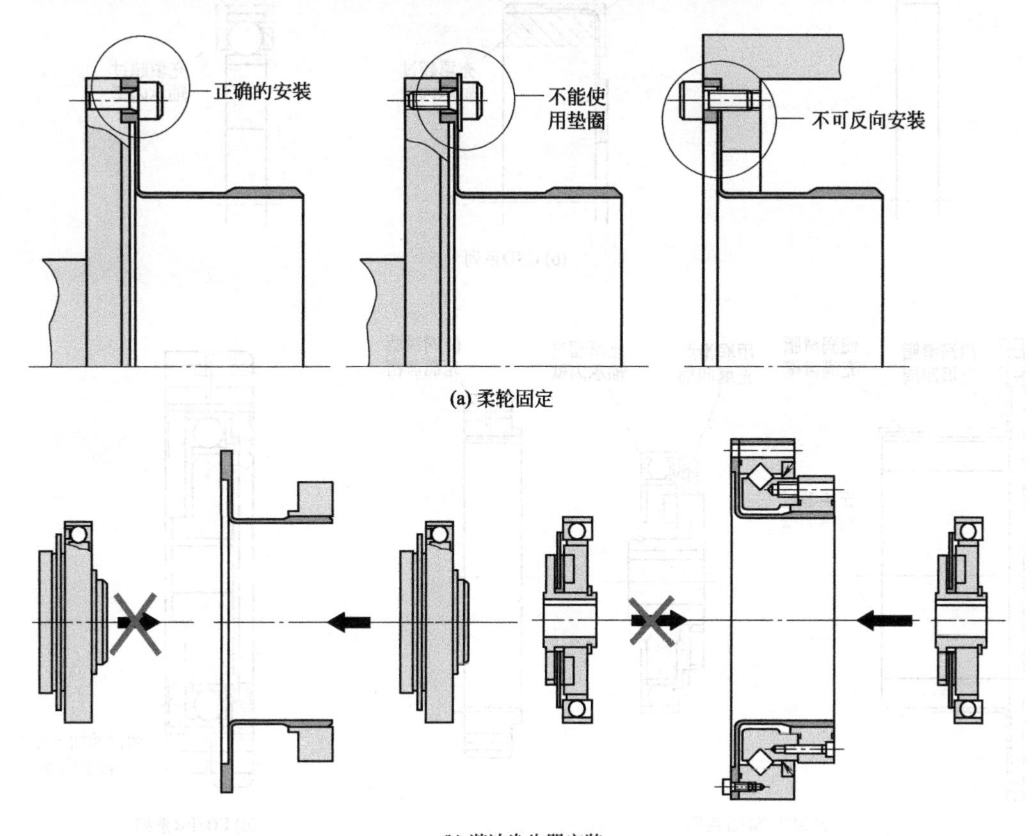

图 4.5.6 礼帽形柔轮的安装

(4) 润滑要求

工业机器人用的谐波减速器一般都采用脂润滑，部件型减速器的润滑脂需要由机器人生产厂家自行充填。对于不同形状柔轮的减速器，其润滑脂的填充要求如图 4.5.7 所示。

需要注意的是：FB/FR 系列减速器的润滑要求高于其他谐波减速器，它只能在输入转速低于减速器允许的平均输入转速、负载率 ED%不超过 10%、连续运行时间不超过 10min 的低速、断续、短时工作的情况下，才可使用润滑脂润滑；其他情况均需要使用油润滑，并

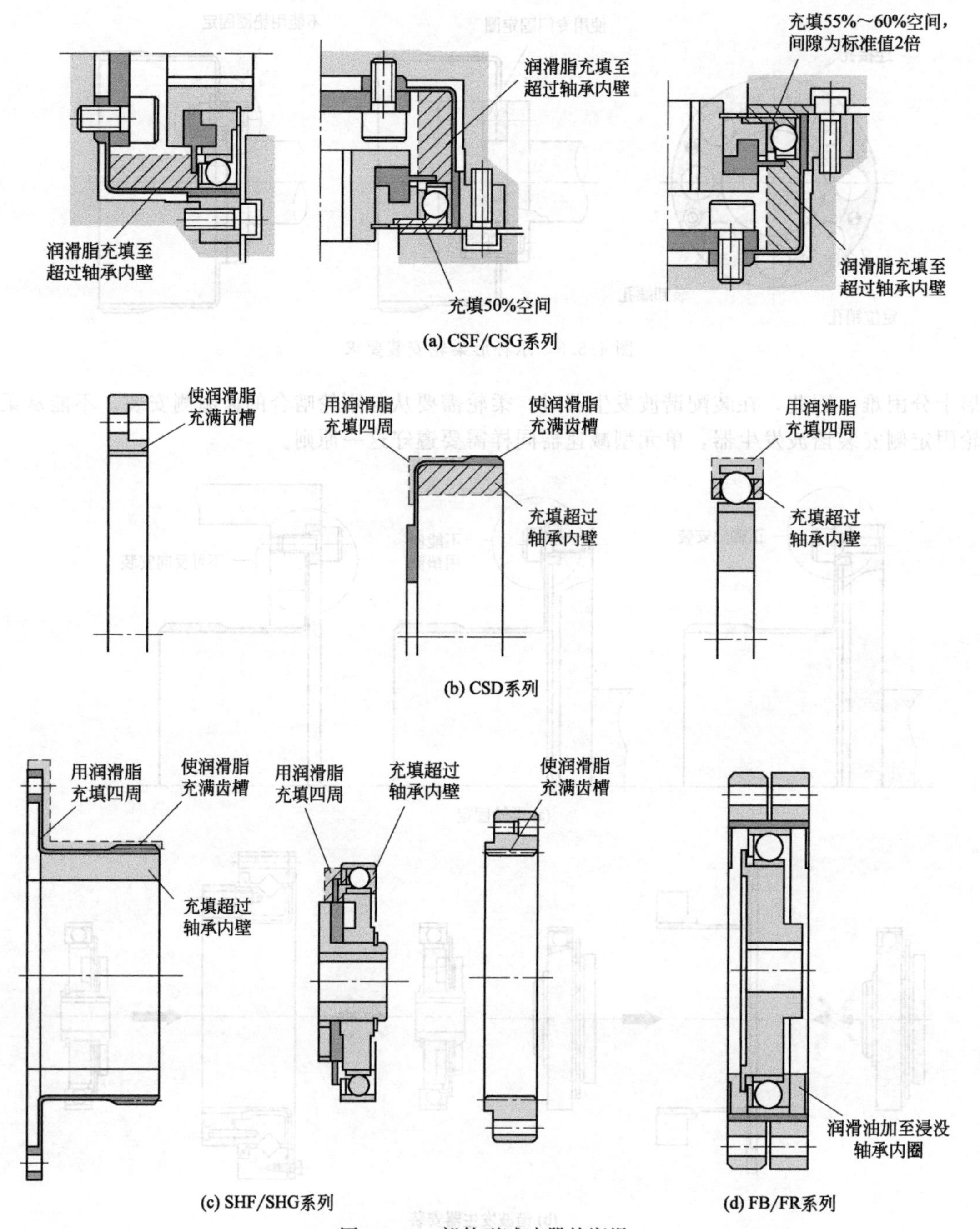

图 4.5.7 部件型减速器的润滑

按图 4.5.7(c) 所示的要求，保证润滑油浸没轴承内圈的同时，与轴孔保持一定的距离，以防止油液的渗漏和溢出。

润滑脂的补充和更换时间与减速器的实际工作转速、环境温度等因素有关，实际工作转速和环境温度越高，补充和更换润滑脂的周期越短。润滑脂型号、注入量、补充时间，在减速器、机器人使用维护手册上一般都有具体的要求；用户使用时，应按照生产厂的要求进行。

4.5.2 单元型谐波减速器

(1) 传动系统设计

单元型谐波减速器带有外壳和CRB输出轴承，减速器的刚轮、柔轮、谐波发生器、壳体、CRB轴承被整体设计成统一的单元；减速器输出有高刚性、精密CRB轴承支承，可直接连接负载。因此，其传动系统设计时，一般只需要设计输入减速器的传动系统。

单元型减速器的输入传动系统设计要求，与同类型的部件型减速器相同，传动系统的结构可参照部件型减速器。

采用标准轴孔输入的单元型谐波减速器，通常直接以电机轴作为输入，其传动系统结构可参照图4.5.8设计。电机和减速器壳体一般利用过渡板连接，为了避免谐波发生器的轴向窜动，电机轴端需要安装轴向定位块。

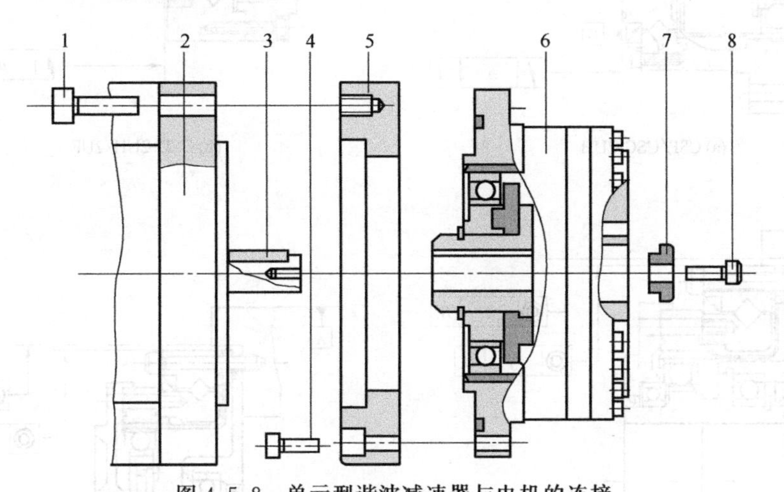

图4.5.8 单元型谐波减速器与电机的连接

1,4,8—螺钉；2—电机；3—键；5—过渡板；6—减速器；7—定位块

(2) 安装公差要求

① 壳体 单元型谐波减速器对壳体安装支承面的公差要求如表4.5.2、图4.5.9所示。安装公差要求同样与减速器规格有关，减速器规格越小、公差要求就越高。

表4.5.2 单元型谐波减速器壳体安装公差参考表 mm

参数代号	CSF/CSG-2UH	CSD-2UH	CSD-2UF	SHF/SHG/SHD-2UH	SHF/SHG-2UJ
a	0.010～0.018	0.010～0.018	0.010～0.015	0.033～0.067	0.033～0.067
b	0.010～0.017	0.010～0.015	0.010～0.013	0.035～0.063	0.035～0.063
c	0.024～0.085	0.007	0.010～0.013	0.053～0.131	0.053～0.131
d	0.010～0.015	0.010～0.015	0.010～0.013	0.053～0.089	0.053～0.089
e	0.038～0.075	0.025～0.040	0.031～0.047	0.039～0.082	0.039～0.082
f	—	—	—	0.038～0.072	0.038～0.072

② 输入轴 CSF/CSG-2UH标准轴孔输入、CSD-2UH/2UF刚性法兰输入的单元型谐波减速器，对输入轴安装支承面的公差要求如表4.5.3、图4.5.10所示。安装公差要求同样与减速器规格有关，减速器规格越小、公差要求就越高。

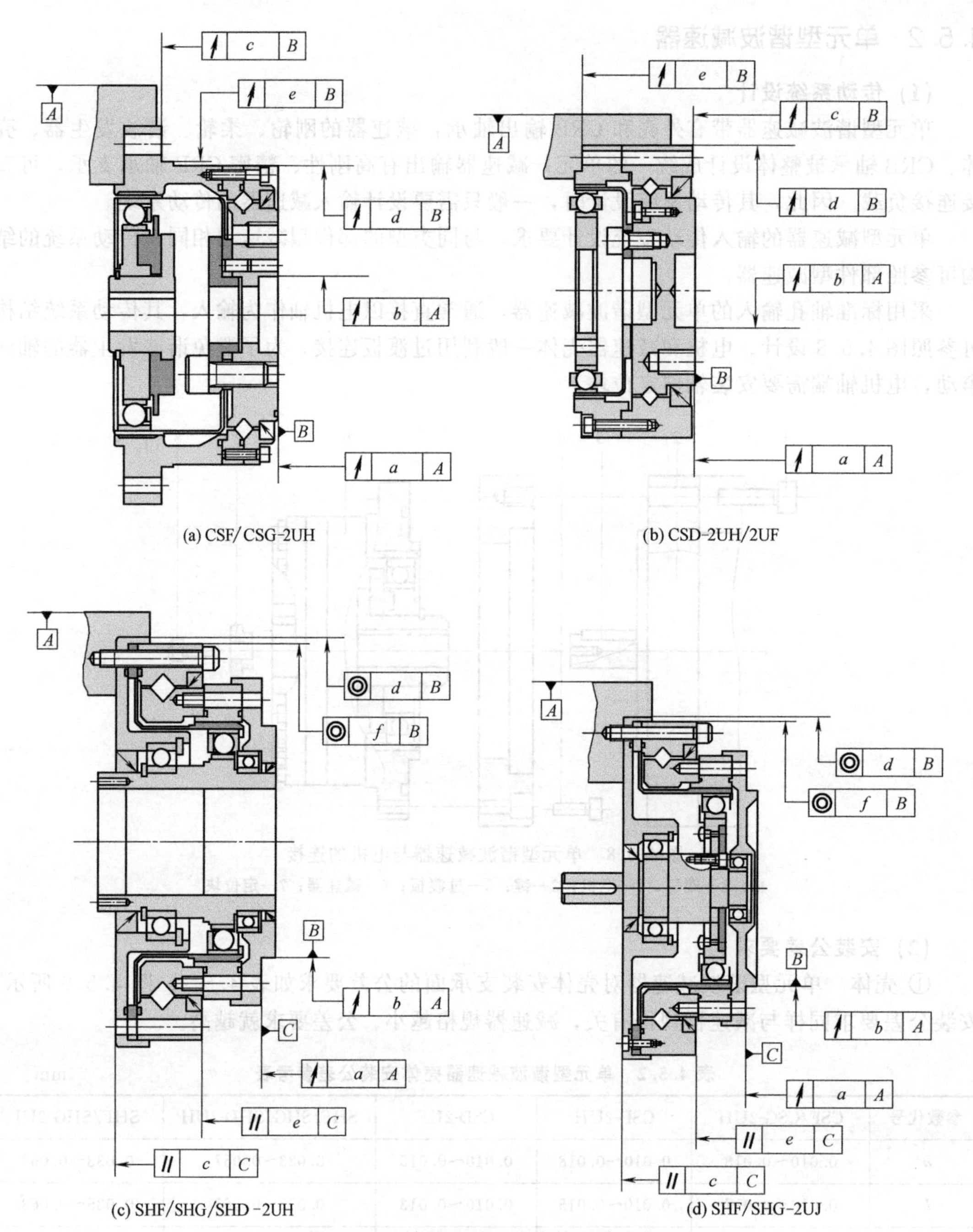

图 4.5.9 单元型减速器壳体安装公差

表 4.5.3 单元型谐波减速器输入轴安装公差参考表 mm

参数代号	CSF/CSG-2UH	CSD-2UH	CSD-2UF
a	0.011～0.034	0.011～0.028	0.011～0.026
b	0.017～0.032	0.008～0.015	0.008～0.012
c	0.030～0.070	0.016～0.030	0.016～0.024

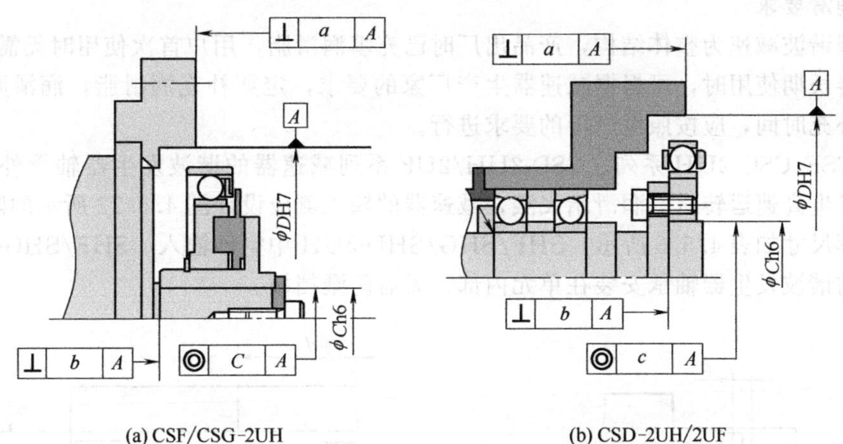

(a) CSF/CSG-2UH　　(b) CSD-2UH/2UF

图 4.5.10　单元型减速器输入轴安装公差

③ 输出轴　SHF/SHG/SHD-2UH 中空轴输入、SHF/SHG-2UJ 轴输入的单元型谐波减速器，对输出轴安装支承面的公差要求如图 4.5.11、表 4.5.4 所示。安装公差要求同样与减速器规格有关，减速器规格越小、公差要求就越高。

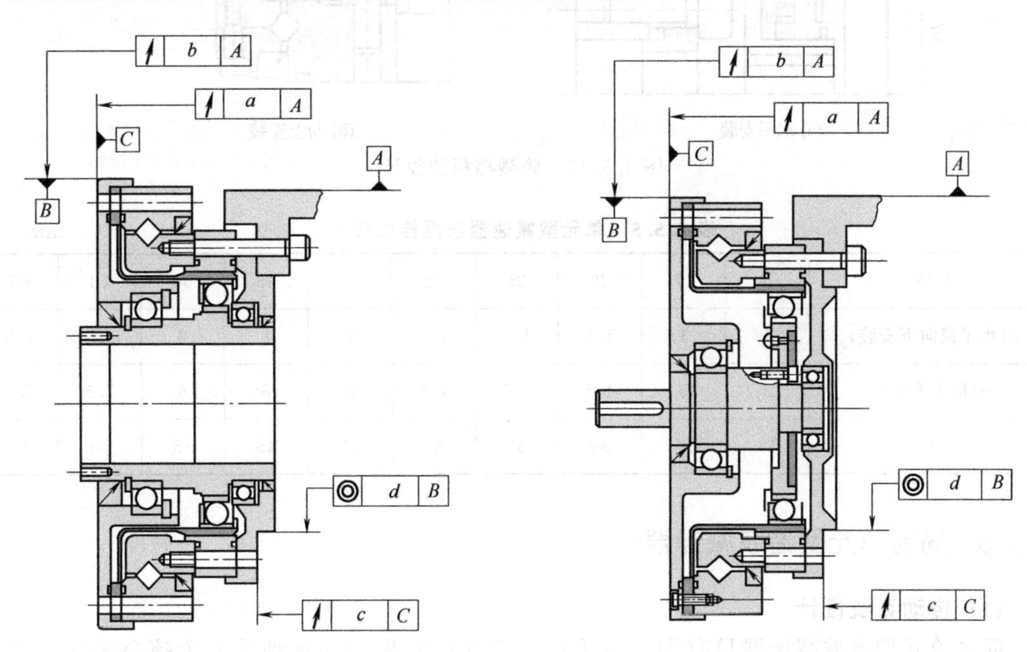

(a) SHF/SHG/SHD-2UH　　(b) SHF/SHG-2UJ

图 4.5.11　单元型减速器输出轴安装公差

表 4.5.4　单元型谐波减速器输出轴安装公差参考表　　mm

参数代号	SHF/SHG/SHD-2UH	SHF/SHG-2UJ
a	0.027～0.076	0.027～0.076
b	0.031～0.054	0.031～0.054
c	0.053～0.131	0.053～0.131
d	0.053～0.089	0.053～0.089

（3）润滑要求

单元型谐波减速为整体结构，产品出厂时已充填润滑脂，用户首次使用时无需充填润滑脂。减速器长期使用时，可根据减速器生产厂家的要求，定期补充润滑脂，润滑脂的型号、注入量、补充时间，应按照生产厂的要求进行。

由于CSF/CSG-2UH系列、CSD-2UH/2UF系列减速器的谐波发生器轴承外露，为了防止谐波发生高速运转时的润滑脂飞溅，减速器的输入侧应设计图4.5.12所示的防溅挡板，挡板的推荐尺寸如表4.5.5所示。SHF/SHG/SHD-2UH中空轴输入、SHF/SHG-2UJ轴输入减速器的谐波发生器轴承安装在单元内部，无需防溅挡板。

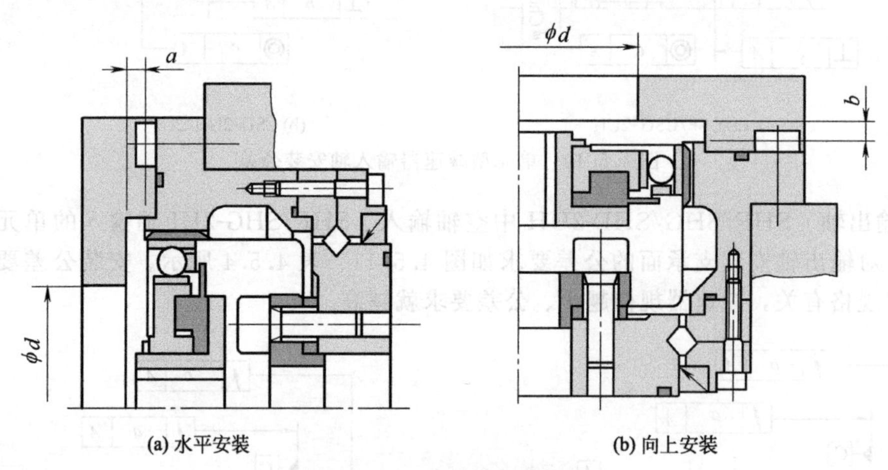

图4.5.12　防溅挡板的设计

表4.5.5　单元型减速器防溅挡板尺寸　　mm

规格	14	17	20	25	32	40	45	50	58	65
a（水平或向下安装）	1	1	1.5	1.5	1.5	2	2	2	2.5	2.5
b（向上安装）	3	3	4.5	4.5	4.5	6	6	6	7.5	7.5
d	16	26	30	37	37	45	45	45	56	62

4.5.3　简易单元型谐波减速器

（1）传动系统设计

简易单元型谐波减速器只有刚轮、柔轮、谐波发生器、CRB轴承4个核心部件，无外壳及中空轴支承部件；减速器输出有高刚性、精密CRB轴承支承，可直接连接负载。

简易单元型谐波减速器的输入、输出传动系统，一般应参照同类型的单元型谐波减速器进行设计。标准轴孔输入的SHF/SHG-2SO系列减速器、刚性法兰输入的SHD-2SH系列减速器，其输入传动系统设计要求，与同类型的部件型减速器相同，传动系统的结构可参照部件型减速器。中空轴输入的SHF/SHG-2SH系列减速器，其输入传动系统结构，可参照单元型的SHF/SHG/SHD-2UH系列减速器设计。

（2）安装公差要求

标准轴孔输入的SHF/SHG-2SO系列、中空轴输入的SHF/SHG-2SH系列减速器的安装公差要求相同，减速器对安装支承面、连接轴的公差要求如图4.5.13、表4.5.6所示。

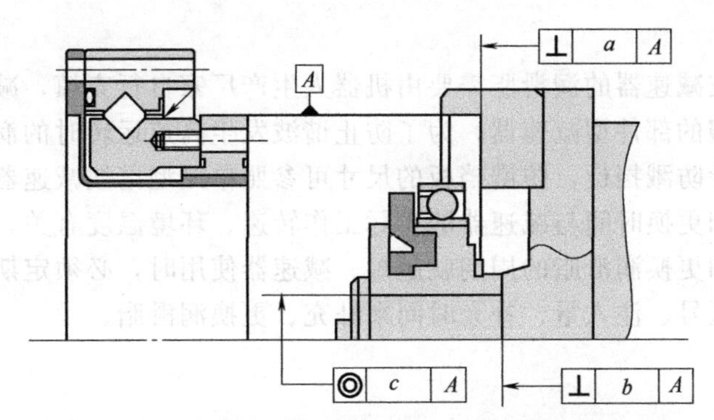

图 4.5.13 SHF/SHG-2SO/2SH 系列减速器安装公差

表 4.5.6 SHF/SHG-2SO/2SH 系列减速单元安装公差要求 mm

规格	14	17	20	25	32	40	45	50	58
a	0.011	0.015	0.017	0.024	0.026	0.026	0.027	0.028	0.031
b	0.017	0.020	0.020	0.024	0.024	0.024	0.032	0.032	0.032
c	0.030	0.034	0.044	0.047	0.047	0.050	0.063	0.066	0.068

输入采用法兰刚性连接的 SHD-2SH 系列中空轴、超薄型简易谐波减速单元对安装支承面、连接轴的公差要求如图 4.5.14、表 4.5.7 所示。

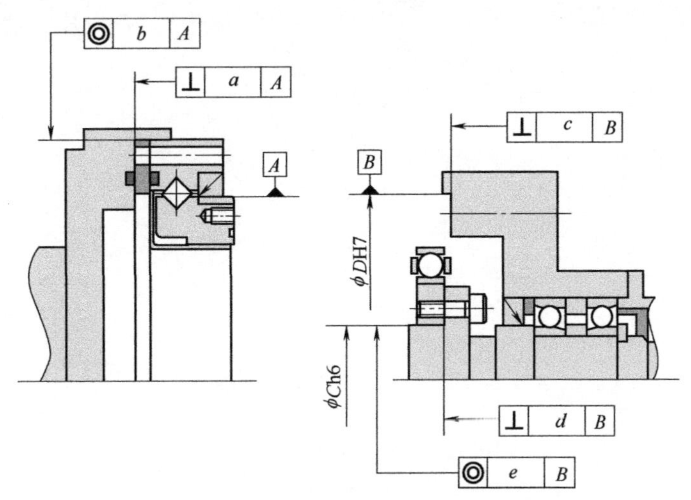

图 4.5.14 SHD-2SH 系列减速器安装公差

表 4.5.7 SHD-2SH 系列减速单元安装公差要求 mm

规格	14	17	20	25	32	40
a	0.016	0.021	0.027	0.035	0.042	0.048
b	0.015	0.018	0.019	0.022	0.022	0.024
c	0.011	0.012	0.013	0.014	0.016	0.016
d	0.008	0.010	0.012	0.012	0.012	0.012
e	0.016	0.018	0.019	0.022	0.022	0.024

(3) 润滑要求

简易单元型谐波减速器的润滑脂需要由机器人生产厂家自行充填，减速单元的润滑脂充填要求可参照同类型的部件型减速器。为了防止谐波发生高速运转时的润滑脂飞溅，减速单元两侧同样需要设计防溅挡板，防溅挡板的尺寸可参照单元型谐波减速器设计。

润滑脂的补充和更换时间与减速器的实际工作转速、环境温度有关，实际工作转速、环境温度越高，补充和更换润滑脂的周期就越短。减速器使用时，必须定期检查润滑情况，并按照生产厂要求的型号、注入量、补充时间来补充、更换润滑脂。

第5章

RV减速器及维护

5.1 变速原理与产品

5.1.1 RV齿轮变速原理

(1) 基本结构

RV减速器是旋转矢量（rotary vector）减速器的简称，它是在传统摆线针轮、行星齿轮传动装置的基础上，发展出来的一种新型传动装置。与谐波减速器一样，RV减速器实际上既可用于减速、也可用于升速，但由于传动比很大（通常为30～260），因此，在工业机器人、数控机床等产品上应用时，一般较少用于升速，故习惯上称RV减速器。本书在一般场合也将使用这一名称。

RV减速器由日本Nabtesco Corporation（纳博特斯克公司）的前身——日本的帝人制机（Teijin Seiki）公司于1985年率先研发，并获得了日本的专利；从1986年开始商品化生产和销售，并成为工业机器人回转减速的核心部件，得到了极为广泛的应用。

纳博特斯克RV减速器的结构如图5.1.1所示。减速器由芯轴、端盖、针轮、输出法兰、行星齿轮、曲轴组件、RV齿轮等部件构成，由外向内可分为针轮层、RV齿轮层（包括端盖2、输出法兰5和曲轴组件7）、芯轴层3层，每一层均可旋转。

① 针轮层　减速器外层的针轮3是一个内侧加工有针齿的内齿圈，外侧加工有法兰和安装孔，可用于减速器固定或输出连接。针轮3和RV齿轮9间一般安装有针齿销10，当RV齿轮9摆动时，针齿销可迫使针轮与输出法兰5产生相对回转。为了简化结构、减少部件，针轮也可加工成与RV齿轮直接啮合的内齿圈、省略针齿销。

② RV齿轮层　RV齿轮层由RV齿轮9、端盖2、输出法兰5和曲轴组件7等组成，RV齿轮、端盖、输出法兰为中空结构，内孔用来安装芯轴。曲轴组件7数量与减速器规格有关，小规格减速器一般布置2组，中大规格减速器布置3组。

输出法兰5的内侧有2～3个连接脚，用来固定安装曲轴前支承轴承的端盖2。端盖2和法兰的中间位置安装有2片可摆动的RV齿轮9，它们可在曲轴的驱动下作对称摆动，故又称摆线轮。

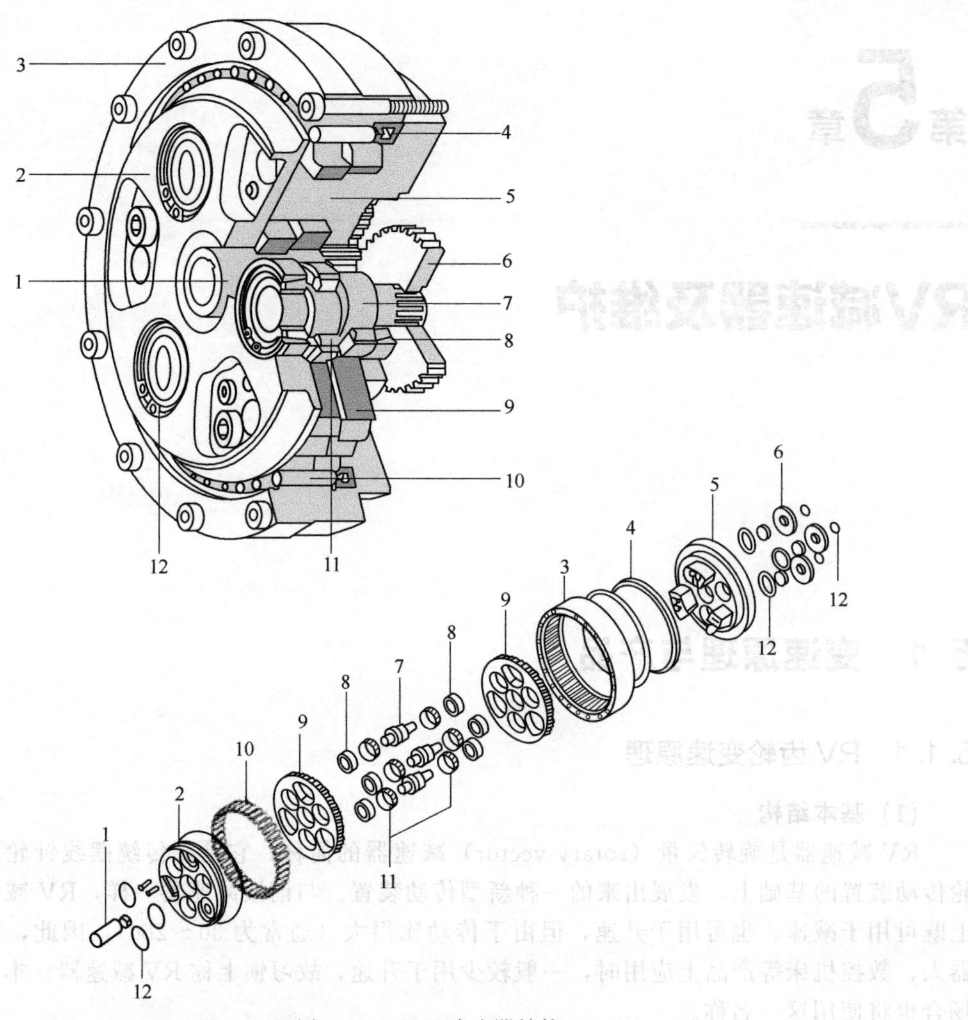

图 5.1.1　RV 减速器结构

1—芯轴；2—端盖；3—针轮；4—密封圈；5—输出法兰；6—行星齿轮；7—曲轴；
8—圆锥滚柱轴承；9—RV 齿轮；10—针齿销；11—滚针；12—卡簧

曲轴组件由曲轴 7、前后支承轴承 8、滚针 11 等部件组成，通常有 2～3 组，它们对称分布在圆周上，用来驱动 RV 齿轮摆动。

曲轴 7 安装在输出法兰 5 连接脚的缺口位置，前后端分别通过端盖 2、输出法兰 5 上的圆锥滚柱轴承支承；曲轴的后端是一段用来套接行星齿轮 6 的花键轴，曲轴可在行星齿轮 6 的驱动下旋转。曲轴的中间部位为 2 段偏心轴，偏心轴外圆上安装有多个驱动 RV 齿轮 9 摆动的滚针 11；当曲轴旋转时，2 段偏心轴上的滚针可分别驱动 2 片 RV 齿轮 9 进行 180°对称摆动。

③ 芯轴层　芯轴 1 安装在 RV 齿轮、端盖、输出法兰的中空内腔，芯轴可为齿轮轴或用来安装齿轮的花键轴。芯轴上的齿轮称太阳轮，它和套在曲轴上的行星齿轮 6 啮合，当芯轴旋转时，可驱动 2～3 组曲轴同步旋转、带动 RV 齿轮摆动。用于减速的 RV 减速器，芯轴通常用来连接输入，故又称输入轴。

因此，RV 减速器具有 2 级变速：芯轴上的太阳轮和套在曲轴上的行星齿轮间的变速是 RV 减速器的第 1 级变速，称正齿轮变速；通过 RV 齿轮 9 的摆动，利用针齿销 10 推动针轮

3 的旋转，是 RV 减速器的第 2 级变速，称差动齿轮变速。

(2) 变速原理

RV 减速器的变速原理如图 5.1.2 所示。

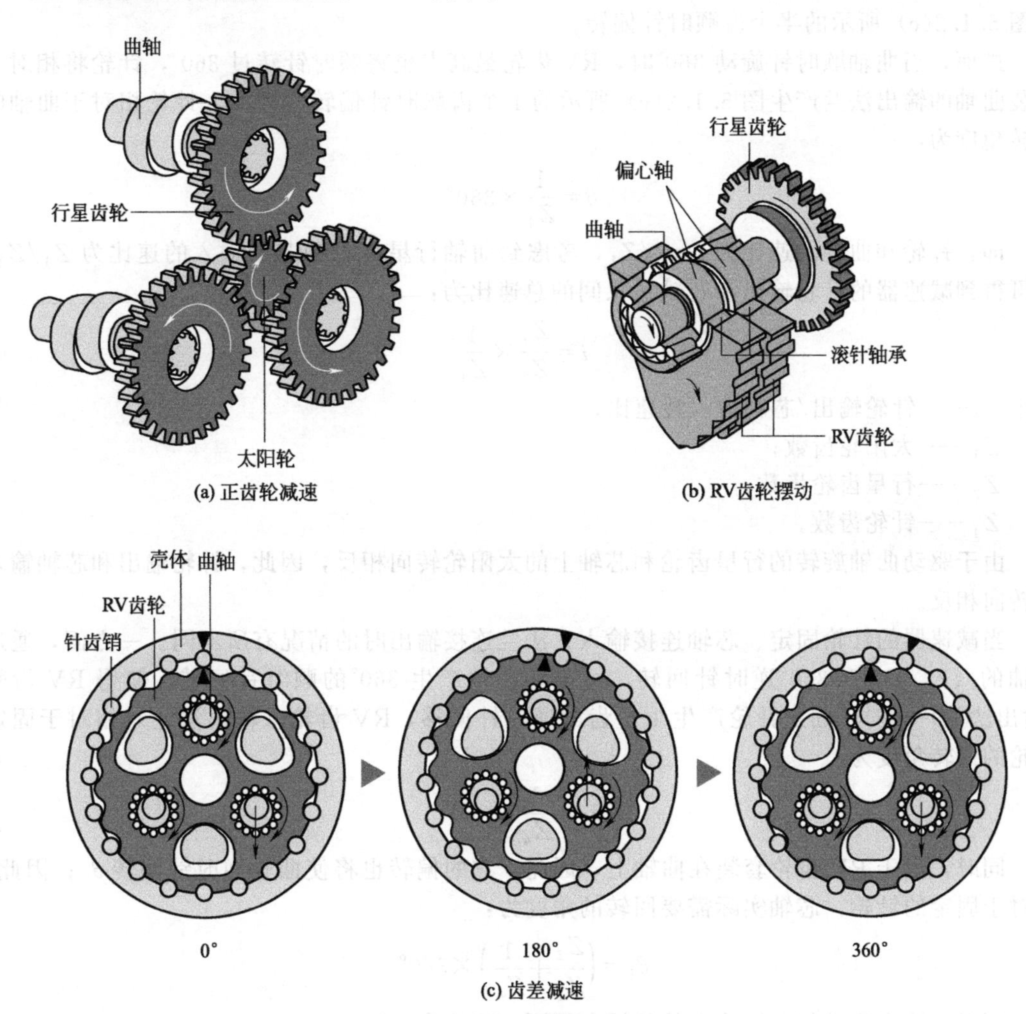

图 5.1.2 RV 减速器变速原理

① 正齿轮变速　正齿轮变速原理如图 5.1.2(a) 所示，它是由行星齿轮和太阳轮实现的齿轮变速。如太阳轮的齿数为 Z_1、行星齿轮的齿数为 Z_2，则行星齿轮输出/芯轴输入的速比为 Z_1/Z_2、且转向相反。

② 差动齿轮变速　当曲轴在行星齿轮驱动下回转时，其偏心段将驱动 RV 齿轮作图 5.1.2(b) 所示的摆动，由于曲轴上的 2 段偏心轴为对称布置，故 2 片 RV 齿轮可在对称方向同步摆动。

图 5.1.2(c) 为其中的 1 片 RV 齿轮的摆动情况；另一片 RV 齿轮的摆动过程相同，但相位相差 180°。由于 RV 齿轮和针轮间安装有针齿销，当 RV 齿轮摆动时，针齿销将迫使针轮与输出法兰产生相对回转。

如 RV 减速器的 RV 齿轮齿数为 Z_3，针轮齿数为 Z_4（齿差为 1 时，$Z_4-Z_3=1$），减速器以输出法兰固定、芯轴连接输入、针轮连接负载输出轴的形式安装，并假设在图 5.1.2(c) 所示的曲轴 0°起始点上，RV 齿轮的最高点位于输出法兰－90°位置、其针齿完全啮合，而 90°位置的基准齿则完全脱开。

当曲轴顺时针旋动 180°时，RV 齿轮最高点也将顺时针转过 180°；由于 RV 齿轮的齿数少于针轮 1 个齿，且输出法兰（曲轴）被固定，因此，针轮将相对于安装曲轴的输出法兰产生图 5.1.2(c) 所示的半个齿顺时针偏转。

进而，当曲轴顺时针旋动 360°时，RV 齿轮最高点也将顺时针转过 360°，针轮将相对于安装曲轴的输出法兰产生图 5.1.2(c) 所示的 1 个齿顺时针偏转。因此，针轮相对于曲轴的偏转角度为：

$$\theta=\frac{1}{Z_4}\times 360°$$

即：针轮和曲轴的速比为 $i=1/Z_4$，考虑到曲轴行星齿轮和芯轴输入的速比为 Z_1/Z_2，故可得到减速器的针轮输出和芯轴输入间的总速比为：

$$i=\frac{Z_1}{Z_2}\times\frac{1}{Z_4}$$

式中 i——针轮输出/芯轴输入转速比；

Z_1——太阳轮齿数；

Z_2——行星齿轮齿数；

Z_4——针轮齿数。

由于驱动曲轴旋转的行星齿轮和芯轴上的太阳轮转向相反，因此，针轮输出和芯轴输入的转向相反。

当减速器的针轮固定、芯轴连接输入、法兰连接输出时的情况有所不同。一方面，通过芯轴的 $(Z_2/Z_1)\times 360°$逆时针回转，可驱动曲轴产生 360°的顺时针回转，使得 RV 齿轮（输出法兰）相对于固定针轮产生 1 个齿的逆时针偏移，RV 齿轮（输出法兰）相对于固定针轮的回转角度为：

$$\theta_o=\frac{1}{Z_4}\times 360°$$

同时，由于 RV 齿轮套装在曲轴上，因此，它的偏转也将使曲轴逆时针偏转 θ_o；因此，相对于固定的针轮，芯轴实际需要回转的角度为：

$$\theta_i=\left(\frac{Z_2}{Z_1}+\frac{1}{Z_4}\right)\times 360°$$

所以，输出法兰与芯轴输入的的转向相同，速比为：

$$i=\frac{\theta_o}{\theta_i}=\frac{1}{1+\frac{Z_2}{Z_1}Z_4}$$

以上就是 RV 减速器的差动齿轮减速原理。

相反，如减速器的针轮被固定，RV 齿轮（输出法兰）连接输入轴、芯轴连接输出轴，则 RV 齿轮旋转时，将通过曲轴迫使芯轴快速回转，起到增速的作用。同样，当减速器的 RV 齿轮（输出法兰）被固定，针轮连接输入轴、芯轴连接输出轴时，针轮的回转也可迫使芯轴快速回转，起到增速的作用。这就是 RV 减速器的增速原理。

(3) 传动比

RV 减速器采用针轮固定、芯轴输入、法兰输出安装时的传动比（输入转速与输出转速之比），称为基本减速比 R，其值为：

$$R=1+\frac{Z_2}{Z_1}Z_4$$

式中 R——RV减速器基本减速比；

Z_1——太阳轮齿数；

Z_2——行星齿轮齿数；

Z_4——针轮齿数。

这样，通过不同形式的安装，RV减速器将有表5.1.1所示的6种不同用途和不同速比。速比 i 为负值时，代表输入轴和输出轴的转向相反。

表 5.1.1 RV减速器的安装形式与速比

序号	安装形式	安装示意图	用途	输出/输入速比 i
1	针轮固定，芯轴输入、法兰输出	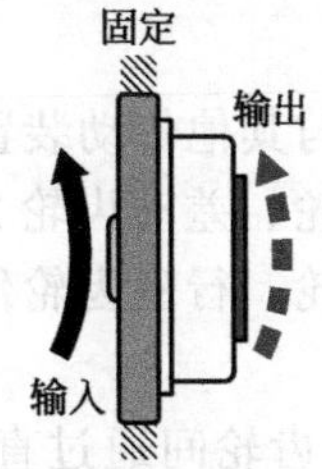	减速，输入、输出轴转向相同	$\frac{1}{R}$
2	法兰固定，芯轴输入、针轮输出	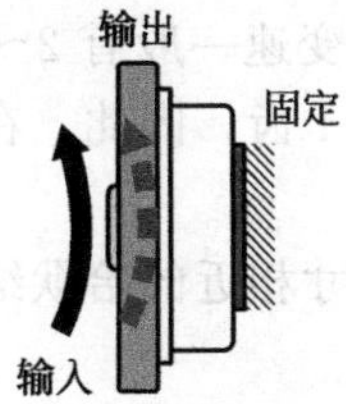	减速，输入、输出轴转向相反	$-\frac{1}{R-1}$
3	芯轴固定，针轮输入、法兰输出	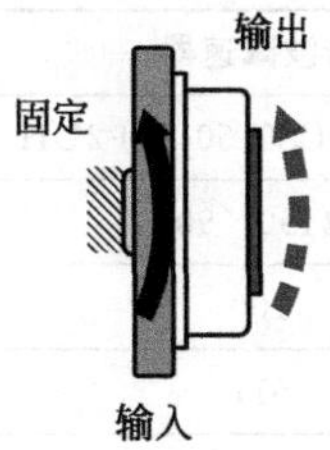	减速，输入、输出轴转向相同	$\frac{R-1}{R}$
4	针轮固定，法兰输入、芯轴输出	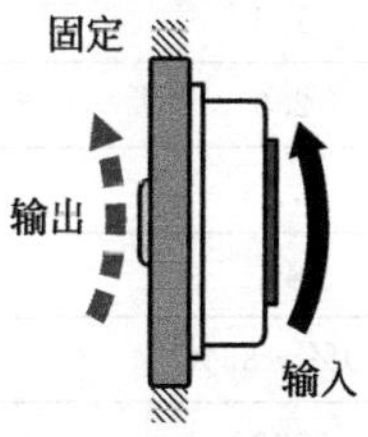	升速，输入、输出轴转向相同	R
5	法兰固定，针轮输入、芯轴输出	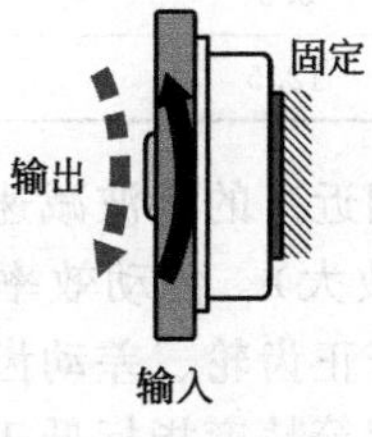	升速，输入、输出轴转向相反	$-(R-1)$

续表

序号	安装形式	安装示意图	用途	输出/输入速比 i
6	芯轴固定，法兰输入、针轮输出	输出 固定 输入	升速，输入、输出轴转向相同	$\frac{R}{R-1}$

(4) 主要特点

由RV减速器的结构和原理可见，它与其他传动装置相比，主要有以下特点。

① 传动比大　RV减速器设计有正齿轮、差动齿轮2级变速，其传动比可达到、甚至超过谐波齿轮传动装置，实现传统的普通齿轮、行星齿轮传动、蜗轮蜗杆、摆线针轮传动装置难以达到的大比例减速。

② 结构刚性好　减速器的针轮和RV齿轮间通过直径较大的针齿销传动，曲轴采用的是圆锥滚柱轴承支承；减速器的结构刚性好、使用寿命长。

③ 输出转矩高　RV减速器的正齿轮变速一般有2～3对行星齿轮；差动变速采用的是硬齿面多齿销同时啮合，且其齿差固定为1齿，因此，在相同体积下，其齿形可比谐波减速器做得更大，输出转矩更高。

表5.1.2为基本减速比相同、外形尺寸相近的哈默纳科谐波减速器和纳博特斯克RV减速器的性能比较表。

表5.1.2　谐波减速器和RV减速器性能比较表

主要参数	谐波减速器	RV减速器
型号与规格(单元型)	哈默纳科 CSG-50-100-2UH	纳博特斯克 RV-80E-101
外形尺寸/mm×mm	ϕ190×90	ϕ190×84(长度不包括芯轴)
基本减速比	100	101
额定输出转矩/N·m	611	784
最高输入转速/r·min^{-1}	3500	7000
传动精度/10^{-4}rad	1.5	2.4
空程/10^{-4}rad	2.9	2.9
间隙/10^{-4}rad	0.58	2.9
弹性系数/(10^4N·m/rad)	40	67.6
传动效率	70%～85%	80%～95%
额定寿命/h	10000	6000
质量/kg	8.9	13.1
惯量/10^{-4}kg·m^2	12.5	0.482

由表可见，与同等规格（外形尺寸相近）的谐波减速器相比，RV减速器具有额定输出转矩大、输入转速高、刚性好（弹性系数大）、传动效率高、惯量小等优点。但是，RV减速器的结构复杂、部件多、质量大，且有正齿轮、差动齿轮2级变速，齿轮间隙大、传动链长，因此，减速器的传动间隙、传动精度等精度指标低于谐波减速器。此外，RV减速器的

生产制造成本相对较高，安装、维修不及单元型谐波减速器方便。因此，在工业机器人上，它多用于机器人机身的腰、上臂、下臂等大惯量、高转矩输出关节的回转减速，在大型、重型机器人上，有时也用于手腕减速。

5.1.2 产品与结构

日本的 Nabtesco Corporation（纳博特斯克公司）既是 RV 减速器的发明者，又是目前全球最大、技术最领先的 RV 减速器生产企业，其产品占据了全球 60%以上的工业机器人 RV 减速器市场，以及日本 80%以上的数控机床自动换刀（ATC）装置的 RV 减速器市场。Nabtesco Corporation 的产品代表了当前 RV 减速器的最高水平，世界著名的工业机器人几乎都使用该公司生产的 RV 减速器。

纳博特斯克 RV 减速器的基本结构型式有部件型（component type）、单元型（unit type）、齿轮箱型（gear head type）3 大类；此外，它也有 RV 减速器/驱动电机集成一体化的伺服执行器（servo actuator）产品，伺服执行器实际就是回转执行器（rotary actuator），这是一种 RV 减速器和驱动电机集成一体的减速单元，产品设计思想与谐波齿轮减速回转执行器相同。

① 部件型　部件型（component type）减速器采用的是 RV 减速器基本结构，故又称基本型（original）。基本型 RV 减速器无外壳和输出轴承，减速器的针轮、输入轴、输出法兰的安装、连接需要机器人生产厂家实现；针轮和输出法兰间的支承轴承等部件需要用户自行设计。

部件型 RV 减速器的芯轴、太阳轮等输入部件可以分离安装，但减速器端盖、针轮、输出法兰、行星齿轮、曲轴组件、RV 齿轮等部件，原则上不能在用户进行分离和组装。纳博特斯克部件型 RV 减速器目前只有 RV 系列产品。

② 单元型　单元型（unit type）减速器简称 RV 减速单元，它设计有安装固定的壳体和输出连接法兰；输出法兰和壳体间安装有可同时承受径向及轴向载荷的高刚性、角接触球轴承，减速器输出法兰可直接连接与驱动负载。

工业机器人用的纳博特斯克单元型 RV 减速器，主要有图 5.1.3 所示的 RV E 标准型、RV N 紧凑型、RV C 中空型 3 大类产品。

(a) RV E

(b) RV N

(c) RV C

图 5.1.3　常用的 RV 减速单元

RV E 型减速单元采用单元型 RV 减速器的标准结构，减速单元带有外壳、输出轴承和安装固定法兰、输入轴、输出法兰；输出法兰可直接连接和驱动负载。

RV N 紧凑型减速单元是在 RV E 标准型减速单元的基础上派生的轻量级、紧凑型产品。同规格的紧凑型 RV N 减速单元的体积和重量，分别比 RV E 标准型减少了 8%～20%和 16%～36%。紧凑型 RV N 减速单元是纳博特斯克当前推荐的新产品。

RV C中空型减速单元采用了大直径、中空结构，减速器内部可布置管线或传动轴。中空型减速单元的输入轴和太阳轮，一般需要选配或直接由用户自行设计、制造和安装。

③ 齿轮箱型 齿轮箱型（gear head type）RV减速又称RV减速箱，它设计有驱动电机的安装法兰和电机轴连接部件，可像齿轮减速箱一样，直接安装和连接驱动电机，实现减速器和驱动电机的结构整体化。纳博特斯克RV减速箱目前有RD2标准型、GH高速型、RS扁平型3类常用产品。

RD2标准型RV减速箱（简称标准减速箱）是纳博特斯克早期RD系列减速箱的改进型产品，它对壳体、电机安装法兰、输入轴连接部件进行了整体设计，使之成为一个可直接安装驱动电机的完整减速器单元。

根据RV减速箱的结构与驱动电机的安装形式，RD2系列减速箱有图5.1.4所示的轴向输入（RDS系列）、径向输入（RDR系列）和轴输入（RDP系列）3类产品；每类产品又分实心芯轴（图5.1.4上部）和中空芯轴（图5.1.4下部）两大系列。采用实心芯轴的RV减速箱使用的是RV E标准型减速器，采用空心芯轴的RV减速箱使用的是RV C中空轴型减速器。

(a) RDS (b) RDR (c) RDP

图5.1.4 RD2系列减速箱

纳博特斯克GH高速型RV减速箱（简称高速减速箱）如图5.1.5所示。这种减速箱的减速比较小、输出转速较高，RV减速器的第1级正齿轮基本不起减速作用，因此，其太阳轮直径较大，故多采用芯轴和太阳轮分离型结构，两者通过花键进行连接。GH系列高速减速箱的芯轴输入一般为标准轴孔连接；输出可选择法兰、输出轴2种连接方式。GH减速器的减速比一般只有10～30，其额定输出转速为标准型的3.3倍、过载能力为标准型的1.4倍，故常用于转速相对较高的工业机器人上臂、手腕等关节驱动。

纳博特斯克RS扁平型减速箱（简称扁平减速箱）如图5.1.6所示，它是该公司近年开发的新产品。为了减小厚度，扁平减速箱的驱动电机统一采用径向安装，芯轴为中空。RS系列扁平减速箱的额定输出转矩高（可达8820N·m）、额定转速低（一般为10r/min）、承载能力强（载重可达9000kg），故可用于大规格搬运、装卸、码垛工业机器人的机身、中型机器人的腰关节驱动，或直接作为回转变位器使用。

图 5.1.5 GH 高速减速箱

图 5.1.6 RS 扁平减速箱

5.2 主要技术参数与选择

5.2.1 主要技术参数

(1) 额定参数

RV 减速器的额定参数用于减速器选择与理论计算，参数包括额定转速、额定转矩、额定输入功率等。

额定转速（rated rotational speed）：用来计算 RV 减速器额定转矩、使用寿命等参数的理论输出转速，大多数 RV 减速器选取 15r/min，个别小规格、高速 RV 减速器选取 30r/min 或 50r/min。

需要注意的是：RV 减速器额定转速的定义方法与电动机等产品有所不同，它并不是减速器长时间连续运行时允许输出的最高转速。一般而言，中小规格 RV 减速器的额定转速，通常低于减速器长时间连续运行的最高输出转速；大规格 RV 减速器的额定转速，可能高于减速器长时间连续运行的最高输出转速，但必须低于减速器以 40%工作制、断续工作时的最高输出转速。

例如，纳博特斯克中规格 RV-100N 减速器的额定转速为 15r/min，低于减速器长时间连续运行的最高输出转速（35r/min）；而大规格 RV-500 减速器的额定转速同样为 15r/min，但其长时间连续运行的最高输出转速只能达到 11r/min，而 40%工作制、断续工作时的最高输出转速为 25r/min。

额定转矩（rated torque）：额定转矩是假设 RV 减速器以额定输出转速连续工作时的最大输出转矩值。

纳博特斯克 RV 减速器的规格代号，通常以额定输出转矩的近似值（单位 1kgf・m，即 10N・m）表示。例如，纳博特斯克 RV-100 减速器的额定输出转矩约为 1000N・m(100kgf・m）等。

额定输入功率（rated input power）：RV 减速器的额定功率又称额定输入容量（rated input capacity），它是根据减速器额定输出转矩、额定输出转速、理论传动效率计算得到的减速器输入功率理论值，其计算式如下：

$$P_{\mathrm{i}}=\frac{NT}{9550\eta} \tag{5-1}$$

式中 P_{i}——输入功率，kW；

N——输出转速，r/min；

T——输出转矩，N·m；

η——减速器理论传动效率，通常取 $\eta=0.7$。

最大输出转速（permissible max value of output rotational speed）：最大输出转速又称允许（或容许）输出转速，它是减速器在空载状态下，长时间连续运行所允许的最高输出转速值。

RV 减速器的最大输出转速主要受温升限制，如减速器断续运行，实际输出转速值可大于最大输出转速，为此，某些产品提供了连续（100%工作制）、断续（40%工作制）两种典型工作状态的最大输出转速值。

（2）转矩参数

RV 减速器的输出转矩参数包括额定输出转矩、启制动峰值转矩、瞬间最大转矩、增速启动转矩、空载运行转矩等。额定输出转矩的含义见前述，其他参数含义如下。

启制动峰值转矩（peak torque for start and stop）：RV 减速器加减速时，短时间允许的最大负载转矩。

纳博特斯克 RV 减速器的启制动峰值转矩，一般按额定输出转矩的 2.5 倍设计，个别小规格减速器为 2 倍；故启制动峰值转矩也可直接由额定转矩计算得到。

瞬间最大转矩（maximum momentary torque）：RV 减速器工作出现异常（如负载出现碰撞、冲击）时，保证减速器不损坏的瞬间极限转矩。

纳博特斯克 RV 减速器的瞬间最大转矩，通常按启制动峰值转矩的 2 倍设计，故也可直接由启制动峰值转矩计算得到，或按减速器额定输出转矩的 5 倍计算得到，个别小规格减速器为额定输出转矩的 4 倍。

额定输出转矩、启制动峰值转矩、瞬间最大转矩的含义如图 5.2.1 所示。

增速启动转矩（on overdrive starting torque）：在环境温度为 30℃、采用规定润滑的条件下，RV 减速器用于空载、增速运行时，在输出侧（如芯轴）开始运动的瞬间，所测得的输入侧（如输出法兰）需要施加的最大转矩值。

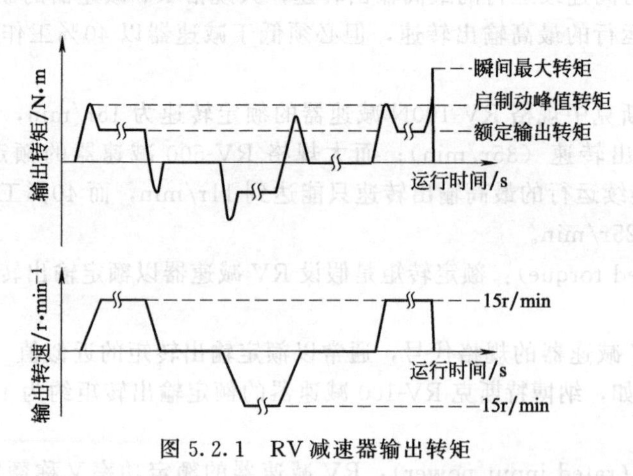

图 5.2.1 RV 减速器输出转矩

空载运行转矩（on no-load running torque）：RV 减速器的基本空载运行转矩是在环境温度为 30℃、使用规定润滑的条件下，减速器采用标准安装、减速运行时，所测得的输入转矩折算到输出侧的输出转矩值。

RV 减速器实际工作时的空载运行转矩与输出转速、环境温度、减速器减速比有关，输出转速越高、环境温度越低、减速比越小，空载运行转矩就越大。为此，RV 减速器生产厂家通常需要提供图 5.2.2(a) 所示的基本空载运行转矩曲线，以及图 5.2.2(b) 所示的低温工作修整曲线。

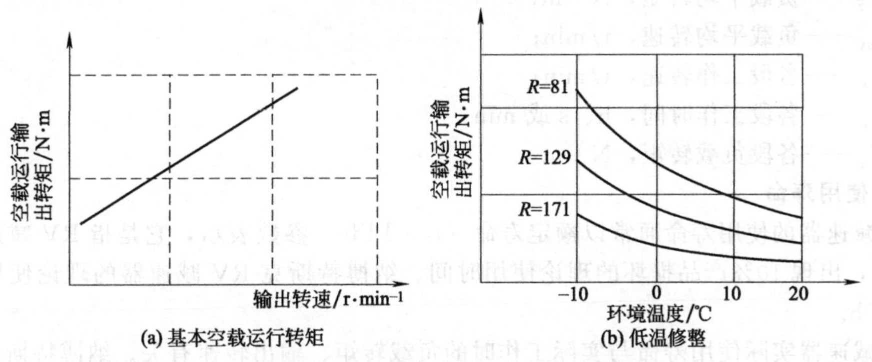

图 5.2.2 RV 减速器空载运行转矩曲线

RV 减速器的低温修整曲线一般是在−10℃～+20℃环境温度下，以 2000r/min 输入转速空载运行时的实测值，低温修整曲线中的转矩可能折算到输出侧，也可能直接以输入转矩的形式提供。

(3) 负载参数

负载参数是用于 RV 减速器选型的理论计算值，负载参数包括负载平均转矩和负载平均转速 2 项。

负载平均转矩 (average load torque) 和负载平均转速 (average output rotational speed) 是减速器实际工作时，输出侧的等效负载转矩和等效负载转速，它需要根据减速器的实际运行状态计算得到。对于图 5.2.3 所示的减速器实际运行曲线，其计算式如下。

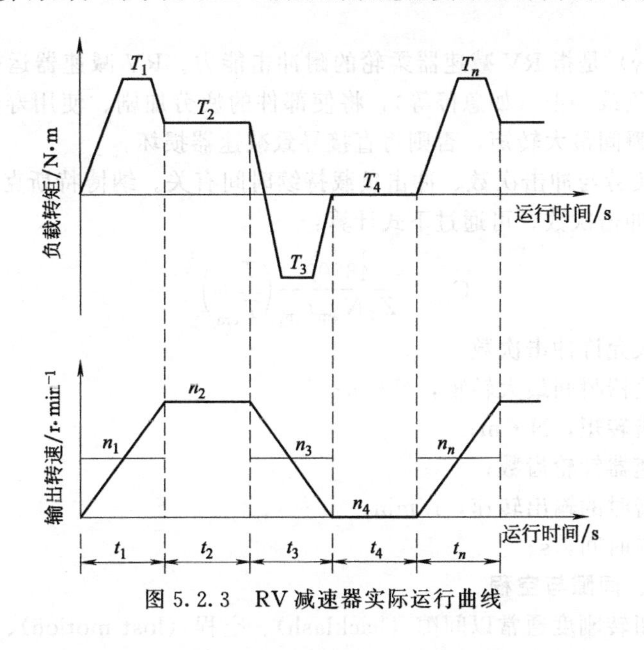

图 5.2.3 RV 减速器实际运行曲线

$$T_{av}=\sqrt[\frac{10}{3}]{\frac{n_1t_1|T_1|^{\frac{10}{3}}+n_2t_2|T_2|^{\frac{10}{3}}+\cdots+n_nt_n|T_n|^{\frac{10}{3}}}{n_1t_1+n_2t_2+\cdots+n_nt_n}}$$

$$N_{av}=\frac{n_1t_1+n_2t_2+\cdots+n_nt_n}{t_1+t_2+\cdots+t_n} \tag{5-2}$$

式中 T_{av}——负载平均转矩，N·m；

N_{av}——负载平均转速，r/min；

n_n——各段工作转速，r/min；

t_n——各段工作时间，h、s或min；

T_n——各段负载转矩，N·m。

(4) 使用寿命

RV减速器的使用寿命通常以额定寿命（rated life）参数表示，它是指RV减速器在正常使用时，出现10%产品损坏的理论使用时间。纳博特斯克RV减速器的理论使用寿命一般为6000h。

RV减速器实际使用寿命与实际工作时的负载转矩、输出转速有关。纳博特斯克RV减速器的计算式如下：

$$L_h=L_n\left(\frac{T_0}{T_{av}}\right)^{\frac{10}{3}}\frac{N_0}{N_{av}} \tag{5-3}$$

式中 L_h——减速器实际使用寿命，h；

L_n——减速器额定寿命，h，通常取$L_n=6000$h；

T_0——减速器额定输出转矩，N·m；

T_{av}——负载平均转矩，N·m；

N_0——减速器额定输出转速，r/min；

N_{av}——负载平均转速，r/min。

式中的负载平均转矩T_{av}、平均转速N_{av}应根据图5.2.3、式(5-2)计算得到。

(5) 强度

强度（intensity）是指RV减速器柔轮的耐冲击能力。RV减速器运行时如果存在超过启制动峰值转矩的负载冲击（如急停等），将使部件的疲劳加剧、使用寿命缩短。冲击负载不能超过减速器的瞬间最大转矩，否则将直接导致减速器损坏。

RV减速器的疲劳与冲击次数、冲击负载持续时间有关。纳博特斯克RV减速器保证额定寿命的最大允许冲击次数，可通过下式计算：

$$C_{em}=\frac{46500}{Z_4N_{em}t_{em}}\left(\frac{T_{s2}}{T_{em}}\right)^{\frac{10}{3}} \tag{5-4}$$

式中 C_{em}——最大允许冲击次数；

T_{s2}——减速器瞬间最大转矩，N·m；

T_{em}——冲击转矩，N·m；

Z_4——减速器针轮齿数；

N_{em}——冲击时的输出转速，r/min；

t_{em}——冲击时间，s。

(6) 扭转刚度、间隙与空程

RV减速器的扭转刚度通常以间隙（backlash）、空程（lost motion）、弹性系数（spring constants）表示。

RV减速器在摩擦转矩和负载转矩的作用下，针轮、针齿销、齿轮等都将产生弹性变形，导致实际输出转角与理论转角间存在误差θ。弹性变形误差θ将随着负载转矩的增加而增大，它与负载转矩的关系为图5.2.4(a)所示的非线性曲线；为了便于工程计算，实际使用时，通常以图 5.2.4(b) 所示的直线段等效。

间隙（backlash）：RV 减速器间隙是传动齿轮间隙，以及减速器空载时（负载转矩 $T=0$）由本身摩擦转矩所产生的弹性变形误差之和。

空程（lost motion）：RV 减速器空程是在负载转矩为 3%额定输出转矩 T_0 时，减速器所产生的弹性变形误差。

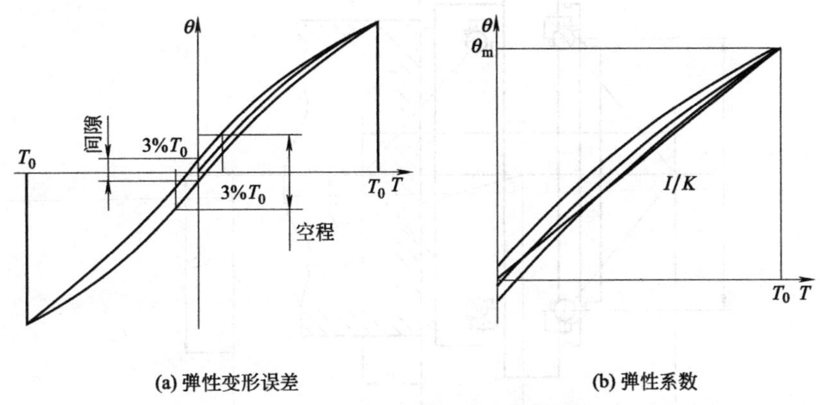

(a) 弹性变形误差　　(b) 弹性系数

图 5.2.4　RV 减速器的刚度参数

弹性系数（spring constants）：RV 减速器的弹性变形误差与输出转矩的关系通常直接用图 5.2.4(b) 所示的直线等效，弹性系数（扭转刚度）值为：

$$K=T_0/\theta_m \tag{5-5}$$

式中 θ_m——额定转矩的扭转变形误差，rad；

K——减速器弹性系数，N·m/rad。

RV 减速器的弹性系数受减速比的影响较小，它原则上只和减速器规格有关，规格越大，弹性系数越高、刚性越好。

(7) 力矩刚度

单元型、齿轮箱型 RV 减速器的输出法兰和针轮间安装有输出轴承，减速器生产厂家需要提供允许最大轴向、负载力矩等力矩刚度参数。基本型减速器无输出轴承，减速器允许的最大轴向、负载力矩等力矩刚度参数，取决于用户传动系统设计及输出轴承选择。

负载力矩（load moment）：当单元型、齿轮箱型 RV 减速器输出法兰承受图 5.2.5 所示的径向载荷 F_1、轴向载荷 F_2，且力臂 $l_3>b$、$l_2>c/2$ 时，输出法兰中心线将产生弯曲变形误差 θ_c。

由 F_1、F_2 产生的弯曲转矩称为 RV 减速器的负载力矩，其值为：

$$M_c=(F_1l_1+F_2l_2)\times10^{-3} \tag{5-6}$$

式中 M_c——负载力矩，N·m；

F_1——径向载荷，N；

F_2——轴向载荷，N；

l_1——径向载荷力臂，mm，$l_1=l+b/2-a$

l_2——轴向载荷力臂，mm。

力矩刚度（moment rigidity）：力矩刚度是衡量 RV 减速器抗弯曲变形能力的参数，计算式如下：

$$K_c=\frac{M_c}{\theta_c} \tag{5-7}$$

式中 K_c——减速器力矩刚度，N·m/rad；

M_c——负载力矩，N·m；

θ_c——弯曲变形误差，rad。

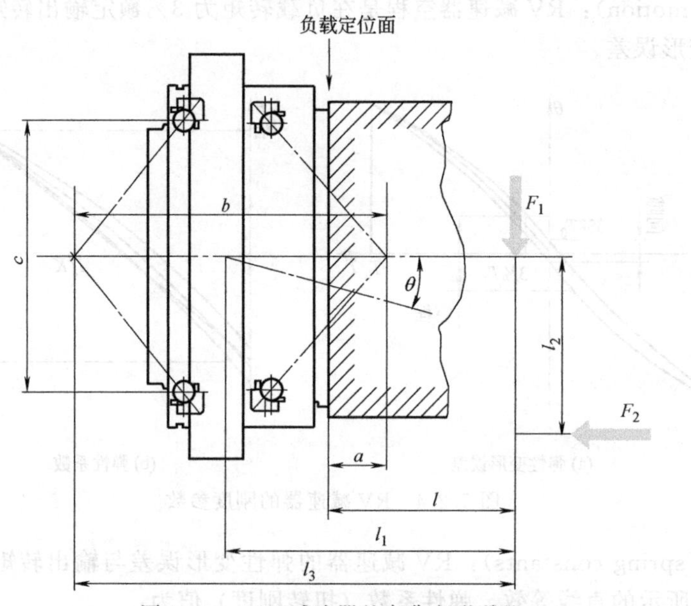

图 5.2.5 RV 减速器的弯曲变形误差

单元型、齿轮箱型 RV 减速器的径向载荷、轴向载荷受减速器部件结构的限制，生产厂家通常需要提供图 5.2.6 所示的轴向载荷-负载力矩曲线，减速器正常使用时的轴向载荷、负载力矩均不得超出曲线范围。

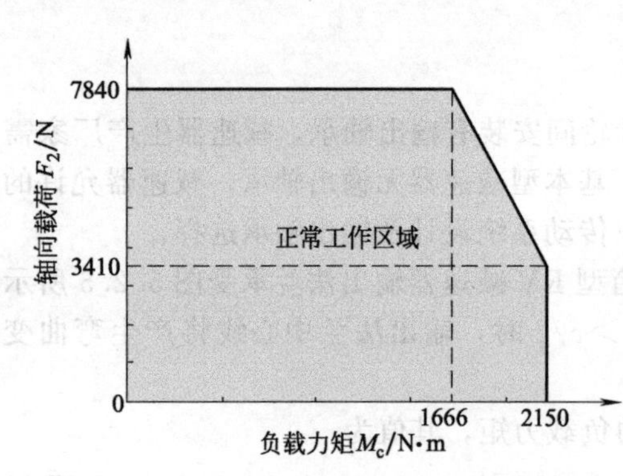

图 5.2.6 RV 减速器允许的负载力矩

RV 减速器允许的瞬间最大负载力矩通常为正常使用最大负载力矩 M_c 的 2 倍，例如，图 5.2.6 中减速器的瞬间最大负载力矩为 2150×2=4300N·m 等。

(8) 传动精度

传动精度（angle transmission accuracy）是指 RV 减速器采用针轮固定、芯轴输入、输出法兰连接负载标准减速安装方式，在图 5.2.7 所示的任意 360°输出范围上的实际输出转角和理论输出转角间的最大误差值 θ_{er} 衡量，计算式如下：

$$\theta_{er}=\theta_2-\frac{\theta_1}{R} \tag{5-8}$$

式中 θ_1——传动精度，rad；

θ_2——实际输出转角，rad；

R——基本减速比。

传动精度与传动系统设计、负载条件、环境温度、润滑等诸多因素有关，说明书、手册提供的传动精度通常只是 RV 减速器在特定条件下运行的参考值。

(9) 效率

RV 减速器的传动效率与输出转速、负载转矩、工作温度、润滑条件等诸多因素有关；通常而言，在同样的工作温度和润滑条件下，输出转速越低、输出转矩越大，减速器的效率就越高。RV 减速器生产厂家通常需要提供图 5.2.8 所示的基本传动效率曲线。

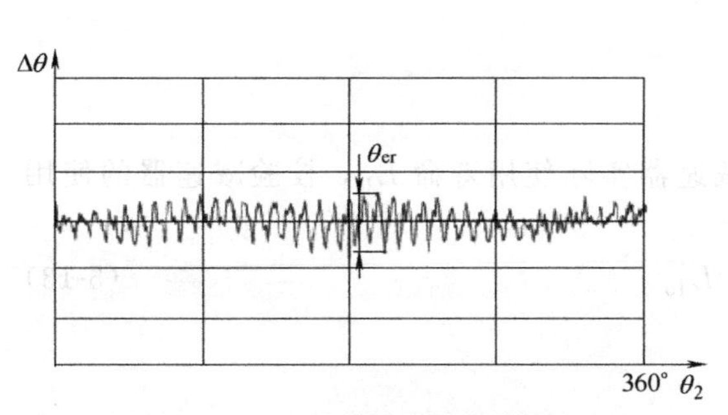

图 5.2.7 RV 减速器的传动精度

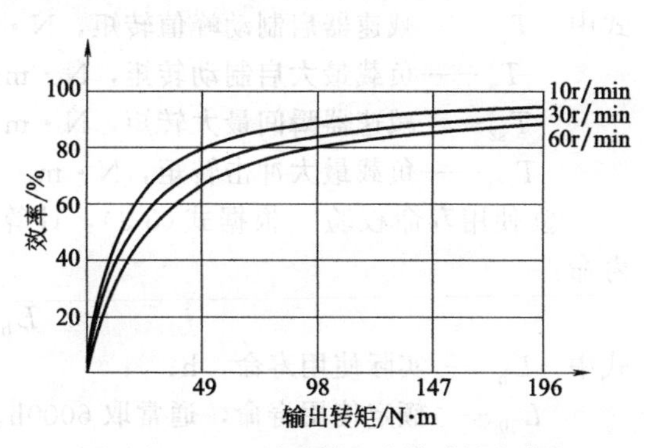

图 5.2.8 RV 减速器基本传动效率曲线

RV 减速器的基本传动效率曲线是在环境温度 30℃、使用规定润滑时，减速器在特定输出转速（如 10r/min、30r/min、60r/min）下的传动效率-输出转矩曲线。

5.2.2 RV 减速器选择

(1) 基本参数计算与校验

RV 减速器的结构形式、传动精度、间隙、空程等基本技术参数，可根据产品的机械传动系统要求确定，在此基础上，可通过如下步骤确定其他主要技术参数、初选产品，并进行主要技术性能的校验。

① 计算要求减速比　传动系统要求的 RV 减速器减速比，可根据传动系统最高输入转速、最高输出转速，按下式计算：

$$r=\frac{n_{\text{imax}}}{n_{\text{omax}}} \tag{5-9}$$

式中　r——要求减速比；

n_{imax}——传动系统最高输入转速，r/min；

n_{omax}——传动系统最高输出转速，r/min。

② 计算负载平均转矩和负载平均转速　根据式(5-2)，计算减速器实际工作时的负载平均转矩 T_{av} 和负载平均转速 N_{av}(r/min)。

③ 初选减速器　按照以下要求，确定减速器的基本减速比、额定转矩，初步确定减速器型号：

$$R \leqslant r\text{(法兰输出)或} R \leqslant r+1\text{(针轮输出)}$$

$$T_0 \geqslant T_{\text{av}} \tag{5-10}$$

式中　R——减速器基本减速比；

T_0——减速器额定转矩，N·m；

T_{av}——负载平均转矩，N·m。

④ 转速校验　根据以下要求，校验减速器最高输出转速：

$$N_{\text{s0}} \geqslant n_{\text{omax}} \tag{5-11}$$

式中　N_{s0}——减速器连续工作最高输出转速，r/min；

n_{omax}——负载最高转速，r/min。

⑤ 转矩校验　根据以下要求，校验减速器启制动峰值转矩和瞬间最大转矩：

$$T_{s1} \geqslant T_a$$

$$T_{s2} \geqslant T_{em} \tag{5-12}$$

式中　T_{s1}——减速器启制动峰值转矩，N·m；

T_a——负载最大启制动转矩，N·m；

T_{s2}——减速器瞬间最大转矩，N·m；

T_{em}——负载最大冲击转矩，N·m。

⑥ 使用寿命校验　根据式(5-3)，计算减速器实际使用寿命 L_h，校验减速器的使用寿命：

$$L_h \geqslant L_{10} \tag{5-13}$$

式中　L_h——实际使用寿命，h；

L_{10}——额定使用寿命，通常取 6000h。

⑦ 强度校验　根据式(5-4) 计算减速器最大允许冲击次数 C_{em}，校验减速器的负载冲击次数：

$$C_{em} \geqslant C \tag{5-14}$$

式中　C_{em}——最大允许冲击次数；

C——预期的负载冲击次数。

⑧ 力矩刚度校验　安装有输出轴承的单元型、齿轮箱型 RV 减速器可直接根据生产厂家提供的最大轴向、负载力矩等参数，校验减速器力矩刚度。基本型减速器的最大轴向、负载力矩取决于用户传动系统设计和输出轴承选择，减速器力矩刚度校验在传动系统设计完成后才能进行。

单元型、齿轮箱型 RV 减速器可根据计算式(5-6)，计算减速器负载力矩 M_c，并根据减速器的允许力矩曲线，校验减速器的力矩刚度：

$$M_{o1} \geqslant M_c \tag{5-15}$$

$$F_2 \geqslant F_c$$

式中　M_{o1}——减速器允许力矩，N·m；

M_c——负载力矩，N·m。

F_2——减速器允许的轴向载荷，N；

F_c——负载最大轴向力，N。

(2) RV 减速器选择实例

假设减速传动系统的设计要求如下。

① RV 减速器正常运行状态如图 5.2.9 所示。

② 传动系统最高输入转速 n_{imax}：2700r/min。

③ 负载最高输出转速 n_{omax}：20r/min。

④ 设计要求的额定使用寿命：6000h。

⑤ 负载冲击：最大冲击转矩 7000N·m；冲击负载持续时间 0.05s；冲击时的输入转速 20r/min；预期冲击次数 1500 次。

⑥ 载荷：轴向 3000N、力臂 $l=500$mm；径向 1500N、力臂 $l_2=200$mm。

谐波减速器的选择方法如下。

① 要求减速比：$r=\frac{2700}{20}=135$。

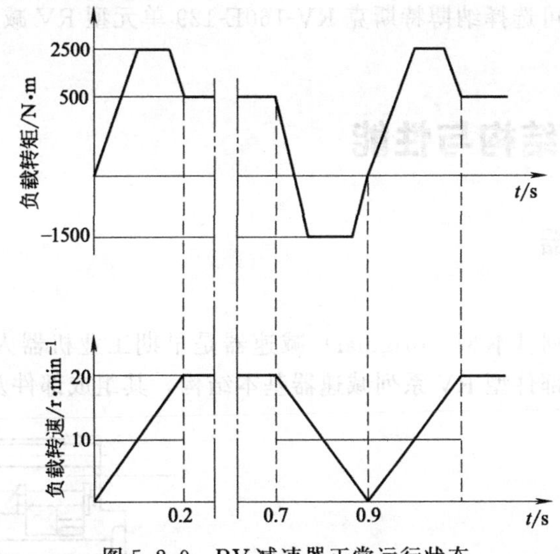

图 5.2.9 RV 减速器正常运行状态

② 等效负载转矩和等效输出转速：

$$T_{av}=\sqrt[\frac{10}{3}]{\frac{10\times0.2\times|2500|^{\frac{10}{3}}+20\times0.5\times|500|^{\frac{10}{3}}+10\times0.2\times|-1500|^{\frac{10}{3}}}{10\times0.2+20\times0.5+10\times0.2}}=1475(\text{N}\cdot\text{m})$$

$$N_{av}=\frac{10\times0.2+20\times0.5+10\times0.2}{0.2+0.5+0.2}=15.6(\text{r/min})$$

③ 初选减速器：初步选择纳博特斯克 RV-160E-129 单元型 RV 减速器，减速器的基本参数如下：

$$R=129\leqslant135$$

$$T_0=1568\text{N}\cdot\text{m}\geqslant1475\text{N}\cdot\text{m}$$

减速器结构参数：针轮齿数 $Z_4=40$；$a=47.8\text{mm}$，$b=210.9\text{mm}$。

④ 转速校验：RV-160E-129 减速器的最高输出转速校验如下。

$$N_{s0}=45\text{r/min}\geqslant20\text{r/min}$$

⑤ 转矩校验：RV-160E-129 启制动峰值转矩和瞬间最大转矩校验如下。

$$T_{s1}=3920\text{N}\cdot\text{m}\geqslant2500\text{N}\cdot\text{m}$$

$$T_{s2}=7840\text{N}\cdot\text{m}\geqslant7000\text{N}\cdot\text{m}$$

⑥ 使用寿命计算与校验：

$$L_h=6000\times\left(\frac{1658}{1457}\right)^{\frac{10}{3}}\times\frac{15}{15.6}=7073\geqslant6000(\text{h})$$

⑦ 强度校验：等效负载冲击次数的计算与校验如下。

$$C_{em}=\frac{46500}{40\times20\times0.05}\left(\frac{7840}{7000}\right)^{\frac{10}{3}}=1696\geqslant1500$$

⑧ 力矩刚度校验：负载力矩的计算与校验如下。

$$M_c=\left[3000\times\left(500+\frac{210.9}{2}-47.8\right)+1500\times200\right]\times10^{-3}=2260(\text{N}\cdot\text{m})\leqslant3920(\text{N}\cdot\text{m})$$

$$F_c=3000\text{N}\leqslant4890\text{N}$$

结论：该传动系统可选择纳博特斯克 RV-160E-129 单元型 RV 减速器。

5.3 常用产品结构与性能

5.3.1 基本型减速器

(1) 产品结构

纳博特斯克 RV 系列基本型（original）减速器是早期工业机器人中的常用产品，减速器采用图 5.3.1 所示的部件型 RV 系列减速器基本结构，其组成部件及说明可参见 5.1 节。

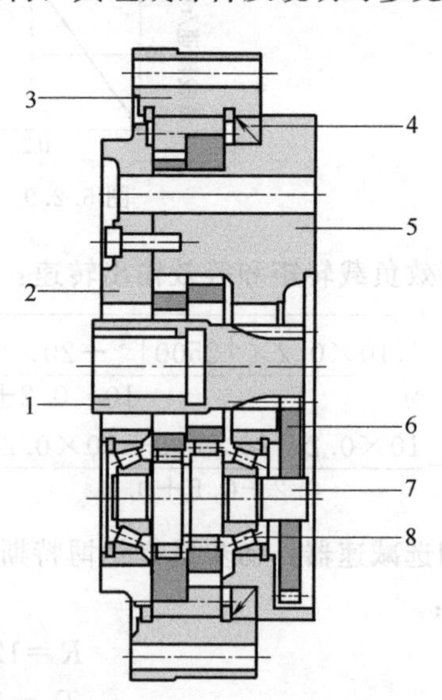

图 5.3.1 RV 系列减速器基本结构

1—芯轴；2—端盖；3—针轮；4—针齿销；5—RV 齿轮；6—输出法兰；7—行星齿轮；8—曲轴

基本型 RV 减速器的针轮 3 和输出法兰 6 间无输出轴承，因此，减速器使用时，需要用户自行设计、安装输出轴承（如 CRB 轴承）。

RV 系列基本型减速器的产品规格较多，在不同型号的减速器上，其行星齿轮和芯轴结构有如下区别。

① 行星齿轮　增加行星齿轮数量，可减小轮齿单位面积的承载、均化误差，但受减速器结构尺寸的限制。

纳博特斯克 RV 系列减速器的行星齿轮数量与减速器规格有关，RV-30 及以下规格，为图 5.3.2(a) 所示的 2 对行星齿轮；RV-60 及以上规格，为图 5.3.2(b) 所示的 3 对行星齿轮。

② 芯轴　RV 减速器的芯轴结构与减速比有关。为了简化结构设计、提高零部件的通用化程度，同规格的 RV 减速器传动比一般通过第 1 级正齿轮速比调整。

减速比 $R \geqslant 70$ 的纳博特斯克 RV 减速器，正齿轮速比大、太阳轮齿数少，减速器采用图 5.3.3(a) 所示的结构，太阳轮直接加工在芯轴上，并可从输入侧安装。减速比 $R < 70$ 的纳博特斯克 RV 减速器，正齿轮速比小、太阳轮齿数多，减速器采用图 5.3.3(b) 所示的芯轴和太阳轮分离型结构，芯轴和太阳轮通过花键连接，并需要在输出侧安装太阳轮的支承轴承。

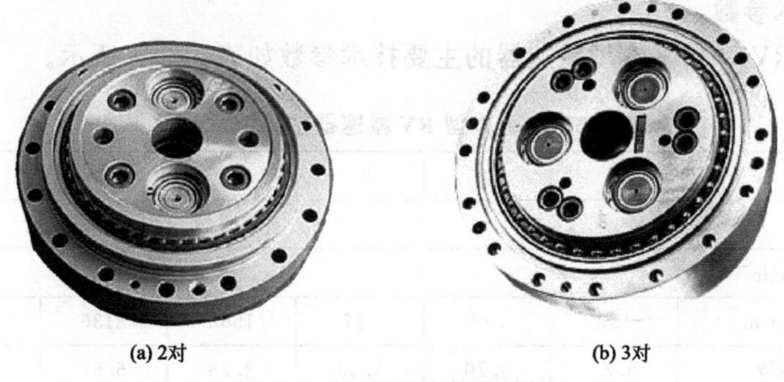
(a) 2对　　(b) 3对

图 5.3.2 行星齿轮的结构

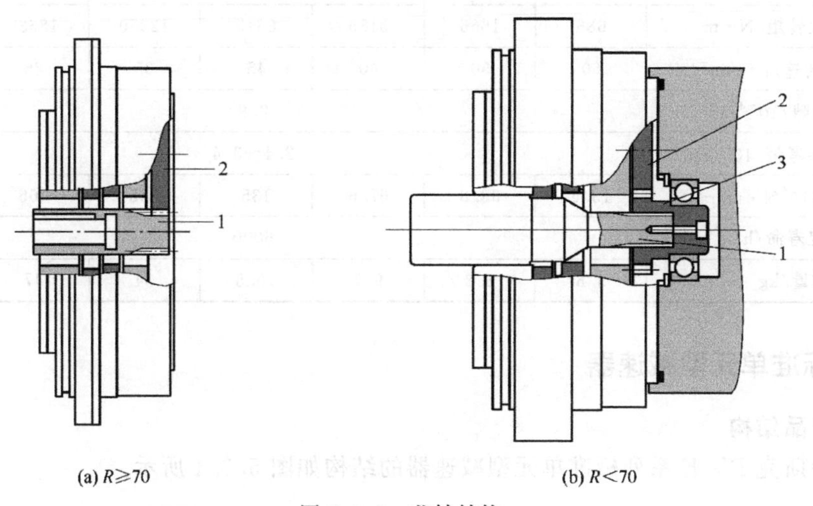

(a) $R \geqslant 70$　　(b) $R < 70$

图 5.3.3 芯轴结构

1—芯轴；2—行星齿轮；3—太阳轮

(2) 型号与规格

纳博特斯克 RV 系列基本型减速器的规格、型号如下：

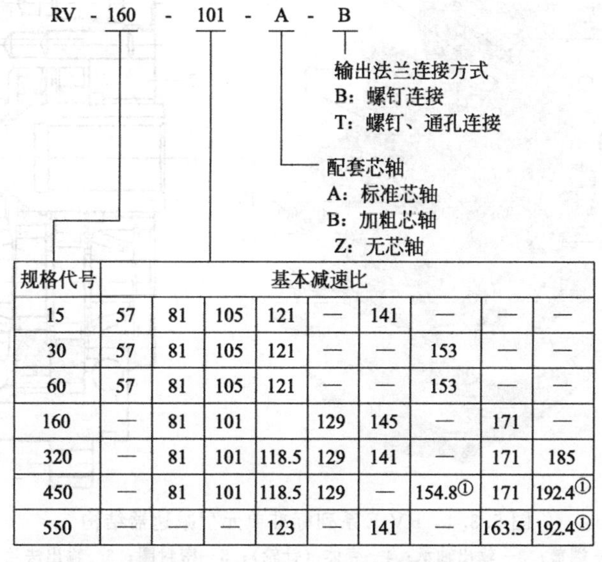

规格代号	基本减速比								
15	57	81	105	121	—	141	—	—	—
30	57	81	105	121	—	—	153	—	—
60	57	81	105	121	—	—	153	—	—
160	—	81	101		129	145	—	171	—
320	—	81	101	118.5	129	141	—	171	185
450	—	81	101	118.5	129	—	154.8①	171	192.4①
550	—	—	—	123	—	141	—	163.5	192.4①

① 基本减速比 154.8、192.4 是实际减速比 2013/13、1347/7 的近似值。

(3) 主要技术参数

纳博特斯克 RV 系列基本型减速器的主要技术参数如表 5.3.1 所示。

表 5.3.1 基本型 RV 减速器主要技术参数

规格代号	15	30	60	160	320	450	550
基本减速比	见型号						
额定输出转速/r·min^{-1}	15						
额定输出转矩/N·m	137	333	637	1568	3136	4410	5390
额定输入功率/kW	0.29	0.70	1.33	3.28	6.57	9.24	11.29
启制动峰值转矩/N·m	274	833	1592	3920	7840	11025	15475
瞬间最大转矩/N·m	686	1666	3185	6615	12250	18620	26950
最高输出转速/r·min^{-1}	60	50	40	45	35	25	20
空程、间隙/10^{-4}rad	2.9						
传动精度参考值/10^{-4}rad	2.4～3.4						
弹性系数/(10^4N·m/rad)	13.5	33.8	67.6	135	338	406	574
额定寿命/h	6000						
质量/kg	3.6	6.2	9.7	19.5	34	47	72

5.3.2 标准单元型减速器

(1) 产品结构

纳博特斯克 RV E 系列标准单元型减速器的结构如图 5.3.4 所示。

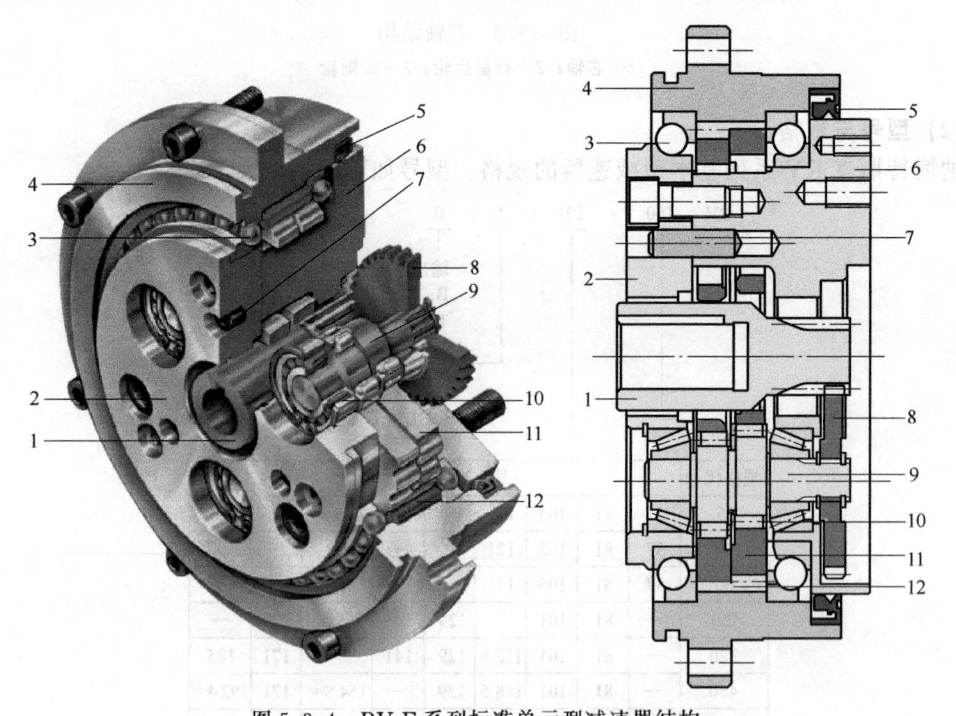

图 5.3.4 RV E 系列标准单元型减速器结构

1—芯轴；2—端盖；3—输出轴承；4—壳体（针轮）；5—密封圈；6—输出法兰（输出轴）；7—定位销；8—行星齿轮；9—曲轴组件；10—滚针轴承；11—RV 齿轮；12—针齿销

RV E系列标准单元型减速器的输出法兰6和壳体（针轮）4间，安装有一对高精度、高刚性的角接触球轴承3，使得输出法兰6可以同时承受径向和双向轴向载荷，且能够直接连接负载。

标准单元型减速器其他部件的结构、作用与RV基本减速器相同。减速器的行星齿轮数量与规格有关，RV-40E及以下规格为2对行星齿轮；RV-80E及以上规格为3对行星齿轮。减速器的芯轴结构决定于减速比，减速比 $R \geqslant 70$ 的减速器，太阳轮直接加工在输入芯轴上；减速比 $R < 70$ 的减速器，采用输入芯轴和太阳轮分离型结构，芯轴和太阳轮通过花键连接，并需要在输出侧安装太阳轮的支承轴承。

（2）型号与规格

纳博特斯克RV E系列标准单元型减速器的规格、型号如下：

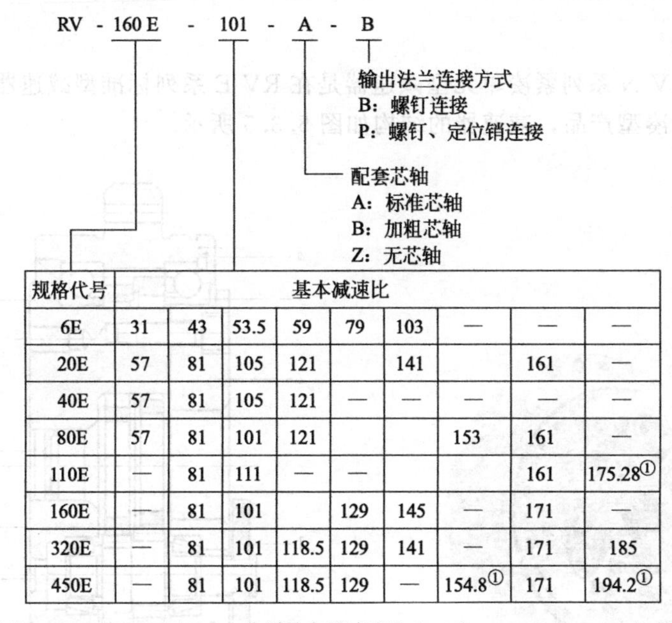

规格代号	基本减速比								
6E	31	43	53.5	59	79	103	—	—	—
20E	57	81	105	121		141		161	—
40E	57	81	105	121	—	—	—	—	—
80E	57	81	101	121			153	161	—
110E	—	81	111	—	—			161	175.28①
160E	—	81	101		129	145	—	171	—
320E	—	81	101	118.5	129	141	—	171	185
450E	—	81	101	118.5	129	—	154.8①	171	194.2①

① 基本减速比154.8、175.28、192.4分别是实际减速比2013/13、1227/7、1347/7的近似值。

（3）主要技术参数

纳博特斯克RV E系列标准单元型减速器的主要技术参数如表5.3.2所示。

表5.3.2 RV E系列标准单元型减速器主要技术参数

规格代号	6E	20E	40E	80E	110E	160E	320E	450E
基本减速比	见型号							
额定输出转速/r·min^{-1}	30	15						
额定输出转矩/N·m	58	167	412	784	1078	1568	3136	4410
额定输入功率/kW	0.25	0.35	0.86	1.64	2.26	3.28	6.57	9.24
启制动峰值转矩/N·m	117	412	1029	1960	2695	3920	7840	11025
瞬间最大转矩/N·m	294	833	2058	3920	5390	7840	15680	22050
最高输出转速/r·min^{-1}	100	75	70	70	50	45	35	25
空程、间隙/10^{-4}rad	4.4	2.9						
传动精度参考值/10^{-4}rad	5.1	3.4	2.9	2.4	2.4	2.4	2.4	2.4
弹性系数/(10^4N·m/rad)	6.90	16.9	37.2	67.6	101	135	338	406

续表

规格代号	6E	20E	40E	80E	110E	160E	320E	450E
允许负载力矩/N·m	196	882	1666	2156	2940	3920	7056	8820
瞬间最大力矩/N·m	392	1764	3332	4312	5880	7840	14112	17640
力矩刚度/(10^4N·m/rad)	40.3	128	321	406	507	1014	1690	2568
最大轴向载荷/N	1470	3920	5194	7840	10780	14700	19600	24500
额定寿命/h	6000							
质量/kg	2.5	4.7	9.3	13.1	17.4	26.4	44.3	66.4

5.3.3 紧凑单元型减速器

(1) 产品结构

纳博特斯克 RV N 系列紧凑单元型减速器是在 RV E 系列标准型减速器的基础上，发展起来的轻量级、紧凑型产品，减速器的结构如图 5.3.5 所示。

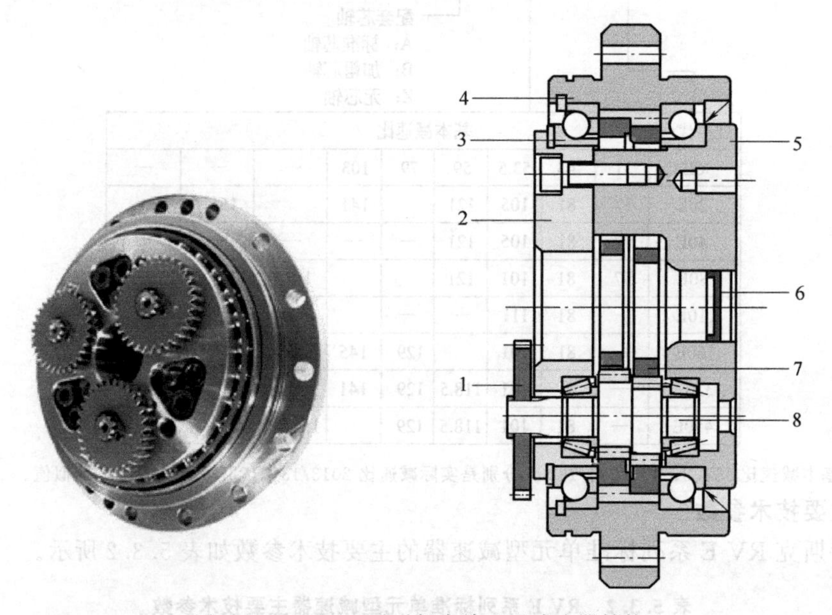

图 5.3.5 RV N 系列紧凑单元型减速器结构

1—行星齿轮；2—端盖；3—输出轴承；4—壳体（针轮）；5—输出法兰（输出轴）；6—密封盖；7—RV 齿轮；8—曲轴

RV N 系列紧凑单元型减速器的行星齿轮采用了敞开式安装，芯轴可直接从行星齿轮侧输入，不需要穿越减速器，加上减速器输出法兰轴向长度较短，因此，减速器体积、重量与同规格的标准型减速器相比，分别减少了 8%～20%、16%～36%。

纳博特斯克 RV N 系列紧凑单元型减速器的行星齿轮数量均为 3 对，标准产品仅提供配套的芯轴半成品，用户可根据输入轴的形状、尺寸补充加工轴孔及齿轮。

RV N 系列紧凑单元型减速器的芯轴安装调整方便、维护容易，使用灵活，目前已逐步替代标准单元型减速器，在工业机器人上得到越来越多的应用。

(2) 型号与规格

纳博特斯克 RV N 系列紧凑单元型减速器的规格、型号如下：

RV - 80N - 101 - A

配套芯轴
A：标准芯轴
B：加粗芯轴
Z：无芯轴

规格代号	基本减速比							
25N	41	81	107.66	126	137	—	164.07	—
42N	41	81	105	126	141	—	164.07	—
60N	41	81	102.17	121	145.61	—	161	—
80N	41	81	101	129	141	—	171	—
100N	41	81	102.17	121	141	—	161	—
125N	41	81	102.17	121	145.61	—	161	—
160N	41	81	102.81	125.21	—	156	—	201
380N	—	75	93	117	139	—	162	185
500N	—	81	105	123	144	159	—	192.75
700N	—	—	105	118	142.44	159	183	203.52

减速比近似值：323/3≈107.66；2133/13≈164.07；1737/17≈102.17；1893/13≈145.61；1131/11≈102.81；2379/19≈125.21；3867/19≈203.52。

(3) 主要技术参数

纳博特斯克 RV N 系列紧凑单元型减速器的主要技术参数如表 5.3.3 所示。

表 5.3.3　RV N 系列紧凑单元型减速器主要技术参数

规格代号		25N	42N	60N	80N	100N	125N	160N	380N	500N	700N
基本减速比		见型号									
额定输出转速/r·min^{-1}		15									
额定输出转矩/N·m		245	412	600	784	1000	1225	1600	3724	4900	7000
额定输入功率/kW		0.55	0.92	1.35	1.76	2.24	2.75	3.59	8.36	11.0	15.71
启制动峰值转矩/N·m		612	1029	1500	1960	2500	3062	4000	9310	12250	17500
瞬间最大转矩/N·m		1225	2058	3000	3920	5000	6125	8000	18620	24500	35000
最高输出转速/r·min^{-1}	100%工作制	57	52	44	40	35	35	19	11.5	11	7.5
	40%工作制	110	100	94	88	83	79	48	27	25	19
空程、间隙/10^{-4}rad		2.9									
传动精度/10^{-4}rad		3.4	2.9	2.4	2.4	2.4	2.4	2.4	2.4	2.4	2.4
弹性系数/(10^4N·m/rad)		21.0	39.0	69.0	73.1	108	115	169	327	559	897
允许负载力矩/N·m		784	1660	2000	2150	2700	3430	4000	7050	11000	15000
瞬间最大力矩/N·m		1568	3320	4000	4300	5400	6860	8000	14100	22000	30000
力矩刚度/(10^4N·m/rad)		183	290	393	410	483	552	707	1793	2362	3103
最大轴向载荷/N		2610	5220	5880	6530	9000	13000	14700	25000	32000	44000
额定寿命/h		6000									
质量/kg		3.8	6.3	8.9	9.3	13.0	13.9	22.1	44	57.2	102

5.3.4 中空单元型减速器

(1) 产品结构

纳博特斯克 RV C系列中空单元型减速器是标准单元型减速器的变形产品，减速器的结构如图 5.3.6 所示。

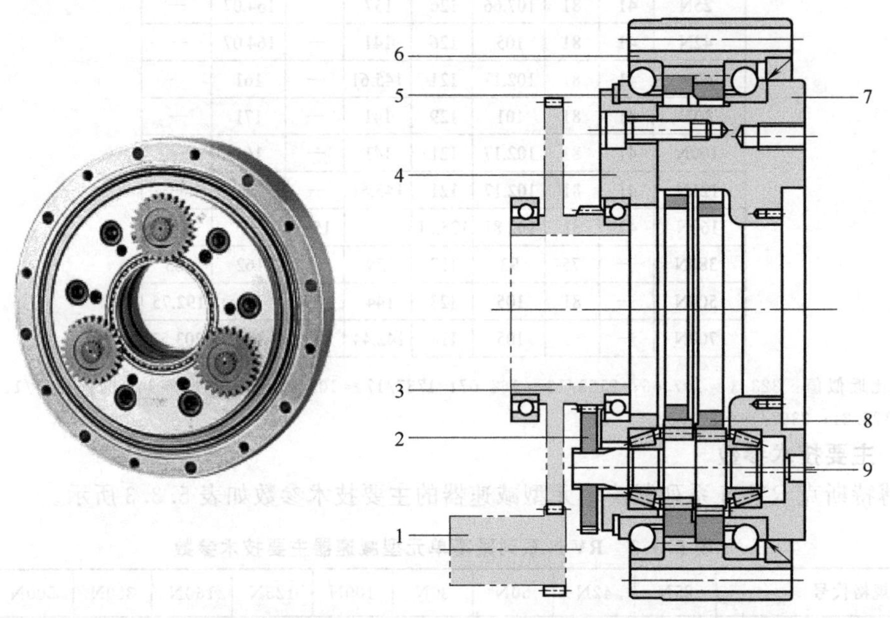

图 5.3.6 RV C系列中空单元型减速器结构

1—输入轴；2—行星齿轮；3—双联太阳轮；4—端盖；5—输出轴承；6—壳体（针轮）；7—输出法兰（输出轴）；8—RV齿轮；9—曲轴

RV C系列中空单元型减速器的RV齿轮、端盖、输出法兰均采用大直径中空结构，行星齿轮采用敞开式安装，芯轴可直接从行星齿轮侧输入，不需要穿越减速器。减速器的行星齿轮数量与规格有关，RV-50C及以下规格为2对行星齿轮，RV-100C及以上规格为3对行星齿轮。

中空单元型减速器的内部，通常需要布置管线或其他传动轴，因此，行星齿轮一般采用图 5.3.6 所示的中空双联太阳轮 3 输入，输入轴 1 与减速器为偏心安装。减速器的端盖 4、输出法兰 7 内侧，均加工有安装双联太阳轮支承、输出轴连接的安装定位面、螺孔；双联太阳轮及其支承部件，通常由用户自行设计制造。

中空单元型减速器的输入轴和行星齿轮间有 2 级齿轮传动。由于中空双联太阳轮的直径较大，因此，双联太阳轮和行星齿轮间通常为升速，而输入轴和双联太阳轮则为大比例减速。

中空单元型减速器的双联太阳轮和行星齿轮、输入轴和双联太阳轮的速比，需要用户根据实际传动系统结构自行设计，因此，减速器生产厂家只提供基本的RV齿轮减速比及传动精度等参数，减速器的最终减速比、传动精度，取决于用户的输入轴和双联太阳轮结构设计和制造精度。

(2) 型号与规格

纳博特斯克 RV C系列中空单元型减速器的规格、型号如下：

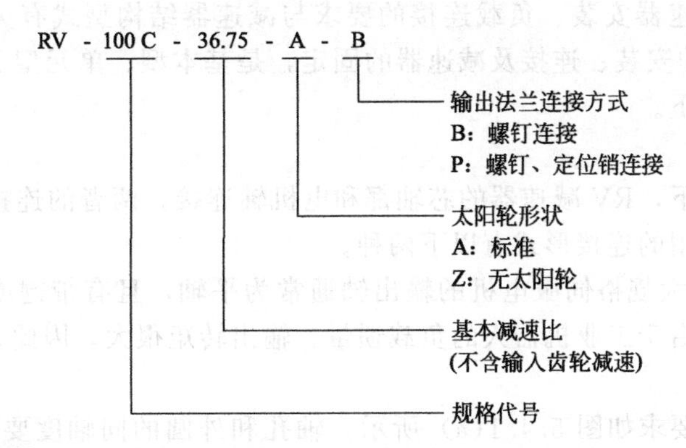

(3) 主要技术参数

纳博特斯克 RV C 系列中空单元型减速器的主要技术参数如表 5.3.4 所示。

表 5.3.4　RV C 系列中空单元型减速器主要技术参数

规格代号	10C	27C	50C	100C	200C	320C	500C
基本减速比(不含输入轴减速)	27	36.57①	32.54①	36.75	34.86①	35.61①	37.34①
额定输出转速/$r \cdot min^{-1}$	15						
额定输出转矩/N・m	98	265	490	980	1960	3136	4900
额定输入功率/kW	0.21	0.55	1.03	2.05	4.11	6.57	10.26
启制动峰值转矩/N・m	245	662	1225	2450	4900	7840	12250
瞬间最大转矩/N・m	490	1323	2450	4900	9800	15680	24500
最高输出转速/$r \cdot min^{-1}$	80	60	50	40	30	25	20
空程与间隙/10^{-4}rad	2.9						
传动精度参考值/10^{-4}rad	1.2～2.9						
弹性系数/(10^4N・m/rad)	16.2	50.7	87.9	176	338	676	1183
允许负载力矩/N・m	686	980	1764	2450	8820	20580	34300
瞬间最大力矩/N・m	1372	1960	3528	4900	17640	39200	78400
力矩刚度/(10^4N・m/rad)	145	368	676	970	3379	4393	8448
最大轴向载荷/N	5880	8820	11760	13720	19600	29400	39200
额定寿命/h	6000						
本体惯量/$10^{-4}kg \cdot m^2$	0.138	0.550	1.82	4.75	13.9	51.8	99.6
太阳轮惯量/$10^{-4}kg \cdot m^2$	6.78	5.63	36.3	95.3	194	405	1014
本体质量/kg	4.6	8.5	14.6	19.5	55.6	79.5	154

① 基本减速比 36.57、32.54、34.86、35.61、37.34 分别是实际减速比 1390/38、1985/61、1499/43、2778/78、3099/83 的近似值。

5.4 RV 减速器安装维护

5.4.1 基本安装要求

RV 减速器的安装主要包括芯轴（输入轴）连接、减速器（壳体）安装、负载（输出轴）连接等内容。减速器安装、负载连接的要求与减速器结构型式有关，有关内容参见后述；RV减速器芯轴的安装、连接及减速器的固定，是基本型、单元型RV减速器安装的基本要求，统一说明如下。

（1）芯轴连接

在绝大多数情况下，RV减速器的芯轴都和电机轴连接，两者的连接形式与驱动电机输出轴的形状有关，常用的连接形式有以下两种。

① 平轴连接 中大规格伺服电机的输出轴通常为平轴，且有带键或不带键、带中心孔或无中心孔等形式。由于工业机器人的负载惯量、输出转矩很大，因此，电机轴通常应选配平轴带键结构。

芯轴的加工公差要求如图5.4.1(a)所示，轴孔和外圆的同轴度要求为$a \leqslant 0.050$mm，太阳轮对轴孔的跳动要求为$b \leqslant 0.040$mm。此外，为了防止芯轴的轴向窜动、避免运行过程中的脱落，芯轴应通过图5.4.1(b)所示的键固定螺钉或电机轴的中心孔螺钉，进行轴向定位与固定。

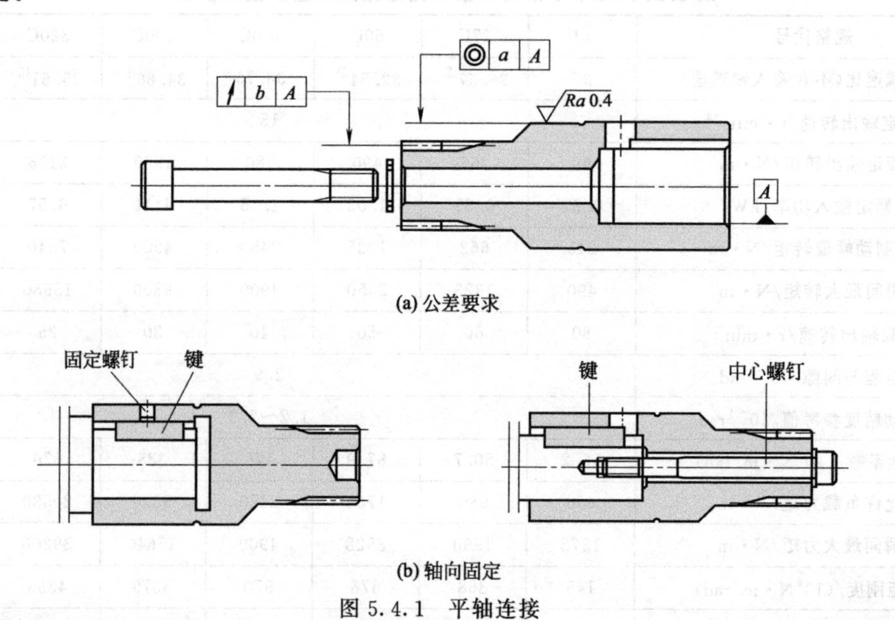

图5.4.1 平轴连接

② 锥轴连接 小规格伺服电机的输出轴通常为带键锥轴。由于RV减速器的芯轴通常较长，它一般不能用电机轴的前端螺母紧固，为此，需要通过图5.4.2所示的螺杆或转换套，加长电机轴、并对芯轴进行轴向定位、固定。锥孔芯轴的太阳轮对锥孔跳动要求为$d \leqslant 0.040$mm；螺杆、转换套的安装间隙要求为$a \geqslant 0.25$mm、$b \geqslant 1$mm、$c \geqslant 0.25$mm。

图5.4.2(a)为通过螺杆加长电机轴的方法。螺杆的一端通过内螺纹孔与电机轴连接；另一端可通过外螺纹及螺母6、弹簧垫圈5，进行轴向定位、固定芯轴。图5.4.2(b)为通过转换套加长电机轴的方法。转换套的一端通过内螺纹孔与电机轴连接；另一端可通过内螺纹孔及中心螺钉1，轴向定位、固定芯轴。

（2）芯轴安装

RV减速器的芯轴一般需要连同电机装入减速器，安装时必须保证太阳轮和行星轮间的啮合良好。特别对于只有两对行星齿轮的小规格RV减速器，由于太阳轮无法利用行星齿轮进行定位，如芯轴装入时出现偏移或歪斜，就可能导致出现图5.4.3所示的错误啮合，从而损坏减速器。

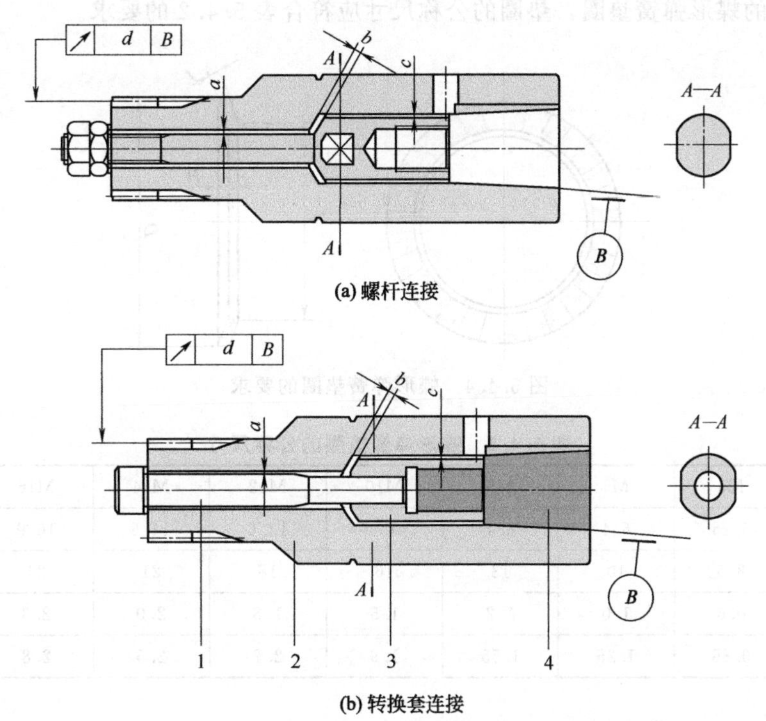

(a) 螺杆连接

(b) 转换套连接

图 5.4.2 锥轴连接

1—螺钉；2—芯轴；3—转换套；4—电机轴

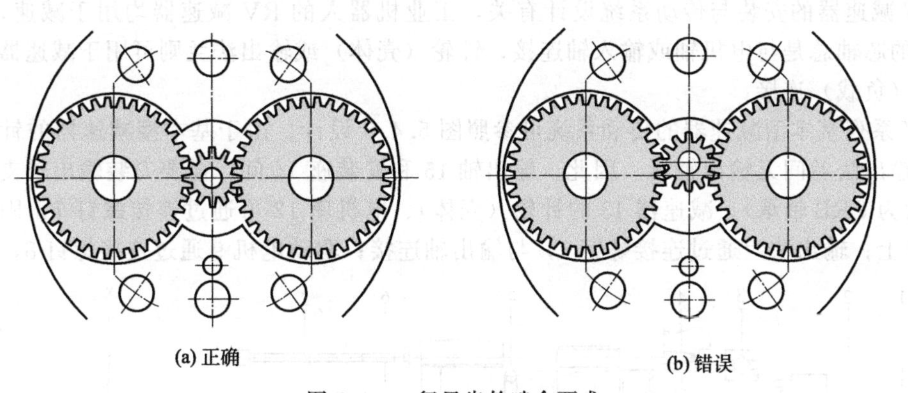

(a) 正确

(b) 错误

图 5.4.3 行星齿轮啮合要求

(3) 减速器固定

为了保证连接螺钉可靠固定，安装 RV 减速器时，应使用拧紧扭矩可调的扭力扳手拧紧连接螺钉。不同规格的减速器安装螺钉，其拧紧扭矩要求如表 5.4.1 所示，表中的扭矩适用于 RV 减速器的所有安装螺钉。

表 5.4.1 RV 减速器安装螺钉的拧紧扭矩表

螺钉规格	M5×0.8	M6×1	M8×1.25	M10×1.5	M12×1.75	M14×2	M16×2	M18×2.5	M20×2.5
扭矩/N·m	9	15.6	37.2	73.5	128	205	319	441	493
锁紧力/N	9310	13180	23960	38080	55100	75860	103410	126720	132155

为了保证连接螺钉的可靠，除非特殊规定，RV 减速器的固定螺钉一般都应选择

图 5.4.4 所示的蝶形弹簧垫圈，垫圈的公称尺寸应符合表 5.4.2 的要求。

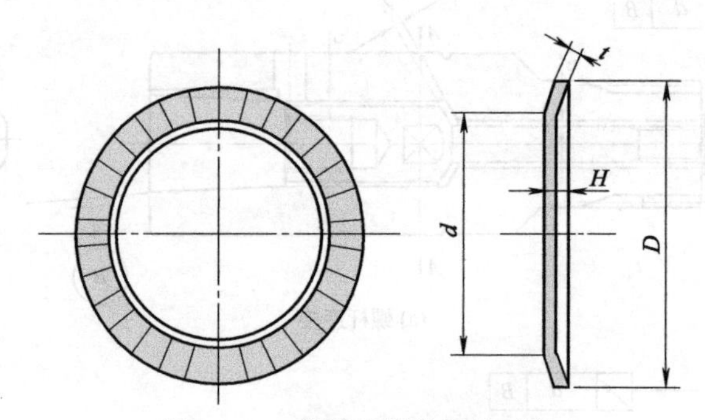

图 5.4.4 蝶形弹簧垫圈的要求

表 5.4.2 蝶形弹簧垫圈的公称尺寸 mm

螺钉规格	M5	M6	M8	M10	M12	M14	M16	M20
d	5.25	6.4	8.4	10.6	12.6	14.6	16.9	20.9
D	8.5	10	13	16	18	21	24	30
t	0.6	1.0	1.2	1.5	1.8	2.0	2.3	2.8
H	0.85	1.25	1.55	1.9	2.2	2.5	2.8	3.55

5.4.2 基本型减速器安装维护

(1) 传动系统设计

RV 减速器的安装与传动系统设计有关，工业机器人的 RV 减速器均用于减速，因此，减速器的芯轴总是与电机轴或输入轴连接，针轮（壳体）或输出法兰则可用于减速器固定或输出轴（负载）连接。

RV 系列基本型减速器的传动系统可参照图 5.4.5 设计。由于基本型减速器的针轮（壳体）和输出法兰间无输出轴承，因此，输出轴 15 和安装座 14 间，需要安装输出轴支承轴承 3（通常为 CRB 轴承）。减速器 13 的针轮（壳体）、电机座 12 可通过连接螺钉 7，固定在安装座 13 上；输出法兰通过连接螺钉 1，与输出轴连接；驱动电机 9 通过连接螺钉 8，固定在

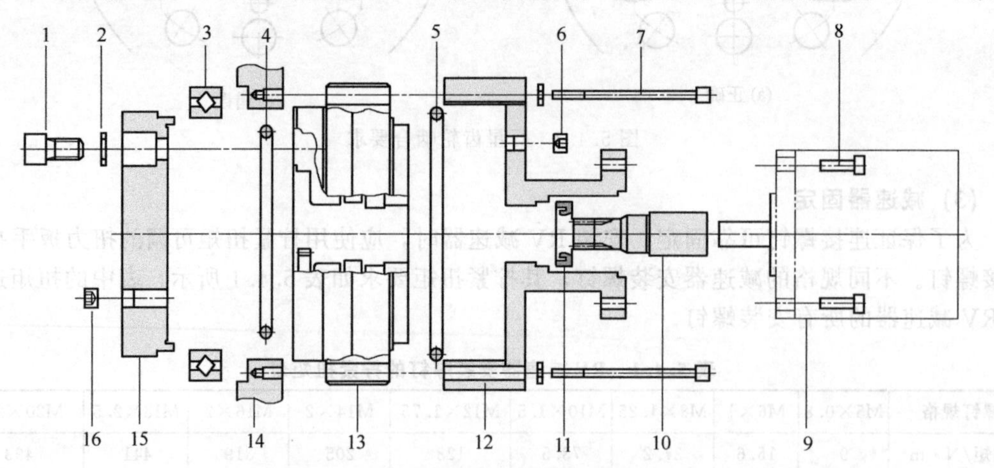

图 5.4.5 RV 系列基本型减速器传动系统

1,7,8—螺钉；2—垫圈；3—CRB 轴承；4,5,11—密封圈；6,16—润滑堵；9—电机；10—芯轴；12—电机座；13—减速器；14—安装座；15—输出轴

电机座 12 上；减速器的芯轴 10 直接与电机 9 的输出轴连接。

如果安装座 14 为机器人回转关节的固定部件、输出轴 15 为关节回转部件，RV 减速器将成为针轮（壳体）固定、输出轴驱动负载的安装方式。如果安装座 14 随同关节回转，输出轴 15 与回转关节固定部件连接，此时，RV 减速器将成为输出轴固定、针轮（壳体）驱动负载的安装方式。

为了方便使用、保持环境清洁，工业机器人通常采用润滑脂润滑，因此，RV 减速器的电机座 12 和输出轴 15 上，需要加工润滑脂充填孔；充填完成后，通过润滑堵 6、16，密封润滑脂充填孔。输出轴 15 和输出法兰间、针轮（壳体）和电机座 12 间、输入轴 10 和电机座 12 间，需要通过密封圈 4、5、11 进行可靠密封。

RV 系列减速器的安装公差要求如图 5.4.6、表 5.4.3 所示。

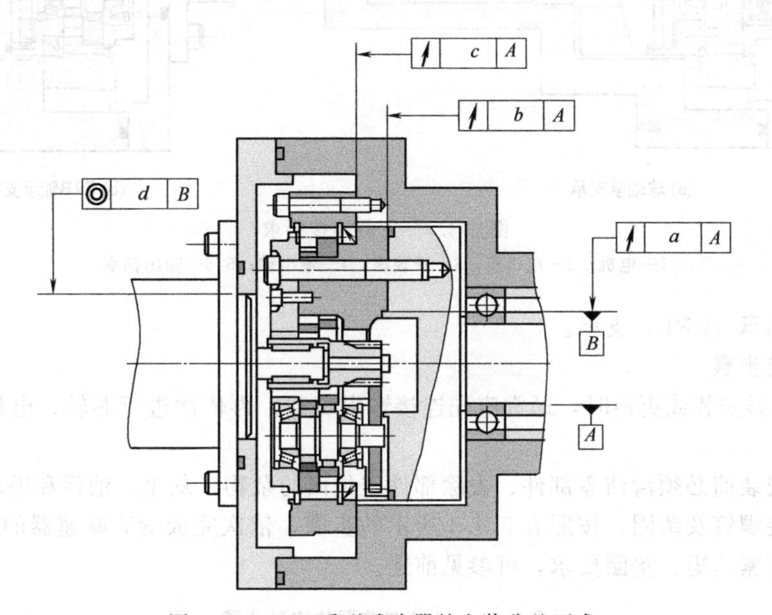

图 5.4.6　RV 系列减速器的安装公差要求

表 5.4.3　RV 系列减速器的安装公差要求　　mm

规格	15	30	60	160	320	450	550
a	0.020	0.020	0.050	0.050	0.050	0.050	0.050
b	0.020	0.020	0.030	0.030	0.030	0.030	0.030
c	0.020	0.020	0.030	0.030	0.050	0.050	0.050
d	0.050	0.050	0.050	0.050	0.050	0.050	0.050

(2) 负载连接

基本型 RV 减速器的负载连接要求如图 5.4.7 所示。

机器人的关节回转部件（负载）可通过 RV 减速器的输出法兰或针轮驱动。利用输出法兰驱动负载时，安装座 3 为机器人回转关节的固定部件，减速器输出法兰通过输出轴 4，驱动关节回转部件回转；利用减速器针轮驱动负载时，安装座 3 可随同关节回转，减速器的输出法兰通过输出轴 4，连接关节固定部件。

RV 减速器运行时将产生轴向和径向力，因此，减速器安装座与输出法兰间，需要采用图 5.4.7(a) 所示的、1 对“背靠背”安装的角接触球轴承支承，或利用图 5.4.7(b) 所示

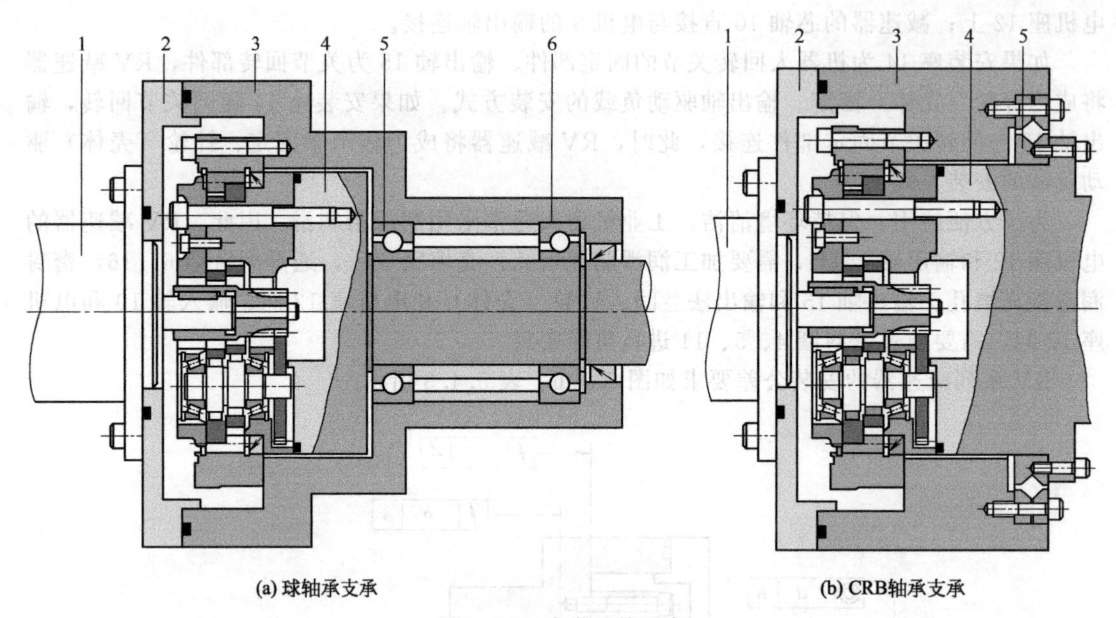

图 5.4.7 负载连接要求

1—电机；2—电机座；3—安装座；4—输出轴；5,6—输出轴承

的交叉滚子轴承（CRB）支承。

（3）安装步骤

RV 减速器安装或更换时，通常应先连接输出负载，再依次进行芯轴、电机座、电机等部件的安装。

减速器安装前必须清洁零部件、去除部件定位面的杂物、灰尘、油污和毛刺；然后，使用规定的安装螺钉及垫圈，按照表 5.4.4 所示的步骤，依次完成 RV 减速器的安装。RV 减速器螺钉的拧紧扭矩、垫圈要求，可参见前述。

表 5.4.4 RV 减速器的安装步骤

序号	安装示意	安装说明
1	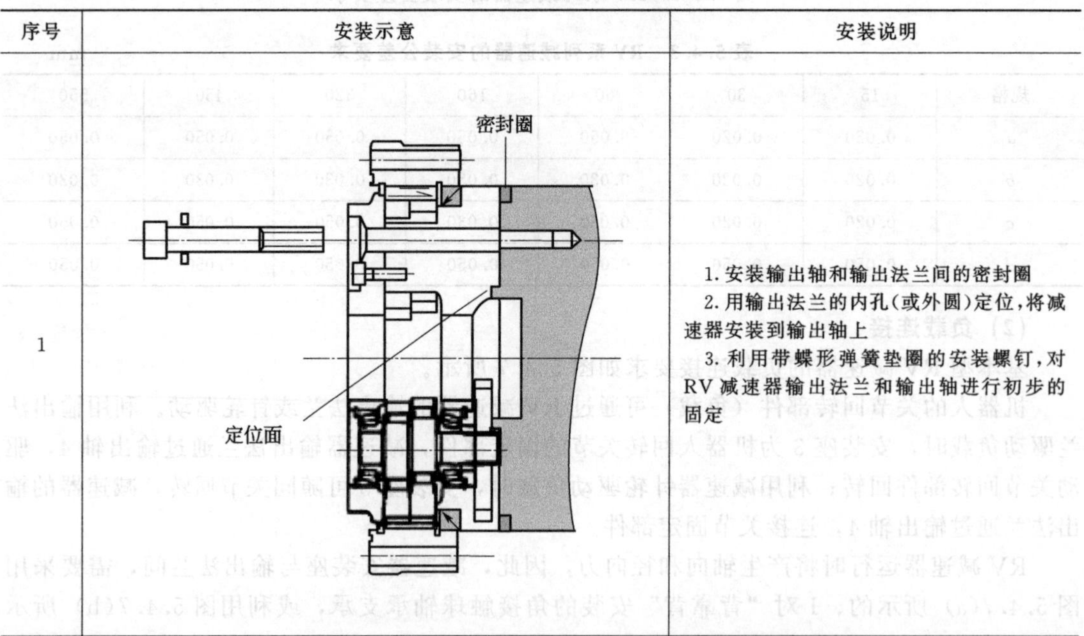	1. 安装输出轴和输出法兰间的密封圈 2. 用输出法兰的内孔(或外圆)定位，将减速器安装到输出轴上 3. 利用带蝶形弹簧垫圈的安装螺钉，对 RV 减速器输出法兰和输出轴进行初步的固定

续表

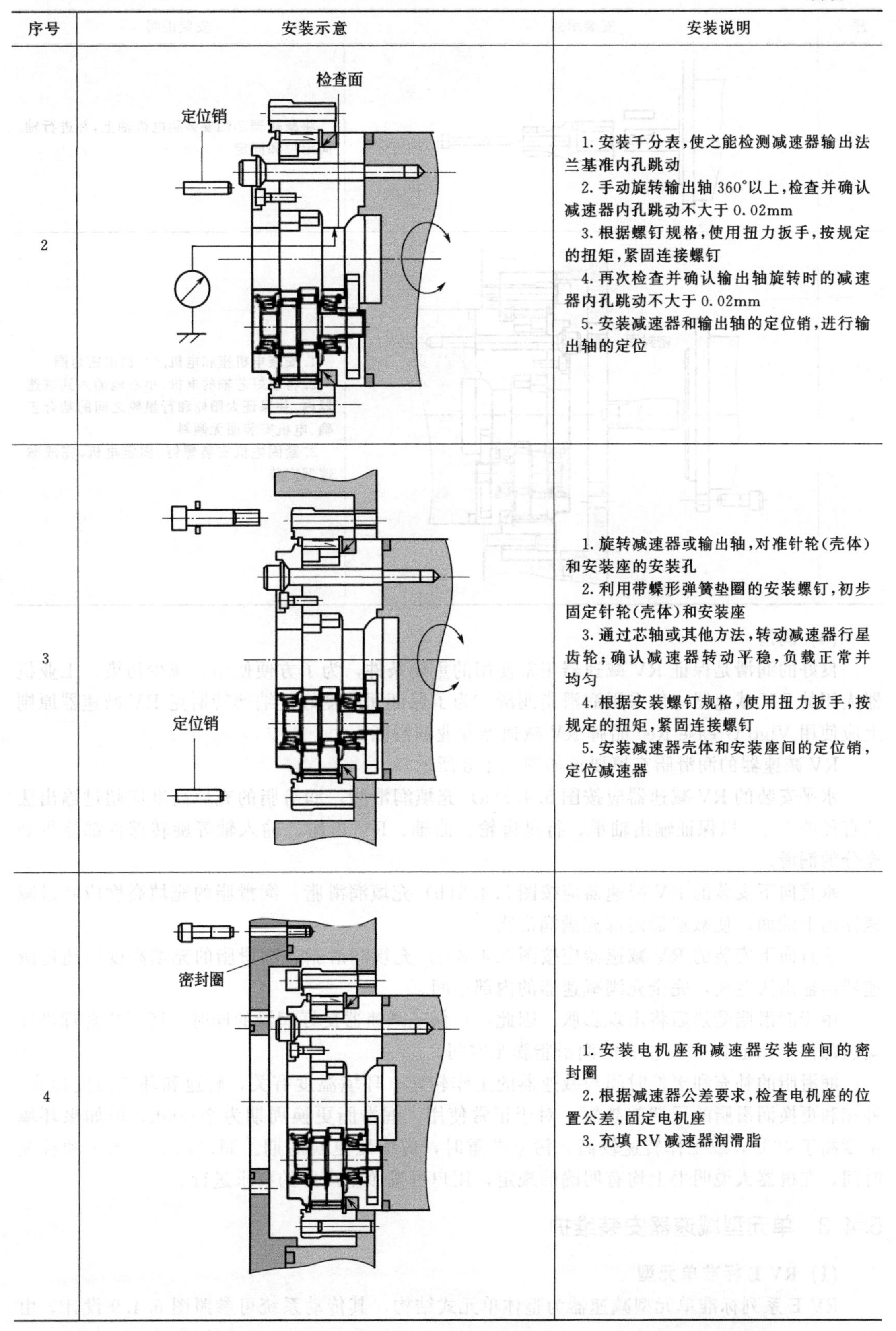

序号	安装示意	安装说明
2	检查面 定位销	1. 安装千分表，使之能检测减速器输出法兰基准内孔跳动 2. 手动旋转输出轴360°以上，检查并确认减速器内孔跳动不大于0.02mm 3. 根据螺钉规格，使用扭力扳手，按规定的扭矩，紧固连接螺钉 4. 再次检查并确认输出轴旋转时的减速器内孔跳动不大于0.02mm 5. 安装减速器和输出轴的定位销，进行输出轴的定位
3	定位销	1. 旋转减速器或输出轴，对准针轮(壳体)和安装座的安装孔 2. 利用带蝶形弹簧垫圈的安装螺钉，初步固定针轮(壳体)和安装座 3. 通过芯轴或其他方法，转动减速器行星齿轮；确认减速器转动平稳，负载正常并均匀 4. 根据安装螺钉规格，使用扭力扳手，按规定的扭矩，紧固连接螺钉 5. 安装减速器壳体和安装座间的定位销，定位减速器
4	密封圈	1. 安装电机座和减速器安装座间的密封圈 2. 根据减速器公差要求，检查电机座的位置公差，固定电机座 3. 充填RV减速器润滑脂

续表

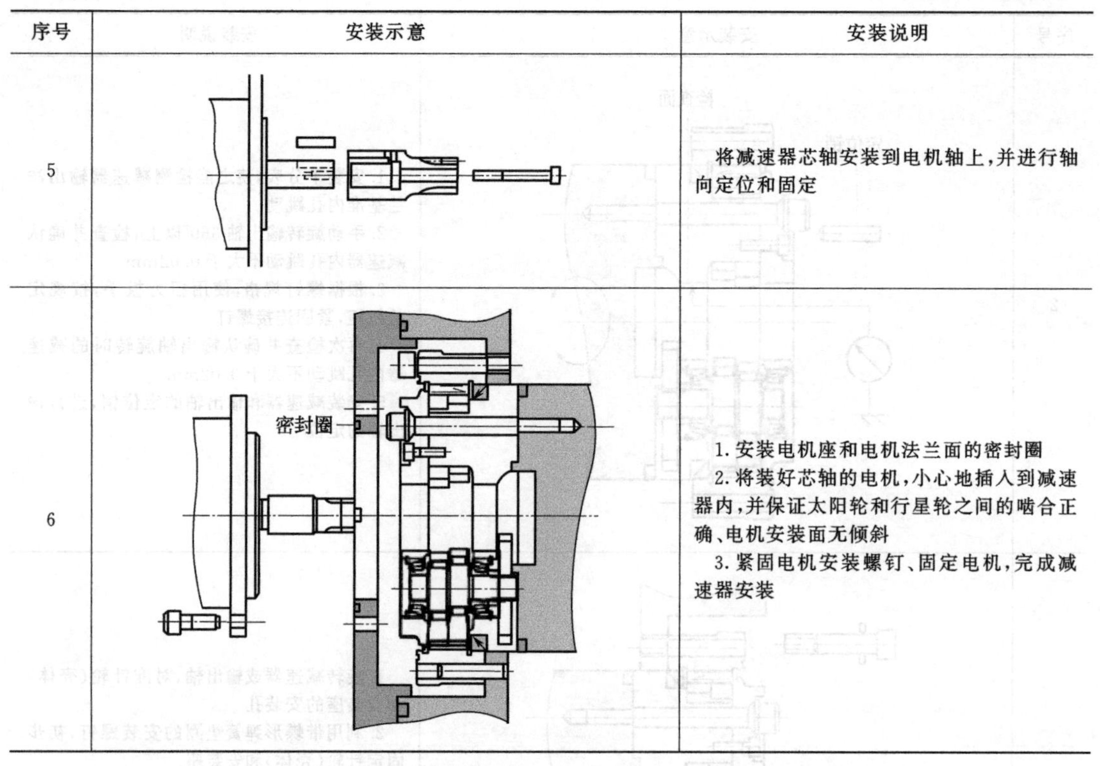

序号	安装示意	安装说明
5		将减速器芯轴安装到电机轴上，并进行轴向定位和固定
6		1. 安装电机座和电机法兰面的密封圈 2. 将装好芯轴的电机，小心地插入到减速器内，并保证太阳轮和行星轮之间的啮合正确、电机安装面无倾斜 3. 紧固电机安装螺钉、固定电机，完成减速器安装

(4) 润滑

良好的润滑是保证 RV 减速器正常使用的重要条件，为了方便使用、减少污染，工业机器人用的 RV 减速器一般采用润滑脂润滑。为了保证润滑良好，纳博特斯克 RV 减速器原则上应使用 Vigo Grease Re0 品牌 RV 减速器专业润滑脂。

RV 减速器的润滑脂充填要求如图 5.4.8 所示。

水平安装的 RV 减速器应按图 5.4.8(a) 充填润滑脂，润滑脂的充填高度应超过输出法兰直径的 3/4，以保证输出轴承、行星齿轮、曲轴、RV 齿轮、输入轴等旋转部件都能得到充分的润滑。

垂直向下安装的 RV 减速器应按图 5.4.8(b) 充填润滑脂，润滑脂的充填高度应超过减速器的上端面，使减速器内部充满润滑脂。

垂直向下安装的 RV 减速器应按图 5.4.8(c) 充填润滑脂，润滑脂的充填高度应超过减速器的输出法兰面，完全充满减速器的内部空间。

由于润滑脂受热后将出现膨胀，因此，在保证减速器良好润滑的同时，还需要合理设计安装部件，保证有 10%左右的润滑脂膨胀空间。

润滑脂的补充和更换时间与减速器的工作转速、环境温度有关，转速和环境温度越高，补充和更换润滑脂的周期就越短。对于正常使用，润滑脂更换周期为 20000h，但如果环境温度高于 40℃，或工作转速较高、污染严重时，应缩短更换周期。润滑脂的注入量和补充时间，在机器人说明书上均有明确的规定，用户可按照生产厂的要求进行。

5.4.3 单元型减速器安装维护

(1) RV E 标准单元型

RV E 系列标准单元型减速器为整体单元式结构，其传动系统可参照图 5.4.9 设计。由

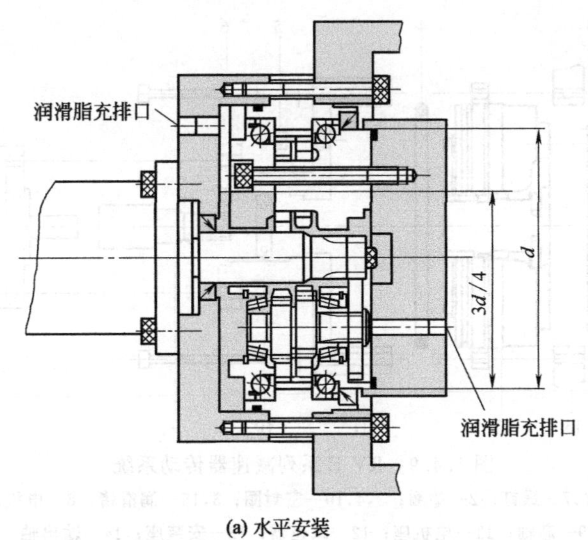

(a) 水平安装

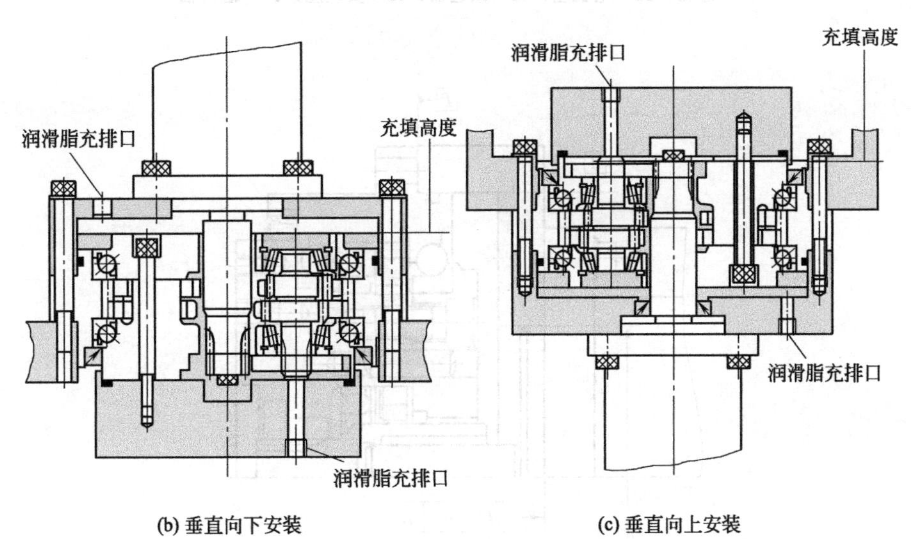

(b) 垂直向下安装　(c) 垂直向上安装

图 5.4.8 RV 减速器润滑脂充填要求

于单元型减速器的针轮（壳体）和输出法兰间安装有输出轴承，因此，输出轴 14 和安装座 13 间，无需安装输出支承轴承。减速器的其他部件结构与安装要求与 RV 系列基本型减速器相同。

纳博特斯克 RV E 系列标准单元型减速器的安装可参照 RV 系列基本型减速器进行，减速器的安装公差要求如图 5.4.10、表 5.4.5 所示。

表 5.4.5 RV E 系列减速器安装公差要求 mm

规格	6E	20E	40E	80E	110E	160E	320E	450E
a/b	0.030	0.030	0.030	0.030	0.030	0.050	0.050	0.050

RV E 系列标准单元型减速器的润滑脂充填、更换等要求，均与基本型减速器相同，纳博特斯克减速器原则上应使用 Vigo Grease Re0 专业润滑脂，正常使用时的润滑脂更换周期为 20000h。润滑脂的注入量和补充时间，可参照机器人使用说明书进行。

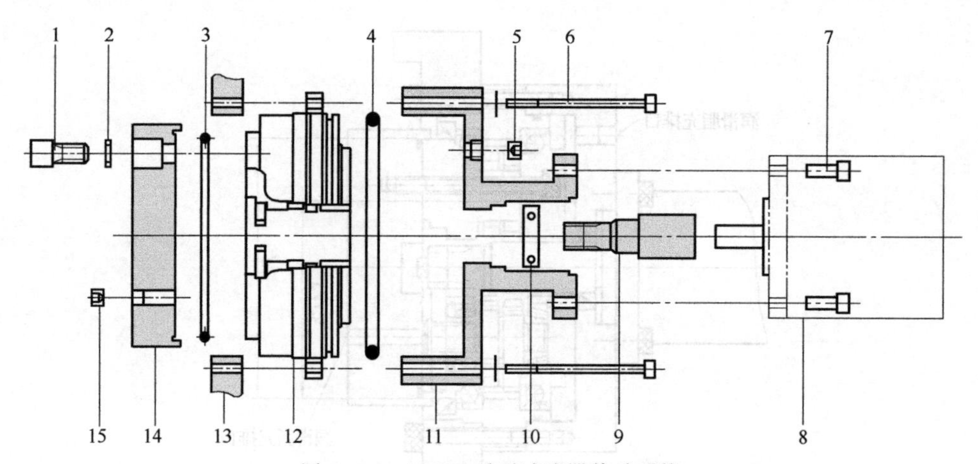

图 5.4.9 RV E系列减速器传动系统

1,6,7—螺钉；2—垫圈；3,4,10—密封圈；5,15—润滑堵；8—电机；
9—芯轴；11—电机座；12—减速器；13—安装座；14—输出轴

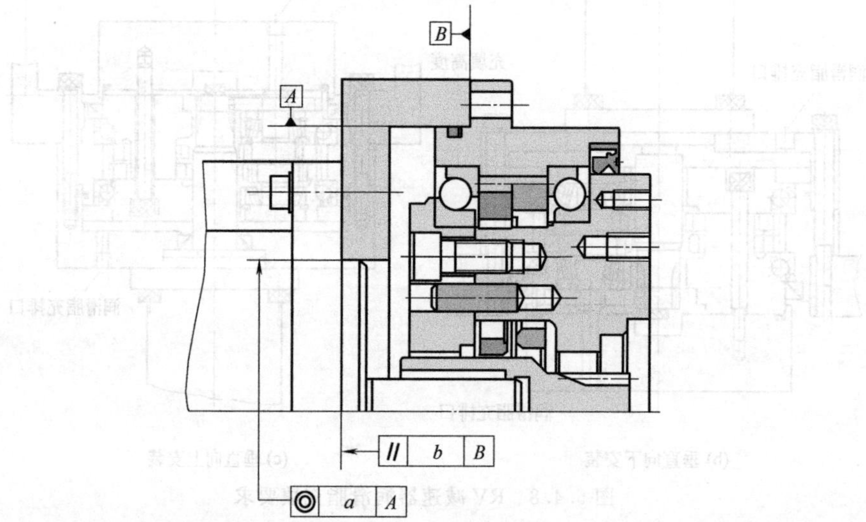

图 5.4.10 RV E系列减速器安装公差要求

(2) RV N紧凑单元型

RVN系列紧凑型单元型减速器的传动系统可参照RV E标准单元型减速器设计。纳博特斯克RV N系列减速器的安装公差要求如图5.4.11、表5.4.6所示。

表 5.4.6 RV N系列减速器安装公差要求 mm

规格	25N	42N	60N	80N	100N	125N	160N	380N	500N	700N
a	0.030	0.030	0.030	0.030	0.030	0.030	0.030	0.050	0.050	0.050
b	0.030	0.030	0.030	0.030	0.030	0.030	0.030	0.050	0.050	0.050

RV N系列紧凑单元型减速器的润滑脂充填，需要在减速器安装完成后进行，润滑脂的充填要求如图5.4.12所示。

减速器水平安装或垂直向下安装时，润滑脂需要填满行星齿轮至输出法兰端面的全部空间；芯轴周围部分可适当充填，但一般不能超过总空间的90%，以便润滑脂受热后的膨胀。

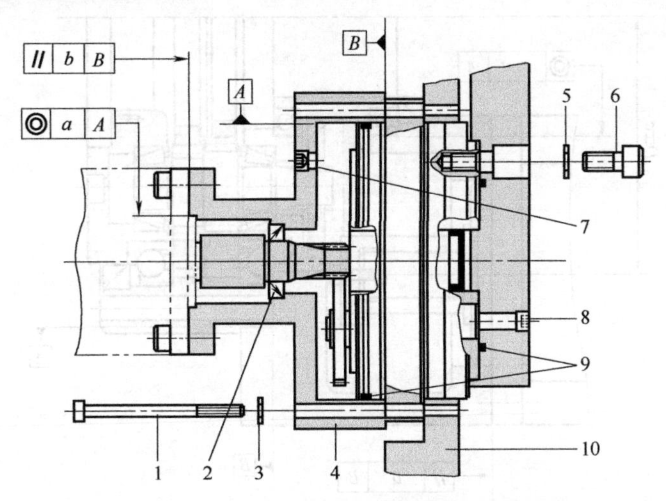

图 5.4.11 RV N 系列减速器安装要求

1,6—螺钉；2,9—密封圈；3,5—碟型弹簧垫圈；4—电机座；7,8—润滑脂充填口；10—安装座

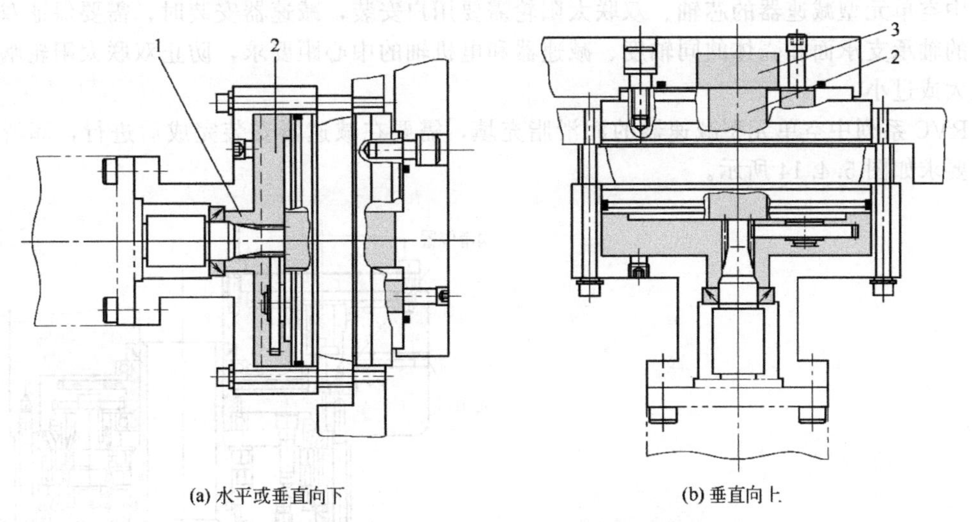

(a) 水平或垂直向下　　(b) 垂直向上

图 5.4.12 RV N 系列减速器的润滑要求

1—可充填区；2—必须充填区；3—预留膨胀区

减速器垂直向上安装时，润滑脂需要充填至输出法兰端面，同时需要在输出轴上预留图膨胀空间，膨胀空间不小于润滑脂充填区域的10%。

RV N 系列紧凑单元型减速器的润滑脂充填、更换等要求，均与基本型减速器相同，纳博特斯克减速器原则上应使用 Vigo Grease Re0 专业润滑脂，正常使用时的润滑脂更换周期为20000h。润滑脂的注入量和补充时间，可参照机器人使用说明书进行。

(3) RV C 中空单元型

中空单元型减速器的传动系统需要用户根据机器人结构要求设计，纳博特斯克 RV C 系列减速器的安装公差要求如图 5.4.13、表 5.4.7 所示。

表 5.4.7 RV C 系列减速器安装公差要求 mm

规格	10C	27C	50C	100C	200C	320C	500C
$a/b/c$	0.030	0.030	0.030	0.030	0.030	0.030	0.030

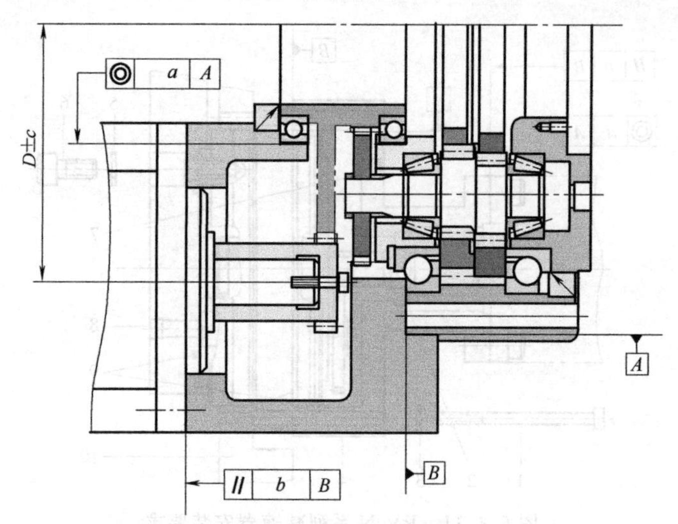

图 5.4.13　RV C系列减速器安装要求

中空单元型减速器的芯轴、双联太阳轮需要用户安装，减速器安装时，需要保证双联太阳轮的轴承支承面和壳体的同轴度、减速器和电机轴的中心距要求，防止双联太阳轮啮合间隙过大或过小。

RVC系列中空单元型减速器的润滑脂充填，需要在减速器安装完成后进行，润滑脂的充填要求如图 5.4.14 所示。

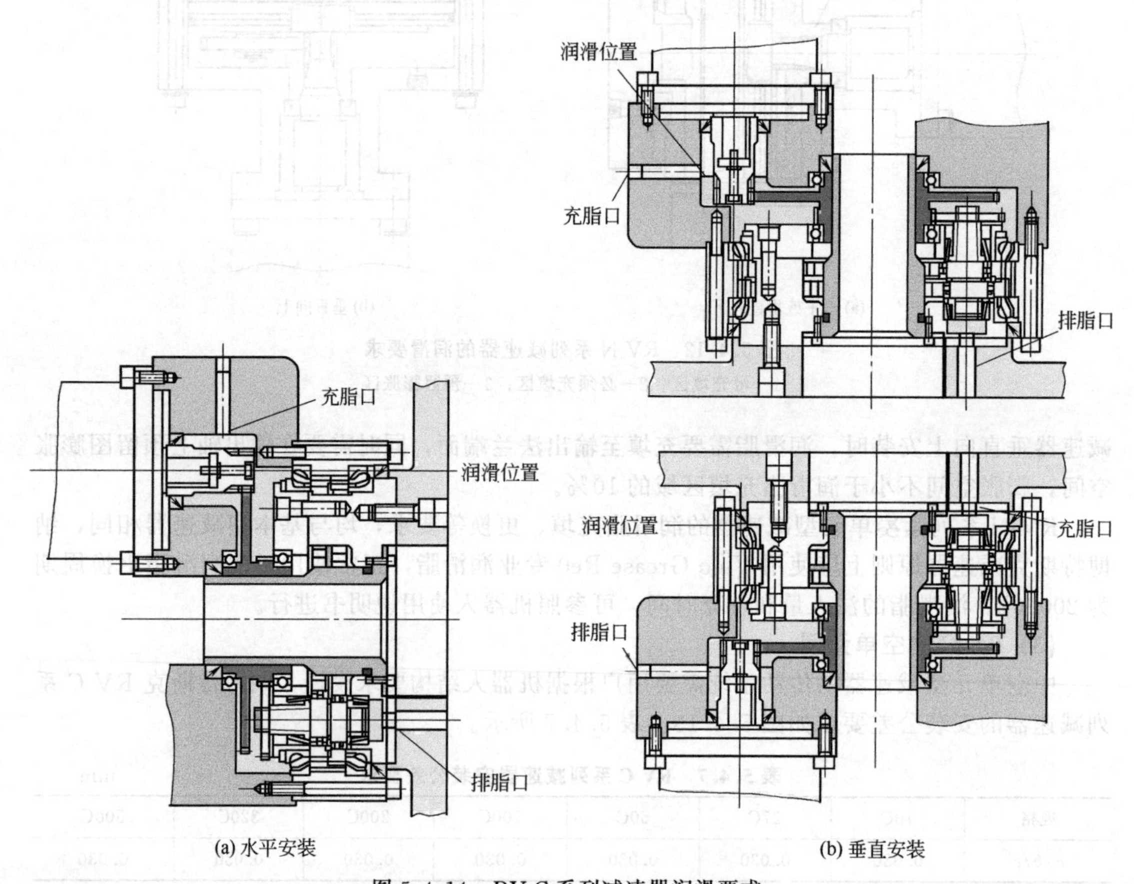

图 5.4.14　RV C系列减速器润滑要求

当减速器采用图 5.4.14(a) 所示的水平安装时，润滑脂的充填高度应保证填没输出轴承和部分双联太阳轮驱动齿轮。

当减速器采用图 5.4.14(b) 所示的垂直安装，垂直向下安装的减速器润滑脂的充填高度应保证填没双联太阳轮驱动齿轮；垂直向上安装的减速器润滑脂的充填高度应保证填没减速器的输出轴承。同样，安装部件设计、润滑脂充填时，应保证有不小于润滑脂充填区域10%的润滑脂膨胀空间。

RVC 系列中空单元型减速器的润滑脂充填、更换等要求，均与基本型减速器相同，纳博特斯克减速器原则上应使用 Vigo Grease Re0 专业润滑脂，正常使用时的润滑脂更换周期为 20000h。润滑脂的注入量和补充时间，可参照机器人使用说明书进行。

第6章

工业机器人编程常识

6.1 机器人坐标系及姿态

6.1.1 控制基准与控制轴组

(1) 机器人运动与控制

工业机器人是一种功能完整、可独立运行的自动化设备，机器人系统的运动控制主要包括工具动作、本体移动、工件（工装）移动等。

机器人的工具动作一般比较简单，且以电磁元件通断控制居多，其性质与 PLC 的开关量逻辑控制相似，因此，通常直接利用控制系统的开关量输入/输出（I/O）信号及逻辑处理指令进行控制，有关内容见后述。

机器人本体及工件的移动是工业机器人作业必需的基本运动，所有运动轴一般都需要进行位置、速度、转矩控制，其性质与数控系统的坐标轴相同，因此，通常需要采用伺服驱动系统控制。

物体的空间位置、运动轨迹通常利用三维笛卡儿直角坐标系进行描述。机器人手动操作或程序自动运行时，其目标位置、运动轨迹等都需要有明确的控制对象（控制目标点），然后，再通过相应的坐标系，来描述其位置和运动轨迹。为了确定机器人的控制目标点、建立坐标系，就需要在机器人上选择某些特征点、特征线，作为系统运动控制的基准点、基准线，以便建立运动控制模型。

由于工业机器人的运动轴数量众多、组成形式多样，为了便于操作和控制，在机器人控制系统上，通常需要根据机械运动部件的组成与功能，对伺服驱动轴进行分组管理，将运动轴划分为若干具有独立功能的运动单元，并称之为控制轴组或机械单元。

垂直串联、水平串联和并联是工业机器人常见的结构型式，这样的机器人实际上并不存在真正物理上的笛卡儿坐标系 *XYZ* 运动轴。因此，利用三维笛卡儿直角坐标系描述的定位位置、运动轨迹，需要通过逆运动学求解后，换算成关节轴的回转、摆动角度，然后，再通过多轴关节运动复合后形成。

利用逆运动学求解出的机器人关节运动，实际上存在多种实现的可能性。为了保证机器人运动准确、可靠，就必须对机器人各关节轴的状态（姿态）进行规定，才能使得机器人的位置、运动轨迹唯一和可控。

对于常用的6轴垂直串联结构工业机器人，机器人的关节轴状态包括了腰回转轴、上/下臂摆动轴状态，以及手腕回转轴、腕摆动轴、手回转轴状态；前者决定了机器人机身的方向和位置，称为本体姿态；后者决定了作业工具方向和位置，称为工具姿态。

6轴垂直串联结构工业机器人的基准点、基准线及控制轴组的选择与划分原则通常如下，有关机器人坐标系、姿态的定义方法详见后述。

(2) 机器人控制基准

机器人手动操作或程序自动运行时，其目标位置、运动轨迹等都需要有明确的控制对象(控制目标点)，然后，再通过相应的坐标系，来描述其位置和运动轨迹。为了确定机器人的控制目标点、建立坐标系，就需要在机器人上选择某些特征点、特征线，作为系统运动控制的基准点、基准线，以便建立运动控制模型。

机器人的基准点、基准线与机器人结构形态有关，垂直串联机器人基准点与基准线的定义方法一般如下。

① 基准点　垂直串联机器人的运动控制基准点一般有图6.1.1所示的工具控制点(TCP)、工具参考点（TRP)、手腕中心点（WCP）3个。

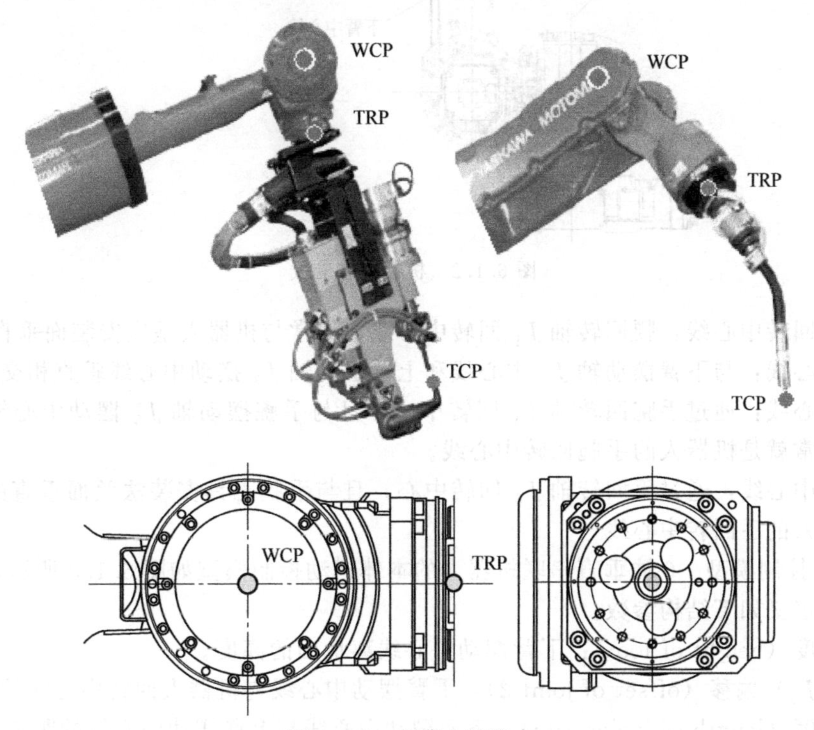

图6.1.1　机器人基准点

TCP：TCP是工具控制点（tool control point）的英文简称，又称工具中心点（tool center point）。TCP点就是机器人末端执行器（工具）的实际作业点，它是机器人运动控制的最终目标，机器人手动操作、程序运行时的位置、轨迹都是针对TCP点而言。TCP点的位置与作业工具的形状、安装方式等密切相关，例如，弧焊机器人的TCP点通常为焊枪的枪尖，点焊机器人的TCP点一般为焊钳固定电极的端点等。

TRP：TRP是机器人工具参考点（tool reference point）的英文简称，它是机器人工具安装的基准点，机器人工具坐标系、作业工具的质量和重心位置等数据，都需要以TRP点为基准定义。TRP也是确定TCP点的基准，如不安装工具或未定义工具坐标系，系统将默认TRP点和TCP点重合。TRP点通常为机器人手腕上的工具安装法兰中心点。

WCP：WCP是机器人手腕中心点（wrist center point）的英文简称，它是确定机器人姿态、判别机器人奇点（singularity）的基准。垂直串联机器人的WCP点一般为手腕摆动轴 J_5 和手回转轴 J_6 的回转中心线交点。

② 基准线。垂直串联机器人的基准线有图6.1.2所示的机器人回转中心线、下臂中心线、上臂中心线、手回转中心线4条，其定义方法如下。

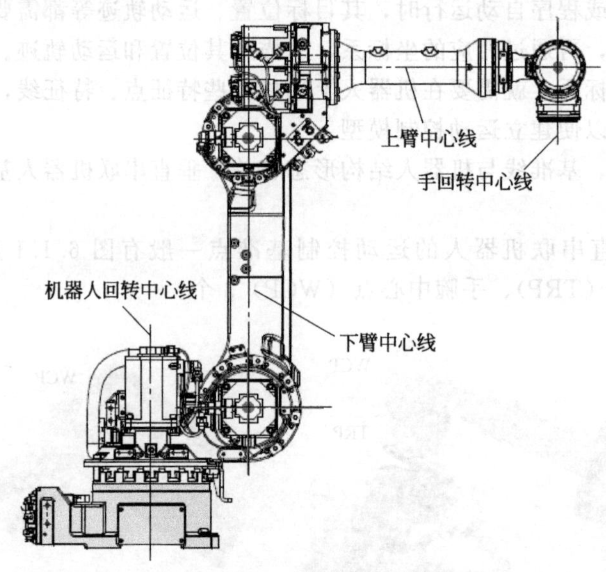

图6.1.2 机器人基准线

机器人回转中心线：腰回转轴 J_1 回转中心线，通常与机器人基座安装面垂直。

下臂中心线：与下臂摆动轴 J_2 中心线和上臂摆动轴 J_3 摆动中心线垂直相交的直线。

上臂中心线：通过手腕回转轴 J_4 回转中心，且与手腕摆动轴 J_5 摆动中心线垂直相交的直线；通常就是机器人的手腕回转中心线。

手回转中心线：通过手回转轴 J_6 回转中心，且与手腕工具安装法兰面垂直的直线；通常就是机器人的手回转中心线。

③ 运动控制模型 6轴垂直串联机器人的本体运动控制模型如图6.1.3所示，它需要在控制系统中定义如下结构参数。

基座高度（height of foot）：下臂摆动中心线离地面的高度。

下臂（J_2）偏移（offset of joint 2）：下臂摆动中心线与机器人回转中心线的距离。

下臂长度（length of lower arm）：下臂摆动中心线与上臂摆动中心线的距离。

上臂（J_3）偏移（offset of joint 3）：上臂摆动中心线与上臂回转中心线的距离。

上臂长度（length of upper arm）：上臂与下臂中心线垂直部分的长度。

手腕长度（length of wrist）：工具参考点TRP离手腕摆动轴 J_5 摆动中心线的距离。

运动控制模型一旦建立，机器人的工具参考点TRP也就被确定；如不安装工具或未定义工具坐标系，系统就将以TRP点替代TCP点，作为控制目标点控制机器人运动。

(3) 控制轴组

机器人作业需要通过机器人TCP点和工件（或基准）的相对运动实现，这一运动，既

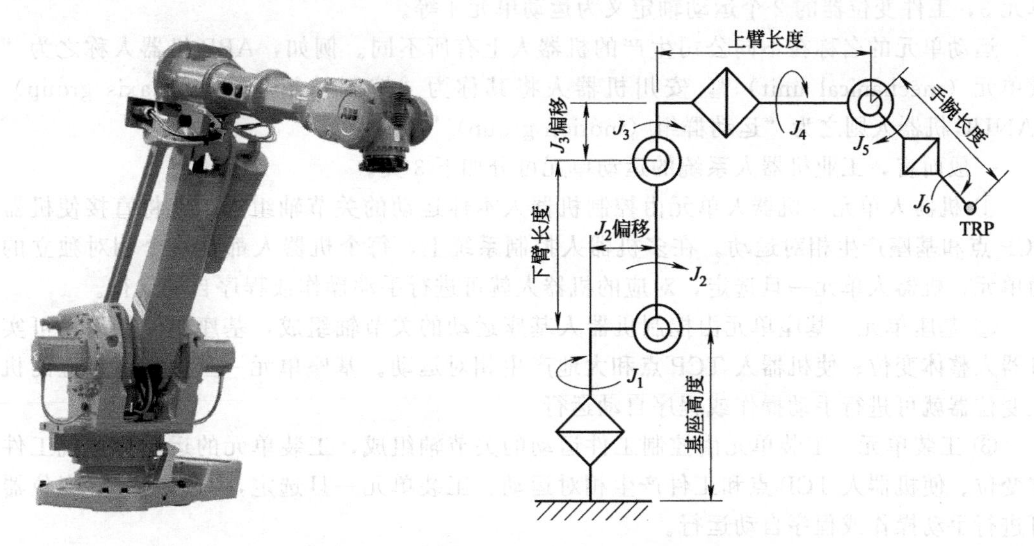

图 6.1.3 机器人控制模型与结构参数

可通过机器人本体的关节回转实现，也可通过机器人整体移动（基座运动）或工件运动实现。机器人系统的回转、摆动、直线运动轴统称为关节轴，其数量众多、组成形式多样。

例如，对于机器人（基座）和工件固定不动的单机器人简单系统，只能通过控制机器人本体的关节轴运动，才能改变机器人 TCP 点和工件的相对位置；而对于图 6.1.4 所示的有机器人变位器、工件变位器等辅助部件的多机器人复杂系统，则有机器人 1、机器人 2、机器人变位器、工件变位器等运动单元，只要机器人（1 或 2）或其他任何一个单元产生运动，就可改变对应机器人 1 或机器人 2 的 TCP 点与工件的相对位置。

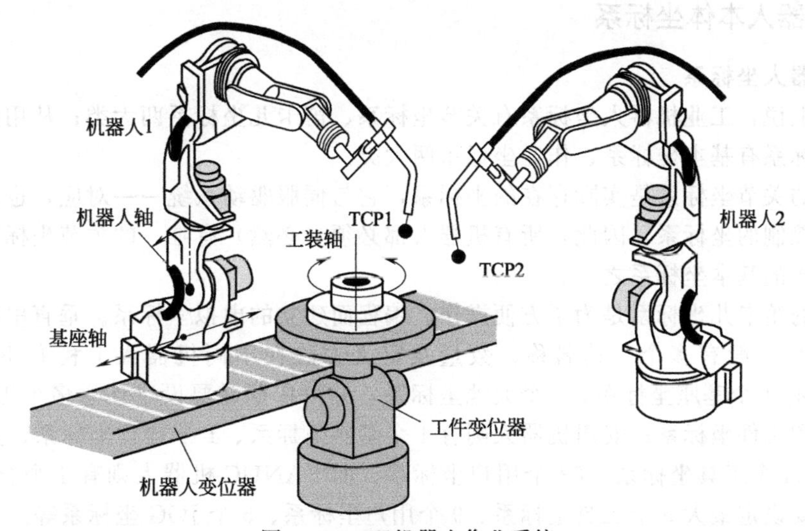

图 6.1.4 双机器人作业系统

为了便于控制与编程，在机器人控制系统上，通常需要根据机械运动部件的组成与功能，对需要控制位置、速度的伺服驱动轴实行分组管理，将其分为若干具有独立功能的单元。

例如，对于图 6.1.4 所示的双机器人作业系统，可将机器人 1 的 6 个运动轴定义为运动单元 1，机器人 2 的 6 个运动轴定义为运动单元 2，机器人 1 基座的 1 个运动轴定义为运动单元 3，工件变位器的 2 个运动轴定义为运动单元 4 等。

运动单元的名称在不同公司生产的机器人上有所不同。例如，ABB 机器人称之为“机械单元（mechanical unit）”，安川机器人将其称为“控制轴组（control axis group）”，FANUC 机器人则之为“运动群组（motion group）”等。

一般而言，工业机器人系统的运动单元可分如下 3 类。

① 机器人单元　机器人单元由控制机器人本体运动的关节轴组成，它将直接使机器人 TCP 点和基座产生相对运动。在多机器人控制系统上，每个机器人都是一个相对独立的运动单元；机器人单元一旦选定，对应的机器人就可进行手动操作或程序自动运行。

② 基座单元　基座单元由控制机器人基座运动的关节轴组成，基座单元的运动可实现机器人整体变位、使机器人 TCP 点和大地产生相对运动。基座单元一旦选定，对应的机器人变位器就可进行手动操作或程序自动运行。

③ 工装单元　工装单元由控制工件运动的关节轴组成，工装单元的运动可实现工件整体变位、使机器人 TCP 点和工件产生相对运动。工装单元一旦选定，对应的工件变位器就可进行手动操作或程序自动运行。

机器人单元是任何机器人系统必需的基本运动单元，基座单元、工装单元是机器人系统的辅助设备，只有在系统配置有变位器时才具备。由于基座单元、工装单元的控制轴数量通常较少，因此，在大多数机器人上，将基座运动轴、工装运动轴统称为“外部轴”或“外部关节”，并进行集中管理；如果作业工具（如伺服焊钳等）含有系统控制的伺服驱动轴，它也属于外部轴的范畴。

机器人手动操作或程序运行时，运动单元可利用控制指令生效或撤销。生效的运动单元的全部运动轴都处于实时控制状态；被撤销的运动单元将处于相对静止的“伺服锁定”状态，其位置通过伺服驱动系统的闭环调节功能保持不变。

6.1.2 机器人本体坐标系

（1）机器人坐标系

从形式上说，工业机器人坐标系有关节坐标系、笛卡儿坐标系两大类；从用途上说，工业机器人坐标系有基本坐标系、作业坐标系两大类。

机器人的关节坐标系是实际存在的坐标系，它与伺服驱动系统一一对应，也是控制系统能真正实施控制的坐标系，因此，所有机器人都必须（必然）有唯一的关节坐标系。关节坐标系是机器人的基本坐标系之一。

机器人的笛卡儿坐标系是为了方便操作、编程而建立的虚拟坐标系。垂直串联机器人的笛卡儿坐标系一般有多个，其名称、数量及定义方法在不同机器人上稍有不同。例如，ABB 机器人有 1 个基座坐标系、1 个大地坐标系，并可根据需要设定任意多个工具坐标系、用户坐标系和工件坐标系；安川机器人则有 1 个基座坐标系、1 个圆柱坐标系，并可根据需要设定最大 64 个工具坐标系、63 个用户坐标系；而 FANUC 机器人则有 1 个全局坐标系，并可根据需要设定最大 9 个工具坐标系、9 个用户坐标系、5 个 JOG 坐标系等。

在众多的笛卡儿坐标系中，基座（或全局）坐标系是用来描述机器人 TCP 点空间运动必需的基本坐标系；工具坐标系、工件坐标系等是用来确定作业工具 TCP 位置及安装方位，描述机器人和工件相对运动的操作和编程坐标系；因此，它们是机器人作业所需的坐标系，故称作业坐标系，作业坐标系可根据需要设定、选择。

关节和基座坐标系是建立在机器人本体上的基本坐标系，其定义方法如下；有关作业坐标系的内容详见后述。

(2) 基座坐标系

基座坐标系（base coordinates）用来描述机器人 TCP 点相对于基座进行三维空间运动的基本坐标系。垂直串联机器人的基座坐标系通常如图 6.1.5 所示，坐标轴方向、原点的定义方法一般如下。

原点：一般为机器人基座安装底面与机器人回转中心线的交点。

Z 轴：机器人回转中心线，垂直底平面向上方向为$+Z$ 方向。

X 轴：垂直基座前侧面向外方向为$+X$ 方向。

Y 轴：由右手定则决定。

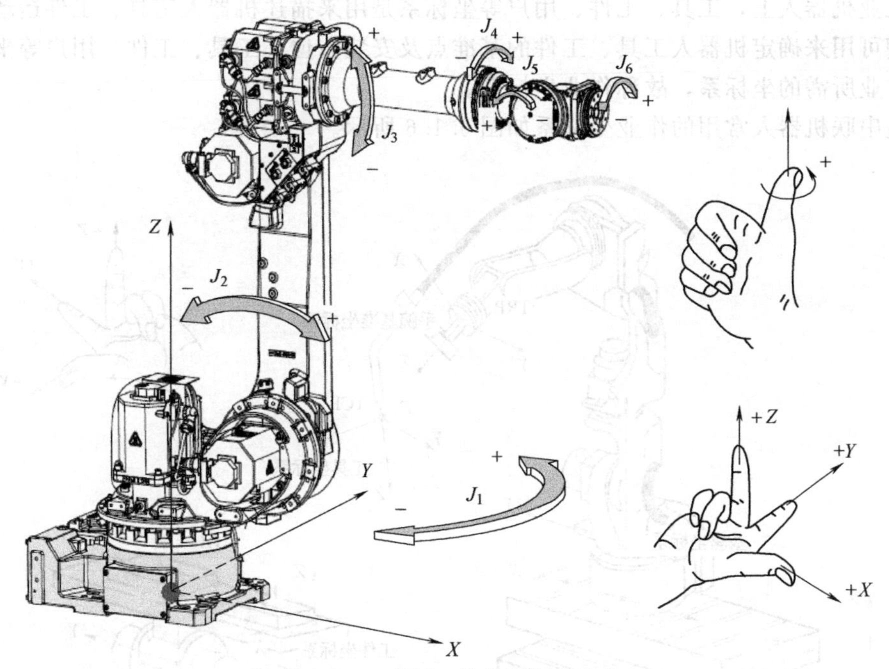

图 6.1.5　基座、关节坐标系定义

(3) 关节坐标系

关节坐标系（joint coordinates）用于机器人关节轴的实际运动控制，它用来规定机器人各关节的最大回转速度、最大回转范围等基本参数。6 轴垂直串联机器人的关节坐标轴名称、方向、零点的一般定义方法如下。

腰回转轴：以 j_1、J_1 或 S 等表示；以基座坐标系$+Z$ 轴为基准，按右手定则确定的方向为正向；上臂中心线与基座坐标系$+XZ$ 平面平行的位置，为 j_1 轴 0°位置。

下臂摆动轴：以 j_2、J_2 或 L 等表示；当 $j_1=0°$时，以基座坐标系$+Y$ 为基准、按右手定则确定的方向为正向；下臂中心线与基座坐标系$+Z$ 轴平行的位置，为 j_2 轴 0°位置。

上臂摆动轴：以 j_3、J_3 或 U 等表示；当 j_1、J_2 为 0°时，以基座坐标系$-Y$ 为基准、按右手定则确定的方向为正向；上臂中心线与基座坐标系$+$X 轴平行的位置，为 j_3 轴 0°位置。

腕回转轴：以 j_4、J_4 或 R 等表示；当 j_1、j_2、j_3 均为 0°时，以基座坐标系$-X$ 为基准、按右手定则确定的方向为正向；手回转中心线与基座坐标系$+XZ$ 平面平行的位置，为 j_4 轴 0°位置。

腕弯曲轴：以 j_5、J_5 或 B 等表示；当 $j_1 \sim j_4$ 均为 0°时，以基座坐标系$-Y$ 为基准、

按右手定则确定的方向为正向；手回转中心线与基座坐标系$+X$轴平行的位置，为j_5轴0°位置。

手回转轴：以j_6、J_6或T等表示；$j_1 \sim j_5$均为0°时，以基座坐标系$-X$为基准、按右手定则确定的方向为正向；j_6轴通常可无限回转，其零点位置一般需要通过工具安装法兰的基准孔确定。

6.1.3 机器人作业坐标系

(1) 作业坐标系

在工业机器人上，工具、工件、用户等坐标系是用来描述机器人工具、工件运动的坐标系，它们可用来确定机器人工具、工件的基准点及安装方位。工具、工件、用户等坐标系是机器人作业所需的坐标系，故称作业坐标系。

垂直串联机器人常用的作业坐标系如图6.1.6所示。

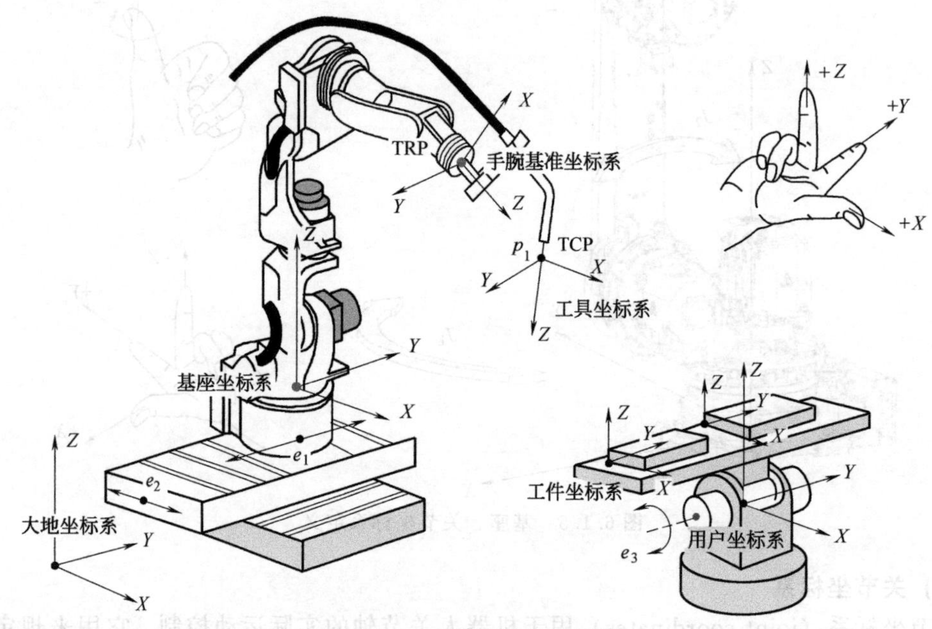

图6.1.6 机器人作业坐标系

在以上坐标系中，工具坐标系具有定义工具姿态、确定TCP点位置两方面作用，是任何机器人作业必需的坐标系。大地坐标系、用户坐标系、工件坐标系等是用来描述机器人基座、工件运动，确定机器人、工件基准点及安装方位的坐标系，它们可根据机器人系统结构及实际作业要求，有选择地定义。

(2) 工具坐标系与设定

工具坐标系（tool coordinates）用来定义工具控制点TCP位置和工具方向（姿态），每个工具都需要设定工具坐标系。工具坐标系一旦设定，当机器人用不同工具、进行相同作业时，操作者只需要改变工具坐标系，就能保证所有工具的TCP点都按程序轨迹运动，而无需对程序进行其他修改。

在垂直串联等结构的工业机器人上，工具控制点TCP的三维空间位置，需要用逆运动学求解、通过多个关节轴的回转运动合成，并可通过多种方式实现。例如，图6.1.7所示的弧焊焊枪、点焊焊钳，对于工具控制点TCP同样的空间位置，关节轴可以通过多种方式定位工具。因此，机器人的工具坐标系不仅需要定义工具控制点 TCP 的位置，而且还需要规定工具的方向（姿态）。

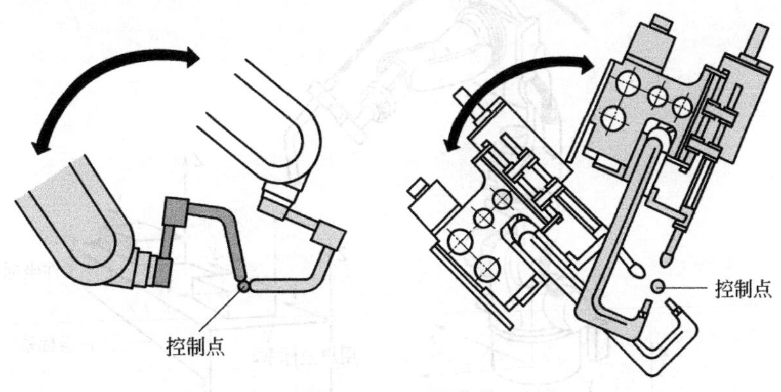

图 6.1.7 工具姿态

机器人工具坐标系需要通过图 6.1.8 所示的手腕基准坐标系变换来进行定义。手腕基准坐标系是以机器人手腕上的工具参考点 TRP 为原点，以手回转中心线为 Z 轴，以工具安装法兰面为 XY 平面的虚拟笛卡儿直角坐标系。通常而言，垂直工具安装法兰面向外的方向为手腕基准坐标系的 $+Z$ 方向；腕弯曲轴 j_5 正向回转时，TRP 的切线方向为 $+X$ 向；$+Y$ 方向用右手定则确定。手腕基准坐标系是工具坐标系设定与变换的基准，如不设定工具坐标系，控制系统将默认手腕基准坐标系为工具坐标系。

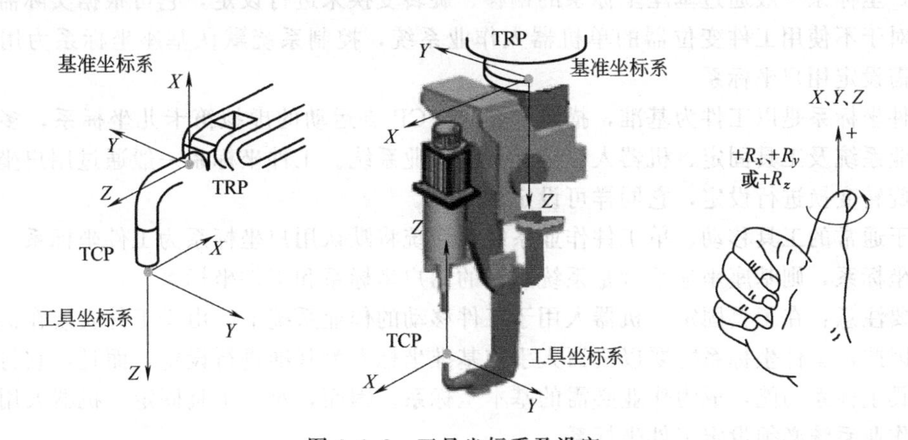

图 6.1.8 工具坐标系及设定

工具坐标系是以 TCP 为原点、以工具中心线为 Z 轴、工具接近工件的方向为 $+Z$ 向的虚拟笛卡儿直角坐标系，点焊、弧焊机器人的工具坐标系一般如图 6.1.8 所示。

工具坐标系需要通过手腕基准坐标系的偏移、旋转进行定义。TCP 点在手腕基准坐标系上的位置，就是工具坐标系的原点偏离量；坐标旋转可用四元数法（quaternion，见下述）或旋转角 $R_z/R_x/R_y$ 等方法定义。

(3) 用户坐标系和工件坐标系

用户坐标系（user coordinates）和工件坐标系（object coordinates）如图 6.1.9 所示，它们是用来描述工装运动、定义工件安装位置，确定机器人作业区域的虚拟笛卡儿直角坐标系，一般用于使用工件变位器的多工位、多工件作业系统。用户坐标系、工件坐标系一旦设定，机器人进行多工位、多工件相同作业时，只需要改变坐标系，就能保证机器人在不同的作业区域，按同一程序所指令的轨迹运动，而无需对作业程序进行其他修改。

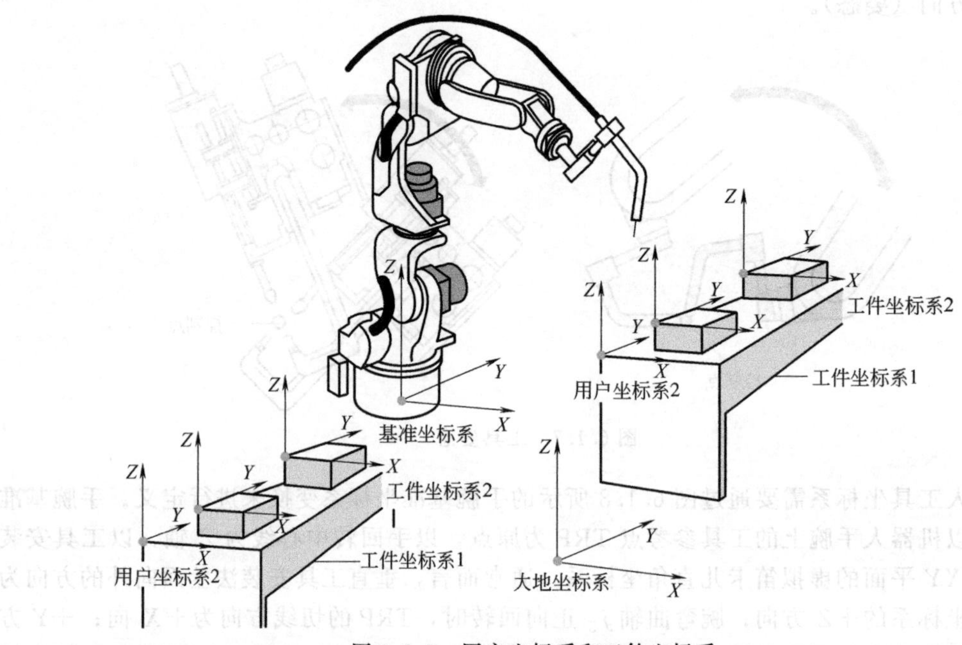

图 6.1.9 用户坐标系和工件坐标系

用户坐标系一般通过基座坐标系的偏移、旋转变换来进行设定，它可根据实际需要设定多个，对于不使用工件变位器的单机器人作业系统，控制系统默认基座坐标系为用户坐标系，无需设定用户坐标系。

工件坐标系是以工件为基准，描述机器人 TCP 点运动的虚拟笛卡儿坐标系，多用于多工件作业系统及工具固定、机器人移动工件的作业系统。工件坐标系一般通过用户坐标系的偏移、旋转变换进行设定，它同样可设定多个。

对于通常的工具移动、单工件作业系统，系统将默认用户坐标系为工件坐标系；如不设定用户坐标系，则基座坐标系就是系统默认的用户坐标系和工件坐标系。

需要注意：在工具固定、机器人用于工件移动的作业系统上，由于工件安装在机器人手腕上，因此，工件坐标系需要以机器人手腕基准坐标系为基准进行设定，而且，它将代替通常的工具坐标系功能，成为作业必需的基本坐标系。因而，对于工具固定、机器人用于工件移动的作业系统必须设定工件坐标系。

(4) 大地坐标系和 JOG 坐标系

大地坐标系（world coordinates）有时译作“世界坐标系”，它是以地面为基准、Z 轴向上的三维笛卡儿直角坐标系。在使用机器人变位器或多机器人协同作业的系统上，为了确定机器人的基座位置和运动状态，需要建立大地坐标系。此外，在图 6.1.10 所示的倒置或倾斜安装的机器人上，也需要通过大地坐标系来确定基座坐标系的原点及方向。对于垂直地面安装、不使用机器人变位器的单机器人系统，控制系统将默认基座坐标系为大地坐标系，无需进行大地坐标系设定。

FANUC 等机器人可以设定 JOG 坐标系。JOG 坐标系仅仅是为了在三维空间进行机器人手动 X、Y、Z 轴运动，而建立的临时坐标系，对机器人的程序运行无效，因此，操作者可根据自己的需要，任意设定。JOG 坐标系通常以机器人基座坐标系为基准设定，如不设定 JOG 坐标系，控制系统将以基座坐标系作为默认的 JOG 坐标系。

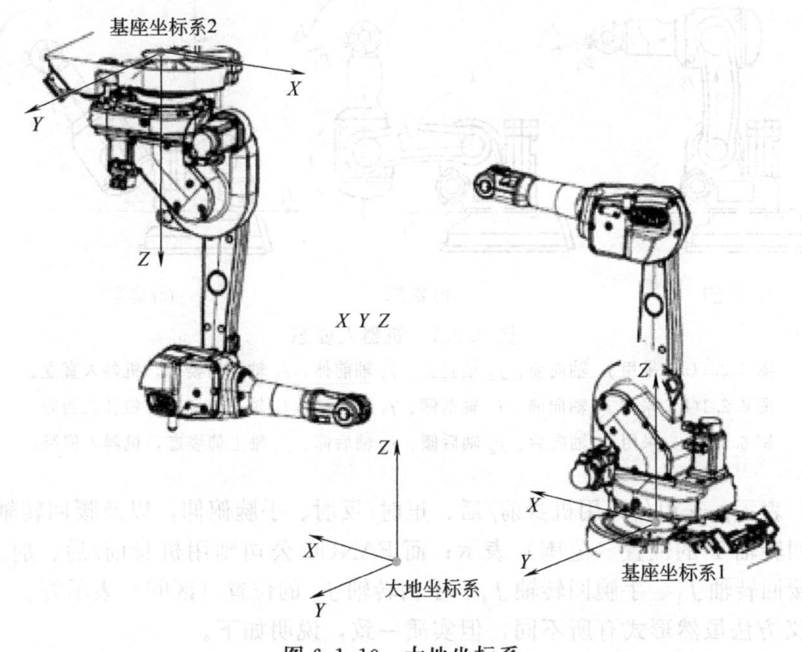

图 6.1.10　大地坐标系

6.2 机器人与工具姿态

6.2.1 机器人姿态与定义

(1) TCP 位置与姿态

机器人的工具控制点 TCP 在三维空间位置可通过两种方式描述：一是直接利用关节坐标系位置描述；二是利用虚拟笛卡儿直角坐标系（如基座坐标系）的 *XYZ* 值描述。

机器人的关节坐标位置（简称关节位置）实际就是伺服电机所转过的绝对角度，它一般通过伺服电机内置的脉冲编码器进行检测，并利用编码器的输出脉冲计数来计算、确定，因此，关节位置又称“脉冲型位置”。工业机器人伺服电机所采用的编码器，通常都具有断电保持功能（称绝对编码器），其计数基准（零点）一旦设定，在任何时刻，电机所转过的脉冲数都是一个确定值。因此，机器人的关节位置是与结构、笛卡儿坐标系设定无关的唯一位置，也不存在奇点（singularity，见下述）。

利用基座等虚拟笛卡儿直角坐标系（x,y,z）定义的 TCP 位置，称为“*XYZ* 型位置”。由于机器人采用的逆运动学，对于垂直串联等结构的机器人，坐标值为（x,y,z）的 TCP 位置，可通过多种形式的关节运动来实现。例如，对于图 6.2.1 所示的 TCP 位置 p_1，即便手腕轴 j_4、j_6 的位置不变，也可通过如下 3 种本体姿态实现定位。

因此，利用笛卡儿坐标系指定机器人运动时，不仅需要规定 *XYZ* 坐标值，而且还必须规定机器人的姿态。

机器人姿态又称机器人形态或机器人配置（robot configuration）、关节配置（joint placement），在不同公司的机器人上，其表示方法也有所不同。例如，ABB 公司利用表示机身前/后、正肘/反肘、手腕俯仰状态的姿态号，以及腰回转轴 j_1、手腕回转轴 j_4、手回转轴 j_6 的

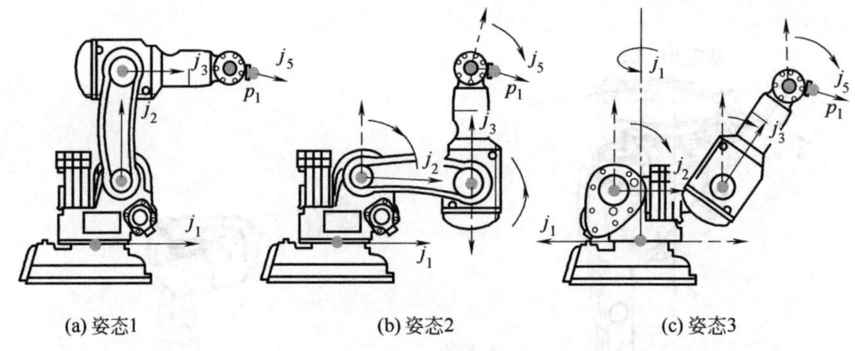

图 6.2.1 机器人姿态

图 6.2.1(a) 采用 j_1 轴向前、j_2 轴直立、j_3 轴前伸、j_5 轴下俯姿态，机器人直立。

图 6.2.1(b) 采用 j_1 轴向前、j_2 轴前倾、j_3 轴后仰、j_5 轴下俯姿态，机器人俯卧。

图 6.2.1(c) 采用 j_1 轴向后、j_2 轴后倾、j_3 轴后仰、j_5 轴上仰姿态，机器人仰卧。

位置（区间）表示；安川公司用机身前/后、正肘/反肘、手腕俯仰，以及腰回转轴 S、手腕回转轴 R、手回转轴 T 的位置（范围）表示；而 FANUC 公司则用机身前/后、肘上/下、手腕俯仰，以及腰回转轴 J_1、手腕回转轴 J_4、手回转轴 J_6 的位置（区间）表示等。

以上定义方法虽然形式有所不同，但实质一致，说明如下。

(2) 机身前/后

机器人的机身状态用前（front）/后（back）描述，定义方法如图 6.2.2 所示。通过基座坐标系 Z 轴、且与 j_1 轴当前位置（角度线）垂直的平面，是定义机身前后状态的基准面，如机器人手腕中心点 WCP 位于基准平面的前侧，称为“前（front）”；如 WCP 位于基准平面后侧，称为“后（back）”。WCP 位于基准平面时，为机器人“臂奇点”。

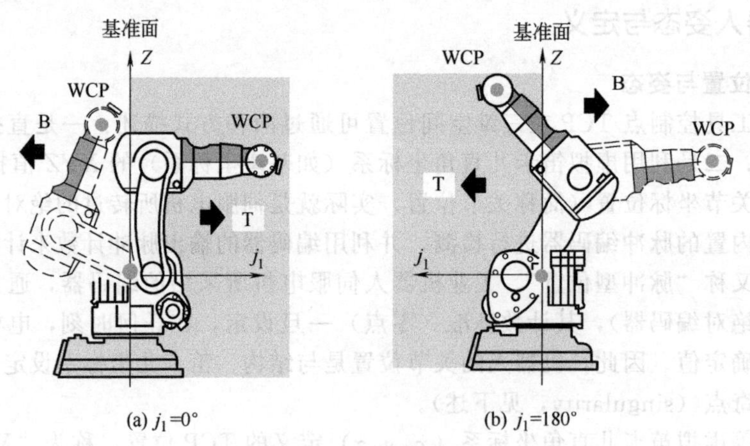

图 6.2.2 机身前/后

例如，当 j_1 轴处于图 6.2.2(a) 所示的 0°位置时，如 WCP 位于基座坐标系的 $+X$ 方向，就是机身前位（T），如 WCP 位于 $-X$ 方向，就是机身后位（B）；而当 j_1 轴处于图 6.2.2(b) 所示的 180°位置时，如 WCP 位于基座坐标系的 $+X$ 方向，为机身后位，WCP 位于 $-X$ 方向，则为机身前位。

(3) 正肘/反肘

机器人的上、下臂摆动轴 j_2、j_3 的状态用肘正/反或上（up）/下（down）描述，定义方法如图 6.2.3 所示。通过手腕中心点 WCP、与下臂回转轴 j_2 回转中心线垂直相交的直线，是定义肘正/反状态的基准线。从机器人的正侧面、即沿基座坐标系的$+Y$向观察，如下臂中心线位于基准线逆时针旋转方向，称为“正肘”；如下臂中心线位于基准线顺时针旋转方向，称为“反肘”；下臂中心线与基准线重合的位置为特殊的“肘奇点”。

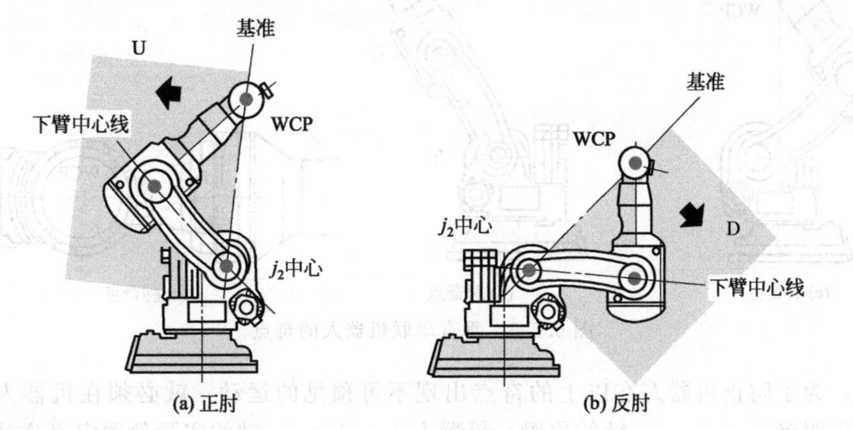

图 6.2.3 正肘/反肘

(4) 手腕俯/仰

机器人腕弯曲轴j_5的状态用俯（no flip）/仰（flip）描述，定义方法如图 6.2.4 所示。腕弯曲轴j_5俯仰，以上臂中心线（通常为$j_5=0°$）为基准，如手回转中心线位于上臂中心线的顺时针旋转方向（j_5轴角度为负），称为“俯（no flip）”；如手回转中心线位于上臂中心线的逆时针旋转方向（j_5轴角度为正），称为“仰（flip）”。手回转中心线与上臂中心线重合的位置，为特殊的“腕奇点”。

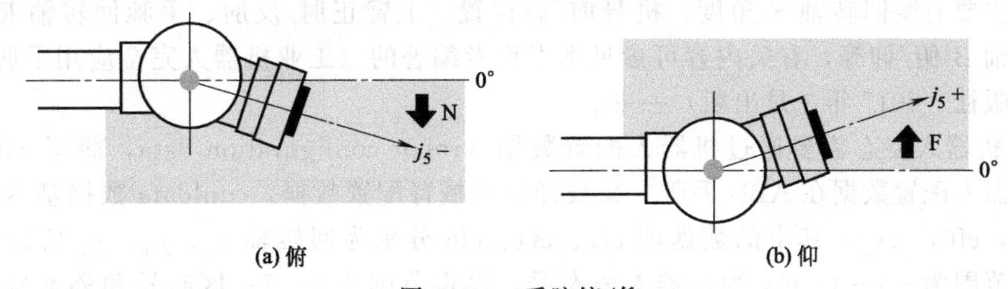

图 6.2.4 手腕俯/仰

(5) $j_1/j_4/j_6$区间

定义$j_1/j_4/j_6$区间的目的是规避机器人奇点。奇点（singularity）又称奇异点，其数学意义是不满足整体性质的个别点；在工业机器人上，按 RIA 标准定义，奇点是“由两个或多个机器人轴共线对准所引起的、机器人运动状态和速度不可预测的点”。6 轴垂直串联机器人工作范围内的奇点主要有图 6.2.5 所示的臂奇点、肘奇点、腕奇点 3 类。

臂奇点如图 6.2.5(a) 所示，它是机器人手腕中心点 WCP 正好处于机身前后判别基准平面上的所有情况。在臂奇点上，机器人的j_1、j_4轴存在瞬间旋转 180°的危险。

肘奇点如图 6.2.5(b) 所示，它是下臂中心线正好与正/反肘的判别基准线重合的所有位置。在肘奇点上，机器人手臂的伸长已到达极限，可能会导致机器人运动的不可控。

腕奇点如图 6.2.5(c) 所示，它是手回转中心线与上臂中心线重合的所有位置（通常为$j_5=0°$）。在腕奇点上，由于回转轴j_4、j_6的中心线重合，机器人存在j_4、j_6轴瞬间旋转 180°的危险。

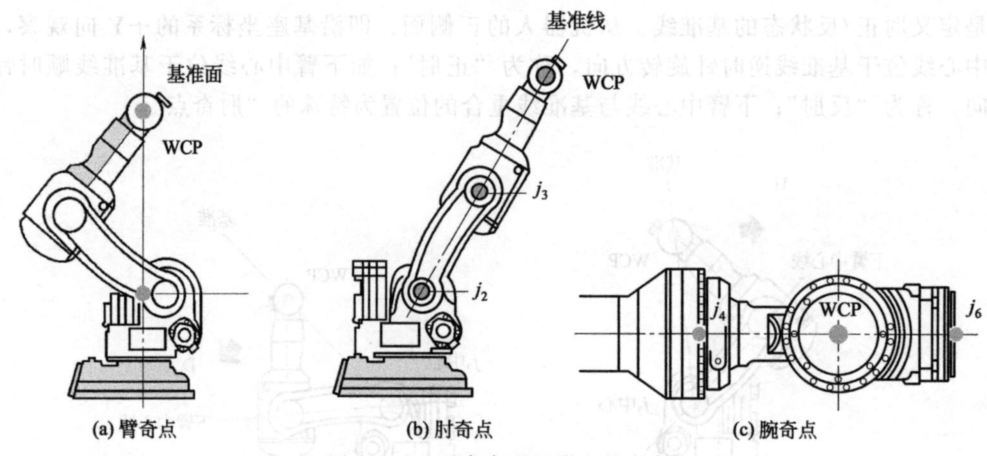

图 6.2.5 垂直串联机器人的奇点

因此，为了防止机器人在以上的奇点出现不可预见的运动，就必须在机器人姿态参数中，进一步明确 j_1、j_4、j_6 轴的位置。机器人 j_1、j_4、j_6 轴的实际位置定义方法在不同机器人上稍有不同，例如，ABB 公司以象限代号表示角度范围、以正/负号表示转向，安川机器人则以“<180°”“≥180°”的简单方法定义，而 FANUC 机器人则划分为（−539.999°～−180°）、（−179.999°～+179.999°）、（+180°～+539.999°）3 个区间。

6.2.2 机器人配置数据

由于所采用的控制系统、编程语言不同，机器人姿态的定义方法在不同公司生产的机器人上有所不同。例如，安川机器人的姿态一般通过“本体形态”和“手腕形态”进行描述，定义参数主要有腰回转轴 *S* 角度、机身前/后位置、上臂正肘/反肘、手腕回转轴 *R* 角度、手腕摆动轴 *B* 俯/仰等，有关内容可参见本书作者编著的《工业机器人完全应用手册》（人民邮电出版社，2017 年 1 月出版）一书。

ABB 机器人姿态需要通过机器人配置数据（robot configuration data，简写 confdata）定义。机器人配置数据在 ABB 手册上又被译为机械臂配置数据，confdata 数据基本格式为[cf1，cf4，cf6，cfx]，其中的数据项 cf1、cf4、cf6 分别为回转轴 j_1、j_4、j_6 所处的区间号，设定范围为−4～3；cfx 为机器人姿态号，设定范围为 0～7；区间号和姿态号的含义如下。

（1）区间号

机器人 j_1、j_4、j_6 轴的区间号与运动轴类型（回转轴、直线轴）有关，其定义方法分别如图 6.2.6 所示。

回转轴的区间号以图 6.2.6(a) 所示的象限编号表示；运动轴正向（逆时针）回转时，第Ⅰ～Ⅳ象限的区间号依次为 0～3；运动轴负向（顺时针）回转时，第Ⅳ～Ⅰ象限的区间号依次为−4～−1。

直线轴的区间号以图 6.2.6(b) 所示的行程区间编号表示；设定值−4～3 依次代表−4～4m 范围内间隔为 1m 的不同区间。

（2）姿态号

机器人的姿态号 cfx 用来定义机器人的姿态，在垂直串联机器人上，可用来区分机器人的机身前/后、上臂正肘/反肘和手腕方向。姿态号 cfx 的设定范围为 0～7，设定值含义如表 6.2.1、图 6.2.7 所示。

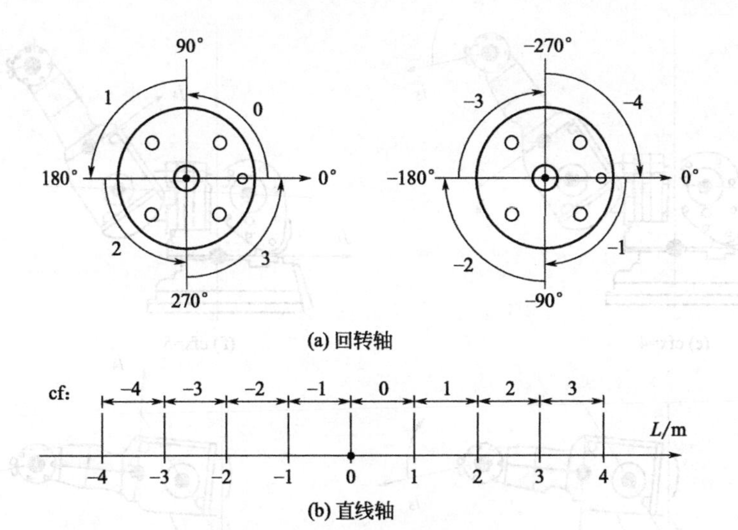

(a) 回转轴

(b) 直线轴

图 6.2.6　区间号的定义

表 6.2.1　垂直串联机器人 cfx 设定表

cfx 设定	0	1	2	3	4	5	6	7
机身状态	前	前	前	前	后	后	后	后
上臂状态(肘)	正	正	反	反	正	正	反	反
手腕方向	正	负	正	负	正	负	正	负

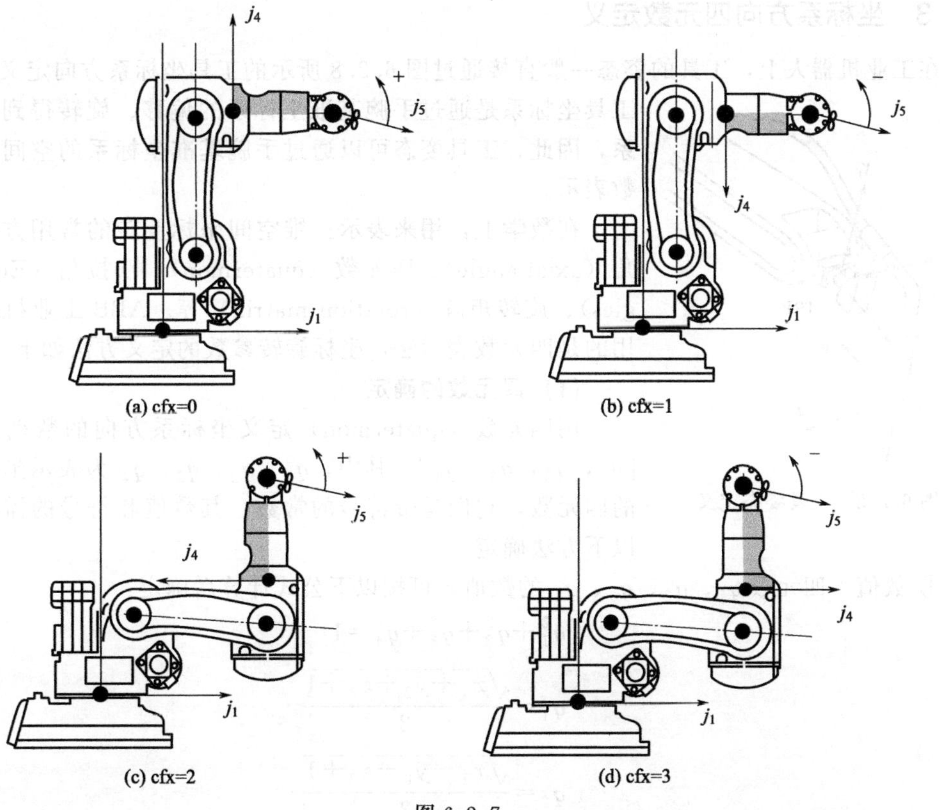

(a) cfx=0　(b) cfx=1

(c) cfx=2　(d) cfx=3

图 6.2.7

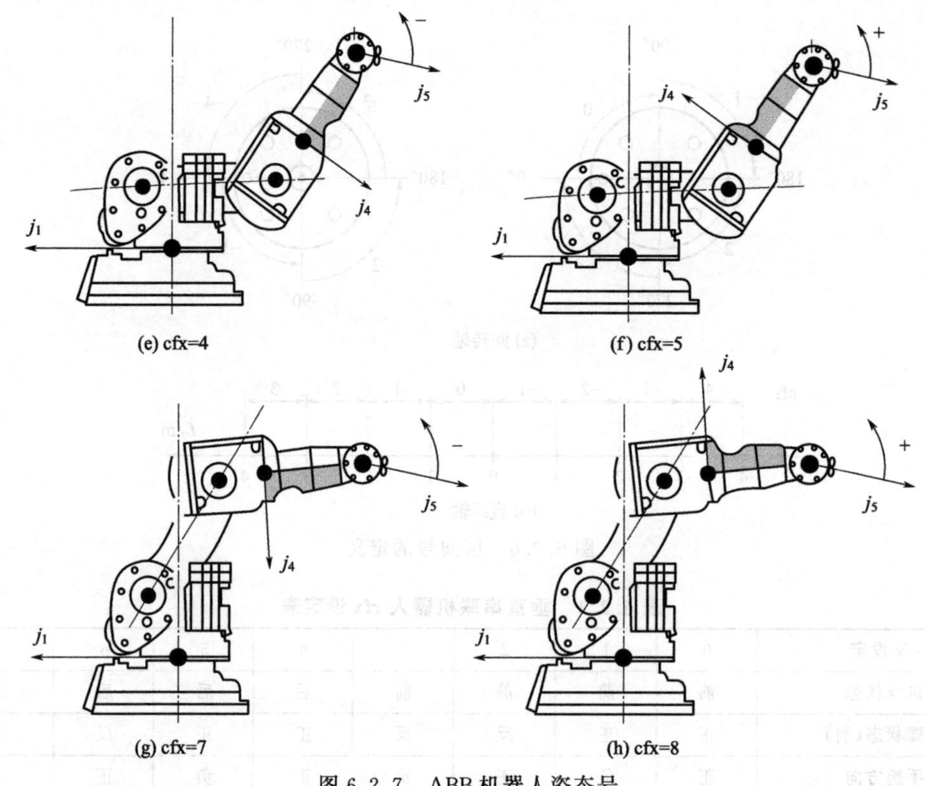

图 6.2.7 ABB 机器人姿态号

6.2.3 坐标系方向四元数定义

在工业机器人上，工具的姿态一般直接通过图 6.2.8 所示的工具坐标系方向定义。由于工具坐标系是通过手腕基准坐标系的偏移、旋转得到的坐标系，因此，工具姿态可以通过手腕基准坐标系的空间旋转参数表示。

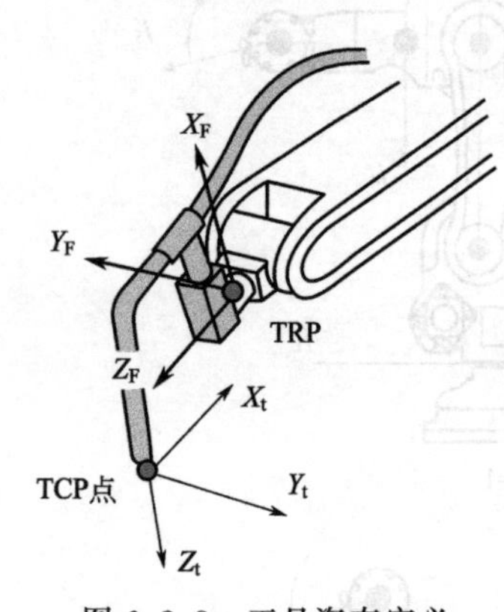

图 6.2.8 工具姿态定义

在数学上，用来表示三维空间坐标旋转的常用方法有轴角（axial angle）、四元数（quaternion）、欧拉角（Euler angles）、旋转矩阵（rotation matrix）等。ABB 工业机器人采用的是四元数表示法，坐标旋转参数的定义方法如下。

(1) 四元数的确定

用四元数（quaternion）定义坐标系方向的数据格式为 $[q_1, q_2, q_3, q_4]$；其中，q_1、q_2、q_3、q_4 为表示坐标旋转的四元数，它们是带符号的常数，其数值和符号的需要按照以下方法确定。

① 数值 四元数 q_1、q_2、q_3、q_4 的数值，可按以下公式计算后确定：

$$q_1^2+q_2^2+q_3^2+q_4^2=1$$

$$q_1=\frac{\sqrt{x_1+y_2+z_3+1}}{2}$$

$$q_2=\frac{\sqrt{x_1-y_2-z_3+1}}{2}$$

$$q_3=\frac{\sqrt{y_2-x_1-z_3+1}}{2}$$

$$q_4=\frac{\sqrt{z_3-x_1-y_2+1}}{2}$$

式中的（x_1,x_2,x_3）、（y_1,y_2,y_3）、（z_1,z_2,z_3）分别为图 6.2.9 所示的旋转坐标系 X'、Y'、Z'轴单位向量在基准坐标系 X、Y、Z 轴上的投影。

② 符号　四元数 q_1、q_2、q_3、q_4 的符号按下述方法确定。

q_1：符号总是为正。

q_2：符号由计算式（y_3-z_2）确定，$(y_3-z_2)\geqslant 0$ 为“+”，否则为“−”。

q_3：符号由计算式（z_1-x_3）确定，$(z_1-x_3)\geqslant 0$ 为“+”，否则为“−”。

q_4：符号由计算式（x_2-y_1）确定，$(x_2-y_1)\geqslant 0$ 为“+”，否则为“−”。

(2) 四元数计算实例

坐标系旋转四元数［q_1、q_2、q_3、q_4］的计算较为复杂，以下将以机器人常用的典型工具坐标系为例，介绍四元数的计算方法；其他坐标系旋转的四元数计算方法相同，可参照示例计算、确定。

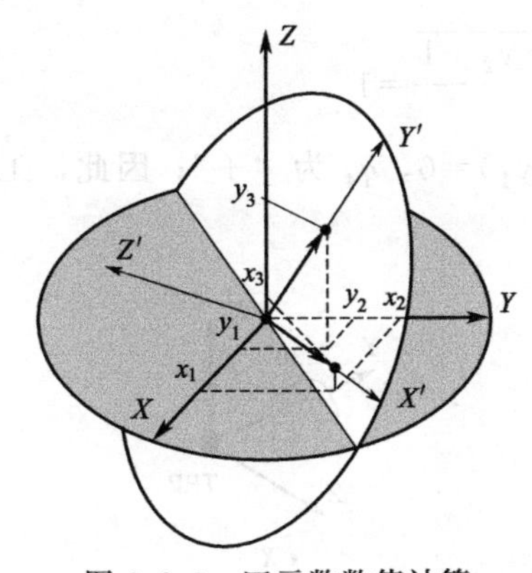

图 6.2.9　四元数数值计算

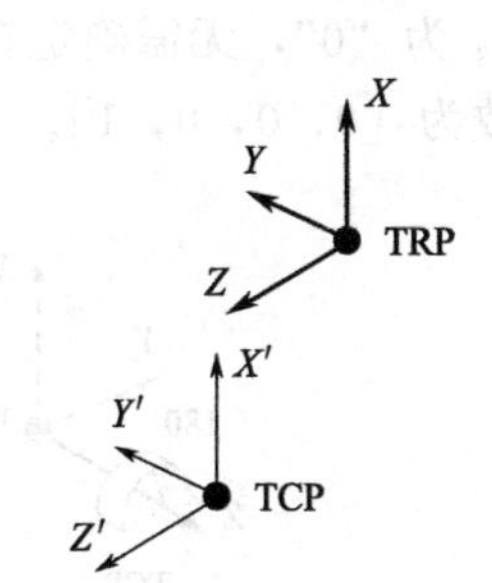

图 6.2.10　基准坐标系同方向

【例 1】 假设机器人工具坐标系如图 6.2.10 所示、方向与手腕基准坐标系相同，则旋转坐标系 X'、Y'、Z'轴单位向量在基准坐标系 X、Y、Z 轴上的投影分别为：

$$(x_1,x_2,x_3)=(1,0,0)$$

$$(y_1,y_2,y_3)=(0,1,0)$$

$$(z_1,z_2,z_3)=(0,0,1)$$

由此可得：

$$q_1=\frac{\sqrt{x_1+y_2+z_3+1}}{2}=1$$

$$q_2=\frac{\sqrt{x_1-y_2-z_3+1}}{2}=0$$

$$q_3=\frac{\sqrt{y_2-x_1-z_3+1}}{2}=0$$

$$q_4=\frac{\sqrt{z_3-x_1-y_2+1}}{2}=0$$

由于q_2、q_3、q_4均为“0”，无需确定符号；因此，工具坐标系旋转四元数为［1，0，0，0］。

【例2】 假设机器人工具坐标系如图6.2.11所示，坐标系方向为回绕手腕基准坐标系Z轴逆时针旋转180°($R_z=+180°$)，旋转坐标系X'、Y'、Z'轴单位向量在基准坐标系X、Y、Z轴上的投影分别为：

$$(x_1,x_2,x_3)=(-1,0,0)$$
$$(y_1,y_2,y_3)=(0,-1,0)$$
$$(z_1,z_2,z_3)=(0,0,1)$$

由此可得：

$$q_1=\frac{\sqrt{x_1+y_2+z_3+1}}{2}=0$$

$$q_2=\frac{\sqrt{x_1-y_2-z_3+1}}{2}=0$$

$$q_3=\frac{\sqrt{y_2-x_1-z_3+1}}{2}=0$$

$$q_4=\frac{\sqrt{z_3-x_1-y_2+1}}{2}=1$$

q_2、q_3为“0”，无需确定符号；计算式$(x_2-y_1)=0$，q_4为“+”；因此，工具坐标系旋转四元数为［0，0，0，1］。

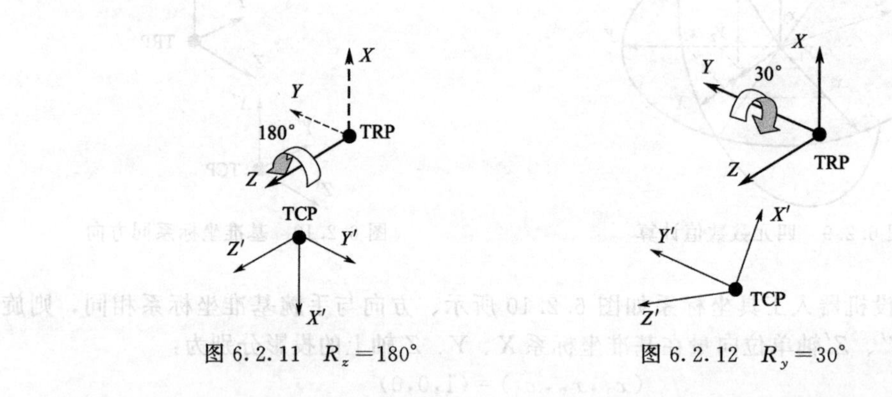

图6.2.11 $R_z=180°$　　图6.2.12 $R_y=30°$

【例3】 假设机器人工具坐标系如图6.2.12所示，坐标系方向为回绕基准坐标系Y轴逆时针旋转30°($R_y=30°$)，旋转坐标系X'、Y'、Z'轴单位向量在基准坐标系X、Y、Z轴上的投影分别为：

$$(x_1,x_2,x_3)=(\cos30°,0,-\sin30°)$$
$$(y_1,y_2,y_3)=(0,1,0)$$
$$(z_1,z_2,z_3)=(\sin30°,0,\cos30°)$$

由此可得：

$$q_1=\frac{\sqrt{x_1+y_2+z_3+1}}{2}=0.966$$

$$q_2=\frac{\sqrt{x_1-y_2-z_3+1}}{2}=0$$

$$q_3=\frac{\sqrt{y_2-x_1-z_3+1}}{2}=0.259$$

$$q_4=\frac{\sqrt{z_3-x_1-y_2+1}}{2}=0$$

q_2、q_4 为 "0"，无需确定符号；计算式$(z_1-x_3)=1$，q_3 为 "+"；因此，工具坐标系旋转四元数为 [0.966，0，0.259，0]。

【例 4】 假设机器人工具坐标系如图 6.2.13 所示，坐标系方向为先回绕基准坐标系 Z 轴逆时针旋转 180°($R_z=180°$)，再回绕旋转后的 Y 轴逆时针旋转 90°($R_y=90°$)，旋转坐标系 X'、Y'、Z'轴单位向量在基准坐标系 X、Y、Z 轴上的投影分别为：

$$(x_1,x_2,x_3)=(0,0,-1)$$
$$(y_1,y_2,y_3)=(0,-1,0)$$
$$(z_1,z_2,z_3)=(-1,0,0)$$

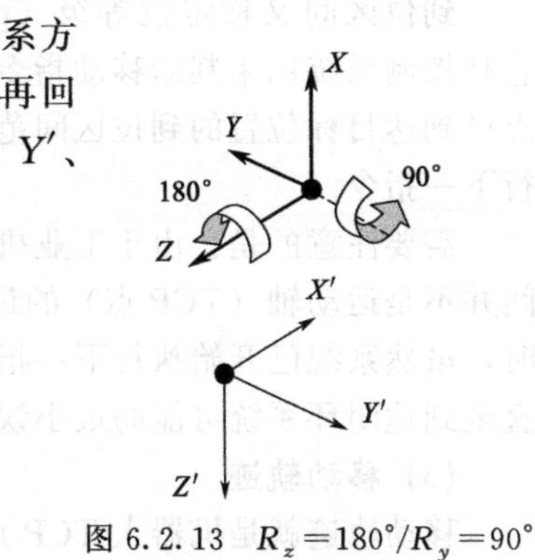

图 6.2.13　$R_z=180°/R_y=90°$

由此可得：

$$q_1=\frac{\sqrt{x_1+y_2+z_3+1}}{2}=0$$

$$q_2=\frac{\sqrt{x_1-y_2-z_3+1}}{2}=0.707$$

$$q_3=\frac{\sqrt{y_2-x_1-z_3+1}}{2}=0$$

$$q_4=\frac{\sqrt{z_3-x_1-y_2+1}}{2}=0.707$$

q_3 为 "0"，无需确定符号；计算式 $(y_3-z_2)=0$，q_2 为 "+"；计算式 $(x_2-y_1)=0$，q_4 为 "+"；因此，工具坐标系旋转四元数为 [0，0.707，0，0.707]。

6.3　移动要素及定义

6.3.1　机器人移动要素

机器人程序自动运动时，需要通过移动指令来控制机器人、外部轴运动，实现 TCP 点的移动与定位。对于图 6.3.1 所示的 TCP 从 P_0 到 P_1 点的运动，在移动指令上，需要定义图示的目标位置（P_1）与到位区间（e）、移动轨迹及移动速度（V）等基本要素。

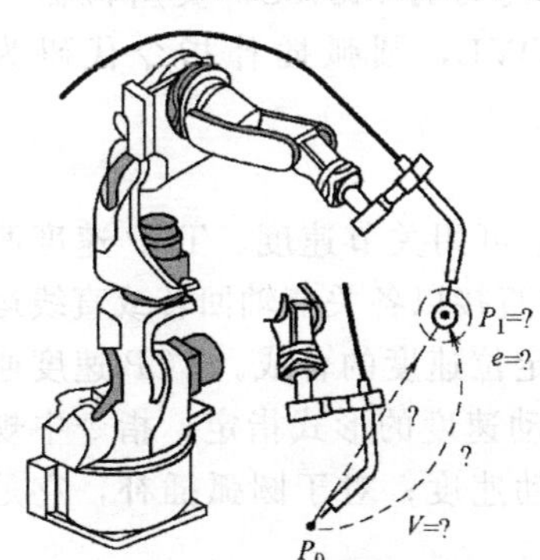

图 6.3.1　基本移动要素

(1) 目标位置

机器人移动指令执行的是从当前位置到目标位置的运动，运动起点总是执行指令时机器人 TCP 点的当前实际位置（P_0）；目标位置则用来定义移动指令执行完成后的 TCP 点终点位置。

工业机器人的移动目标位置既可直接在程序中定义，也可通过示教操作设定，故又称程序点、示教点。

移动目标位置可以是利用关节坐标系定义的机器人、外部轴绝对位置（关节位置），也可为 TCP 点在基座、用户、工件等虚拟笛卡儿直角坐标系上的三维空间位置 *XYZ*（TCP 位置）。以关节坐标系定义时，机器人 TCP 点的位置唯一，无需规定机器人、工具姿态。以笛卡儿直角坐标系的 *XYZ* 值定义 TCP 目标位置时，机器人存在多种实现的可能，必须在指定 *XYZ* 值的同时，定义机器人、工具姿态。

(2) 到位区间

到位区间又称定位等级（positioning level）、定位类型（continuous termination）等，它是控制系统用来判断移动指令是否执行完成的依据。机器人执行移动指令时，如果 TCP 点已到达目标位置的到位区间范围内，控制系统便认为当前的移动指令已执行完成，接着执行下一指令。

需要注意的是：由于工业机器人的伺服驱动系统通常采用闭环位置控制，因此，到位区间并不是运动轴（TCP 点）的最终定位误差。这是因为当运动轴（TCP 点）到达到位区间时，虽然系统已开始执行下一指令，但伺服系统仍能通过闭环位置自动调节功能消除误差，直至到达闭环系统可能的最小误差值。

(3) 移动轨迹

移动轨迹就是机器人 TCP 点在三维空间的运动路线。工业机器人的运动方式主要有绝对位置定位、关节插补、直线插补、圆弧插补等。

绝对位置定位又称点定位，它通常是机器人的关节轴或外部轴（基座轴、工装轴），由当前位置到指定位置的快速定位运动。绝对位置定位的目标位置需要以关节位置的形式给定，控制系统对各运动轴进行的是独立的定位控制，无需进行插补运算，机器人 TCP 点的移动轨迹由各运动轴的定位运动合成，无规定的形状。

关节插补是机器人 TCP 从当前位置到指定点的插补运动，目标位置需要以 TCP 位置的形式给定。进行关节插补运动时，控制系统需要通过插补运算，分配各运动轴的指令脉冲，以保证各运动轴同时启动、同时到达终点，机器人 TCP 点的移动轨迹将由各轴的同步运动合成，但通常不为直线。

直线插补、圆弧插补是机器人 TCP 从当前位置到指定点的直线、圆弧插补运动，目标位置同样需要以 TCP 位置的形式给定。进行直线、圆弧插补运动时，控制系统不但需要通过插补运算，保证各运动轴同时启动、同时到达终点，而且，还需要保证机器人 TCP 点的移动轨迹为直线或圆弧。

机器人的运动方式、移动轨迹需要利用指令代码来选择，指令代码在不同机器人上稍有区别。例如，ABB 机器人的绝对位置定位指令代码为 MoveAbsJ，关节插补指令代码为 MoveJ，直线插补指令代码为 MoveL，圆弧插补指令代码为 MoveC，安川机器人的关节插补指令代码为 MOVJ，直线插补指令代码为 MOVL，圆弧插补指令代码为 MOVC 等。

(4) 移动速度

移动速度用来规定机器人关节轴、外部轴的运动速度，它可用关节速度、TCP 速度两种形式指定。关节速度一般用于机器人绝对位置定位运动，它直接以各关节轴回转或直线运动速度的形式指定，机器人 TCP 的实际运动速度为各关节轴定位速度的合成。TCP 速度通常用于关节、直线、圆弧插补，它需要以机器人 TCP 空间运动速度的形式指定，指令中规定的 TCP 速度是机器人各关节轴运动合成后的 TCP 实际移动速度；对于圆弧插补，它是 TCP 点的切向速度。

6.3.2 目标位置定义

工业机器人的移动目标位置，有关节位置、TCP 位置 2 种定义方式。

(1) 关节位置及定义

关节位置又称绝对位置，它是以各关节轴自身的计数零位（原点）为基准，直接用回转角度或直线位置描述的机器人关节轴、外部轴位置，在工业机器人上，关节位置通常是机器人、外部轴绝对位置定位指令的目标位置。

以关节位置形式指定的移动目标位置，无需考虑机器人、工具的姿态。例如，对于图 6.3.2 所示的机器人系统，机器人关节轴的绝对位置为：j_1、j_2、j_3、j_4、j_6=0°，j_5=−30°；外部轴的绝对位置为：e_1=682mm，e_2=45°等。

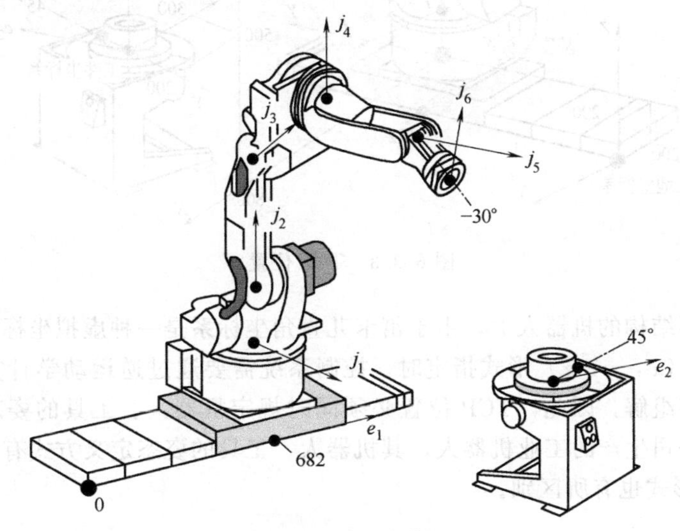

图 6.3.2 关节位置

关节位置（绝对位置）是真正由伺服驱动系统控制的位置。在机器人控制系统上，关节位置一般通过位置检测编码器的脉冲计数得到，故又称“脉冲型位置”。机器人的位置检测编码器一般直接安装在伺服电机内（称内置编码器），并与电机输出轴同轴，因此编码器的输出脉冲数直接反映了电机轴的回转角度。

现代机器人所使用的位置编码器都有带后备电池，它可以在断电状态下保持脉冲计数值，因此，编码器的计数零位（原点）一经设定，在任何时刻，电机轴所转过的脉冲计数值都是一个确定的值，它既不受机器人、工具、工件等坐标系设定的影响，也与机器人、工具的姿态无关（不存在奇点）。

(2) TCP 位置与定义

利用虚拟笛卡儿直角坐标系定义的机器人 TCP 位置，是以指定坐标系的原点为基准，通过三维空间的位置值（x,y,z）描述的 TCP 位置，故又称 *XYZ* 位置。在工业机器人上，TCP 位置通常用来指定关节、直线、圆弧插补运动的移动目标位置。

机器人的 TCP 位置与所选择的坐标系有关。如选择基座坐标系，它就是机器人 TCP 相对于基座坐标系原点的位置值；如果选择工件坐标系，它就是机器人 TCP 相对于工件坐标系原点的位置值。

例如，对于 6.3.3 所示的机器人系统，选择基座坐标系时，其 TCP 位置值为（800,0,1000）；选择大地坐标系时，其 TCP 位置值为（600,682,1200）；选择工件坐标系时，其

TCP 位置值为（300,200,500）。

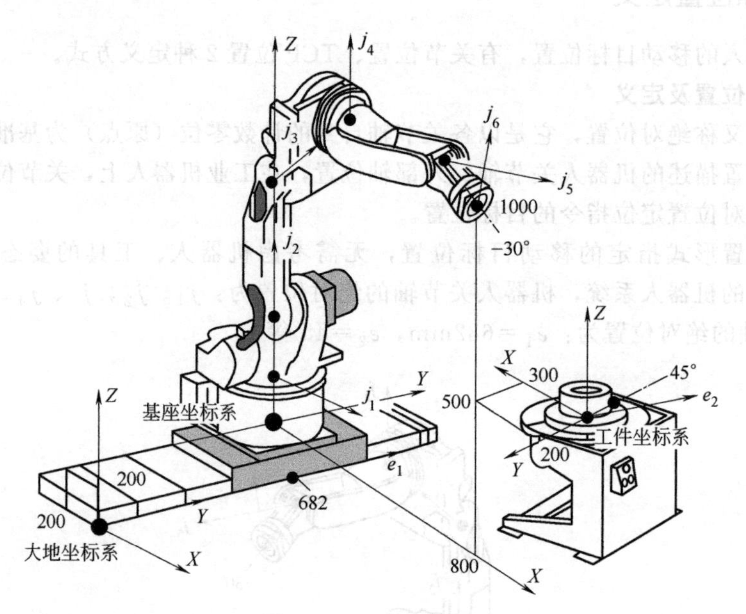

图 6.3.3　TCP 位置

在垂直串联等结构的机器人上，由于笛卡儿直角坐标系是一种虚拟坐标系，因此，当机器人 TCP 位置以（x，y，z）形式指定时，控制系统需要通过逆运动学计算、求解关节轴的位置，且存在多组解，因此，TCP 位置必须同时规定机器人、工具的姿态，以便获得唯一解。由于不同公司生产的工业机器人，其机器人、工具的姿态定义方式有所不同，因此其 TCP 位置数据的形式也有所区别。

6.3.3　到位区间定义

(1) 到位区间的作用

到位区间是控制系统判别机器人移动指令是否执行完成的依据。在程序自动运行时，它是系统结束当前指令、启动下一指令的条件：如果机器人 TCP 到达了目标位置的到位区间范围内，就认为指令的目标位置到达，系统随即开始执行后续指令。

到位区间并不是机器人 TCP 的实际定位误差，因为，当 TCP 到达目标位置的到位区间后，伺服驱动系统还将通过闭环位置调节功能，自动消除误差、尽可能向目标位置接近。正因为如此，当机器人连续执行移动指令时，在指令转换点上，控制系统一方面通过闭环调节功能，消除上一移动指令的定位误差；同时，又开始了下一移动指令的运动；这样，在两指令的运动轨迹连接处，将产生图 6.3.4(a) 所示的抛物线轨迹，由于轨迹近似圆弧，故俗称圆拐角。

机器人 TCP 的目标位置定位是一个减速运动过程，为保证定位准确，目标位置定位误差越小，机器人定位时间就越长。因此，扩大到位区间，可缩短机器人移动指令的执行时间，提高运动的连续性；但是，机器人 TCP 偏移目标位置也越远，实际运动轨迹与程序轨迹的误差也越大。

例如，当到位区间足够大时，机器人执行图 6.3.4(b) 所示的 $P_1 \rightarrow P_2 \rightarrow P_3$ 移动指令时，机器人可能直接从 P_1 连续运动至 P_3，而不再经过 P_2 点。

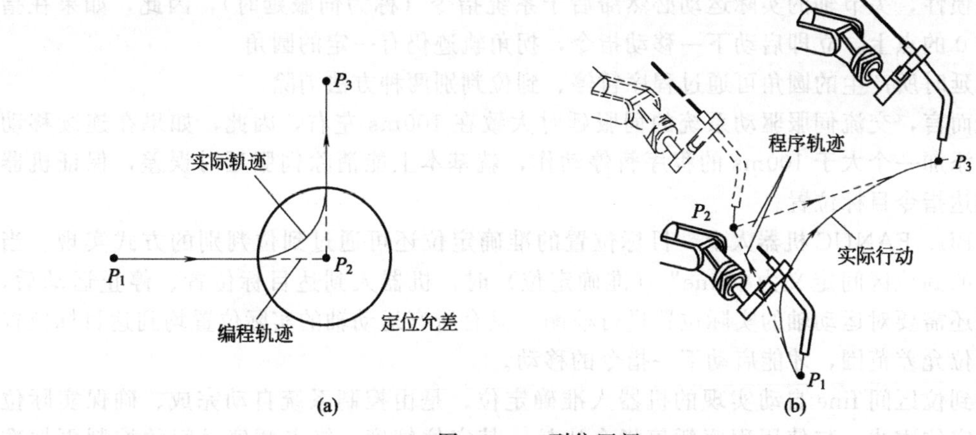

图 6.3.4 到位区间

(2) 到位区间的定义

在不同公司生产的机器人上，到位区间的名称和定义方法有所不同，举例如下。

ABB机器人称为到位区间（zone），系统预定义到位区间为z0～z200，z0为准确定位、z200的到位区间半径为200mm；如需要，也可通过程序数据zonedata，直接在程序指令自行中自行定义。

安川机器人的到位区间称为定位等级（positioning level，简称PL），到位区间分PL 0～8共9级，PL0为准确定位、PL8的区间半径最大；区间半径值可通过系统参数设定。

FANUC机器人的到位区间，需要通过移动指令中的CNT参数（定位类型CNT0～100）定义。CNT参数实际用来定义图6.3.5所示的拐角减速倍率，CNT0为减速停止，机器人在移动指令终点减速停止后，才能启动下一指令；CNT100为不减速连续运动。

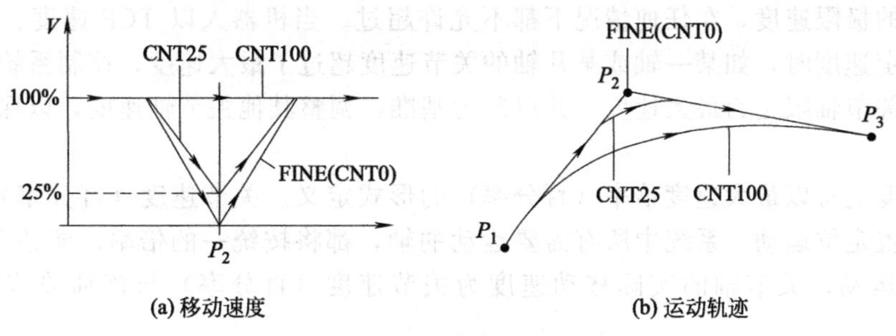

图 6.3.5 CNT与拐角自动减速

(3) 准确定位

通过定位区间zone（或定位等级PL、定位类型CNT）的设定，机器人连续移动时的拐角半径得到了有效控制，但是，即使将定位区间定义为z0或PL＝0、CNT＝0，由于伺服系统存在位置跟随误差，轨迹转换处实际还会产生圆角。

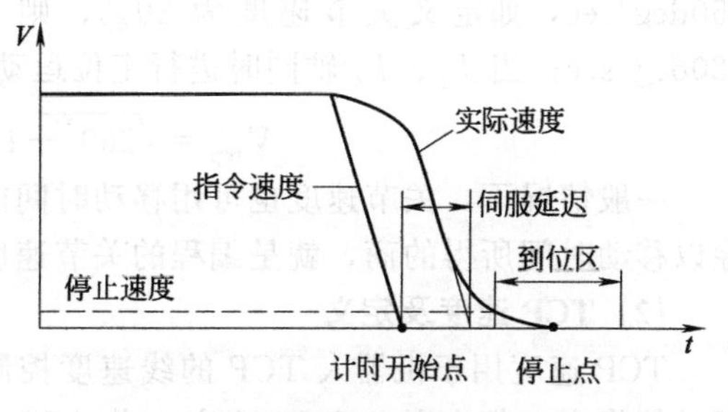

图 6.3.6 伺服系统的实际停止过程

图6.3.6为伺服系统的实际停止过程。运动轴定位停止时，控制系统的指令速度将按系统的加减速要求下降，指令速度为0的点，就是定位区间为0的停止位置。然而，由于伺服

系统存在惯性，关节轴的实际运动必然滞后于系统指令（称为伺服延时），因此，如果在指令速度为0的点上，立即启动下一移动指令，拐角轨迹仍有一定的圆角。

伺服延时所产生的圆角可通过程序暂停、到位判别两种方法消除。

一般而言，交流伺服驱动系统的伺服延时大致在100ms左右，因此，如果在连续移动的指令中添加一个大于100ms的程序暂停动作，就基本上能消除伺服延时误差，保证机器人准确到达指令目标位置。

在ABB、FANUC机器人上，目标位置的准确定位还可通过到位判别的方式实现。当移动指令的到位区间定义为“fine”（准确定位）时，机器人到达目标位置、停止运动后，控制系统还需要对运动轴的实际位置进行检测，只有所有运动轴的实际位置均到达目标位置的准确定位允差范围，才能启动下一指令的移动。

利用到位区间fine自动实现的机器人准确定位，是由控制系统自动完成、确保实际位置到达的定位方式，与使用程序暂停指令比较，其定位精度、终点暂停时间的控制更加准确、合理。在ABB、FANUC机器人上，目标位置的到位检测还可进一步增加移动速度、停顿时间、拐角半径等更多的判断条件。

6.3.4 移动速度定义

机器人的运动可分为绝对位置定位，关节、直线、圆弧插补，以及TCP点保持不变的工具定向运动3类。3类运动的速度定义方式有所区别，具体如下。

(1) 关节速度及定义

关节速度通常用于机器人手动操作，以及关节位置绝对定位、关节插补时的移动速度控制。机器人系统的关节速度是各关节轴独立的回转或直线运动速度，回转/摆动轴的速度基本单位为deg/sec(°/s)；直线运动轴的速度基本单位为mm/sec(mm/s)。

机器人样本中所提供的最大速度（maximum speed），就是各关节轴的最大移动速度；它是关节轴的极限速度，在任何情况下都不允许超过。当机器人以TCP速度、工具定向速度等方式指定速度时，如某一轴或某几轴的关节速度超过了最大速度，控制系统自动将超过最大速度的关节轴限定为最大速度，并以此为基准，调整其他关节轴速度，以保证运动轨迹的准确。

关节速度通常以最大速度倍率（百分率）的形式定义。关节速度（百分率）一旦定义，对于绝对位置定位运动，系统中所有需要运动的轴，都将按统一的倍率，调整各自的速度、进行独立的运动；关节轴的实际移动速度为关节速度（百分率）与该轴关节最大速度的乘积。

关节速度不能用于机器人TCP点运动速度的定义。机器人进行多轴同时运动的手动操作或执行关节位置绝对定位指令时，其TCP点的速度为各关节轴运动的合成。

例如，假设机器人腰回转轴J_1、下臂摆动轴J_2的最大速度分别为250deg/sec、150deg/sec，如定义关节速度为80%，则J_1、J_2轴的实际速度将分别为200deg/sec、120deg/sec；当J_1、J_2轴同时进行定位运动时，机器人TCP点的最大线速度将为：

$$V_{tcp}=\sqrt{200^2+120^2}\approx 233(\text{deg/sec})$$

一般情况下，关节速度也可用移动时间的方式在程序上定义，此时，关节轴的移动距离除以移动时间所得的商，就是编程的关节速度。

(2) TCP速度及定义

TCP速度用于机器人TCP的线速度控制，对于需要控制TCP运动轨迹的直线、圆弧插补等指令，都应定义TCP速度。在ABB机器人上，关节插补指令的速度，同样需要用

TCP速度进行定义。

TCP速度是系统中所有参与插补的关节轴运动合成后的机器人TCP运动速度，它需要通过控制系统的多轴同时控制（联动）功能实现，TCP速度的基本单位一般为mm/sec（mm/s）。在机器人程序上，TCP速度不但可用速度值（如800mm/sec等）直接定义，而且，还可用移动时间的形式间接定义（如5sec等）。利用移动时间定义TCP速度时，机器人TCP的空间移动距离（轨迹长度）除以移动时间所得的商，就是TCP速度。

机器人的TCP速度是多关节轴运动合成的速度，参与运动的各关节轴的实际关节速度，需要通过TCP速度的逆向求解得到，但是，由TCP速度求解得到的关节轴回转速度，均不能超过系统规定的关节轴最大速度，否则控制系统将自动限制TCP速度，以保证TCP运动轨迹准确。

（3）工具定向速度

工具定向速度用于图6.3.7所示的、机器人工具方向调整运动的速度控制，运动速度的基本单位为deg/sec(°/s)。

工具定向运动多用于机器人作业开始、作业结束或轨迹转换处。在这些作业部位，为了避免机器人运动过程可能出现的运动部件干涉，经常需要改变工具方向，才能接近、离开工件或转换轨迹。在这种情况下，就需要对作业工具进行TCP点位置保持不变的工具方向调整运动，这样的运动称为工具定向运动。

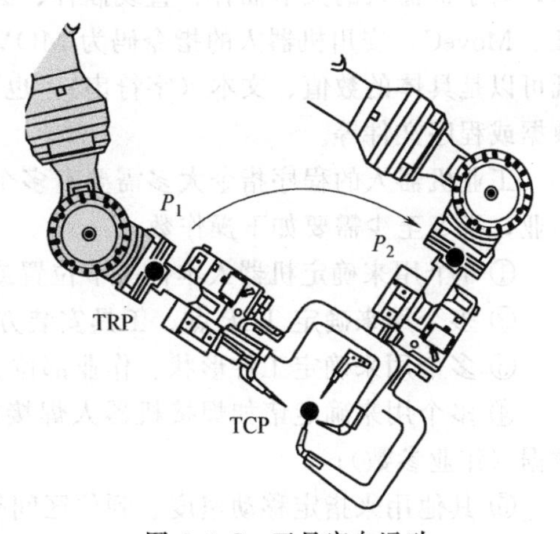

图6.3.7 工具定向运动

工具定向运动一般需要通过机器人工具参考点TRP绕TCP的回转运动实现，因此，工具定向速度实际上用来定义机器人TRP点的回转速度。

工具定向速度同样是系统中所有参与运动的关节轴运动合成后的机器人TRP回转速度，它也需要通过控制系统的多轴同时控制（联动）功能实现，由于工具定向是TRP绕TCP的回转运动，故其速度基本单位为deg/sec(°/s)。由工具定向速度求解得到的各关节轴回转速度，同样不能超过系统规定的关节轴最大速度，否则，控制系统将自动限制工具定向速度，以保证TRP运动轨迹的准确。

机器人的工具定向速度，同样可采用速度值（deg/sec）或移动时间（sec）2种定义形式。利用移动时间定义工具定向速度时，机器人TRP的空间移动距离（轨迹长度）除以移动时间所得的商，就是工具定向速度。

6.4 工业机器人程序结构

6.4.1 程序与编程

（1）程序与指令

工业机器人由于工作环境多数为已知，所以，以第一代示教再现机器人居多。示教再现机器人一般不具备分析、推理能力和智能性，机器人的全部行为需要由人对其进行控制。

工业机器人是一种有自身控制系统、可独立运行的自动化设备，为了使其能自动执行作业任务，操作者就必须将全部作业要求，编制成控制系统能够识别的命令，并输入到控制系统；控制系统通过连续执行命令，使机器人完成所需要的动作。这些命令的集合就是机器人的作业程序（简称程序），编写程序的过程称为编程。

命令又称指令（instruction），它是程序最重要的组成部分。作为一般概念，工业自动化设备的程序控制指令都由如下的指令码和操作数两部分组成：

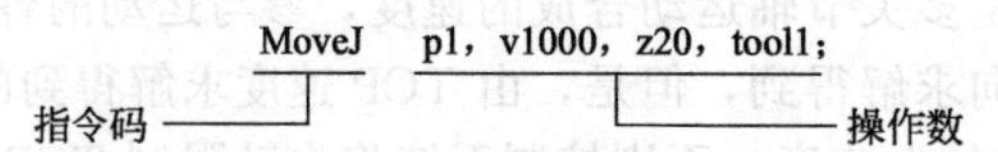

指令码又称操作码，它用来规定控制系统需要执行的操作；操作数又称操作对象，它用来定义执行这一操作的对象。简单地说，指令码告诉控制系统需要做什么，操作数告诉控制系统由谁去做。

指令码、操作数的格式需要由控制系统生产厂家规定，在不同控制系统上有所不同。例如，对于机器人的关节插补、直线插补、圆弧插补，ABB机器人的指令码为MoveJ、MoveL、MoveC，安川机器人的指令码为MOVJ、MOVL、MOVC等。操作数的种类繁多，它既可以是具体的数值、文本（字符串），也可以是表达式、函数，还可以是规定格式的程序数据或程序文件等。

工业机器人的程序指令大多需要有多个操作数，例如，对于6轴垂直串联机器人的焊接作业，指令至少需要如下操作数：

① 6个用来确定机器人本体关节位置或TCP位置的位置数据；

② 多个用来确定TCP点、工具安装方式、工具质量和重心等的数据（工具数据）；

③ 多个用来确定工件形状、作业部位、安装方式等的数据（工件数据）；

④ 多个用来确定诸如焊接机器人焊接电流、电压，引弧、熄弧要求等内容的作业工艺数据（作业参数）；

⑤ 其他用来指定移动速度、到位区间等移动要素的参数。

因此，如果指令中的每一操作数都需要指定具体的值，指令将变得十分冗长，为此，在工业机器人程序中，一般需要通过不同的方法，来一次性定义多个操作数，这一点与数控、PLC等控制装置有较大的不同。

例如，在ABB机器人程序上，可用规定格式的程序数据（program data），来一次性定义多个操作数；在安川机器人上，则用规定格式的文件（file）来一次性定义多个操作数等。

指令码、操作数的表示方法称为编程语言（programming language），它在不同的控制系统、不同的设备上有较大的不同，截至目前，工业机器人还没有统一的编程语言。

例如，ABB机器人采用的是RAPID编程语言，而安川公司机器人的编程语言为INFORM Ⅲ，FANUC机器人的编程语言为KAREL，KUKA公司机器人的编程语言为KRL等，因此，工业机器人程序目前还不具备通用性。

采用不同编程语言所编制的程序，其程序结构、指令格式、操作数的定义方法均有较大的不同。相对而言，采用RAPID编程语言的ABB机器人，是属于目前工业机器人中程序结构复杂、指令功能齐全、操作数丰富的机器人编程语言之一，因此，如操作者掌握了RAPID编程技术，对于其他机器人来说，其编程就相对容易。

(2) 编程方法

第一代机器人的程序编制方法一般有示教编程和虚拟仿真编程两种。

① 示教编程　示教编程是通过作业现场的人机对话操作，完成程序编制的一种方法。所谓示教就是操作者对机器人所进行的作业引导，它需要由操作者按实际作业要求，通过人机对话操作，一步一步地告知机器人需要完成的动作；这些动作可由控制系统以命令的形式记录与保存；示教操作完成后，程序也就被生成。如果控制系统自动运行示教操作所生成的程序，机器人便可重复全部示教动作，这一过程称为“再现”。

示教编程需要有专业经验的操作者，在机器人作业现场完成。示教编程简单易行，所编制的程序正确性高，机器人的动作安全可靠，它是目前工业机器人最为常用的编程方法，特别适合于自动生产线等重复作业机器人的编程。

示教编程的不足是程序编制需要通过机器人的实际操作完成，编程需要在作业现场进行，其时间较长，特别是对于高精度、复杂轨迹运动，很难利用操作者的操作示教，故而，对于作业要求变更频繁、运动轨迹复杂的机器人，一般使用离线编程。

② 虚拟仿真编程　虚拟仿真编程是通过编程软件直接编制程序的一种方法，它不仅可以编制程序，而且还可以进行运动轨迹的模拟与仿真，以验证程序的正确性。

虚拟仿真编程可在计算机上进行，其编程效率高，且不影响现场机器人的作业，故适用于作业要求变更频繁、运动轨迹复杂的机器人编程。虚拟仿真编程需要配备机器人生产厂家提供的专门编程软件，如ABB公司的RobotStudio、安川公司的MotoSim EG、FANUC公司的ROBOGUIDE、KUKA公司的Sim Pro等。

虚拟仿真编程一般包括几何建模、空间布局、运动规划、动画仿真等步骤，所生成的程序需要经过编译，下载到机器人，并通过试运行确认。离线编程涉及编程软件安装、操作和使用等问题，不同的软件差异较大。

值得一提的是：示教编程、虚拟仿真编程是两种不同的编程方式，但是，在部分书籍中，对于工业机器人的编程方法还有现场编程、离线编程、在线编程等多种说法。从中文意义上说，所谓现场、非现场编程，只是反映编程地点是否在机器人现场；而所谓离线、在线编程，也只是反映编程设备与机器人控制系统之间是否存在通信连接。简言之，现场编程并不意味着它必须采用示教方式编程，而编程设备在线时，同样也可以通过虚拟仿真软件来编制机器人程序。

6.4.2　应用程序基本结构

所谓程序结构，实际就是程序的编写方法、格式，以及控制系统对程序进行的组织、管理方式。现阶段，工业机器人的应用程序通常有线性和模块式两种基本结构。

(1) 线性结构

线性结构程序一般由程序名、指令、程序结束标记组成，一个程序的全部内容都编写在同一个程序块中；程序设计时，只需要按机器人的动作次序，将相应的指令从上至下依次排列，机器人便可按指令次序执行相应的动作。

线性结构是日本等国工业机器人常用的程序结构形式。如安川公司的弧焊机器人进行图6.4.1所示的简单焊接作业，其程序如下。

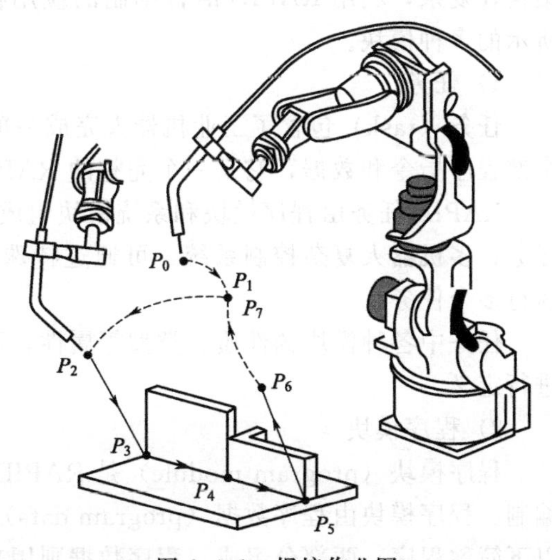

图6.4.1　焊接作业图

```
TESTPRO                                                    // 程序名
0000 NOP                                                   // 空操作命令
0001 MOVJ VJ=10.00                      // P0→P1 点关节插补,速度倍率为 10%
0002 MOVJ VJ=80.00                      // P1→P2 点关节插补,速度倍率为 80%
0003 MOVL V=800                         // P2→P3 点直线插补,速度为 800cm/min
0004 ARCON ASF#(1)                      // 引用焊接文件 ASF#1,在 P3 点启动焊接
0005 MOVL V=50                          // P3→P4 点直线插补焊接,速度为 50cm/min
0006 ARCSET AC=200 AVP=100                                 // 修改焊接条件
0007 MOVL V=50                          // P4→P5 点直线插补焊接,速度为 50cm/min
0008 ARCOF AEF#(1)                      //引用焊接文件 AEF#1,在 P5 点关闭焊接
0009 MOVL V=800                         // P5→P6 点直线插补,速度为 800cm/min
0010 MOVJ VJ=50.00                      // P6→P7 点关节插补,速度倍率为 50%
0011 END                                                   // 程序结束
```

由上述程序实例可见，机器人的线性结构程序命令实际上并不完整，程序中所缺少的机器人移动到目标位置，弧焊所需要的保护气体、送丝、焊接电流和电压、引弧/息弧时间等作业工艺参数等要素，都需要通过示教编程操作、系统参数设定等方式，进行补充与完善，而且参数化编程较困难。

(2) 模块式结构

模块式结构的程序由多个程序模块组成，其中的一个模块负责对其他模块的组织与调度，这一模块称为主模块或主程序，其他模块称为子模块或子程序。对于一个控制任务，主模块或主程序一般只能有一个，而子模块或子程序则可以有多个。

模块式结构的程序子模块通常都有相对独立的功能，它可根据实际控制的需要，通过主模块来选择所需要的子模块、改变子模块的执行次序；此外，还可通过参数化程序设计，使子模块能用于不同的控制程序。模块式结构的程序设计灵活、使用方便，它是欧美工业机器人常用的程序结构形式。

模块式结构程序的模块名称、功能，在不同的控制系统上有所不同。例如，有的系统称为主模块、子模块，有的系统称为主程序、子程序、中断程序等。ABB 工业机器人的程序结构较复杂，利用 RAPID 语言编制的应用程序（以下简称 RAPID 程序）包括了图 6.4.2 所示的多种模块。

1）任务

任务（task）包含了工业机器人完成一项特定作业（如点焊、弧焊、搬运等）所需要的全部程序指令和数据，它是一个完整的 RAPID 应用程序。

RAPID 任务由程序模块和系统模块组成，简单机器人系统 RAPID 程序，通常只有一个任务；多机器人复杂控制系统，可通过特殊的多任务（multitasking）选择功能软件，同步执行多个任务。

任务中各种模块的性质、类型等属性，可通过任务特性参数（task property parameter）进行定义。

2）程序模块

程序模块（program module）是 RAPID 程序的主体，它需要编程人员根据作业的要求编制。程序模块由程序数据（program data）、作业程序（routine，ABB 说明书称例行程序，以下简称程序）两部分组成，程序数据则用来定义指令的操作数值（value），如机器人的移动目标位置、工具坐标系、工件坐标系、作业参数等；作业程序（简称程序）是用来控制机

器人系统的指令（instruction）集合，包含了机器人作业时所需要进行的全部动作。

一个RAPID任务可以有多个程序模块。在程序模块中，含有登录程序（entry routine）的程序模块，可用于程序的组织、管理和调度，称为主模块（main module），例如，图6.4.2中的程序模块1。RAPID程序中的登录程序，实际就是主程序（main program）。除主程序外的其他程序，一般用来实现某一特定的动作或功能，它们可被主程序调用，因此，习惯上称之为子程序。

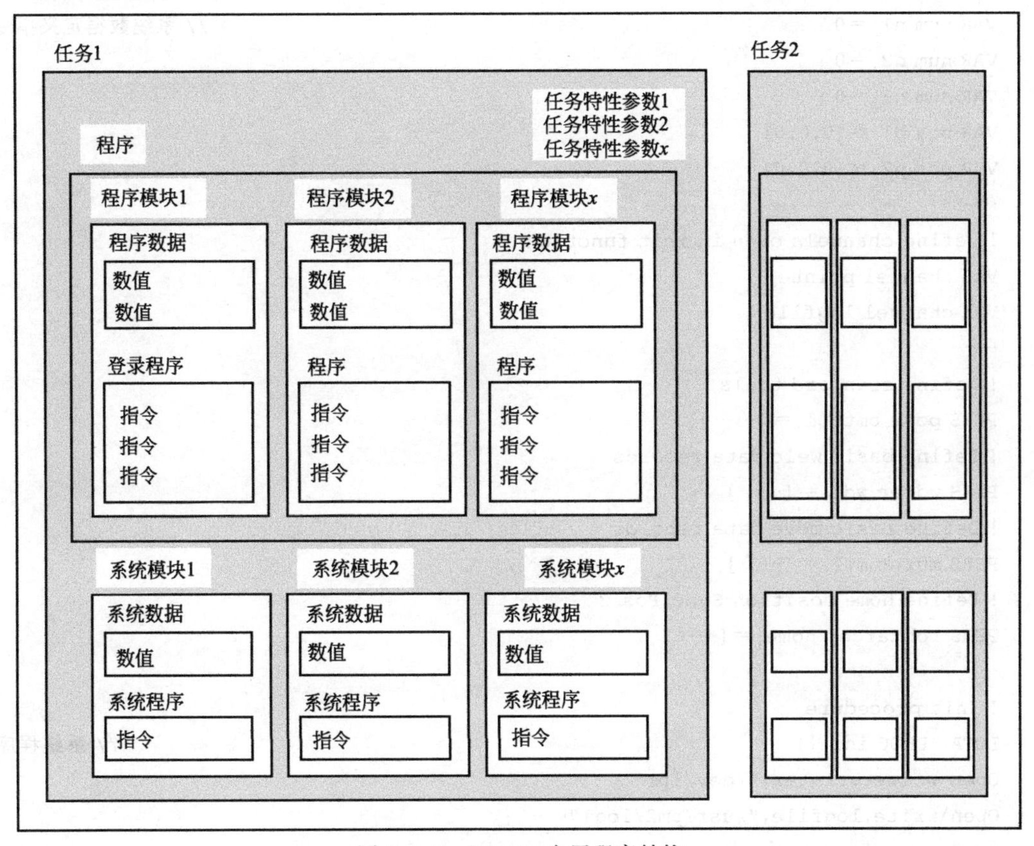

图6.4.2 RAPID应用程序结构

根据功能与用途，RAPID子程序又有普通程序（procedures，简称PROC）、功能程序（functions，简称FUNC）、中断程序（trap routines，简称TRAP）3类，其程序结构和用途有所不同（见后述）。RAPID子程序既可直接编制在主模块中，也可编制在其他程序模块中，通过主模块中的主程序进行调用。

3）系统模块

系统模块（system module）用来定义工业机器人的功能和系统参数。这是因为，对于同一机器人生产厂家而言，机器人控制系统实际上是一种通用装置，它可用于不同用途、规格、功能机器人的控制，因此，当它用于特定机器人控制时，需要通过系统模块来定义机器人的硬件、软件、功能、规格等个性化的参数。

RAPID系统模块由系统程序（routine）和系统数据（system data）组成，它由工业机器人的生产厂家，根据机器人的功能与要求编制、安装，用户一般不可以更改、删除。系统模块可在机器人控制系统启动时自动加载，在机器人使用过程中，即使删除用户作业程序，系统模块仍将保留。

系统模块通常与用户编程无关，因此，本书后续的内容中将不再对其进行深入说明。作为参考，ABB工业机器人系统模块的基本样式大致如下，模块中主要包含有注释（指令“!”）、程序数据定义（指令VAR、PERS）、系统初始化处理程序［“LOCAL PROC init()”］等内容。

```
MODULE sysun1(SYSMODULE)                              // 系统模块名称及属性
! Provide predefined variables                        // 注释
VAR num n1:=0 ;                                       // 系统数据定义指令
VAR num n2:=0 ;
VAR num n3:=0 ;
VAR pos p1:=[0,0,0] ;
VAR pos p2:=[0,0,0] ;
……
! Define channels-open in init function
VAR channel printer ;
VAR channel logfile ;
……
! Define standard tools
PERS pose bmtool:=[……]
! Define basic weld data records
PERS wdrec wd1:=[……]
! Define basic move data records
PERS mvrec mv1:=[……]
! Define home position-Sync. Pos. 3
PERS robtarget home:=[……]
……
! Init procedure
LOCAL PROC init()                                     // 系统程序
Open\write,printer,"/dev/lpr" ;
Open\write,logfile,"/usr/pm2/log1"…… ;
……
ENDPROC                                               // 系统程序结束
ENDMODULE                                             // 系统模块结束
```

6.4.3 RAPID程序模块

程序模块（program module）是RAPID程序的主体，它包含了机器人作业控制的全部数据与程序，并需要编程人员根据实际作业的要求编制。RAPID程序模块的结构复杂、内容众多，为了便于读者完整地了解RAPID程序的基本结构，本小节将以ABB焊接机器人的简单焊接作业任务为例，对RAPID程序的总体结构及一般概念进行简要说明，有关程序的编程方法、指令格式及要求等内容，将在随后的章节中具体说明。

为便于阅读，示例中的模块、程序间使用了特殊的注释行“! ***……”进行分隔。RAPID注释通常用作程序、指令的附加说明文本，注释只能用于显示、不具备任何控制功能；因此，注释行“! ***……”只起程序显示时的分隔作用，无其他任何意义。

ABB焊接机器人的程序模块示例及各组成部分简介如下。

```
%%%
  VERSION:1
  LANGUAGE:ENGLISH
%%%                                                                    // 标题
! ***********************************************************
! ***********************************************************
MODULEMIG_mainmodu                                                     // 模块声明
  ! Module name: Mainmodule for MIG welding                             // 注释
  ! Robot type: IRB 2600
  ! Software: RobotWare 6.01
  ! Created: 2017-01-01
  ……
  PERS tooldata tMIG1:=[TRUE,[[0,0,0],[1.0,0,0]],[1,[0,0,0],[1.0,0,0],0,0,0]];
                                                                       //程序数据定义指令
  PERS wobjdata station:=[FALSE,TRUE,"",[[0,0,0],[1.0,0,0]],[[0,0,0],[1.0,0,0]];
  PERS seamdata sm1:=[0.2,0.05,[0,0,0,0,0,0,0,0,0],0,0,0,0,0,[0,0,0,0,0,0,0,0,0],
0.0,0,1,0,[0,0,0,0,0,0,0,0,0],0.05];
  PERS welddata wd1:=[40,10,[0,0,10,0,0,10,0,0,0],[0,0,0,0,0,0,0,0,0]];
  VAR speeddata vrapid:=[500,30,250,15]
  CONST robtarget p0:=[[0,0,500],[1.0,0,0],[-1,0,-1,1],[9E9,9E9,9E9,9E9,9E9,
9E9]];
  ……
! ***********************************************************          // 例行程序
PROC mainprg()                                                         // 主程序mainprg
  ! Main program for MIG welding                                       // 注释
  Initall;                                                             // 调用子程序Initall
  ……
WHILE TRUE DO                                                          // 循环执行
  IF di01WorkStart=1 THEN
  rWelding;                                                            // 调用子程序rWelding
  ……
  ENDIF
  WaitTime 0.3;                                                        // 暂停
  ENDWHILE                                                             // 结束循环
ERROR                                                                  // 错误处理程序
  IF ERRNO =ERR_GLUEFLOW THEN
  ……
  ENDIF                                                                // 错误处理程序结束
ENDPROC                                                                // 主程序mainprg结束
! ***********************************************************
PROC Initall()                                                         // 子程序Initall
  AccSet 100,100;                                                      // 加速度设定
  VelSet 100,2000;                                                     // 速度设定
```

```
    rCheckHomePos ;                                        // 调用子程序 rCheckHomePos
    ……
    IDelete irWorkStop ;                                   // 中断复位
    CONNECT irWorkStop WITH WorkStop ;                     // 定义中断程序
    ISignalDI diWorkStop,1,irWorkStop ;                    // 定义中断、启动中断监控
  ENDPROC                                                  // 子程序 Initall 结束
  ! *********************************************************
  PROCrCheckHomePos ()                                     // 子程序 rCheckHomePos
    IF NOT CurrentPos(p0,tMIG1) THEN                       // 调用功能程序 CurrentPos
    MoveJ p0,v30,fine,tMIG1\WObj:=wobj0 ;
    ……
    ENDIF
  ENDPROC                                                  // 子程序 rCheckHomePos 结束
  ! *********************************************************
  FUNC bool CurrentPos(robtarget ComparePos,INOUT tooldata CompareTool)
                                                           //功能程序 CurrentPos
    VAR num Counter:=0 ;
    VAR robtarget ActualPos ;
    ActualPos:=CRobT(\Tool:=CompareTool \WObj:=wobj0) ;
    IF ActualPos.trans.x > ComparePos.trans.x - 25 AND ActualPos.trans.x < ComparePos.
trans.x +25 Counter:=Counter+1 ;
    ……
    IF ActualPos.rot.q1 > ComparePos.rot.q1 - 0.1 AND ActualPos.rot.q1 < Compare-
Pos.rot.q1+0.1 Counter:=Counter+1 ;
    ……
    RETURN Counter=7 ;                                     // 返回 CurrentPos 状态
  ENDFUNC                                                  // 功能程序 CurrentPos 结束
  ! *********************************************************
  TRAPWorkStop                                             // 中断程序 WorkStop
    TPWrite"Working Stop" ;
    bWorkStop:=TRUE ;
    ……
  ENDTRAP                                                  // 中断程序 WorkStop 结束
  ! *********************************************************
  PROCrWelding()                                           // 子程序 rWelding
    MoveJ p1,v100,z30,tMIG1\WObj:=station ;                // p0→p1
    MoveL p2 v200,z30,tMIG1\WObj:=station ;                // p1→p2
    ……
  ENDPROC                                                  // 子程序 rWelding 结束
  ENDMODULE                                                // 主模块结束
  ! *********************************************************
  ! *********************************************************
```

① 标题　标题（header）一般是程序的简要说明文本，它可根据实际需要添加、不作强制性要求。RAPID 程序的标题一般编写在程序模块的起始位置，它以字符“%%%”作为开始、结束标记；标题之后为应用程序的各种模块和程序。

在ABB工业机器人上，标题一般包含有应用程序软件版本（version）、文字语言（language）等内容。

② 注释 注释（comment）是为了方便程序阅读所附加的说明文本。注释只能用于显示，而不具备任何动作功能，程序设计者可根据要求自由添加或省略。

注释以符号“!”（指令COMMENT的简写）作为起始标记，以换行符结束。为了便于程序阅读，在RAPID程序中，经常以注释行“! ******”来分隔程序、模块。

③ 指令 指令（instruction）是系统的控制命令，它用来定义系统需要执行的操作，如指令“PERS tooldata tMIG1：=……”用来定义系统的工具数据tMIG1，指令“VAR speeddata vrapid：=……”用来定义机器人的移动速度数据vrapid等。

④ 标识 标识（identifier）是程序构成元素的识别标记（名称）。由于作业程序有众多的程序组成元素（模块、程序、数据等）构成，为了区分不同的程序组成元素，在程序模块中，需要对每一程序构成元素定义一个独立的名称，这一名称称为标识。如指令“PERS tooldata tMIG1：=……”中的“tMIG1”，就是特定作业工具的工具数据（tooldata）标识；指令“VAR speeddata vrapid：=……”中的vrapid，就是机器人特定移动速度的速度数据（speeddata）标识等。

在RAPID程序中，模块、程序、数据等都需要通过标识进行区分，因此，在同一控制系统中，不同的程序构成元素，原则上不可使用同样的标识，也不能仅仅通过字母的大小写来区分不同的程序元素标识。

RAPID程序的标识需要用ISO 8859-1标准字符编写，最多为32字符；标识的首字符必须为英文字母，后续的字符可为字母、数字或下划线“_”，但不能使用空格及已被系统定义为指令、函数、属性等名称的系统专用标识（称为保留字）。

RAPID程序中不能作为标识使用的保留字大致如下：

```
    ALIAS、AND;
    BACKWARD;
    CASE、CONNECT、CONST;
    DEFAULT、DIV、DO;
    ELSE、ELSEIF、ENDFOR、ENDFUNC、ENDIF、ENDMODULE、ENDPROC、ENDRECORD、ENDTEST、ENDTRAP、
ENDWHILE、ERROR、EXIT;
    FALSE、FOR、FROM、FUNC;
    GOTO;
    IF、INOUT;
    LOCAL;
    MOD、MODULE;
    NOSTEPIN、NOT、NOVIEW;
    OR;
    PERS、PROC;
    RAISE、READONLY、RECORD、RETRY、RETURN;
    STEP、SYSMODULE;
    TEST、THEN、TO、TRAP、TRUE、TRYNEXT;
    UNDO;
    VAR、VIEWONLY;
    WHILE、WITH;
    XOR。
```

此外，程序指令名（如AccSet、MoveJ、IDelete等）、函数命令名（如Abs、Sin、Offs等）、数据类别名（如num、bool、inout、robtarget、tooldata、speeddata、pos等）、系统预定义的程序数据名（如v100、z20、vmax、fine等），均不能作为其他程序构成元素的标识。

6.4.4 RAPID程序格式

由程序模块示例可见，RAPID模块由若干利用程序数据指令定义的程序数据（program data）及作业程序（routine，包括主程序、子程序、功能程序、中断程序等）组成。其中，程序数据用来定义程序指令的操作数值，其定义方法将在后续的章节中介绍。作业程序（例行程序）是用来控制机器人系统的指令集合，它包含了机器人作业的全部动作和控制要求，是机器人应用程序设计最重要的内容，不同类别作业程序的基本格式与要求简介如下。

(1) 程序模块格式

在作业程序中，具有程序组织与管理功能的程序称为主程序（main program），其他的程序称为子程序（sub program）。主程序又称登录程序（entry routine），它是程序自动运行必需的基本程序。子程序由主程序进行调用，根据程序的作用与功能，子程序可分为普通程序（procedures，简称PROC）、功能程序（functions，简称FUNC）、中断程序（trap routines，简称TRAP）3类；子程序可根据实际需要编制，如程序十分简单，甚至可不使用子程序。

作业程序可根据需要组合为若干程序模块，其中，包含有主程序的模块，称为主模块（main module）；其他子程序可编制在主模块中，也可编制在其他程序模块中。主模块为程序运行必需的模块，由于它也可包含子程序，因此，对于一般作业任务，通常只编制一个主模块。

RAPID程序模块的基本格式如下，主模块应紧接在程序标题后编制。

```
MODULE 模块名称(属性);                                  // 模块声明(模块起始)
模块注释
程序数据定义
主程序
子程序 1
……
子程序 n
ENDMODULE                                              // 模块结束
```

RAPID程序模块的起始行为模块声明（module declaration）、结束行为ENDMODULE。模块声明以“MODULE”起始，随后为模块名称（如MIG _ mainmodu等）；如需要，还可在模块名称后，用括号附加的模块属性参数。模块声明中的模块名称，可直接用示教器编辑与显示；模块属性参数则只能通过离线编程软件编辑，它们也不能在示教器上显示。程序模块的常用属性参数有以下几种。

① SYSMODULE　系统模块。

② NOVIEW　可执行、但不能显示的模块。

③ NOSTEPIN　不能单步执行的模块。

④ VIEWONLY　只能显示、但不能修改的模块。

⑤ READONLY　只读模块，只能显示、不能编辑，但可删除属性的模块。

当模块需要同时定义两种以上属性时，属性需要按以上①～⑤的次序排列，不同属性间用逗号分隔，如“SYSMODULE，NOSTEPIN”等。部分属性，如 NOVIEW（不能显示）、VIEWONLY（只能显示）等，不能同时定义。

程序模块的起始行（模块声明）之后，可根据需要添加模块注释（module comment）。注释行以符号“!”（指令 COMMENT 的简写）起始、以换行符结束，中间为注释文本。模块注释是为了方便程序阅读所附加的说明文本，它们只能用于显示，而不具备任何动作功能，程序设计者可根据要求自由添加或省略；注释行的数量不限。

注释文本之后，一般为程序模块的程序数据。程序数据需要利用 RAPID 数据声明指令进行定义和赋值。通常而言，机器人作业工具数据（tooldata）、工件数据（wobjdata）、工艺参数（如 welddata）、机器人作业起点 TCP 位置数据（robtarget）、特殊移动速度数据（speeddata）等为 RAPID 程序共用的基本数据，在程序模块中通常需要定义。RAPID 数据声明指令的编程方法与格式要求可参见后续的章节。

程序数据之后为模块的作业程序（例行程序）。其中，主程序必须位于例行程序的最前面，其他程序（子程序）的位置一般不限。全部程序编制完成后，最后行以模块结束标记“ENDMODULE”结束。

(2) 主程序格式

主程序（main program）是用来组织、调用子程序的管理程序，每个主模块都需要有 1 个主程序。RAPID 主程序的基本格式如下。

```
PROC 主程序名称(参数表)
  程序注释
  一次性执行子程序
  ……
  WHILE TRUE DO
  循环子程序
  ……
  执行等待指令
  ENDWHILE
  ERROR
  错误处理程序
  ……
  ENDIF
ENDPROC
```

RAPID 主程序的起始行为程序声明（routine declaration）、结束行为 ENDPROC。

程序声明中包含了程序的使用范围、类别、程序名称以及程序参数等内容。如果主程序的使用范围为全局（GLOBAL，通常情况）、程序类别普通程序（PROC，通常情况），这样的主程序声明可省略使用范围 GLOBAL，直接以程序类别标记 PROC 起始，随后为主程序名称及程序参数。

主程序名称（procedure name）可由用户按前述的 RAPID 标识规定定义；对于采用参数化编程的主程序，需要在程序名称后的括号内附加程序参数表（parameter list）；如不使用程序参数，程序名称后需要保留括号“（）”。有关程序声明的格式及程序参数的定义方法，详见后续的章节。

主程序起始行（程序声明）之后，可添加注释（comment），注释的编写方法、作用与模块注释相同。主程序的注释后，通常为子程序的调用、管理指令。结束行为程序结束标记

ENDPROC。

RAPID主程序调用子程序的方式与子程序的类别有关，它可分为普通程序调用、中断程序调用、功能程序调用和调用3类。普通程序是程序模块的主要组成部分，它既可用于机器人作业控制，也可用于系统的其他处理。普通程序需要通过RAPID程序执行管理指令调用，并可根据实际需要选择无条件调用、条件调用、重复调用等方式。中断程序是一种由系统自动、强制调用与执行的子程序，系统的中断功能一旦被启用（使能），只要中断条件满足，系统将立即终止现行程序、直接跳转到中断程序，而无需编制其他调用指令。功能程序是专门用来实现复杂运算或特殊动作的子程序，执行完成后，可将运算或执行结果返回到调用程序。功能子程序可通过程序数据定义指令直接调用，同样无需编制专门的程序调用指令。

除了以上3类程序外，主程序还可根据需要编制错误处理程序块（ERROR）。错误处理程序块是用来处理程序执行错误的特殊程序块，当程序执行出现错误时，系统可立即中断现行指令、跳转至错误处理程序块，并执行相应的错误处理指令；处理完成后，可返回断点、继续后续指令。错误处理程序块既可在主程序中编制，也可在子程序中编制。如用户程序中没有编制错误处理程序块，或错误处理程序块中无错误所对应的处理指令，控制系统将自动调用系统软件本身的错误处理中断程序，进行相关错误处理。

(3) 普通程序格式

RAPID普通程序（procedures，简称PROC）可作为主程序或子程序使用，普通程序既可独立执行，也可被其他模块、程序所调用，但不能向调用该程序的模块、程序返回执行结果，故又称无返回值程序。

普通程序的起始行为程序声明、结束行为ENDPROC。对于大多数使用范围为全局（GLOBAL）的普通程序，程序声明中可省略使用范围（GLOBAL）、直接以程序类别标记PROC起始，随后为程序名称及程序参数；不使用参数时保留括号“（）”。程序声明之后，可编写各种指令，最后以指令ENDPROC代表普通程序结束。

全局普通程序PROC的基本格式如下：

```
PROC 程序名称(参数表)
  程序指令
  ……
ENDPROC
```

普通程序作为子程序被其他程序调用时，可通过结束指令ENDPROC或程序返回指令RETURN，返回到原程序继续执行。

例如，对于以下普通子程序rWelCheck，如系统开关量输入信号di01的状态为“1”，程序将执行指令RETURN、直接结束并返回；否则，将执行文本显示指令“TPWrite "Welder is not ready"”，在示教器上显示“Welder is not ready”，然后，通过ENDPROC指令结束并返回。

```
PROCrWelCheck ()
  IFdi01:=1 THEN
    RETURN
  ENDIF
    TPWrite "Welder is not ready" ;
ENDPROC
```

(4) 功能程序格式

功能程序（functions，简称FUNC）又称有返回值程序，这是一种用来实现用户自定义的特殊运算、比较等操作，能向调用程序返回执行结果的参数化编程程序。功能程序的调用需要通过程序中的功能函数进行，调用时不仅需要指定功能程序的名称，而且必须对功能程序中的参数进行定义与赋值。

RAPID功能程序的作用，实际上与函数运算命令类似，它可作为RAPID标准函数命令的补充，完成用户所需的特殊运算和处理。

功能程序的起始行为程序声明，结束行为ENDFUNC。对于大多数使用范围为全局（GLOBAL）的功能程序，程序声明中可省略使用范围（GLOBAL），直接以程序类别标记FUNC起始，随后为返回数据的类型、程序名称及参数表。程序声明后可编写各种指令，在功能程序的指令中，必须包含执行结果返回指令RETURN；程序最后以ENDFUNC代表功能子程序结束。

RAPID功能程序的基本格式如下。

```
FUNC 数据类型功能名称(参数表)
  程序数据定义
  程序指令
  ……
  RETURN 返回数据
ENDFUNC
```

有关功能程序的程序声明、参数定义方法及调用方法详见后续章节。

(5) 中断程序格式

中断程序（trap routines，简称TRAP）通常是用来处理系统异常的特殊子程序，它需要通过程序中的中断条件自动调用，当程序规定的中断条件满足（如输入中断信号等），控制系统将立即终止现行程序的执行，无条件调用中断程序。

中断程序的起始行为程序声明、结束行为ENDTRAP。对于大多数使用范围为全局（GLOBAL）的中断子程序，程序声明中可省略使用范围（GLOBAL），直接以程序类别标记TRAP起始，随后为程序名称；但是，中断程序的程序声明中不能定义参数。

全局中断程序的基本格式如下。

```
TRAP 程序名称
  程序指令
  ……
END TRAP
```

中断子程序的程序声明及调用方法详见后续章节。

第7章

RAPID编程基础

7.1 程序数据分类及定义

7.1.1 数据声明指令

ABB 工业机器人程序采用的是 RAPID 编程语言的模块式结构，程序的主体——程序模块由程序数据（program data）、作业程序（routine，ABB 说明书译作例行程序）组成。

程序数据是程序指令的操作数，其数量众多、格式各异。为了便于用户使用，控制系统出厂时，生产厂家已对部分常用的基本程序数据进行了预定义，这些数据可直接在程序中使用，编程时无需另行定义。

系统预定义的程序数据数值在所有程序中都一致，例如，速度数据“v200”所规定的机器人 TCP 移动速度为 200mm/s，速度数据“vrot50”所规定的回转轴速度为 50°/s，到位区间“z30”所规定的机器人 TCP 到位允差为 30mm、工具姿态的到位允差为 45mm、工具定向回转的到位允差为 4.5°等。

但是，由于程序模块需要用于机器人指定的作业控制，因此，除了系统预定义的基本程序数据外，还需要有作业工具、工件、工艺参数、机器人 TCP 位置、移动速度等众多其他程序数据，这些数据都需要在模块或程序中予以定义。

一般而言，机器人的作业工具、工件数据、工艺参数，以及机器人作业起点与终点、作业移动速度等程序数据，是程序模块中各程序共用的基本程序数据，通常在程序模块的起始位置予以统一定义。如果程序数据只用于某一特定的程序，这些数据则可以在指定程序中，进行补充定义。

RAPID 程序数据需要通过数据声明（data declaration）指令进行定义。数据声明指令可对程序数据的使用范围、性质、类型、名称等基本参数进行规定，如需要，还可对程序数据进行初始赋值。

RAPID 数据声明（定义）指令的基本格式及编程要求如下。

TASK	PERS	pos	segpos{2}	:=[[0,0,0],[200,-100,500]]
使用范围	数据性质	数据类型	数据名称/个数	初始值

使用范围：用来规定程序数据的使用对象，即指定程序数据可用于哪些任务、模块和程序。使用范围可选择全局数据（global data）、任务数据（task data）和局部数据（local data）3类。

全局数据（global data）是可供所有任务、所有模块和程序使用的程序数据，它在系统中具有唯一名称和唯一的值。全局数据是系统默认设定，故无需在指令中声明GLOBAL。

任务数据（task data）只能供本任务使用，局部数据（local data）只能供本模块使用；任务数据、局部数据声明指令只能在模块中编程，而不能在主程序、子程序中编程。局部数据是系统优先使用的程序数据，如系统中存在与局部数据同名的全局数据、任务数据，这些程序数据将被同名局部数据替代。

在实际程序中，由于大多数程序数据的使用范围均为单任务、全局数据（系统默认），因此，数据使用范围定义项通常予以省略。

数据性质：用来规定程序数据的使用方法及数据的保存、赋值、更新要求。RAPID程序数据有常量CONST（constant）、永久数据PERS（persistent）、程序变量VAR（variable）和程序参数（parameter）4类，其中，程序参数用于参数化编程的程序，它需要在相关程序的程序声明中定义，其定义方法可参见后述的程序声明。

声明为常量CONST、永久数据PERS的程序数据，保存在系统的SRAM（静态随机存取存储器）中，其数值可一直保持到下次赋值；声明为程序变量VAR的程序数据及程序参数，保存在系统的DRAM（动态、随机存取存储器）中，它们仅在程序执行时有效，程序执行一旦完成或系统被复位，数据将被自动清除。

常量CONST、永久数据PERS、程序变量VAR的特点及定义方法详见下述。

数据类型：用来规定程序数据的格式与用途，程序数据类型由控制系统生产厂家统一规定。例如，十进制数值型数据的类型为“num”、二进制逻辑状态型数据的类型为“bool”、字符串（文本）型数据的类型为“string”、机器人TCP位置型数据的类型为“robtarget”等。程序数据的类型众多，详见附录C。

为了便于数据的识别、分类和检索，用户也可通过RAPID数据等同指令ALIAS，对控制系统生产厂家定义的数据类型增加一个别名，这样的数据称为“等同型（alias）数据”。利用指令ALIAS定义的数据类型名，可直接代替系统数据类型名使用。例如：

```
VAR num reg1:=2 ;                    // 定义 reg1 为 num 型数据并赋值 2
ALIAS num level ;                    // 定义数据类型名 num 等同 level
……
VAR level high ;                     // 定义 high 为 level 数据(num 数据)
VAR level low:=4.0 ;                 // 定义 level 数据 low(num 数据)并赋值
high:=low+reg1                       // 同类数据运算
……
```

数据名称/个数：数据名称是程序数据的识别标记，需要按RAPID标识的规定命名，原则上说，在同一系统中，程序数据的名称不应重复定义。数据类型相同的多个程序数据，也可用数组的形式统一命名，数组数据名后需要后缀“{数据元数}”标记；例如，当程序数据segpos为包含2个*XYZ*位置数据的2元数组时，其数据名称为“segpos {2}”等。

数据初始值：初始值用来定义程序数据的初始值，初始值必须符合程序数据的格式要求，它可以为具体的数值，也可以为RAPID表达式的运算结果。如果数据声明指令未定义程序数据初始值，控制系统将自动取默认的初始值，例如，十进制数值型数据num的初始值默认为“0”、二进制逻辑状态型数据 bool 的初始值为“FALSE”、字符串型数据 string 的初始值为“空白”等。

程序数据一旦定义，便可在程序中按系统规定的格式，对其进行赋值、运算等操作与处理。一般而言，类型相同的程序数据可直接通过 RAPID 表达式（运算式），进行算术、逻辑运算等处理，所得到的结果为同类数据；不同类型的数据原则上不能直接运算，但部分程序数据可通过 RAPID 数据转换函数命令转换格式。

RAPID 程序数据的形式多样，从数据组成与结构上说，有基本型（atomic）、复合型（recode）及数组 3 类；3 类数据的格式、特点及定义方法如下。

7.1.2 基本型数据定义

基本型（atomic）数据在 ABB 机器人说明书中有时被译为“原子型数据”，它通常由数字、字符等基本元素构成。基本型数据在程序中一般只能整体使用，而不再进行分解。

作业程序常用的基本型数据主要有数值型（num）/双精度数值型（dnum）、字节型（byte）、逻辑状态型（bool）、字符串型（string、stringdig）4 类，其组成特点、格式要求及编程示例如下。

(1) 数值型数据

数值型数据是用十进制数值表示的数据。在控制系统内部，它们以 ANSI/IEEE Std 754 IEEE Standard for Floating-Point Arithmetic（二进制浮点数标准，等同 ISO/IEC/IEEE 60559）格式存储。

根据数据长度，RAPID 数值型数据可分为数值型（num 型）、双精度数值型（dnum 型）2 类。num 型数据以 32 位二进制（4 字节）单精度（single precision）格式存储，其中，数据位为 23 位、指数位为 8 位、符号位为 1 位；数据位可表示的十进制数值范围为 $-2^{23}\sim(2^{23}-1)$。dnum 型数据以 64 位二进制（8 字节）双精度（double precision）格式存储，其中，数据位为 52 位、指数位为 11 位、符号位为 1 位；数据位可表示的十进制数值范围为 $-2^{52}\sim+(2^{52}-1)$。num 型数据是作业程序常用数据，dnum 型数据一般只用来表示超过 num 型数据范围的特殊数值。

数值型数据的用途众多，它既可表示通常的数值，也可用数值来表示控制系统的工作状态，因此，在作业程序中，数值型数据又可分为多种类型。例如，专门用来表示开关量输入/输出信号（DI/DO）逻辑状态的数值型数据，被称为 dionum 型数据，其数值只能为“0”或“1”；专门用来表示系统错误性质的数值型数据，被称为 errtype 型数据，其数值范围只能为正整数 0～3 等。

为了避免歧义，在 RAPID 程序中，用来代表系统工作状态的数值型数据，通常用特定的标识（文字符号）来表示其数值。例如，对于逻辑状态 dionum 型数据，数值 0、1 通常直接用标识“FALSE”“TRUE”表示与编程；对于系统错误性质 errtype 型数据，数值 1、2、3 通常直接用标识“TYPE_STATE（操作提示）”“TYPE_WARN（系统警示）”“TYPE_ERR（系统报警）”表示与编程等。

对于 num、dnum 数据，可用整数、小数、指数表示，如 3、-5、3.14、-5.28、2E+3（数值 2000）、2.5E-2（数值 0.025）等；如需要，它们也可用二进制（bin）、8 进制（oct）或 16 进制（hex）等形式表示。

在 num 数值允许的范围内，num 与 dnum 的数据格式可由系统自动转换；如运算结果不超过数值范围，num、dnum 数据还可进行各种运算。但是，由于表示小数的位数有限，系统可能需要对数据进行近似值处理，因此，在程序中，通过运算得到的 num、dnum 数据通常不能用于“等于”“不等于”的比较运算。此外，对于除法运算，即使商为整数，但系统也不认为它是准确的整数。

例如，对于以下程序，由于系统不认为 a/b 是准确的整数 2（程序中的运算符“:=”为 RAPID 赋值符，作用相当于等号“=”），因而 IF 的指令条件将永远无法满足。

```
a:=10 ;
b:=5 ;
IF a/b=2 THEN
……
```

num、dnum 数据的编程示例如下，如仅定义数据类型，系统默认其初始值为 0。

```
VAR num counter ;                          // 定义 counter 为 num 数据,初始值 0
counter:=250 ;                             // 数据赋值,counter =250
a:=10 DIV 3 ;                              // 数据 a=10÷3 的商(a=3)
b:=10 MOD 3 ;                              // 数据 b=10÷3 的余数(b=1)
VAR numnCount:=1 ;                         // 定义 nCount 为 num 数据并赋值 1
VARdnum reg1:=10000 ;                      // 定义 reg1 为 dnum 数据并赋值 10000
VARdnum bin:=0b11111111 ;                  // 定义 bin 为二进制格式 dnum 数据并赋值 255
VARdnum oct:=0o377;                        // 定义 oct 为 8 进制格式 dnum 数据并赋值 255
VARdnum hex:=0xFFFFFFFF ;                  // 定义 hex 为 16 进制 dnum 数据并赋值(2^32-1)
……
```

（2）字节型、逻辑状态型

字节型数据在 RAPID 程序中称为 byte 型数据，它们只能以 8 位二进制正整数的形式表示，其十进制的数值范围为 0～255。在程序中，字节型数据主要用来表示开关量输入/输出组信号的状态、进行多位逻辑运算处理。

逻辑状态型数据在 RAPID 程序中称为 bool 型数据，它们只能用来表示二进制逻辑状态，数值 0、1 通常直接以标识 TRUE（真）、FALSE（假）表示。在程序中，bool 型数据可用 TRUE、FALSE 进行赋值，也可进行比较、判断及逻辑运算，或直接作为 IF 指令的判别条件。

byte、bool 数据的编程示例如下，如果仅定义数据类型，系统默认其初始值为 0 或 FALSE。

```
VAR byte data3 ;                           // 定义 data3 为 byte 数据,初始值 0(0000 0000)
VAR byte data1:=38 ;                       // 定义 data1 为 byte 数据并赋值 38(0010 0110)
VAR byte data2:=40 ;                       // 定义 data2 为 byte 数据并赋值 40(0010 1000)
data3:=BitAnd(data1,data2) ;               // 进行 8 位逻辑与运算,结果 data3=0010 0000
……
VARbool flag1 ;                            // 定义 flag1 为 bool 数据,初始值 0(FALSE)
VAR bool active:=TRUE ;                    // 定义 active 为 bool 数据并赋值 1(TRUE)
……
VARbool highvalue ;                        // 定义 highvalue 为 bool 数据,初始值 0(FALSE)
VAR num reg1 ;                             // 定义 reg1 为 num 数据,初始值 0
highvalue:=reg1 > 100 ;                    // highvalue 赋值,reg1>100 时为 TRUE,否则为 FALSE
IF highvalue Set do1 ;                     // highvalue 为 TRUE 时,设定系统输出 do1 =1
```

```
medvalue:=reg1 > 20 AND NOT highvalue ;
//medvalue赋值,reg1 > 20及highvalue为0时(20<reg1≤100)为TRUE,否则FALSE
……
```

(3) 字符串型

字符串型数据亦称文本（text），在RAPID程序中称为string型数据，它们是由英文字母、数字及符号构成的特殊数据，在RAPID程序中，string数据最大允许为80个ASCII字符。

在RAPID程序中，string数据的前后均需要用双引号（"）标记。如string数据本身含有双引号（"）或反斜杠（\），则需要用连续的2个双引号或反斜杠（\）表示。例如，字符串 start "welding\pipe"2 的表示方法为："start""welding\\pipe""2"。

由纯数字0～9组成的特殊字符串型数据，在RAPID程序中称为stringdig型数据，它们也可直接用来表示正整数的数值。用stringdig型数据表示的数值范围可达0～2^{32}、大于num型数据（$2^{23}-1$）的值；stringdig型数据还可直接通过RAPID函数命令（StrDigCalc、StrDigCmp等），以及opcalc、opnum型运算及比较符（LT、EQ、GT等），在程序中进行算术运算和比较处理（见后述）。

string数据的编程示例如下，如果仅定义数据类型、不进行赋值，系统默认其初始值为空白或0。

```
VAR string text ;                              // 定义text为string数据,空白文本
text:="start welding pipe 1" ;                // text赋值为"start welding pipe 1"
TPWrite text ;                                 // 示教器显示文本start welding pipe 1
……
VAR string name:="John Smith" ;           // 定义name为string数据,并赋值John Smith
VAR string text2:="start " "welding\\pipe" "2" ;
                                              // text2赋值为start "welding\\pipe" 2
TPWrite text2 ;                           // 示教器显示文本start "welding\pipe" 2
……
VAR stringdigdigits1 ;                       // 定义digits1为stringdig数据,初始值为0
VAR stringdigdigits2:="4000000" ;      // 定义digits2为stringdig数据并赋值4000000
VAR stringdig res ;                              // 定义res为stringdig数据,初始值为0
VAR bool flag1 ;                                 // 定义flag1为bool数据,初始值为0
……
digits1:="5000000" ;                    // 定义digits1为stringdig数据并赋值5000000
flag1:=StrDigCmp (digits1,LT,digits2) ;
                      //stringdig数据比较,如digits1 > digits2,bool数据flag1为TRUE
res:=StrDigCalc(digits1,OpAdd,digits2) ;
                                        //stringdig数据加法运算(digits1 + digits2)
……
```

7.1.3 复合型数据与数组定义

(1) 复合型数据

复合型（recode）数据是由多个数据按规定格式复合而成的数据，在ABB机器人说明书中有时译为“记录型”数据。复合型数据的数量众多，例如，用来表示机器人位置、移动

速度、工具、工件的数据均为复合型数据。

复合型数据的构成元可以为基本型数据，也可以是其他复合型数据。例如，用来表示机器人 TCP 位置的 robtarget 型数据，是由 4 个构成元［trans，rot，robconf，extax］复合而成的多重复合数据，其中，构成元 trans 是由 3 个 num 型数据［x,y,z］复合而成的 XYZ 坐标数据（pos 型数据）；构成元 rot 是由 4 个 num 数据［q_1,q_2,q_3,q_4］复合而成的工具姿态四元数（rot 型数据）；构成元 robconf 是由 4 个 num 数据［cf1,cf4,cf6,cfx］复合而成的机器人姿态数据（confdata 型数据）；构成元 extax 是由 6 个 num 数据［e_1,e_2,e_3,e_4,e_5,e_6］复合而成的机器人外部轴关节位置数据（extjoint 型数据）等。

在 RAPID 程序中，复合型数据既可整体使用，也可只使用其中的某一部分，或某一部分数据的某一项；复合型数据、复合型数据的构成元均可用 RAPID 表达式、函数命令进行运算与处理。例如，机器人 TCP 位置型数据 robtarget，既可整体用作机器人移动的目标位置，也可只取其 XYZ 坐标数据 trans(pos 型数据)，或 XYZ 坐标数据 trans 中的坐标值 x（num 型数据），对其进行单独定义，或参与其他 pos 型数据、num 型数据的运算。

在 RAPID 程序中，复合数据的构成元、数据项可用“数据名.构成元名”“数据名.构成元名.数据项名”的形式引用。例如，机器人 TCP 位置型数据 p0 中的 XYZ 坐标数据 trans，可用 p0.trans 的形式引用；而 XYZ 坐标数据 trans 中的坐标值 x 项，则可用 p0.trans.x 的形式引用等。有关复合型数据的具体格式、定义要求，将在本书后述的内容中，结合编程指令进行详细介绍。

复合型数据的编程示例如下，如仅定义数据类型，系统默认其初始的数值为 0、姿态为初始状态。

```
VAR robtarget p0 ;                                  // 定义 p0 为复合型 TCP 位置数据,初始状态
p0:=[[0,0,0],[1,0,0,0],[1,1,0,0],[0,0,9E9,9E9,9E9,9E9]];
                                                    //复合型 TCP 位置数据 p0 整体赋值
VAR robtarget p1:=[[0,0,10],[1,0,0,0],[1,1,0,0],[0,0,9E9,9E9,9E9,9E9]];
                                                    //定义 p1 为复合型 TCP 位置数据,并整体赋值
……
VAR robtarget pos2 ;                                // 定义 pos2 为复合型 TCP 位置数据,初始状态
VARpos p2:=[100,100,200] ;                          // 定义复合型 XYZ 坐标数据并赋值
pos2.trans:=p2 ;                                    // 仅对复合型 TCP 位置数据 pos2 的 trans 部分赋值
……
VARpos pos3 ;                                       // 定义复合型 XYZ 坐标数据,初始值 0
pos3.x:=500.21 ;                                    // 仅对复合型 XYZ 坐标数据 pos3 的 x 坐标赋值
……
VAR robtarget p10 ;                                 // 定义 p10 为复合型 TCP 位置数据,初始状态
p10:=Offs(p1,10,0,0) ;                              // 利用偏移函数 Offs 计算 p10 值
VAR robtarget p20 ;                                 // 定义 p20 为复合型 TCP 位置数据,初始状态
p20:=CRobT(\Tool:=tool\wobj:=wobj0) ;
                                                    // 利用函数 CRobT 读入机器人 TCP 当前位置值
……
```

(2) 数组

为了减少指令、简化程序，类型相同的多个程序数据可用数组的形式，进行一次性定义；多个数组数据还可用复合数组（多价数组）的形式定义，复合数组所包含的数组数，称

为数组价数或维数；每一数组所包含的数据数，称为数据元数。

以数组形式定义的程序数据，其数据名称相同。对于1价（1维）数组，定义时需要在数组名称后附加“{元数}”标记；引用数据时，需要在数组名称后附加“{元序号}”标记。对于多价（多维）数组，定义时需要在名称后附加“{价数，元数}”标记；引用数据时，需要在数组名称后附加“{阶序号，元序号}”标记。

RAPID数组数据的定义及引用示例如下，如仅定义数据类型，系统默认初始值为0。

```
VAR numdcounter_1{5}:=[9,8,7,6,5] ;                    // 1价、5元num数组定义并赋值
reg1:=dcounter_1{3};                                    // 1价、5元num数组数据引用,reg1=7
VAR pos seq{3}:=[[0,0,0],[0,0,500],[0,0,1000]] ;        // 1价、3元pos数组定义并赋值
pos1:=seq{2}                                            //1价、3元pos数组数据引用,pos1=[0,0,500]
……
VAR numdcounter_2{2,3}:=[[9,8,7] ,[6,5,4]] ;            // 2价、3元num数组定义并赋值
reg2:=dcounter_2{1,2}                                   // 2价、3元num数组数据引用,reg2=8
reg3:=dcounter_2{2,3}                                   // 2价、3元num数组数据引用,reg3=4
……
```

7.1.4 程序数据性质定义

程序数据的性质用来规定数据的使用、保存方式及赋值、更新要求。RAPID程序数据的性质可定义为常量CONST（constant）、永久数据PERS（persistent）、程序变量VAR（variable）或程序参数（parameter）。其中，程序参数仅用于参数化编程的程序，它需要在相关程序的程序声明中定义，其定义方法可参见后述的程序声明。常量、永久数据、程序变量的特点及定义方法如下。

(1) 常量

常量CONST（constant）在系统中具有恒定的数值，它保存在系统的SRAM中。任何类型的RAPID程序数据均可定义成常量。常量通常在模块中定义，其数值需要通过数据声明指令定义。在程序中，常量可作为表达式、函数命令的运算数使用，但不能用来保存表达式、函数命令的运算结果。

在数据声明指令中，常量可通过赋值、运算表达式等方式定义数值，也可用数组数据的形式，一次性定义多个常量。

定义常量CONST的数据声明指令编程示例如下。

```
CONST numa:=3 ;                                         // 定义num型常量a=3
CONST numb:=5 ;                                         // 定义num型常量b=5
CONST numindex:=a + b ;                                 // 用表达式定义num型常量,index =8
CONST numdcounter_1{3}:=[9,8,7];                        // 用1价、3元数组定义num型常量
CONST pos seq{3}:=[[0,0,0],[0,500,1000]];               // 用1价、2元数组定义pos型常量
CONST num dcounter_2{2,3}:=[[9,8,7] ,[6,5,4]] ;
                                                        //用2价、3元数组定义num型常量
……
```

(2) 永久数据

永久数据PERS（persistent）不仅可通过数据声明指令定义、变更数值，而且还可通过

程序中的表达式、函数命令改变数值，并保存程执行结果。永久数据 PERS 保存在系统的 SRAM 中。任何类型的 RAPID 程序数据均可定义为永久数据。

永久数据 PERS 的数据声明指令只能在模块中编程。使用范围定义为任务数据 TASK、局部数据 GLOBAL 的永久数据，必须在数据声明指令中定义数据初始值；使用范围定义为全局数据的永久数据，如数据声明指令未定义初始值，系统将自动设定 num、dnum 数据的初始值为 0，bool 数据的初始值为 FALSE，string 数据的初始值为空白。

在主程序、子程序中，可使用永久数据，或通过赋值、表达式、函数命令改变数值，但不能使用数据声明指令来定义永久数据。永久数据值在程序执行完成后仍保存在系统中，以供其他程序或下次开机时继续使用。

在数据声明指令中，永久数据 PERS 可通过赋值、运算表达式等方式定义数值，也可用数组数据的形式，一次性定义多个永久数据。

定义永久数据 PERS 的数据声明指令编程示例如下，该指令只能在模块中编程。

```
MODULE mainmodu (SYSMODULE)                          // 在模块中定义永久数据
……
PERS num a:=3 ;                                      // 定义 num 型永久数据 a=3
PERS num b:=5 ;                                      // 定义 num 型永久数据 b=3
PERS num index:=a + b ;                              // 用表达式定义 num 型永久数据 index =8
PERS num dcounter_1{3}:=[9,8,7] ;                    // 用 1 价、3 元数组定义 num 型永久数据
PERS pos seq{3}:=[[0,0,0],[0,500,1000]] ;            // 用 1 价、2 元数组定义 pos 型永久数据
PERS num dcounter_2{2,3}:=[[9,8,7] ,[6,5,4]] ;
                                                     //用 2 价、3 元数组定义 num 型永久数据
PERS pos refpnt:=[0,0,0] ;                           // 定义 pos 型永久数据 refpnt 并赋值
……
!***************************************************
PROC mainprg ()                                      // 主程序 mainprg
……
p0:=[100,200,500]
refpnt:=p0 ;                                         // 变更永久数据 refpnt 数值
……
ENDMODULE
```

在上述示例中，pos 型永久数据 refpnt 在模块 MODULE mainmodu 中定义了初始值［0，0，0］，但在主程序 PROC mainprg 中，使用了赋值指令“refpnt：=p0”，程序执行后的［x，y，z］值将成为［100，200，500］；这一执行结果将被系统保存，当模块下次启动时，MODULE mainmodu 模块中的永久数据声明指令 refpnt 将自动成为如下形式：

```
PERS pos refpnt:=[100,200,500] ;                     // refpnt 值自动变为上次执行结果
……
```

（3）程序变量

程序变量 VAR（variable，简称变量）是可供模块、程序自由使用的程序数据。变量值可通过程序中的赋值指令、函数命令或表达式运算，进行任意设定或修改。程序变量 VAR 保存在系统的 DRAM 中，它们仅在程序执行时有效，程序执行一旦完成或系统被复位，数

值将被自动清除。

在数据声明指令中，程序变量 VAR 可通过赋值、运算表达式等方式定义数值，也可用数组数据的形式，一次性定义多个程序变量。如数据声明指令未对程序变量进行赋值，系统将自动设定 num、dnum 数据的初始值为 0，bool 数据的初始值为 FALSE、string 数据的初始值为空白。

定义程序变量 VAR 的数据声明指令编程示例如下。

```
VAR num counter ;                              // 定义 num 型程序变量 counter＝0
VAR bool bWorkStop ;                           // 定义 bool 型程序变量 bWorkStop＝FALSE
VAR pospHome ;                                 // 定义 pos 型程序变量 pHome＝[0,0,0]
VAR string author_name ;                       // 定义 string 型程序变量 author_name 为空白
……
VAR pospStart:＝[100,100,50] ;                 // 定义 pos 型程序变量 pStart＝[100,100,50]
author_name:＝"John Smith" ;                   // string 型程序变量 author_name 赋值为"John Smith"
VAR num index:＝a ＋ b ;                        // 定义 num 型程序变量 index 并通过表达式赋值
VAR num maxno{6}:＝[1,2,3,9,8,7] ;             // 用 1 价、6 元数组定义 num 型程序变量
VAR pos seq{3}:＝[[0,0,0],[0,500,1000]] ;      // 用 1 价、2 元数组定义 pos 型程序变量
VAR numdcounter_2{2,3}:＝[[9,8,7] ,[6,5,4]] ;
                                               //用 2 价、3 元数组定义 num 型程序变量
……
```

7.2 程序数据计算与转换

7.2.1 表达式编程

在 RAPID 程序中，程序数据的值既可直接用赋值指令定义，也可通过 RAPID 表达式、运算指令或函数命令，通过系统的运算处理定义。在 RAPID 程序中，简单的算术运算和比较操作，可直接通过表达式、运算指令实现；复杂的算术运算、函数运算及逻辑运算，则需要通过 RAPID 函数命令实现。

(1) 表达式与运算符

表达式是用来计算程序数据数值、逻辑状态的运算式或比较式，它需要用运算符来连接运算数。表达式中的运算数可以是常数，也可以是程序中定义的常量 CONST、永久数据 PERS 和程序变量 VAR；不同运算符对运算数的类型有规定要求。RAPID 基本运算符的使用要求如表 7.2.1 所示。

表 7.2.1 基本运算符使用要求表

运算符		运算	运算数类型	运算说明
算术运算	:=	赋值	任意	a:＝b
	+	加	num,dnum,pos,string	[x1,y1,z1]+[x2,y2,z2]=[x1+x2,y1+y2,z1+z2] "IN"+"OUT"="INOUT"
	−	减	num,dnum,pos	[x1,y1,z1]−[x2,y2,z2]=[x1−x2,y1−y2,z1−z2]

续表

运算符		运算	运算数类型	运算说明
算术运算	*	乘	num,dnum, pos,orient	[x1,y1,z1] * [x2,y2,z2]=[x1 * x2,y1 * y2,z1 * z2] a * [x,y,z]=[a * x,a * y,a * z]
	/	除	num,dnum	a/b
比较运算	<	小于	num,dnum	(3<5)=TRUE;(5<3)=FALSE
	<=	小于等于	num,dnum	—
	=	等于	任意同类数据	([0,0,100]=[0,0,100])=TRUE ([100,0,100]=[0,0,100])=FALSE
	>	大于	num,dnum	—
	>=	大于等于	num,dnum	—
	<>	不等于	任意同类数据	([0,0,100]<>[0,0,100])=FALSE ([100,0,100]<>[0,0,100])=TRUE

算术运算表达式的运算次序与通常的算术运算相同，并可使用括号。数值型的 num、dnum 数据可进行全部算术运算，多个 num、dnum 数据的运算结果仍为 num、dnum 数据；num、dnum 数据也可作为比例系数或组成项，改变 *XYZ* 位置型数据 pos 的数值，其运算结果为 pos 数据。多个 *XYZ* 位置型数据 pos 可进行加、减、乘运算，其结果为对应项和、差、积组成的 pos 数据。用来表示工具姿态和坐标系方位的四元数，可进行乘法运算，其结果为四元数的矢量积。

普通的字符串型 string 数据只能进行加运算，其结果为相加字符串的依次合并。由纯数字组成的特殊字符串型数据（stringdig 数据），可以进行算术运算和比较运算，但需要通过后述的数字字符串运算（StrDigCalc）、比较（StrDigCmp）等 RAPID 函数命令，以及相应的数字字符串运算（opcalc）、比较（opnum）符，如 OpAdd、OpSub、LT、EQ、GT 等实现，有关内容详见后述的函数命令说明。

比较运算的结果为 bool 数据，并以“TRUE（符合）”“FALSE（不符合）”来表示其状态。数值型的 num、dnum 数据可进行大于（>）、小于（<）、大于等于（>=）、小于等于（<=）比较；等于（=）、不等于（<>）比较可用于任意类型相同的程序数据。但是，由于 num、dnum 数据只能用来表示有限位小数，进行算术运算时，系统需要对其进行近似处理；例如，除法运算所得到的整数商，不一定就是准确的整数；因此，通过运算得到的 num、dnum 数据，一般不能用来进行等于、不等于的比较操作。

(2) 表达式编程

在 RAPID 程序中，表达式可用于以下场合：

① 基本型 num、dnum、bool、string 数据赋值与运算；

② 复合型 pos 数据的组成项赋值，数据运算、比例修整；

③ 代替指令操作数；

④ 作 RAPID 函数命令的自变量；

⑤ 作 IF 指令的判断条件等。

表达式在 RAPID 程序中的编程示例如下。

```
CONST num a:=3 ;                                        // num 数据赋值
PERS num b:=5 ;
VAR num c:=10 ;
```

```
VAR num reg1 ;
reg1:=c* (a+b) ;
VAR bool highstatus ;
highstatus:=reg1> 100 ;                                  // bool 数据赋值
VAR string st1_type ;
st1_type:="IN"+"OUT"                                     // string 数据赋值
……
VAR pos pos1 ;
VAR pos pos2 ;
VAR pos pos3 ;
pos1:=[100,200,200*a] ;                                  // pos 数据组成项赋值
pos2:=[100,100,200] +[0,0,500] ;                         // pos 数据运算
pos3:=b*[100,100,200] ;                                  // pos 数据比例修整
……
WaitTime a+b ;                                           // 代替 WaitTime 指令的操作数
d:=Abs(a-b) ;                                            // 作为函数命令 Abs 的自变量
……
IFa >  2 AND NOT highstatus THEN                         // 作为 IF 指令的判断条件
  work1 ;
ELSEIF a< 2 ORreg1> 100 THEN                             // 作为 IF 指令的判断条件
  work2 ;
ELSEIF a< 2 ANDreg1< 10 THEN                             // 作为 IF 指令的判断条件
  work3 ;
ENDIF
……
```

7.2.2 运算指令编程

(1) RAPID 运算指令

RAPID 运算指令较为简单，它通常只能用于 num、dnum 数据的清除、相加、加减 1 等运算，指令的名称、编程格式及简要说明如表 7.2.2 所示。

表 7.2.2 RAPID 运算指令及编程格式

名称	编程格式与示例		
数值清除	Clear	编程格式	Clear Name | Dname
		程序数据	Name:num 数据名称;或,Dname:dnum 数据名称
	简要说明	清除指定程序数据的数值	
	编程示例	Clear reg1;	
加运算	Add	编程格式	Add Name | Dname,AddValue | AddDvalue
		程序数据	Name、AddValue:num 型被加数、加数名称;或, Dname、AddDvalue:dnum 型被加数、加数名称
	简要说明	同类型程序数据加运算,结果保存在被加数上,加数可使用负号	
	编程示例	Add reg1,3; Add reg1,-reg2;	

续表

<table>
<tr><th>名称</th><th colspan="3">编程格式与示例</th></tr>
<tr><td rowspan="4">数值加 1</td><td rowspan="2">Incr</td><td>编程格式</td><td>Incr Name | Dname;</td></tr>
<tr><td>程序数据</td><td>Name:num 型被加数名称;或,
Dname:dnum 型被加数名称</td></tr>
<tr><td>简要说明</td><td colspan="2">指定的程序数据加 1</td></tr>
<tr><td>编程示例</td><td colspan="2">Incr reg1;</td></tr>
<tr><td rowspan="4">数值减 1</td><td rowspan="2">Decr</td><td>编程格式</td><td>Decr Name | Dname;</td></tr>
<tr><td>程序数据</td><td>Name:num 型被减数名称;或,
Dname:dnum 型被减数名称</td></tr>
<tr><td>简要说明</td><td colspan="2">指定的程序数据减 1</td></tr>
<tr><td>编程示例</td><td colspan="2">Decr reg1;</td></tr>
<tr><td rowspan="4">整数检查</td><td rowspan="2">TryInt</td><td>编程格式</td><td>TryInt DataObj | DataObj2</td></tr>
<tr><td>程序数据</td><td>DataObj:num 型检查数据名称;或,
DataObj2:dnum 型检查数据名称</td></tr>
<tr><td>简要说明</td><td colspan="2">检查指定的数据是否为 num 或 dnum 型整数,如为整数,程序继续;否则产生系统出错</td></tr>
<tr><td>编程示例</td><td colspan="2">TryInt mydnum;</td></tr>
<tr><td rowspan="4">指定
位置位</td><td rowspan="2">BitSet</td><td>编程格式</td><td>BitSet BitData | DnumData,BitPos</td></tr>
<tr><td>程序数据</td><td>BitData:byte 型数据名称;或,
DnumData:dnum 型数据名称;
BitPos:需要置 1 的数据位,数据类型 num</td></tr>
<tr><td>简要说明</td><td colspan="2">将 byte、dnum 型数据指定位的状态置 1</td></tr>
<tr><td>编程示例</td><td colspan="2">BitSet data1,8;</td></tr>
<tr><td rowspan="4">指定位
复位</td><td rowspan="2">BitClear</td><td>编程格式</td><td>BitClear BitData | DnumData,BitPos</td></tr>
<tr><td>程序数据</td><td>BitData:byte 型数据名称;或,
DnumData:dnum 型数据名称;
BitPos:需要复位的数据位,数据类型 num</td></tr>
<tr><td>简要说明</td><td colspan="2">将 byte、dnum 型数据指定位的状态置 0</td></tr>
<tr><td>编程示例</td><td colspan="2">BitClear data1,8;</td></tr>
</table>

(2) 运算指令编程

运算指令在作业程序中的编程示例如下。其中，Add 指令的被加数与加数的数据类型必须一致，否则，需要通过后述的数据转换指令，进行 num、dnum 的格式转换。

```
Clear reg1 ;                                   // reg1=0
Add reg1,3 ;                                   // reg1=reg1+3
Add reg1,-reg2 ;                               // reg1=reg1- reg2
Incr reg1 ;                                    // reg1=reg1+1
Decr reg1 ;                                    // reg1=reg1 -1
……
VA Rnum a:=5000 ;                              // 程序数据定义
VAR num b:=6000 ;
VAR dnum c:=7000 ;
VAR dnum d:=8000 ;
```

```
Add a,b ;                                          // num 数据加运算
Add c,d ;                                          // dnum 数据加运算
Add b,DnumToNum(c \Integer) ;                      // c 转换为 num 数据,与 b 加运算
Add c,NumToDnum(b) ;                               // b 转换为 dnum 数据,与 c 加运算
……
TryInt b ;                                         // 检查 b 为整数
……
CONST num parity1_bit:=8 ;                         // 程序数据定义
CONST num parity2_bit:=52 ;
VAR byte data1:=2 ;
VAR dnum data2:=2251799813685378 ;
BitSet data1,parity1_bit ;                         // data1 第 8 位置 1
BitClear data2,parity2_bit ;                       // data2 第 52 位置 0
……
```

7.2.3 函数命令编程

(1) 参数与定义

RAPID 函数命令可用于复杂算术运算、三角函数运算、纯数字字符串数据 stringdig 运算及二进制逻辑运算。

RAPID 函数命令可视为系统生产厂家编制的功能程序，它与用户编制的功能程序 FUNC 一样，同样需要定义与使用参数，参数的数量、类型必须符合函数命令的要求。函数命令的执行结果，同样可返回到程序中。

函数命令所需要的参数，可直接在程序中定义，也可以是程序声明（见后述）中定义的程序参数。在程序中定义的函数命令参数，可以是常数、表达式或常量 CONST、永久数据 PERS 或程序变量 VAR；用程序声明中的程序参数作为函数命令参数时，执行程序前应对程序参数进行赋值。

函数命令的参数定义示例如下。

```
VAR num angle1 ;                                   // 定义程序变量
VAR num angle2 ;
VAR num x_value:=1 ;
VAR num y_value:=2 ;
……
reg1:=Sin(45) ;                                    // 用常数指定参数
angle1:=ATan2(y_value,x_value) ;                   // 用程序变量指定参数
angle2:=ATan2(a:=2,b:=2) ;                         // 用表达式指定参数
……
```

RAPID 函数命令数量众多（见附录 B），其中，算术和逻辑运算、纯数字字符串运算和比较、程序数据格式转换等命令是最常用的基本命令，命令说明见下文；其他函数命令将在对应的编程指令中予以介绍。

(2) 算术、逻辑运算命令

算术运算、逻辑运算函数命令可用于复杂算术运算、三角函数运算及逻辑运算。RAP-

ID 程序常用的命令如表 7.2.3 所示，说明如下。

表 7.2.3 常用算术运算、逻辑运算函数命令表

函数命令		功能	编程示例
算术运算	Abs、AbsDnum	绝对值	val:=Abs(value)
	DIV	求商	val:=20 DIV 3
	MOD	求余数	val:=20 MOD 3
	quad、quadDmum	平方	val:=quad(value)
	Sqrt、SqrtDmum	平方根	val:=Sqrt(value)
	Exp	计算 e^x	val:=Exp(x_value)
	Pow、PowDnum	计算 x^y	val:=Pow(x_value,y_value)
	Round、RoundDnum	小数位取整	val:=Round(value \Dec:=1)
	Trunc、TruncDnum	小数位舍尾	val:=Trunc(value \Dec:=1)
三角函数运算	Sin、SinDnum	正弦	val:=Sin(angle)
	Cos、CosDnum	余弦	val:=Cos(angle)
	Tan、TanDnum	正切	val:=Tan(angle)
	Asin、AsinDnum	－90°～90°反正弦	Angle1:=Asin(value)
	Acos、AcosDnum	0°～180°反余弦	Angle1:=Acos(value)
	ATan、ATanDnum	－90°～90°反正切	Angle1:=ATan(value)
	ATan2、ATan2Dnum	y/x 反正切	Angle1:=ATan(y_value,x_value)
逻辑运算	AND	逻辑与	val_bit:=a AND b
	OR	逻辑或	val_bit:=a OR b
	NOT	逻辑非	val_bit:=NOT a
	XOR	异或	val_bit:=a XOR b
多位逻辑运算	BitAnd、BitAndDnum	位“与”	val_byte:=BitAnd(byte1,byte2)
	BitOr、BitOrDnum	位“或”	val_byte:=BitOr(byte1,byte2)
	BitXOr、BitXOrDnum	位“异或”	val_byte:=BitXOr(byte1,byte2)
	BitNeg、BitNegDnum	位“非”	val_byte:=BitNeg(byte)
	BitLSh、BitLShDnum	左移位	val_byte:=BitLSh(byte,value)
	BitRSh、BitLRhDnum	右移位	val_byte:=BitRSh(byte,value)
	BitCheck、BitCheckDnum	位状态检查	IF BitCheck(byte 1,value)=TRUE THEN

① 算术运算命令　算术运算命令可用于 num 或 dnum 型数据运算，其中，dnum 数据运算命令需要加后缀“Dnum”。例如，Abs 为 num 数据求绝对值命令，AbsDnum 为 num 数据求绝对值命令等。

为了防止存储器溢出，幂函数运算（x^y）命令 Pow、PowDnum 中的底数 x 只能为 num 数据，其他命令中的全部操作数，均可为 num 或 dnum 型数据。

函数命令中的 Round、Trunc 命令均可用于近似值计算，但取近似值的方法不同：命令 Round 为“四舍五入”取近似，命令 Trunc 为“舍尾”取近似。如需要对小数值取近似，应在命令参数后添加可选项 \ Dec，以定义需要保留的小数位数；省略可选项 \ Dec 时，系统默认取整数。例如：

```
VAR num reg1:=0.8665372 ;
VAR num reg2:=0.6356138 ;
……
val1:=Round(reg1\Dec:=3) ;            // 保留3位小数、四舍五入取整,val1=0.867
val2:=Round(reg2) ;                   // 保留整数、四舍五入取整,val2=1
val3:=Trunc(reg1\Dec:=3) ;            // 保留3位小数、舍尾取整,val3=0.866
val4:=Trunc(reg2) ;                   // 保留整数、舍尾取整,val4=0
……
```

② 三角函数运算命令　函数命令 Sin、Cos、Tan 用于正弦、余弦、正切运算；Asin、Acos、Atan、Atan2 用于反正弦、反余弦、反正切运算。其中，Asin、Acos 命令的参数取值范围应为−1～1；Asin 命令的计算结果为−90°～90°，Acos 命令的计算结果为 0°～180°；Atan 命令的参数可为任意值，计算结果为−90°～90°。命令 Atan2 同样用于反正切运算，但它可通过计算式 Atan(y/x) 确定象限、得到−180°～180°范围的角度值。

三角函数运算命令的编程示例如下。

```
VAR num reg1:=30 ;
VAR num reg2:=0.5 ;
VAR num reg3:=-0.5 ;
VAR num value1:=1 ;
VAR num value2:=-1 ;
VAR numval1 ;
……
val1:=Sin(reg1) ;                         // val1=0.5
val2:=Asin(reg2) ;                        // val2=30
val3:=Asin(reg3) ;                        // val3=-30
val4:=Acos(reg2) ;                        // val4=60
val5:=Acos(reg3) ;                        // val5=120
val6:=Atan(value1) ;                      // val6=45
val7:=Atan(value2) ;                      // val7=-45
val8:=Atan2(value1,value1) ;              // val8=45
val9:=Atan2(value1,value2) ;              // val8=135
val10:=Atan2(value2,value1) ;             // val8=-45
val10:=Atan2(value2,value2) ;             // val8=-135
……
```

③ 逻辑运算命令　AND、OR、NOT、XOR 用于二进制“位”逻辑运算；BitAnd、BitOr、BitXOr、BitNeg、BitLSh、BitRSh、BitCheck 用于字节数据 byte 的 8 位二进制逻辑“与”“或”“异或”“非”及移位、状态检查等逻辑操作，以及 dnum 正整数的 52 位逻辑操作。

逻辑运算命令的编程示例如下。

```
VAR bool highstatus ;
……
IF NOT highstatus THEN                    // NOT 运算
```

```
  work1 ;
ELSEIF a< 2 ORreg1> 100 THEN                                  // OR 运算
  work2 ;
ELSEIF a< 2 ANDreg1< 10 THEN                                  // AND 运算
  work3 ;
ENDIF
……
! ***************************************************
VAR byte data1:=38 ;                        // 定义 byte 数据 data1=0010 0110
VAR byte data2:=40 ;                        // 定义 byte 数据 data2=0010 1000
VAR numindex_bit:=3 ;
VAR byte data3 ;
……
data3:=BitAnd(data1,data2) ;               // 8 位逻辑与运算 data3=0010 0000
data4:=BitOr(data1,data2) ;                // 8 位逻辑或运算 data4=0010 1110
data5:=BitXOr(data1,data2) ;              // 8 位逻辑异或运算 data5=0000 1110
data6:=BitNeg(data1) ;                     // 8 位逻辑非运算 data6=1101 1001
data7:=BitLSh(data1,index_bit) ;              // 左移 3 位操作 data7=0011 0000
data8:=BitRSh(data1,index_bit) ;              // 右移 3 位操作 data8=0000 0100
IF BitCheck(data1,index_bit) =TRUE THEN           // 检查第 3 位(bit2)的"1"状态
……
```

(3) 字符串操作命令

字符串操作命令 StrDigCalc 和 StrDigCmp，用于纯数字字符串数据 stringdig 的四则运算运算和比较操作，stringdig 数据的范围为 $0 \sim 2^{32}$。stringdig 数据运算操作需要使用表 7.2.4 所示的文字型运算符 opcalc 和文字型比较符 opnum。

表 7.2.4 opcalc 运算符及 opnum 比较符一览表

运算	opcalc 运算符	OpAdd	OpSub	OpMult	OpDiv	OpMod	—
	运算	加	减	乘	求商	求余数	—
比较	opnum 比较符	LT	LTEQ	EQ	GT	GTEQ	NOTEQ
	操作	小于	小于等于	等于	大于	大于等于	不等于

字符串操作命令的参数、运算结果均应为纯数字正整数字符串（stringdig），如果出现运算结果为负、除数为 0 或数据范围超过 2^{32} 的情况，系统都将发生运算出错报警。

字符串操作命令的编程示例如下。

```
VAR stringdig digits1:="99988" ;                      // 定义纯数字字符串 1
VAR stringdig digits2:="12345" ;                      // 定义纯数字字符串 2
VAR stringdig res1 ;                                // 定义纯数字字符串变量
……
VAR bool is_not1 ;                                  // 定义逻辑状态型变量
……
res1:=StrDigCalc(str1,OpAdd,str2) ;                // 加运算,res1="112333"
res2:=StrDigCalc(str1,OpSub,str2) ;                 // 减运算,res2="87643"
```

```
res3:=StrDigCalc(str1,OpMult,str2);                    // 乘运算,res3="1234351860"
res4:=StrDigCalc(str1,OpDiv,str2);                     // 除运算(求商),res4="8"
res5:=StrDigCalc(str1,OpMod,str2);                     // 除运算(求余数),res5="1228"
……
is_not1:=StrDigCmp(digits1,LT,digits2);                // 小于比较,is_not1为FALSE
is_not2:=StrDigCmp(digits1,EQ,digits2);                // 等于比较,is_not2为FALSE
is_not3:=StrDigCmp(digits1,GT,digits2);                // 大于比较,is_not3为TRUE
is_not4:=StrDigCmp(digits1,NOTEQ,digits2);             // 不等于比较,is_not4为TRUE
……
```

7.2.4 数据转换命令编程

(1) 命令与功能

RAPID指令对操作数类型都有规定的要求，当操作数类型与要求不符时，需要通过数据转换函数命令，将其转换为指令所要求的类型。

RAPID数据转换函数命令可用于基本型的num、dnum、string、byte等数据的格式转换，命令的编程格式、参数要求、执行结果及功能的简要说明如表7.2.5所示。

表7.2.5 数据转换函数命令说明表

名称	编程格式与示例		
num数据转换为dnum数据	NumToDnum	命令格式	NumToDnum(Value)
		基本参数	Value:需要转换的num数据
		可选参数	—
		执行结果	dnum型数据
	简要说明	将数值型数据转换为双精度数值型数据	
	编程示例	Val_dnum:=NumToDnum(val_num);	
dnum数据转换为num数据	DnumToNum	命令格式	DnumToNum(Value [\Integer])
		基本参数	Value:需要转换的dnum数据
		可选参数	不指定:转换为浮点数 \Integer:转换为整数
		执行结果	num型数据
	简要说明	将双精度数值型数据转换为数值型数据	
	编程示例	Val_num:=DnumToNum(val_dnum);	
num数据转换为string数据	NumToStr	命令格式	NumToStr(Val,Dec[\Exp])
		基本参数	Val:需要转换的num数据 Dec:转换后保留的小数位数
		可选参数	不指定:小数形字符串 \Exp:指数形字符串
		执行结果	小数或指数形式的字符串数字,数据类型string
	简要说明	将数值型数据转换为字符串格式	
	编程示例	str:=NumToStr(0.38521,3);	

续表

名称	编程格式与示例		
dnum数据转换为string数据	DnumToStr	命令格式	DnumToStr(Val,Dec[\Exp])
		基本参数	Val:需要转换的dnum数据 Dec:转换后保留的小数位数
		可选参数	不指定:小数形字符串 \Exp:指数形字符串
		执行结果	小数或指数形式的字符串数字,数据类型string
	简要说明	将双精度数值型数据转换为字符串格式	
	编程示例	str:=DnumToStr(val,2\Exp);	
从string数据截取string数据	StrPart	命令格式	StrPart(Str,ChPos,Len)
		基本参数	Str:待转换的字符串,数据类型string ChPos:截取的首字符位置,数据类型num Len:需要截取的字符数量,数据类型num
		可选参数	—
		执行结果	新的字符串,数据类型string
	简要说明	从指定字符串中截取部分字符,构成新的字符串	
	编程示例	part:=StrPart("Robotics",1,5);	
byte数据转换为string数据	ByteToStr	命令格式	ByteToStr(BitData[\Hex]|[\Okt]|[\Bin]|[\Char])
		基本参数	BitData:需转换的byte数据,范围0～255
		可选参数	不指定:十进制数字字符串(0～255) \Hex:十六进制数字字符串(00～FF) \Okt:八进制数字字符串(000～377) \Bin:二进制数字字符串(0000 0000～1111 1111) \Char:ASCII字符
		执行结果	参数选定的字符串,数据类型string
	简要说明	将1字节常数0～255转换为指定形式的字符	
	编程示例	str:=ByteToStr(122\Hex);	
string数据转换为byte数据	StrToByte	命令格式	StrToByte(ConStr[\Hex]|[\Okt]|[\Bin]|[\Char])
		基本参数	ConStr:需转换的string数据
		可选参数	不指定:字符串为十进制数字(0～255) \Hex:字符串为十六进制数字(00～FF) \Okt:字符串为八进制数字(000～377) \Bin:字符串为二进制数字(0000 0000～1111 1111) \Char:字符串为ASCII字符
		执行结果	1字节常数0～255,数据类型byte
	简要说明	将指定形式的字符串转换为1字节常数0～255	
	编程示例	reg1:=StrToByte(7A\Hex);	
任意类型数据转换为string数据	ValToStr	命令格式	ValToStr(Val)
		基本参数	Val:待转换的数据,类型任意
		可选参数	—
		执行结果	字符串,数据类型string

续表

<table>
<tr><th>名称</th><th colspan="3">编程格式与示例</th></tr>
<tr><td rowspan="2">任意类型数据转换为string数据</td><td>简要说明</td><td colspan="2">将任意类型的程序数据转换为字符串</td></tr>
<tr><td>编程示例</td><td colspan="2">str:=ValToStr(p);</td></tr>
<tr><td rowspan="6">string数据转换为任意类型数据</td><td rowspan="4">StrToVal</td><td>命令格式</td><td>StrToVal(Str,Val)</td></tr>
<tr><td>基本参数</td><td>Str:待转换的字符串,数据类型string
Val:转换结果,数据类型任意定义</td></tr>
<tr><td>可选参数</td><td>—</td></tr>
<tr><td>执行结果</td><td>命令执行情况,转换成功为TRUE,否则为FALSE</td></tr>
<tr><td>简要说明</td><td colspan="2">将指定字符串转换为任意类型的程序数据</td></tr>
<tr><td>编程示例</td><td colspan="2">ok:=StrToVal("3.85",nval);</td></tr>
<tr><td rowspan="6">当前日期转换为string数据</td><td rowspan="4">CDate</td><td>命令格式</td><td>CDate()</td></tr>
<tr><td>基本参数</td><td></td></tr>
<tr><td>可选参数</td><td>—</td></tr>
<tr><td>执行结果</td><td>字符串,数据类型string</td></tr>
<tr><td>简要说明</td><td colspan="2">日期标准格式为“年—月—日”</td></tr>
<tr><td>编程示例</td><td colspan="2">date:=CDate();</td></tr>
<tr><td rowspan="6">当前时间转换为string数据</td><td rowspan="4">CTime</td><td>命令格式</td><td>CTime()</td></tr>
<tr><td>基本参数</td><td>—</td></tr>
<tr><td>可选参数</td><td>—</td></tr>
<tr><td>执行结果</td><td>字符串,数据类型string</td></tr>
<tr><td>简要说明</td><td colspan="2">时间标准格式为“时:分:秒”</td></tr>
<tr><td>编程示例</td><td colspan="2">time:=CTime();</td></tr>
<tr><td rowspan="5">十进制/十六进制字符串转换</td><td rowspan="3">DecToHex</td><td>命令格式</td><td>DecToHex(Str)</td></tr>
<tr><td>基本参数</td><td>Str:十进制数字字符串</td></tr>
<tr><td>执行结果</td><td>十六进制数字字符串</td></tr>
<tr><td>简要说明</td><td colspan="2">将十进制数字字符串转换为十六进制数字字符串</td></tr>
<tr><td>编程示例</td><td colspan="2">str:=DecToHex("98763548");</td></tr>
<tr><td rowspan="5">十六进制/十进制字符串转换</td><td rowspan="3">HexToDec</td><td>命令格式</td><td>HexToDec(Str)</td></tr>
<tr><td>基本参数</td><td>Str:十六进制数字字符串</td></tr>
<tr><td>执行结果</td><td>十进制数字字符串</td></tr>
<tr><td>简要说明</td><td colspan="2">将十六进制数字字符串转换为十进制数字字符串</td></tr>
<tr><td>编程示例</td><td colspan="2">str:=HexToDec("5F5E0FF");</td></tr>
</table>

(2) 基本转换命令编程

num、dnum、string数据的转换是最基本的数据转换操作，函数命令的编程示例如下。

```
VAR num a:=55 ;                                   // 程序数据定义
VAR dnum b:=8388609 ;
VAR num val_num ;
VAR dnum val_dnum ;
```

```
val_dnum:=NumToDnum( a ) ;                                  // num→dnum 数据转换
val_num:=DnumToNum ( b ) ;
……
! ************************************************
VAR string str1 ;                                           // 程序数据定义
VAR string str2 ;
VAR string str3 ;
VAR string str4 ;
VAR string str5 ;
VAR string str6 ;
……
VAR num a:=0.38521 ;
VAR num b:=0.3852138754655357 ;
str1:=NumToStr( a,2 ) ;                     // num→string 转换,str1 为字符"0.38"
str2:=NumToStr(a,2\Exp) ;                   // num→string 转换,str2 为字符"3.85E-01"
str3:=DnumToStr(b,3) ;                      // dnum→string 转换,str3 为字符"0.385"
str4:=DnumToStr(val,3\Exp) ;                // dnum→string 转换,str4 为字符"3.852E-01"
str5:=DecToHex("99999999") ;                // Dec/Hex 转换,str5 为字符"5F5E0FF"
str6:=HexToDec("5F5E0FF") ;                 // Hex/Dec 转换,str6 为字符"99999999"
……
! ************************************************
VAR string part1 ;
VAR string part2 ;
Part1:=StrPart( "Robotics Position",1,5 ) ;     // 字符串截取,part1 为字符"Robot"
Part2:=StrPart( "Robotics Position",10,3 ) ;    // 字符串截取,part2 为字符"Pos"
……
! ************************************************
VAR string time ;                                           // 程序数据定义
VAR string date ;
time:=CTime() ;                                     // time 为字符"时:分:秒"
date:=CDate() ;                                     // date 为字符"年—月—日"
……
```

(3) byte 数据转换命令编程

byte 数据是一种特殊形式的 num 数据，其十进制数值为正整数 0～255，它可用来表示 8 位二进制数 0000 0000～1111 1111、2 位十六进制数 00～FF（Hex）、3 位八进制数 00～377（Okt），此外，还能用来表示 ASCII 字符。

ASCII 是美国信息交换标准代码 American Standard Code for Information Interchange 的简称（等同 ISO/IEC 646 标准），是目前英语及其他西欧语言显示最通用的编码系统，它可用表 7.2.6 所示的 2 位十六进制数 00～7F 来表示相应的字符。

表 7.2.6 中的水平方向数值，为字符代码的高位（0～7）；垂直方向数值，为字符代码的低位（0～F）。例如，字符“A”的 ASCII 代码为十六进制数“41”，如用十进制数表示代码，则为数字“65”等。字符串同样可用 ASCII 代码表示，例如，表示字符串“one”的 ASCII 代码为十六进制数“6F 6E 65”等。

表 7.2.6 ASCII 代码表

十六进制代码	0	1	2	3	4	5	6	7
0		DLE	SP	0	@	P		p
1	SOH	DC1	!	1	A	Q	a	q
2	STX	DC2	″	2	B	R	b	r
3	ETX	DC3	#	3	C	S	c	s
4	EOT	DC4	$	4	D	T	d	t
5	ENQ	NAK	%	5	E	U	e	u
6	ACK	SYN	&	6	F	V	f	v
7	BEL	ETB	′	7	G	W	g	w
8	BS	CAN	(	8	H	X	h	x
9	HT	EM	)	9	I	Y	i	y
A	LF	SUB	*	:	J	Z	j	z
B	VT	ESC	+	;	K	[	k	{
C	FF	FS	,	<	L	\	l	|
D	CR	GS	-	=	M	]	m	}
E	SO	RS	.	>	N	^	n	~
F	SI	US	/	?	O	_	o	DEL

用 RAPID 函数命令转换 ASCII 字符时，应首先将命令参数中的十进制数转换为十六进制数，然后，再将十六进制数转成 ASCII 字符。例如，十进制参数 122 的十六进制值为 7A，因此，它所对应的 ASCII 字符为英文小写字母“z”等。

字节转换函数命令的编程示例如下，为简化程序，以下程序使用了数组数据。

```
VAR byte data1:=122;                                    // 待转换数据定义
VAR string data_buf{5};                                 // 保存转换结果的程序数据(数组)定义
data_buf{1}:=ByteToStr(data1);                          // num→string 转换,data_buf{1}为字符"122"
data_buf{2}:=ByteToStr(data1\Hex);                      // data_buf{2}为 Hex 字符"7A"
data_buf{3}:=ByteToStr(data1\Okt);                      // data_buf{3}为 Okt 字符"172"
data_buf{4}:=ByteToStr(data1\Bin);                      // data_buf{4}为 Bin 字符"0111 1010"
data_buf{5}:=ByteToStr(data1\Char);                     // data_buf{5}为 ASCII 字符"z"
!*****************************************************
VAR string data_chg {5}:=["15","FF","172","00001010","A"];   // 待转换数据定义
VAR byte data_buf{5};
data_buf{1}:=StrToByte(data_chg{1});                    // string→num 转换,data_buf{1}为 15
data_buf{2}:=StrToByte(data_chg{2}\Hex);                // data_buf{2}为 255
data_buf{3}:=StrToByte(data_chg{3}\Okt);                // data_buf{3}为 122
data_buf{4}:=StrToByte(data_chg{4}\Bin);                // data_buf{4}为 10
data_buf{5}:=StrToByte(data_chg{1}\Char);               // data_buf{5}为 65
……
```

(4) 字符串转换命令编程

函数命令 ValToStr、StrToVal 可进行字符串（string 数据）和其他类型数据间的相互转换，数据类型可以任意指定。数据转换命令多用于数据通信程序，有关内容可参见后述的

通信命令编程章节。

ValToStr 可将任意类型数据转换为 string 数据。数值型 num 数据转换为 string 数据时，保留 6 个有效数字（不包括符号、小数点）；dnum 数据转换为 string 数据时，保留 15 个有效数字。例如：

```
VAR string str1 ;                                        // 程序数据定义
VAR string str2 ;
VAR string str3 ;
VAR string str4 ;
VAR pos p:=[100,200,300] ;
VAR num numtype:=1.234567890123456789 ;
VAR dnum dnumtype:=1.234567890123456789 ;
……
Str1:=ValToStr(p) ;                      // str1 为字符"[100,200,300]"
Str2:=ValToStr(TRUE) ;                              // str2 为字符"TRUE"
Str3:=ValToStr(numtype) ;                        // str3 为字符"1.23457"
Str4:=ValToStr(dnumtype) ;              // str4 为字符"1.23456789012346"
……
```

StrToVal 可将字符串（string 数据）转换为任意类型数据，命令的执行结果为转换完成标记（bool 数据）；数据成功转换时，执行结果为 TRUE；否则为 FALSE。

例如，利用以下程序，可将字符串"3.85"转换为 num 型程序数据 nval、字符串"[600，500，225.3]"转换为 pos 型程序数据 pos15，命令执行结果分别保存在 bool 型程序数据 ch_ok1、ch_ok2 中，数据成功转换时，ch_ok1、ch_ok2 状态分别为 TRUE。

```
VAR bool ch_ok1 ;                                        // 程序数据定义
VAR num nval ;
ch_ok1:=StrToVal("3.85",nval) ;                // 数据转换,并保存命令执行结果
……
!*****************************************************
VAR boolch_ok2 ;                                         // 程序数据定义
VAR pos pos15 ;
VAR string str15:="[600,500,225.3]" ;
ch_ok2:=StrToVal(str15,pos15) ;                // 数据转换,并保存命令执行结果
……
```

7.3 程序声明与执行管理

7.3.1 程序声明与程序参数

(1) 程序声明指令

RAPID 程序的结构较复杂，任务可能包含多个模块、多个程序，为了方便系统组织与管理，除了模块、程序的名称外，需要对模块、程序的使用范围、类别（属性），以及参数化编程程序的参数等内容，进行定义。

在RAPID程序中，用来定义模块名称及属性的指令称为模块声明（module declaration）指令，它以“MODULE”起始，随后为模块名称，如需要还可在名称后，用括号附加模块的属性。例如，声明为“MODULE MIG_mainmodu”的模块为程序模块，名称为“MIG_mainmodu”等。有关模块声明指令的编程方法可参见6.4节。

除模块声明指令外，模块中的各类程序，也需要通过RAPID程序声明（routine declaration）指令，进行名称、属性的定义；采用参数化编程的程序，还需要定义程序参数。程序声明指令需要编制在程序的起始行，指令的基本格式及编制要求如下。

```
LOCAL     PROC      Procedures1     (num requi_par, INOUT VER num inout_par, …)
  |         |            |                   |                      |
使用范围  程序类型    程序名称            程序参数1              程序参数2
```

使用范围：使用范围用来限定可使用（调用）该程序的程序模块。作业程序的使用范围可定义为全局程序（GLOBAL）、局域程序（LOCAL）两类。

全局程序可被任务中的所有模块使用（调用）。GLOBAL是系统默认的设定，无需另加定义。例如，声明为“PROC mainprg（）”“PROC Initall（）”的程序，均为全局程序。

局域程序只能供本模块使用（调用）。局域程序的程序声明起始位置必须加“LOCAL”声明。例如，声明为“LOCAL PROC local_rprg（）”的程序，只能被程序所在模块中的其他程序所调用。局域程序的优先级高于全局程序，如任务中存在名称相同的全局程序和局域程序，执行局域程序所在模块时，系统将优先执行局域程序，与之同名的全局程序及其程序数据等均将无效。

局域程序的类型、结构和编程要求等均与全局程序相同，因此，在本书后述的内容中，将以全局程序为例进行说明。

程序类型：程序类型是对程序作用和功能的规定，它可选择前述的普通程序（PROC）、功能程序（FUNC）和中断程序（TRAP）3类；3类程序的功能、用途及编程格式要求，可参见6.4节。

程序名称：程序名称是程序的识别标记。程序名称应按照RAPID标识规定定义（见6.4节）；如程序的使用范围相同，名称一般不能重复定义。对于功能程序（FUNC），程序名称前还必须定义返回数据的类型，例如，用来计算数值型num数据的功能程序，名称前应加“num”标记；用来计算机器人TCP位置型数据robtarget的功能程序，名称应加“robtarget”标记等。

程序参数：程序参数用于参数化编程的程序，它需要在程序名称的括号内附加。对于不使用参数化编程的普通程序PROC，无需定义程序参数，但需要保留名称后的括号。中断程序TRAP在任何情况下均可能被系统调用，它不能使用参数化编程功能，因此，名称后无需加括号。功能程序FUNC必然采用参数化编程，故必须定义程序参数。

（2）程序参数及定义

RAPID程序参数简称参数（parameter），它是用于程序数据赋值、返回执行结果的中间变量，在参数化编程的普通程序PROC及功能程序FUNC中，必须予以定义。程序参数需要在程序名称后的括号内定义，并允许有多个；多参数程序的不同程序参数间，应用逗号分隔，如“PROC glue(\switch on,\PERS wobjdata wobj,num glueflow)”等。

RAPID程序参数的定义格式和要求如下。

```
  \       INOUT VAR      num       par1{*}        | num par2
  |           |            |           |                |
选择标记   访问模式     数据类型   参数/数组名称      排斥参数
```

选择标记：前缀“\”的参数为可选参数，无前缀的参数为必需参数。可选参数通常用于以函数命令 Present（当前值）作为判断条件的 IF 指令，满足 Present 条件时，参数有效，否则，忽略该参数。

例如，以下程序中的 switch on、wobj 是用于 IF 条件 Present 的可选参数，如程序参数 switch on 的状态为 ON，参数有效、程序指令 1 将被执行，否则，忽略参数 switch on 和程序指令 1；如程序参数 wobj 已作为永久工件数据（PERS wobjdata）定义，程序指令 2 将被执行，否则，忽略参数 wobj 和程序指令 2。

```
PROC glue ( \switch on,\PERS wobjdata wobj,num glueflow,……)
IF Present (on) THEN ;
  程序指令 1                                    // 可选参数 switch on 状态为 ON 时执行
IF Present (wobj) THEN
  程序指令 2                                    // 可选参数 wobj(工件坐标系设定)符合时执行
ENDIF
……
```

访问模式：访问模式用来规定程序参数的数值设定与数据保存方式，可根据需要选择如下几种。

① IN（默认） 输入参数。输入参数需要在程序调用时设定初始值；在程序中，它可作为具有初始值的程序数据使用。IN 是系统默认的访问模式，定义时可省略 IN 标注。

② INOUT 输入/输出参数。输入/输出参数不仅在程序调用时需要设定初始值，而且，还可在程序中改变其数值，并保存执行结果。

③ VAR、INOUT VAR 可在程序中作程序变量 VAR 使用的程序参数。访问模式定义为 VAR 的参数，需要设定初始值；访问模式定义 INOUT VAR 的参数，不仅可设定初始值，且能返回执行结果。

④ PERS、INOUT PERS 可在程序中作为永久数据 PERS 使用的程序参数。访问模式为 PERS 的参数，需要输入初始值；访问模式为 INOUT PERS 的参数，不仅可输入初始值，且能返回执行结果。

⑤ REF 交叉引用参数。该访问模式仅用于系统预定义程序，在用户程序设计时不能使用该访问模式。

数据类型：用来规定程序参数的数据格式，如十进制数值型数据为 num、逻辑状态型数据为 bool 等。

参数/数组名称：参数名称是用 RAPID 标识表示的参数识别标记，在同一系统中，名称原则上不应重复定义。参数也可为数组，数组参数名称后需要加“{*}”标记。

排斥参数：用“|”分隔的参数相互排斥，即执行程序时只能选择其中之一。排斥参数属于可选参数，它通常用于以函数命令 Present（当前值）作为 ON、OFF 判断条件的 IF 指令。例如，对于以下程序，如排斥参数 switch on 状态为 ON，程序指令 1 将被执行，同时忽略参数 switch off；否则，忽略参数 switch on 和程序指令 1，执行程序指令 2。

```
PROC glue ( \switch on|switch off )
IF Present (on) THEN ;
  程序指令 1                                    // 排斥参数 switch on 符合时执行
IF Present (off) THEN
  程序指令 2                                    // 排斥参数 switch off 符合时执行
ENDIF
```

7.3.2 普通程序执行方式

RAPID程序模块中的各类程序，可通过主模块中的作业主程序（main program）进行组织、管理与调用。其中，功能程序（FUNC）和中断程序（TRAP），需要通过程序中的功能函数和中断连接指令进行调用，有关内容见后述。声明为普通程序（PROC）的程序，可直接通过主程序中的程序执行控制指令，进行组织与管理，程序可根据需要选择一次性执行、循环执行，以及重复调用、条件调用等。

普通程序（PROC）可根据需要选择一次性执行和循环执行2种执行方式，其编程方法如下。

(1) 程序一次性执行

普通程序（PROC）作为一次性执行的子程序使用时，程序在主程序启动后，只能执行一次。一次性执行的程序调用指令，通常用于机器人作业起点、控制信号初始状态、程序数据初始值、中断条件等作业起始状态的设定，程序调用指令一般应在主程序起始位置、紧接主程序注释后编制，并以无条件调用指令进行调用。例如：

```
PROC mainprg ()
  ! Main program for MIG welding
  Initall ;                                      //无条件调用子程序 Initall
  ……
```

在作业程序中，子程序无条件调用指令ProcCall可直接省略，即：对于无条件调用的子程序，只需要在程序行编写子程序名称，系统执行该指令时，可自动跳转至指定的子程序继续执行。例如：

```
……
rCheckHomePos ;                                  //无条件调用子程序 rCheckHomePos
rWelding ;                                       //无条件调用子程序 rWelding
……
```

在ABB工业机器人上，一次性执行的子程序通常用于机器人的作业起点定位、程序数据的初始设定等，因此，常称之为“初始化程序”，并以Init、Initialize、Initall或rInit、rInitialize、rInitAll等命名。

(2) 程序循环执行

普通程序（PROC）作为循环执行的子程序使用时，程序将在主程序启动后，无限重复地执行。循环执行程序通常用于机器人的连续作业控制，程序调用一般通过RAPID条件循环指令“WHILE—DO”编程，指令的编程格式如下：

```
 WHILE 循环条件 DO
   子程序名称(子程序调用指令)
   ……
   子程序名称(子程序调用指令)
   ……
   行等待指令
 ENDWHILE
ENDPROC
```

控制系统执行条件循环指令 WHILE 时，如循环条件满足，则可执行 WHILE 至 ENDWHILE 间的全部指令；ENDWHILE 指令执行完成后，系统将返回 WHILE 指令、再次检查循环条件，如满足，则继续执行 WHILE 至 ENDWHILE 间的全部指令；如此循环。如 WHILE 指令的循环条件不满足，系统将跳过 WHILE 至 ENDWHILE 间的全部指令，执行 ENDWHILE 后的其他指令。因此，如将子程序无条件调用指令 ProcCall 或子程序名称，直接编制在 WHILE 至 ENDWHILE 指令间，只要 WHILE 循环条件满足，便可实现子程序的循环调用。

WHILE 指令的循环条件不但可使用判别、比较式，如“Counter1＝10”“reg1＜reg2”等，而且也可直接为逻辑状态“TRUE（满足）”或“FALSE（不满足）”。当循环条件直接定义为“TRUE”时，系统将无条件重复 WHILE 至 ENDWHILE 间的循环指令；如定义为“FALSE”，则 WHILE 至 ENDWHILE 的指令将被直接跳过。

7.3.3 普通程序调用

由于 RAPID 程序只需要在程序行编写子程序名称，便可实现子程序的调用功能，因此，可直接通过无条件执行、重复执行、条件执行程序行的指令，来实现子程序的无条件调用、重复调用、条件调用功能。

无条件调用的普通程序只需要直接在程序行编写子程序名称，当系统执行至该程序行时，便可跳转至指定的程序继续执行。普通程序的重复调用一般通过重复执行指令 FOR 实现；普通程序的条件调用则可通过条件执行指令 IF、TEST 实现，其编程方法如下。

（1）程序重复调用

普通程序的重复调用一般通过重复执行指令 FOR 实现，此时，只需要将子程序调用指令（子程序名称）编写在指令 FOR 至 ENDFOR 之间。

重复执行指令 FOR 的编程格式及功能如下。

```
FOR 计数器 FROM 计数起始值 TO 计数结束值 [STEP 计数增量] DO          // 重复执行指令
子程序调用
……
ENDFOR                                                          // 重复执行指令结束
```

FOR 指令可通过计数器的计数，对 FOR 至 ENDFOR 之间的指令，重复执行指定的次数。指令的重复执行次数，由计数起始值 FROM、结束值 TO 及计数增量 STEP 控制；计数增量 STEP 的值可为正整数（加计数）、负整数（减计数），或者直接省略、由系统自动选择默认值。

如执行 FOR 指令时，计数器的当前值介于起始值 FROM 与结束值 TO 之间，系统将执行 FOR 至 ENDFOR 之间的指令，并使计数器的当前值增加（加计数）或减少（减计数）一个增量；然后，返回 FOR 指令、再次进行计数值的范围判断，并决定是否重复执行 FOR 至 ENDFOR 之间的指令。如计数器的当前值不在起始值 FROM 和结束值 TO 之间，执行 FOR 指令时，系统将直接跳过 FOR 至 ENDFOR 之间的指令。

例如，对于以下程序，因计数增量 STEP 为“－2”，子程序调用指令 rWelding 每执行一次，计数器 i 将减 2。因此，当计数器 i 初始值 FOR 为 10、结束值 TO 为 0 时，子程序 rWelding 可重复执行 6 次，完成后执行指令 Reset do1；如计数器 i 初始值小于 0 或大于 10，将跳过子程序 rWelding，直接执行指令 Reset do1。程序中的指令“a {i}：＝a {i－1}”用于计数器初始值调整，当初始值为奇数 1、3、5、7、9 时，系统可自动将其设定为 2、4、

6、8、10。

```
FOR i FROM 10 TO 0 STEP －2 DO
  a{i}:=a{i－1}
  rWelding ;
ENDFOR
  Reset do1 ;
  ……
```

FOR指令中的计数增量选项STEP也可省略。省略STEP选项时，系统将根据起始值FROM、结束值TO，自动选择STEP值为“＋1”或“－1”：如计数结束值TO大于计数起始值FROM，系统默认STEP值为“＋1”，每执行一次FOR至ENDFOR之间的指令，计数值加1；如计数结束值TO小于计数起始值FROM，系统默认STEP值为“－1”，每执行一次FOR至ENDFOR之间的指令，计数值减1。

例如，对于以下程序，如计数器i初始值为1，子程序rWelding可连续调用10次，完成后执行指令Reset do1；如计数器i的初始值为6，则子程序rWelding可连续调用5次，完成后执行指令Reset do1；如计数器i初始值小于1或大于10，则跳过子程序rWelding，直接执行指令Reset do1。

```
FOR i FROM 1 TO 10 DO
  rWelding;                              // 子程序 rWelding 重复调用
ENDFOR
  Reset do1 ;
  ……
```

(2) 程序IF条件调用

RAPID条件执行指令IF可使用“IF—THEN”“IF—THEN—ELSE”“IF—THEN—ELSEIF—THEN—ELSE”等形式编程，利用这些指令，就可实现以下不同的子程序条件调用功能。

使用“IF—THEN”指令条件调用的子程序，可将子程序无条件调用指令（子程序名称）编写在指令IF与ENDIF之间，此时，如系统满足IF条件，子程序将被调用；否则，子程序将被跳过。例如，对于以下程序，如执行IF指令时，寄存器reg1的值小于5，系统可调用子程序work1，work1执行完成后，执行指令Reset do1；否则，将跳过子程序work1、直接执行Reset do1指令。

```
IF reg1<5 THEN
  work1 ;
ENDIF
  Reset do1 ;
……
```

使用“IF—THEN—ELSE”指令条件调用子程序时，可根据需要，将子程序无条件调用指令（子程序名称）编写在指令IF与ELSE，或ELSE与ENDIF之间。当IF条件满足时，可执行 IF 与 ELSE 间的子程序调用指令、跳过 ELSE 与 ENDIF 间的子程序调用指令；如 IF 条件不满足，则跳过 IF 与 ELSE 间的子程序调用指令、执行 ELSE 与 ENDIF 间的子程序调用指令。例如，对于以下程序，如寄存器 reg1 的值小于 5，系统将调用子程序 work1，work1 执行完成后，跳转至指令 Reset do1 继续；否则，系统将跳过子程序 work1、调用子程序 work2，work2 执行完成后，再执行指令 Reset do1。

```
IF reg1<5 THEN
  work1 ;
ELSE
  work2 ;
ENDIF
  Reset do1 ;
  ……
```

指令“IF—THEN—ELSEIF—THEN—ELSE”可设定多重执行条件，子程序调用指令（子程序名称）可根据实际需要，编写在相应的位置。例如，对于以下程序，如果寄存器 reg1<4，系统将调用子程序 work1，work1 执行完成后，跳转至指令 Reset do1；如果 reg1=4 或 5，系统将调用子程序 work2，work2 执行完成后，跳转至指令 Reset do1；如果 5<reg1<10，系统将调用子程序 work3，work3 执行完成后，跳转至指令 Reset do1；如 reg1≥10，系统将调用子程序 work4，再执行指令 Reset do1。

```
IF reg1<4 THEN
  work1 ;
ELSEIF reg1=4 OR reg1=5 THEN
  work2 ;
ELSEIF reg1<10 THEN
  work3 ;
ELSE
  work4 ;
ENDIF
  Reset do1 ;
  ……
```

(3) 程序 TEST 条件调用

普通子程序的条件调用，也可通过 RAPID 条件测试指令 TEST，以“TEST　CASE”或“TEST—CASE—DEFAULT”的形式编程。

条件测试指令可通过对 TEST 测试数据的检查，按 CASE 规定的测试值，选择需要执行的指令，并且，其 CASE 的使用次数不受限制，因此，它可实现子程序的多重调用功能；DEFAULT 测试可根据需要使用或省略。

利用 TEST 条件测试指令调用子程序的编程格式如下。

```
TEST 测试数据
CASE 测试值,测试值,……:
  调用子程序 ;
CASE 测试值,测试值,……:
```

```
  调用子程序；
  ……
DEFAULT：
  调用子程序；
ENDTEST
  ……
```

例如，对于以下程序，如寄存器 reg1 的值为 1、2、3，系统将调用子程序 work1，work1 执行完成后，跳转至指令 Reset do1；如 reg1 的值为 4 或 5，系统将调用子程序 work2，work2 执行完成后，跳转至指令 Reset do1；如 reg1 的值为 6，系统将调用子程序 work3，work3 执行完成后，跳转至指令 Reset do1；如 reg1 的值不在 1～6 的范围内，则系统调用子程序 work4，work4 执行完成后，再执行指令 Reset do1。

```
TEST reg1
CASE 1,2,3：
  work1 ；
CASE 4,5：
  work2 ；
CASE 6：
  work3 ；
DEFAULT：
  work4 ；
ENDTEST
  Reset do1 ；
  ……
```

7.3.4 功能程序调用

RAPID 功能程序（FUNC）是用来实现用户自定义的特殊运算、比较等操作，能向调用程序返回执行结果的参数化编程子程序。功能程序的调用，需要通过程序指令中的功能函数进行，调用程序时不仅需要指定功能程序的名称，而且还必须对功能程序中所使用的参数进行定义与赋值。为了便于说明，以下将通过示例来具体说明功能程序的调用方法。

(1) 程序示例

功能程序（FUNC）的调用指令及程序格式示例如下。

```
PROC mainprg ()
  ……
  p0：=pStart(Count1) ；                         // 调用功能子程序 pStart,计算程序数据 p0
  work_Dist：=veclen(p0.trans) ；        // 调用功能子程序 veclen,计算程序数据 work_Dist
  IF NOT CurrentPos(p0,tMIG1) THEN            // 调用功能子程序 CurrentPos,作为 IF 条件
  ……
ENDPROC
!************************************************************
```

```
  FUNC robtarget pStart (num nCount)                    // 功能程序 pStart 声明
    VAR robtarget pTarget ;                             // 定义程序数据 pTarget
    TEST nCount                                         //利用 TEST 指令确定 pTarget 值
    CASE 1:
    pTarget:=Offs(p0,200,200,500) ;
    CASE 2:
    pTarget:=Offs(p0,200,-200,500) ;
    ……
    ENDTEST
    RETURN pTarget ;                                    // 返回 pTarget 值
  ENDFUNC
  ! ***********************************************************
```

```
  FUNC num veclen(pos vector)                           // 功能程序 veclen 声明
    RETURN sqrt(quad(vector.x)+quad(vector.y)+quad(vector.z));
                        //计算位置数据 vector 的 √(x²+y²+z²) 值,并返回结果
  ENDFUNC
  ! ***********************************************************
```

```
  FUNC bool CurrentPos(robtarget ComparePos,INOUT tooldata CompareTool)
                                                        // 功能程序 CurrentPos 声明
    VAR num Counter:=0 ;                                // 定义程序数据 Counter 及初值
    VAR robtarget ActualPos ;                           // 定义程序数据 ActualPos
    ActualPos:=CRobT(\Tool:=CompareTool\WObj:=wobj0) ;  // 实际位置读取
  IF ActualPos.trans.x> ComparePos.trans.x-25 AND ActualPos.trans.x< ComparePos.
trans.x +25 Counter:=Counter+1 ;                        // 判别 X 轴位置
  ……
  IF ActualPos.rot.q1 > ComparePos.rot.q1 - 0.1 AND ActualPos.rot.q1 < Compare-
Pos.rot.q1 +0.1 Counter:=Counter+1 ;                    // 判别工具姿态参数 q1
  ……
  RETURN Counter=7 ;                                    // 判断 Counter=7,返回逻辑状态
  ENDFUNC
  ! ***********************************************************
```

在上述示例中，主程序“PROC mainprg ()”通过 3 个功能函数 pStart、veclen 和 CurrentPos，分别调用了 3 个功能子程序 pStart、veclen 和 CurrentPos；子程序调用指令及程序功能的说明如下。

（2）功能程序 pStart

功能程序 pStart 通过主程序“PROC mainprg ()”中的指令“p0：=pStart (Count1)”调用，用户自定义的功能函数为 pStart、程序赋值参数为 Count1。

功能子程序 pStart 用来确定多工件作业时的机器人作业起点 p0。在程序中，作业起点 p0 为机器人 TCP 位置数据，其数据类型为“robtarget”，因此，功能程序的声明为“FUNC robtarget pStart”。

在功能程序 pStart 中，机器人的作业起点位置 p0，通过条件测试指令 TEST 选择。

TEST 指令的测试数据为工件计数器的计数值 nCount（nCount=1 或 2）。测试数据 nCount 是功能程序 pStart 的输入参数，其数据类型为 num、访问模式为 IN（系统默认），故 pStart 程序声明中的程序参数为“（num nCount）”。

功能程序的程序参数 nCount 需要在功能程序调用指令上赋值。用于程序参数赋值的程序数据，需要在功能函数后缀的括号内指定。如果工件计数器的计数值保存在程序数据 Count1 上，功能程序 pStart 的调用指令便为“p0：=pStart（Count1）”。

在功能程序 pStart 中，利用指令 TEST 所选择的执行结果保存在程序数据 pTarget 上，该数据需要返回至主程序“PROC mainprg ()”，作为机器人作业起点 p0 的位置值。因此，程序中执行结果返回指令为“RETURN pTarget”。

(3) 功能程序 veclen

功能子程序 veclen 通过主程序“PROC mainprg()”中的指令“work _ Dist：=veclen (p0. trans）”调用，用户自定义的功能函数为 veclen、程序赋值参数为“p0. trans”。

功能程序 veclen 用来计算机器人作业起点 p0 至坐标原点的空间距离 work _ Dist，其计算结果为数值型数据 num，因此，功能程序的声明为“FUNC num veclen”。

计算三维空间点到原点空间距离，需要给定该程序点的坐标值（x,y,z）。在 RAPID 程序中，表示机器人 TCP 点 *XYZ* 坐标值的数据类型为 pos，如将程序参数的名称定义为 vector、访问模式定义为 IN（系统默认），则程序 veclen 声明中的程序参数为“（pos vector）”。

功能程序 veclen 的程序参数 vector，同样需要在调用指令上赋值。在 RAPID 程序中，机器人的 TCP 位置数据 robtarget（如作业起点 p0）是由 *XYZ* 位置数据 trans、工具方位数据 rot、机器人姿态数据 robconf、外部轴绝对位置数据 extax 复合而成的多元复合数据；复合数据既可整体使用，也可只使用其中的某一部分，例如，作业起点 p0 的 *XYZ* 坐标值可用“p0. trans”的形式独立使用。因此，功能函数只需要指定 p0 的 *XYZ* 坐标数据 p0. trans，功能程序 veclen 调用指令便为“work _ Dist：=veclen（p0. trans）”。

程序点（x,y,z）到原点的空间距离计算式为$\sqrt{x^2+y^2+z^2}$，这一运算可直接通过 RAPID 函数命令 sqrt（平方根）、quad（平方）实现。在 RAPID 程序中，表达式可直接代替程序数据，因此，在功能程序 veclen 中，数据返回指令 RETURN 直接使用了空间距离的计算表达式“sqrt（quad（vector. x）＋quad（vector. y）＋quad（vector. z））”，表达式中的 vector. x、vector. y、vector. z 分别为 *XYZ* 坐标数据（复合数据）中的 x、y、z 坐标值。

(4) 功能程序 CurrentPos

功能程序 CurrentPos 直接由主程序“PROC mainprg()”中的条件执行指令 IF 调用，其执行结果（逻辑状态数据）取反后，作为 IF 指令的判断条件，因此，程序调用可由指令“IF NOT CurrentPos（p0，tMIG1）THEN”实现。调用功能程序 CurrentPos 的用户自定义功能函数为 CurrentPos，指令需要 2 个程序赋值参数 p0 及 tMIG1。

功能子程序 CurrentPos 用来生成逻辑状态数据 CurrentPos，当机器人使用指定工具、且 TCP 位于作业起点 p0 附近时，程序数据 CurrentPos 的状态为 TRUE，否则，为 FALSE。由于程序数据 CurrentPos 的数据类型为 bool，故功能程序的声明为“FUNC bool CurrentPos”。

判别机器人的 TCP 位置，必须是同一作业工具的 TCP 位置数据，因此，功能程序 CurrentPos 需要有 TCP 基准位置（robtarget 数据）、基准工具（tooldata 数据）两个程序参数。如将 TCP 基准位置参数的名称定义为 ComparePos、访问模式定义为 IN（系统默认）；

将基准工具参数的名称定义为 CompareTool、访问模式定义为 INOUT，则程序 CurrentPos 声明中的程序参数为“（robtarget ComparePos，INOUT tooldata CompareTool）”。

功能程序 CurrentPos 的程序参数 ComparePos、CompareTool，同样需要在调用指令上赋值，其中，TCP 基准位置为作业起点 p0，基准工具为 tMIG1。由于程序直接由条件执行指令 IF 调用，故主程序“PROC mainprg()”中调用功能程序的 IF 条件为“NOT CurrentPos（p0，tMIG1）”。

在功能程序 CurrentPos 中，还定义了 1 个数值型程序变量 Counter 和 1 个 TCP 位置型程序变量 ActualPos。程序变量 Counter 是用来计算实际位置 ActualPos 和基准位置 ComparePos 中符合项数量的计数器；程序变量 ActualPos 是利用指令 CRobT 读取的机器人当前的实际 TCP 位置值。

为了保证机器人 TCP 位置、工具与比较基准相符，功能程序 CurrentPos 需要对 $X/Y/Z$ 坐标值、工具姿态四元数 $q_1/q_2/q_3/q_4$ 等 7 项数据进行逐项比较。当 ActualPos 的 $[x,y,z]$ 坐标值（ActualPos. trans. x/ActualPos. trans. y/ActualPos. trans. z）处在比较基准 ComparePos 的 $[x,y,z]$ 坐标值（ComparePos. trans. x/ComparePos. trans. y/ComparePos. trans. z）±25mm 范围内时，认为 $X/Y/Z$ 位置符合，每 1 个符合项都将使计数器 Counter 加 1；同样，当 ActualPos 的工具姿态四元数 $[q_1,q_2,q_3,q_4]$（ActualPos. rot. q1/ActualPos. rot. q2/ActualPos. rot. q2/ActualPos. rot. q4）在比较基准 ComparePos 的 $[q_1,q_2,q_3,q_4]$ 值（ComparePos. rot. q1/ComparePos. rot. q2/ComparePos. rot. q3/ComparePos. rot. q4）± 0.1 范围内时，认为工具姿态四元数符合，每 1 个符合项都将使计数器 Counter 加 1。如 7 个比较项全部符合，则计数器 Counter=7，此时，可通过返回指令 RETURN Counter=7，向主程序返回判断结果的逻辑状态“TRUE”，否则，返回逻辑状态“FALSE”。

7.3.5 中断程序调用

(1) 中断程序与调用

中断程序（trap routines，简称 TRAP）是用来处理异常情况的特殊子程序，它可根据程序指令所设定的中断条件，由系统自动调用。中断功能一旦启用（使能），只要中断条件满足，系统可立即终止现行程序、直接转入中断程序，而无需进行其他编程。

中断功能启用后，系统就可能在程序执行的任意位置随时调用中断程序 TRAP，因此，中断程序不能使用参数化编程功能，程序声明中不需要定义参数、也不需要在程序名称后添加程序参数的括号。

使用中断功能时，需要在调用程序上编制中断连接指令（CONNECT—WITH），以建立 RAPID 中断条件和中断程序间的连接，并进行中断条件的设定。如需要，中断连接指令和中断程序可编制多个，在 RAPID 程序中，一个中断条件只能连接（调用）唯一的中断程序，但是，不同的中断条件允许连接（调用）同一中断子程序。

中断连接一旦建立，所定义的中断功能将自动生效，此时，系统便可根据中断条件，自动调用中断程序。如作业程序中存在不允许中断的特殊动作，可通过中断禁止指令 IDisable，来暂时禁止中断功能；被禁止的中断功能，可通过中断使能指令 IEnable 重新使能；中断禁止/使能指令 IDisable/IEnable 对所有中断连接均有效。如需要，也可通过中断停用 Isleep 指令、启用指令 Iwatch，来停用/启用指定的中断，而不影响其他中断的使用。

实现 RAPID 程序中断的方式有多种，例如，在机器人关节、直线、圆弧插补运动轨迹的特定控制点上中断；通过系统开关量输入/输出（DI/DO）信号、模拟量输入/输出（AI/

AO）信号、开关量输入组/输出组（GI/GO）信号控制程序中断；或者，利用延时、系统出错、外设检测变量、永久数据的状态，控制程序中断等。有关中断功能的使用及指令编程方法将在后续章节详述。

(2) 中断连接指令编程

中断程序 TRAP 需要通过中断连接指令调用，在需要调用中断程序的程序中，不但需要编制中断连接指令，而且还需要对中断条件进行定义。

例如，对于系统开关量输入信号 DI 控制的中断，中断连接指令的编程格式如下。

```
CONNECT 中断条件 WITH 中断程序；
ISignalDI DI 信号,1，中断条件；
……
```

程序中的指令“CONNECT—WITH”用来建立中断条件和中断程序的连接，中断条件一旦满足，系统便可立即结束现行程序、无条件跳转到 WITH 指定的中断程序继续执行。

中断条件定义指令一般紧接在中断连接指令后编程，不同条件的中断需要使用不同的中断定义指令。例如，指令 ISignalDI 为系统开关量输入（DI）信号中断定义指令，指令需要依次指定 DI 信号名称、启用中断的信号状态（如状态“1”），并定义中断条件的名称等，有关中断条件定义指令的编程格式，可参见本书后述的章节。

以上指令一经执行，系统的中断功能将被启用并一直保持有效，因此，中断连接指令通常编制在主程序、初始化子程序等非循环执行的程序中。

(3) 程序示例

利用系统开关量输入（DI 信号）“diWorkStop”，实现程序中断的程序示例如下。该中断功能可通过执行初始化子程序“PROC Initall()”启动，中断条件的名称定义为“irWorkStop”，中断程序名称定义为“TRAP WorkStop”。

```
PROC Initall()
  ……
  CONNECT irWorkStop WITH WorkStop ;
  ISignalDI diWorkStop,1,irWorkStop ;
  ……
ENDPROC
!*********************************************************
TRAP WorkStop
  TPWrite "Working Stop" ;
  bWorkStop:=TRUE ;
  ……
ENDTRAP
!*********************************************************
```

在以上程序中，指令“CONNECT irWorkStop WITH WorkStop”用来建立中断条件“irWorkStop”和中断程序 TRAP WorkStop 之间的连接；只要 irWorkStop 条件满足，系统便可立即结束现行程序、无条件跳转到 WITH 指定的中断程序 TRAP WorkStop 继续执行。指令“ISignalDI diWorkStop，1，irWorkStop”用来定义中断条件，如果系统 DI 信号 diWorkStop 的状态为“1”，中断条件“irWorkStop”便将满足。

以上中断连接指令编制在一次性执行的初始化子程序“PROC Initall()”中，指令一旦被执行，中断便将启动；在任何时刻，只要系统的DI信号diWorkStop状态为“1”，便可调用中断程序TRAP WorkStop。

在中断子程序上，由于程序的使用范围为系统默认的全局（GLOBAL）程序，因此，程序声明只需要定义程序类型TRAP及程序名称WorkStop。执行该中断程序，系统将通过文本显示指令TPWrite，在示教器上显示“Working Stop”信息文本；同时，可将逻辑状态型（bool）程序数据bWorkStop的状态设定为“TRUE”，该逻辑状态可用来控制指示灯、改变机器人运动等。

第8章

基本移动指令编程

8.1 移动要素定义指令

8.1.1 目标位置数据定义

机器人程序自动运动时，需要通过移动指令来控制机器人、外部轴运动，实现 TCP 点的移动与定位。为此，在程序中，需要对移动的目标位置、到位区间、移动轨迹、移动速度等基本要素进行定义。

在作业程序中，机器人的移动目标位置又称程序点，它可通过关节坐标系和虚拟笛卡儿坐标系两种方式进行定义，指令的编程方法如下。

(1) 关节位置定义

用关节坐标系绝对位置形式指定的程序点数据，称为关节位置数据 jointtarget。jointtarget 数据的构成及定义指令的编程格式如下。

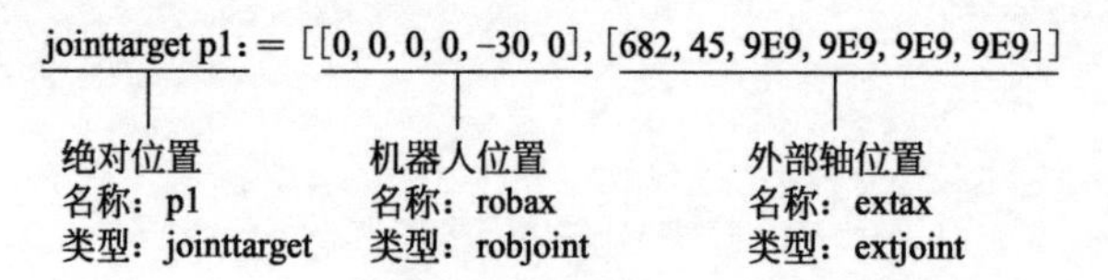

关节位置数据 jointtarget 为复合型数据，它由机器人本体关节轴位置（robax）和外部轴位置（extax）数据复合而成，数据项的含义如下。

robax：机器人本体关节轴绝对位置数据，数据类型为 robjoint。标准 RAPID 编程软件允许定义 6 个运动轴（$j_1 \sim j_6$）的位置值，其中，回转轴的位置以角度表示，单位为 deg（°）；直线运动轴以位置表示，单位为 mm。

extax：外部轴（基座轴、工装轴）绝对位置数据，数据类型为 extjoint。标准 RAPID 编程软件允许定义 6 个外部轴（$e_1 \sim e_6$）的位置；同样，回转轴的位置以角度表示，单位为 deg（°）；直线运动轴以位置表示，单位为 mm。当外部轴少于 6 轴时，不使用的外部轴位置应定义为“9E9”。

在作业程序中，关节位置既可完整定义，也可只对机器人本体位置 robax、外部轴位置 extax 进行定义或修改，此外，还可通过偏移指令 EOffsSet 调整外部轴位置。如仅定义程序数据名，系统默认的初始值为 0。

关节位置的定义指令编程示例如下。

```
VAR jointtarget p0:=[[0,0,0,0,0,0],[0,0,9E9,9E9,9E9,9E9]] ;  // 完整定义关节位置 p0
……
VAR robjoint p1 ;                                          // 定义关节位置，初始值 0
p1.robax:=[0,45,30,0,-30,0];                               // 仅定义机器人本体关节位置
p1.extax:=[-500,-180,9E9,9E9,9E9,9E9];                     // 仅定义外部轴关节位置
……
VAR extjoint eax_ofs:=[100,45,9E9,9E9,9E9,9E9];            // 定义外部轴关节位置偏移量
EOffsSet eax_ofs ;                                         // 外部轴关节位置偏移
……
```

（2）TCP 位置定义

TCP 位置是以笛卡儿直角坐标系三维空间的位置值（x,y,z）描述的机器人工具控制点（TCP）位置。TCP 位置不仅需要定义 XYZ 坐标值，而且还需要规定机器人的姿态、工具的方位。

以 TCP 位置形式定义的 RAPID 程序点数据，称为 TCP 位置数据 robtarget。robtarget 数据的构成及定义指令的编程格式如下。

robtarget p1:=[[600, 200, 500], [1, 0, 0, 0], [0, -1, 2, 1], [682, 45, 9E9, 9E9, 9E9, 9E9]]

TCP位置	XYZ坐标	工具姿态	机器人姿态	外部轴e1～e6位置
名称：p1	名称：trans	名称：rot	名称：robconf	名称：extax
类型：robtarget	类型：pos	类型：orient	类型：confdata	类型：extjoint

TCP 位置数据 robtarget 为复合型数据，它由 XYZ 坐标（trans）、工具方位（rot）、机器人姿态（robconf）、外部轴位置（extax）4 组数据复合而成，数据项的含义如下。

trans：XYZ 坐标数据（pos），机器人 TCP 点在指定坐标系上的坐标值（x,y,z）。

rot：工具姿态（方位）数据（orient），用四元数［q_1，q_2，q_3，q_4］表示的坐标旋转参数，用来表示工具坐标系方向，四元数的含义可参见第 6 章 6.2 节。

robconf：机器人姿态（配置）数据 confdata 格式为［cf1，cf4，cf6，cfx］；数据项 cf1、cf4、cf6 分别为机器人 j_1、j_4、j_6 轴的区间号，设定范围为－4～3；cfx 为机器人的姿态号，设定范围为 0～7；设定值的含义可参见第 6 章 6.2 节。

extax：外部轴（基座轴、工装轴）e_1～e_6 绝对位置数据（extjoint），定义方法与关节位置数据 jointtarget 相同。

在作业程序中，TCP 位置既可完整定义，也可只对其中的部分进行定义或修改，此外，还可通过 RAPID 函数命令进行运算和处理。如仅定义数据名称，系统默认的初始值为 0。

TCP 位置的定义指令编程示例如下。

```
VAR robtarget p1:=[[0,0,0],[1,0,0,0],[0,1,0,0],[0,0,9E9,9E9,9E9,9E9]] ;
                                                           // 完整定义 TCP 位置
……
VAR robtarget p2 ;                                         // 定义 TCP 位置，初始值 0
P2.pos:=[50,100,200];                                      // 仅定义 TCP 位置 p2 的 XYZ 坐标值
```

```
P2.pos.z:=200;                                      // 仅定义 TCP 位置 p2 的 Z 坐标值
……
VAR robtarget p3 ;                                   //定义 TCP 位置,初始值 0
VAR robtarget p4 ;
VAR robtarget p5 ;
P3:=CRobT(Tool1:=tool1\Wobj0) ;                      // 读取机器人当前位置
P4:=Offs(p1,50,80,100) ;                             // 利用偏移函数定义 TCP 位置
P5:=RelTool(p1,50,80,100\Rx:=0\ Ry:=0\ Rz:=90);     //利用偏移旋转函数定义 TCP 位置
……
```

8.1.2 到位区间数据定义

到位区间是控制系统判别机器人移动指令是否执行完成的依据，如机器人 TCP 到达了目标位置的到位区间范围内，就认为指令的目标位置到达，系统随即开始执行后续指令。

在作业程序中，到位区间可通过区间数据（zonedata）定义，在此基础上，还可通过添加项\Inpos 增加到位检测条件。定义到位区间、到位检测条件的指令编程方法如下。

（1）到位区间定义

到位区间数据 zonedata 的构成及定义指令编程格式如下。

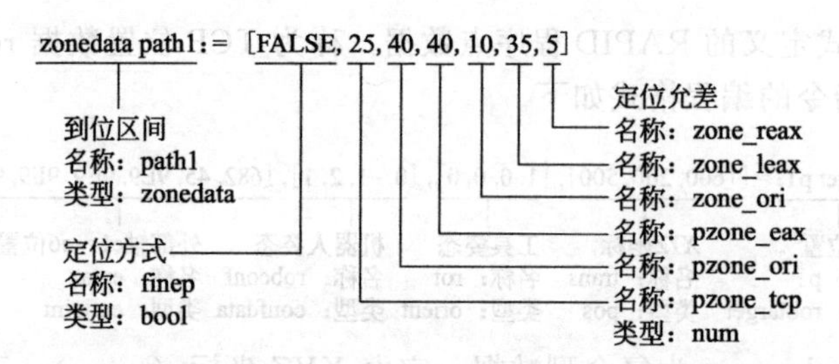

到位区间数据 zonedata 为 6 元数组，它由 6 个不同类型的数据构成，数据项含义如下。

finep：定位方式，逻辑状态型数据（bool）。“TRUE”为目标位置暂停，“FALSE”为机器人连续运动。

pzone _ tcp：TCP 到位区间，数值型数据（num），单位 mm。

pzone _ ori：工具姿态到位区间，数值型数据（num），单位 mm；设定值应大于等于 pzone _ tcp，否则，系统将自动取 pzone _ ori=pzone _ tcp。

pzone _ eax：外部轴到位区间，数值型数据（num），单位 mm；设定值应大于等于 pzone _ tcp，否则，系统将自动取 pzone _ eax=pzone _ tcp。

zone _ ori：工具定向到位区间，单位 deg（°）。

zone _ leax：外部直线轴到位区间，单位 mm。

zone _ reax：外部回转轴到位区间，单位 deg（°）。

为了确保机器人能够到达程序指令的轨迹，定位区间不能超过运动轨迹长度的 1/2，否则，系统将自动缩小到位区间。

在作业程序中，到位区间既可完整定义，也可对某一部分进行单独修改或设定，此外，还可通过后述的添加项\Inpos 增加到位检测条件。

定义到位区间的指令编程示例如下。

```
VAR zonedata path1 ;                                 // 定义到位区间 path1,初始值为 0
```

```
path1:=[FALSE,25,35,40,10,35,5] ;                    // 完整定义到位区间 path1
Path1.pzone_tcp:=30 ;                                // 定义 path1 的 TCP 到位区间
Path1.pzone_ori:=40 ;                                // 定义 path1 的工具姿态到位区间
……
```

为便于用户编程，控制系统已预先定义了表 8.1.1 所示的到位区间，表中的 fine、z0 为到位停止点，z1～z200 定义为连续运动。系统预定义的到位区间可直接以区间名称的形式编程，无需另行定义程序数据。

表 8.1.1 系统预定义到位区间

到位区间名称	系统预定义值					
	pzone_tcp/mm	pzone_ori/mm	pzone_eax/mm	zone_ori	zone_leax/mm	zone_reax
fine(停止点)	0.3	0.3	0.3	0.03°	0.3	0.03°
z0	0.3	0.3	0.3	0.03°	0.3	0.03°
z1	1	1	1	0.1°	1	0.1°
z5	5	8	8	0.8°	8	0.8°
z10	10	15	15	1.5°	15	1.5°
z15	15	23	23	2.3°	23	2.3°
z20	20	30	30	3°	30	3°
z30	30	45	45	4.5°	45	4.5°
z40	40	60	60	6°	60	6°
z50	50	75	75	7.5°	75	7.5°
z60	60	90	90	9°	90	9°
z80	80	120	120	12°	120	12°
z100	100	150	150	15°	150	15°
z150	150	225	225	23°	225	23°
z200	200	300	300	30°	300	30°

(2) 到位检测条件定义

为了保证机器人能够准确到达目标位置，在作业程序中，可在到位区间的基础上增加到位检测条件，机器人只有满足目标位置的到位检测条件，控制系统才启动下一指令的执行。到位检测条件需要以添加项\Inpos 的形式，添加在到位区间之后。

机器人运动轴的实际到位停止过程如图 8.1.1 所示。运动轴停止时，系统指令速度将按加减速要求下降，指令速度到为 0 的点，就是理论停止位置。理论停止位置是控制系统开始计算停顿时间、程序暂停时间的起始点。

但是，由于系统存在惯性，运动轴的实际速度变化必然滞后于指令速度变化，这一滞后时间称为“伺服延时”。伺服延时与伺服系统的结构、性能有关，通常而言，交流伺服驱动系统的伺服延时大致为 100ms 左右。因此，为了确保运动轴能够在目标位置上可靠停止，指令终点的暂停时间一般应大

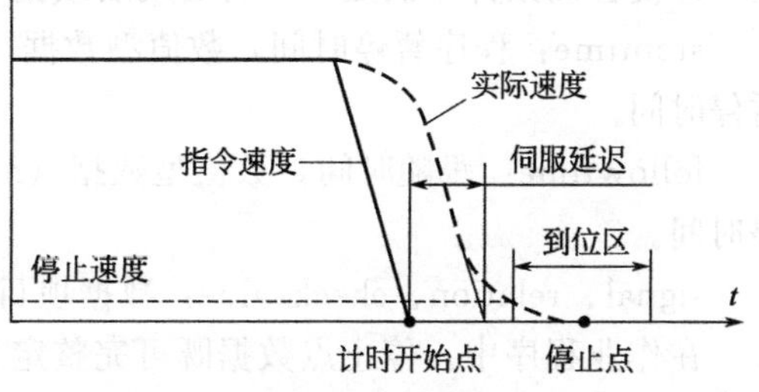

图 8.1.1 运动轴的实际到位停止过程

于100ms。

在作业程序中，机器人的到位停止过程，可通过停止点数据（stoppointdata）定义。停止点数据的构成及定义指令编程格式如下。

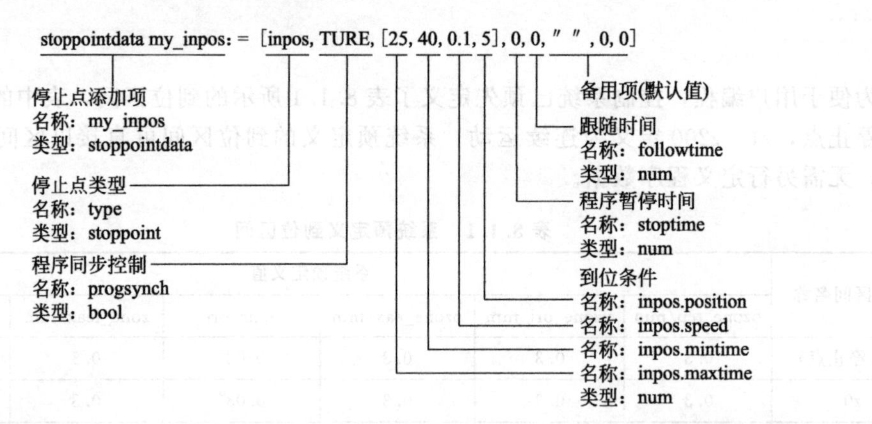

停止点数据stoppointdata属于复合型数据，它由多个不同类型的数据项构成，数据项含义如下。

type：定位方式定义，停止点数据（stoppoint），定位方式可通过数值或字符进行定义，设定值如下。

0（fine），准确定位，定位区间为z0；

1（inpos），到位停止，到位检测条件由数据项inpos. position、inpos. speed、inpos. mintime、inpos. maxtime设定；

2（stoptime），程序暂停，暂停时间由数据项stoptime设定；

3（fllwtime），跟随停止，仅用于协同作业同步控制，跟随时间由数据项followtime设定。

progsynch：程序暂停控制，逻辑状态型数据（bool）。"TRUE"为到位检测，机器人只有满足到位检测条件，才能执行下一指令；"FALSE"为连续运动，机器人只要到达目标位置到位区间，便可执行后续指令。

inpos. position：到位检测区间，数值型数据（num），设定到位区间z0（fine）的百分率。

inpos. speed：到位检测速度条件，数值型数据（num），设定到位区间z0（fine）移动速度的百分率。

inpos. mintime：到位最短停顿时间，数值型数据（num），单位s。在设定的时间内，即使到位检测条件满足，也必须等到该时间到达，才能执行后续指令。

inpos. maxtime：到位最长停顿时间，数值型数据（num），单位s。如果设定时间到达，即使检测条件未满足，也将启动后续指令。

stoptime：程序暂停时间，数值型数据（num），单位s。定位方式stoptime的目标位置暂停时间。

followtime：跟随时间，数值型数据（num），单位s。定位方式fllwtime的目标位置暂停时间。

signal、relation、checkvalue：数据项目前不使用，可直接设定为［"",0,0］。

在作业程序中，停止点数据既可完整定义，也可对其某一部分进行单独修改或设定，其编程示例如下。

```
VAR stoppointdata path_inpos1;                              // 定义停止点 path_inpos1,初始值为 0
path_inpos1:=[inpos,TRUE,[25,40,1,3],0,0,"",0,0] ;       //完整定义停止点 path_inpos1
path_inpos1.inpos.position:=40 ;                            // 仅定义 path_inpos1 的到位检测区间
path_inpos1.inpos.stoptime:=3 ;                             // 仅定义 path_inpos1 的到位暂停时间
……
```

为便于用户编程，控制系统已预先定义了表 8.1.2（到位停止型）、表 8.1.3（程序暂停、跟随停止型）所示的停止点数据。系统预定义的停止点可直接以停止点名称的形式编程，无需进行程序数据定义。

表 8.1.2 系统预定义的到位停止型停止点

停止点名称	系统预定义值						
	type	progsynch	inpos. position	inpos. speed	inpos. mintime	inpos. maxtime	其他
inpos20	inpos	TRUE	20	20	0	2	0
inpos50	inpos	TRUE	50	50	0	2	0
inpos100	inpos	TRUE	100	100	0	2	0

表 8.1.3 系统预定义的程序暂停、跟随停止型停止点

停止点名称	系统预定义值				
	type	progsynch	stoptime	followtime	其他
stoptime0_5	stoptime	FALSE	0.5	0	0
stoptime1_0	stoptime	FALSE	1.0	0	0
stoptime1_5	stoptime	FALSE	1.5	0	0
fllwtime0_5	fllwtime	TRUE	0	0.5	0
fllwtime1_0	fllwtime	TRUE	0	1.0	0
fllwtime1_5	fllwtime	TRUE	0	1.5	0

8.1.3 移动速度数据定义

机器人的移动速度包括机器人 TCP 运动速度、工具定向速度、外部轴运动速度等（见第 6 章 6.3 节）。在作业程序中，机器人的移动速度既可通过速度数据（speeddata）统一定义，也可利用移动指令的添加项在指令中直接编程。移动速度定义指令的编程方法如下。

（1）速度数据定义

RAPID 速度数据 speeddata 可对机器人 TCP 运动、工具定向、外部轴运动速度进行一次性定义。speeddata 数据为 4 元数值型数据（num），数据格式为 [v_tcp, v_ori, v_leax, v_reax]，数据构成项的含义如下。

v_tcp：机器人 TCP 运动速度，mm/s；

v_ori：工具定向运动速度，(°/s)；

v_leax：外部直线轴定位速度，mm/s；

v_reax：外部回转轴定位速度，(°/s)。

在作业程序中，速度数据 speeddata 既可完整定义，也可对某一部分进行修改或设定。定义速度数据的指令编程示例如下。

```
VAR speeddata v_work ;                          // 定义速度数据 v_work,初始值为 0
v_work:=[500,30,250,15] ;                       // 完整定义速度数据
v_work.v_tcp:=200 ;                             // 仅定义 v_work 的 TCP 运动速度 v_tcp
v_work.v_ori:=12 ;                              //仅定义 v_work 的工具定向速度 v_ori
......
```

为便于用户编程，控制系统已预先定义了部分速度数据。预定义的速度数据可直接以速度名称的形式编程，无需另行定义程序数据。

表 8.1.4 是系统预定义的 TCP 移动速度（v _ tcp）表，速度数据 v5～vmax 预定义的工具定向速度 v _ ori 均为 500°/s、外部直线轴速度 v _ leax 均为 5000mm/s、外部回转轴速度 v _ reax 均为 1000°/s。表中的 vmax 速度为机器人生产厂家设定的最大 TCP 速度值，其值在不同机器人上有所区别，需要时可通过 RAPID 函数指令 MaxRobSpeed 读取。

表 8.1.4 系统预定义 TCP 移动速度表

速度名称	v5	v10	v20	v30	v40	v50	v60	v80	v100
v_tcp/mm·s⁻¹	5	10	20	30	40	50	60	80	100
速度名称	v150	v200	v300	v400	v500	v600	v800	v1000	v1500
v_tcp/mm·s⁻¹	150	200	300	400	500	600	800	1000	1500
速度名称	v2000	v2500	v3000	v4000	v5000	v6000	v7000	vmax	
v_tcp/mm·s⁻¹	2000	2500	3000	4000	5000	6000	7000	MaxRobSpeed	

TCP 移动速度可用于机器人绝对定位指令 MoveAbsJ、关节插补指令 MoveJ、直线插补指令 MoveL、圆弧插补指令 MoveC 的速度编程。

表 8.1.5 是系统预定义的外部回转轴定位速度（v _ reax）表，速度数据 vrot1～vrot100 预定义的 TCP 移动速度 v _ tcp、工具定向速度 v _ ori、外部直线轴速度 v _ leax 均为 0。速度数据 vrot1～vrot100 可用于外部回转轴绝对定位指令 MoveExtJ 的速度编程。

表 8.1.5 系统预定义外部回转轴定位速度表

速度名称	vrot1	vrot2	vrot5	vrot10	vrot20	vrot50	vrot100
v_reax/(°/s)	1	2	5	10	20	50	100

表 8.1.6 是系统预定义的外部直线轴定位速度（v _ leax）表，速度数据 vlin10～vlin1000 预定义的 TCP 点移动速度 v _ tcp、工具定向速度 v _ ori、外部回转轴速度 v _ reax 均为 0。外部直线轴移动速度可用于外部直线轴绝对定位指令 MoveExtJ 的速度编程。

表 8.1.6 系统预定义外部直线轴定位速度表

速度名称	vlin10	vlin20	vlin50	vlin100	vlin200	vlin500	vlin1000
v_leax/mm·s⁻¹	10	20	50	100	200	500	1000

(2) 移动速度编程

在作业程序中，机器人的移动速度也可通过指令编程直接定义，直接定义的速度可通过系统预定义速度后缀的添加项\V 或\T 指定，如 v200\V:=250、vrot10\T:=6 等。

速度添加项\V 和\T 的含义与编程方法如下，在同一移动指令中，添加项\V 和\T 不能同时编程。

① 添加项\V 编程　利用添加项\V，可直接替代系统预定义速度数据 v5～vmax 中的机器人 TCP 移动速度（单位 mm/s）。例如，指令 v200\V:=250，可直接定义机器人 TCP 的

移动速度为 250mm/s，此时，系统预定义速度数据 v200 中的 v _ tcp 速度（200mm/s）将无效。

移动指令速度添加项\V 只能定义机器人的 TCP 移动速度，它对机器人的工具定向运动、外部轴运动均无效。

② 添加项\T 编程　利用添加项\T，可规定移动指令的机器人运动时间（单位 s），从而间接定义机器人移动速度。例如，指令 v100\T：=4，可定义机器人 TCP 从起点到目标位置的移动时间为 4s，此时，系统预定义速度数据 v100 中的 v _ tcp 速度（100mm/s）将无效。

利用移动指令速度添加项\T 定义 TCP 移动速度时，机器人 TCP 的实际移动速度与运动距离（轨迹长度）有关。例如，对于同样的速度指令 v100\T：=4，如机器人 TCP 的运动距离为 500mm，则 TCP 移动速度为 125mm/s；如运动距离为 200mm，则 TCP 移动速度将成为 50mm/s 等。

移动指令速度添加项\T 不仅可用来定义机器人 TCP 的移动速度，而且对机器人的工具定向运动以及外部轴的回转、直线运动同样有效。例如，指令 vrot10\T：=6，可定义外部轴的回转运动时间为 6s，此时，系统预定义速度数据 vrot10 中的 v _ reax 速度（10°/s）将无效；如指令 vlin100\T：=6，则可定义外部轴的直线运动时间为 6s，此时，系统预定义速度数据 vlin100 中的 v _ leax 速度（100mm/s）将无效等。

利用添加项\T 定义工具定向运动、外部轴回转及直线运动速度时，机器人或外部轴的实际移动速度同样与移动距离（回转角度、直线轴行程）有关。例如，对于速度 vrot10\T：=6，如外部轴回转角度为 90°，则其关节回转速度为 15°/s 等。

8.2 工具、工件数据定义指令

8.2.1 工具数据定义

机器人用于多工具、多工件、复杂作业时，为了使作业程序能适应不同工具、工件的需要，在更换工具、改变工件位置后，仍能利用同样的程序，完成相同的作业，就需要定义工具、工件数据。

在作业程序中，工具数据（tooldata）是用来全面描述作业工具特性的程序数据，它不仅包括了工具坐标系（TCP 的位置和工具方向）数据，而且还可用来定义工具的安装方式、工具的质量和重心等参数。

RAPID 工具数据 tooldata 的构成及定义指令的编程格式如下。

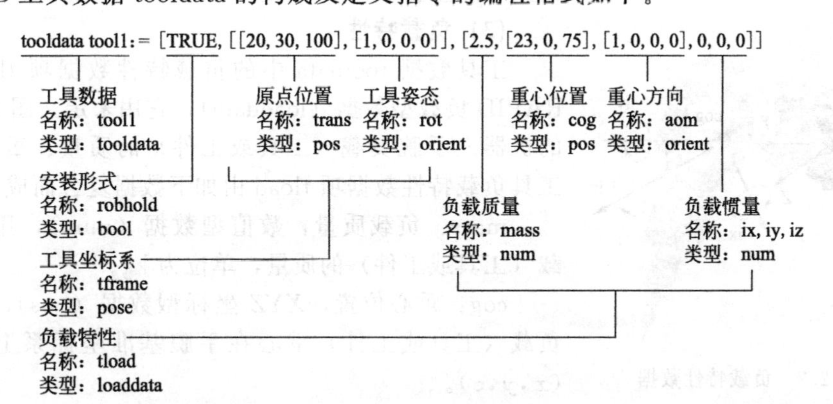

工具数据 tooldata 是由多种格式数据复合而成的多元数组，数据项的说明如下。

(1) 工具安装形式

工业机器人的作业主要有图 8.2.1 所示的工件固定、机器人移动工具作业，以及工具固定、机器人移动工件作业两种，两种作业方式可通过工具数据 tooldata 中的工具安装形式 robhold 数据项定义。

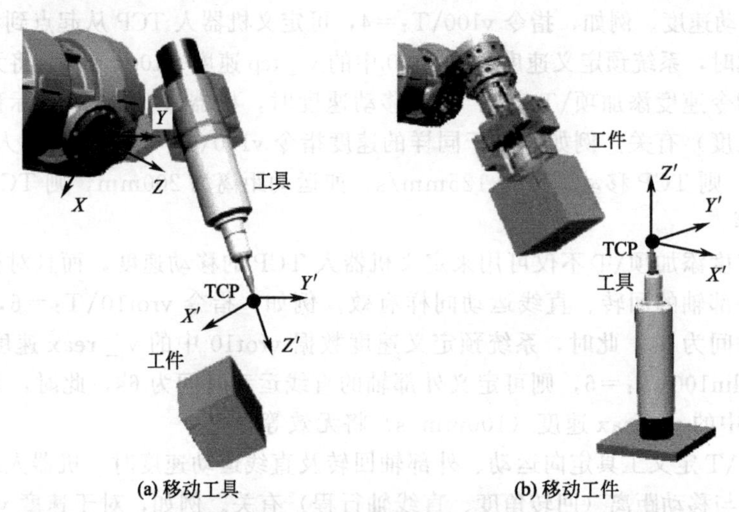

(a) 移动工具　(b) 移动工件

图 8.2.1　工具、工件的安装形式

工具安装形式数据项 robhold 为逻辑状态型数据（bool），设定“TURE”，为图 8.2.1 (a) 所示的机器人移动工具作业；设定“FALSE”，为图 8.2.1(b) 所示的机器人移动工件作业。

(2) 工具坐标系

工具数据 tooldata 中的工具坐标系数据项 tframe，属于 RAPID 坐标系姿态型数据 (pose)，它由 *XYZ* 坐标数据（pos 型数据）trans、方位数据（orient 型数据）rot 复合而成。其中，*XYZ* 坐标数据 trans 是以 $[x,y,z]$ 表示的三维空间坐标值，用来定义工具控制点（TCP 点）的位置；方位数据 rot 是以 $[q_1,q_2,q_3,q_4]$ 四元数表示的坐标旋转参数，用来定义工具坐标系的方向，即工具的安装方向，四元数的含义可参见第 6 章 6.2 节。

工具坐标系数据项的定义基准与工具的安装形式有关。对于图 8.2.1(a) 所示的、通常的机器人移动工具作业，工具坐标系的定义基准为机器人的手腕基准坐标系；如果采用图 8.2.1(b) 所示的、机器人移动工件的工具固定作业，工具坐标系的定义基准为大地或机器人基座坐标系。

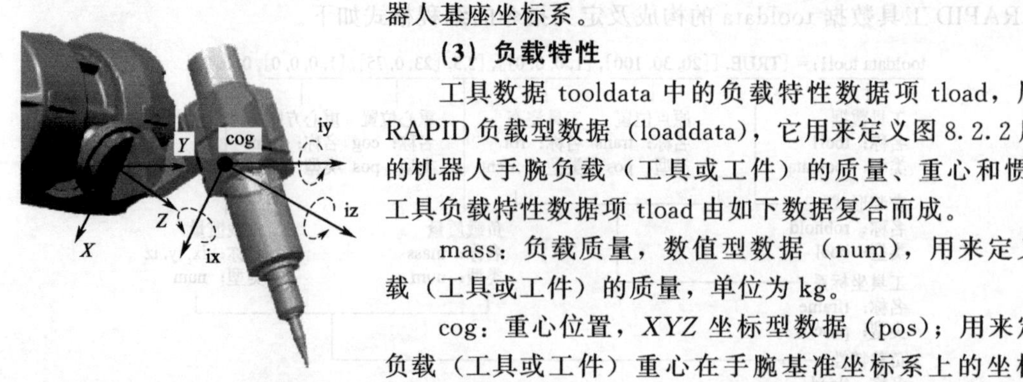

图 8.2.2　负载特性数据

(3) 负载特性

工具数据 tooldata 中的负载特性数据项 tload，属于 RAPID 负载型数据（loaddata），它用来定义图 8.2.2 所示的机器人手腕负载（工具或工件）的质量、重心和惯量。工具负载特性数据项 tload 由如下数据复合而成。

mass：负载质量，数值型数据（num），用来定义负载（工具或工件）的质量，单位为 kg。

cog：重心位置，*XYZ* 坐标型数据（pos）；用来定义负载（工具或工件）重心在手腕基准坐标系上的坐标值 (x,y,z)。

aom：重力方向，方位型数据（orient）；以手腕基准坐标系为基准、用 $[q_1, q_2, q_3, q_4]$ 四元数表示的负载重力方向，四元数的含义可参见第 6 章 6.2 节。

ix、iy、iz：转动惯量，数值型数据（num）；ix、iy、iz 依次为负载在手腕基准坐标系 X、Y、Z 方向上的转动惯量，单位 kg・m^2。如定义 ix、iy、iz=0，控制系统将视负载为质点。

在搬运、码垛等机器人上，机器人的负载不仅包括了工具（抓手、吸盘等）本身的负载，而且，还需要考虑被搬运物品所产生的作业负载（ABB 机器人称为有效载荷）。机器人的作业负载可通过移动指令添加项\Tload 指定的负载数据 loaddata 定义。

由于作业负载数据的计算较为复杂，在实际使用时，通常需要通过机器人控制系统配套提供的负载自动测定软件（如 ABB 公司的 LoadIdentify 负载测定服务程序等），由系统自动测试、设定。利用负载自动测定软件获得的负载数据，实际上是工具、物品两部分负载之和，因此，作业负载添加项\TLoad 一旦指定，就无需再考虑工具数据 tooldata 中的负载特性数据项 tload，数据项（tload）将自动成为无效。

(4) 指令编程

在作业程序中，工具数据 tooldata 既可完整定义，也可对其某一部分进行修改或设定。定义工具数据的指令格式如下。

```
PERS tooldatatool1 ;                                        // 定义工具数据,初始值为 tool0
tool1:=[TRUE,[[97.4,0,223.1],[0.966,0,0.259 ,0]],[5,[23,0,75],[1,0,0,0],0,0,0]];
                                                                        // 工具数据完整定义
tool1.tframe.trans:=[100,0,220] ;                  // 仅定义 tool1 的工具坐标系原点
tool1.tframe.trans.z:=300 ;                      // 仅定义 tool1 的工具坐标系原点 z 坐标
……
```

由于工具数据的计算较为复杂，为了便于用户编程，ABB 机器人可通过直接工具数据自动测定指令，由控制系统自动测试并设定工具数据，或者直接在系统预定义的初始值上修改。系统预定义的初始工具数据 tool0 如下，它可作为工具数据 tooldata 定义指令的初始值。

```
tool0:=[TRUE,[[0,0,0],[1,0,0 ,0]],[0.001,[0,0,0.001],[1,0,0,0],0,0,0]];
```

tool0 定义的工具特性为：机器人移动工具作业、TCP 与 TRP 重合、工具坐标系方向与手腕基准坐标系相同；工具质量为 0.001kg（系统允许的最小设定值，可视为 0）、重心与 TRP 重合（z0.001 为系统允许的最小设定值，可视为 0）、重心方向与手腕基准坐标系相同；负载可视为一个质点，无需考虑转动惯量。

8.2.2 工件数据定义

在作业程序中，工件数据（wobjdata）是用来描述工件安装特性的程序数据，它可用来定义用户坐标系、工件坐标系等参数，特别是对于工具固定、机器人移动工件的作业系统，必须在作业程序中定义工件数据 wobjdata。

RAPID 工件数据 wobjdata 的构成及定义指令的编程格式如下。

工件数据 wobjdata 是由多种格式数据复合而成的多元数组，数据项的说明如下。

(1) 工件、工装安装形式

工件数据 wobjdata 中的数据项 robhold、ufprog、ufmec 分别用来定义工件、工装的安

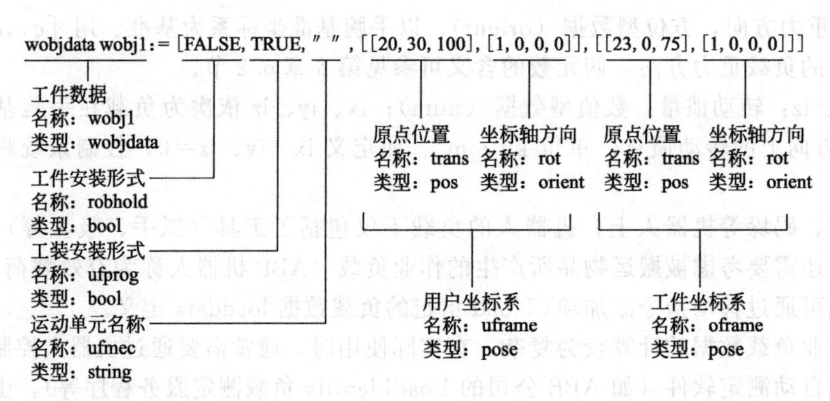

装形式及运动单元名称，其含义如下。

① 工件安装形式 robhold　工件安装形式数据项 robhold 为逻辑状态型数据（bool），用来定义工件的安装形式。对于前述图 8.2.1(a) 所示的机器人移动工具作业，其工件为固定安装，数据项 robhold 应定义为“FALSE”；而对于图 8.2.1(b) 所示的机器人移动工件作业，数据项 robhold 应定义为“TURE”。

② 工装安装形式 ufprog　工装安装形式数据项 ufprog 为逻辑状态型数据（bool），用来定义工装的安装形式。对于通常的工装固定作业系统，数据项 ufprog 应定义为“TURE”；对于带工装变位器的协同作业系统（MultiMove），数据项 ufprog 应定义为“FALSE”，同时，还需要用数据项 ufmec，定义用于工装移动的机械单元名称。

③ 运动单元名称 ufmec　运动单元名称数据项 ufmec 为字符串型数据（string），在工装移动的协同作业系统上，它用来定义用于工装移动的机械单元名称。运动单元名称需要以字符串数据表示，名称需要加双引号。对于无运动单元的工装固定作业系统，数据项 ufmec 只需要保留双引号。

(2) 用户、工件坐标系

工件数据 wobjdata 中的数据项 uframe、oframe 分别用来定义用户坐标系、工件坐标系，其含义如下。

① 用户坐标系 uframe　用户坐标系数据项 uframe 用来定义用户坐标系的坐标原点和坐标轴方向，它由 *XYZ* 坐标数据（pos 型数据）trans、方位数据（orient 型数据）rot 复合而成。其中，*XYZ* 坐标数据 trans 是以 $[x,y,z]$ 表示的三维空间坐标值，用来定义用户坐标系的原点位置；方位数据 rot 是以 $[q_1,q_2,q_3,q_4]$ 四元数表示的坐标旋转参数，用来定义用户坐标系方向，四元数的含义可参见第 6 章 6.2 节。

用户坐标系的设定基准与工件的安装形式有关。对于通常的工件固定、机器人移动工具作业（robhold 定义为 FALSE），确定用户坐标系原点、方向的基准坐标系为大地坐标系或机器人基座坐标系；对于工具固定、机器人移动工件的作业（robhold 设定为 TURE），确定用户坐标系原点、方向的基准坐标系为机器人手腕基准坐标系。如不使用用户坐标系，数据项 uframe 可直接设定为“[0,0,0]，[1,0,0,0]”，使用户坐标系与对应的基准坐标系重合。

② 工件坐标系 oframe　工件坐标系数据项 oframe 用来定义工件坐标系的坐标原点和坐标轴方向，它由 *XYZ* 坐标数据（pos 型数据）trans、方位数据（orient 型数据）rot 复合而成，数据项 trans、rot 的含义与用户坐标系相同。

工件坐标系需要以用户坐标系为基准建立。对于通常的单工件作业系统，系统默认为工件坐标系和用户坐标系重合，数据项 oframe 的设定值为“[0,0,0]，[1,0,0,0]”，无需另行定义工件坐标系。

(3) 指令编程

工件数据 wobjdata 属于复合型数据，在作业程序中，它需要以数据名称的形式编程，其数值应通过程序数据定义指令定义。工件数据既可完整定义，也对其中的某一部分进行修改或设定，例如：

```
PRES wobjdata wobj1 ;                                          // 定义工件数据,初始值为 wobj0
PRES wobjdata wobj2 ;
……
wobj1:=[FALSE,TRUE,"",[[0,0,200],[1,0,0 ,0]],[[100,200,0],[1,0,0 ,0]]] ;
                                                                // 工件数据完整定义
wobj2.uframe.trans:=[100,0,200] ;                    // 仅定义 wobj2 用户坐标系的 trans 项
wobj2.uframe.trans.z:=300 ;                    // 仅定义 wobj2 用户坐标系 trans 项的 z 坐标值
wobj2.oframe.trans:=[100,200,0] ;                    //仅定义 wobj2 工件坐标系的 trans 项
wobj2.oframe.trans.z:=300 ;                    // 仅定义 wobj2 工件坐标系 trans 项的 z 坐标值
……
```

为了便于用户编程，ABB 机器人出厂时已预定义了工件数据 wobj0，wobj0 的数据设定值如下，它可以作为工件数据 wobjdata 定义指令的初始值。

```
wobj0:=[FALSE,TRUE,"",[[0,0,0],[1,0,0 ,0]],[[0,0,0],[1,0,0 ,0]]] ;
```

wobj0 所定义的工件特性为：工件和工装固定，用户坐标系、工件坐标系与大地坐标系重合。

8.3 基本移动指令编程

8.3.1 指令格式及说明

(1) 指令格式

RAPID 移动指令包括绝对定位、关节插补、直线插补、圆弧插补等基本移动指令，以及后续章节介绍的带 I/O 控制功能的移动指令、特殊的独立轴和伺服焊钳控制指令、智能机器人的同步跟踪和外部引导运动等多种指令。

绝对定位、关节插补、直线插补、圆弧插补是机器人编程时最常用的基本移动指令，指令名称、编程格式及示例的说明如表 8.3.1 所示。

表 8.3.1 RAPID 基本移动指令编程说明表

名称	编程格式与示例		
绝对定位	MoveAbsJ	程序数据	ToJointPos, Speed, Zone, Tool
		指令添加项	\Conc
		数据添加项	\ID、\NoEOffs、\V | \T、\Z、\Inpos、\WObj、\TLoad
	编程示例	MoveAbsJ j1, v500, fine, grip1; MoveAbsJ\Conc, j1\NoEOffs, v500, fine\Inpos:=inpos20, grip1; MoveAbsJ j1, v500\V:=580, z20\Z:=25, grip1\WObj:=wobjTable;	

续表

名称	编程格式与示例		
外部轴绝对定位	MoveExtJ	程序数据	ToJointPos,Speed,Zone
		指令添加项	\Conc
		数据添加项	\ID、\NoEOffs,\T,\Inpos
	编程示例	MoveExtJ j1,vrot10,fine; MoveExtJ\Conc,j2,vlin100,fine\Inpos:=inpos20; MoveExtJ j1,vrot10\T:=5,z20;	
关节插补	MoveJ	程序数据	ToPoint,Speed,Zone,Tool
		指令添加项	\Conc
		数据添加项	\ID,\V|\T,\Z、\Inpos,\WObj、\TLoad
	编程示例	MoveJ p1,v500,fine,grip1; MoveJ\Conc,p1,v500,fine\Inpos:=inpos50,grip1; MoveJ p1,v500\V:=520,z40\Z:=45,grip1\WObj:=wobjTable;	
直线插补	MoveL	程序数据	ToPoint,Speed,Zone,Tool
		指令添加项	\Conc
		数据添加项	\ID,\V|\T,\Z、\Inpos,\WObj、\Corr、\TLoad
	编程示例	MoveL p1,v500,fine,grip1; MoveL\Conc,p1,v500,fine\Inpos:=inpos50,grip1\Corr; MoveJ p1,v500\V:=520,z40\Z:=45,grip1\WObj:=wobjTable;	
圆弧插补	MoveC	程序数据	CirPoint,ToPoint,Speed,Zone,Tool
		指令添加项	\Conc
		数据添加项	\ID,\V|\T,\Z、\Inpos,\WObj、\Corr、\TLoad
	编程示例	MoveC p1,p2,v300,fine,grip1; MoveL\Conc,p1,p2,v300,fine\Inpos:=inpos20,grip1\Corr; MoveJ p1,p2,v300\V:=320,z20\Z:=25,grip1\WObj:=wobjTable;	

基本移动指令中的目标位置 ToJointPos 或 ToPoint、移动速度 Speed、到位区间 Zone，以及机器人运动时的作业工具数据 Tool，是基本移动指令必需的程序数据，它们需要在程序中预先定义。

移动指令的指令添加项可用来调整指令的执行方式，数据添加项用来调整程序数据。指令、数据添加项均可根据实际要求添加或省略。

基本移动指令的程序数据、添加项含义基本相同，统一介绍如下；其他个别程序数据及添加项的含义与编程要求，将在相关指令中说明。

(2) 程序数据

基本移动指令的程序数据主要有目标位置 ToJointPos 或 ToPoint、移动速度 Speed、到位区间 Zone、作业工具 Tool 等，其含义和编程要求如下。

① 目标位置 ToJointPoint、ToPoint　目标位置 ToJointPoint 是机器人、外部轴的关节坐标系绝对位置，其数据类型为 jointtarget；关节位置是以各运动轴的关节坐标系原点为基准、利用转角或位置表示的机器人或外部轴绝对位置，它与编程时所选择的坐标系、机器人所使用的作业工具无关。目标位置 ToPoint 是机器人工具控制点（TCP）在三维笛卡儿坐标系上的位置值，其数据类型为 robtarget；TCP 位置是以程序指定的坐标系为基准，利用机

器人 TCP 点在坐标系中的 *XYZ* 坐标值描述的位置，它与程序所选择坐标系、工具、机器人姿态、外部轴位置等均有关。

在作业程序中，关节位置 ToJointPoint、TCP 位置 ToPoint 通常以已定义的程序数据名称编程；如位置值需要利用示教操作等方式，直接在指令中输入，在指令中可用“*”代替程序数据名称编程。

对于多机器人协同作业系统（MultiMove），当不同机器人需要同步移动时，目标位置 ToJointPoint、ToPoint 需要用后缀的添加项 \ ID，指定同步控制的指令编号。

机器人的 TCP 位置 ToPoint，还可通过 RAPID 工具偏移 RelTool、程序偏移 Offs 等函数命令指定，函数命令可直接替代程序数据 ToPoint 在指令中编程，例如：

```
MoveL RelTool(p1,50,80,100\Rx:=0\ Ry:=0\ Rz:=90),v1000,z30,Tool1;
                                        //利用工具偏移函数指定目标位置
MoveL Offs(p1,0,0,100),v1000,z30,grip2\Wobj:=fixture;
                                        //利用程序偏移函数指定目标位置
```

② 移动速度 Speed　移动速度 Speed 用来规定机器人 TCP 或外部轴的运动速度，其数据类型为 speeddata。移动速度既可直接使用系统预定义的速度名称，如 v1000（机器人 TCP 速度）、vrot10（外部轴回转定位速度）、vlin50（外部轴直线定位速度）等，也可通过速度数据的添加项\V 或\T，在指令中直接设定。

③ 到位区间 Zone　到位区间用来规定移动指令到达目标位置的判定条件，其数据类型为 zonedata。到位区间可为系统预定义的区间名称，如 z50、fine 等；也可通过数据添加项\Z、\Inpos，在指令中直接指定到位允差、规定到位检测条件。

④ 作业工具 Tool　用来指定作业工具，其数据类型为 tooldata。作业工具用来确定机器人的工具控制点（TCP）位置、工具安装方向、负载特性等参数。如机器人未安装工具时，作业工具可选择系统预定义的 tooldata 数据初始值 Tool0。如果需要，作业工具还可通过添加项\WObj、\TLoad、\Corr 等，进一步规定工件数据、工具负载、轨迹修整等参数。对于工具固定、机器人移动工件的作业系统，必须使用添加项\WObj 规定工件数据 wobjdata。

（3）添加项

添加项属于指令选项，可用可不用。RAPID 基本移动指令的添加项可用来调整指令的执行方式和程序数据，常用的添加项作用及编程方法如下。

① \Conc　连续执行添加项，数据类型为 switch。\Conc 可附加在移动指令之后，使系统在移动机器人的同时，启动并执行后续程序中的非移动指令。添加项\Conc 和程序数据需要用逗号“,”分隔，例如：

```
MoveJ\Conc,p1,v1000,fine,grip1;
Set do1,on;
```

指令 MoveJ\Conc 可使机器人在执行关节插补指令 MoveJ 的同时，启动并执行后续的非移动指令“Set do1，on;”，使开关量输出 do1 的状态成为 ON。如果不使用添加项\Conc，控制系统将在机器人移动到达目标位置 p1 后，才启动并执行非移动指令“Set do1，on;”。

使用添加项\Conc，系统能够连续执行的非移动指令最多为 5 条。另外，对于需要利用指令 StorePath、RestoPath，存储或恢复轨迹的移动指令，也不能使用添加项 \ Conc 编程。

② \ID　同步移动添加项，数据类型为 identno。添加项\ID 仅用于多机器人协同作业

(MultiMove) 系统，它可附加在目标位置 ToJointPoint、ToPoint 后，用来指定同步移动的指令编号，用来实现不同机器人的同步移动、协同作业。

③ \V或\T 用户自定义的移动速度添加项，数据类型为 num。\V 可用于 TCP 移动速度的直接编程；\T可通过运动时间，间接指定移动速度。有关\V 和\T 的使用方法，可参见前述的移动速度定义章节。添加项\V 和\T 不能在同一指令中同时编程。

④ \Z、\Inpos 用户自定义的到位区间和到位检测条件，\Z 的数据类型为 num，\Inpos 的数据类型为 stoppointdata。

添加项\Z 可直接指定目标位置的到位区间，如“z40\Z：=45”表示目标位置的到位区间为 45mm。添加项\Inpos 可对目标位置的停止点类型、到位区间、停止速度、停顿时间等检测条件作进一步的规定；如“fine\Inpos：=inpos20”为使用系统预定义停止点数据 inpos20，停止点类型为“到位停止”，程序同步控制有效，到位区间为 fine 设定值的 20%，停止速度为 fine 设定值的 20%，最短停顿时间为 0s，最长停顿时间为 2s。

⑤ \Wobj 工件数据，数据类型为 wobjdata。\Wobj 添加可在工具数据 Tool 后，以选择工件坐标系、用户坐标系等工件数据。对于机器人移动工件（工具固定）作业系统，工件数据将直接影响机器人本体运动，故必须指定添加项\Wobj；对于通常的机器人移动工具（工件固定）作业系统，可根据实际需要选择或省略添加项\Wobj。添加项\Wobj 可以和添加项\TLoad、\Corr 同时编程。

⑥ \TLoad 机器人负载，数据类型为 loaddata。添加项\TLoad 可直接指定机器人的负载参数，使用添加项\Tload 时，工具数据 tooldata 中的负载特性项 tload 将成为无效；省略添加项\Tload，或指定系统默认的负载参数 load0，则工具数据 tooldata 所定义的负载特性项 tload 有效。添加项\TLoad 可和添加项\Wobj、\Corr 同时使用。

8.3.2 定位指令编程

RAPID 基本移动指令有定位和插补两大类。所谓定位，是通过机器人本体轴、外部轴（基座轴、工装轴）的运动，使运动轴移动到目标位置的操作，它只能保证目标位置的准确，而不对运动轨迹进行控制。所谓插补，是通过若干运动轴的位置同步控制，使得控制对象（机器人 TCP 点）沿指定的轨迹连续移动、并准确到达目标位置。

RAPID 定位指令有绝对定位、外部轴绝对定位两条，指令的功能及编程格式与要求分别如下。

(1) 绝对定位指令

绝对定位指令 MoveAbsJ 可将机器人、外部轴（基座、工装）定位到指定的目标位置上。绝对定位指令的目标位置是以各运动轴原点为基准的关节坐标系绝对位置 Tojoint-Point，它不受编程坐标系的影响。但是，由于工具、负载等参数与机器人安全、伺服驱动控制密切相关，因此，绝对定位指令也需要指定工具、工件数据。

绝对定位指令 MoveAbsJ 是以当前位置作为起点、以目标位置为终点的“点到点”定位运动，目标位置为关节坐标位置，因此，它不分机器人 TCP 移动、工具定向、变位器运动，也不控制运动轨迹。执行绝对定位指令，机器人的所有运动轴可同时到达终点，机器人 TCP 的移动速度大致与指令速度一致。

绝对定位指令 MoveAbsJ 的编程格式如下：

```
    MoveAbsJ [\Conc,]ToJointPoint [\ID] [\NoEOffs],Speed [\V] | [\T],Zone [\Z] [\Inpos],
Tool [\Wobj] [\TLoad];
```

指令中的程序数据 TojointPoint、Speed、Zone、Tool，以及添加项\Conc、\ID、\V、\T、\Z、\Inpos、\Wobj、\TLoad 的含义及编程方法可参见前述。添加项\NoEOffs 用来取消外部偏移，其数据类型为 switch；使用添加项\NoEOffs 时，如设定系统参数 NoEOffs=1，便可自动取消目标位置的外部轴偏移量。

绝对定位指令 MoveAbsJ 的编程实例如下。

```
MoveAbsJ  p1,v1000,fine,grip1;                          // 使用系统预定义数据定位
MoveAbsJ  p2,v500\V:=520,z30\Z:=35,tool1;               //指定移动速度和到位区间
MoveAbsJ  p3,v500\T:=10,fine\Inpos:=inpos20,tool1;      // 指定移动时间和到位条件
MoveAbsJ\Conc,p4[\NoEOffs],v1000,fine,tool1;            // 使用指令添加项
Set do1,on;                                             // 连续执行指令
……
```

(2) 外部轴绝对定位指令

外部轴绝对定位指令 MoveExtJ 用于机器人基座轴、工装轴的独立定位。外部轴绝对定位指令的目标位置同样是关节坐标系绝对位置，不受编程坐标系的影响。执行外部轴绝对定位操作时，由于机器人 TCP 点相对于基座不产生运动，因此，无需考虑工具、负载的影响，故无须在指令中指定工具、工件数据。

外部轴绝对定位指令 MoveExtJ 的 RAPID 编程格式如下：

```
MoveExtJ[\Conc,]ToJointPoint[\ID][\UseEOffs],Speed[\T],Zone[\Inpos];
```

指令中的程序数据 TojointPoint、Speed、Zone，以及添加项\Conc、\ID、\T、\Inpos 的含义及编程方法可参见前述。添加项\UseEOffs 用来指定外部轴偏移，其数据类型为 switch；使用添加项\UseEOffs 时，定位目标位置可通过指令 EoffsSe 进行偏移。

外部轴绝对定位指令的编程实例如下。

```
VAR extjoint eax_ap4:=[100,0,0,0,0,0] ;                 // 定义外部轴偏移量 eax_ap4
……
MoveExtJ  p1,vrot10,z30;                                // 使用系统预定义数据定位
MoveExtJ  p2,vrot10\T:=10,fine\Inpos:=inpos20;          // 指定移动时间和到位条件
MoveExtJ\Conc,p3,vrot10,fine;                           // 使用指令添加项
Set do1,on;                                             // 连续执行指令
……
EOffsSet eax_ap4 ;                                      // 生效外部轴偏移量 eax_ap4
MoveExtJ,p4\UseEOffs,vrot10,fine;                       // 使用外部轴偏移改变目标位置
……
```

8.3.3 插补指令编程

插补指令可使得机器人的 TCP 点沿指定的轨迹，移动到目标位置，插补的目标位置都需要以 TCP 位置（robtarget 数据）的形式指定。RAPID 插补有关节插补、直线插补和圆弧插补 3 类，指令的功能及编程格式、要求分别如下。

(1) 关节插补指令

关节插补指令又称关节运动指令，指令的编程格式如下：

```
MoveJ [\Conc,] ToPoint[\ID],Speed[\V] | [\T],Zone[\Z][\Inpos],Tool[\Wobj]
[\TLoad];
```

执行关节插补指令时，机器人将以当前位置作为起点、以指令指定的目标位置为终点，进行插补运动。指令中的程序数据及添加项含义可参见前述。

关节插补运动可包含机器人系统的所有运动轴，故可用来实现 TCP 点定位、工具定向、外部轴定位等操作。执行关节插补指令时，参与插补运动的全部运动轴将同步运动、并同时到达终点，机器人 TCP 的运动轨迹为各轴同步运动的合成，它通常不是直线。

关节插补的机器人 TCP 移动速度可使用系统预定义的 speeddata 数据，也可通过添加项\V 或\T 设定；TCP 的实际移动速度与指令速度大致相同。

关节插补指令 MoveJ 的编程实例如下。

```
MoveJ  p1,v1000,fine,grip1;                                  // 使用系统预定义数据插补
MoveJ  p2,v500\V:=520,z30\Z:=35,tool1;                       // 直接指定速度和到位区间
MoveJ  p3,v1000\T:=5,fine\Inpos:=inpos20,tool1;              // 直接移动时间和到位条件
MoveJ\Conc,p4,v1000,fine,tool1;                              // 使用指令添加项
Set do1,on;                                                  // 连续执行指令
……
MoveJ p5,v1000,fine,grip2\Wobj:=fixture;                     // 使用工件数据
……
```

(2) 直线插补指令

直线插补指令又称直线运动指令。执行直线插补指令，不但可保证全部运动轴同时到达终点，并且能够保证机器人 TCP 点的移动轨迹为连接起点和终点的直线。

直线插补指令的编程格式如下：

```
MoveL [\Conc,] ToPoint[\ID],Speed[\V] | [\T],Zone[\Z] [\Inpos],Tool[\Wobj] [\Corr]
[\TLoad];
```

指令中的程序数据及添加项含义及编程方法可参见前述。添加项\Corr 用来附加轨迹校准功能，其数据类型为 switch；\Corr 添加项用于带轨迹校准器的智能机器人，使用添加项\Corr 后，系统可通过轨迹校准器，自动调整移动轨迹。

直线插补指令 MoveL 与关节插补 MoveJ 的编程方法相同，例如：

```
MoveL  p1,v500,z30,Tool1;                                    // 使用系统预定义数据插补
Move   p2,v1000\T:=5,fine\Inpos:=inpos20,tool1;              // 使用数据添加项
MoveL\Conc,p3,v1000,fine,tool1;                              // 使用指令添加项
Set do1,on;                                                  // 连续执行指令
……
MoveL  p4,v500,z30,Tool1 [\Corr];                            // 使用轨迹修整功能
MoveL RelTool(p3,0,0,100\Rx:=0\ Ry:=0\ Rz:=90),v300,fine\Inpos:=inpos20,Tool1;
                                                             //使用函数命令
MoveL Offs(p3,0,0,100),v300,fine\Inpos:=inpos20,grip2\Wobj:=fixture;
                                                             //使用函数命令
```

(3) 圆弧插补指令

圆弧插补指令又称圆周运动指令，它可使机器人 TCP 点沿指定的圆弧，从当前位置移动到目标位置。工业机器人的圆弧插补指令，需要通过起点（当前位置）、中间点（CirPoint）和终点（目标位置）3 点定义圆弧，指令 MoveC 的编程格式如下：

```
MoveC [\Conc,] CirPoint,ToPoint [\ID],Speed [\V] | [\T],Zone [\Z] [\Inpos],Tool [\Wobj]
        [\Corr] [\TLoad];
```

指令中的程序数据及添加项含义及编程方法可参见前述。程序数据 CirPoint 用来指定圆弧的中间点，其数据类型同样为 robtarget。理论上说，中间点 CirPoint 可以是圆弧上位于起点和终点之间的任意一点，但是，为了获得正确的轨迹，选择中间点时需要注意以下问题。

① 为了保证圆弧的准确，中间点 CirPoint 应尽可能选择在接近圆弧的中间位置。

② 起点（start）、中间点（CirPoint）、终点（ToPoint）间应有足够的间距，应保证图 8.3.1 所示的起点（start）离终点（ToPoint）、起点（start）离中间点（CirPoint）的距离，均大于等于 0.1mm。此外，还需要保证起点（start）/中间点（CirPoint）连线与起点（start）/终点（ToPoint）连线的夹角大于 1°，否则，不但无法得到准确的运动轨迹，而且可能使系统产生报警。

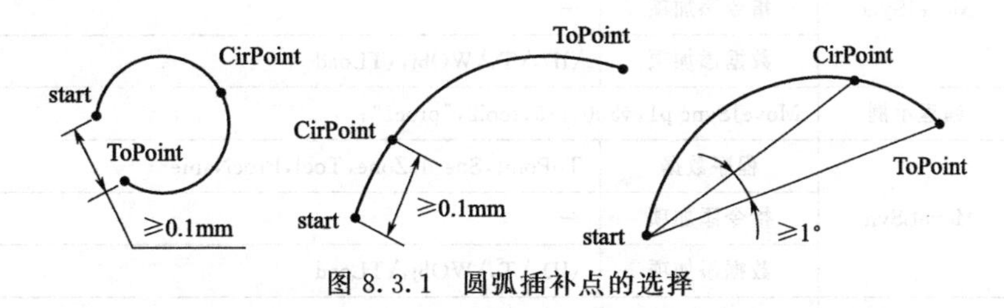

图 8.3.1　圆弧插补点的选择

③ 不能试图用终点和起点重合的圆弧插补指令来实现 360°全圆插补，全圆插补需要通过两条或以上的圆弧插补指令实现。

圆弧插补指令 MoveC 的编程实例如下。

```
MoveC  p1,p2,v500,z30,Tool1;                          // 使用系统预定义数据插补
MoveC  p2,p3,v500\V:=550,z30\Z:=35,Tool1;             // 直接指定速度和到位区间
MoveC\Conc,p4,p5,v200,fine\Inpos:=inpos20,tool1;      // 指令使用添加项
Set do1,on;                                           // 连续执行指令
……
```

利用圆弧插补指令 MoveC，实现 360°全圆插补的程序示例如下。

```
MoveL  p1,v500,fine,Tool1;
MoveC  p2,p3,v500,z20,Tool1;
MoveC  p4,p1,v500,fine,Tool1;
```

执行以上指令时，首先，将 TCP 点以系统预定义速度 v500，直线移动到 p_1 点；然后，按照 p_1、p_2、p_3 所定义的圆弧，移动到 p_3（第 1 段圆弧的终点）；接着，按照 p_3、p_4、p_1 定义的圆弧，移动到 p_1 点，使 2 段圆弧闭合。这样，如指令中的 p_1、p_2、p_3、p_4 点

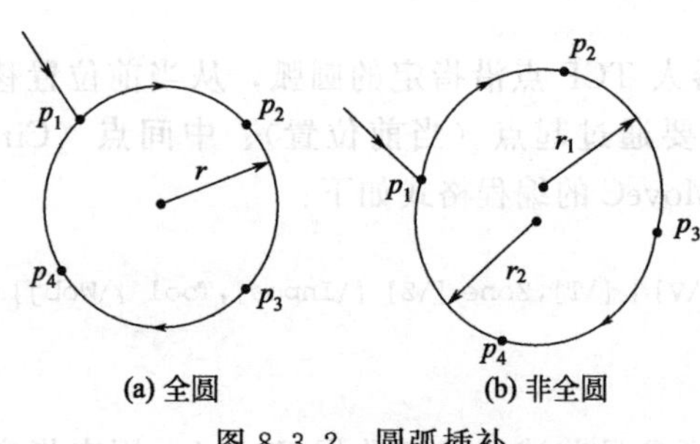

图 8.3.2 圆弧插补

均位于同一圆弧上，便可得到图 8.3.2(a) 所示的360°全圆轨迹，否则将得到图 8.3.2(b) 所示的两段闭合圆弧。

8.3.4 子程序调用插补指令编程

(1) 指令及编程格式

RAPID 插补指令可附加子程序调用功能。对于普通程序（PROC 程序）的调用，可在关节、直线、圆弧插补的移动目标位置进行；这一功能可直接通过后缀 Sync 的基本移动指令 MoveJSync、MoveLSync、MoveCSync 实现。如需要在关节、直线、圆弧插补轨迹的其他位置调用程序，则需要使用 RAPID 中断功能，通过带 I/O 控制功能的插补指令 TriggJ、TriggL、TriggC 实现，有关内容将在后续的章节介绍。

RAPID 普通子程序调用插补指令的名称、编程格式与示例如表 8.3.2 所示。

表 8.3.2 普通子程序调用插补指令编程说明表

名称	编程格式与示例		
关节插补调用程序	MoveJSync	程序数据	ToPoint,Speed,Zone,Tool,ProcName
		指令添加项	—
		数据添加项	\ID,\T,\WObj,\TLoad
	编程示例	MoveJSync p1,v500,z30,tool2,"proc1";	
直线插补调用程序	MoveLSync	程序数据	ToPoint,Speed,Zone,Tool,ProcName
		指令添加项	—
		数据添加项	\ID,\T,\WObj,\TLoad
	编程示例	MoveLSync p1,v500,z30,tool2,"proc1";	
圆弧插补调用程序	MoveCSync	程序数据	CirPoint,ToPoint,Speed,Zone,Tool,ProcName
		指令添加项	—
		数据添加项	\ID,\T,\WObj,\TLoad
	编程示例	MoveCSync p1,p2,v500,z30,tool2,"proc1";	

指令 MoveJSync、MoveLSync、MoveCSync 的子程序调用在移动目标位置进行，对于不经过目标位置的连续移动指令，其程序的调用将在拐角抛物线的中间点进行。

(2) 编程说明

普通程序调用控制移动指令 MoveJSync、MoveLSync、MoveCSync 的编程方法与基本移动指令 MoveJ、MoveL、MoveC 类似，但可使用的添加项较少，指令格式如下：

```
MoveJSync ToPoint [\ID],Speed [\T],Zone,Tool [\WObj],ProcName[\TLoad];
MoveLSync ToPoint [\ID],Speed [\T],Zone,Tool [\WObj],ProcName[\TLoad];
MoveCSync CirPoint,ToPoint[\ID],Speed[\T],Zone,Tool[\WObj],ProcName[\TLoad];
```

指令中的基本程序数据及添加项的含义、编程要求均与基本移动指令相同。程序数据 ProcName 为需要调用的子程序（PROC）名称，其数据类型为 string。

普通程序调用控制移动指令的编程实例如下。

```
MoveJSync p1,v800,z30,tool2,"proc1" ;          // 关节插补终点 p1 调用程序 proc1
Set do1,on;                                     // 非连续移动
……
MoveLSync p2,v500,z30,tool2,"proc2" ;        // 直线插补 p2 拐角中点调用程序 proc2
MoveL p3,v500,z30,tool2 ;                          // 连续移动
MoveCSync p4,p5,v500,z30,tool2,"proc3" ;     // 圆弧插补终点 p5 调用程序 proc3
Set do1,off ;                                      // 非连续移动
……
```

8.4 程序点调整指令编程

在工业机器人上，关节、直线、圆弧插补的目标位置通常称为“程序点”。在作业程序中，程序点一般为TCP位置型数据（robtarget），它是包含有*XYZ*坐标数据pos、工具方位数据orient、机器人姿态数据confdata、外部轴绝对位置数据extjoint的复合型数据等。

在作业程序中，程序点不但可通过数据定义指令直接定义，而且还可利用程序偏移、位置偏置、镜像、机器人姿态控制等指令，通过编程调整与改变。如果需要，还可以通过RAPID函数命令，读取机器人当前的程序点数据，并进行数据类型转换、函数运算处理等操作。

利用RAPID程序偏移指令，可在程序中调整与改变程序点数据中的*XYZ*坐标数据pos、工具方位数据orient、外部轴绝对位置数据extjoint。

利用RAPID位置偏置、镜像指令，可在程序中调整与改变程序点的*XYZ*坐标数据pos，但不能调整与改变工具方位数据orient、外部轴绝对位置数据extjoint。

机器人姿态数据confdata的调整与改变，需要通过专门的机器人姿态控制指令实现。

利用RAPID函数命令，可以读取机器人、外部轴的TCP位置数据robtarget、*XYZ*坐标数据pos、关节位置数据jointtarget，以及电机角度数据、当前的工具数据tooldata、工件数据wobjdata，并进行TCP位置/关节位置数据的转换、位置矢量长度计算、两点距离计算、矢量乘积计算等运算与处理。

RAPID程序点调整指令的功能及编程方法如下。

8.4.1 程序偏移与设定指令

(1) 指令与功能

RAPID程序偏移与设定指令，可一次性调整与改变所有程序点的*XYZ*坐标数据pos、工具方位数据orient、外部轴绝对位置数据extjoint。其中，机器人本体运动轴和外部运动轴的偏移与设定可分别指令。

RAPID程序偏移与设定指令的名称、编程格式与示例如表8.4.1所示。

表8.4.1 程序偏移指令编程说明表

名称	编程格式与示例		
机器人程序偏移生效	PDispOn	编程格式	PDispOn [\Rot] [\ExeP,] ProgPoint,Tool [\WObj] ;

续表

名称	编程格式与示例		
机器人程序偏移生效	PDispOn	指令添加项	\Rot:工具偏移功能选择,数据类型 switch \ExeP:程序偏移目标位置,数据类型 robtarget
		程序数据与添加项	ProgPoint:程序偏移参照点,数据类型 robtarget Tool:工具数据,数据类型 tooldata \WObj:工件数据,数据类型 wobjdata
	功能说明	生效程序偏移功能	
	编程示例	PDispOn\ExeP:=p10, p20, tool1;	
机器人程序偏移设定	PDispSet	编程格式	PDispSet DispFrame ;
		程序数据	DispFrame:程序偏移量,数据类型 pose
	功能说明	设定机器人程序偏移量	
	编程示例	PDispSet xp100 ;	
机器人偏移撤销	PDispOff	编程格式	PDispOff ;
		程序数据	—
	功能说明	撤销机器人程序偏移	
	编程示例	PDispOff ;	
外部轴程序偏移生效	EOffsOn	编程格式	EOffsOn [\ExeP,] ProgPoint;
		指令添加项	\ExeP:程序偏移目标点,数据类型 robtarget
		程序数据	ProgPoint:程序偏移参照点,数据类型 robtarget
	功能说明	生效外部轴程序偏移功能	
	编程示例	EOffsOn \ExeP:=p10,p20;	
外部轴程序偏移设定	EOffsSet	编程格式	EOffsSet EAxOffs;
		程序数据	EaxOffs:外部轴程序偏移量,数据类型 extjoint
	功能说明	设定外部轴程序偏移量	
	编程示例	EOffsSet eax _p100;	
外部轴偏移撤销	EOffsOff	编程格式	EOffsOff;
		程序数据	—
	功能说明	撤销外部轴程序偏移	
	编程示例	EOffsOff;	

程序偏移设定、生效指令的功能类似于工件坐标系设定。利用指令 PDispSet、PdispOn 设定并生效机器人偏移时，可使所有程序点的 *XYZ* 坐标数据 pos、工具方位数据 orient 产生整体偏移；利用指令 EOffsSet、EoffsOn 设定并生效外部轴偏移时，可使所有程序点的外部轴绝对位置数据 extjoint 产生整体偏移。

程序偏移通常用来改变机器人的作业区，例如，当机器人需要进行图 8.4.1(a) 所示的多工件作业时，可通过机器人偏移指令，改变机器人 TCP 的 *XYZ* 坐标值，从而通过同一程序，完成作业区 1、作业区 2 的相同作业。程序偏移不仅可改变机器人 TCP 的 *XYZ* 坐标数据 pos，如果需要，还可在指令中添加工具偏移、旋转功能，使编程的坐标系产生图 8.4.1(b) 所示的偏移与旋转。

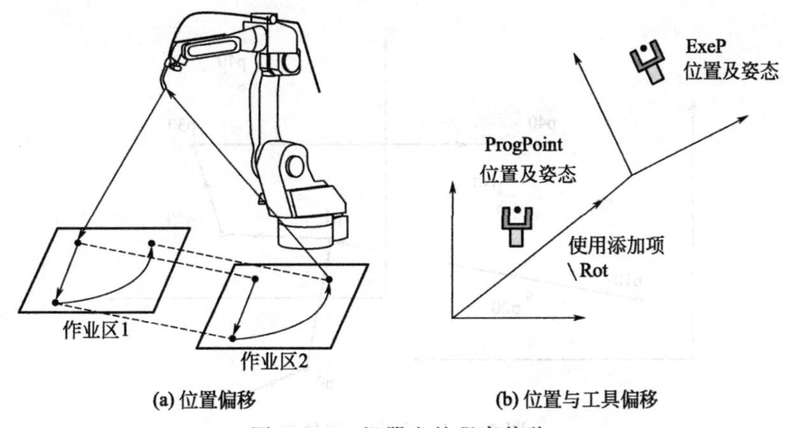

(a) 位置偏移　　(b) 位置与工具偏移

图 8.4.1　机器人的程序偏移

(2) 程序偏移生效与撤销

在作业程序中，机器人、外部轴的程序偏移可分别利用机器人程序偏移生效指令 PDispOn、外部轴程序偏移生效指令 EOffsOn 实现。指令 PDispOn、EoffsOn 的偏移量，可通过指令中的参照点和目标点，由系统自动计算生成。指令 PDispOn、EoffsOn 可在程序中同时使用，所产生的偏移量可自动叠加。

由指令 PDispOn、EoffsOn 生成的程序偏移，可分别通过指令 PDispOff、EOffsOff 撤销，或利用后述的程序偏移量清除函数命令 ORobT 清除。如果程序中使用了程序偏移设定指令 PDispSet、EoffsSet，直接指定程序偏移量，指令 PDispOn、EoffsOn 所设定的程序偏移也将清除。

程序偏移生效指令 PDispOn、EOffsOn 的添加项、程序数据作用如下。

\Rot：工具偏移功能选择，数据类型 switch。使用添加项\Rot，可使机器人在 *XYZ* 位置偏移的同时，按目标位置数据的要求，调整与改变工具姿态。

\ExeP：程序偏移目标位置，TCP 位置数据 robtarget。用来定义参照点 ProgPoint 经程序偏移后的目标位置；如不使用添加项\ExeP，则以机器人当前的 TCP 位置（停止点 fine），作为程序偏移后的目标位置。

ProgPoint：程序偏移参照点，TCP 位置数据 robtarget。参照点是用来计算机器人、外部轴程序偏移量的基准位置，目标位置与参照点的差值就是程序偏移量。

Tool：工具数据 tooldata。指定程序偏移所对应的工具数据。

\WObj：工件数据 wobjdata。增加添加项后，程序数据 ProgPoint、\ExeP 将为工件坐标系的 TCP 位置；否则，为大地（或基座）坐标系的 TCP 位置。

机器人程序偏移生效/撤销指令的编程实例如下，程序的偏移轨迹如图 8.4.2 所示。

```
MoveL p0,v500,z10,tool1 ;                              // 无偏移运动
MoveL p1,v500,z10,tool1 ;
……
PDispOn\ExeP:=p1,p10,tool1 ;                           // 生效机器人偏移
MoveL p20,v500,z10,tool1 ;                             // 偏移运动
MoveL p30,v500,z10,tool1 ;
PDispOff ;                                             // 机器人偏移撤销
MoveL p40,v500,z10,tool1 ;
……
```

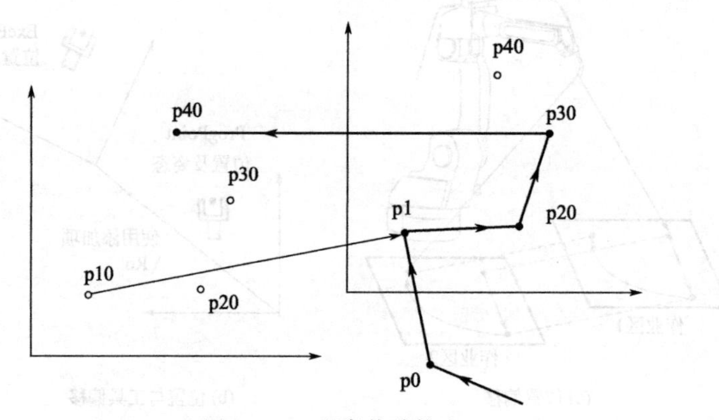

图 8.4.2 程序偏移轨迹

外部轴程序偏移仅用于配置有外部轴的机器人系统，指令的编程实例如下。

```
MoveL p1,v500,z10,tool1 ;                         // 无偏移运动
EOffsOn \ExeP:=p1,p10 ;                           // 外部轴程序偏移生效
MoveL p20,v500,z10,tool1 ;
……
EOffsOff ;                                        // 外部轴偏移撤销
```

如机器人当前位置是以停止点（fine）形式指定的准确位置，该点可直接作为程序偏移的目标位置，此时，指令中无需使用添加项 \ ExeP，例如：

```
MoveJ p1,v500,fine \Inpos:=inpos50,tool1 ;        // 停止点定位
PDispOn p10,tool1 ;                               // 机器人偏移,目标点 p1
……
MoveJ p2,v500,fine \Inpos:=inpos50,tool1 ;        // 停止点定位
EOffsOnp20 ;                                      // 外部轴偏移,目标点 p2
……
```

机器人程序偏移指令还可结合子程序调用使用，使程序的运动轨迹整体偏移，以达到改变作业区域的目的。例如，实现图 8.4.3 所示 3 个作业区变换的程序如下。

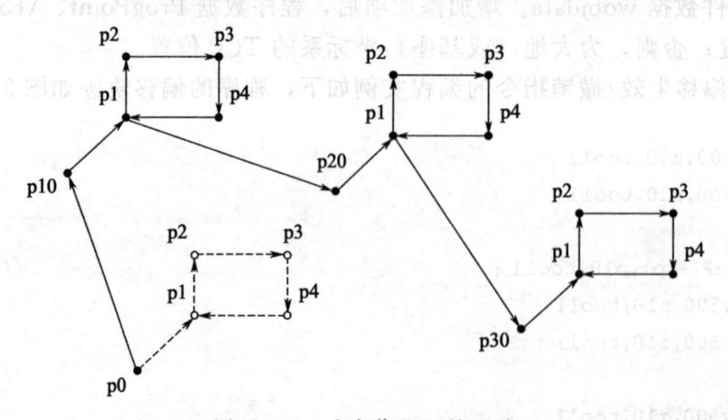

图 8.4.3 改变作业区的运动

```
MoveJ p10,v1000,fine\Inpos:=inpos50,tool1 ;                // 第 1 偏移目标点定位
draw_square ;                                               // 调用子程序轨迹
MoveJ p20,v1000,fine \Inpos:=inpos50,tool1 ;               // 第 2 偏移目标点定位
draw_square ;                                               // 调用子程序轨迹
MoveJ p30,v1000,fine \Inpos:=inpos50,tool1 ;               // 第 3 偏移目标点定位
draw_square ;                                               // 调用子程序轨迹
……
!*************************************
PROC draw_square()
  PDispOnp0,tool1 ;                   // 生效程序偏移,参照点 p0、目标点为当前位置
  MoveJ p1,v1000,z10,tool1 ;                                // 需要偏移的轨迹
  MoveLp2,v500,z10,tool1 ;
  MoveLp3,v500,z10,tool1 ;
  MoveLp4,v500,z10,tool1 ;
  MoveLp1,v500,z10,tool1 ;
  PDispOff ;                                                // 程序偏移撤销
  ENDPROC
!*************************************
```

(3) 程序偏移设定与撤销

在作业程序中，机器人、外部轴的程序偏移也可通过机器人、外部轴程序偏移设定指令实现。PDispSet、EOffsSet 指令可直接定义机器人、外部轴的程序偏移量，而无需利用参照点和目标位置计算偏移量；因此，对于只需要进行坐标轴偏移的作业（如搬运、堆垛等），可利用指令实现位置平移，以简化编程与操作。

指令 PDispSet、EOffsSet 所生成的程序偏移，可分别通过偏移撤销指令 PDispOff、EOffsOff 撤销，或利用程序偏移指令 PDispOn、EOffsOn 清除。此外，对于同一程序点，只能利用 PDispSet、EOffsSet 指令设定一个偏移量，而不能通过指令的重复使用叠加偏移。

机器人、外部轴程序偏移设定指令的程序数据含义如下。

DispFrame：机器人程序偏移量，数据类型 pose。机器人的程序偏移量需要通过坐标系姿态型数据 pose 定义，pose 数据中的位置数据项 pos，用来指定坐标原点的偏移量；方位数据项 orient，用来指定坐标系旋转的四元数，如不需要旋转坐标系，数据项 orient 应设定为[1,0,0,0]。

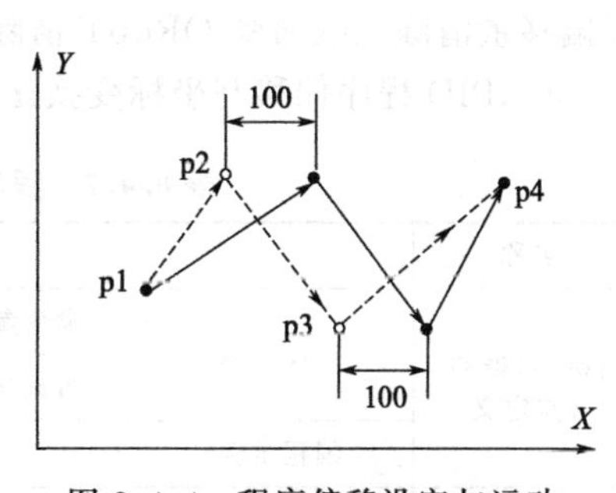

图 8.4.4　程序偏移设定与运动

EAxOffs：外部轴程序偏移量，数据类型 extjoint。直线轴偏移量的单位为 mm，回转轴的单位为（°）。

对于图 8.4.4 所示的简单程序偏移运动，程序偏移设定/撤销指令的编程实例如下。

```
VAR pose xp100:=[[100,0,0],[1,0,0,0]];            // 程序数据 xp100(偏移量)定义
MoveJ p1,v1000,z10,tool1 ;                          // 无偏移运动
……
PDispSet xp100 ;                                    // 生效程序偏移
MoveL p2,v500,z10,tool1 ;                           // 偏移运动
```

```
MoveL p3,v500,z10,tool1 ;
PDispOff ;                                                          // 撤销程序偏移
MoveJ p4,v1000,z10,tool1 ;                                          // 无偏移运动
……
```

外部轴程序偏移设定仅用于配置有外部轴的机器人系统，指令的编程实例如下。

```
VAR extjoint eax_p100:=[100,0,0,0,0,0] ;          //程序数据 eax_p100(偏移量)定义
MoveJ p1,v1000,z10,tool1 ;                                          // 无偏移运动
……
EOffsSet eax_p100 ;                                                 // 程序偏移生效
MoveL p2,v500,z10,tool1 ;                                           // 偏移运动
EOffsOff ;                                                          // 程序偏移撤销
MoveJ p3,v1000,z10,tool1 ;                                          // 无偏移运动
……
```

8.4.2 程序偏移与坐标变换函数

(1) 命令与功能

利用机器人、外部轴程序偏移设定指令 PDispSet、EOffsSet 进行程序偏移时，需要利用坐标系姿态数据 pose，来定义程序偏移量。pose 数据是由 *XYZ* 坐标值数据 pos、坐标方位数据 orient 组成的复合数据，因此，利用 pose 数据进行的程序偏移，实际上是一种编程坐标系变换功能。

由于 pose 数据的计算较为复杂，因此，实际编程时，一般需要通过 RAPID 偏移量计算函数命令 DefFrame、DefDFrame、DefAccFrame 等，由系统进行自动计算和生成；或通过坐标逆变换 PoseInv、双重坐标变换 PoseMult 等函数命令运算得到。

利用指令 PDispOn、EOffsOn 及 PDispSet、EOffsSet 所产生的程序偏移量，可通过程序偏移量清除函数命令 ORobT 清除。

RAPID 程序偏移与坐标变换函数命令的名称、编程格式与示例如表 8.4.2 所示。

表 8.4.2 程序偏移与坐标变换函数命令编程说明表

名称	编程格式与示例		
pose 数据的3点定义	DefFrame	命令参数	NewP1,NewP2,NewP3
		可选参数	\Origin
	编程示例	frame1:=DefFrame (p1,p2,p3) ;	
pose 数据的6点定义	DefDFrame	命令参数	OldP1,OldP2,OldP3,NewP1,NewP2,NewP3
		可选参数	—
	编程示例	frame1:=DefDframe (p1,p2,p3,p4,p5,p6);	
pose 数据的多点定义	DefAccFrame	命令参数	argetListOne,TargetListTwo,TargetsInList,MaxErrMeanErr
		可选参数	—
	编程示例	frame1:=DefAccFrame (pCAD,pWCS,5,max_err,mean_err);	

续表

名称	编程格式与示例		
程序偏移量清除	ORobT	命令参数	OrgPoint
		可选参数	\InPDisp | \InEOffs
	编程示例	p10:=ORobT(p10\InEOffs);	
坐标逆变换	PoseInv	命令参数	Pose
		可选参数	—
	编程示例	pose2:=PoseInv(pose1);	
位置逆变换	PoseVect	命令参数	Pose,Pos
		可选参数	—
	编程示例	pos2:=PoseVect(pose1,pos1);	
双重坐标变换	PoseMult	命令参数	Pose1,Pose2
		可选参数	—
	编程示例	pose3:=PoseMult(pose1,pose2);	

(2) pose 数据的 3 点定义

利用 3 点定义函数命令 DefFrame，可通过 3 个基准点，在命令执行结果中获得从当前坐标系变换为目标坐标系的坐标姿态数据 pose。命令的编程格式及命令参数要求如下。

```
DefFrame (NewP1,NewP2,NewP3 [\Origin])
```

NewP1～3：确定目标坐标系的 3 个基准点，数据类型 robtarget。

\Origin：目标坐标系的原点位置，数据类型 num，设定值的含义如下。

① 未指定或\Origin=1　利用 3 点法定义的目标坐标系如图 8.4.5 所示。参数 NewP1 为坐标系原点，NewP2 为 $+X$ 轴上的 1 点，NewP3 为 XY 平面 $+Y$ 方向上的 1 点，$+Z$ 轴方向由右手定则决定。

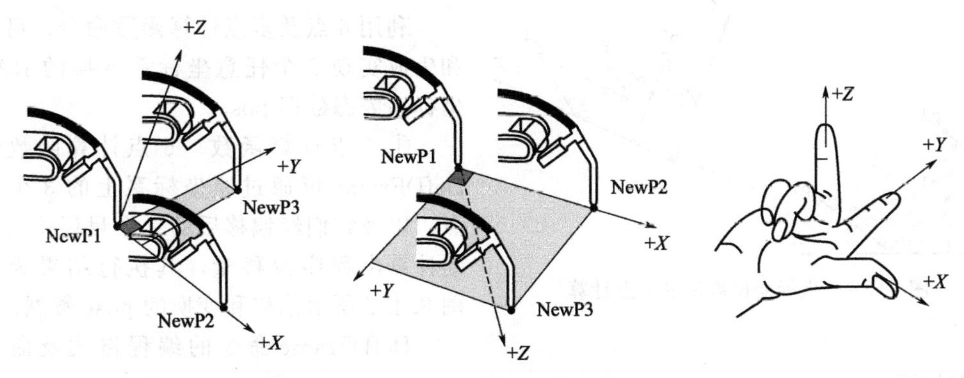

图 8.4.5　Origin=1 或未指定时的坐标定义

② \Origin=2　利用 3 点法定义的目标坐标系如图 8.4.6(a) 所示。参数 NewP1 为 $-X$ 轴上的 1 点，NewP2 为坐标系原点，NewP3 为 XY 平面 $+Y$ 方向上的 1 点，$+Z$ 轴方向由右手定则决定。

③ \Origin=3　利用 3 点法定义的目标坐标系如图 8.4.6(b) 所示。参数 NewP1、NewP2 所生成的矢量为 $+X$ 轴，NewP3 为 $+Y$ 轴上的 1 点，NewP3 与 NewP1、NewP2 连线

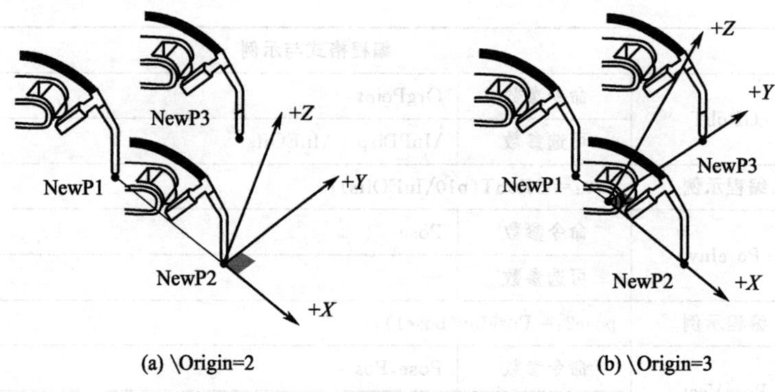

图 8.4.6 Origin＝2 或 3 时的坐标定义

的垂足为坐标系原点，＋Z 轴方向由右手定则决定。

命令 DefFrame 所生成的坐标系姿态数据 pose，可直接用于机器人程序偏移设定指令 PdispSet，程序偏移量可通过指令 PDispOff 撤销，命令的编程实例如下。

```
CONST robtarget p1:＝[……] ;                          // 定义 NewP1
CONST robtarget p2:＝[……] ;                          // 定义 NewP2
CONST robtarget p3:＝[……] ;                          // 定义 NewP3
VAR pose frame1 ;                                    // 定义程序数据
……
frame1:＝DefFrame (p1,p2,p3) ;                       // 计算坐标变换数据
PDispSet frame1 ;                                    // 程序偏移生效
MoveLp2,v500,z10,tool1 ;                             // 偏移运动
……
PDispOff ;                                           // 程序偏移撤销
……
```

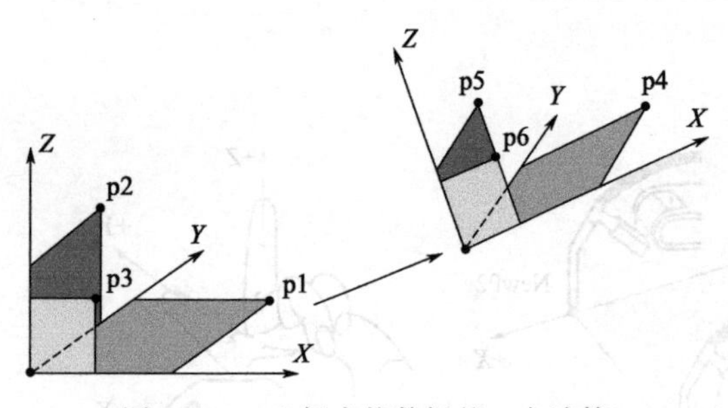

图 8.4.7 坐标变换数据的 6 点计算

(3) pose 数据的多点定义

利用 6 点及多点计算函数命令，可计算和生成实现 2 个任意坐标系变换的 RAPID 坐标系姿态数据 pose。

① 6 点计算函数　6 点计算函数命令 DefDFrame 可通过原坐标系上的 3 个参照点，以及它们经偏移后的 3 个目标位置，自动计算出程序偏移量，其执行结果为实现图 8.4.7 所示偏移和变换的 pose 数据。

DefDFrame 命令的编程格式及命令参数要求如下。

```
DefDFrame (OldP1,OldP2,OldP3,NewP1,NewP2,NewP3)
```

OldP1～3：程序偏移前的 3 个参照点，数据类型 robtarget。

NewP1～3：3 个参照点经偏移后的目标位置，数据类型 robtarget。

指令中的 TCP 位置数据 OldP1 和 NewP1，用来确定目标坐标系的原点，即 pose 数据

的数据项 pos，因此，需要有足够高的定位精度（fine）。指令中的 TCP 位置数据 OldP2、OldP3 及 NewP2、NewP3，用来确定目标坐标系的方向，即 pose 数据的数据项 orient，因此，应尽可能扩大程序点的间距。

程序偏移量 6 点计算函数命令的编程实例如下。

```
CONST robtarget p1:=[……] ;                          // 定义参照点 1
CONST robtarget p2:=[……] ;                          // 定义参照点 2
CONST robtarget p3:=[……] ;                          // 定义参照点 3
VAR robtarget p4:=[……] ;                            // 定义目标点 1
VAR robtarget p5:=[……] ;                            // 定义目标点 2
VAR robtarget p6:=[……] ;                            // 定义目标点 3
VAR pose frame1 ;                                   // 定义程序偏移变量
……
frame1:=DefDframe (p1,p2,p3,p4,p5,p6) ;             // 程序偏移量计算
PDispSetframe1 ;                                    // 程序偏移生效
MoveLp2,v500,z10,tool1 ;                            // 偏移运动
……
PDispOff ;                                          // 程序偏移撤销
```

② 多点计算函数　多点计算函数命令 DefAccFrame 可通过原坐标系上的 3～10 个参照点以及它们经偏移后的目标位置，自动计算程序偏移量，其执行结果同样为坐标系姿态型数据 pose。由于 DefAccFrame 命令的取样点较多，因此，所得到的计算结果可能比 DefDFrame 命令更准确。

多点计算函数命令 DefAccFrame 的编程格式及命令参数要求如下。

```
DefAccFrame (TargetListOne,TargetListTwo,TargetsInList,MaxErr,MeanErr)
```

TargetListOne：以数组形式定义的程序偏移前的 3～10 参照点，数据类型 robtarget。

TargetListTwo：以数组形式定义的 3～10 参照点经偏移后的目标位置，数据类型 robtarget。

TargetsInList：数组所含的数据数量，数据类型 num，允许值为 3～10。

MaxErr：最大误差值，数据类型 num，单位 mm。

MeanErr：平均误差值，数据类型 num，单位 mm。

程序偏移量多点计算函数命令的编程实例如下。

```
CONST robtarget p1:=[……] ;                          // 定义参照点 1
……
CONST robtarget p5:=[……] ;                          // 定义参照点 5
VAR robtarget p6:=[……] ;                            // 定义目标点 1
……
VAR robtarget p10:=[……] ;                           // 定义目标点 5
VAR robtarget pCAD{5} ;                             // 定义参照点数组
VAR robtarget pWCS{5} ;                             // 定义目标点数组
VAR pose frame1 ;                                   // 定义程序偏移变量
VAR num max_err ;                                   // 定义最大误差变量
VAR num mean_err ;                                  // 定义平均误差变量
```

```
pCAD{1}:=p1 ;                                              // 参照点数组{1}赋值
……
pCAD{5}:=p5 ;                                              // 参照点数组{5}赋值
pWCS{1}:=p6 ;                                              // 目标点数组{1}赋值
……
pWCS{5}:=p10 ;                                             // 目标点数组{5}赋值
frame1:=DefAccFrame (pCAD,pWCS,5,max_err,mean_err) ;       // 程序偏移量计算
PDispSetframe1 ;                                           // 程序偏移生效
MoveLp2,v500,z10,tool1 ;                                   // 偏移运动
……
PDispOff ;                                                 // 程序偏移撤销
```

(4) 程序偏移量清除

RAPID程序偏移量清除函数命令OrobT可用来清除指令PDispOn、EOffsOn及指令PDispSet、EOffsSet所生成的机器人、外部轴程序偏移量；命令的执行结果为偏移量清除后的TCP位置数据robtarget。

程序偏移量清除函数命令ORobT的编程格式及命令参数要求如下。

```
ORobT (OrgPoint [\InPDisp] | [\InEOffs])
```

OrgPoint：需要清除偏移量的程序点，数据类型robtarget。

\InPDisp或\InEOffs：需要保留的偏移量，数据类型switch。不指定添加项时，命令将同时清除指令PDispOn生成的机器人程序偏移量和EOffsOn指令生成的外部轴偏移量；选择添加项\InPDisp，执行结果将保留PDispOn指令生成的机器人偏移量；选择添加项\InEOffs，执行结果将保留EOffsOn指令生成的外部轴偏移量。

程序偏移量清除函数命令ORobT的编程实例如下。

```
VAR robtarget p10 ;                                    // 程序数据定义
VAR robtarget p11 ;
VAR robtarget p12 ;
……
p10:=ORobT(p1) ;                                       // p10为无偏移的p1位置
p11:=ORobT(p1 \InPDisp) ;                              // p11为保留机器人偏移的p1位置
p12:=ORobT(p1 \InEOffs) ;                              // p12为保留外部轴偏移的p1位置
……
```

(5) 坐标与位置逆变换

① 坐标逆变换　RAPID坐标逆变换函数命令PoseInv，可根据坐标系姿态数据pose，自动计算出从目标坐标系恢复为基准坐标系的坐标变换数据pose。命令的编程格式为：

```
PoseInv (Pose) ;
```

命令参数pose为从基准坐标系变换到目标坐标系的坐标变换数据pose；命令执行结果为从目标坐标系恢复为基准坐标系的坐标变换数据pose。例如：

```
CONST robtarget p1:=[……];                    //坐标变换点定义
CONST robtarget p2:=[……];
CONST robtarget p3:=[……];
VAR pose frame0;                              //定义程序数据
VAR pose frame1;
……
frame1:=DefFrame (p1,p2,p3);                  //基准坐标到目标坐标的变换数据
frame0:=PoseInv(frame1);                      //目标坐标恢复基准坐标的变换数据
……
```

② 位置逆变换　RAPID位置逆变换函数命令PoseVect，可根据坐标变换数据pose，自动计算出指定点在基准坐标系的 *XYZ* 位置数据pos。命令的编程格式为：

```
PoseVect (Pose,Pos);
```

命令参数pose为从基准坐标系变换到目标坐标系的坐标变换数据pose；pos为目标坐标系的 *XYZ* 坐标数据；命令执行结果为指定点在基准坐标系的 *XYZ* 坐标数据（pos）。例如，图8.4.8所示的目标坐标系p1点在基准坐标系frame0上的 *XYZ* 位置数据pos2，可通过以下程序得到。

```
VAR pose frame1;                              //定义程序数据
VAR pos p1;
VAR pos pos2;
……
pos2:=PoseVect(frame1,p1);                    //位置逆变换
……
```

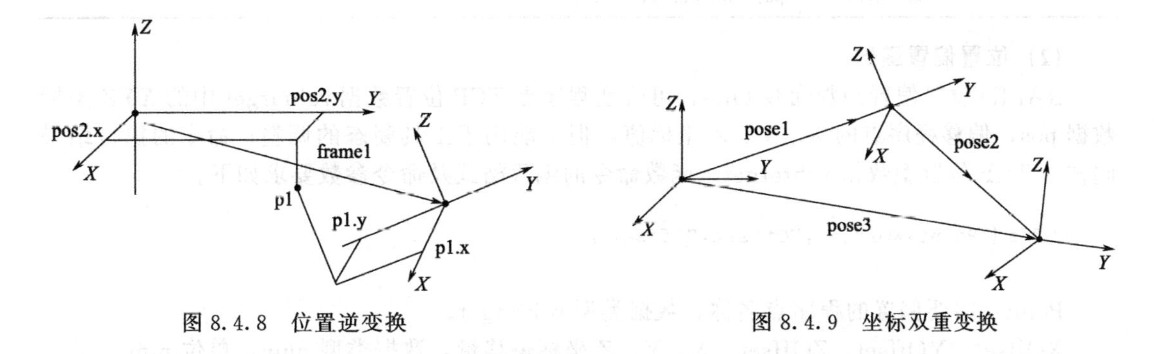

图8.4.8　位置逆变换　　　　图8.4.9　坐标双重变换

(6) 坐标双重变换

RAPID坐标双重变换函数命令PoseMult，可通过2个坐标变换数据pose1、pose2的矢量乘运算，将图8.4.9所示的由基准坐标变换为中间坐标（变换数据pose1）、再由中间坐标变换到目标坐标（变换数据pose2）的2次变换，转换为由基准坐标变换目标坐标的1次变换数据pose3。

坐标双重变换函数命令PoseMult的编程格式为：

```
PoseMult (Pose1,Pose2) ;
```

命令参数 pose1、pose2 分别为由基准坐标变换为中间坐标、由中间坐标变换到目标坐标的坐标变换数据 pose；命令的执行结果为由基准坐标直接变换到目标坐标的坐标变换数据 pose。

8.4.3 程序点偏置与镜像函数

(1) 指令与功能

作业程序中的程序点不仅可利用前述的程序偏移生效、设定指令，进行一次性调整与改变，而且还可利用位置偏置、工具偏置、程序点镜像等 RAPID 函数命令，来独立改变指定程序点的位置。

在作业程序中，位置偏置函数命令 Offs，用来改变指定程序点 TCP 位置数据 robtarget 中的 *XYZ* 坐标数据项 pos，但不改变工具姿态数据项 orient；利用工具偏置函数命令 RelTool，可改变指定程序点的工具姿态数据项 orient，但不改变 *XYZ* 坐标数据项 pos；利用镜像函数命令 MirPos，可改变指定程序点的 *XYZ* 坐标数据项 pos，并将其转换为 *XZ* 平面或 *YZ* 平面的对称点。

RAPID 位置、工具偏置及镜像函数命令的名称与编程格式如表 8.4.3 所示。

表 8.4.3 位置、工具偏置及镜像函数命令与编程格式

名称	编程格式与示例		
位置偏置函数	Offs	命令参数	Point,XOffset,YOffset,ZOffset
		可选参数	—
	编程示例	p1:=Offs (p1,5,10,15);	
工具偏置函数	RelTool	命令参数	Point,Dx,Dy,Dz
		可选参数	\Rx、\Ry、\Rz
	编程示例	MoveL RelTool (p1,0,0,0 \Rz:=25),v100,fine,tool1;	
程序点镜像函数	MirPos	命令参数	Point,MirPlane
		可选参数	\WObj、\MirY
	编程示例	p2:=MirPos(p1,mirror);	

(2) 位置偏置函数

RAPID 位置偏置函数命令 Offs，可改变程序点 TCP 位置数据 robtarget 中的 *XYZ* 坐标数据 pos，偏移程序点的 *X*、*Y*、*Z* 坐标值，但不能用于工具姿态的调整；命令的执行结果同样为 TCP 位置型数据 robtarget。函数命令的编程格式及命令参数要求如下。

```
Offs ( Point,XOffset,YOffset,ZOffset )
```

Point：需要偏置的程序点名称，数据类型 robtarget。

XOffset、YOffset、ZOffset：*X*、*Y*、*Z* 坐标偏移量，数据类型 num，单位 mm。

位置偏置函数命令 Offs 可用来改变指定程序点的 *XYZ* 坐标值、定义新程序点或直接替代移动指令程序点数据，命令的编程实例如下。

```
p1:=Offs (p1,0,0,100) ;                          // 改变程序点坐标值
p2:=Offs (p1,50,100,150) ;                       // 定义新程序点
MoveL Offs(p2,0,0,10),v1000,z50,tool1 ;          // 替代移动指令的程序数据
……
```

位置偏置函数命令 Offs 可结合子程序调用功能使用，用来实现不需要调整工具姿态的分区作业（如搬运、码垛等），以简化编程和操作。

例如，对于图 8.4.10 所示的机器人搬运作业，如使用如下子程序 PROC pallet，只要在主程序中改变列号参数 cun、行号参数 row 和间距参数 dist，系统便可利用位置偏置函数命令 Offs，自动计算偏移量、调整目标位置 ptpos 的 X、Y 坐标值，并将机器人定位到目标点，从而简化作业程序。

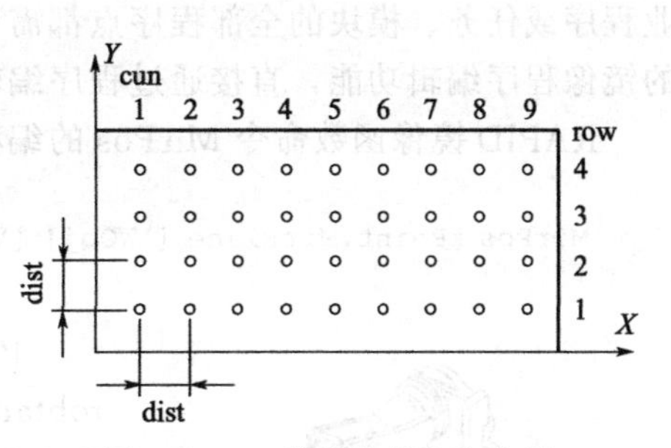

图 8.4.10 位置偏置命令应用

```
! ************************************************************
PROC pallet (num cun,num row,num dist,PERS tooldata tool,PERS wobjdata wobj )
  VAR robtarget ptpos:=[[0,0,0],[1,0,0,0],[0,0,0,0],[9E9,9E9,9E9,9E9,9E9,9E9]] ;
  ptpos:=Offs (ptpos,cun * dist,row * dist ,0 ) ;
  MoveL ptpos,v100,fine,tool\WObj:=wobj ;
ENDPROC
! ************************************************************
```

(3) 工具偏置函数

工具偏置函数命令 RelTool 可用来调整程序点的工具姿态，包括工具坐标原点的 XYZ 坐标值及工具坐标系方向，命令的执行结果同样为 TCP 位置型数据 robtarget。函数命令的编程格式及命令参数要求如下。

```
RelTool (Point,Dx,Dy,Dz [\Rx] [\Ry] [\Rz])
```

Point：需要工具偏置的程序点名称，数据类型 robtarget。

Dx、Dy、Dz：工具坐标系的原点偏移量，数据类型 num，单位 mm。

\Rx、\Ry、\Rz：工具坐标系的方位，即工具绕 X、Y、Z 轴旋转的角度，数据类型 num，单位（°）。当添加项\Rx、\Ry、\Rz 同时指定时，工具坐标系方向按绕 X、绕 Y、绕 Z 依次回转。

工具偏置函数命令 RelTool 可用来改变指定程序点的工具姿态、定义新程序点或直接替代移动指令程序点，命令的编程实例如下。

```
p1:=RelTool (p1,0,0,100 \Rx:=30) ;                          // 改变程序点工具姿态
p2:=RelTool (p1,50,100,150 \Rx:=30 \Ry:=45) ;               // 定义新程序点
MoveLRelTool (p2,0,0,100 \Rz:=90),v1000,z50,tool1 ;         // 替代移动指令程序数据
……
```

(4) 程序点镜像函数

镜像函数命令 MirPos 可将指定程序点转换为 XZ 平面或 YZ 平面的对称点，以实现机器人的对称作业功能。例如，对于图 8.4.11 所示的作业，如果源程序的运动轨迹为 $P_0 \to P_1 \to P_2 \to P_0$，如果生效 XZ 平面对称的镜像功能，机器人的运动轨迹可转换成 $P_0' \to P_1' \to P_2' \to P_0'$。

RAPID 镜像函数命令 MirPos 通常用于作业程序中某些特定程序点的对称编程；如果作

业程序或任务、模块的全部程序点都需要进行镜像变换，可利用后续第 14 章 14.2 节所介绍的镜像程序编辑功能，直接通过程序编辑器生成一个新的镜像作业程序或任务、模块。

RAPID 镜像函数命令 MirPos 的编程格式及命令参数要求如下。

```
MirPos (Point,MirPlane [\WObj] [\MirY])
```

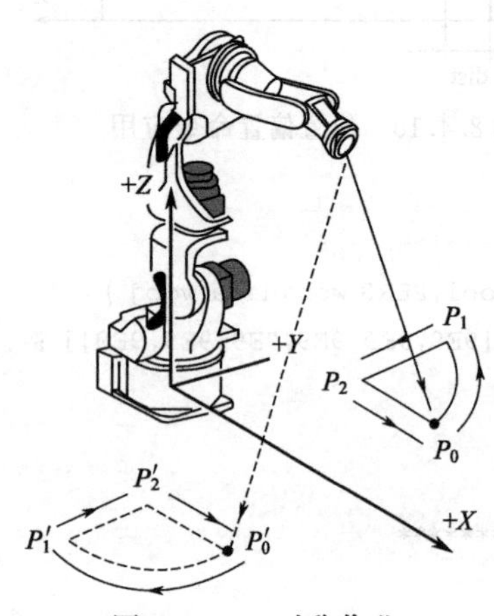

图 8.4.11　对称作业

Point：需要进行镜像转换的程序点名称，数据类型 robtarget。如程序点为工件坐标系位置，其工件坐标系名称由添加项\WObj 指定。

MirPlane：用来实现镜像变换的工件坐标系名称，数据类型 wobjdata。

\WObj：程序点 Point 所使用的工件坐标系名称，数据类型 wobjdata。不使用添加项时为大地坐标系或机器人基座坐标系数据。

\MirY：*XZ* 平面对称，数据类型 switch。不使用添加项时为 *YZ* 平面对称。

由于机器人基座坐标系、工具坐标系的镜像，受机器人的结构限制，因此，程序点的镜像，一般需要在工件坐标系上进行。例如，如果在机器人基座坐标系上进行镜像转换时，由于坐标系的 *Z* 原点位于机器人安装底平面，故不能实现 *XY* 平面对称作业；如进行 *YZ* 平面对称作业，则机器人必须增加腰回转动作等。此外，由于机器人的工具坐标系原点位于手腕工具安装法兰基准面上，由于程序转换不能改变工具安装，故一般也不能使用工具坐标镜像功能。

镜像函数命令 MirPos 一般用来改变定义新程序点或直接替代移动指令程序点，命令的编程实例如下。

```
PERS wobjdata mirror:=[……] ;                          // 定义镜像转换坐标系
p2:=MirPos(p1,mirror) ;                                  // 定义新程序点
MoveLRelTool MirPos(p1,mirror),v1000,z50,tool1 ;      // 替代移动指令程序点
……
```

8.4.4　程序点读入与转换函数

(1) 程序点读入函数

在作业程序中，控制系统信息、机器人和外部轴移动数据、系统 I/O 信号状态等，均可通过程序指令或函数命令读入到程序中，以便在程序中对相关部件的工作状态进行监控，或进行相关参数的运算和处理。

控制系统信息主要用于控制系统、机器人的型号、规格、软件版本等配置检查和网络控制，在机器人作业程序中一般较少涉及；I/O 信号状态多用于 DI/DO、AI/AO 信号的逻辑、算术运算处理，有关内容可参见后续的章节。

机器人和外部轴移动数据包括当前位置、移动速度，以及所使用的工具、工件数据等。移动数据不仅可用于机器人、外部轴工作状态的监控，且还可直接或间接在程序中使用，因此，有时需要通过 RAPID 函数命令，在程序中读取。

RAPID 程序点读入函数命令的名称、编程格式与示例如表 8.4.4 所示。

表 8.4.4　移动数据读入函数命令说明表

名称	编程格式与示例		
XYZ 位置读取	CPos	命令格式	CPos ([\Tool] [\WObj])
		基本参数	—
		可选参数	\Tool:工具数据,未指定时为当前工具 \WObj:工件数据,未指定时为当前工件
		执行结果	机器人当前的 *XYZ* 位置,数据类型 pos
	功能说明	读取当前的 *XYZ* 位置值,到位区间要求:inpos50 以下的停止点 fine	
	编程示例	pos1:=CPos(\Tool:=tool1 \WObj:=wobj0);	
TCP 位置读取	CRobT	命令格式	CRobT ([\TaskRef] | [\TaskName] [\Tool] [\WObj])
		基本参数	—
		可选参数	\TaskRef |\TaskName:任务代号或名称,未指定时为当前任务 \Tool:工具数据,未指定时为当前工具 \WObj:工件数据,未指定时为当前工件
		执行结果	机器人当前的 TCP 位置,数据类型 robtarget
	功能说明	读取当前的 TCP 位置值,到位区间要求:inpos50 以下的停止点 fine	
	编程示例	p1:=CRobT(\Tool:=tool1 \WObj:=wobj0);	
关节位置读取	CJointT	命令格式	CJointT ([\TaskRef] | [\TaskName])
		基本参数	—
		可选参数	\TaskRef |\TaskName:同 CRobT 命令
		执行结果	机器人当前的关节位置,数据类型 jointtarget
	功能说明	读取机器人及外部轴的关节位置,到位区间要求:停止点 fine	
	编程示例	joints:=CJointT();	
电机转角读取	ReadMotor	命令格式	ReadMotor ([\MecUnit],Axis)
		基本参数	Axis:轴序号 1～6
		可选参数	\MecUnit:机械单元名称,未指定时为机器人
		执行结果	电机当前的转角,数据类型 num,单位弧度
	功能说明	读取指定机械单元、指定轴的电机转角	
	编程示例	motor_angle:=ReadMotor(\MecUnit:=STN1,1);	
工具数据读取	CTool	命令格式	CTool ([\TaskRef] | [\TaskName])
		基本参数	—
		可选参数	\TaskRef | \TaskName:同 CRobT 命令
		执行结果	当前有效的工具数据,数据类型 tooldata
	功能说明	读取当前有效的工具数据	
	编程示例	temp_tool:=CTool();	
工件数据读取	CWobj	命令格式	CWobj ([\TaskRef] | [\TaskName])
		基本参数	—
		可选参数	\TaskRef | \TaskName:同 CRobT 命令
		执行结果	当前有效的工件数据,数据类型 wobjdata

续表

名称	编程格式与示例	
工件数据读取	功能说明	读取当前有效的工件数据
	编程示例	temp_wobj:=CWObj();
	编程示例	myspeed:=MaxRobSpeed();

RAPID 程序点数据读入函数命令的编程示例如下。

```
VAR pos pos1 ;                                                        // 程序数据定义
VAR robtarget p1 ;
VAR jointtarget joints1 ;
PERS tooldata temp_tool ;
PERS wobjdata temp_wobj ;
……
MoveL * ,v500,fine\Inpos:=inpos50,grip2\Wobj:=fixture;               // 定位到程序点
pos1:=CPos(\Tool:=tool1 \WObj:=wobj0) ;                 // 当前的 XYZ 坐标读入到 pos1
p1:=CRobT(\Tool:=tool1 \WObj:=wobj0) ;                  // 当前的 TCP 位置读入到 p1
joints1:=CJointT() ;                                  // 当前的关节位置读入到 joints1
temp_tool:=CTool() ;                                  // 当前的工具数据读入到 temp_tool
temp_wobj:=CWObj() ;                                  // 当前的工件数据读入到 temp_wobj
……
```

(2) 程序点转换函数

RAPID 程序点转换函数命令，可用于机器人的 TCP 位置数据 robtarget 和关节位置数据 jointtarget 的相互转换，或者用来进行空间距离计算等处理。

程序点转换函数命令的名称、编程格式与示例如表 8.4.5 所示。

表 8.4.5　移动数据转换函数命令说明表

名称	编程格式与示例		
TCP 位置转换为关节位置	CalcJointT	命令格式	CalcJointT ([\UseCurWObjPos],Rob_target,Tool [\WObj] [\ErrorNumber])
		基本参数	Rob_target:需要转换的机器人 TCP 位置 Tool:指定工具
		可选参数	\UseCurWObjPos:用户坐标系位置(switch 型),未指定时为工件坐标系位置 \WObj:工件数据,未指定时为 WObj0 \ErrorNumber:存储错误的变量名称
		执行结果	程序点 Rob_target 的关节位置,数据类型 jointtarget
	功能说明	将机器人的 TCP 位置转换为关节位置	
	编程示例	jointpos1:=CalcJointT(p1,tool1 \WObj:=wobj1);	
关节位置转换为 TCP 位置	CalcRobT	命令格式	CalcRobT(Joint_target,Tool [\WObj])
		命令参数	Joint_target:需要转换的机器人关节位置 Tool:工具数据
		可选参数	\WObj:工件数据,未指定时为 WObj0
		执行结果	程序点 Joint_target 的 TCP 位置,数据类型 robtarget

续表

名称	编程格式与示例		
关节位置转换为TCP位置	功能说明	将机器人的关节位置转换为TCP位置	
	编程示例	p1:=CalcRobT(jointpos1,tool1 \WObj:=wobj1);	
位置矢量长度计算	VectMagn	命令格式	VectMagn (Vector)
		命令参数	Vector:位置数据 pos
		可选参数	—
		执行结果	指定位置矢量长度(模),数据类型 num
	功能说明	计算指定位置的矢量长度	
	编程示例	magnitude:=VectMagn(vector);	
两点距离计算	Distance	命令格式	Distance (Point1,Point2)
		命令参数	Point1:第1点位置(pos) Point2:第2点位置(pos)
		可选参数	—
		执行结果	Point1与Point2的空间距离,数据类型 num
	功能说明	计算两点的空间距离	
	编程示例	dist:=Distance(p1,p2);	
位置矢量乘积计算	DotProd	命令格式	DotProd (Vector1,Vector2)
		命令参数	Vector1、Vector2:位置数据 pos
		可选参数	—
		执行结果	Vector1、Vector2的矢量乘积,数据类型 num
	功能说明	计算两位置数据的矢量乘积	
	编程示例	dotprod:=DotProd (p1,p2);	

函数命令 CalcJointT 可根据指定点的 TCP 位置数据 robtarget，计算出机器人在使用指定工具、工件时的关节位置数据 jointtarget。计算关节位置时，机器人的姿态将按 TCP 位置数据 robtarget 的定义确定，它不受插补姿态控制指令 ConfL、ConfJ 的影响；如指定点为机器人奇点，则 j_4 轴的位置规定为0度。如果执行命令时，机器人、外部轴程序偏移有效，则转换结果为程序偏移后的机器人、外部轴关节位置。

例如，计算 TCP 位置 p1 在使用工具 tool1、工件 wobj1 时的机器人关节位置 jointpos1 的程序如下。

```
VAR jointtarget jointpos1 ;                                   // 程序数据定义
CONST robtarget p1 ;
jointpos1:=CalcJointT(p1,tool1 \WObj:=wobj1) ;               // 关节位置计算
……
```

命令 CalcRobT 可将指定的机器人关节位置数据 jointtarget，转换为使用指定工具、工件数据时的 TCP 位置数据 robtarget。如执行命令时，机器人、外部轴程序偏移有效，则转换结果为程序偏移后的机器人 TCP 位置。

例如，计算机器人关节位置 jointpos1 在使用工具 tool1、工件 wobj1 时的 TCP 位置 p1 的程序如下。

```
VAR robtarget p1 ;                                          // 程序数据定义
CONST jointtarget jointpos1;
p1:=CalcRobT(jointpos1,tool1 \WObj:=wobj1) ;                // TCP 位置计算
……
```

函数命令 VectMagn 可计算指定 pos 型 XYZ 位置数据（x,y,z）的矢量长度，其计算结果为$\sqrt{x^2+y^2+z^2}$。命令 Distance 可计算 2 个 XYZ 坐标数据（x_1,y_1,z_1）和（x_2,y_2,z_2）间的空间距离，其计算结果为$\sqrt{(x_1-x_2)^2+(y_1-y_2)^2+(z_1-z_2)^2}$。命令 DotProd 可计算 2 个 XYZ 坐标数据（x_1,y_1,z_1）和（x_2,y_2,z_2）的矢量乘积，其计算结果为$|A||B|\cos\theta_{AB}$。

命令 VectMagn、Distance、DotProd 的编程实例如下。

```
VAR posp1 ;                                                 // 程序数据定义
VAR posp2 ;
VAR num magnitude ;
VAR num dist ;
……
magnitude:=VectMagn(p1) ;                                   // 矢量长度计算
dist:=Distance(p1,p2) ;                                     // 2 点距离计算
dotprod:=DotProd(p1,p2) ;                                   // 矢量乘积计算
……
```

8.5 速度、姿态控制指令编程

8.5.1 速度控制指令

(1) 指令及编程格式

移动速度及加速度是机器人运动的基本要素。为了方便操作、提高作业可靠性，在作业程序中，可通过速度控制指令，对程序中的移动速度进行倍率、最大值进行设定和限制。

RAPID 速度控制指令的名称、编程格式与示例如表 8.5.1 所示。如速度设定指令 VelSet 与轴速度限制指令 SpeedLimAxis、检查点速度限制指令 SpeedLimCheckPoint 同时编程，系统将取其中的最小值，作为机器人移动速度的限制值。

表 8.5.1 RAPID 速度控制指令编程说明表

名称	编程格式与示例		
速度设定	VelSet	编程格式	VelSet Override,Max;
		程序数据	Override:速度倍率(单位%),数据类型 num Max:最大速度(mm/s),数据类型 num
	功能说明	移动速度倍率、最大速度设定	
	编程示例	VelSet 50,800;	

续表

名称	编程格式与示例		
速度倍率调整	SpeedRefresh	编程格式	SpeedRefresh Override;
		程序数据	Override:速度倍率(单位%),数据类型 num
	功能说明	调整移动速度倍率	
	编程示例	SpeedRefresh speed_ov1;	
轴速度限制	SpeedLimAxis	编程格式	SpeedLimAxis MechUnit,AxisNo,AxisSpeed;
		程序数据	MechUnit:机械单元名称,数据类型 mecunit AxisNo:轴序号,数据类型 num AxisSpeed:速度限制值,数据类型 num
	功能说明	限制指定机械单元、指定轴的最大移动速度	
	编程示例	SpeedLimAxis ROB_1,1,10;	
检查点速度限制	SpeedLimCheckPoint	编程格式	SpeedLimCheckPoint RobSpeed;
		程序数据	RobSpeed
	功能说明	限制机器人 4 个检查点的最大移动速度	
	编程示例	SpeedLimCheckPoint Lim_ speed1;	

(2) 速度设定和倍率调整指令

RAPID 速度设定指令 VelSet 用来调节速度数据 speeddata 的倍率、设定关节、直线、圆弧插补的机器人 TCP 最大移动速度。

利用 VelSet 指令设定的速度倍率 Override，对全部移动指令、所有形式编程的移动速度均有效，但它不能改变机器人作业参数所规定的速度，例如，利用焊接数据 welddata 所规定的焊接速度等。速度倍率 Override 一经设定，所有运动轴的实际移动速度，将成为指令值和倍率的乘积，直至利用新的设定指令重新设定或进行恢复系统默认值的操作。

利用 VelSet 指令设定的最大移动速度 Max，仅对关节、直线和圆弧插补指令中直接编程的速度有效。Max 设定既不能改变绝对定位、外部轴绝对定位的移动速度，也不能改变利用添加项\T 间接指定的移动速度。

RAPID 速度设定指令 VelSet 的编程实例如下。

```
VelSet 50,800;                          //指定速度倍率 50%、最大插补速度 800mm/s
MoveJ  *,v1000,z20,tool1;               //倍率有效,实际速度 500
MoveL  *,v2000,z20,tool1;               //速度限制有效,实际速度 800
MoveL  *,v2000\V:=2400,z10,tool1;       //速度限制有效,实际速度 800
MoveAbsJ  *,v2000,fine,grip1;           //倍率有效、速度限制无效,实际速度 1000
MoveExtJ  j1,v2000,z20;                 //倍率有效、速度限制无效,实际速度 1000
MoveL  *,v1000\T:=5,z20,tool1;          //倍率有效,实际移动时间 10s
MoveL  *,v2000\T:=6,z20,tool1;          //倍率有效、速度限制无效,实际移动时间 12s
……
```

移动速度也可通过速度倍率调整指令 SpeedRefresh 改变，指令允许调整的倍率范围为 0～100%。例如：

```
VAR num speed_ov1:=50;                  // 定义速度倍率 speed_ov1 为 50%
MoveJ  *,v1000,z20,tool1;               // 移动速度 1000
```

```
MoveL   *,v2000,z20,tool1;                              //移动速度 2000
SpeedRefresh speed_ov1 ;                    //速度倍率更新为 speed_ov1(50%)
MoveJ   *,v1000,z20,tool1;          //速度倍率 speed_ov1 有效,实际速度 500
MoveL   *,v2000,z20,tool1;         //速度倍率 speed_ov1 有效,实际速度 1000
……
```

(3) 轴速度限制指令

轴速度限制指令 SpeedLimAxis 可用来限制指定机械单元、指定轴的最大移动速度。指令所规定的速度限制值，在系统 DI 信号“LimitSpeed”为“1”时生效，此时，如运动轴的实际移动速度超过了限制值，系统将自动限制为指令规定的速度限制值。

为了保证运动轨迹的正确，对于关节、直线、圆弧插补指令，如果其中的一个运动轴速度被限制，参与插补运动的其他运动轴速度，也将同步下降、插补轨迹保持不变。

轴速度限制指令 SpeedLimAxis 中的程序数据 MechUnit 为机械单元（控制轴组）名称，其数据类型为 mecunit；程序数据 AxisNo 为轴序号，数据类型为 num；程序数据 AxisSpeed 为速度限制值，数据类型为 mun，回转轴的单位为（°/s）；直线轴的单位为 mm/s。指令中的机械单元名称应按系统定义设定，如 ROB_1 等；轴序号应按系统伺服系统配置的次序设定，例如，对于 6 轴垂直串联机器人，其 j_1、j_2、…、j_6 轴的序号依次为 1、2、…、6 等。

轴速度限制指令 SpeedLimAxis 的编程实例如下。

```
SpeedLimAxis ROB_1,1,10;
SpeedLimAxis ROB_1,2,15;
SpeedLimAxis ROB_1,3,15;
SpeedLimAxis ROB_1,4,30;
SpeedLimAxis ROB_1,5,30;
SpeedLimAxis ROB_1,6,30;
SpeedLimAxis STN_1,1,20;
SpeedLimAxis STN_1,2,25;
……
```

执行以上指令，如系统 DI 信号“LimitSpeed”的输入状态为“1”，机械单元 ROB_1（机器人 1）的腰回转 j_1 轴的最大移动速度将被限制为 10°/s，上、下臂摆动 j_2、j_3 轴的最大移动速度将被限制为 15°/s，手腕回转、摆动 j_4、j_5、j_6 轴的最大移动速度将被限制为 30°/s。机械单元 STN_1（工件变位器）的第一回转轴 e_1 的最大移动速度将被限制为 20°/s；第二回转轴 e_2 的最大移动速度将被限制为 25°/s。

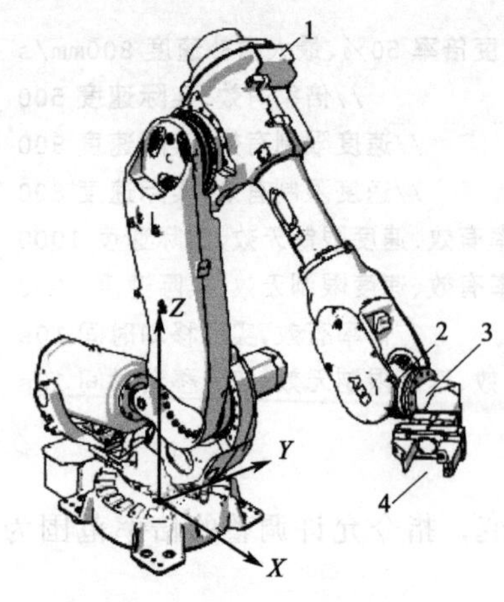

图 8.5.1 机器人的速度检查点
1—上臂端点；2—手腕中心点（WCP）；3—工具参考点（TRP）；4—TCP 点

(4) 检查点速度限制指令

RAPID 检查点速度限制指令 SpeedLimCheckPoint，可用来限制图 8.5.1 所示的、6 轴垂直串联机器人上臂端点、手腕中心点 WCP、工具参考点 TRP、工具控制点 TCP 等 4 个检查点的最大移动速度。任意 1 个点的移动速度超过了指令规定的限制值，相关运动轴的移动速度将被自动限制在指令设定的速度上。

检查点速度限制指令 SpeedLimCheckPoint 同样只有在系统 DI 信号“LimitSpeed”为“1”时才生效。指令中的程序数据 RobSpeed，用来设定检查点的速度限制值，其数据类型为 num，单位为 mm/s。

检查点速度限制指令 SpeedLimCheckPoint 的编程实例如下。

```
MoveJ p1,v1000,z20,tool1;
……
VAR num Lim_ speed:=200;                      // 设定检查点速度限制 200mm/s
SpeedLimCheckPoint  Lim_ speed;               // 生效检查点速度限制
MoveJ p2,v1000,z20,tool1;                     // 检查点速度限制 200mm/s
……
```

(5) 速度数据读入函数

机器人移动速度也可以利用示教器进行倍率调整，示教器当前所调整的速度倍率，以及利用系统参数设定的 TCP 最大移动速度，可通过 RAPID 函数命令，在程序中读取。

速度数据读入函数命令的名称、编程格式与示例如表 8.5.2 所示。

表 8.5.2 速度数据读入函数命令说明表

名称	编程格式与示例		
速度倍率读取	CSpeedOverride	命令格式	CSpeedOverride ([\CTask])
		基本参数	—
		可选参数	\CTask：当前任务(switch 型)，未指定时为系统总值
		执行结果	示教器的速度倍率调整值，数据类型 num
	功能说明	读取示教器当前设定的速度倍率调整值	
	编程示例	myspeed:=CSpeedOverride();	
TCP 最大速度读取	MaxRobSpeed	命令格式	MaxRobSpeed ()
		基本参数	—
		可选参数	—
		执行结果	最大 TCP 移动速度，数据类型 num，单位 mm/s
	功能说明	读取机器人最大 TCP 移动速度	
	编程示例	myspeed:=MaxRobSpeed();	

速度数据读入函数命令的编程示例如下。

```
VAR num Mspeed_Ov1 ;                                   // 程序数据定义
VAR num Mspeed_Max1 ;
……
Mspeed_Ov1:=CSpeedOverride() ;          // 示教器速度倍率读入到 Mspeed_Ov1
Mspeed_Max1:=MaxRobSpeed() ;         // 系统 TCP 最大速度读入到 Mspeed_Max1
……
```

8.5.2 加速度控制指令

(1) 指令及编程格式

工业机器人运动轴常用的加减速方式有图 8.5.2 所示的线性加减速和 S 型（亦称钟型或铃型）加减速 2 种。

线性加减速的加速度（Acc）为定值，加减速时的速度呈图 8.5.2(a) 所示的线性变化。线性加减速的运动轴在加减速开始、结束点上，其速度存在突变，可能会产生较大的机械冲击，故不宜用于高速运动系统。

S 型加减速是加速度变化率 da/dt（Ramp）保持恒定的加减速方式，加减速时的加速度、速度将分别呈图 8.5.2(b) 所示的线性、S 型曲线变化。S 型加减速的运动轴在加减速开始、结束点上，其速度平稳变化，机械冲击小，故多用于高速运动系统。

ABB 机器人采用的 S 型加减速，其加速度、加速度变化率以及 TCP 点加速度等，均可通过作业程序中的加速度设定、加速度限制指令进行规定。加速度控制指令对程序中的全部移动指令均有效，直至利用新的设定指令重新设定或进行恢复系统默认值的操作。

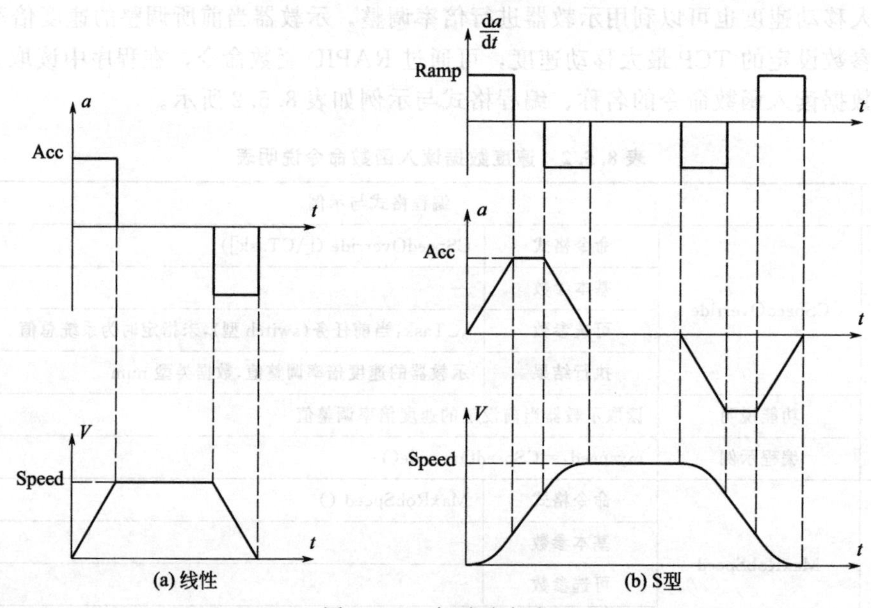

图 8.5.2 加减速方式

RAPID 加速度控制指令名称、编程格式与示例如表 8.5.3 所示。如加速度设定指令 AccSet、TCP 加速度限制指令 PathAccLim、大地坐标系 TCP 加速度限制指令 WorldAccLim，在程序中同时编程，系统将取其中的最小值，作为机器人加速度的限制值。

表 8.5.3 RAPID 加速度控制指令编程说明表

名称	编程格式与示例		
加速度设定	AccSet	编程格式	AccSet Acc,Ramp
		程序数据	Acc:加速度倍率(%),数据类型 num Ramp:加速度变化率倍率(%),数据类型 num
	功能说明	设定加速度、加速度变化率倍率	
	编程示例	AccSet 50,80;	

续表

名称	编程格式与示例		
加速度限制	PathAccLim	编程格式	PathAccLim AccLim [\AccMax],DecelLim [\DecelMax];
		程序数据与添加项	AccLim:启动加速度限制有/无,数据类型 bool \AccMax:启动加速度限制值(m/s^2),数据类型 num DecelLim:停止加速度限制有/无,数据类型 bool \DeceMax:启动加速度限制值(m/s^2),数据类型 num
	功能说明	设定启/制动的最大加速度	
	编程示例	PathAccLim TRUE \AccMax:=4,TRUE \DecelMax:=4;	
大地坐标系加速度限制	WorldAccLim	编程格式	WorldAccLim [\On] | [\Off]
		程序数据与添加项	\On:设定加速度限制值,数据类型 num \Off:使用最大加速度值,数据类型 switch
	功能说明	设定大地坐标系的最大加速度	
	编程示例	WorldAccLim \On:=3.5;	

(2) 编程示例

RAPID 加速度设定指令 AccSet，可用来设定运动轴的加速度与加速度变化率的倍率。加速度倍率的默认值为 100%，允许设定的范围为 20%～100%；如设定值小于 20%，系统将自动取 20%。加速度变化率倍率的默认值为 100%，允许设定的范围为 10%～100%；如设定值小于 10%，系统将自动取 10%。

加速度设定指令 AccSet 的编程实例如下。

```
AccSet 50,80;                        // 加速度倍率 50%、加速度变化率倍率 80%
AccSet 15,5;                         // 自动取加速度倍率 20%、加速度变化率倍率 10%
```

RAPID 加速度限制指令 PathAccLim，可用来限制机器人 TCP 的最大加速度，它对所有参与运动的轴均有效。加速度限制指令一旦生效，只要机器人 TCP 点的加速度超过限制值，系统将自动将其限制在指令规定的加速度上。指令 PathAccLim 中的程序数据 AccLim、DecelLim 为逻辑状态型数据（bool），设定“TURE”或“FALSE”，可生效或撤销机器人启动、停止时的加速度限制功能；程序数据 AccLim、DecelLim 的默认值为“FALSE（无效）”。程序数据 AccLim、DecelLim 的添加项\AccMax、\DccelMax，可用来设定启动、停止时的加速度限制值，其最小设定为 $0.1m/s^2$；添加项\AccMax、\DecelMax 只有在程序数据 AccLim、DecelLim 设定值为“TURE”时才有效。

加速度限制指令 PathAccLim 的编程实例如下。

```
MoveL p1,v1000,z30,tool0 ;                     // TCP 按系统默认加速度移动到 p1 点
PathAccLim TRUE\AccMax:=4,FALSE ;              // 启动加速度限制为 4m/s^2
MoveL p2,v1000,z30,tool0 ;                     // TCP 以 4m/s^2 启动,并移动到 p2 点
PathAccLim FALSE,TRUE\DecelMax:=3 ;            // 停止加速度限制为 3m/s^2
MoveL p3,v1000,fine,tool0 ;                    // TCP 移动到 p3 点,并以 3m/s^2 停止
PathAccLim FALSE,FALSE ;                       // 撤销起/停加速度限制功能
……
```

大地坐标系加速度限制指令 WorldAccLim，可用来设定机器人 TCP 点在大地坐标系上

的最大加速度，它对机器人本体运动和基座运动均有效。WorldAccLim 指令生效时，如果机器人 TCP 的加速度超过了限制值，系统将自动将其限制在指令规定的加速度上。大地坐标系加速度限制功能在指令添加项选择\On 时有效，加速度限制值可在添加项\On 上设定；如果指令添加项选择\OFF，将撤销大地坐标系加速度限制功能，此时，运动轴将按系统设定的最大加速度加速。

大地坐标系加速度限制指令 WorldAccLim 的编程实例如下。

```
VAR robtarget p1:=[[800,-100,750],[1,0,0,0],[0,-2,0,0],[45,9E9,9E9,9E9,9E9,9E9]];
WorldAccLim \On:=3.5;                       // 大地坐标系加速度限制为 3.5m/s^2
MoveJ p1,v1000,z30,tool0;            // 机器人移动到 p1 点,TCP 加速度不超过 3.5m/s^2
WorldAccLim \Off;                            // 撤销大地坐标系加速度限制功能
MoveL p2,v1000,z30,tool0;                               // 机器人移动到 p2 点
……
```

8.5.3 姿态控制指令

(1) 指令与编程格式

RAPID 姿态控制指令可用于关节插补、直线插补、圆弧插补指令的机器人和工具姿态控制。指令的名称、编程格式与示例如表 8.5.4 所示。

表 8.5.4 RAPID 姿态控制指令及编程格式

<table>
<tr><th>名称</th><th colspan="3">编程格式与示例</th></tr>
<tr><td rowspan="4">关节插补姿态控制</td><td rowspan="2">ConfJ</td><td>编程格式</td><td>ConfJ [\On] | [\Off];</td></tr>
<tr><td>指令添加项</td><td>\On:生效姿态控制,数据类型 switch
\Off:撤销姿态控制,数据类型 switch</td></tr>
<tr><td>功能说明</td><td colspan="2">生效/撤销关节插补的姿态控制功能</td></tr>
<tr><td>编程示例</td><td colspan="2">ConfJ\On;</td></tr>
<tr><td rowspan="4">直线、圆弧插补姿态控制</td><td rowspan="2">ConfL</td><td>编程格式</td><td>ConfL [\On] | [\Off];</td></tr>
<tr><td>指令添加项</td><td>\On:生效姿态控制,数据类型 switch
\Off:撤销姿态控制,数据类型 switch</td></tr>
<tr><td>功能说明</td><td colspan="2">生效/撤销关节插补的姿态控制功能</td></tr>
<tr><td>编程示例</td><td colspan="2">ConfL\On;</td></tr>
<tr><td rowspan="4">奇点姿态控制</td><td rowspan="2">SingArea</td><td>编程格式</td><td>SingArea [\Wrist] | [\LockAxis4] | [\Off];</td></tr>
<tr><td>指令添加项</td><td>\Wrist:改变工具姿态、避免奇点,数据类型 switch
\LockAxis4:锁定 j_4 轴、避免奇点,数据类型 switch
\Off:撤销奇异点姿态控制,数据类型 switch</td></tr>
<tr><td>功能说明</td><td colspan="2">生效/撤销奇异点姿态控制功能</td></tr>
<tr><td>编程示例</td><td colspan="2">SingArea \Wrist;</td></tr>
<tr><td rowspan="4">圆弧插补工具姿态控制</td><td rowspan="2">CirPathMode</td><td>编程格式</td><td>CirPathMode [\PathFrame] | [\ObjectFrame] |
[\CirPointOri] | [\Wrist45] | [\Wrist46] | [\Wrist56];</td></tr>
<tr><td>指令添加项</td><td>说明见后述</td></tr>
<tr><td>功能说明</td><td colspan="2">生效/撤销圆弧插补的工具姿态控制功能</td></tr>
<tr><td>编程示例</td><td colspan="2">CirPathMode \ObjectFrame;</td></tr>
</table>

(2) 插补姿态控制

关节插补姿态控制指令 ConfJ 用来规定关节插补指令 MoveJ 的机器人、工具的姿态；直线、圆弧插补姿态控制指令 ConfL 用来规定直线插补指令 MoveL 及圆弧插补指令 MoveC 的机器人、工具姿态。指令可通过添加项\ON 或\OFF 来生效或撤销机器人、工具的姿态控制功能。

当程序通过 ConfJ\ON、ConfL\ON 指令生效姿态控制功能时，系统可保证到目标位置时的机器人、工具姿态与 TCP 位置数据 robtarget 所规定的姿态一致；如果这样的姿态无法实现，程序将在指令执行前自动停止。

当程序通过 ConfJ\OFF、ConfL\OFF 指令取消姿态控制功能时，如 TCP 目标位置数据 robtarget 所规定的姿态无法实现，系统将自动选择最接近 robtarget 数据的姿态，并继续执行插补指令。

指令 ConfJ、ConfL 所设定的姿态控制，对后续的程序均有效，直至利用新的指令重新设定或进行恢复系统默认值（ConfJ\ON、ConfL\ON）的操作。

机器人、工具姿态控制指令 ConfJ\ON、ConfL\ON 的编程示例如下。

```
ConfJ \ On ;                                  // 关节插补姿态控制生效
ConfL \ On ;                                  // 直线、圆弧插补姿态控制生效
MoveJ p1,v1000,z30,tool1 ;                    // 关节插补运动到 p1 点，并保证姿态一致
MoveL p2,v300,fine,tool1 ;                    // 直线插补运动到 p2 点，并保证姿态一致
MoveC p3,p4,v200,z20,Tool1;                   // 圆弧插补运动到 p4 点，并保证姿态一致
……
ConfJ \ Off ;                                 // 关节插补姿态控制撤销
ConfL \ Off ;                                 // 直线、圆弧插补姿态控制撤销
MoveJ p10,v1000,fine,tool1 ;                  // 以最接近的姿态关节插补到 p10 点
……
```

(3) 奇点控制

奇点（singularity）又称奇异点，它在数学上的意义是不满足整体性质的个别点。在 6 轴串联等结构的工业机器人上，用于机器人 TCP 位置控制的笛卡儿直角坐标系为虚拟，TCP 在三维空间的 *XYZ* 位置，需要通过逆运动学求解。因此，即使在正常的关节回转范围内，也存在某些可通过关节不同回转实现定位的 TCP 位置，从而导致机器人运动状态的不可预测，这就是工业机器人的奇点。

根据 RIA 等标准的定义，工业机器人的奇点是“由两个或多个机器人轴的共线对准所引起的、机器人运动状态和速度不可预测的点”。通常而言，6 轴串联机器人工作范围内的奇点主要有图 8.5.3 所示的臂奇点、肘奇点、腕奇点 3 类。

臂奇点如图 8.5.3(a) 所示，它是机器人手腕中心点 WCP 正好处于机身前后判别基准平面上的所有情况。在臂奇点上，机器人的 j_1、j_4 轴存在瞬间旋转 180°的危险。

肘奇点如图 8.5.3(b) 所示，它是下臂中心线正好与正/反肘的判别基准线重合的所有位置。在肘奇点上，机器人手臂的伸长已到达极限，可能会导致机器人运动的不可控。

腕奇点如图 8.5.3(c) 所示，它是手回转中心线与上臂中心线重合的所有位置（通常为 $j_5=0°$）。在腕奇点上，由于回转轴 j_4、j_6 的中心线重合，机器人存在 j_4、j_6 轴瞬间旋转 180°的危险。

为防止机器人在奇点的运动失控，在作业程序中可通过奇点姿态控制指令 SingArea，

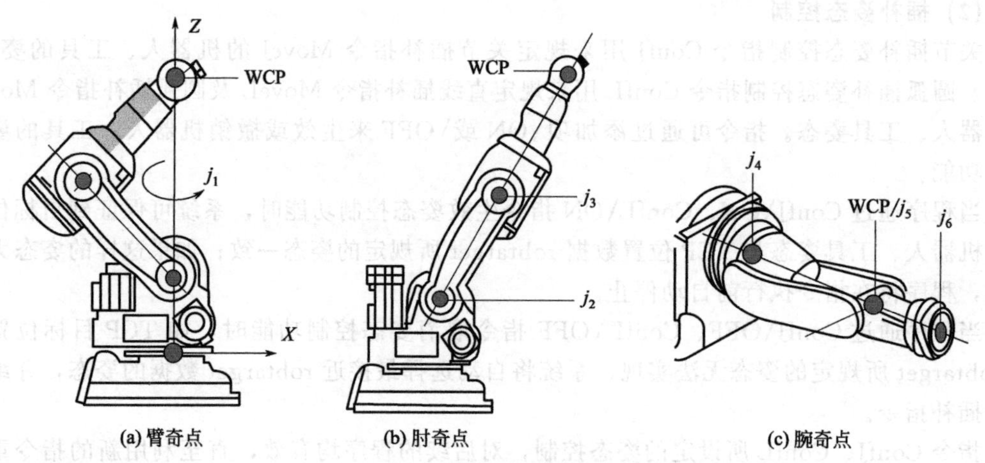

图 8.5.3 6 轴串联机器人的奇点

来规定机器人的奇点定位方式。奇点姿态控制指令一旦生效，控制系统将通过微调工具姿态、锁定 j_4 轴位置等方式，来回避奇点或限定奇点的定位方式，以预防机器人的运动失控。

RAPID 奇点姿态控制指令 SingArea 可选择以下添加项之一，来规定机器人处于奇点时的姿态控制方式。

\Off：撤销奇点姿态控制功能，奇点的工具姿态自动调整、j_4 轴位置锁定等功能无效。

\Wrist：通过改变工具姿态规避奇点；同时，保证机器人 TCP 点的运动轨迹与编程轨迹一致。

\LockAxis4：将 j_4 轴锁定在 0°或±180°位置，以避免奇点可能产生的 j_1、j_4、j_6 轴瞬间旋转运动，并保证机器人 TCP 点的运动轨迹与编程轨迹一致。

奇点控制指令 SingArea 一经执行，奇点姿态控制功能将一直保持有效，直至利用新的指令重新设定或进行恢复系统默认值（\Off）的操作。

奇点控制指令 SingArea 的编程实例如下。

```
……
SingArea\Wrist ;                              // 通过改变工具姿态、规避奇点
MoveL p2,v1000,z30,tool0 ;                    // 机器人移动指令
……
```

（4）圆弧插补姿态控制

在作业程序中，机器人 TCP 圆弧插补时的工具姿态，可通过圆弧插补姿态控制指令 CirPathMode 控制。圆弧插补姿态控制指令一旦生效，控制系统将根据不同的要求，在圆弧插补过程中自动、连续调整工具的姿态，使工具在圆弧插补起点、中间点、终点的姿态，与 TCP 位置数据 robtarget 所规定的姿态一致。指令 CirPathMode 对圆弧插补指令 MoveC，以及特殊的圆弧插补指令 MoveCDO、MoveCSync、SearchC、TriggC（指令功能见后续章节）均有效。

圆弧插补姿态控制指令 CirPathMode，可根据需要选择不同的添加项，实现图 8.5.4 所示的不同工具姿态控制功能。指令的编程格式及添加项含义如下：

```
CirPathMode [\PathFrame]|[\ObjectFrame]|[\CirPointOri]|[\Wrist45]|[\Wrist46]|
[\Wrist56];
```

\PathFrame：标准工具姿态控制方式（系统默认）。标准工具姿态控制如图 8.5.4(a) 所示，这是一种根据编程轨迹（path），使工具姿态从圆弧起点姿态连续变化为圆弧终点姿态的控制方式，在圆弧的其他位置，工具的姿态将由系统自动连续调整，因此，在编程的圆弧插补指令的中间点 CirPoint，工具的实际姿态可能与 TCP 位置数据 robtarget 所规定的姿态有所不同。

\ObjectFrame：工件坐标系姿态控制方式。工件坐标系姿态控制如图 8.5.4(b) 所示，这是一种以工件坐标系作为基准，使工具姿态从圆弧起点姿态连续变化为圆弧终点姿态的控制方式，在圆弧的其他位置，工具姿态同样由系统自动连续调整，因此，在编程的圆弧插补指令的中间点 CirPoint，工具的实际姿态同样可能与 TCP 位置数据 robtarget 所规定的姿态有所不同。

\CirPointOri：中间点姿态控制方式。中间点姿态控制如图 8.5.4(c) 所示，这是一种以工件坐标系作为基准，使工具姿态先从圆弧起点姿态连续变化为圆弧插补中间点 CirPoint 姿态、再从中间点 CirPoint 姿态连续变化为终点姿态的控制方式，从而保证了工具在圆弧插补指令中间点 CirPoint 的实际姿态，与 TCP 位置数据 robtarget 所规定的姿态完全一致。采用中间点姿态控制方式时，圆弧插补指令 MoveC 的中间点 CirPoint，必须选择在指令圆弧段的 1/4～3/4 区域内。

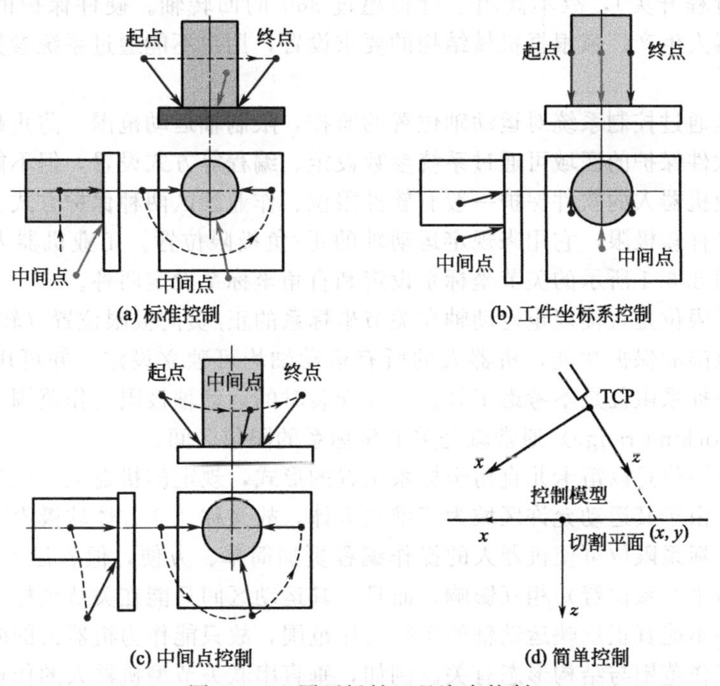

图 8.5.4　圆弧插补工具姿态控制

\Wirst45、\Wirst46、\Wirst56：简单姿态控制方式，多用于对工具姿态要求不高的薄板零件切割加工等场合。中间点姿态控制如图 8.5.4(d) 所示，采用这一控制方式时，工具姿态仅通过 j_4/j_5 轴（Wirst45），或 j_4/j_6 轴（Wirst46），或 j_5/j_6 轴（Wirst56）进行控制，圆弧插补运动时的工具坐标系 Z 轴，在加工平面（切割平面）上的投影，将始终与编程的圆弧轨迹垂直。

圆弧插补工具姿态控制指令 CirPathMode 的编程实例如下。

```
CirPathMode \CirPointOri ;                              // 中间点工具姿态控制生效
MoveC  p2,p3,v500,z20,grip2\Wobj:=fixture;              // p2、p3 点姿态与指令一致
```

CirPathMode 指令所设定的控制状态，对后续的全部圆弧插补指令始终有效，直至利用新的指令重新设定或进行恢复系统默认值（\PathFrame）的操作。

8.6 运动保护指令编程

8.6.1 运动保护的基本形式

为了防止机器人移动时可能产生的超程、干涉、碰撞等安全性问题，工业机器人一般都需要有行程极限保护、禁区保护和碰撞检测等安全保护功能，简要说明如下。

(1) 行程极限保护

工业机器人的运动轴行程极限保护通常有硬件保护、软件保护两类。

硬件保护是利用行程开关、电气控制线路，通过急停、关闭伺服或直接分断驱动器主回路等措施，来防止运动轴超程的一种方法。硬件保护需要在运动轴的正、负行程极限位置安装检测开关（行程开关），故不能用于行程超过 360°的回转轴。硬件保护的区域（动作位置）通常由机器人生产厂家根据机械结构的要求设置，用户不能通过系统参数设定、编程等方式改变。

软件保护是通过控制系统对运动轴位置的监控，限制轴运动范围、防止超程和运动干涉的保护功能。软件保护的区域可通过系统参数设定、编程等方式设置，但不能超出硬件保护区的范围。工业机器人的软件保护一般有软件限位、作业禁区两种保护方式。

软件限位又称软极限，它用来规定运动轴的正/负极限位置。工业机器人软件限位的设定方式主要有图 8.6.1 所示的关节坐标系设定和直角坐标系设定两种。

关节坐标系限位是直接规定运动轴在关节坐标系的正/负向极限位置（转角或行程）、限制机器人运动范围的保护功能，机器人的所有运动轴均可独立设定，并可用于超过 360°的回转轴。关节坐标系限位是不考虑工具、工件安装时的运动轴极限工作范围，机器人样本中的工作范围（working range）通常就是关节坐标系的限位区间。

直角坐标系限位是以笛卡儿直角坐标系位置的形式，规定的机器人 TRP（工具参考点）运动允许区域，由于其运动允许区域为三维立方体，故又称“立方体软极限”“箱型软极限”等。使用直角坐标系限位可使机器人的操作编程更加简单、方便，但各运动轴的正/负行程极限位置（关节坐标系位置）相互影响，而且，其运动区间只能在关节坐标系工作范围内截取，因此，它并不能真正反映运动轴的实际工作范围，故只能作为机器人的附加保护措施。

机器人的工作范围与结构形态有关。例如，垂直串联关节型机器人的作业空间为不规则空心球体，并联型结构机器人的作业空间为锥底圆柱体，圆柱坐标型机器人的作业空间为部分空心的圆柱体等。为了能够更准确地规定机器人的工作范围，在 ABB 机器人上，还可通过 RAPID 禁区形状定义指令，将机器人的工作范围定义为圆柱形或球形等。

(2) 作业禁区

机器人硬件保护、软件限位所规定的运动保护区，通常都是用于运动轴或机器人本体机

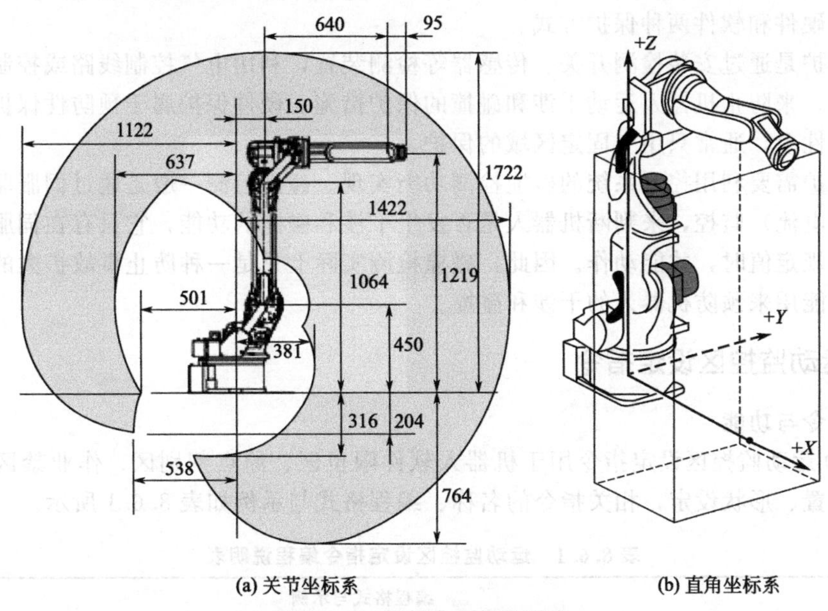

(a) 关节坐标系　　(b) 直角坐标系

图 8.6.1　机器人的软件限位

械部件保护的参数，它不考虑作业工具、工件可能对机器人运动所产生的干涉。当机器人用于实际作业时，由于作业工具、工件的安装，将使机器人作业空间内的某些区域成为实际上不能运动的干涉区，这样的区域称为机器人的“作业禁区”。

工业机器人的作业禁区（运动干涉区）同样可通过图 8.6.2 所示的笛卡儿直角坐标系、关节坐标系两种方式规定。

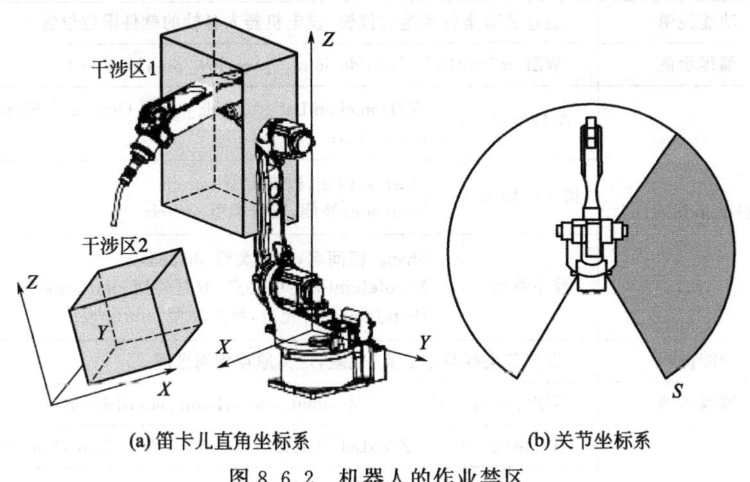

(a) 笛卡儿直角坐标系　　(b) 关节坐标系

图 8.6.2　机器人的作业禁区

当作业禁区以大地坐标系、用户坐标系或基座坐标系等笛卡儿直角坐标系位置的形式定义时，它是一个边界与坐标轴平行的三维立方体，故称“箱体形禁区”“立方体禁区”等；如果作业禁区以机器人、外部轴关节坐标系位置的形式定义，则称为“轴禁区”“关节禁区”等。作业禁区多用于工具、夹具、工件等外部设备的运动干涉保护。

(3) 碰撞检测

多关节机器人不仅自由度多、运动复杂、轨迹可预测性差，而且工作范围内还存在奇点，因此，干涉、碰撞保护功能对于机器人安全作业显得特别重要。机器人的干涉、碰撞保护通常也有硬件和软件两种保护方式。

硬件保护是通过安装检测开关、传感器等检测装置，利用电气控制线路或控制系统的逻辑控制程序，来防止机器人运动干涉和碰撞的保护措施。硬件保护属于预防性保护，其可靠性高、灵活性差，通常只用于固定区域的保护。

软件保护需要利用控制系统的碰撞检测功能实现。碰撞检测一般是通过伺服驱动电机的输出转矩（电流）监控，来判断机器人是否发生干涉和碰撞的功能，它只有在伺服电机的输出转矩超过规定值时，才能动作。因此，碰撞检测实际上只是一种防止事故扩大的事后保护功能，它不能用来预防机器人的干涉和碰撞。

8.6.2 运动监控区设定指令

(1) 指令与功能

RAPID运动监控区设定指令用于机器人软件限位区、原点判别区、作业禁区、位置监控区等的位置、形状设定，相关指令的名称、编程格式与示例如表8.6.1所示。

表8.6.1 运动监控区设定指令编程说明表

<table>
<tr><th>名称</th><th colspan="3">编程格式与示例</th></tr>
<tr><td rowspan="5">软件限位区设定</td><td rowspan="3">WZLimJointDef</td><td>编程格式</td><td>WZLimJointDef [\Inside,] | [\Outside,] Shape, LowJointVal, HighJointVal</td></tr>
<tr><td>指令添加项</td><td>\Inside:内侧,数据类型 switch
\Outside:外侧,数据类型 switch</td></tr>
<tr><td>程序数据</td><td>Shape:区间名,数据类型 shapedata
LowJointVal:负极限位置,数据类型 jointtarget
HighJointVal:正极限位置,数据类型 jointtarget</td></tr>
<tr><td>功能说明</td><td colspan="2">通过关节坐标系绝对位置,设定机器人各轴的软件限位位置</td></tr>
<tr><td>编程示例</td><td colspan="2">WZLimJointDef \Outside, joint_space, low_pos, high_pos;</td></tr>
<tr><td rowspan="5">原点判别区设定</td><td rowspan="3">WZHomeJointDef</td><td>编程格式</td><td>WZHomeJointDef [\Inside] | [\Outside,] Shape, MiddleJointVal, DeltaJointVal;</td></tr>
<tr><td>指令添加项</td><td>\Inside:内侧,数据类型 switch
\Outside:外侧,数据类型 switch</td></tr>
<tr><td>程序数据</td><td>Shape:区间名,数据类型 shapedata
MiddleJointVal:中心点,数据类型 jointtarget
DeltaJointVal:允差,数据类型 jointtarget</td></tr>
<tr><td>功能说明</td><td colspan="2">以关节坐标系中心点、允差,定义原点判别区间</td></tr>
<tr><td>编程示例</td><td colspan="2">WZHomeJointDef \Inside, joint_space, home_pos, delta_pos;</td></tr>
<tr><td rowspan="5">箱体形监控区设定</td><td rowspan="3">WZBoxDef</td><td>编程格式</td><td>WZBoxDef [\Inside,] | [\Outside,] Shape, LowPoint, HighPoint;</td></tr>
<tr><td>指令添加项</td><td>\Inside:内侧,数据类型 switch
\Outside:外侧,数据类型 switch</td></tr>
<tr><td>程序数据</td><td>Shape:区间名,数据类型 shapedata
LowPoint:边界点 1,数据类型 pos
HighPoint:边界点 2,数据类型 pos</td></tr>
<tr><td>功能说明</td><td colspan="2">以大地坐标系为基准,通过对角线上的两点定义立方体监控区间</td></tr>
<tr><td>编程示例</td><td colspan="2">WZBoxDef \Inside, volume, corner1, corner2;</td></tr>
</table>

续表

名称	编程格式与示例		
圆柱形监控区设定	WZCylDef	编程格式	WZCylDef [\Inside,] | [\Outside,] Shape, CentrePoint, Radius, Height;
		指令添加项	\Inside:内侧,数据类型 switch \Outside:外侧,数据类型 switch
		程序数据	Shape:区间名,数据类型 shapedata CentrePoint:底圆中心,数据类型 pos Radius:圆柱半径,数据类型 num Height:圆柱高度,数据类型 num
	功能说明	以大地坐标系为基准,定义圆柱形监控区间	
	编程示例	WZCylDef \Inside, volume, C2, R2, H2;	
球形区间设定	WZSphDef	编程格式	WZSphDef [\Inside] | [\Outside,] Shape, CentrePoint, Radius;
		指令添加项	\Inside:内侧,数据类型 switch \Outside:外侧,数据类型 switch
		程序数据	Shape:区间名,数据类型 shapedata CentrePoint:球心,数据类型 pos Radius:球半径,数据类型 num
	功能说明	以大地坐标系为基准,定义球形监控区间	
	编程示例	WZSphDef \Inside, volume, C1, R1;	
中空手腕复位	HollowWristReset	编程格式	HollowWristReset;
		指令添加项	—
		程序数据	—
	功能说明	复位可无限回转的回转轴位置值	
	编程示例	HollowWristReset;	

(2) 软件限位区与原点判别区设定指令

机器人的软件限位区、原点判别区均以关节坐标系绝对位置（jointtarget 数据）的形式指定，回转、摆动轴的单位为（°），直线轴的单位为 mm。在作业程序中，机器人的软件限位区、原点判别区，可以用不同名称的区间型数据 shapedata 定义。

RAPID 软件限位区、原点判别区设定指令 WZLimJointDef、WZHomeJointDef 所定义的软件限位区、原点判别区如图 8.6.3 所示。

软件限位区设定指令 WZLimJointDef 所定义的软件限位区间如图 8.6.3(a) 所示，它可用于机器人的运动轴超程保护。运动轴的正、负向运动极限位置可分别通过指令中的程序数据 LowJointVal、HighJointVal 定义，无软件限位功能的运动轴可直接设定为 9E9；软件限位区的运动禁止区通常选择外侧（\Outside）。

原点判别区设定指令 WZHomeJointDef 所定义的原点判别区间如图 8.6.3(b) 所示，它可用于机器人的运动轴零位判别。原点判别区的中心位置、允许误差，可分别通过程序数据 MiddleJointVal、DeltaJointVal 进行定义，原点判别区的到位区间通常选择内侧（\Inside）。

例如，将机器人的工作范围设定为 $j_1=-170°\sim170°$、$j_2=-90°\sim155°$、$j_3=-175°\sim250°$、$j_4=-180°\sim180°$、$j_5=-45°\sim155°$、$j_6=-360°\sim360°$、$e_1=-1000\sim1000$mm；原点检测区设定为 $j_1\sim j_6$ 轴 $(0\pm2)°$、e_1 轴设定为 (0 ± 10)mm 的编程示例如下。

```
    ……
    VAR shapedata joint_ limit ;                                               // 定义区间名
    CONST jointtarget low_pos:=[[-170,-90,-175,-180,-45,-360],[-1000,9E9,9E9,
9E9,9E9,9E9]] ;                                                               // 负向限位位置
    CONST jointtarget high_pos:= [[170,155,250,180,225,360],[1000,9E9,9E9,9E9,9E9,
9E9]];                                                                        // 正向限位位置
    WZLimJointDef \Outside,joint_ limit,low_pos,high_pos ;                    // 软件限位区间
    ……
    !*********************************************
    ……
    VAR shapedata joint_home ;                                                 // 定义区间名
    CONST jointtarget home_pos:=[[0,0,0,0,0,0],[0,9E9,9E9,9E9,9E9,9E9]];        //中心
    CONST jointtarget delta_pos:=[[2,2,2,2,2,2],[10,9E9,9E9,9E9,9E9,9E9]];      //允差
    WZHomeJointDef \Inside,joint_ home,home_pos,delta_pos ;                    // 原点判别区间
    ……
```

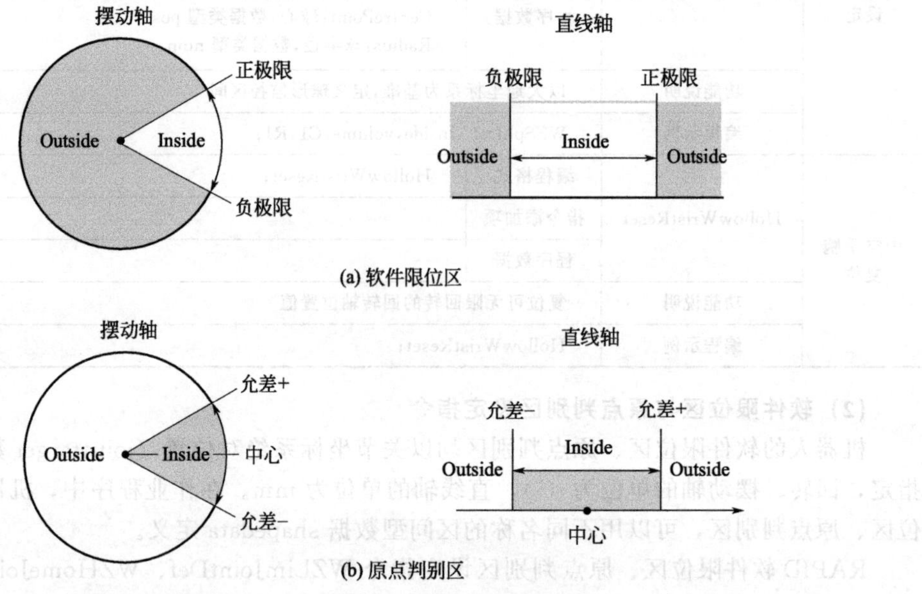

图 8.6.3 软件限位区及原点判别区定义

(3) 监控区形状设定指令

机器人的作业禁区、位置监控区可定义为箱体形、圆柱形、球形等不同的形状。在作业程序中，机器人的作业禁区、位置监控区，可以用不同名称的区间型数据 shapedata 定义。

监控区设定指令所定义的监控区形状如图 8.6.4 所示，指令中的边界点、圆心、球心位置，均以大地坐标系为基准设定。

箱体形监控区设定指令 WZBoxDef 可通过立方体上的 2 个边界点 LowPoin、High-Point，定义区间；边界点为大地坐标系的 *XYZ* 位置数据（pos），所定义的立方体（区间）边长不能小于 10mm。

圆柱形监控区设定指令 WZCylDef 可通过底面（高度为正值）或顶面（高度为负值）圆心位置 CentrePoint、圆柱半径 Radius、圆柱高度 Height，定义区间。指令中的圆心位置

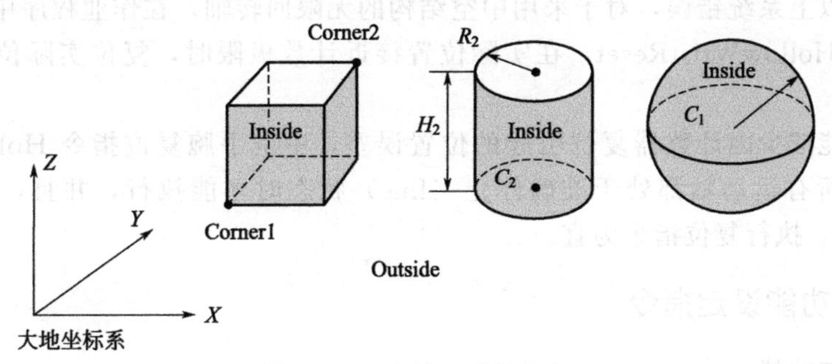

图 8.6.4　监控区形状定义

(图中的 C_2 点) 应为大地坐标系的 XYZ 位置数据 (pos)；圆柱半径 R_2、高度 H_2 为 num 数据，单位 mm；半径 R_2 不能小于 5mm，高度 H_2 的绝对值不能小于 10mm (可为负值)。

球形监控区设定指令 WZSphDef 可通过球心位置 CentrePoint、球半径 Radius 定义区间；球心位置 (图中的 C_1 点) 应为大地坐标系的 XYZ 位置数据 (pos)；球半径 R_1 为 num 数据，单位 mm，设定值不能小于 5mm。

例如，通过监控区设定指令，设定箱体形外侧监控区 volume1、圆柱形内侧监控区 volume2、球形外侧监控区 volume3 的编程示例如下。

```
VAR shapedata volume1 ;
CONST pos corner1:=[200,200,100] ;
CONST pos corner2:=[600,600,800] ;
WZBoxDef \Outside,volume1,corner1,corner2 ;
……
!*******************************************
VAR shapedata volume2 ;
CONST pos C2:=[0,0,0] ;
CONST num R2:=400 ;
CONST num H2:=800 ;
WZCylDef \Inside,volume2,C2,R2,H2 ;
……
!*******************************************
VAR shapedata volume3 ;
CONST pos C1:=[0,0,0] ;
CONST num R1:=800 ;
WZSphDef \Outside,volume3,C1,R1 ;
……
```

(4) 中空手腕复位指令

中空手腕复位指令 HollowWristReset 用于无限回转轴的实际位置 (绝对位置) 复位。为了提高作业灵活性，避免管线缠绕，机器人的回转关节有时采用减速器内部布置管线的中空结构，这样的关节轴便可实现无限回转。但是，由于机器人控制系统所使用的微处理器、储存器的位数有限，如 16 位、32 位、64 位等；因此，当运动轴无限回转时，它将导致控制系统的位置计数器溢出，产生系统错误。例如，对 ABB 机器人控制系统的最大计数范围为±114×360°，超过这一范围时，将产生系统错误等。

为了避免以上系统错误，对于采用中空结构的无限回转轴，在作业程序中，可通过中空手腕复位指令 HollowWristReset，在实际位置接近计数极限时，复位实际位置计数器、防止计数溢出。

为了尽可能减少因计数器复位引起的位置误差，中空手腕复位指令 HollowWristReset 必须在机器人所有运动轴都处于准确停止（fine）状态时才能执行，并且，以回转轴处于 $n\times360°$ 位置时，执行复位指令为宜。

8.6.3 监控功能设定指令

(1) 指令与功能

机器人的运动监控区可以是软件限位区、原点判别区，或是利用监控区设定指令定义的区间。RAPID 监控功能设定指令可用来定义运动监控区性质及监控方式。

监控区按性质可定义为临时监控区或固定监控区。临时监控区以 wztemporary 数据的形式保存，并可通过 RAPID 程序指令予以生效、撤销或清除。固定监控区以 wzstationary 数据的形式保存，它可在控制系统启动时将自动生效，不能通过 RAPID 程序指令进行生效、撤销或清除。

监控区的监控方式可以是禁止机器人运动（禁区监控）或输出开关量控制信号（DO 输出监控）。禁区监控可通过系统错误（Error）报警的方式，禁止机器人在监控区的运动，它多用于运动轴软件限位、作业禁区的设定。DO 输出监控可在机器人进入监控区时，向外部输出开关量控制信号（DO 信号），但不禁止机器人的运动，因此，可用于机器人或运动轴的特殊位置检测，如机器人原点检测等。

RAPID 监控功能设定指令的名称、编程格式与示例如表 8.6.2 所示。

表 8.6.2 监控功能设定指令编程说明表

<table>
<tr><th colspan="2">名称</th><th colspan="2">编程格式与示例</th></tr>
<tr><td rowspan="5">禁区监控</td><td rowspan="3">WZLimSup</td><td>编程格式</td><td>WZLimSup [\Temp] | [\Stat,] WorldZone,Shape;</td></tr>
<tr><td>指令添加项</td><td>\Temp:临时监控,数据类型 switch
\Stat:固定监控,数据类型 switch</td></tr>
<tr><td>程序数据</td><td>WorldZone:禁区名,数据类型 wztemporary 或 wzstationary
Shape:区间名,数据类型 shapedata</td></tr>
<tr><td>功能说明</td><td colspan="2">定义作业禁区</td></tr>
<tr><td>编程示例</td><td colspan="2">WZLimSup \Stat,max_workarea,volume;</td></tr>
<tr><td rowspan="5">DO 输出监控</td><td rowspan="3">WZDOSet</td><td>编程格式</td><td>WZDOSet [\Temp] | [\Stat,] WorldZone [\Inside] | [\Before], Shape,Signal,SetValue;</td></tr>
<tr><td>指令添加项</td><td>\Temp:临时监控,数据类型 switch
\Stat:固定监控,数据类型 switch</td></tr>
<tr><td>程序数据与添加项</td><td>WorldZone:DO 输出区名,数据类型 wztemporary 或 wzstationary
\Inside:监控区内侧输出 DO 信号,数据类型 switch
\Before:监控区边界前输出 DO 信号,数据类型 switch
Shape:区间名,数据类型 shapedata
Signal:DO 信号名称,数据类型 signaldo
SetValue:DO 信号输出值,数据类型 dionum</td></tr>
<tr><td>功能说明</td><td colspan="2">设定监控区 DO 信号的输出方式、信号名称、输出值</td></tr>
<tr><td>编程示例</td><td colspan="2">WZDOSet \Temp,service \Inside,volume,do_service,1;</td></tr>
</table>

续表

名称	编程格式与示例		
临时监控生效	WZEnable	编程格式	WZEnable WorldZone;
		程序数据	WorldZone:临时区间名,数据类型 wztemporary
	功能说明	生效临时监控区	
	编程示例	WZEnable wzone;	
临时监控撤销	WZDisable	编程格式	WZDisable WorldZone;
		程序数据	WorldZone:临时区间名,数据类型 wztemporary
	功能说明	撤销临时监控区	
	编程示例	WZDisable wzone;	
临时监控清除	WZFree	编程格式	WZFree WorldZone;
		程序数据	WorldZone:临时区间名,数据类型 wztemporary
	功能说明	清除临时监控区的全部设定	
	编程示例	WZFree wzone;	

(2)禁区监控设定

禁区监控指令 WZLimSup 用来生效监控区的运动保护功能。WZLimSup 指令一经执行，无论程序自动运行或点动工作模式，只要机器人 TCP 到达禁区，控制系统便将自动停止机器人运动，并产生相应的系统错误（Error）报警。

利用 WZLimSup 指令生效的监控区，可以是指令 WZLimJointDef 设定的软件限位区，也可为 WZBoxDef、WZCylDef、WZSphDef 等指令定义的监控区间；指令添加项\Temp 或\Stat 必须选择其中之一，以定义监控区性质（临时或固定禁区）。

例如，在以下程序中，可通过固定禁区 work _ limit 的设定，将机器人关节轴的运动范围限制在 $j1=-170°\sim170°$、$j_2=-90°\sim155°$、$j_3=-175°\sim250°$、$j_4=-180°\sim180°$、$j_5=-45°\sim155°$、$j_6=-360°\sim360°$范围内。程序一经执行，就定义了机器人关节轴的软件限位位置。

```
  VAR wzstationary work_limit ;                                          // 固定禁区定义
  VAR shapedata joint_ limit ;                                           // 监控区间定义
  ……
  CONST jointtarget low_pos:=[[-170,-90,-175,-180,-45,-360],[-1000,9E9,9E9,
9E9,9E9,9E9]] ;                                                    // 监控区间负向极限位置
  CONST jointtarget high_pos:=[[170,155,250,180,225,360],[1000,9E9,9E9,9E9,9E9,
9E9]];                                                             // 监控区间正向极限位置
  ……
  WZLimJointDef \Outside,joint_ limit,low_pos,high_pos ;                // 设定软件限位区
  WZLimSup \Stat,work_limit,joint_ limit ;                              // 定义为固定禁区
  ……
```

再如，在以下程序中，通过临时禁区 work _ temp 的设定，可将机器人 TCP 的运动范围暂时限制在 $X=400\sim1200$mm、$Y=400\sim1200$mm、$Z=0\sim1500$mm 的区间内。

```
  VAR wztemporary work_temp ;                                            // 临时禁区定义
  VAR shapedata box_space ;                                              // 定义区间名
```

```
……
CONST pos box_c1:=[400,400,0];                      // 边界点 1
CONST pos box_c2:=[1200,1200,1500];                 // 边界点 2
……
WZBoxDef \Outside,box_space,box_c1,box_c2;          // 区间设定
WZLimSup\Temp,work _temp,box_space;                 // 临时禁区定义
……
```

(3) DO 输出监控设定

DO 输出监控指令 WZDOSet 可在机器人 TCP 点进入监控区时，自动输出开关量控制信号（DO 信号）。指令同样可通过添加项\Temp 或\Stat 之一，将监控区性质定义为临时或固定监控区。DO 输出监控并不禁止机器人在监控区的运动，因此，如需要，应通过外部控制线路，对控制系统输出的 DO 信号进行相关处理。

监控区的 DO 信号的地址、输出状态及动作位置，均可通过指令 WZDOSet 定义。指令必须利用添加项\Before 或\Inside 之一，明确是在机器人 TCP 点到达监控区边界前或进入监控区后输出 DO 信号。当监控区作为 WZHomeJointDef 原点检测区，以关节坐标绝对位置（jointtarget 数据）的形式定义时，通常需要用添加项\Inside，定义成进入监控区后输出 DO 信号。

例如，当机器人的作业原点定义于（800，0，800）点、允许误差为 10mm 时，可通过以下程序，先设定以（800，0，800）为球心、半径 10mm 的球形监控区；然后，再利用 WZDOSet 指令，设定机器人到达作业原点时，自动输出原点到达信号 do _ home=1。

```
VARwzstationary home;                               // 定义固定监控区名
VAR shapedata volume;                               // 定义区间名
CONST pos p_home:=[800,0,800];                      // 定义作业原点
……
WZSphDef \Inside,volume,p_home,10;                  // 定义球形监控区
WZDOSet \Stat,home \Inside,volume,do_home,1;        // 生效 DO 输出监控
……
```

(4) 临时禁区的生效、撤销与清除

临时禁区的生效、撤销与清除指令可用来撤销、生效与清除以 wztemporary 数据保存的临时监控区；但不能用来生效、撤销与清除以 wzstationary 数据保存的固定监控区。

例如，利用以下程序，可在机器人 TCP 向作业点 p_work1、p_work2……运动时，临时生效 $X=400\sim1200$mm、$Y=400\sim1200$mm、$Z=0\sim1500$mm 的外侧禁区；在机器人向原点 p_home 运动时，可以撤销临时禁区；当机器人作业完成后，可清除临时禁区设定。

```
……
VAR wztemporarywork _temp;                          // 定义临时禁区名
……
VAR shapedata box_space;                            // 定义区间名
CONST pos box_c1:=[400,400,0];                      // 边界点 1
CONST pos box_c2:=[1200,1200,1500];                 // 边界点 2
……
WZBoxDef \Outside,box_space,box_c1,box_c2;          // 区间设定
```

```
WZLimSup\Temp,work_temp,box_space ;                // 定义临时禁区
MoveL p_work1,v500,z40,tool1 ;                     // 禁区监控有效
……
WZDisablework_temp ;                                // 撤销临时禁区
MoveL p_home,v200,z30,tool1 ;                      // 禁区监控无效
……
WZEnablework_temp ;                                // 禁区监控重新生效
MoveL p_work2,v200,z30,tool1 ;                     // 禁区监控有效
……
WZDisablework_temp ;                                // 撤销临时禁区
MoveL p_home,v200,z30,tool1 ;                      // 禁区监控无效
WZFree wzone ;                                      // 清除临时禁区
……
```

8.6.4 负载设定和碰撞检测指令

(1) 指令与功能

机器人的碰撞检测是根据运动轴伺服电机的输出转矩（电流），监控机器人运行的功能；如伺服电机的输出转矩超过了规定的值，表明机器人可能出现了机械碰撞、干涉等故障，系统将立即停止机器人运动，以免损坏机器人或外部设备。

伺服电机的输出转矩取决于负载。机器人系统的负载通常包括机器人本体运动部件负载、外部轴负载、工具负载、作业负载等。

机器人本体运动部件负载通常由机器人生产厂设定，工具负载可通过工具数据 tooldata 中的负载特性项参数 tload 定义，它们无需在程序中另行设定。

作业负载是机器人作业时产生的附加负载，如搬运机器人的物品质量等。作业负载是随机器人作业任务改变的参数，因此，在作业程序中，需要根据实际作业要求，利用作业负载设定指令 GripLoad 进行相关设定。

外部轴负载与机器人使用厂家所选配的变位器、工件质量等因素有关，它同样随机器人作业任务的改变而变化，因此，也需要根据实际作业要求，利用作业程序中的外部轴负载设定指令 MechUnitLoad 进行相关设定。

在作业程序中，外部轴运动部件负载、工具负载、作业负载通过格式统一的负载型程序数据 loaddata 描述，loaddata 数据由负载质量 mass（num 数据）、$X/Y/Z$ 轴转动惯量 ix/iy/iz（num 数据）、负载重心位置 cog（pos 数据）、负载重心方位 aom（orient 数据）等数据项复合而成；有关内容可参见工具数据说明。

由于机器人的负载计算复杂、烦琐，为了便于操作者使用，先进的控制系统一般都具有负载自动测定功能。在作业程序中，机器人的工具负载、作业负载、外部轴负载均可通过负载测定指令，由控制系统自动进行负载测试和数据设定，有关内容可参见后述的章节。

RAPID 负载和碰撞检测设定指令的名称、编程格式与示例如表 8.6.3 所示。

表 8.6.3　负载和碰撞检测设定指令编程说明表

名称	编程格式与示例		
作业负载设定	GripLoad	编程格式	GripLoad Load;
		程序数据	Load:作业负载,数据类型 loaddata

续表

<table>
<tr><th>名称</th><th colspan="3">编程格式与示例</th></tr>
<tr><td rowspan="2">作业负载设定</td><td>功能说明</td><td colspan="2">定义机器人作业时的附加负载</td></tr>
<tr><td>编程示例</td><td colspan="2">GripLoad load1；</td></tr>
<tr><td rowspan="4">外部轴负载设定</td><td rowspan="2">MechUnitLoad</td><td>编程格式</td><td>MechUnitLoad MechUnit，AxisNo，Load；</td></tr>
<tr><td>程序数据</td><td>MechUnit：外部机械单元名称，数据类型 mecunit
AxisNo：外部轴序号，数据类型 num
Load：外部轴负载，数据类型 loaddata</td></tr>
<tr><td>功能说明</td><td colspan="2">定义外部机械单元运动轴的额定负载</td></tr>
<tr><td>编程示例</td><td colspan="2">ActUnit SNT1 ；
MechUnitLoad STN1，1，load1 ；</td></tr>
<tr><td rowspan="5">碰撞检测设定</td><td rowspan="3">MotionSup</td><td>编程格式</td><td>MotionSup[\On] | [\Off] [\TuneValue]；</td></tr>
<tr><td>指令添加项</td><td>\On：负载监控生效，数据类型 switch
\Off：负载监控撤销，数据类型 switch
\TuneValue：碰撞检测等级，数据类型 num</td></tr>
<tr><td>程序数据</td><td>—</td></tr>
<tr><td>功能说明</td><td colspan="2">生效或撤销碰撞检测功能，并设定碰撞检测等级</td></tr>
<tr><td>编程示例</td><td colspan="2">MotionSup \On \TuneValue：=200；</td></tr>
</table>

(2) 负载设定

机器人作业时，需要在作业程序中设定的负载包括作业负载、外部轴负载两类。

① 作业负载设定　RAPID 指令 GripLoad 用于机器人作业负载设定，如搬运机器人的物品质量等。作业负载一旦设定，控制系统便可自动调整机器人各轴的负载特性，重新设定控制模型、实现最佳控制；同时，也能够通过碰撞检测功能有效监控机器人。

作业负载对程序模拟（DI 信号 SimMode 为 1）、程序试运行操作无效；此外，当程序重新加载、重启或重新执行时，系统将默认作业负载为 load0（负载为 0）。

例如，在搬运机器人上，假设指令“Set gripper”（设置控制系统 DO 输出信号 gripper=1）为器人将抓取物品；而物品的负载数据已在程序数据 piece（loaddata 数据）上定义，其作业负载设定指令如下：

```
Set gripper ;                                  // 抓取物品
WaitTime 0.3 ;                                 // 程序暂停
GripLoad piece ;                               // 作业负载设定
……
```

② 外部轴负载设定　MechUnitLoad 指令用于外部轴（如变位器等）负载设定。MechUnitLoad 指令应在外部轴机械单元生效指令 ActUnit 后，立即予以编程，以便控制系统能够建立驱动系统的动态模型、实现最佳控制，同时也能够生效系统的碰撞检测功能，有效监控、保护外部轴。

例如，在使用双轴工件回转变位器（机械单元 STN1）的系统上，如果第 1 轴、第 2 轴的负载数据分别在程序数据 fixTRUE、workpiece（loaddata 数据）上定义，则外部回转轴 1、2 的负载设定指令如下：

```
ActUnit STN1 ;                                 // 启用机械单元 STN1
```

```
MechUnitLoad STN1,1,fixTRUE ;                    // 设定外部轴 1 负载
MechUnitLoad STN1,2,workpiece ;                  // 设定外部轴 2 负载
……
```

(3) 碰撞检测

机器人系统的负载一旦设定，系统便可通过对运动轴伺服电机的输出转矩（电流）的监控，确定机器人是否产生了机械干涉和碰撞。

在作业程序中，碰撞监控功能可通过碰撞检测指令 MotionSup 生效或撤销；在碰撞监控生效指令 MotionSup\On 上，还可通过添加项 TuneValue 指定碰撞检测等级。所谓检测等级就是系统允许的过载倍数，其设定范围为 1%～300%；当 RAPID 程序重新加载、重启或重新执行时，系统将默认检测等级为 100%（额定负载）。

碰撞监控功能一旦生效，只要负载超过碰撞检测等级，系统将立即停止机器人运动并适当后退消除碰撞，同时发出碰撞报警。

碰撞检测生效、撤销指令的编程示例如下。

```
……
MotionSup \On \TuneValue:=200 ;                   // 生效碰撞检测功能
MoveAbsJ p1,v2000,fine \Inpos:=inpos50,grip1 ;
……
MotionSup \Off ;                                  // 撤销碰撞检测功能
……
```

第9章

输入/输出指令编程

9.1 I/O信号与连接

9.1.1 I/O信号分类

（1）DI/DO与AI/AO信号

工业机器人作业时，不但需要通过移动指令控制机器人TCP的移动，而且还需要控制作业工具、工装夹具等辅助部件的动作。例如，点焊机器人一般需要有焊钳开/合、电极加压、焊接电源通断等动作，并需要对焊接电流、焊接电压进行调节；弧焊机器人则需要有引弧、熄弧、送丝、通气等动作，同样也需要进行焊接电流、焊接电压的调节等。用来控制机器人辅助部件动作的指令，称为输入/输出指令。

根据控制信号的性质，机器人控制系统的辅助部件控制信号，可分为开关量输入/输出信号（data input/data output，简称DI/DO）、模拟量输入/输出信号（analog input/analog output，简称AI/AO）两大类。

① DI/DO信号　开关量控制信号用于电磁元件的通断控制，其状态可用逻辑状态数据bool或二进制数字量进行描述。开关量控制信号分为两类，一是用来检测电磁器件通断状态的信号，它们对控制器来说属于输入，故称为开关量输入或数字输入（data input）信号，简称DI信号；二是用来控制电磁器件通断的信号，此类信号对于控制器来说属于输出，故称为开关量输出或数字输出（data output）信号，简称DO信号。DI/DO信号可通过逻辑运算指令进行控制，在作业程序中，这一控制可利用逻辑运算函数命令实现。

② AI/AO信号　模拟量信号用于连续变化参数的检测与调节，状态以连续变化的数值描述。模拟量控制信号同样可分为两类，一是用来检测实际参数值的信号，此类信号对控制器来说属于输入，故称为模拟量输入（analog input）信号，简称AI信号；二是用来改变参数值的信号，此类信号对于控制器来说属于输出，故称为模拟量输出（analog output）信号，简称AO信号。AI/AO信号一般需要通过算术运算指令进行控制，在作业程序中，这一控制可利用算术运算函数命令实现。

(2) 系统 I/O 与通用 I/O 信号

根据信号的用途，工业机器人控制系统的辅助控制信号，一般可分系统 I/O 信号和通用 I/O 信号两大类，前者简称为 SI/SO 信号，后者常称为通用 I/O 信号。

① SI/SO 信号　SI/SO 信号是系统输入（system input）/系统输出（system output）信号的简称，其功能、用途、连接端等，均由控制系统生产厂家统一规定，机器人生产或使用厂家不得更改。

SI 信号多用于系统的运行控制，通常为开关量输入信号，例如伺服驱动系统启动/急停信号、示教/再现操作模式选择信号、程序自动运行/暂停信号等。SI 信号通常与控制系统操作面板的按钮、开关直接连接，用户不可用于其他信号的连接。SO 信号通常与控制系统操作面板的指示灯直接连接，用户不可用于其他信号的连接。

② 通用 I/O 信号　通用 I/O 信号通常有开关量输入/输出（通用 DI/DO）和模拟量输入/输出（通用 AI/AO）两大类，其功能、用途、连接端等，均可由机器人生产或使用厂家自由定义。

通用 DI/DO 信号可用来连接机器人、作业工具的控制按钮、检测开关，以及指示灯、接触器、电磁阀等控制器件，它们需要通过控制系统的 DI/DO 单元（或模块）连接；其数量、信号规格均与 I/O 单元（或模块）的选配有关。

通用 AI/AO 信号可用来连接机器人、作业工具的电流、电压、压力、流量等检测传感器，以及电流、电压、压力、流量调节控制装置，它们需要通过控制系统的 AI/AO 单元（或模块）连接；其数量、信号规格同样与 I/O 单元（或模块）的选配有关。

9.1.2 I/O 信号连接与分组

(1) I/O 信号连接

一般而言，国外工业机器人所配套的控制系统，多为工业机器人生产厂家自行研制。例如，ABB 机器人配套的控制系统为 ABB S4 或 IRC5，安川机器人配套的控制系统为安川 DX100 或 DX200，FANUC 机器人配套的控制系统为 FANUC R-J3i 或 R-30i 等。

ABB 工业机器人配套的控制系统主要有 S4 和 IRC5 两大系列。S4 系列（包括改进型）为 ABB 早期产品，如 1994—1996 年生产的机器人多配套 S4 控制系统，1997—2000 年生产的机器人多配套 S4C 控制系统，2001—2005 年生产的机器人多配套 S4Cplus 控制系统等。IRC5 系列（包括改进型）为 ABB 目前常用的产品，2006 年以后的生产机器人大多配套 IRC5 系列系统。

ABB IRC5 控制系统的结构及通用 I/O 单元的外观如图 9.1.1 所示。

工业机器人控制系统所使用的通用 I/O 单元（或模块）的用途、功能及电路结构，均与 PLC 的分布式 I/O 单元相似；单元（或模块）的型号、规格、数量，均可根据机器人的实际控制需要选配。

在 ABB 控制系统 IRC5 上，标准 I/O 单元通过 Device Net 总线和机器人控制器连接；如需要，也可使用 Interbus-S、Profibus-DP 等总线连接的开放式网络从站（slave station）。IRC5 控制系统最大可连接 512/512 点 DI/DO，但是，由于工业机器人的辅助控制要求通常较简单，因此，单机控制系统所使用的实际 I/O 点一般较少。

ABB 工业机器人常用的 I/O 单元主要有以下几种。

DSQC 320：16/16 点 AC120V 开关量输入/输出单元（120VAC I/O）。

DSQC 327：16/16 点 DC24V 开关量输入/晶体管输出和 2 通道 DC12V 模拟量输出组合单元（Combi I/O）。

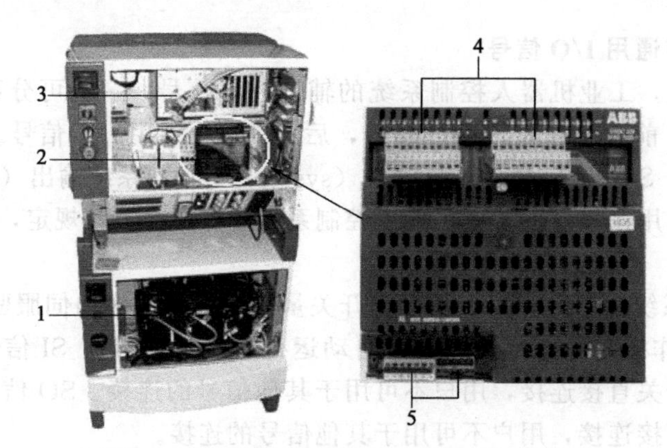

图 9.1.1 IRC5 控制系统结构与 I/O 单元
1—伺服驱动器；2—I/O 单元；3—机器人控制器；4—I/O 连接器；5—总线连接和地址设定

DSQC 328：16/16 点 DC24V 开关量输入/晶体管输出单元（digital I/O）。

DSQC 332：16/16 点 DC24V 开关量输入/继电器输出单元（relay I/O）。

DSQC 350：128/128 点 AB 公司（Allen-Bradley）标准远程 I/O 单元（remote I/O）。

DSQC 351：128/128 点 Interbus-S 网络从站（Interbus-S slave）。

DSQC 352：128/128 点 Profibus-DP 网络从站（Profibus-DP slave）。

DSQC 354：编码器接口单元（encoder interface unit），需要与 Conveyer Tracking 软件配合使用。

DSQC 355：4/4 通道 DC12V 模拟量输入/输出单元（analog I/O）等。

(2) DI/DO 信号组

工业机器人的辅助控制信号以 DI/DO（开关量输入/输出）信号居多。在控制系统内部，每一点 DI/DO 信号的状态，均可用 1 位（bit）二进制数据（0 或 1）进行表示。

在作业程序中，用来表示 1 点 DI/DO 信号状态的二进制数据，称为 signaldi/signaldo 数据，signaldi/signaldo 数据可直接作为逻辑状态（bool）数据使用，在程序中进行逻辑运算与处理。

一般而言，控制系统用来存储 DI/DO 点信号状态的存储器地址均为连续分配，即每一字节存储器用来存储 8 点 DI/DO 信号状态。因此，在作业程序中，也可用字节数据 byte 或数值数据 num、双精度数值数据 dnum，来表示多点 DI/DO 信号的状态，并通过 RAPID 多位逻辑处理函数命令，如 GOutput、GInputDnum、BitAnd、BitAndDnum 等，对 DI/DO 信号进行成组处理。成组处理的 16 点 DI/DO 信号，称为 DI/DO 信号组，简称 GI/GO（group input/group output）。

控制系统的数据存储器的地址，一般以字节（byte）、字（word）或双字（Dword）为单位分配，由于 num 数据具有 23 位数据、8 位指数、1 位符号，故而可一次性处理 1、2 字节（即 8、16 点）的 DI/DO 信号组；而 dnum 数据则具有 52 位数据、11 位指数、1 位符号，故可一次性处理 1～4 字节（8～32 点）的 DI/DO 信号组。例如：

```
IF gi2 =5 THEN                                  // 检测 16 点 DI 输入组 gi2 状态 0…0101
Reset do10 ;                                          // DO 信号 do10 复位(置 0)
Set do11 ;                                            // DO 信号 do11 置位(置 1)
……
IF GInputDnum(gi2) =25 THEN                  // 检测 32 点 DI 输入组 gi2 状态 0…01 1001
SetGO go2,12 ;                        // 16 点 DO 输出组 go2 状态设定为 12(0…0 1100)
……
```

9.2 I/O基本指令编程

9.2.1 I/O状态读入函数

(1) 函数与功能

在作业程序中，控制系统I/O信号的当前状态，可通过I/O读入函数命令读取或检查。DI/DO信号的状态还可用GI/GO的形式，一次性成组读取。

ABB机器人常用的I/O状态读入函数命令的名称、参数与编程示例如表9.2.1所示。

表9.2.1　I/O状态读入函数命令说明表

名称	编程格式与示例		
DI状态读入	DInput	命令参数	Signal
	编程示例	flag1:=DInput(di1);或,flag1:=di1;	
DO状态读入	DOutput	命令参数	Signal
	编程示例	flag1:=DOutput(do1);	
AI数值读入	AInput	命令参数	Signal
	编程示例	reg1:=AInput(current);或,reg1:=current;	
AO数值读入	AOutput	命令参数	Signal
	编程示例	reg1:=AOutput(current);	
16点DI状态成组读入	GInput	命令参数	Signal
	编程示例	reg1:=GInput(gi1);或,reg1:=gi1;	
32点DI状态成组读入	GInputDnum	命令参数	Signal
	编程示例	reg1:=GInputDnum(gi1);	
16点DO状态成组读入	GOutput	命令参数	Signal
	编程示例	reg1:=GOutput(go1);	
32点DO状态成组读入	GOutputDnum	命令参数	Signal
	编程示例	reg1:=GOutputDnum(go1);	
DI状态检测	TestDI	命令参数	Signal
	编程示例	IF TestDI (di2) SetDOdo1,1; IF NOT TestDI (di2) SetDOdo2,1; IF TestDI (di1) AND TestDI(di2) SetDO do3,1;	

表9.2.1中的DI、AI状态读入函数命令DInput、AInput，以及GI组信号读入函数命令GInput，均为早期系统的遗留命令，在现行控制系统上可直接在用程序数据名代替，例如，用来表示开关量输入信号状态的signaldi数据di1，可直接替代命令DInput(di1)；用来表示模拟量输入信号数值的signalai数据current，可直接替代命令AInput (current)；用来表示DI组信号状态的signalgi数据gi1，可直接替代命令GInput(gi1)等。表中其他函数命令的编程要求和实例如下。

(2) DI/DO状态读入函数

DI/DO状态读入函数命令用来读入参数指定的DI/DO信号状态，命令的执行结果为

DIO 数值（dionum）数据，其数值为“0”或“1”。

DI/DO 状态读入函数命令的编程格式及参数要求如下，在现行系统上，命令 DInput（Signal）可直接用程序数据 Signal 替代。

```
DInput(Signal) ; 或,Signal ;                              // DI 信号状态读入
DOutput(Signal) ;                                         // DO 信号状态读入
```

Signal：DI/DO 信号名称，DI 状态读入命令的数据类型 signaldi、DO 状态读入命令的数据类型 signaldo。

DI/DO 状态读入命令的编程实例如下。

```
flag1:=di1 ;                                              // 读入 di1 信号状态
flag2:=DOutput(do1);                                      // 读入 do1 信号状态
……
IF di2 =1 THEN                                            // di2 状态用作 IF 指令条件
……
IF DOutput(do2) =1 THEN                                   // do2 状态用作 IF 指令条件
……
```

(3) AI/AO 读入函数

AI/AO 数值读入函数命令用来读入指定 AI/AO 通道的输入/输出模拟量的值，命令的执行结果为 num 数据。

AI/AO 数值读入函数命令的编程格式及参数要求如下，在现行系统上，命令 AInput（Signal）可直接用程序数据 Signal 替代。

```
AInput(Signal) ; 或,Signal ;                              // AI 数值读入
AOutput(Signal) ;                                         // AO 数值读入
```

Signal：AI/AO 信号名称，AI 数值读入命令的数据类型 signalai、AO 数值读入命令的数据类型 signalao。

AI/AO 数值读入函数命令的编程实例如下。

```
reg1:=ai1 ;                                               // 读入 ai1 值
reg2:=AOutput(ao1) ;                                      // 读入 ao1 值
……
deviation1:=3 * ai2 + 10 ;                                // ai2 值参与运算
deviation2:=deviation1 + reg2 ;
……
IFai2 =5.12 THEN                                          // ai2 值用作 IF 指令条件
……
IFAOutput(ao2) ≥ 10.25 THEN                               // ao2 值用作 IF 指令条件
……
```

(4) DI/DO 信号组读入函数

DI/DO 信号组状态读入函数命令用来一次性读入 8～32 点 DI/DO 信号的状态，命令执

行结果为 num 或 dnum 数据，num 数据可用来处理 1、2 字节（8、16 点）DI/DO 信号；dnum 数据可用来处理 3、4 字节（24、32 点）DI/DO 信号。

DI/DO 信号组状态读入函数命令的编程格式及参数要求如下，在现行系统上，命令 GInput（Signal）可直接用程序数据 Signal 替代。

```
GInput(Signal)；或,Signal；                    // 16 点 DI 状态成组读入
GInputDnum (Signal)；                          // 32 点 DI 状态成组读入
GOutput(Signal)；                              // 16 点 DO 状态成组读入
GOutputDnum (Signal)；                         // 32 点 DO 状态成组读入
```

Signal：DI/DO 信号组名，DI 状态读入命令的数据类型 signalgi、DO 状态读入命令的数据类型 signalgo。

DI/DO 信号组状态读入函数命令的编程实例如下。

```
reg1:=gi1；                                   // 读入 gi1 组 16 点 DI 状态
reg2:=GOutput(go1)；                           // 读入 go1 组 16 点 DI 状态
reg3:=GInputDnum (gi1);                        // 读入 gi1 组 32 点 DI 状态
reg4:=GOutputDnum (go1);                       // 读入 go1 组 32 点 DI 状态
……
IF gi2 =5 THEN                                 // 检查 16 点 DI 组 gi2 的状态(0…0101)
……
IF GInputDnum(gi2) =25 THEN                    // 检查 32 点 DI 组 gi2 的状态(0…01 1001)
……
```

（5）DI 状态检测函数

DI 状态检测函数命令用来检测命令参数所指定的 DI 信号状态，如 DI 信号状态为“1”，命令的执行结果为逻辑状态（bool）数据“TRUE”；如 DI 信号状态为“0”，命令的执行结果为逻辑状态（bool）数据“FALSE”。

DI 状态检测函数命令的编程格式及参数要求如下。

```
TestDI (Signal)；
```

Signal：DI 信号名称，数据类型 signaldi。

DI 状态检测命令常作为 IF 指令的判断条件，它可使用 NOT、AND、OR 等逻辑运算表达式，TestDI 命令的编程实例如下。

```
IF TestDI (di2)SetDO do1,1；                   // di2=1 时 do1 输出 1
IF NOT TestDI (di2)SetDO do2,1；               // di2=0 时 do2 输出 1
IF TestDI (di1) AND TestDI(di2) SetDO do3,1；  // di1、di2 同时为 1 时 do3 输出 1
……
```

9.2.2 DO/AO 输出指令

（1）指令与功能

在作业程序中，DO 信号状态、AO 信号输出值，可通过 DO/AO 输出指令控制；GO

信号组可一次性输出。其中，DO、GO信号，还可进行取反、脉冲、延时、同步等处理。

DO/AO输出指令名称及编程格式如表9.2.2所示，指令的编程要求和实例如下。

表9.2.2 DO/AO输出指令名称及编程格式

名称		编程格式与示例		
输出控制	DO信号ON	Set	程序数据	Signal
			指令添加项	—
		编程示例	Set do15;	
	DO信号OFF	Reset	程序数据	Signal
			指令添加项	—
		编程示例	Reset do15;	
	DO信号取反	InvertDO	程序数据	Signal
			指令添加项	—
		编程示例	InvertDO do15;	
	脉冲输出	PulseDO	程序数据	Signal
			指令添加项	\High,\Plength
		编程示例	PulseDO do15; PulseDO\High do3; PulseDO\PLength:=1.0,do3;	
输出设置	DO状态设置	SetDO	程序数据	Signal,Value
			指令添加项	\SDelay,\Sync
		编程示例	SetDO do15,1; SetDO \SDelay:=0.2,do15,1; SetDO \Sync,do1,0;	
	DO组状态设置	SetGO	程序数据	Signal,Value|Dvalue
			指令添加项	\SDelay
		编程示例	SetGO go2,12; SetGO \SDelay:=0.4,go2,10;	
	AO值设置	SetAO	程序数据	Signal,Value
			指令添加项	—
		编程示例	SetAO ao2,5.5;	

(2) 输出控制指令

输出控制指令用来控制DO的输出状态，输出状态可为ON(1)、OFF(0)或将现行状态取反。输出控制指令的编程格式及程序数据要求如下。

```
Set Signal ;                                  // DO 信号 ON
Reset Signal ;                                // DO 信号 OFF
InvertDO Signal ;                             // DO 状态取反
```

Signal：DO信号名称，数据类型signaldo。

DO输出控制指令的编程实例如下。

```
Setdo2 ;                                      // do2 输出 ON
```

```
Reset do15 ;                                              // do15 输出 OFF
InvertDO do10 ;                                           // do10 输出状态取反
……
```

(3) 脉冲输出指令

脉冲输出指令 PulseDO 可在指定的 DO 点上输出脉冲信号，输出脉冲宽度、输出形式可通过指令添加项定义。

PulseDO 指令的编程格式及指令添加项、程序数据要求如下。

PulseDO [\High,] [\PLength,] Signal;

Signal：DO 信号名称，数据类型 signaldo。

\High：输出脉冲形式定义，数据类型 switch。

\PLength：输出脉冲宽度，数据类型 num，单位 s，允许输入范围 0.001～2000。省略添加项时，系统默认的脉冲宽度为 0.2s。

添加项\High 的作用如图 9.2.1 所示。

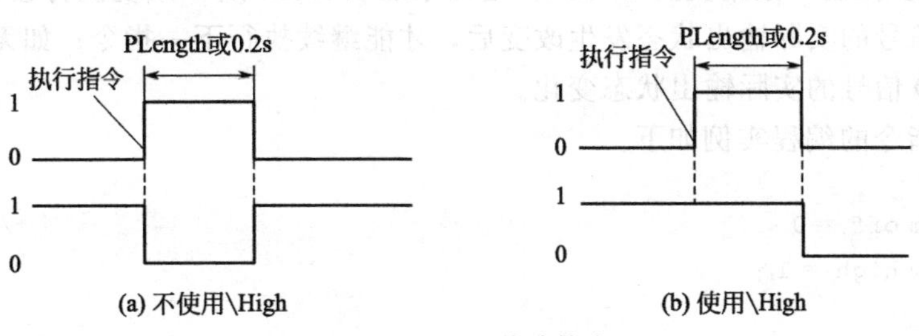

图 9.2.1 DO 脉冲输出

在未使用添加项\High 时，PulseDO 指令的输出如图 9.2.1(a) 所示，其输出脉冲的形状与指令执行前的 DO 信号状态有关。如指令执行前 DO 信号状态为“0”，则产生一个正脉冲，脉冲宽度可通过添加项\PLength 指定；未使用添加项\PLength 时，系统默认的脉冲宽度为 0.2s。如指令执行前 DO 信号状态为“1”，则产生一个负脉冲，脉冲宽度可通过添加项\PLength 指定；未使用添加项\PLength 时，系统默认的脉冲宽度为 0.2s。

使用添加项\High 后，将规定输出脉冲的状态只能为“1”，故实际输出有图 9.2.1(b) 所示的两种情况。如指令执行前 DO 信号状态为“0”，则产生一个正脉冲，脉冲宽度可通过添加项\PLength 指定，未使用添加项\PLength 时，系统默认的脉冲宽度为 0.2s。如指令执行前 DO 信号状态为“1”，则其“1”状态将保持\PLength 指定的时间，未使用添加项\PLcngth 时，系统默认为 0.2s。

脉冲输出指令 PulseDO 的编程实例如下。

```
PulseDO do15 ;                                    // do15 输出宽度 0.2s 的脉冲
PulseDO \PLength:=1.0,do2 ;                       // do2 输出宽度 1s 的脉冲
PulseDO \High,do3 ;                   // do3 输出 0.2s 脉冲,或保持 1 状态 0.2s
……
```

(4) 输出设置指令

输出设置指令不但可用来控制 DO、AO 的输出，且可通过添加项定义延时、同步等控制参数，指令还可用于 GO 信号的成组输出控制。

输出设置指令的编程格式及指令添加项、程序数据要求如下。

```
SetDO [\SDelay,] | [\Sync,] Signal,Value ;                    // DO 输出设置
SetAO Signal,Value ;                                          // AO 输出设置
SetGO [\SDelay,]  Signal,Value | Dvalue ;                     // GO 输出组设置
```

Signal：输出信号名称，SetDO 指令的数据类型 signaldo；SetAO 指令的数据类型 signalao；SetGO 指令的数据类型 signalgo。

Value 或 Dvalue：输出值，SetDO 指令的数据类型为 dionum（0 或 1）；SetAO 指令的数据类型 num；SetGO 指令的数据类型 num 或 dnum。

\SDelay：输出延时，数据类型 num，单位 s，允许输入范围 0.001～2000。系统在输出延时阶段，可继续执行后续的其他指令，延时到达后改变输出信号状态。如果在输出延时期间，再次出现了同一输出信号的设置指令，则前一指令被自动取消，系统直接执行最后一条输出设置指令。

\Sync：同步控制，数据类型 switch。增加添加项\Sync 后，系统执行输出设置指令时，需要确认 DO 信号的实际输出状态发生改变后，才能继续执行下一指令；如无添加项\Sync，系统不等待 DO 信号的实际输出状态变化。

输出设置指令的编程实例如下。

```
VAR dionum off:=0 ;                                           // 程序数据定义
VAR dionum high:=1 ;
……
SetDOdo1,1 ;                                                  // 输出 do1 设定为 1
SetDOdo2,off ;                                                // 输出 do2 设定为 0
SetDO \SDelay:=0.5,do3,high ;                                 // 延时 0.5s 后,将 do3 设定为 1
SetDO \Sync ,do4,0 ;                                          // 输出 do4 设定为 0,并确认实际状态
……
SetAO ao1,5.5 ;                                               // ao1 模拟量输出值设定 5.5
……
SetGO go1,12 ;                                                // 输出组 go1 设定为 0…0 1100
SetGO\SDelay:=0.5,go2,10 ;                                    // 延时 0.5s 后,输出组 go2 设定为 0…0 1010
……
```

9.2.3 I/O 状态等待指令

(1) 指令与功能

在作业程序中，DI/DO、AI/AO 或 GI/GO 信号的状态可用来控制程序的执行过程，使得程序只有在指定的条件满足后，才能继续执行下一指令；否则，将进入程序暂停的等待状态。

I/O 读写等待指令的名称及编程格式如表 9.2.3 所示，编程要求和实例如下。

表 9.2.3 读写等待指令名称及编程格式

名称	编程格式与示例		
DI 读入等待	WaitDI	程序数据	Signal，Value
		指令添加项	—

续表

名称	编程格式与示例		
DI 读入等待	WaitDI	数据添加项	\MaxTime,\TimeFlag
	编程示例	WaitDI di4,1； WaitDI di4,1\MaxTime:=2； WaitDI di4,1\MaxTime:=2\TimeFlag:=flag1；	
DO 输出等待	WaitDO	程序数据	Signal,Value
		指令添加项	—
		数据添加项	\MaxTime,\TimeFlag
	编程示例	WaitDI do4,1； WaitDI do4,1\MaxTime:=2； WaitDI do4,1\MaxTime:=2\TimeFlag:=flag1；	
AI 读入等待	WaitAI	程序数据	Signal,Value
		指令添加项	—
		数据添加项	\LT|\GT,\MaxTime,\ValueAtTimeout
	编程示例	WaitAI ai1 ,5； WaitAI ai1,\GT,5； WaitAI ai1,\LT,5 \MaxTime:=4； WaitAI ai1,\LT,5 \MaxTime:=4 \ValueAtTimeout:=reg1；	
AO 输出等待	WaitAO	程序数据	Signal,Value
		指令添加项	—
		数据添加项	\LT|\GT,\MaxTime,\ValueAtTimeout
	编程示例	WaitAO ao1,5； WaitAO ao1,\GT,5； WaitAO ao1,\LT,5 \MaxTime:=4； WaitAO ao1,\LT,5 \MaxTime:=4 \ValueAtTimeout:=reg1；	
GI 读入等待	WaitGI	程序数据	Signal,Value|Dvalue
		指令添加项	—
		数据添加项	\NOTEQ|\LT|\GT,\MaxTime,\TimeFlag
	编程示例	WaitGI gi1,5； WaitGI gi1,\NOTEQ,0； WaitGI gi1,5\MaxTime:=2； WaitGI gi1,\NOTEQ,0\MaxTime:=2；	
GO 输出等待	WaitGO	程序数据	Signal,Value|Dvalue
		指令添加项	—
		数据添加项	\NOTEQ|\LT\GT,\MaxTime,\ValueAtTimeout|\DvalueAtTimeout
	编程示例	WaitGO go1,5； WaitGO go1,\NOTEQ,0； WaitGO go1,5\MaxTime:=2； WaitGO go1,\NOTEQ,0\MaxTime:=2\ValueAtTimeout:=reg1；	

（2）DI/DO 状态等待指令

DI/DO 读写等待指令可通过系统对指定 DI/DO 点的状态检查，来决定程序是否继续执行；如需要，指令还可通过添加项，来规定最长等待时间、生成超时标记等。

DI/DO读写等待指令的编程格式及指令添加项、程序数据要求如下。

```
WaitDI Signal,Value [\MaxTime] [\TimeFlag] ;                    // DI 读入等待
WaitDO Signal,Value [\MaxTime] [\TimeFlag] ;                    // DO 输出等待
```

Signal：DI/DO信号名称，WaitDI指令的数据类型signaldi、WaitDO指令的数据类型signaldo。

Value：DI/DO信号状态，数据类型dionum（0或1）。

\MaxTime：最长等待时间，数据类型num，单位s。不使用本添加项时，系统必须等待DI/DO条件满足，才能继续执行后续指令；使用本添加项时，如DI/DO在\MaxTime规定的时间内未满足条件，则进行如下处理：

① 未定义添加项\TimeFlag时，系统将发出等待超时报警（ERR_WAIT_MAXTIME），并停止。

② 定义添加项\TimeFlag时，则将\TimeFlag指定的等待超时标志置为“TURE”状态，系统可继续执行后续指令。

\TimeFlag：等待超时标志，数据类型bool。增加本添加项时，如指定的条件在\MaxTime规定的时间内仍未满足，则该程序数据将为“TURE”状态，系统可继续执行后续指令。

DI/DO读写等待指令的编程实例如下。

```
  VAR bool flag1 ;                                              // 程序数据定义
  VAR bool flag2 ;
  ……
  WaitDI di4,1 ;                                                // 等待 di4=1
  WaitDI di4,1\MaxTime:=2 ;                         // 等待 di4=1,2s 后报警停止
  WaitDI di4,1\MaxTime:=2\TimeFlag:=flag1 ;
                                  //等待 di4=1,2s 后 flag1 为 TURE、并执行下一指令
IFflag1 THEN
  ……
  WaitDO do4,1;                                         // 用于 DO 等待,含义同上
  WaitDO do4,1\MaxTime:=2 ;
  WaitDO do4,1\MaxTime:=2\TimeFlag:=flag2 ;
IFflag2 THEN
  ……
```

（3）AI/AO状态等待指令

AI/AO读写等待指令可通过系统对AI/AO的数值检查来决定程序是否继续执行，如需要，指令还可通过添加项来增加判断条件、规定最长等待时间、保存超时瞬间当前值等。

AI/AO读写等待指令的编程格式及指令添加项、程序数据要求如下。

```
  WaitAI Signal [\LT] | [\GT] ,Value [\MaxTime] [\ValueAtTimeout] ;
                                                            // 等待 AI 条件满足
  WaitAO Signal [\LT] | [\GT] ,Value [\MaxTime] [\ValueAtTimeout]; // 等待 AO 条件满足
```

Signal：AI/AO 信号名称，WaitAI 指令的数据类型 signalai、WaitAO 指令的数据类型 signalao。

Value：AI/AO 判别值，数据类型 num。

\LT 或\GT:，判断条件，“小于”或“大于”判别值，数据类型 switch。指令不使用添加项\LT 或\GT 时，直接以判别值（等于）作为判断条件。

\MaxTime：最长等待时间，数据类型 num，单位 s；含义同 WaitDI/WaitDO 指令。

\ValueAtTimeout：当前值存储数据，数据类型 num。当 AI/AO 在\MaxTime 规定时间内未满足条件时，超时瞬间的 AI/AO 当前值保存在该程序数据中。

AI/AO 读写等待指令的编程实例如下。

```
VAR numreg1:=0 ;                                           // 程序数据定义
VAR numreg2:=0 ;
……
WaitAI ai1,5 ;                                             // 等待 ai1=5
WaitAI ai1,\GT,5 ;                                         // 等待 ai1>5
WaitAI ai1,\LT,5\MaxTime:=4 ;                              // 等待 ai1<5,4s 后报警停止
WaitAI ai1,\LT,5\MaxTime:=4\ValueAtTimeout:=reg1 ;
                                  //等待 ai1<5,4s 后报警停止、当前值保存至 reg1
……
WaitAO ao1,5 ;                                             // 用于 AO 等待,含义同上
WaitAO ao1,\GT,5 ;
WaitAO ao1,\LT,5\MaxTime:=4 ;
WaitAO ao1,\LT,5\MaxTime:=4\ValueAtTimeout:=reg2 ;
……
```

(4) GI/GO 状态等待指令

GI/GO 读写等待指令可通过系统对 DI/DO GI/GO 信号组的状态检查，来决定程序是否继续执行；如需要，指令还可通过程序数据添加项来规定判断条件、规定最长等待时间、保存超时瞬间当前值等。

GI/GO 读写等待指令的编程格式及指令添加项、程序数据要求如下。

```
WaitGI Signal,[\NOTEQ] | [\LT] | [\GT] ,Value | Dvalue [\MaxTime] [\ValueAtTimeout] |
        [\DvalueAtTimeout] ;
WaitGO Signal,[\NOTEQ] | [\LT]|[\GT] ,Value | Dvalue [\MaxTime] [\ValueAtTimeout] |
        [\DvalueAtTimeout] ;
```

Signal：GI/GO 信号组名称，WaitGI 指令的数据类型 signalgi、WaitGO 指令的数据类型 signalgo。

Value 或 Dvalue：GI/GO 判别值，数据类型 num 或 dnum。

\NOTEQ 或\LT 或\GT:，判断条件，“不等于”或“小于”或“大于”判别值，数据类型 switch。指令不使用添加项\NOTEQ 或\LT 或\GT 时，以等于判别值作为判断条件。

\MaxTime：最长等待时间，数据类型 num，单位 s；含义同 WaitDI/WaitDO 指令。

\ValueAtTimeout 或\DvalueAtTimeout：当前值存储数据，数据类型 num 或 dnum。当 GI/GO 信号在\MaxTime 规定时间内未满足条件时，超时瞬间的 GI/GO 信号当前状态

将保存在该程序数据中。

GI/GO读写等待指令的编程实例如下。

```
VAR numreg1:=0;                                         //程序数据定义
VAR numreg2:=0;
……
WaitGI gi1,5;                                           //等待gi1=0…0 0101
WaitGI gi1,\NOTEQ,0;                                    //等待gi1不为0
WaitGI gi1,5\MaxTime:=2;                                //等待gi1=0…0 0101,2s后报警停止
WaitGI gi1,\GT,0\MaxTime:=2;                            //等待gi1大于0,2s后报警停止
WaitGO gi1,\GT,0\MaxTime:=2\ValueAtTimeout:=reg1;
                                   //等待gi1大于0,2s后报警停止、当前值保存至reg1
WaitGO go1,5;                                           //用于GO等待,含义同上
WaitGO go1,\NOTEQ,0;
WaitGO go1,5\MaxTime:=2;
WaitGI go1,\GT,0\MaxTime:=2;
WaitGO go1,\GT,0\MaxTime:=2\ValueAtTimeout:=reg2;
……
```

9.3 控制点输出指令编程

9.3.1 终点输出指令

(1) 基本说明

在作业程序中，控制系统I/O信号的状态读入与输出，既可用单独的程序行编程与控制，也可在机器人关节、直线、圆弧插补的移动过程中执行，以实现机器人和辅助部件的同步动作。这一功能可用于点焊机器人的焊钳开合、电极加压、焊接启动、多点连续焊接，以及弧焊机器人的引弧、熄弧等诸多控制场合。

机器人关节、直线、圆弧插补轨迹上需要控制I/O的位置，称为I/O控制点或触发点(trigger point)，简称控制点。在作业程序中，控制点可以是关节、直线、圆弧插补轨迹的终点（目标位置），也可以是插补轨迹上的任意位置，两者的功能、编程区别如下。

① 终点控制　以关节、直线、圆弧插补轨迹的终点为I/O控制点；在控制点上，可进行DO、GO、AO信号的输出控制，故称为终点输出指令。

在作业程序中，终点输出指令直接以插补指令后缀输出信号的形式表示，无需在程序中定义I/O控制点。例如，MoveJDO、MoveJAO、MoveJGO分别为关节插补的终点DO、AO、GO输出指令，MoveLDO为直线插补的终点DO输出指令，MoveCAO为圆弧插补的终点AO输出指令等。

② 任意位置控制　以机器人关节、直线、圆弧插补轨迹上的任意位置为控制点，在控制点上，不但可输出DO、AO、GO信号，而且还可进行DI/DO、AI/AO、GI/GO信号的状态检查、机器人移动速度模拟量输出、线性变化模拟量输出、程序中断等控制。

任意位置控制需要使用I/O控制插补指令编程，且必须用控制点设定指令，在程序中事先

定义 I/O 控制点。机器人关节、直线、圆弧 I/O 控制插补的指令分别为 TriggJ、TriggL、TriggC；I/O 控制点可通过指令 TriggIO（固定控制点）、TriggEquip（浮动控制点）设定。

机器人关节、直线插补的 DO、AO、GO 输出，也可使用 TriggJIOs、TriggLIOs 指令编程；TriggJIOs、TriggLIOs 指令的 I/O 控制点，需要通过程序数据 triggios 或 triggstrgo、triggiosdnum 的定义设定。TriggJIOs、TriggLIOs 指令的格式、编程要求与 TriggJ、TriggL、TriggC 不同，并且，它不能用于圆弧插补的 I/O 控制。

RAPID 终点输出指令的功能及编程要求如下，任意位置 I/O 控制插补指令及 I/O 控制点定义指令的功能及编程要求详见后述。

(2) 指令与功能

RAPID 终点输出指令可用于关节、直线、圆弧插补终点的 DO、AO、GO 信号输出，指令直接以插补指令后缀输出信号的形式表示，无需在程序中定义 I/O 控制点。

终点输出指令的名称及编程格式与示例如表 9.3.1 所示。

表 9.3.1　终点输出指令名称及编程格式与示例

名称	编程格式与示例		
关节插补	MoveJDO MoveJAO	基本程序数据	ToPoint, Speed, Zone, Tool
		附加程序数据	Signal, Value
		基本指令添加项	—
		基本数据添加项	\ID, \T, \WObj, \TLoad
		附加数据添加项	—
	MoveJGO	基本程序数据	ToPoint, Speed, Zone, Tool
		附加程序数据	Signal
		基本指令添加项	—
		基本数据添加项	\ID, \T, \WObj, \TLoad
		附加数据添加项	\Value | \DValue
	编程示例	MoveJDO p1, v1000, z30, tool2, do1, 1; MoveJAO p1, v1000, z30, tool2, ao1, 5.2; MoveJGO p1, v1000, z30, tool2, go1 \Value:=5;	
直线插补	MoveLDO MoveLAO	基本程序数据	ToPoint, Speed, Zone, Tool
		附加程序数据	Signal, Value
		基本指令添加项	—
		基本数据添加项	\ID, \T, \WObj, \TLoad
		附加数据添加项	—
	MoveLGO	基本程序数据	ToPoint, Speed, Zone, Tool
		附加程序数据	Signal
		基本指令添加项	—
		基本数据添加项	\ID, \T, \WObj, \TLoad
		附加数据添加项	\Value | \DValue
	编程示例	MoveLDO p1, v500, z30, tool2, do1, 1; MoveLAO p1, v500, z30, tool2, ao1, 5.2; MoveLGO p1, v500, z30, tool2, go1 \Value:=5;	

续表

名称		编程格式与示例	
圆弧插补	MoveCDO MoveCAO	基本程序数据	CirPoint,ToPoint,Speed,Zone,Tool
		附加程序数据	Signal,Value
		基本指令添加项	—
		基本数据添加项	\ID,\T,\WObj,\TLoad
		附加数据添加项	—
	MoveCGO	基本程序数据	ToPoint,Speed,Zone,Tool
		附加程序数据	Signal
		基本指令添加项	—
		基本数据添加项	\ID,\T,\WObj,\TLoad
		附加数据添加项	\Value|\DValue
	编程示例	MoveCDO p1,p2,v500,z30,tool2,do1,1; MoveCAO p1,p2,v500,z30,tool2,ao1,5.2; MoveCGO p1,p2,v500,z30,tool2,go1 \Value:=5;	

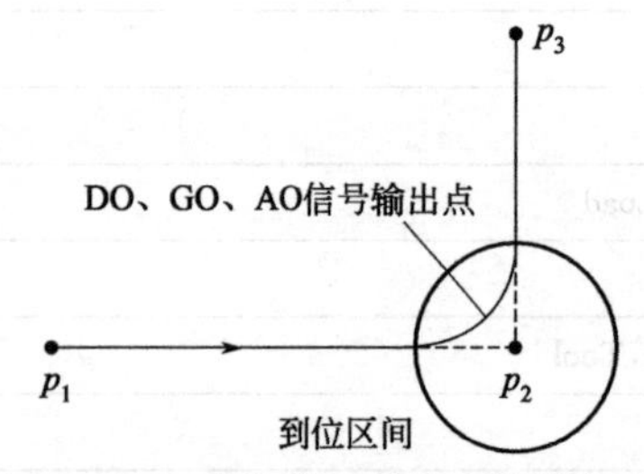

图 9.3.1 连续移动时的信号输出点

执行终点输出指令时，控制系统实际输出 DO、AO、GO 信号的位置与作业程序有关。对于非连续运动的指令，控制系统将在插补指令执行完成、机器人到达目标位置到位区间时，输出指定的 DO、AO、GO 信号。如果机器人的运动轨迹为图 9.3.1 所示的 $p_1 \rightarrow p_2 \rightarrow p_3$ 连续移动，当 $p_1 \rightarrow p_2$ 的移动采用终点输出控制指令编程时，控制系统 DO、AO、GO 信号将在拐角抛物线的中间点上输出。

(3) 编程格式

关节、直线、圆弧插补终点输出指令的编程格式和要求如下。

关节插补终点输出指令：

```
MoveJDO ToPoint [\ID],Speed [\T],Zone,Tool [\WObj],Signal,Value[\TLoad] ;
MoveJAO ToPoint [\ID],Speed [\T],Zone,Tool [\WObj],Signal,Value[\TLoad] ;
MoveJGO ToPoint [\ID], Speed [\T], Zone, Tool [\WObj], Signal [\Value] | [\DValue]
[\TLoad] ;
```

直线插补终点输出指令：

```
MoveLDO ToPoint [\ID],Speed [\T],Zone,Tool [\WObj],Signal,Value[\TLoad] ;
MoveLAO ToPoint [\ID],Speed [\T],Zone,Tool [\WObj],Signal,Value[\TLoad] ;
MoveLGO ToPoint [\ID], Speed [\T], Zone, Tool [\WObj], Signal [\Value] | [\DValue]
[\TLoad] ;
```

圆弧插补终点输出指令：

```
MoveCDO CirPoint,ToPoint [\ID],Speed [\T],Zone,Tool [\WObj],Signal,Value [\TLoad] ;
MoveCAO CirPoint,ToPoint [\ID],Speed [\T],Zone,Tool [\WObj],Signal,Value [\TLoad] ;
```

```
MoveCGO CirPoint,ToPoint [\ID],Speed [\T],Zone,Tool [\WObj],Signal [\Value] |
[\DValue] [\TLoad] ;
```

终点输出指令的机器人运动、程序数据及添加项 ToPoint[\ID]、Speed[\T]、Zone、Tool[\WObj]、CirPoint 等的含义，均与对应的插补指令相同，有关内容可参见第 8 章。指令附加的程序数据 Signal、Value 及添加项\Value 或\Dvalue，可用来指定输出信号的名称、输出值，其编程要求如下。

Signal：DO、AO 或 GO 信号组名称，DO 输出指令的数据类型 signalgo，AO 输出指令的数据类型 signalao，GO 输出指令的数据类型 signalgo。

Value：DO、AO 信号输出值，DO 信号的数据类型 dionum，AO 信号的数据类型 num。

\Value 或\Dvalue：GO 信号组的输出值，数据类型 num 或 dnum。

终点输出指令的编程实例如下。

```
MoveJDO p1,v1000,fine,tool2,do1,1 ;                  // 在终点 p1 输出 do1=1
Reset do0 ;                                          // 非移动指令
MoveLAO p2,v1000,z30,tool2,ao1,5.2 ;                 // 在 p2 拐角中间点输出 ao1=5.2
MoveC p3,p4,v500,fine,tool2 ao1,6;                   // 在 p4 拐角中间点输出 ao1=6
MoveLAO p5,v1000,z30,tool2 ;                         // 连续移动指令
MoveJGO p6,v1000,z30,tool2,go1 \Value:=6 ;           // 输出组 go1=0…0 0110
……
```

9.3.2 控制点设定指令

(1) 控制点及设定

在作业程序中，如需要在关节、直线、圆弧插补轨迹的任意位置，对 I/O 信号进行控制，就必须使用 I/O 控制插补指令，同时，还必须通过控制点设定指令，事先定义 I/O 控制点。

根据 I/O 控制要求的不同，机器人的 I/O 控制插补可使用如下两种编程指令：

TriggJ/TriggL/TriggC：用于关节/直线/圆弧插补轨迹任意位置的 I/O 控制；I/O 控制点需要利用指令 TriggIO（固定控制点）、TriggEquip（浮动控制点）进行设定。

TriggJIOs/TriggLIOs：用于关节/直线插补轨迹任意位置的 DO、AO、GO 输出控制；I/O 控制点可以通过程序数据定义指令设定（triggios 数据或 triggstrgo、triggiosdnum 数据）；但是，不能用于圆弧插补的 DO、AO、GO 输出控制。

利用 I/O 控制点设定指令所创建的控制点位置数据，通称控制点数据（triggdata）。由于 I/O 控制要求的不同，TriggJ/TriggL/TriggC 指令所使用的 triggdata 数据没有统一的格式，一般也不能通过修改程序数据的方法，来改变控制点和控制功能。但是，当程序使用指令 TriggJIOs、TriggLIOs 编程时，指令所使用的 triggdata 数据格式统一，因此控制点可直接通过程序数据定义指令设定、修改。

triggdata 数据可通过程序指令清除、复制，也可通过 RAPID 函数命令检查、确认。与 I/O 控制点设定相关的 RAPID 指令、函数命令及程序数据的名称、功能如表 9.3.2 所示；指令及函数命令的编程格式与要求，以及程序数据的定义方法，将在后述内容中具体介绍。

表 9.3.2 I/O控制点设定指令、函数命令及程序数据表

类别	名称		可使用的指令
指令	TriggIO	输出控制点（固定）设定	TriggJ、TriggL、TriggC
	TriggEquip	输出控制点（浮动）设定	TriggJ、TriggL、TriggC
	TriggSpeed	速度模拟量输出设定	TriggJ、TriggL、TriggC
	TriggRampAO	线性变化模拟量输出设定	TriggJ、TriggL、TriggC
	TriggInt	I/O中断设定	TriggJ、TriggL、TriggC
	TriggCheckIO	I/O条件中断设定	TriggJ、TriggL、TriggC
	TriggDataReset	控制点数据清除	全部
	TriggDataCopy	控制点数据复制	全部
函数	TriggDataValid	控制点数据检测	全部
程序数据	triggios、triggiosdnum	DO/AO/GO输出	TriggJIOs、TriggLIOs
	triggstrgo	GO组输出	TriggJIOs、TriggLIOs

（2）控制点清除、复制与检查

利用控制点设定指令TriggIO、TriggEquip创建的triggdata数据没有统一的格式，因此，一般不能用程序数据定义指令来设定、修改triggdata数据。但是，如果需要，可通过控制点数据清除、复制指令，清除、复制triggdata数据；或者，利用RAPID函数命令检测triggdata数据。triggdata数据清除、复制指令及检查函数命令，对所有形式的triggdata数据均有效，指令及函数的名称、编程格式与示例如表9.3.3所示。

表 9.3.3 控制点清除、复制指令及函数命令编程格式与示例

名称	编程格式与示例		
I/O控制点清除	TriggDataReset	程序数据	TriggData
		数据添加项	—
	编程示例	TriggDataResetgunon;	
I/O控制点复制	TriggDataCopy	程序数据	Source,Destination
		数据添加项	—
	编程示例	TriggDataCopygunon1,gunon2;	
I/O控制点检查	TriggDataValid	命令参数	TriggData
		编程示例	IF TriggDataValid(T1) THEN

① 控制点清除、复制　指令TriggDataReset、TriggDataCopy可用来清除、复制triggdata数据，指令的编程格式及程序数据含义如下。

```
TriggDataReset TriggData ;
TriggDataCopy Source,Destination ;
```

TriggData：需要清除的triggdata数据名称。

Source：需要复制的triggdata数据名称。

Destination：需要粘贴的triggdata数据名称。

控制点数据清除、复制指令TriggDataReset、TriggDataCopy的编程实例如下。

```
VAR triggdata gunon ;                                    // 定义控制点
VAR triggdata glueflow ;
……
TriggDataCopygunon,glueflow ;            // 控制点 gunon 复制到 glueflow
TriggDataResetgunon ;                              // 清除控制点 gunon
……
```

② 控制点检查　函数命令 TriggDataValid 可用来检测 triggdata 数据的正确性，命令的执行结果为逻辑状态数据 bool；如控制点数据设定正确，结果为“TRUE”；如控制点数据未设定或设定不正确，结果为“FALSE”。

函数命令 TriggDataValid 的编程格式及参数要求如下。

```
TriggDataValid(TriggData)
```

TriggData：需要检查的 triggdata 数据名称。

控制点检查函数命令的执行结果一般作为 IF 指令的判断条件，命令的编程实例如下。

```
VAR triggdata gunon ;                                    // 定义控制点
TriggIO gunon,1.5\Time\DOp:=do1,1 ;              // 设定控制点 gunon
……
IF TriggDataValid(gunon) THEN                    // 检查控制点 gunon
……
```

9.3.3 输出控制点设定

(1) 控制点设定指令

TriggJ/TriggL/TriggC 指令的输出控制点没有统一的格式，它们需要通过程序中的控制点设定指令 TriggIO、TriggEquip 设定，指令所创建的 triggdata 数据可利用前述的 trigg-data 数据清除、复制指令及函数命令清除、复制、检测。

TriggJ/TriggL/TriggC 控制点设定指令的名称、编程格式与示例如表 9.3.4 所示。

表 9.3.4　输出控制点设定指令编程说明表

名称	编程格式与示例		
固定输出控制点设定	TriggIO	程序数据	TriggData, Distance, SetValue | SetDvalue
		数据添加项	\Start | \Time, \DOp | \GOp | \AOp | \ProcID, \DODelay
	编程示例	TriggIO gunon, 0.2\Time\DOp:=gun, 1;	
浮动输出控制点设定	TriggEquip	程序数据	TriggData, Distance, EquipLag, SetValue | SetDvalue
		数据添加项	\Start, \DOp | \GOp | \AOp | \ProcID, \Inhib
	编程示例	TriggEquip gunon, 10, 0.1 \DOp:=gun, 1;	

TriggIO、TriggEquip 指令的功能区别如图 9.3.2 所示。

TriggIO 指令是以图 9.3.2(a) 所示的 I/O 控制插补指令 TriggJ/TriggL/TriggC 的终点或起点（\Start）为基准，通过程序数据 Distance 设定的距离或移动时间（\Time），来定义输出控制点的位置。由于插补指令的起点或终点具有固定的值，因此，TriggIO 指令可用于

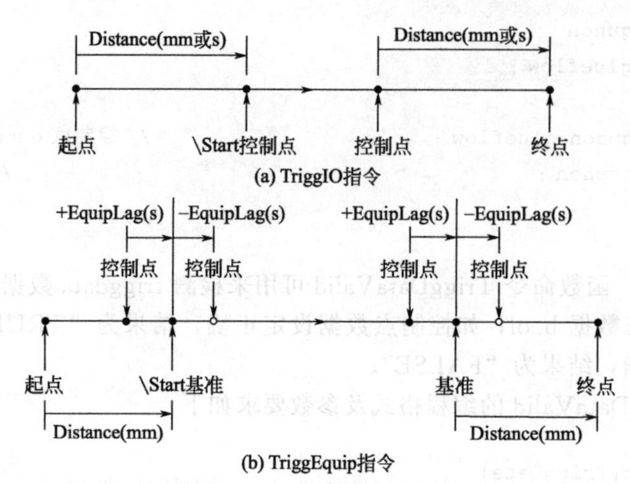

(a) TriggIO指令

(b) TriggEquip指令

图 9.3.2 输出控制点定义

输出控制点的准确定义。

TriggEquip 指令以图 9.3.2(b) 所示的 TriggJ、TriggL、TriggC 移动轨迹上离终点或起点（\Start）指定距离（Distance）的位置为基准，然后，再通过补偿外设动作的机器人移动时间（EquipLag）设定，来定义控制点的位置。TriggEquip 指令设定的控制点受多种因素的影响，所定义的输出控制点只是 DO、AO、GO 信号输出的大致位置。

指令 TriggIO、TriggEquip 的编程格式及添加项、程序数据含义如下。

```
TriggIO TriggData,Distance [\Start] | [\Time] [\DOp] | [\GOp] | [\AOp] | [\ProcID],
        SetValue | SetDvalue [\DODelay] ;
TriggEquip TriggData,Distance [\Start],EquipLag [\DOp] | [\GOp] | [\AOp] | [\ProcID],
         SetValue | SetDvalue [\Inhib] ;
```

TriggData：控制点名称，数据类型 triggdata。控制点可用于后述 TriggJ、TriggL、TriggC 指令的 DO、AO 或 GO 信号组输出控制。

Distance：控制点位置（TriggIO 指令）或基准位置（TriggEquip 指令），数据类型 num。TriggIO 指令可使用添加项\Time 或\Start 之一；不使用添加项时，Distance 为控制点离终点的绝对距离（mm）；使用添加项\Start 时，Distance 的计算基准为起点；使用添加项\Time 时，Distance 为从控制点到基准位置的机器人移动时间（s）。TriggEquip 指令只能使用添加项\Start，Distance 为基准位置离起点或终点的绝对距离（mm）。

SetValue 或 SetDvalue：DO、AO、GO 信号输出值，数据类型 num。

EquipLag：补偿外设动作的机器人实际移动时间（仅 TriggEquip 指令），数据类型 num，单位 s。EquipLag 为正时，控制点将超前于 Distance 基准位置；为负时，控制点将滞后 Distance 基准位置。

\Start 或\Time：基准位置或移动时间，数据类型 switch。不使用添加项\Start 时，Distance 以移动指令的终点为基准；使用添加项\Start 时，Distance 以移动指令的起点为基准。使用添加项\Time 时（TriggIO 指令），Distance 为机器人实际移动时间（单位 s）。

\DOp 或\GOp 或\AOp：需要输出的 DO 或 GO、AO 信号名称，数据类型 signaldo 或 ignalgo。或 signalao，增加添加项后，可以在控制点上输出对应的 DO 或 GO 组或 AO 信号。

\DODelay：DO、AO、GO 信号的输出延时，数据类型 num，单位 s。

\ProcID：调用的 IPM 程序号，数据类型 num。该添加项用户不能使用。

输出控制点设定指令 TriggIO、TriggEquip 的编程实例如下，程序所实现的输出功能如图 9.3.3 所示。

```
VAR triggdata gunon ;                                    // 定义控制点
VAR triggdata glueflow ;
……
TriggIO gunon,1\Time\DOp:=do1,1 ;                        // 设定固定控制点 gunon
TriggEquip glueflow,20\Start,0.5\AOp:=ao1,5.3 ;          // 设定浮动控制点 glueflow
……
TriggL p1,v500,gunon,fine,gun1 ;                         // gunon 控制点输出 do1=1
TriggL p2,v500,glueflow,z50,tool1 ;                      // glueflow 控制点输出 ao1=5.3
……
```

(2) 控制点数据定义

I/O 控制插补指令 TriggJIOs/TriggLIOs 的 DO、AO、GO 信号输出控制点数据具有统一的格式，它们可通过常规的程序数据定义指令设定与修改。

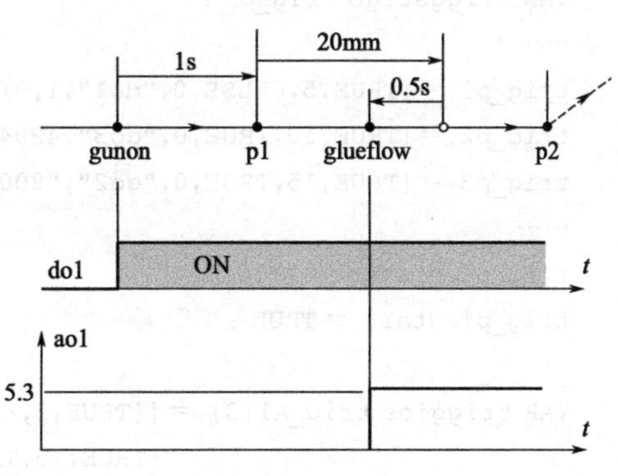

图 9.3.3　控制点输出功能

定义 TriggJIOs/TriggLIOs 指令输出控制点的程序数据有 triggios、triggiosdnum 及 triggstrgo 三种类型。利用 triggios 数据设定的控制点，可用于 DO、AO 输出控制，信号输出值可用 num 数据设定；利用 triggiosdnum 数据设定的控制点，同样用于 DO、AO 输出控制，但信号输出值可用 dnum 数据设定；利用程序数据 triggstrgo 设定的控制点，只能用于 GO 信号组的输出控制，信号输出值需要用纯数字字符串数据 stringdig 设定。

程序数据 triggios、triggiosdnum、triggstrgo 的基本格式如下，程序数据的名称可由用户自由定义。

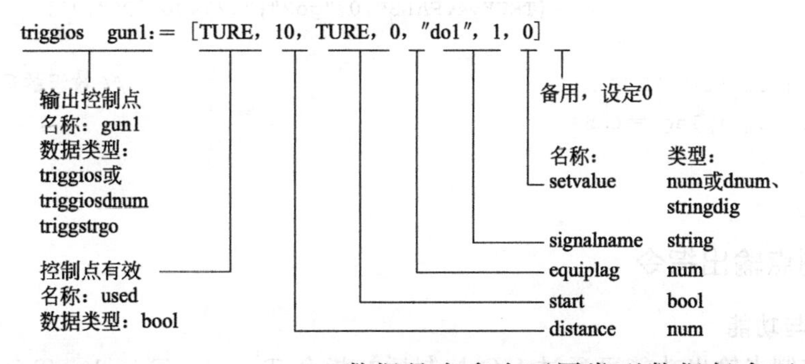

Triggios、triggiosdnum、triggstrgo 数据是由多个不同类型数据复合而成的复合型数据，数据项的含义如下。

used：控制点有效性，逻辑状态数据（bool），TURE 代表输出控制点有效，FALSE 代表控制点无效。

distance：控制点位置，数值数据（num），单位 mm。设定值为输出控制点离基准位置的距离。

start：Distance 基准位置，逻辑状态数据（bool），设定 TURE 代表基准位置为移动指令起点；设定 FALSE 代表基准位置为移动指令终点。

equiplag：补偿外设动作的机器人实际移动时间，数值数据（num），单位 s。设定值为正时，输出控制点将超前于 Distance 位置；为负时，输出控制点将滞后 Distance 位置。

signalname：输出信号名称，字符串数据（string），用来指定输出信号。

setvalue：信号输出值，triggios 为 num 数据，triggiosdnum 为 dnum 数据，triggstrgo 为 stringdig 数据。

在作业程序中，输出控制点既可完整定义，也可对其中的每一项进行单独修改，或者以数组形式一次性定义多个控制点。输出控制点数据定义的编程示例如下。

```
VAR triggios trig_p1 ;                                                  // 定义控制点
VAR triggiosdnum trig_p2 ;
VAR triggstrgo trig_p3 ;
……
trig_p1:=[TRUE,5,FALSE,0,"do1",1,0] ;                                   // 完整定义
trig_p2:=[TRUE,10,TRUE,0,"go3",4294967295,0] ;
trig_p3:=[TRUE,15,TRUE,0,"go2","800000",0] ;
……
trig_p1.distance:=10 ;                                                  // 逐项定义或修改
trig_p1.start:=TRUE ;
……
VAR triggios trig_A1{3}:=[[TRUE,3,FALSE,0,"do1",1,0],                   // 数组定义
                          [TRUE,15,TRUE,0,"ao1",10,0],
                          [TRUE,3,TRUE,0,"go1",55,0]];
VAR triggiosdnum trig_A2{3}:=[[TRUE,10,TRUE,0,"do2",1,0],
                              [TRUE,10,TRUE,0,"ao2",5,0],
                              [TRUE,10,TRUE,0,"go3",4294967295,0]];
VAR triggstrgo trig_A3{3}:=[[TRUE,3,TRUE,0,"go2","1",0],
                            [TRUE,15,TRUE,0,"go2","800000",0],
                            [TRUE,4,FALSE,0,"go2","4294967295",0]];
……
trig_A1{1}.start:=TRUE ;                                                // 数组的逐项定义或修改
trig_A1{1}.equiplag:=0.5
……
```

9.3.4 控制点输出指令

(1) 指令与功能

RAPID 控制点输出功能可通过 I/O 控制插补指令 TriggJ、TriggL、TriggC，或 TriggJIOs、TriggLIOs 实现，两类指令的输出控制点的定义方式、使用要求有所不同。

使用指令 TriggJ/TriggL/TriggC 编程时，控制系统可在机器人关节、直线、圆弧插补到达控制点时，输出 DO、AO、GO 信号。TriggJ/TriggL/TriggC 指令的控制点位置、输

出信号名称及输出值等，需要通过控制点设定指令 TriggIO、TriggEquip 在程序中事先定义；每一指令最大允许设定 8 个控制点，超过 8 个控制点的插补轨迹，需要进行分段编程。

使用指令 TriggJIOs/TriggLIOs 编程时，控制系统可在机器人关节、直线插补（不能用于圆弧插补）到达控制点时，输出 DO、AO、GO 信号。TriggJIOs/TriggLIOs 指令的控制点位置、输出信号名称及输出值等，需要通过程序数据 triggios 或 triggstrgo、triggiosdnum 的定义设定；每一指令最大可以有 50 个控制点。

控制点输出指令的名称、编程格式如表 9.3.5 所示，编程格式与示例如下。

表 9.3.5　控制点输出指令编程说明表

名称		编程格式与示例	
关节插补控制点输出	TriggJ	基本程序数据	ToPoint,Speed,Zone,Tool
		附加程序数据	Trigg_1 | TriggArray{ * }
		基本指令添加项	\Conc
		基本数据添加项	\ID,\T,\Inpos,\WObj,\TLoad
		附加数据添加项	\T2、\T3、\T4、\T5、\T6、\T7、\T8
	TriggJIOs	基本程序数据	ToPoint,Speed,Zone,Tool
		附加程序数据	
		基本指令添加项	—
		基本数据添加项	\ID,\T,\Inpos,\WObj,\Corr,\TLoad
		附加数据添加项	\TriggData1、\TriggData2、\TriggData3
	编程示例	TriggJ p2,v500,gunon,fine,gun1; TriggJIOs p3,v500,\TriggData1:=gunon,z50,gun1 ;	
直线插补控制点输出	TriggL	基本程序数据	ToPoint,Speed,Zone,Tool
		附加程序数据	Trigg_1 | TriggArray{ * }
		基本指令添加项	\Conc
		基本数据添加项	\ID,\T,\Inpos,\WObj,\Corr,\TLoad
		附加数据添加项	\T2、\T3、\T4、\T5、\T6、\T7、\T8
	TriggLIOs	基本程序数据	ToPoint,Speed,Zone,Tool
		附加程序数据	—
		基本指令添加项	—
		基本数据添加项	\ID,\T,\Inpos,\WObj,\Corr,\TLoad
		附加数据添加项	\TriggData1、\TriggData2、\TriggData3
	编程示例	TriggL p2,v500,gunon,fine,gun1; TriggLIOs p3,v500,\TriggData1:=gunon,z50,gun1;	
圆弧插补控制点输出	TriggC	基本程序数据	CirPoint,ToPoint,Speed,Zone,Tool
		附加程序数据	Trigg_1 | TriggArray{ * }
		基本指令添加项	\Conc
		基本数据添加项	\ID,\T,\Inpos,\WObj,\Corr,\TLoad
		附加数据添加项	\T2、\T3、\T4、\T5、\T6、\T7、\T8
	编程示例	TriggC p2,p3,v500,gunon,fine,gun1;	

(2) TriggJ/TriggL/TriggC 指令编程

I/O 控制插补指令 TriggJ/TriggL/TriggC，可分别在关节/直线/圆弧插补到达控制点时，输出指定的 DO、AO、GO 信号，指令的编程格式及程序数据要求如下。

```
TriggJ[\Conc]  ToPoint [\ID],Speed [\T],Trigg_1 | TriggArray{ * } [\T2] [\T3] [\T4]
    [\T5] [\T6] [\T7] [\T8],Zone [\Inpos],Tool [\WObj] [\TLoad] ;
TriggL[\Conc]  ToPoint [\ID],Speed [\T],Trigg_1 | TriggArray{ * } [\T2] [\T3] [\T4]
    [\T5] [\T6] [\T7] [\T8],Zone [\Inpos],Tool[\WObj] [\Corr] [\TLoad] ;
TriggC[\Conc]  CirPoint,ToPoint [\ID],Speed [\T],Trigg_1 |TriggArray{ * } [\T2]
    [\T3] [\T4] [\T5] [\T6] [\T7] [\T8],Zone[\Inpos],Tool [\WObj] [\Corr] [\TLoad] ;
```

指令 TriggJ/TriggL/TriggC 的机器人运动、程序数据及添加项 ToPoint[\ID]、Speed[\T]、Zone、Tool[\WObj]、CirPoint 等的含义，均与对应的插补指令相同，有关内容可参见第 8 章。指令中其他程序数据、添加项的含义及编程要求如下。

Trigg _ 1 或 TriggArray{ * }：控制点名称，数据类型 triggdata。选择程序数据 Trigg_1 时，可通过添加项\T2～\T8，指定 8 个控制点；选择数组 TriggArray{ * }时，允许以数组的形式指定 25 个控制点，但不能再使用添加项\T2～\T8。

\T2～\T8：输出控制点 2～8 名称，数据类型 triggdata。选择 TriggArray{ * }数组指定控制点时，不能使用添加项\T2～\T8。

指令 TriggJ/TriggL/TriggC 的编程实例如下，程序所实现的输出控制如图 9.3.4 所示。

```
VAR triggdata gunon ;                                          // 定义控制点
VAR triggdata gunoff ;
……
TriggIO gunon,5\Start\DOp:=do1,1 ;                             // 设定输出控制点
TriggIO gunoff,10\DOp:=do1,0 ;
……
MoveJ p1,v500,z50,gun1 ;
TriggL p2,v500,gunon,fine,gun1 ;                               // 控制点 gunon 输出 do1=1
TriggL p3,v500,gunoff,fine,gun1 ;                              // 控制点 gunoff 输出 do1=0
MoveJ p4,v500,z50,gun1 ;
TriggL p5,v500,gunon\T2:=gunoff,fine,gun1 ;                    // 控制点 gunon、gunoff 同时有效
……
```

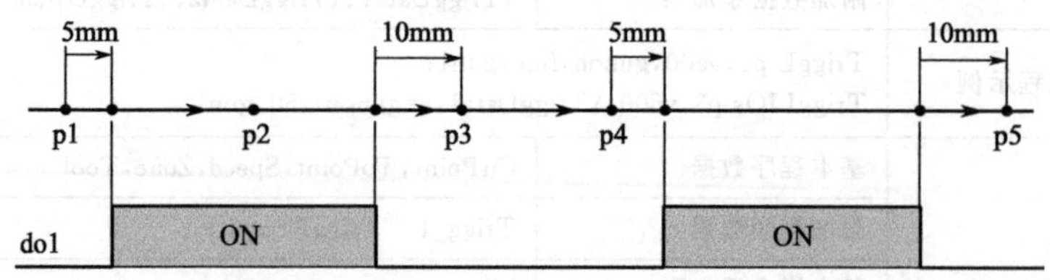

图 9.3.4 TriggJ/TriggL/TriggC 输出控制

(3) TriggJIOs/TriggLIOs 指令编程

指令 TriggJIOs/TriggLIOs 可在关节、直线插补到达程序数据 triggios 或 triggiosdnum、triggstrgo 定义的控制点时，输出程序数据所设定的 DO、AO、GO 信号。指令不能

用于圆弧插补的输出控制。

TriggJIOs/TriggLIOs 指令的编程格式及程序数据要求如下。

```
TriggJIOs ToPoint[\ID],Speed [\T],[\TriggData1] [\TriggData2] [\TriggData3],Zone
        [\Inpos],Tool [\WObj] [\Corr] [\TLoad] ;
TriggLIOs [\Conc] ToPoint [\ID],Speed [\T],[\TriggData1] [\TriggData2] [\TriggData3],
        Zone[\Inpos],Tool [\WObj] [\Corr] [\TLoad] ;
```

指令 TriggJIOs/TriggLIOs 的机器人运动、程序数据及添加项 ToPoint [\ID]、Speed [\T]、Zone、Tool [\WObj]、CirPoint 等的含义，均与对应的插补指令相同，有关内容可参见第 8 章。指令中的其他程序数据、添加项含义及编程要求如下。

\TriggData1、\TriggData2、\TriggData3：控制点数据 triggios 或 triggiosdnum、triggstrgo 名称，程序数据一般以数组形式定义。

指令 TriggJIOs/TriggLIOs 的编程实例如下，程序所实现的输出控制如图 9.3.5 所示。

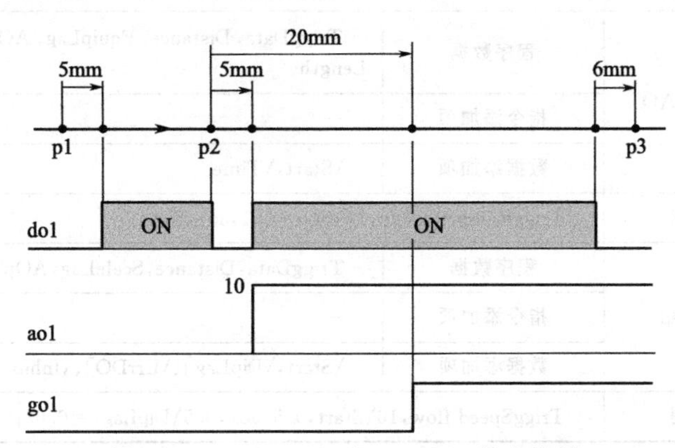

图 9.3.5　TriggJIOs/TriggLIOs 输出控制

```
VAR triggios gunon{1}:=[TRUE,5,TRUE,0,"do1",1,0];                    // 程序数据定义
VAR triggios trig_A1{3}:=[[TRUE,6,FALSE,0,"do1",0,0],
                        [TRUE,5,TRUE,0,"ao1",10,0],
                        [TRUE,20,TRUE,0,"go1",55,0]];
……
MoveJ p1,v500,z50,gun1 ;
TriggLIOs p2,v500,\TriggData1:=gunon,z50,gun1 ;
Reset do1 ;
TriggJIOs p3,v500,\TriggData1:=gunon \TriggData2:=trig_A1,z50,gun1;
……
```

9.4　特殊模拟量输出指令编程

RAPID 特殊模拟量输出指令有线性变化模拟量输出、机器人 TCP 速度模拟量输出两类。线性变化模拟量输出可在机器人关节、直线、圆弧插补轨迹的同时，在指定的移动区域上输出线性增加（或减少）的模拟量；TCP速度模拟量输出可在机器人关节、直线、圆弧插补轨迹的控制点上，输出与机器人TCP实际移动速度成正比的模拟量。

线性变化模拟量输出、TCP速度模拟量输出常用于弧焊机器人，以提高焊接质量。例如，对于薄板类零件的“渐变焊接”，可通过输出线性变化模拟量，使焊接过程中的焊接电流、焊接电压逐步减小，以防止由于零件本身温升，在焊接结束阶段可能出现的工件烧穿、断裂等现象。利用TCP速度模拟量输出功能，则可使焊接电流、焊接电压跟随焊枪移动速度变化，以保证焊缝均匀。

线性变化模拟量输出、机器人TCP速度模拟量输出的控制点，分别需要通过RAPID模拟量输出设定指令TriggRampAO、TriggSpeed设定。控制点数据同样以triggdata数据的形式保存，I/O控制插补指令仍使用TriggJ/TriggL/TriggC。

线性变化模拟量、机器人TCP速度模拟量输出指令及编程格式如表9.4.1所示。

表9.4.1 特殊模拟量输出指令及编程格式

名称	编程格式与示例		
线性变化模拟量输出	TriggRampAO	程序数据	TriggData, Distance, EquipLag, AOutput, SetValue, RampLength
		指令添加项	—
		数据添加项	\Start, \Time
	编程示例	TriggRampAOaoup,10\Start,0.1,ao1,8,12;	
移动速度模拟量输出	TriggSpeed	程序数据	TriggData, Distance, ScaleLag, AOp, ScaleValue
		指令添加项	—
		数据添加项	\Start, \DipLag]、\ErrDO]、\Inhib
	编程示例	TriggSpeed flow,10\Start,0.5,ao1,0.5\DipLag:=0.03;	

9.4.1 线性变化模拟量输出指令

线性变化模拟量输出的功能、输出点及变化区，需要通过指令TriggRampAO定义。当I/O控制插补指令TriggJ/TriggL/TriggC引用TriggRampAO定义的控制点时，控制系统便可在机器人关节、直线、圆弧插补轨迹的指定区域输出线性增/减的模拟量。

线性变化模拟量输出设定指令TriggRampAO的编程格式如下。

```
TriggRampAO TriggData,Distance[\Start],EquipLag,AOutput,SetValue,RampLength
        [\Time] ;
```

指令中的程序数据及添加项TriggData、Distance[\Start]、EquipLag，用来设定线性变化AO输出控制点的位置，其含义与控制点设定指令TriggIO、TriggEquip相同。指令中其他程序数据、添加项的含义如图9.4.1所示，指令的编程要求如下。

AOutput：AO信号名称，数据类型signalao。

SetValue：AO信号线性增/减的目标值，数据类型num。

RampLength：AO线性变化区域，数据类型num。未使用添加项\Time时，设定值为变化区的插补轨迹长度，单位mm；使用添加项\Time时，设定值为变化区域的机器人移动时间，单位s。

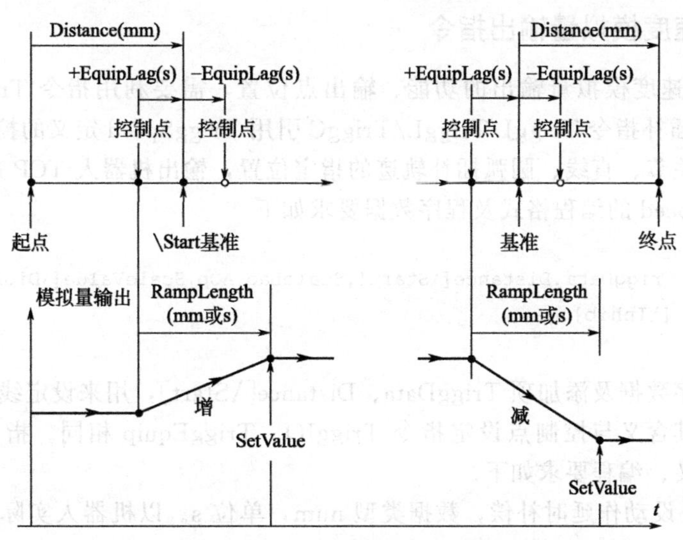

图 9.4.1 TriggRampAO 指令的程序数据与添加项

\Time：变化区的机器人移动时间有效，数据类型 switch。使用添加项时，RampLength 设定值为机器人移动时间。

线性变化 AO 输出的控制，同样可通过 I/O 控制插补指令 TriggJ/TriggL/TriggC 实现，但其控制点必须为 TriggRampAO 指令设定的控制点。

线性变化 AO 输出的编程实例如下，程序对应的 ao1 输出如图 9.4.2 所示。

```
VAR triggdata upao ;                                    // 控制点定义
VAR triggdata dnao ;
……
TriggRampAO upao,10\Start,0.1,ao1,8,12 ;               // 线性变化模拟量输出设定
TriggRampAO dnao,8,0.1,ao1,2,10 ;
……
MoveL p1,v200,z10,gun1 ;                                // 线性变化模拟量输出指令
TriggL p2,v200,upao,z10,gun1 ;
TriggL p3,v200,dnao,z10,gun1 ;
……
```

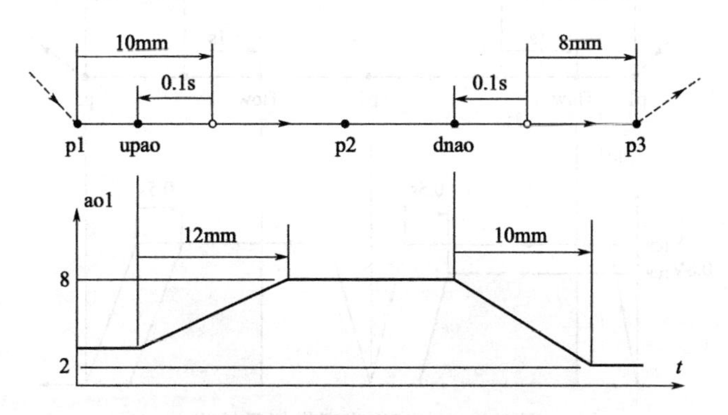

图 9.4.2 线性变化模拟量输出

9.4.2 TCP速度模拟量输出指令

机器人TCP速度模拟量输出的功能、输出点位置，需要利用指令TriggSpeed进行定义。当I/O控制插补指令TriggJ/TriggL/TriggC引用TriggSpeed定义的控制点时，控制系统便可在机器人关节、直线、圆弧插补轨迹的指定位置，输出机器人TCP速度模拟量。

指令TriggSpeed的编程格式及程序数据要求如下。

```
TriggSpeed  TriggData,Distance[\Start],ScaleLag,AOp,ScaleValue[\DipLag][\ErrDO]
            [\Inhib]
```

指令中的程序数据及添加项TriggData、Distance[\Start]，用来设定线性变化AO输出控制点的位置，其含义与控制点设定指令TriggIO、TriggEquip相同。指令中其他程序数据、添加项的含义、编程要求如下。

ScaleLag：外设动作延时补偿，数据类型num，单位s。以机器人实际移动时间的形式补偿外设动作延时，设定值为正时，AO输出控制点将超前于Distance位置；为负时，控制点将滞后Distance位置。

AOp：AO信号名称，数据类型signalao。指定的AO信号用于TCP速度模拟量输出。

ScaleValue：模拟量输出倍率，数据类型num。该设定值以倍率的形式调整实际模拟量输出值。

\DipLag：机器人减速补偿，数据类型num，设定值为正，单位s。增加本添加项后，可超前\DipLag时间，输出机器人终点减速的TCP速度模拟量，以补偿系统滞后。\DipLag一经设定，对后续的所有TriggSpeed指令均有效。

\ErrDO：模拟量出错时的DO信号输出，数据类型signaldo。如机器人移动期间，AOp输出值溢出，DO信号将输出“1”。\ErrDO一经设定，对后续的所有TriggSpeed指令均有效。

\Inhib：模拟量输出禁止，数据类型bool。添加项定义为TRUE时，禁止AOp输出（输出0）。\Inhib一经设定，对后续的所有TriggSpeed指令均有效。

TCP速度模拟量输出的控制，同样可通过I/O控制插补指令TriggJ/TriggL/TriggC实现，但其控制点必须为TriggSpeed指令设定的控制点。

TCP速度模拟量输出的编程实例如下，程序所对应的ao1模拟量输出如图9.4.3所示。

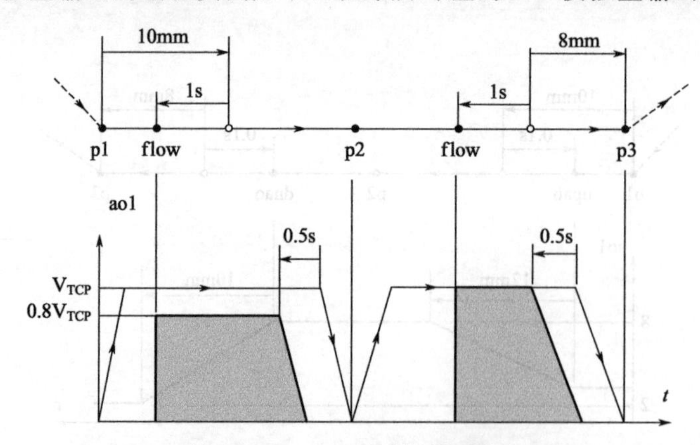

图9.4.3 TCP速度模拟量输出

```
VAR triggdata flow ;                                    // 控制点定义
TriggSpeed flow,10\Start,1,ao1,0.8\DipLag:=0.5 ;        // 速度模拟量输出定义
TriggL p1,v500,flow,z10,tool1 ;                         // 速度模拟量输出
……
TriggSpeed flow,8,1,ao1,1 ;                             // 改变速度模拟量输出
TriggL p2,v500,flow,z10,tool1 ;                         // 速度模拟量输出
……
```

9.5 其他I/O指令编程

9.5.1 I/O配置指令

(1) 指令与功能

I/O配置指令通常用于工业机器人的安装与调试。RAPID I/O配置指令包括I/O单元使能/撤销、I/O连接定义/撤销、I/O总线使能等。

一般而言，控制系统的I/O单元（或模块）大多由机器人生产厂家，通过系统参数的设定进行配置，I/O单元（或模块）可在系统启动时自动启动。ABB机器人的RAPID程序功能较强，如需要，机器人使用厂家也可在应用程序中，利用I/O单元撤销指令IODisable，停用指定的I/O单元；或者，利用I/O单元使能指令IOEnable，重新启用I/O单元。

为了增加程序的通用性，作业程序中所使用的I/O信号可自由命名，当程序用于特定机器人时，可通过I/O连接定义指令AliasIO，建立程序I/O和系统实际配置I/O间的连接。指令AliasIO所建立的I/O连接，还可通过I/O连接撤销指令AliasIOReset撤销，以便重新建立程序I/O与其他实际配置I/O的连接。

由于IRC5系统的标准I/O单元利用Device Net总线连接，因此，当使用Interbus-S、Profibus-DP等网络从站时，需要在作业程序中，利用总线使能指令，生效相应的总线和网络从站。

RAPID I/O配置指令名称、编程格式与示例如表9.5.1所示，指令编程要求和示例如下。

表9.5.1 I/O配置指令编程说明表

名称	编程格式与示例		
I/O单元使能	IOEnable	程序数据	UnitName,MaxTime
	编程示例	IOEnable board1,5;	
I/O单元撤销	IODisable	程序数据	UnitName,MaxTime
	编程示例	IODisable board1,5;	
I/O连接定义	AliasIO	程序数据	FromSignal,ToSignal
	编程示例	AliasIO config_do,alias_do;	
I/O连接撤销	AliasIOReset	程序数据	Signal
	编程示例	AliasIOReset alias_do;	
I/O总线使能	IOBusStart	程序数据	BusName
	编程示例	IOBusStart "IBS";	

(2) I/O 单元使能/撤销指令

I/O 单元使能/撤销指令 IOEnable/ IODisable，可用来启用/禁止系统中已实际安装、配置的 I/O 单元。

I/O 单元一旦被禁止，利用该单元连接的所有输出信号的状态将成为 0（OFF 或 FALSE）；单元重新启用时，可将输出信号的状态，恢复到 I/O 单元撤销指令 IODisable 执行前的状态。但是，用来连接系统、机器人基本控制信号的 I/O 单元，即属性 Unit Trustlevel 定义为“Required（必需）”的 I/O 单元，不能通过 I/O 单元撤销指令 IODisable。

I/O 单元使能/撤销指令 IOEnable/ IODisable 的编程格式及程序数据含义如下。

```
IODisable UnitName MaxTime ;
IOEnable UnitName MaxTime ;
```

UnitName：I/O 单元名称，数据类型 string。I/O 单元名称必须与系统参数中所设定的名称统一，否则，系统将发生“名称不存在”报警（ERR _ NAME _ INVALID)。

MaxTime：指令执行最大等待时间，数据类型 num，单位 s。I/O 单元使能/撤销需要进行总线通信、状态保存等操作，其执行时间约为 2～5s。

I/O 单元使能/撤销指令 IOEnable/ IODisable 的编程实例如下。

```
CONST string board1：="board1" ;                  // 定义 I/O 单元名称
IODisable board1,5 ;                              // 撤销 I/O 单元
……
IOEnable board1,5 ;                               // 重新启用 I/O 单元
……
```

(3) I/O 连接定义/撤销指令

I/O 连接定义指令 AliasIO 可用来建立作业程序中的 I/O 信号和系统实际配置的 I/O 信号间的连接，使程序中的信号成为系统实际配置的 I/O 信号。I/O 连接撤销指令 AliasIOReset 用来撤销指令 AliasIO 所建立的 I/O 连接。

通过使用 I/O 连接定义指令，可在 RAPID 编程时自由定义 I/O 信号名称，然后，通过连接指令使之与系统实际配置的 I/O 信号对应。

I/O 连接定义/撤销指令的编程格式及程序数据含义如下。

```
AliasIO FromSignal,ToSignal;                      // I/O 连接定义
AliasIOReset Signal;                              // I/O 连接撤销
```

FromSignal：系统实际配置的 I/O 信号名称，数据类型 signaldi（开关量输入 DI)、signaldo（开关量输入 DO)、signalai（模拟量输入 AI)、signalao（模拟量输出 AO)、signalgi（开关量输入组 GI)、signalgo（开关量输出组 GO）或 string。FromSignal 所指定的信号必须是系统实际存在的信号；如用 string 数据指定信号名称时，需要通过数据定义指令，将其定义为系统实际存在的信号。

ToSignal：作业程序中所使用的 I/O 信号名称，数据类型 signaldi（开关量输入 DI)、signaldo（开关量输入 DO)、signalai（模拟量输入 AI)、signalao（模拟量输出 AO)、signalgi（开关量输入组 GI)、signalgo（开关量输出组 GO)。ToSignal 所指定的信号必须是程

序中已定义的程序数据。

I/O 连接指令一经执行，控制系统便可用实际配置的信号 FromSignal，来替代作业程序中的 I/O 信号 ToSignal。

Signal：作业程序中的 I/O 信号名称，数据类型 signaldi（开关量输入 DI）、signaldo（开关量输入 DO）、signalai（模拟量输入 AI）、signalao（模拟量输出 AO）、signalgi（开关量输入组 GI）、signalgo（开关量输出组 GO）。Signal 所指定的信号必须是程序中已定义的程序数据。

I/O 连接定义/撤销指令的编程实例如下。

```
MODULE mainmodu (SYSMODULE)                                    // 主模块
  ! ***********************************************************
    VAR signaldi alias_di ;                            // alias_di 信号定义
    VAR signaldo alias_do ;                            // alias_do 信号定义
    ……
  ! ***********************************************************
    PROC prog_start()                                   // I/O 连接定义程序
    CONST string config_string:="config_di";           // DI 信号名称定义
    ……
    AliasIO config_string,alias_di ;     // 连接 config_string、alias_di 信号
    AliasIO config_do,alias_do ;             // 连接 config_do、alias_do 信号
    IFalias_di =1 THEN
    SetDO alias_do,1 ;
    ……
    AliasIOResetalias_di ;                            // 撤销 alias_di 信号连接
    AliasIOReset alias_do ;                           // 撤销 alias_do 信号连接
    ……
```

(4) I/O 总线使能指令

I/O 总线使能指令 IOBusStart 可用来使能 Interbus-S、Profibus-DP 等网络总线，以及利用总线连接的网络从站，并对总线进行命名。

I/O 总线使能指令 IOBusStart 的编程格式及程序数据含义如下。

```
IOBusStart BusName;
```

BusName：I/O 总线名称，数据类型 string。

I/O 总线使能指令的编程实例如下。

```
……
IOBusStart "IBS" ;                                // 使能 I/O 总线,并命名为 IBS
……
```

9.5.2 I/O 检测函数与指令

(1) 函数命令与程序指令

为了检查 I/O 信号的状态，在作业程序中，可以利用 I/O 单元检测、I/O 信号运行及

连接检测函数命令 IOUnitState、ValidIO 及 GetSignalOrigin，来检测 I/O 单元及 I/O 信号的实际运行、连接状态。在此基础上，还可通过 I/O 总线检测指令 IOBusState，获得 I/O 总线的运行状态、物理状态或逻辑状态。

I/O 检测函数、指令的名称、编程格式与示例如表 9.5.2 所示，函数、指令的编程要求和实例如下。

表 9.5.2　I/O 检测函数、指令编程说明表

<table>
<tr><th colspan="3">名称</th><th colspan="2">编程格式与示例</th></tr>
<tr><td rowspan="7">函数命令</td><td rowspan="3">I/O 单元检测</td><td rowspan="2">IOUnitState</td><td>命令参数</td><td>UnitName</td></tr>
<tr><td>可选参数</td><td>\Phys|\Logic</td></tr>
<tr><td>编程示例</td><td colspan="2">IF(IOUnitState("UNIT1"\Phys)=IOUNIT_RUNNING)THEN</td></tr>
<tr><td rowspan="2">I/O 运行检测</td><td>ValidIO</td><td>命令参数</td><td>Signal</td></tr>
<tr><td>编程示例</td><td colspan="2">IF ValidIO(ai1) SetDO do1,1;
IFNOT ValidIO(di17) SetDO do1,1;
IF ValidIO(gi1) AND ValidIO(go1)SetDO do3,1;</td></tr>
<tr><td rowspan="2">I/O 连接检测</td><td>GetSignalOrigin</td><td>命令参数</td><td>Signal,SignalName</td></tr>
<tr><td>编程示例</td><td colspan="2">reg1:=GetSignalOrigin(di1,di1_name);</td></tr>
<tr><td rowspan="3">程序指令</td><td rowspan="3">I/O 总线检测</td><td rowspan="2">IOBusState</td><td>程序数据</td><td>BusName,State</td></tr>
<tr><td>数据添加项</td><td>\Phys|\Logic</td></tr>
<tr><td>编程示例</td><td colspan="2">IOBusState "IBS",bstate \Phys;
TEST bstate
CASE IOBUS_PHYS_STATE_RUNNING:</td></tr>
</table>

（2）IOUnitState 命令编程

I/O 单元检测函数命令 IOUnitState 可用来检测指定 I/O 单元当前的运行状态，其执行结果为具有特殊数值的 I/O 单元状态（iounit _ state）数据。iounit _ state 数据通常以字符串文本表示，数值与字符串文本的对应关系及含义如表 9.5.3 所示。

表 9.5.3　iounit _ state 数据含义表

I/O 单元状态值		含义
数值	字符串文本	
1	IOUNIT_RUNNING	运行状态:I/O 单元运行正常
2	IOUNIT_RUNERROR	运行状态:I/O 单元运行出错
3	IOUNIT_DISABLE	运行状态:I/O 单元已撤销
4	IOUNIT_OTHERERR	运行状态:I/O 单元配置或初始化出错
10	IOUNIT_LOG_STATE_DISABLED	逻辑状态:I/O 单元已撤销
11	IOUNIT_LOG_STATE_ENABLED	逻辑状态:I/O 单元已使能
20	IOUNIT_PHYS_STATE_DEACTIVATED	物理状态:I/O 单元被程序撤销,未运行
21	IOUNIT_PHYS_STATE_RUNNING	物理状态:I/O 单元已使能,正常运行中
22	IOUNIT_PHYS_STATE_ERROR	物理状态:系统报警,I/O 单元停止运行
23	IOUNIT_PHYS_STATE_UNCONNECTED	物理状态:I/O 单元已配置,总线通信出错
24	IOUNIT_PHYS_STATE_UNCONFIGURED	物理状态:I/O 单元未配置,总线通信出错

续表

I/O 单元状态值		含义
数值	字符串文本	
25	IOUNIT_PHYS_STATE_STARTUP	物理状态：I/O 单元正在启动中
26	IOUNIT_PHYS_STATE_INIT	物理状态：I/O 单元正在初始化

I/O 单元检测函数命令 IOUnitState 的编程格式及参数的要求如下。

```
IOUnitState (UnitName [\Phys] | [\Logic])
```

UnitName：需要检测的 I/O 单元名称，数据类型 string。I/O 单元名称必须与系统参数定义一致。如未指定可选参数\Phys 或\Logic，执行结果（iounit _ state 数据）为表 9.5.3 中的单元运行状态值 1～4。

\Phys 或\Logic：物理状态或逻辑状态检测，数据类型 switch。增加选择参数\Phys 后，执行结果（iounit _ state 数据）为表 9.5.3 中的 I/O 单元的物理状态值 20～26；增加选择参数\Logic 后，执行结果（iounit _ state 数据）为表 9.5.3 中的 I/O 单元的逻辑状态值 10、11。

I/O 单元检测函数命令的检测结果一般作为 IF、TEST 等指令的判断条件、测试数据，指令的编程实例如下。

```
IF (IOUnitState("UNIT1")＝IOUNIT_RUNNING) THEN
……                                                    // 检测 I/O 单元运行状态
IF (IOUnitState("UNIT1" \Phys)＝IOUNIT_PHYS_STATE_RUNNING) THEN
……                                                    // 检测 I/O 单元物理状态
IF (IOUnitState("UNIT1" \Logic)＝IOUNIT_LOG_STATE_DISABLED) THEN
……                                                    // 检测 I/O 单元逻辑状态
```

（3）ValidIO 命令编程

I/O 运行检测函数命令 ValidIO 可用来检测指定 I/O 信号及对应 I/O 单元的实际运行状态，其执行结果为逻辑状态型数据（bool）。执行命令后，如命令参数所指定的 I/O 信号及所在 I/O 单元运行正常、且 I/O 连接已通过指令 AliasIO 定义，命令执行结果为“TRUE”；如该 I/O 单元运行不正常，或指定的 I/O 信号未定义连接，则命令执行结果为“FALSE”。

I/O 信号运行检测函数命令 ValidIO 的编程格式及参数要求如下。

```
ValidIO (Signal)
```

Signal：需要检测的 I/O 信号名称，数据类型 signaldi（开关量输入 DI）、signaldo（开关量输入 DO）、signalai（模拟量输入 AI）、signalao（模拟量输出 AO）、signalgi（开关量输入组 GI）、signalgo（开关量输出组 GO）。

I/O 状态检测函数命令一般作为 IF、TEST 等指令的判断条件、测试数据，并可使用 NOT、AND、OR 等逻辑运算表达式，命令的编程实例如下。

```
IF ValidIO(di17) SetDO do1,1 ;                          // di17 正常,do1＝1
IFNOT ValidIO(do9) SetDO do2,1 ;                        // do9 不正常,do2＝1
IF ValidIO(ai1) AND ValidIO(ao1) SetDO do3,1 ;          // ai1、ao1 均正常,do3＝1
```

```
IF ValidIO(gi1) AND ValidIO(go1) SetDO do4,1 ;          // gi1、go1均正常,do4=1
……
```

（4）GetSignalOrigin 命令编程

I/O 连接检测函数命令 GetSignalOrigin 可用来检测程序中 I/O 信号的连接定义情况，其执行结果为具有特殊数值的信号来源型数据 SignalOrigin。SignalOrigin 数据通常以字符串文本表示，数值与字符串文本的对应关系及含义如表 9.5.4 所示。

表 9.5.4 SignalOrigin 数据含义表

连接状态		含义
数值	字符串文本	
0	SIGORIG_NONE	I/O 信号已通过数据声明指令定义，但未进行 I/O 连接定义
1	SIGORIG_CFG	I/O 信号在系统的实际配置中存在
2	SIGORIG_ALIAS	I/O 信号已通过数据声明指令定义，I/O 连接定义已完成

I/O 连接检测函数命令 GetSignalOrigin 的编程格式及参数要求如下。

```
GetSignalOrigin(Signal,SignalName)
```

Signal：需要检测的 I/O 信号名称，数据类型 signaldi（开关量输入 DI）、signaldo（开关量输入 DO）、signalai（模拟量输入 AI）、signalao（模拟量输出 AO）、signalgi（开关量输入组 GI）、signalgo（开关量输出组 GO）。

SignalName：程序中定义的 I/O 信号名称，数据类型 string。

I/O 连接检测函数命令的检测结果同样可作为 IF、TEST 等指令的判断条件、测试数据，指令的编程实例如下。

```
  VAR signaloriginreg1 ;                    // 保存指令执行结果的程序变量 reg1 定义
  VAR stringdi1_name ;                              // 检测信号名称 di1_name 定义
  ……
  reg1:=GetSignalOrigin( di1,di1_name ) ;
IF reg1:=SIGORIG_NONE THEN
  ……
  ELSEIFreg1:=SIGORIG_CFG THEN
  ……
  ELSEIF reg1: =SIGORIG_ALIAS THEN
  ……
ENDIF
  ……
```

（5）IOBusState 指令编程

I/O 总线检测指令 IOBusState 可用来检测指定 I/O 总线的运行状态，其执行结果为具有特殊数值的总线状态 busstate 数据。busstate 数据通常以字符串文本表示，数值与字符串文本的对应关系及含义如表 9.5.5 所示。

表 9.5.5　busstate 数据含义表

总线运行状态		含义
数值	字符串文本	
0	BUSSTATE_HALTED	运行状态：I/O 总线停止
1	BUSSTATE_RUN	运行状态：I/O 总线运行正常
2	BUSSTATE_ERROR	运行状态：系统报警，I/O 总线停止
3	BUSSTATE_STARTUP	运行状态：I/O 总线正在启动中
4	BUSSTATE_INIT	运行状态：I/O 总线正在初始化
10	IOBUS_LOG_STATE_STOPPED	逻辑状态：系统报警，I/O 总线停止运行
11	IOBUS_LOG_STATE_STARTED	逻辑状态：I/O 总线正常运行
20	IOBUS_PHYS_STATE_HALTED	物理状态：I/O 总线被撤销，未运行
21	IOBUS_PHYS_STATE_RUNNING	物理状态：I/O 总线使能，正常运行中
22	IOBUS_PHYS_STATE_ERROR	物理状态：系统报警，I/O 总线停止运行
23	IOBUS_PHYS_STATE_STARTUP	物理状态：I/O 总线正在启动中
24	IOBUS_PHYS_STATE_INIT	物理状态：I/O 总线正在初始化

I/O 总线检测指令 IOBusState 的编程格式及程序数据、数据添加项的要求如下。

```
IOBusState BusName,State [\Phys] | [\Logic]
```

BusName：需要检测的 I/O 总线名称，数据类型 string。

State：存储总线状态的程序数据名称，数据类型 busstate。该程序数据用来存储 I/O 总线检测结果，如未指定添加项\Phys 或\Logic，检测结果为表 9.5.5 中的 I/O 总线运行状态值 0～4。

\Phys 或\Logic：物理状态或逻辑状态检测，数据类型 switch。增加添加项\Phys 后，检测结果为表 9.5.5 中的 I/O 总线物理状态值 20～24；增加添加项\Logic 后，检测结果为表 9.5.5 中的 I/O 总线逻辑状态值 10、11。

I/O 总线检测指令的检测结果一般作为 IF、TEST 等指令的判断条件、测试数据，指令的编程实例如下。

```
  VAR busstate bstate ;                        // 总线状态存储变量 bstate 定义
  ……
  IOBusState "IBS",bstate ;                    // 总线运行状态测试
TEST bstate
  CASEBUSSTATE_RUN:
  ……
  IOBusState "IBS",bstate \Phys ;              // 总线物理状态测试
TEST bstate
  CASE IOBUS_PHYS_STATE_RUNNING:
  ……
  IOBusState "IBS",bstate \Logic ;             // 总线逻辑状态测试
TEST bstate
  CASE IOBUS_LOG_STATE_STARTED:
  ……
```

9.5.3 输出状态保存指令

(1) 指令与功能

RAPID 输出保存指令 TriggStopProc 可用来保存程序停止（STOP）或系统急停（QSTOP）时的 DO、GO 信号的状态。信号状态以重启型数据（restartdata）的形式，保存在系统的永久数据（PERS）上，以便在系统重新启动时检查、恢复。TriggStopProc 指令的执行状态可在指定的 DO 信号上输出。

输出保存指令 TriggStopProc 的编程格式及程序数据、添加项的含义如下。

```
TriggStopProc RestartRef [\DO] [\GO1] [\GO2] [\GO3] [\GO4] ,ShadowDO ;
```

RestartRef：系统重启数据名称，数据类型 restartdata。restartdata 数据为多元复合数据，它需要用永久数据（PERS）存储。

ShadowDO：输出指令执行状态的 DO 信号名称，数据类型 signaldo。

\DO：程序停止时需要保存的 DO 信号名称，数据类型 signaldo。

\GO1～\GO4：程序停止时需要保存的 1～4 组 GO 信号名称，数据类型 signalgo。

输出保存指令 TriggStopProc 在程序停止（STOP）或系统急停（QSTOP）时的基本执行过程如下。

① 机器人减速停止（程序停止 STOP），或紧急停止（系统急停 QSTOP）。

② 控制系统读取指定信号（DO 或\GO1～\GO4）的状态，并作为 restartdata 数据的初值（prevalue）保存到程序数据 RestartRef 中。

③ 延时 400～500ms 后，控制系统再次读取指定信号（DO 或\GO1～\GO4）的状态，并作为 restartdata 数据的终值（postvalue），保存到程序数据 RestartRef 中。

④ 将系统的全部 DO 输出状态设定为 0。

⑤ 根据 restartdata 数据的设定，输出程序执行标记 DO 信号 ShadowDO。

(2) 程序数据及设定

输出保存指令 TriggStopProc 所保存的重启数据为多元复合的 restartdata 数据。restartdata 数据的格式及构成项的含义如下。

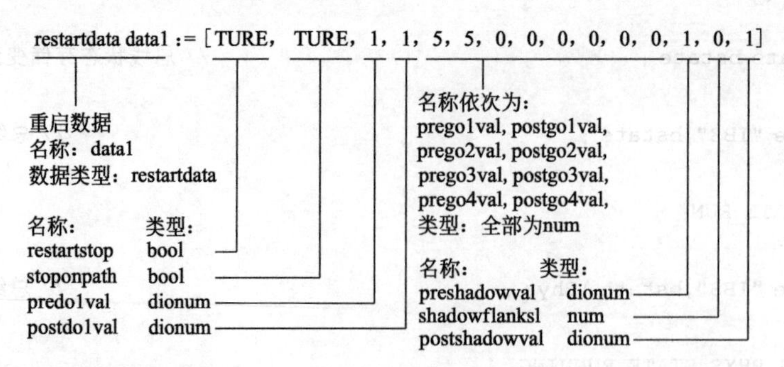

restartstop：数据有效性指示，bool 数据。状态“TURE”为有效数据；状态“FALSE”为无效数据。

stoponpath：机器人 TCP 停止位置指示，bool 数据，状态“TURE”代表 TCP 停止位置在插补轨迹上；状态“FALSE”代表 TCP 停止位置不在插补轨迹上。

predo1val：DO 初值，dionum 数据。

postdo1val：DO 终值，dionum 数据。

prego1val～prego4val：GO1～GO4 初值，num 数据。

postgo1val～prego4val：GO1～GO4 终值，num 数据。

preshadowval：ShadowDO 初始状态设定，dionum 数据。

shadowflanks：ShadowDO 信号状态变化次数设定，num 数据。

postshadowval：ShadowDO 最终状态设定，dionum 数据。

restartdata 数据需要以永久数据（PERS）的形式，在作业程序中事先定义；利用数据项 preshadowval、shadowflanks、postshadowval 的不同设定，可在执行状态输出信号 ShadowDO 上得到不同的输出状态。例如：

设定“preshadowval＝0、shadowflanks＝0、postshadowval＝0”时，输出信号 ShadowDO 将始终为“0”；

设定“preshadowval＝0、shadowflank＝0、postshadowval＝1”时，restartdata 数据保存后 ShadowDO 的输出状态将为“1”；

设定“preshadowval＝0、shadowflank＝1、postshadowval＝1”时，restartdata 数据保存时输出信号 ShadowDO 可产生一个上升沿；

设定“preshadowval＝0、postshadowval＝0、shadowflank＝2”时，数据保存时输出信号 ShadowDO 可获得一个宽度为 400～500ms 的脉冲等。

9.5.4 DI 监控点搜索指令

(1) 指令与功能

所谓 DI 监控点就是控制系统 DI 信号状态发生变化点。利用 DI 监控点搜索指令，控制系统可通过机器人 TCP 的直线插补、圆弧插补运动或外部轴运动，来搜索指定 DI 监控点，并将该点的位置保存到指定的程序数据中；如果需要，还可以使得机器人或外部轴在 DI 监控点上以不同的方式停止。利用 DI 监控点搜索指令所指定的程序运动轨迹，不能通过 StorePath 指令储存（参见 StorePath 指令说明）。

DI 监控点搜索 RAPID 指令的功能、编程格式与示例如表 9.5.6 所示。

表 9.5.6 DI 监控点搜索指令编程说明表

名称	编程格式与示例		
直线插补 DI 监控点搜索	SearchL	编程格式	SearchL [\Stop] | [\PStop] | [\SStop] | [\Sup], PersBool | Signal [\Flanks] | [\PosFlank] | [\NegFlank] | [\HighLevel] | [\LowLevel], SearchPoint, ToPoint [\ID], Speed [\V] | [\T], Tool [\WObj] [\Corr] [\TLoad];
		指令添加项	\Stop：监控点快速停止，数据类型 switch \PStop：监控点轨迹停止，数据类型 switch \SStop：监控点减速停止，数据类型 switch \Sup：多监控点允许，数据类型 switch。
		程序数据与添加项	PersBool：监控信号及初始状态，数据类型 bool Signal：监控信号名称，数据类型 signaldi \Flanks：上升/下降沿监控，数据类型 switch \PosFlank：上升沿监控，数据类型 switch \NegFlank：下降沿监控，数据类型 switch \HighLevel：高电平监控，数据类型 switch \LowLevel：低电平监控，数据类型 switch SearchPoint：监控点位置，数据类型 robtarget

续表

名称	编程格式与示例		
直线插补DI监控点搜索	SearchL	程序数据与添加项	ToPoint:插补目标位置,数据类型 robtarget \ID:同步运动,数据类型 switch Speed:移动速度,数据类型 speeddata \V:TCP 速度,数据类型 num \T:移动时间,数据类型 num Tool:工具数据,数据类型 tooldata \WObj:工件数据,数据类型 wobjdata \Corr:轨迹校准,数据类型 switch \TLoad:工具负载,数据类型 loaddata
	功能说明	以直线插补方式搜索监控点,并保存到程序数据 SearchPoint 中	
	编程示例	SearchL \Stop,di1,sp,p10,v100,tool1 ;	
圆弧插补DI监控点搜索	SearchC	编程格式	SearchC [\Stop] | [\PStop] | [\SStop] | [\Sup],PersBool | Signal [\Flanks] | [\PosFlank] | [\NegFlank] | [\HighLevel] [\LowLevel],SearchPoint,CirPoint,ToPoint [\ID],Speed [\V] | [\T],Tool [\WObj] [\Corr] [\TLoad];
		指令添加项	同指令 SearchL
		程序数据与添加项	CirPoint:圆弧插补中间点,数据类型 robtarget ToPoint:圆弧插补目标位置,数据类型 robtarget 其他:同指令 SearchL
	功能说明	以圆弧插补方式搜索监控点,并保存到程序数据 SearchPoint 中	
	编程示例	SearchC \Sup,di1\Flanks,sp,cirpoint,p10,v100,probe;	
外部轴DI监控点搜索	SearchExtJ	编程格式	SearchExtJ [\Stop] | [\PStop] | [\SStop] | [\Sup],PersBool | Signal [\Flanks] | [\PosFlank] | [\NegFlank] | [\HighLevel] | [\LowLevel],SearchJointPos,ToJointPos [\ID] [\UseEOffs],Speed [\T];
		指令添加项	同指令 SearchL
		程序数据与添加项	SearchJointPos:监控点位置,数据类型 jointtarget ToJointPos:外部轴目标点,数据类型 jointtarget 其他:同指令 SearchL
	功能说明	通过外部轴移动搜索监控点,并将其保存到程序数据 SearchPoint 中	
	编程示例	SearchC \Sup,di1\Flanks,sp,cirpoint,p10,v100,probe;	

(2) 后续运动控制

机器人或外部轴搜索到指定的 DI 监控点后，其后续运动可以通过指令添加项，选择以下几种方式之一。

不使用添加项：终点停止。仅保存 DI 监控点的位置值，机器人或外部轴继续以指定方式移动到目标位置停止；如轨迹中存在多个监控点，则系统发生“ERR _ WHLSEARCH”报警、并停止机器人或外部轴移动。

\Sup：多监控点允许。仅保存 DI 监控点的位置值，机器人或外部轴继续以指定方式移动到目标位置停止；当轨迹中存在多个监控点时，仅产生系统警示信息，机器人或外部轴将继续运动至目标位置。

\Stop：监控点快速停止。用于 TCP 速度低于 100mm/s 的监控点搜索，机器人或外部轴搜索到 DI 监控点后将立即停止。由于运动轴停止需要一定时间，因此，实际停止位置将偏离 DI 监控点，作为参考，对于速度为 50mm/s 的监控点搜索，其定位误差为 1～3mm。

\PStop：监控点轨迹停止。机器人或外部轴搜索到DI监控点后，将继续沿插补轨迹减速停止。轨迹停止需要较长的时间，对于速度为50mm/s的搜索，实际停止位置将偏离DI监控点15～25mm。

\SStop：监控点减速停止。机器人或外部轴搜索到DI监控点后，按正常的减速停止。对于速度为50mm/s的搜索，实际停止位置将偏离DI监控点4～8mm。

(3) 监控信号与监控状态设定

监控点的DI信号状态可通过程序数据PersBool或Signal指定。利用程序数据PersBool定义DI信号状态时，DI信号名称及初始状态（TURE或FALSE），需要在程序中预先定义；DI信号状态改变点即为DI监控点。利用程序数据Signal及添加项定义DI信号状态时，Signal为DI信号名称，监控状态可选以下添加项进行定义。

不使用添加项：状态“1”监控。DI信号状态为“1”的点，为DI监控点；如果指令执行前DI信号已经为“1”，则直接以指令的起点为DI监控点。

\Flanks：上升/下降沿监控。只要监控信号的状态发生变化，该点即为DI监控点。

\PosFlank：上升沿监控。监控信号由0变为1的点，为DI监控点。

\NegFlank：下降沿监控。监控信号由1变为0的点，为DI监控点。

\HighLevel：高电平监控。监控信号状态为“1”的点，为DI监控点；如果指令执行前信号为“1”状态，则直接以指令起点为DI监控点。

\LowLevel。低电平监控。监控信号状态为“0”的点，为DI监控点；如果指令执行前信号为“0”状态，则直接以指令起点为DI监控点。

(4) 编程示例

DI监控点搜索指令的编程示例如下。

```
PERS bool mypers:=FALSE;                              // 监控信号及初始状态定义
……
SearchExJ \Stop,di2,posx,jpos20,vlin50;        // 外部轴搜索、di2 高电平监控、快速停止
SearchL di1,sp,p10,v100,probe;                 // 直线插补搜索、di1 高电平监控、终点停止
SearchL \Sup,di1 \Flanks,sp,p10,v100,probe;
                                        //直线插补搜索、di1 上升/下降沿监控、终点停止
……
SearchC \Stop,mypers,sp,cirpoint,p10,v100,probe;
                                        //圆弧插补搜索、mypers 状态 TURE 监控、快速停止
……
SearchL \Stop,di1,sp,p10,v100,tool1;           // 直线插补搜索、di1 高电平监控、快速停止
MoveL sp,v100,fine,tool1;                              // DI 监控点准确定位
……
```

第10章

系统控制指令编程

10.1 程序控制指令编程

10.1.1 程序等待指令

(1) 指令与功能

在通常情况下，当工业机器人选择程序自动运行模式时，控制系统将自动、连续执行程序指令。但是，为了协调机器人系统各部分的动作，程序中某些指令可能需要一定的执行条件，这时就需要通过程序等待指令暂停程序的执行过程，等待条件满足后，继续执行后续指令。

作业程序等待的方式较多。例如，可通过第 9 章的 I/O 状态等待指令，利用 DI/DO、AI/AO、GI/GO 信号控制程序运行，使其进入等待状态；或者通过延时、到位检测、永久数据状态检查等方式，来暂停程序的执行过程。在多任务、协同作业等复杂系统上，还可使用程序同步等待 WaitSyncTask、程序加载等待 WaitLoad、同步监控等待 WaitSensor、工件等待 WaitWObj 等指令，来暂停程序、协调系统动作，这些指令多用于复杂机器人系统，有关内容将在后续的章节中介绍。

利用延时、到位检测、永久数据状态检查等方式控制程序运行的相关指令名称、编程格式与示例如表 10.1.1 所示，指令的编程要求和实例如下。

表 10.1.1 程序等待指令编程说明表

名称	编程格式与示例		
定时等待	WaitTime	程序数据	Time
		指令添加项	\InPos
		数据添加项	—
	编程示例	WaitTime \InPos,0;	
移动到位等待	WaitRob	程序数据	—
		指令添加项	\InPos | \ZeroSpeed
		数据添加项	—

续表

名称	编程格式与示例		
移动到位等待	编程示例	WaitRob \ZeroSpeed;	
逻辑状态等待	WaitUntil	程序数据	Cond
		指令添加项	\InPos
		数据添加项	\MaxTime,\TimeFlag,\PollRate
	编程示例	WaitUntil di4 =1 \MaxTime:=5.5;	
永久数据等待	WaitTestAndSet	程序数据	Object
		指令添加项	—
		数据添加项	—
	编程示例	WaitTestAndSet semPers;	
程序同步等待	WaitSyncTask	程序数据	SyncID,TaskList
		指令添加项	\InPos
		数据添加项	\TimeOut
	编程示例	WaitSyncTask \InPos,sync1,task_list \TimeOut:=60;	
程序加载等待	WaitLoad	程序数据	LoadNo
		指令添加项	\UnloadPath,\UnloadFile
		数据添加项	\CheckRef
	编程示例	WaitLoad load1;	
同步监控等待	WaitSensor	程序数据	MechUnit
		指令添加项	—
		数据添加项	\RelDist,\PredTime,\MaxTime,\TimeFlag
	编程示例	WaitSensor Ssync1\RelDist:=500.0;	
工件等待	WaitWObj	程序数据	WObj
		指令添加项	—
		数据添加项	\RelDist,\PredTime,\MaxTime,\TimeFlag
	编程示例	WaitWObj wobj_on_cnv1\RelDist:=0.0;	

(2) 定时等待与移动到位等待

定时等待指令 WaitTime 和移动到位等待指令 WaitRob 是作业程序最常用的程序等待指令，指令编程要求分别如下。

①定时等待　定时等待指令 WaitTime 可直接通过暂停时间的设定，来控制程序的执行过程，指令的编程格式及要求如下。

```
WaitTime [\InPos,] Time ;
```

\InPos：到位检测，数据类型 switch。不使用添加项时，系统一旦执行等待指令，就立即开始暂停计时。使用添加项后，如 WaitTime 指令前存在移动指令，则需要等待机器人、外部轴移动到位且完全停止后，才开始暂停计时。如指令仅使用添加项\InPos，暂停时间 Time 设定 0，则指令功能与下述的到位等待指令 WaitRob\InPos 功能相同。

Time：暂停时间，数据类型 num，单位 s。暂停时间的最小设定值为 0.001s，最大值不受限制。

定时等待指令 WaitTime 的编程示例如下。

```
MoveJ p1,v1000,z30,tool1 ;
WaitTime \InPos,0 ;                    // 程序暂停,等待机器人到位
SetDOdo1,1 ;
WaitTime 0.5 ;                         // 程序暂停 0.5s
……
```

② 移动到位等待　移动到位等待指令 WaitRob 可通过机器人、外部轴到位区间或移动速度的检测，来控制程序的执行过程，指令的编程格式及要求如下。

```
WaitRob [\InPos] | [\ZeroSpeed] ;
```

\InPos 或\ZeroSpeed：到位判别条件，数据类型 switch，两者必须且只能选择其一。选择\InPos，控制系统将以机器人、外部轴到达停止点所规定的到位区间，作为程序暂停结束的判别条件；选择\ZeroSpeed，控制系统将以机器人、外部轴移动速度为 0 的时刻，作为程序暂停结束的判别条件。

移动到位等待指令 WaitRob 的编程示例如下。

```
MoveJ p1,v1000,fine\Inpos:=inpos20,tool1 ;
WaitRob \InPos ;                       // 等待到达到位区间
MoveJ p2,v1000,fine,tool1 ;
WaitRob \ZeroSpeed ;                   // 等待移动速度为 0
……
```

(3) 逻辑状态等待

逻辑状态等待指令 WaitUntil 可通过指定逻辑状态的判别，来控制程序的执行过程，指令的编程格式及指令添加项的要求如下。

```
WaitUntil [\InPos,] Cond [\MaxTime] [\TimeFlag] [\PollRate] ;
```

\InPos：到位检测，数据类型 switch。不使用添加项时，系统执行指令时，只需要等待指定的逻辑状态；使用添加项后，必须同时满足机器人、外部轴移动到位和指定的逻辑状态符合两个条件。

Cond：逻辑判断条件，数据类型 bool，可以使用逻辑表达式。

\MaxTime：最长等待时间，数据类型 num，单位 s。不使用本添加项时，系统必须等待至逻辑判断条件满足，才能继续执行后续指令。使用添加项时，如逻辑判断条件在\MaxTime 规定的时间内未满足，则进行如下处理：

① 未定义添加项\TimeFlag 时，系统将发出等待超时报警（ERR_WAIT_MAXTIME），并停止。

② 定义添加项\TimeFlag 时，控制系统将\TimeFlag 指定的等待超时标志置为“TURE”状态，并继续执行后续指令。

\TimeFlag：等待超时标志，数据类型 bool。增加本添加项时，如指定的条件在\Max-

Time 规定的时间内仍未满足，则该程序数据将成为“TURE”状态，系统继续执行后续指令。

\PollRate：检测周期，数据类型 num，单位 s，最小设定 0.04s。添加项用来指定控制系统检测逻辑判断条件的周期，例如，DI/DO 信号的输入采样时间等。不使用本添加项时，系统默认的检测周期为 0.1s。

逻辑状态等待指令 WaitUntil 的编程示例如下。

```
WaitUntil \Inpos,di4 =1 ;                                    // 等待到位及 di4 信号 ON
WaitUntil di1=1 AND di2=1 \MaxTime:=5 ;                // 等待 di1、di2 信号 ON,5s 后报警
……
VAR bool tmout ;                                                    // 定义超时标记
WaitUntildi1=1 \MaxTime:=5 \TimeFlag:=tmout ;        // 等待 di1 信号 ON,5s 后继续
IF tmout THEN                                                       // 检查超时标记
   SetDOdo1,1 ;
   ELSE
   SetDOdo1,0;
ENDIF
```

(4) 永久数据等待

RAPID 程序中永久数据（PERS）是可定义初始值、并能保存最后结果的程序数据，它必须利用模块的数据声明指令定义，而不能在主程序、子程序中定义。永久数据等待指令 WaitTestAndSet 是通过对逻辑状态型（bool）永久数据的状态检测，来控制程序的执行过程、暂停程序的编程指令，其编程格式与要求如下。

```
WaitTestAndSet Object ;
```

Object：永久数据名称，数据类型 bool。当指令需要用于多任务控制时，永久数据的使用范围必须定义为全局永久数据（global data，参见第 7 章 7.1 节）。

永久数据等待指令 WaitTestAndSet 的功能如下：

① 如指令执行时，永久数据的状态为 TRUE，则程序暂停，直至其成为 FALSE；随后，将永久数据的状态设置为 TRUE。

② 如指令执行时，永久数据的状态为 FALSE，则将其设置为 TRUE，并继续后续指令。

永久数据等待指令 WaitTestAndSet 的编程示例如下。

```
MODULE mainmodu (SYSMODULE)                                      // 主模块
  PERS bool semPers:=FALSE ;                                     // 定义永久数据
  ……
ENDMODULE
! ****************************************************
PROC doit()                                                        // 程序模块
  ……
  WaitTestAndSet semPers ;                             // 等待 semPers 状态 FALSE
  ……
```

永久数据等待指令 WaitTestAndSet 的功能，实际上也可通过逻辑状态等待指令 WaitUntil 实现，例如，上述程序的功能与以下程序相同。

```
IF semPers =FALSE THEN
  semPers:=TRUE ;
ELSE
  WaitUntil semPers =FALSE ;
  semPers:=TRUE ;
ENDIF
```

10.1.2 程序停止与移动停止指令

(1) 指令与功能

程序停止指令可直接结束程序自动运行或机器人运动；程序自动运行一旦被停止，一般需要通过重新启动操作，才能恢复程序的执行。作业程序可通过程序终止或停止、程序循环或退出、移动停止或结束、系统停止等方式结束自动运行。程序一旦停止运行，控制系统一般不再进行程序数据的处理，因此，程序停止指令均无程序数据；但部分指令可增加指令添加项，以实现不同的控制目的。

移动停止指令可暂停或结束当前的机器人和外部轴移动；运动停止后，控制系统可继续执行后续其他指令，机器人和外部轴的移动可通过指令恢复。

作业程序停止、移动停止指令的名称、编程格式与示例如表 10.1.2 所示，指令的编程要求和实例如下。

表 10.1.2 程序停止与移动停止指令及编程格式

类别与名称		编程格式与示例		
停止	程序终止	Break	指令添加项	—
		编程示例	Break;	
	程序停止	Stop	指令添加项	\NoRegain | \AllMoveTasks
		编程示例	Stop\NoRegain;	
退出	退出程序	EXIT	指令添加项	—
		编程示例	EXIT;	
	退出循环	ExitCycle	指令添加项	—
		编程示例	ExitCycle;	
移动停止	移动暂停	StopMove	指令添加项	\Quick,\AllMotionTasks
		编程示例	StopMove;	
	恢复移动	StartMove	指令添加项	\AllMotionTasks
		编程示例	StartMove;	
	移动结束	StopMoveReset	指令添加项	\AllMotionTasks
		编程示例	StopMoveReset;	
系统停止	系统停止	SystemStopAction	指令添加项	\Stop,\StopBlock,\Halt
		编程示例	SystemStopAction \Stop;	

(2) 程序终止与停止

作业程序运行可通过程序终止指令 Break、程序停止指令 STOP 两种方式停止。程序停止时，控制系统可保留原程序的执行状态信息，因此，操作者可通过示教器上的程序启动按钮（START）重新启动程序；程序重启后，控制系统仍可继续执行后续的指令。程序终止和程序停止指令的功能及编程要求如下。

① 程序终止　利用程序终止指令 Break 停止程序时，系统将立即停止机器人、外部轴移动，并结束程序的自动运行；此时，操作者可进行测量检测、作业检查等工作。被终止的程序可通过示教器的程序启动按钮（START）重新启动，以继续执行后续指令。

② 程序停止　利用程序停止指令 STOP 停止程序时，系统将等待当前的移动指令执行完成，在机器人、外部轴运动停止后，才结束程序的自动运行。STOP 指令可通过添加项 \NoRegain 或\AllMoveTasks，选择以下停止方式之一。

\NoRegain：停止点检查功能无效，数据类型 switch。使用添加项\NoRegain，程序重启时将不检查机器人、外部轴的实际位置是否为程序停止时的位置，直接执行后续的指令。不使用添加项时，程序重启时将检查机器人、外部轴的实际位置，如机器人、外部轴已偏离程序停止时的位置，示教器上将显示操作信息，由操作者可选择是否先使机器人、外部轴返回程序停止时的位置。

\AllMoveTasks：所有任务停止，数据类型 switch。使用添加项时，可停止所有任务中的程序运行；不使用添加项时，仅停止指令所在任务的程序运行。

程序终止指令 Break、停止指令 STOP 的编程示例如下。

```
MoveJ p0,v1000,z30,tool1 ;
Break ;                                        // 程序终止,机器人立即停止
MoveJ p1,v1000,fine,tool1 ;
Stop ;                                         // 程序停止,到达 p1 后停止
……
```

(3) 程序退出

程序退出不但可结束程序的自动运行，且还将退出程序循环。程序一旦退出，将立即停止机器人及外部轴的移动，并清除运动轨迹及全部未完成的动作，此时，控制系统无法再通过示教器的程序启动按钮（START），继续执行后续的指令。

作业程序可通过退出程序指令 Exit、退出循环指令 ExitCycle 两种方式退出。

① 退出程序　利用程序退出指令 EXIT 退出程序时，系统将立即结束当前程序的自动运行，并清除全部执行状态数据；程序的重新启动必须重新选择程序，并从主程序的起始位置开始重新运行。

② 退出循环　利用退出循环指令 ExitCycle 退出程序时，系统将立即结束当前程序的自动运行，并返回到主程序的起始位置；但变量或永久数据的当前值、运动设置、打开的文件及路径、中断设定等不受影响。因此，如系统选择了程序连续执行模式，便可直接通过示教器的程序启动按钮（START），重新启动主程序。

程序退出指令 EXIT、退出循环指令 ExitCycle 的编程示例如下。

```
……
IFdi0 =0 THEN
  Exit ;                                       // 退出程序
ELSE
```

```
  ExitCycle ;                                    // 退出循环
ENDIF
ENDPROC
```

(4) 移动停止

移动停止指令可以暂停或结束当前指令的机器人和外部轴移动，运动停止后，系统可继续执行后续其他指令，机器人和外部轴的移动可通过恢复移动指令 StartMove 恢复。机器人和外部轴是否处于移动停止状态，可通过 RAPID 函数命令 IsStopMoveAct 检查，如果处于移动停止状态，命令的执行结果将为 TRUE，否则为 FALSE。

移动暂停指令 StopMove、恢复移动指令 StartMove 也经常用于后述的程序中断控制，以便进行程序轨迹的存储、恢复及重启。

作业程序可通过移动暂停指令 StopMove、移动结束指令 StopMoveReset 停止机器人和外部轴运动。

① 移动暂停　移动暂停指令 StopMove 可暂停当前的机器人和外部轴移动，运动停止后，系统可继续执行后续其他指令；指令中的剩余行程可通过恢复移动指令 StartMove 恢复。指令可通过以下添加项选择停止方式。

\Quick：快速停止，数据类型 switch。不使用添加项时，机器人、外部轴为正常的减速停止；使用添加项后，机器人、外部轴以动力制动的形式快速停止。

\AllMotionTasks：所有任务停止，数据类型 switch。使用添加项时，可停止同步执行所有任务中的机器人、外部轴运动。

② 移动结束　移动结束指令 StopMoveReset，将暂停当前的机器人和外部轴的移动，并清除剩余行程；运动恢复后，将启动下一指令的机器人和外部轴移动。指令添加项的含义与移动暂停指令 StopMove 相同。

移动暂停指令 StopMove、移动结束指令 StopMoveReset 的编程示例如下。

```
IF di0 =1 THEN
  StopMove ;                                     // 移动暂停
  WaitDI di1,1 ;
  StartMove ;                                    // 移动恢复
ELSE
  StopMoveReset ;                                // 移动结束
ENDIF
……
```

(5) 系统停止

系统停止指令 SystemStopAction 可停止控制系统的程序处理过程，它可通过添加项选择如下停止方式。

\Stop：正常停止，数据类型 switch。使用该添加项时，控制系统将停止程序处理、结束程序自动运行和机器人、外部轴移动；但可保留程序执行指针，因此，被停止的程序可通过正常操作重启。

\StopBlock：程序段结束，数据类型 switch。使用该添加项时，系统将停止程序处理、结束程序的自动运行和机器人、外部轴移动；同时，将删除程序执行指针，因此，程序重启时，必须重新选定重启的指令（程序段）。

\Halt：伺服关闭，数据类型 switch。使用该添加项时，系统在结束程序的自动运行和机器人、外部轴移动的同时，还将自动关闭伺服驱动器；因此，程序重启时，必须进行伺服驱动的重新启动操作。

系统停止指令 SystemStopAction 的编程示例如下。

```
IF di0 =1 THEN
  SystemStopAction \Stop ;                    // 正常停止
ELSE
  SystemStopAction \Halt ;                    // 伺服关闭
ENDIF
……
```

10.1.3 程序转移与指针复位指令

程序转移指令可用来实现程序的跳转功能，指令包括程序内部跳转和跨程序跳转（子程序调用）两类。有关子程序调用、返回指令的编程要求，可参见第7章。

(1) 程序转移指令与功能

作业程序内部跳转指令及特殊的子程序变量调用指令的名称、编程格式与示例如表10.1.3所示，指令的编程要求和实例如下。

表 10.1.3 作业程序转移指令及编程格式

名称	编程格式与示例		
程序跳转	GOTO	程序数据	Label
	编程示例	GOTO ready ;	
条件跳转	IF—GOTO	程序数据	Condition,Label
	编程示例	IF reg1 > 5 GOTO next ;	
子程序的变量调用	CallByVar	程序数据	Name,Number
	编程示例	CallByVar "proc",reg1 ;	

程序跳转指令 GOTO 可中止后续指令的执行、直接转移至跳转目标（label）位置继续。跳转目标（label）以字符的形式表示，它需要单独占一指令行，并以“:”结束；跳转目标既可位于 GOTO 指令之后（向下跳转），也可位于 GOTO 指令之前（向上跳转）。如果需要，GOTO 指令还可结合 IF、TEST、FOR、WHILE 等条件判断指令一起使用，以实现程序的条件跳转及分支等功能。

利用指令 GOTO 及 IF 实现程序跳转、重复执行、分支转移的编程示例如下。

```
GOTO next1 ;                          // 跳转至 next1 处继续(向下)
……                                    // 被跳过的指令
next1:                                // 跳转目标
……
!****************************************
reg1:=1 ;
next2:                                // 跳转目标
……                                    // 重复执行 4 次
reg1:=reg1 + 1 ;
```

```
IF reg1< 5 GOTO next2 ;                       // 条件跳转,至 next2 处重复
! **************************************
IF reg1> 100 THEN
  GOTOnext3 ;                                 // 如 reg1> 100 跳转至 next3 分支
ELSE
  GOTOnext4 ;                                 // 如 reg1≤100 跳转至 next4 分支
ENDIF
next3:
  ……                                          // next3 分支,reg1> 100 时执行
  GOTO ready ;                                // 分支结束
next4:
  ……                                          // next4 分支,reg1≤100 时执行
ready:                                        // 分支合并
  ……
```

(2) 子程序的变量调用

变量调用指令 CallByVar 可用于名称为"字符串 ＋ 数字"的无参数普通子程序（PROC）调用，它可用变量替代数字，以达到调用不同子程序的目的。例如，对于名称为 proc1、proc2、proc3 的普通子程序，程序名由字符"proc" 及数字（1～3）组成，此时，可用数值型数据变量（如 reg1）替代数字 1～3，这样，便可通过改变变量值，来有选择地调用 proc1、proc2、proc3。

指令 CallByVar 的编程格式及程序数据要求如下。

```
CallByVar Name,Number ;
```

Name：子程序名称的文字部分，数据类型 string。

Number：子程序名称的数字部分，数据类型 num，正整数。

例如，利用变量调用指令 CallByVar 选择调用无参数普通子程序 proc1、proc2、proc3 的程序示例如下，程序中的 reg1 值可以为 1、2 或 3。

```
VAR num reg1 ;                                // 变量定义
……
CallByVar "proc",reg1 ;                       // 子程序变量调用
……
```

以上程序也可通过 TEST 指令实现，其程序如下。

```
TEST reg1
  CASE 1:
  proc1;
  CASE 2:
  proc2;
  CASE 3:
  proc3;
ENDTEST
```

(3) 指针复位与检查函数

程序指针就是用来选择程序编辑、程序重新启动位置（指令）的光标，它可以通过示教器的光标移动键改变位置；程序自动运行前通常需要将指针复位到程序起始位置。

ABB机器人控制系统的控制面板上设置有图10.1.1所示操作模式转换开关，利用该开关，可进行自动（程序运行）、手动测试（移动速度不超过250mm/s）、手动高速（100%速度）3种操作模式的切换。系统当前的操作模式可以通过RAPID函数命令OpMode读取，自动模式的函数命令执行结果为OP_AUTO、手动低速模式的命令执行结果为OP_MAN_TEST、手动高速模式的命令执行结果为OP_MAN_PROG。

图10.1.1　操作模式转换开关

当系统由自动运行模式切换为手动（低速或高速）模式时，程序指针可以自动复位到应用程序的起始位置。但是，如操作者在手动操作模式下调整了程序指针的位置，再切换到程序自动运行时，需要通过指令ResetPPMoved复位程序指针，以保证应用程序能够从起始位置开始执行。

作业程序指针复位与检查函数命令的功能、编程格式与示例如表10.1.4所示。

表10.1.4　程序指针检测与复位指令编程说明表

名称	编程格式与示例		
程序指针复位	ResetPPMoved	编程格式	ResetPPMoved;
		程序数据	—
	功能说明	复位程序指针到程序起始位置	
	编程示例	ResetPPMoved;	
手动指针移动检查	PPMovedInManMode	命令格式	PPMovedInManMode()
		命令参数	—
		执行结果	TRUE:手动移动了指针;FALSE:未移动
	编程示例	IF PPMovedInManMode() THEN	
指针停止状态检查	IsStopStateEvent	命令格式	IsStopStateEvent ([\PPMoved] | [\PPToMain])
		命令参数与添加项	\PPMoved:指针移动检查,数据类型 switch \PPToMain:指针移动至主程序检查,数据类型 switch
		执行结果	TRUE:指针被移动;FALSE:指针未移动
	编程示例	IF IsStopStateEvent (\PPMoved) =TRUE THEN	

函数命令PPMovedInManMode用来检查手动操作模式的程序指针移动状态，如果在手动操作模式，移动了程序指针，则执行结果为TRUE。IsStopStateEvent命令用来检查当前任务的程序指针停止位置，如果在程序停止后，指针被移动，则执行结果为TRUE。

作业程序指针复位与检查函数命令的编程示例如下。

```
IF PPMovedInManMode() THEN                                   // 指针检查
  ResetPPMoved ;                                             // 指针复位
  DoJob ;                                                    // 程序调用
ELSE
```

```
    DoJob ;
  ENDIF
  ……
```

10.2 程序中断指令编程

10.2.1 中断监控指令

（1）指令与功能

中断是系统对异常情况的处理，中断功能一旦使能（启用），只要中断条件满足，系统可立即终止现行程序的执行，直接转入中断程序（TRAP），而无需进行其他编程。RAPID中断程序的格式及基本要求，可参见本书第6章、第7章。

为了实现作业程序中断功能，需要在主程序中编制中断设定、中断控制指令。中断设定指令用来定义程序中断的条件，有关内容详见后述；中断控制指令可用来连接中断条件、使能/禁止/删除/启用/停用中断功能。对于控制系统出错引起的中断，还可在中断程序（TRAP）中编制中断监视指令，以读取中断数据及系统出错信息。

中断控制、监视指令的名称、编程格式与示例如表10.2.1所示，指令的编程要求如下。

表10.2.1 中断控制、监视指令编程说明表

名称	编程格式与示例		
中断连接	CONNECT—WITH	程序数据	Interrupt，Trap_routine
	编程示例	CONNECT feeder_low WITH feeder_empty;	
中断删除	IDelete	程序数据	Interrupt
	编程示例	IDelete feeder_low;	
中断使能	IEnable	程序数据	—
	编程示例	Ienable;	
中断禁止	IDisable	程序数据	—
	编程示例	Idisable;	
中断停用	ISleep	程序数据	Interrupt
	编程示例	ISleep sig1int;	
中断启用	IWatch	程序数据	Interrupt
	编程示例	IWatch sig1int;	
中断数据读入	GetTrapData	程序数据	TrapEvent
	编程示例	GetTrapData err_data;	
出错信息读入	ReadErrData	程序数据	TrapEvent，ErrorDomain，ErrorId，ErrorType
		数据添加项	\Title、\Str1、…、\Str5
	编程示例	ReadErrData err_data，err_domain，err_number，err_type \Title:= titlestr \Str1:=string1 \Str2:=string2;	

（2）中断的连接与删除

中断连接指令CONNECT—WITH用来建立中断条件和中断程序的连接；中断删除指

令 Idelete 用来删除已建立的中断连接。

在作业程序中，不同的中断条件通常以中断名称表示与区分；每一个中断条件（名称）只能连接唯一的中断程序；但是，多个中断条件（名称）允许连接（调用）同一中断程序。中断连接、删除指令的编程要求如下。

```
CONNECT Interrupt WITH Trap_routine ;                    // 中断连接
IDelete Interrupt ;                                      // 中断删除
```

Interrupt：中断名称（中断条件），数据类型 intnum。

Trap _ routine：中断程序名称。

中断连接、删除指令的编程示例如下。

```
MODULE mainmodu (SYSMODULE)                              // 主模块
  ……
  VAR intnumP_WorkStop ;                                 // 定义中断名称
  ……
ENDMODULE
!*************************************************
PROC main ()                                             // 主程序
  CONNECT P_WorkStop WITH WorkStop ;                     // 连接中断
  ISignalDI di0,0,P_WorkStop ;                           // 中断设定
  ……
  IDelete P_WorkStop ;                                   // 删除中断
  ……
ENDPROC
!*************************************************
TRAPWorkStop                                             // 中断程序
  ……
ENDTRAP
!*************************************************
```

(3) 中断的禁止与使能

中断连接一旦建立，系统的中断功能将自动生效，此时，只要中断条件满足，系统便立即终止现行程序，而转入中断程序的处理。如果程序中存在某些不允许中断的指令，为避免指令中断，需要在程序中编制中断禁止指令 IDisable，来暂时禁止中断功能。被中断禁止指令 IDisable 禁止的中断功能，可通过中断使能指令 IEnable 重新恢复。中断禁止、使能指令 IDisable、IEnable 对所有的中断条件均有效，如果程序只需要禁止某一特定的中断，则应使用下述的中断停用与启用指令。

中断禁止、使能指令的编程示例如下。

```
……
IDisable ;                                               // 禁止中断
FOR i FROM 1 TO 100 DO                                   // 不允许中断的指令
  character[i]:=ReadBin(sensor) ;
ENDFOR
IEnable ;                                                // 使能中断
……
```

(4) 中断的停用与启用

中断停用指令 Isleep 可用来禁止指定名称（条件）的中断，而不影响其他中断功能；被停用的中断，可通过中断启用指令 IWatch 重新启用。

指令 ISleep、IWatch 的编程格式如下。

```
ISleep Interrupt ;                                    // 中断停用
IWatch Interrupt ;                                    // 中断启用
```

Interrupt：需要停用、启用的中断名称，数据类型 intnum。

中断停用、启用指令的编程示例如下。

```
……
ISleep sig1int ;                                      // 停用中断 sig1int
weldpart1 ;                      // 调用子程序 weldpart1,中断 sig1int 无效
IWatch sig1int ;                                      // 启用中断 sig1int
weldpart2 ;                      // 调用子程序 weldpart2,中断 sig1int 有效
……
```

(5) 中断监视指令

中断数据读入指令 GetTrapData 可用来获取当前中断的状态信息；状态信息读入后，可进一步通过出错信息读入指令 ReadErrData，读取导致系统出错的错误类别、错误代码、错误性质等更多信息。中断数据读入、出错信息读入指令只能在中断程序（TRAP 程序）中编程，它多用于系统出错中断程序。

指令 GetTrapData、ReadErrData 在系统出错中断程序中通常配合使用，指令的编程格式及程序数据、数据添加项含义如下。

```
GetTrapData TrapEvent ;
ReadErrData TrapEvent,ErrorDomain,ErrorId,ErrorType [\Title] [\Str1]… [\Str5] ;
```

TrapEvent：中断事件，数据类型 trapdata。该程序数据用来储存中断信息。

ErrorDomain：系统错误类别，数据类型 errdomain。该程序数据用来储存错误类别，错误类别为特定的数值型数据，在作业程序中通常以字符串文本的形式表示，指令可设定的值（字符串）如表 10.2.2 所示。

表 10.2.2 错误类别及含义

错误类别		含义
数值	字符串	
0	COMMON_ERR	所有出错及状态变更
1	OP_STATE	操作状态变更
2	SYSTEM_ERR	系统出错
3	HARDWARE_ERR	硬件出错
4	PROGRAM_ERR	程序出错
5	MOTION_ERR	运动出错

续表

错误类别		含义
数值	字符串	
6	OPERATOR_ERR	运算出错(新版本已撤销)
7	IO_COM_ERR	I/O 和通信出错
8	USER_DEF_ERR	用户定义的出错
9	OPTION_PROD_ERR	选择功能出错(新版本已撤销)
10	PROCESS_ERR	过程出错
11	CFG_ERR	机器人配置出错

ErrorId：错误代码，数据类型 num。IRC5 机器人控制系统的错误号以“错误类别＋错误代码”的形式表示，例如，错误号 10008 的错误类别为“1”（操作状态变更）、错误代码为“0008”（程序重启），因此，该出错中断的 ErrorId 值将为 8。

ErrorType：系统错误性质，数据类型 errtype。该程序数据用来储存错误性质，错误性质为特定的数值型数据，在作业程序中通常以字符串文本的形式定义，指令可设定的值（字符串）如表 10.2.3 所示。

表 10.2.3　错误性质及含义

错误性质		含义
数值	字符串	
0	TYPE_ALL	任意性质的错误(操作提示、系统警示、系统报警)
1	TYPE_STATE	操作状态变更(操作提示)
2	TYPE_WARN	系统警示
3	TYPE_ERR	系统报警

\Title：文件标题，数据类型 string。保存系统错误信息的 UTF8 格式文件标题。

\Str1、…、\Str5：错误信息，数据类型 string。存储系统错误信息的内容。

中断数据读入、出错信息读入指令的编程示例如下，指令只能在中断程序中编程。

```
  VAR errdomain err_domain ;                                    // 定义程序数据
  VAR num err_number ;
  VAR errtype err_type ;
  VAR trapdata err_data ;
  VAR string titlestr ;
  VAR string string1 ;
  VAR string string2 ;
  ……
 !*****************************************************
 TRAPerr_trap                                                   // 中断程序
  GetTrapData err_data ;                                        // 中断信息读入
  ReadErrData err_data,err_domain,err_number,err_type \Title:=titlestr \Str1:=
string1 \Str2:=string2 ;                                        // 出错信息读入
 ENDTRAP
! *****************************************************
```

10.2.2 I/O中断设定指令

（1）指令与功能

所谓I/O中断是以控制系统的开关量输入/输出（DI/DO）、模拟量输入/输出（AI/AO）、开关量输入组/输出组（GI/GO）状态作为中断条件，控制程序中断的功能，它在实际程序中使用最广。

作业程序的I/O中断包括任意位置中断和I/O控制点中断两类。任意位置中断与程序指令无关，只要I/O信号的状态满足中断条件，控制系统便可立即终止现行程序，而转入中断程序的处理。I/O控制点中断需要结合I/O控制插补指令TriggJ/TriggL/TriggC使用，它只能在机器人关节、直线、圆弧插补轨迹的控制点实现中断，有关内容详见后述。

任意位置I/O中断的中断设定指令名称、编程格式与示例如表10.2.4所示，指令的编程要求与程序实例如下。

表10.2.4 任意位置I/O中断设定指令编程说明表

<table>
<tr><th>名称</th><th colspan="3">编程格式与示例</th></tr>
<tr><td rowspan="4">DI/DO
中断设定</td><td rowspan="3">ISignalDI
ISignalDO</td><td>程序数据</td><td>Signal,TriggValue,Interrupt</td></tr>
<tr><td>指令添加项</td><td>\Single,| \SingleSafe,</td></tr>
<tr><td>数据添加项</td><td>—</td></tr>
<tr><td>编程示例</td><td colspan="2">ISignalDI di1,1,sig1int;
ISignalDO\Single,do1,1,sig1int;</td></tr>
<tr><td rowspan="4">GI/GO
中断设定</td><td rowspan="3">ISignalGI
ISignalGO</td><td>程序数据</td><td>Signal,Interrupt</td></tr>
<tr><td>指令添加项</td><td>\Single,| \SingleSafe,</td></tr>
<tr><td>数据添加项</td><td>—</td></tr>
<tr><td>编程示例</td><td colspan="2">ISignalGI gi1,sig1int;
ISignalGO go1,sig1int;</td></tr>
<tr><td rowspan="4">AI/AO
中断设定</td><td rowspan="3">ISignalAI/
ISignalAO</td><td>程序数据</td><td>Signal,Condition,HighValue,LowValue,DeltaValue,Interrupt</td></tr>
<tr><td>指令添加项</td><td>\Single,| \SingleSafe,</td></tr>
<tr><td>数据添加项</td><td>\Dpos | \DNeg</td></tr>
<tr><td>编程示例</td><td colspan="2">ISignalAI ai1,AIO_OUTSIDE,1.5,0.5,0.1,sig1int;
ISignalAO ao1,AIO_OUTSIDE,1.5,0.5,0.1,sig1int;</td></tr>
</table>

（2）DI/DO中断设定指令

DI/DO中断设定指令ISignalDI/ISignalDO用于控制系统开关量输入（DI）/输出（DO）中断条件的定义。指令设定的中断条件（中断名称）只要与中断程序连接建立，控制系统便可在DI/DO信号满足中断条件时，终止现行程序的执行、直接转入中断程序。

DI/DO中断设定指令的编程格式与要求如下。

```
ISignalDI [\Single,] | [\SingleSafe,] Signal,TriggValue,Interrupt ;
ISignalDO [\Single,] | [\SingleSafe,] Signal,TriggValue,Interrupt ;
```

\Single或\SingleSafe：一次性中断或一次性安全中断选择，数据类型switch。不使用添加项时，只要DI、DO信号满足中断条件，便可随时启动中断功能，中断次数不受限制。

选择添加项\Single为一次性中断，控制系统仅在DI、DO信号首次满足中断条件时，才启动中断功能；中断启动时，系统将立即执行中断程序。选择添加项\SingleSafe为一次性安全中断，控制系统同样只能在DI信号首次满足中断条件时，才启动中断功能；但是，如果中断启动时，系统处于程序停止状态，中断将进入“列队等候”状态；只有在程序再次启动时，才执行中断程序。

Signal：中断信号名称，数据类型signaldi（DI中断）或signaldo（DO中断）。

TriggValue：中断检测条件，数据类型dionum。设定“0”（或low）为下降沿中断，设定“1”（或high）为上升沿中断，设定“2”（或edge）为边沿中断（上升/下降沿同时有效）中断。I/O中断只能通过DI/DO信号的上升、下降沿启动；如中断使能前，中断信号的状态已为“0”（下降沿检测）或“1”（上升沿检测），控制系统将不会产生下降沿或上升沿中断。

Interrupt：中断名称（中断条件），数据类型intnum。

DI/DO中断设定指令的编程实例如下。

```
MODULE mainmodu (SYSMODULE)                              // 主模块
  VAR intnum siglint ;                                   // 定义中断名称
  ……
ENDMODULE
!*****************************************************
PROC main ()                                             // 主程序
  ……
  CONNECT siglint WITH iroutine1 ;                       // 中断连接
  ISignalDO di1,0,siglint ;                              // 中断设定
  ……
  IDelete siglint ;                                      // 中断删除
  ……
ENDPROC
!*****************************************************
TRAP iroutine1                                           // 中断程序
  ……
ENDTRAP
!*********************************************************
```

（3）GI/GO中断设定指令

GI/GO中断设定指令ISignalGI/ISignalGO用于控制系统开关量输入信号组（GI）/输出信号组（GO）中断条件的定义。指令设定的中断条件（中断名称）只要与中断程序连接建立，控制系统便可在GI/GO信号组满足中断条件时，终止现行程序的执行、直接转入中断程序。

GI/GO中断设定指令的编程格式与要求如下。

```
ISignalGI [\Single,] | [\SingleSafe,] Signal,Interrupt ;
ISignalGO [\Single,] | [\SingleSafe,] Signal,Interrupt ;
```

\Single或\SingleSafe：一次性中断或一次性安全中断选择，数据类型switch。添加项

的含义与 DI/DO 中断设定指令 ISignalDI/ISignalDO 相同。

Signal：中断信号组名称，数据类型 signalgi（GI 中断）或 signalgo（GO 中断）。

Interrupt：中断名称（中断条件），数据类型 intnum。

GI/GO 中断可在 GI/GO 信号组中的任一 DI/DO 信号状态改变时启动中断，指令无须规定 GI/GO 的状态值。如果程序要求中断只能在特定的 GI/GO 状态下产生，应先通过 GI/GO 信号组状态读入指令读取 GI/GO 状态，然后，在通过数据比较等指令的处理结果启动中断。

GI/GO 中断设定指令的编程要求、程序格式与 DI/DO 中断设定指令基本相同。例如，一般先在主模块中定义中断名称，然后，在主程序中通过中断连接指令连接中断程序、利用 GI/GO 中断设定指令设定中断条件；GI/GO 中断同样可通过中断删除指令 Idelete 删除。

（4）AI/AO 中断

AI/AO 中断设定指令 ISignalAI/ISignalAO 用于控制系统模拟量输入（AI）/输出（AO）中断条件的定义。指令设定的中断条件（中断名称）只要与中断程序连接建立，控制系统便可在 AI/AO 信号满足中断条件时，终止现行程序的执行、直接转入中断程序。

AI/AO 中断设定指令的编程格式与要求如下。

```
ISignalAI [\Single,] | [\SingleSafe,] Signal,Condition,HighValue,LowValue,DeltaValue [\DPos] | [\DNeg],Interrupt ;
ISignalAO [\Single,] | [\SingleSafe,] Signal,Condition,HighValue,LowValue,DeltaValue [\DPos] | [\DNeg],Interrupt ;
```

\Single 或\SingleSafe：一次性中断或一次性安全中断选择，数据类型 switch。添加项的含义与 DI/DO 中断设定指令 ISignalDI/ISignalDO 相同。

Signal：中断信号名称，数据类型 signalai（AI 中断）或 signalao（AO 中断）。

Condition：中断检测条件，数据类型 aiotrigg。AI/AO 的中断检测条件为特定的数值型数据，在作业程序中通常以字符串文本的形式定义，指令可设定的值（字符串）如表 10.2.5 所示。

表 10.2.5 aiotrigg 设定值及含义

设定值		含义
数值	字符串	
1	AIO_ABOVE_HIGH	AI/AO 实际值＞HighValue 时中断
2	AIO_BELOW_HIGH	AI/AO 实际值＜HighValue 时中断
3	AIO_ABOVE_LOW	AI/AO 实际值＞LowValue 时中断
4	AIO_BELOW_LOW	AI/AO 实际值＜LowValue 时中断
5	AIO_BETWEEN	HighValue≥AI/AO 实际值≥LowValue 时中断
6	AIO_OUTSIDE	AI/AO 实际值＜LowValue 及 AI/AO 实际值＞HighValue 时中断
7	AIO_ALWAYS	只要满足 AI/AO 最小变化量要求，即产生 AI/AO 中断

HighValue、LowValue：AI/AO 中断检测的上、下限（阈值）设定，数据类型 num；设定值 HighValue 必须大于 LowValue。

DeltaValue：AI/AO 的最小变化量，数据类型 num；设定值只能为正数或 0。只有 AI/AO 的实际变化量大于本设定值时，控制系统才能更新测试值、产生新的中断。

\DPos 或\DNeg：AI/AO 信号极性选择，数据类型 switch。如不使用添加项，无论 AI/AO 值增、减变化，均可产生中断。选择添加项\DPos 时，只有在 AI/AO 值增加时才能产生中断；选择添加项\DNeg 时，只有在 AI/AO 值减少时才能产生中断。

Interrupt：中断名称（中断条件），数据类型 intnum。

以模拟量输入中断设定指令 ISignalAI 为例（ISignalAO 指令的情况相同），对于图 10.2.1 所示的模拟量输入 ai1，如设定 HighValue＝6.1、LowValue＝2.2、DeltaValue＝1.2，利用不同 ISignalAI 指令，所产生的中断情况如下。

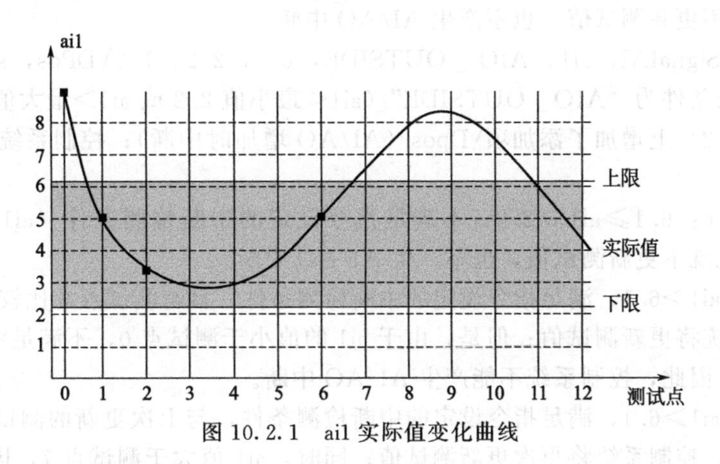

图 10.2.1 ai1 实际值变化曲线

① 指令“ISignalAI ai1，AIO _ BETWEEN，6.1，2.2，1.2，siglin t;”，指令设定的中断检测条件为“AIO _ BETWEEN”（最大值 6.1≥ai1≥最小值 2.2），最小变化量为 1.2；控制系统可产生的 AI/AO 中断如下。

测试点 1：6.1≥ai1≥2.2，与测试点 0 的值比较，ai1 变化量>1.2，控制系统将更新测试值，并产生 AI/AO 中断。

测试点 2：6.1≥ai1≥2.2，与上次发生中断的测试点 1 比较，ai1 变化量>1.2，控制系统将更新测试值，并再次产生 AI/AO 中断。

测试点 3～5：6.1≥ai1≥2.2，但是，与上次发生中断的测试点 2 比较，ai1 的变化量均小于 1.2，因此，控制系统不更新测试值，也不产生 AI/AO 中断。

测试点 6：6.1≥ai1≥2.2，与上次发生中断的测试点 2 比较，ai1 的变化量>1.2，控制系统将更新测试值，并产生第 3 次 AI/AO 中断。

测试点 7～10：ai1≥6.1，不满足指令设定的中断检测条件（6.1≥ai1≥2.2），控制系统不更新测试值，也不产生 AI/AO 中断。

测试点 11、12：6.1≥ai1≥2.2，但与上次发生中断的测试点 6 比较，ai1 的变化量均小于 1.2，控制系统不更新测试值，也不产生 AI/AO 中断。

② 指令“ISignalAI ai1，AIO _ BETWEEN，6.1，2.2，1.2\DPos，siglin t;”，指令所设定的中断检测条件同为“AIO _ BETWEEN”（最大值 6.1≥ai1≥最小值 2.2），但最小变化量设定值（1.2）上增加了添加项\Dpos（AI/AO 增加时中断）；因此，控制系统只能在 ai1 增加时才能产生中断，AI/AO 中断情况如下。

测试点 1：6.1≥ai1≥2.2，与测试点 0 比较，ai1 的变化量>1.2，控制系统将更新测试值，但由于 ai1 值小于测试点 0（不增加），故不能产生 AI/AO 中断。

测试点 2：6.1≥ai1≥2.2，与上次更新的测试点 1 比较，ai1 的变化量>1.2，控制系统将再次更新测试值，但由于 ai1 值小于测试点 1（不增加），故同样不能产生 AI/AO 中断。

测试点 3～5：6.1≥ai1≥2.2，但与上次更新的测试点 2 比较，ai1 的变化量均小于 1.2，且数值不增加，控制系统既不更新测试值，也不产生 AI/AO 中断。

测试点 6：6.1≥ai1≥2.2，与上次更新的测试点 2 比较，ai1 的变化量>1.2，控制系统第 3 次更新测试值，同时，ai1 值比测试点 2 增加，控制系统将产生 AI/AO 中断。

测试点 7～10：ai1>6.1，不满足指令设定的中断检测条件（6.1≥ai1≥2.2），控制系统不更新测试值，也不产生 AI/AO 中断。

测试点 11、12：6.1≥ai1≥2.2，与上次更新的测试点 6 比较，ai1 的变化量均小于 1.2，控制系统不更新测试值，也不产生 AI/AO 中断。

③ 指令"ISignalAI，ai1，AIO _ OUTSIDE，6.1，2.2，1.2\DPos，sig1int;"，指令设定的中断检测条件为"AIO _ OUTSIDE"（ai1<最小值 2.2 或 ai1>最大值 6.6），最小变化量设定值（1.2）上增加了添加项\Dpos（AI/AO 增加时中断）；控制系统产生的 AI/AO 中断如下。

测试点 1～6：6.1≥ai1≥2.2，不满足指令设定的中断检测条件（ai1<2.2 或 ai1>6.1），控制系统既不更新测试值，也不产生 AI/AO 中断。

测试点 7：ai1>6.1，满足指令设定的中断检测条件，且与测试点 0 比较，ai1 的变化量>1.2，控制系统将更新测试值；但是，由于 ai1 的值小于测试点 0，不满足添加项\Dpos 规定的附加条件，因此，控制系统不能产生 AI/AO 中断。

测试点 8：ai1>6.1，满足指令设定的中断检测条件，与上次更新的测试点 7 比较，ai1 的变化量>1.2，控制系统将再次更新测试值；同时，ai1 值大于测试点 7，因此，控制系统可产生 AI/AO 中断。

测试点 9、10：ai1>6.1，满足指令设定的中断检测条件，但与上次更新的测试点 8 比较，ai1 的变化量均小于 1.2，控制系统不更新测试值，也不产生 AI/AO 中断；

测试点 11、12：6.1≥ai1≥2.2，不满足指令设定的中断检测条件，控制系统不更新测试值，也不产生 AI/AO 中断。

④ 指令"ISignalAI ai1，AIO _ ALWAYS，6.1，2.2，1.2\DPos，siglint;"，指令设定的中断条件为"AIO _ ALWAYS"（只要满足 AI/AO 最小变化量要求，即产生 AI/AO 中断），但最小变化量设定值（1.2）上增加了添加项\Dpos（AI/AO 增加时中断）；控制系统产生的 AI/AO 中断如下。

测试点 1、2：与上一测试点比较，ai1 的变化量>1.2，控制系统可更新测试值，但 ai1 的值小于上一测试点，故不产生 AI/AO 中断。

测试点 3～5：与上次更新的测试点 2 比较，ai1 的变化量均小于 1.2，控制系统既不更新测试值，也不能产生 AI/AO 中断。

测试点 6～8：与上次更新的测试点 2 比较，ai1 的变化量均大于 1.2，控制系统均可更新测试值；同时，由于 ai1 数值增加，因此，控制系统均可产生 AI/AO 中断。

测试点 9、10：与上次更新的测试点 8 比较，ai1 的变化量均小于 1.2，控制系统既不更新测试值，也不产生 AI/AO 中断。

测试点 11、12：与上次更新的测试点 8 比较，ai1 的变化量均大于 1.2，控制系统可更新测试值，但由于 ai1 数值减小，故不能产生 AI/AO 中断。

10.2.3 控制点中断指令

(1) 指令与功能

作业程序中断功能，不但可通过上述的中断设定指令，在机器人的任意位置实现，而且可在机器人关节、直线、圆弧插补的控制点上实现。使用控制点中断功能时，机器人的关节、直线、圆弧插补需要采用 I/O 控制插补指令 TriggJ、TriggL、TriggC 编程，有关 I/O 控制插补指令的编程要求可参见第 9 章。

控制点中断方式有无条件中断、I/O 中断 2 种。无条件中断可在指定的控制点上，无条件停止机器人运动、结束当前程序，并转入中断程序；I/O 中断可通过对控制点的 I/O 状态判别，决定是否中断。

控制点中断的控制点需要通过中断控制点设定指令定义，控制点数据以 triggdata 数据的形式保存。控制点中断的中断连接、使能、禁止、删除、启用、停用等指令，均与其他中断相同。

控制点中断的优先级高于控制点输出，如控制点同时被定义成中断点与输出控制点，控制系统将优先执行中断功能。

控制点中断设定指令的名称、编程格式与示例如表 10.2.6 所示。

表 10.2.6 控制点中断指令编程说明表

名称	编程格式与示例		
控制点中断设定	TriggInt	程序数据	TriggData,Distance,Interrupt
		指令添加项	—
		数据添加项	\Start | \Time
	编程示例	TriggInt trigg1,5,intno1;	
控制点 I/O 中断设定	TriggCheckIO	程序数据	TriggData,Distance,Signal,Relation, CheckValue | CheckDvalue,Interrupt
		指令添加项	
		数据添加项	\Start | \Time,\StopMove
	编程示例	TriggCheckIO checkgrip,100,airok,EQ,1,intno1;	

(2) 控制点中断设定指令

控制点中断设定指令 TriggInt，用于机器人关节、直线、圆弧插补控制点的无条件中断功能设定。控制点中断一旦被设定与连接，机器人执行 I/O 控制插补指令 TriggJ、TriggL、TriggC 时，只要到达控制点，控制系统便可无条件终止现行程序而转入中断程序。

控制点中断设定指令 TriggInt 的编程格式及要求如下。

```
TriggInt TriggData,Distance [\Start] | [\Time],Interrupt ;
```

程序数据 TriggData、Distance 及添加项\Start 或\Time，用来设定控制点的位置，其含义与输出控制点设定指令 TriggIO、TriggEquip 相同，有关内容可参见第 9 章 9.3 节。程序数据 Interrupt 用来定义中断名称（中断条件），其数据类型为 intnum；在中断连接指令中，它用来连接中断程序。

控制点中断设定指令 TriggInt 的编程实例如下。

```
VAR intnum intno_1 ;                              // 中断名称定义
VAR triggdata trigg_1 ;                           // 控制点程序数据定义
……
!************************************
PROC main()
```

```
CONNECT intno_1 WITH trap_1 ;                          // 中断程序连接
TriggInt trigg_1,5,intno_1 ;                           // 中断设定
……
TriggJ p1,v500,trigg_1,z50,gun1 ;                      // 控制点中断
MoveL p2,v500 ,z50,gun1 ;
TriggL p3,v500,trigg_1,z50,gun1 ;                      // 控制点中断
……
IDelete intno1 ;                                       // 删除中断
……
```

在以上程序可实现的中断控制功能如图 10.2.2 所示。程序所定义的控制点中断名称（中断条件）为 intno _ 1；保存控制点数据的程序数据名为 trigg _ 1；所连接的中断程序名为 TRAP trap _ 1；TriggInt 指令所设定的控制点为距离终点 5mm 的位置。因此，当系统执行 I/O 控制关节插补指令“TriggJ p1，v500，trigg _ 1，z50，gun1”时，可在距离终点（p1）5mm 的位置，中断主程序 PROC main()、转入中断程序 TRAP trap _ 1；中断程序执行完成后，返回主程序继续执行直线插补指令“MoveL p2，v500 ，z50，gun1 ;”；接着，执行 I/O 控制直线插补指令“TriggL p3，v500，trigg _ 1，z50，gun1;”，并在距离终点（p3）5mm 的位置，再次中断主程序 PROC main()、转入中断程序 TRAP trap _ 1。

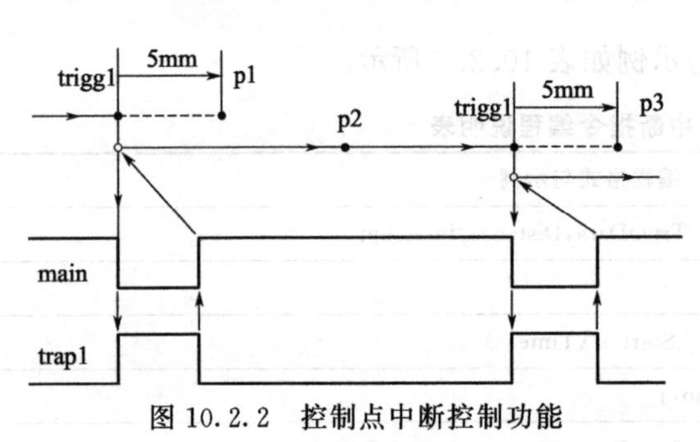

图 10.2.2 控制点中断控制功能

(3) 控制点 I/O 中断设定指令

控制点 I/O 中断可在机器人关节、直线、圆弧插补轨迹的控制点上，通过对指定 I/O 信号的状态检查和判别，决定是否需要终止现行程序、转入中断程序。控制点 I/O 中断的控制点位置需要通过控制点 I/O 中断设定指令 TriggCheckIO 定义，控制点数据仍以 trigg-data 的形式保存。控制点 I/O 中断一旦被设定与连接，机器人执行 I/O 控制插补指令 TriggJ、TriggL、TriggC 到达控制点时，如 I/O 中断条件满足，控制系统便可终止现行程序、转入中断程序；否则，继续后续的插补运动。

控制点 I/O 中断设定指令 TriggCheckIO 的编程格式及要求如下。

```
TriggCheckIO TriggData, Distance [\Start] | [\Time], Signal, Relation,
            CheckValue |CheckDvalue [\StopMove], Interrupt ;
```

程序数据 TriggData、Distance 及添加项\Start 或\Time，用来设定控制点的位置，其含义与输出控制点设定指令 TriggIO、TriggEquip 相同，有关内容可参见第 9 章 9.3 节。指令中的其他程序数据及添加项的含义、编程要求如下。

Signal：I/O 中断信号名称，数据类型 signaldi（开关量输入 DI）、signaldo（开关量输入 DO）、signalai（模拟量输入 AI）、signalao（模拟量输出 AO）、signalgi（开关量输入组 GI）、signalgo（开关量输出组 GO）或 string。

Relation：文字型比较符，数据类型 opnum，符号及含义见第 7 章 7.2 节。

CheckValue 或 CheckDvalue：比较基准值，数据类型 num 或 dnum。

\StopMove：运动停止选项，数据类型 switch。增加本选项，可在调用中断程序前立即停止机器人运动。

Interrupt：中断名称（中断条件），数据类型 intnum。

控制点 I/O 中断设定指令的编程实例如下，程序实现的中断控制功能如图 10.2.3 所示。

```
VAR intnum gateclosed ;                                          // 中断名称定义
VAR triggdata checkgate ;                                        // 控制点定义
……
!***********************************
PROC main()
CONNECT gateclosed WITH waitgate ;                               // 中断程序连接
TriggCheckIO checkgate,5,di1,EQ,1\StopMove,gateclosed ;          //I/O 中断设定
……
TriggJ p1,v600,checkgate,z50,grip1 ;                             // 中断控制
TriggL p2,v500,checkgate,z50,grip1 ;                             // 中断控制
……
IDeletegateclosed ;                                              // 删除中断
……
```

在以上程序所定义的控制点中断名称（中断条件）为 gateclosed；保存控制点数据的程序数据名为 checkgate；所连接的中断程序名为 TRAP waitgate；TriggCheckIO 指令所设定的控制点为距离终点 5mm 的位置、监控的 I/O 信号名为 di1、监控状态为 di1=1。因此，当系统执行 I/O 控制关节插补指令“TriggJ p1, v600, checkgate, z50, grip1;”时，可在距离终点（p1）5mm 的位置检测 di1 的状态，如 di1 为“0”，则继续后续的插补运动直至终点 p1；接着，执行 I/O 控制直线插补指令“TriggL p2, v500, checkgate, z50, grip1;”，并在距离终点（p2）5mm 的位置，再次检测 di1 的状态，如 di1 为“1”，则中断主程序 PROC main ()、转入中断程序 TRAP waitgate。

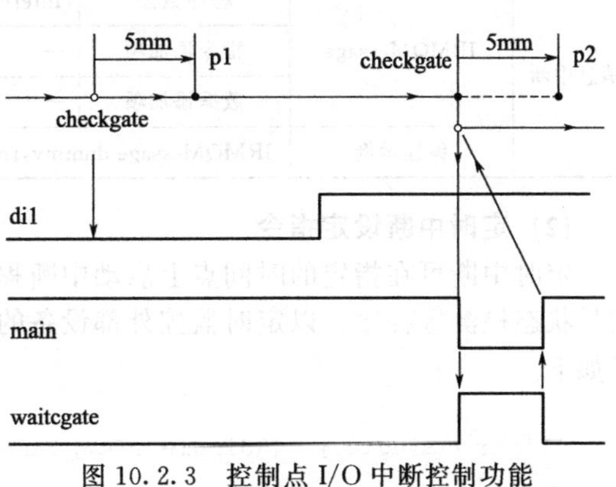

图 10.2.3　控制点 I/O 中断控制功能

10.2.4　状态中断设定指令

(1) 指令与功能

状态中断是由除 I/O 信号外的控制系统其他状态所产生的中断，如通过延时、系统出错、外设检测变量或永久数据等产生的中断等。状态中断的连接、使能、禁止、删除、启用、停用等指令，均与其他中断相同；状态中断的条件需要通过状态中断设定指令定义。

RAPID 状态中断设定指令的名称、编程格式与示例如表 10.2.7 所示，指令的编程要求与程序实例如下。

表 10.2.7 状态中断设定指令编程说明表

名称	编程格式与示例		
定时中断	ITimer	程序数据	Time, Interrupt
		指令添加项	\Single | \SingleSafe
		数据添加项	—
	编程示例	ITimer \Single,60,timeint;	
系统出错中断	IError	程序数据	ErrorDomain, ErrorType, Interrupt
		指令添加项	—
		数据添加项	\ErrorId
	编程示例	IError COMMON_ERR,TYPE_ALL,err_int;	
永久数据中断	IPers	程序数据	Name, Interrupt
		指令添加项	—
		数据添加项	—
	编程示例	IPers counter,pers1int;	
探测数据中断	IVarValue	程序数据	Device, VarNo, Value, Interrupt
		指令添加项	—
		数据添加项	\Unit, \DeadBand, \ReportAtTool, \SpeedAdapt, \APTR
	编程示例	IVarValue "sen1:",GAP_VARIABLE_NO,gap_value,IntAdap;	
消息中断	IRMQMessage	程序数据	InterruptDataType, Interrupt
		指令添加项	—
		数据添加项	—
	编程示例	IRMQMessage dummy,rmqint;	

(2) 定时中断设定指令

定时中断可在指定的时间点上启动中断程序，因此，它可来定时启动诸如控制系统 I/O 信号状态检测等程序，以定时监控外部设备的运行状态。定时中断设定指令的编程格式及要求如下。

```
ITimer [\Single,] | [\SingleSafe,] Time,Interrupt ;
```

\Single 或\SingleSafe：一次性中断或一次性安全中断选择，数据类型 switch。添加项的含义与 DI/DO 中断设定指令 ISignalDI/ISignalDO 相同。

Time：定时值，数据类型 num，单位 s。不使用添加项\Single、\SingleSafe 时，控制系统将以设定的时间间隔，周期性地重复执行中断程序；可设定的最小定时值为 0.1s。使用添加项\Single 或\SingleSafe 时，控制系统仅在指定延时到达时，执行一次中断程序；可设定的最小定时值为 0.01s；

Interrupt：中断名称（中断条件），数据类型 intnum。

定时中断设定指令的编程实例如下。

```
MODULE mainmodu (SYSMODULE)                                  // 主模块
  VAR intnumtimeint ;                                        // 定义中断名称
  ……
```

```
ENDMODULE
!*************************************************
PROC main ()                                          // 主程序
  CONNECT timeint WITH iroutine1 ;                    // 连接中断
  ITimer \Single,60,timeint ;                         // 60s 后启动中断程序 1 次
  ……
  IDeletetimeint ;                                    // 删除中断
  CONNECT timeint WITH iroutine1 ;                    // 重新连接中断
  ITimer 60,timeint ;                                 // 每隔 60s 重复启动中断程序
  ……
  IDelete siglint ;                                   // 删除中断
ENDPROC
!*************************************************
TRAPiroutine1                                         // 中断程序
  ……
ENDTRAP
!*************************************************
```

(3) 系统出错中断设定指令

系统出错中断可在系统出现指定的错误时启动中断程序，因此，它可于系统出错时的程序处理。系统出错中断设定指令的编程格式与要求如下。

```
IError ErrorDomain [\ErrorId],ErrorType,Interrupt ;
```

ErrorDomain：系统错误类别，数据类型 errdomain。错误类别通常以字符串文本的形式定义，设定值及含义可参见系统出错信息读入指令 ReadErrData 的说明（表 10.2.2）。如果错误类别设定为“COMMON _ ERR”，只要控制系统出错或变更操作状态，均将产生中断。

\ErrorId：错误代码，数据类型 num。设定值及含义可参见系统出错信息读入指令 ReadErrData 的说明（表 10.2.2）。

ErrorType：系统错误性质，数据类型 errtype。设定值及含义可参见系统出错信息读入指令 ReadErrData 的说明（表 10.2.2）。如果错误性质设定“TYPE _ ALL”，控制系统发生任何性质的出错，均将产生中断。

Interrupt：中断名称（中断条件），数据类型 intnum。

例如，利用如下指令设定的中断 err _ int，可在系统发生任何类别、任何性质出错时，均启动中断程序 TRAP trap _ err。

```
CONNECT err_int WITH err_trap ;
IError COMMON_ERR,TYPE_ALL,err_int ;
……
```

(4) 永久数据中断设定指令

永久数据中断可在永久数据状态改变时启动中断功能，中断程序执行完成后，可返回被中断的程序继续执行后续指令；但是，如永久数据的状态在程序停止期间发生改变，在程序重新启动时，将不会产生永久数据中断。

永久数据中断设定指令的编程格式与要求如下。

```
IPers Name,Interrupt ;
```

Name：永久数据名称，数据类型不限。如果所指定的永久数据为复合数据或数组，只要任一数据项发生改变，都将产生中断。

Interrupt：中断名称（中断条件），数据类型 intnum。

例如，对于以下程序，只要永久数据 counter 的状态发生变化，便可启动中断程序 TRAP iroutine1，并通过文本显示指令 TPWrite，在示教器上显示文本“Current value of counter= **”（** 为永久数据 counter 的当前值）；然后，继续执行后续指令。

```
MODULE mainmodu (SYSMODULE)                                         // 主模块
  ……
  VAR intnum perslint ;                                             // 定义中断名称
  PERS num counter:=0 ;                                             // 定义永久数据
  ……
ENDMODULE
!*****************************************************
PROC main()                                                         // 主程序
  CONNECT perslint WITH iroutine1 ;                                 // 中断连接
  IPers counter,perslint ;                                          // 中断设定
  ……
  IDelete perslint ;
  ……
  ENDPROC
!*****************************************************
TRAP iroutine1
  TPWrite "Current value of counter = " \Num:=counter ;             // 文本显示
  ……
ENDTRAP
!*****************************************************
```

(5) 其他中断设定指令

探测数据中断指令 IVarValue 仅用于配套串行通信探测传感器的特殊机器人，如带焊缝跟踪器的弧焊机器人等，它可根据传感器的检测值（如焊缝体积或间隙等），启动指定的中断程序。指令所使用的探测传感器，应事先进行通信接口、波特率等配置，并进行串行设备连接。指令需要利用 string 型程序数据 device 定义设备名称、num 型程序数据 VarNo 及 Value 定义监控变量数量及数值，此外，还可利用 num 型数据添加项\Unit、\DeadBand、\SpeedAdapt 设定数值倍率、区域、速度倍率等。

消息中断指令 IRMQMessage 是一种通信中断功能，它可根据 RAPID 消息队列（RAPID Message Queue）通信数据的类型，启动中断程序，程序数据 InterruptDataType 用来定义启动中断程序的消息数据类型。有关消息队列通信的内容可参见后述的通信指令编程。

探测数据中断、报文中断指令属于复杂机器人系统的高级中断功能，在普通机器人上使用较少，有关内容可参见 ABB 公司手册。

10.3　错误处理指令编程

10.3.1　错误处理器设定指令

(1) 指令与功能

控制系统出现错误时，根据错误的严重程度，可分为系统错误（error）、系统警示（warning）、操作提示（information）3类。系统错误大多由控制系统的软硬件故障引起，原则上需要通过维修解决；系统警示大多属于用户操作、设定、编程错误，一般可通过系统重启、复位、中断等方式恢复；操作提示属于控制系统的状态显示信息，通常不影响系统正常工作。

当机器人程序自动运行时，如果控制系统出现了系统警示、操作提示等可恢复错误，就需要中断程序自动执行，并进行必要的处理。系统出错时的作业程序处理方式有程序中断和使用控制系统错误处理器处理两种。

利用程序中断处理错误时，控制系统将立即中断现行程序的执行，直接跳转到中断程序TRAP，由中断程序进行相关的处理。因此，在作业程序中，需要编制相应的中断连接指令CONNECT、系统出错中断设定指令Ierro以及对应的中断程序TRAP。有关系统错误的程序中断编程要求可参见本章前述。

错误处理器通常用于控制系统可恢复的轻微错误处理，如表达式运算出错、程序数据格式出错等。使用错误处理器处理错误时，控制系统可以不中断现行程序的执行过程、也无需编制中断程序TRAP。当程序执行过程发生错误时，控制系统将自动停止指令的执行、跳转至错误处理程序块ERROR，由错误处理程序块ERROR中的指令处理错误。错误处理程序块ERROR执行完成后，可通过故障重试、继续执行、重启移动等方式，返回至被停止的指令继续执行。

利用错误处理器处理错误时，需要利用RAPID错误处理器设定指令，对错误编号、程序跳转位置、处理方式等进行必要的设定，相关指令的名称、编程格式与示例如表10.3.1所示。

表10.3.1　错误处理器设定指令编程说明表

<table>
<tr><th>名称</th><th colspan="3">编程格式与示例</th></tr>
<tr><td rowspan="4">错误编号定义</td><td rowspan="2">BookErrNo</td><td>编程格式</td><td>BookErrNo ErrorName;</td></tr>
<tr><td>程序数据</td><td>ErrorName:错误编号名称,数据类型 errnum</td></tr>
<tr><td>功能说明</td><td colspan="2">定义错误编号</td></tr>
<tr><td>编程示例</td><td colspan="2">BookErrNo ERR_GLUEFLOW;</td></tr>
<tr><td rowspan="4">错误处理程序调用</td><td rowspan="2">RAISE</td><td>编程格式</td><td>RAISE [Error no.];</td></tr>
<tr><td>程序数据</td><td>Error no:错误编号名称,数据类型 errnum</td></tr>
<tr><td>功能说明</td><td colspan="2">调用指定的错误处理程序</td></tr>
<tr><td>编程示例</td><td colspan="2">RAISE ERR_MY_ERR;</td></tr>
<tr><td rowspan="4">用户错误处理方式</td><td rowspan="2">RaiseToUser</td><td>编程格式</td><td>RaiseToUser[\Continue] | [\BreakOff] [\ ErrorNumber];</td></tr>
<tr><td>指令添加项</td><td>\Continue:程序连续,数据类型 switch
\BreakOff:强制中断,数据类型 switch
\ErrorNumber:错误编号名,数据类型 errnum</td></tr>
<tr><td>功能说明</td><td colspan="2">用于不能单步执行的模块(NOSTEPIN),进行用户指定的错误处理操作</td></tr>
<tr><td>编程示例</td><td colspan="2">RaiseToUser \Continue \ErrorNumber:=ERR_MYDIVZERO;</td></tr>
</table>

(2) 错误编号及定义

在控制系统内部中，系统错误用错误编号（ERRNO）区分；在程序中，错误编号所对应的错误名称（ErrorName），可通过 errnum 型程序数据、以字符串文本的形式编程。errnum 数据可使用控制系统预定义的数据（字符串文本），也可通过错误编号定义指令 BookErrNo，在程序中自行定义。

控制系统预定义的 errnum 数据，包含了运算出错、程序数据出错、指令出错等常见错误。例如，"ERR_DIVZERO" 为程序中发生除数为 0 的表达式出错，"ERR_AO_LIM" 为模拟量输出（AO）值溢出，其他有关内容可参见本书附录 D。

对于控制系统未定义的用户特殊出错，系统的错误编号可通过 RAPID 错误编号定义指令 BookErrNo 进行定义；对应的错误处理程序块可通过错误处理程序调用指令 RAISE 或后述的错误处理程序调用与日志创建指令 ErrRaise 调用。为了使控制系统能够识别、自动分配错误编号，在作业程序中，需要事先利用程序数据定义指令，将 errnum 数据的初始值设定为－1。

例如，通过以下程序，可将控制系统 DI 信号 di1 为 "0" 的状态，定义为用户特殊出错 "ERR_GLUEFLOW"。这一出错可通过 RAPID 错误处理程序调用指令 RAISE，调用错误处理程序块 ERROR，执行 Set do1 指令。

```
VAR errnum ERR_GLUEFLOW:=－1 ;                    // errnum 数据定义
BookErrNo ERR_GLUEFLOW ;                          // 错误编号定义
……
IF di1 =0 THEN
RAISE ERR_GLUEFLOW ;                              // 调用错误处理程序
ENDIF
……
ERROR                                             // 错误处理程序开始
IF ERRNO =ERR_GLUEFLOW THEN
Set do1 ;
ENDIF                                             // 错误处理程序结束
……
```

(3) 错误处理程序调用

RAPID 错误处理程序是以 ERROR 作为起始标记的程序块。如果控制系统在执行程序过程中出现指定错误时，可立即停止现行指令、跳转至错误处理程序块继续执行；错误处理程序块执行完成后，可返回指令断点，继续执行。

任何类型的作业程序（普通程序 PROC、功能程序 FUNC、中断程序 TRAP）都可编制一个错误处理程序块。为了判别错误，错误处理程序块一般都需要用 IF 指令编程。

用于错误处理的指令既可直接编制在当前程序的错误处理程序块 ERROR 中，也可通过 ERROR 程序块中的 RAISE 指令，调用其他程序（如主程序）ERROR 程序块中的、用于同样错误处理的错误处理指令。如果程序中没有编制错误处理程序块 ERROR，或者，程序块 ERROR 中无相应的错误处理指令，控制系统将自动调用系统错误中断程序，由系统软件自动处理错误。

例如，通过程序块 ERROR 中的指令，处理系统预定义错误 "ERR_PATH_STOP"（轨迹停止出错）的程序如下。

```
PROC routine1()
MoveL p1\ID:=50,v1000,z30,tool1 \WObj:=stn1 ;
……
ERROR                                              // 错误处理程序开始
IF ERRNO =ERR_PATH_STOP THEN
StorePath ;
p_err:=CRobT(\Tool:=tool1 \WObj:=wobj0) ;
MoveL p_err,v100,fine,tool1 ;
RestoPath ;
StartMoveRetry ;
ENDIF                                              // 错误处理程序结束
ENDPROC
……
```

在以上程序中，由于轨迹停止出错“ERR _ PATH _ STOP”的错误编号已由控制系统预定义，故程序中无需编制错误编号定义指令 BookErrNo。同时，由于用来处理错误的程序指令“StorePath（存储轨迹）；p _ err：＝CRobT（\Tool：＝tool1 \WObj：＝wobj0）（读取机器人停止点位置）；MoveL p _ err，v100，fine，tool1（移动到机器人停止点）；RestoPath（恢复轨迹）；StartMoveRetry（重启移动）”等，均直接编制在当前程序的错误处理程序块 ERROR 中，因此，程序块 ERROR 也无需编制错误处理程序调用指令 RAISE。

再如，通过调用其他程序［主程序“PROC main()”］错误处理程序块 ERROR 中的错误处理指令，处理程序［子程序“PROC routine1()”］出现的系统预定义错误“ERR _ DIVZERO”（除数为 0）的程序如下。

```
PROC main()                                        // 主程序
  routine1 ;
  ……
  ERROR                                            // 错误处理程序开始
  IF ERRNO =ERR_DIVZERO THEN
  value2:=1;
  RETRY;
  ENDIF                                            // 错误处理程序结束
  ……
ENDPROC
  ! ****************************************
PROC routine1()                                    // 子程序
  ……
  value1:=5/value2 ;
  ……
  ERROR
  RAISE ;                                          // 调用主程序错误处理程序
  ENDIF                                            // 错误处理程序结束
  ……
```

在以上程序中，由于错误“ERR _ DIVZERO”（除数为 0）的错误编号已由控制系统预定义，因此，程序中无需编制错误编号定义指令 BookErrNo。同时，由于主程序“PROC main()”的错误处理程序块 ERROR 中，已编制了处理“ERR_DIVZERO”（除数为 0）错误的指令“value2：＝1”（除数定义为 1）、RETRY（故障重试）等，因此，在子程序“PROC routine1()”的错误处理程序块 ERROR 中，只需要编制错误处理程序调用指令 RAISE，便可自动跳转至主程序“PROC main()”的错误处理程序块 ERROR，执行错误处理指令。

(4) 用户错误处理方式

出于安全方面的考虑，在通常情况下，控制系统的错误处理指令都以单步的方式执行，因此，对于属性定义为“NOSTEPIN”（不能单步执行）的程序模块（见第 6 章模块属性说明），就需要通过指令 RaiseToUser，对错误处理指令的执行方式进行重新定义。

用户错误处理方式定义指令 RaiseToUse，可通过添加项\Continue 或\BreakOff，选择以下错误处理程序的执行方式之一。如不使用添加项，系统仍按常规方式执行错误处理指令。

使用添加项\Continue：出现错误时，控制系统将停止当前指令的执行，并跳转至错误处理程序块 ERROR，继续执行错误处理指令。

使用添加项\BreakOff：出现错误时，控制系统将停止当前指令的执行，并强制中断当前程序，返回至主程序。

例如，在以下程序中，由主程序 routine1 指令调用的子程序 PROC routine1，编制在属性定义为 NOSTEPIN（不能单步执行）的模块 MODULE MySysModule 中，因此，通过指令 RaiseToUser 的编程，控制系统将进行如下错误处理操作。

```
PROC main()                                              // 主程序
  VAR errnum ERR_MYDIVZERO:=-1;                          // errnum 数据定义
  BookErrNo ERR_MYDIVZERO;                               // 错误编号定义
  routine1;                                              // 子程序调用
  ……
  ERROR                                                  // 错误处理程序
  IF ERRNO =ERR_MYDIVZERO THEN
  reg1:=0;
  TRYNEXT;
  ENDIF
ENDPROC
!*******************************************
MODULE MySysModule (SYSMODULE,NOSTEPIN)                  // 模块及属性定义
  PROC routine1()                                        // 子程序
  ……
  reg1:=reg2/ reg3;
  ……
  ERROR                                                  // 错误处理程序
  IF ERRNO =ERR_DIVZERO THEN                             // 如出现除数为 0 错误
  RaiseToUser \Continue \ErrorNumber:=ERR_MYDIVZERO;     // 继续执行错误处理程序
  ELSE                                                   // 如发生其他错误
  RaiseToUser \BreakOff;                                 // 强制中断程序
  ENDIF
ENDPROC
```

① 当程序 PROC routine1 中的运算表达式“reg1：＝reg2/reg3”，出现除数 reg3 为 0 的系统预定义错误“ERR _ DIVZERO”时，控制系统可通过指令“RaiseToUser \Continue \ErrorNumber：＝ERR _ MYDIVZERO”，跳转至错误处理程序块 ERROR，并调用主程序“PROC main()”错误处理程序块 ERROR 中的“ERR _ MYDIVZERO”错误处理指令“reg1：＝0”（设定 reg1：＝0）、TRYNEXT（故障重试、执行下一指令）处理错误，接着，返回子程序 PROC routine2，继续执行“reg1：＝reg2/reg3”后续的指令。

② 当 PROC routine1 出现其他系统错误时，可通过错误处理程序块 ERROR 中的指令“RaiseToUser\BreakOff”，强制中断子程序 PROC routine1 的执行过程、直接返回至主程序“PROC main()”。

10.3.2 系统日志创建指令

（1）指令与功能

为了便于维修，控制系统运行过程中所出现的系统错误（error）、系统警示（warning）、操作提示（information）等信息，可自动保存在系统文件或用户自定义的 xml 文件中，这一文件称为系统日志或事件日志（Event Log）。系统日志（事件日志）可通过示教器的操作菜单 Event Log，在示教器中显示如图 10.3.1 所示的界面。

图 10.3.1 系统日志显示

系统日志一般由错误代码和信息文本，以及由控制系统自动生成的日期时间组成。一般而言，控制系统所发生的系统错误（error），其错误代码、信息文本通常由控制系统（机器人）生产厂家预定义；由编程、操作及外设等错误引起的系统警示（warning）、操作提示（information）信息，其错误代码、信息文本，可由机器人生产或使用厂家的程序设计人员，通过作业程序创建。

在作业程序中，系统日志可通过系统日志创建指令创建，相关指令的名称、编程格式与示例如表 10.3.2 所示。

表 10.3.2 系统日志创建指令编程说明表

名称		编程格式与示例	
系统日志创建	ErrLog	编程格式	ErrLog ErrorID [\W,] | [\I,] Argument1, Argument2, Argument3, Argument4, Argument5;
		程序数据与添加项	ErrorId:错误代码,数据类型 num \W:仅保存系统警示日志,数据类型 switch \I:仅保存操作提示日志,数据类型 switch Argument 1～5:1～5 行信息文本,数据类型 errstr
	功能说明	创建系统日志	
	编程示例	ErrLog5300, ERRSTR_ TASK, arg, ERRSTR _ CONTEXT, ERRSTR _ UNUSED, ERRSTR_UNUSED;	
错误处理程序调用与日志创建	ErrRaise	编程格式	ErrRaise ErrorName, ErrorId, Argument1, Argument2, Argument3, Argument4, Argument5;

续表

名称	编程格式与示例		
错误处理程序调用与日志创建	ErrRaise	程序数据	ErrorName:错误名称,数据类型 errnum ErrorId:错误代码,数据类型 num Argument1~5:1~5 行信息文本,数据类型 errstr
	功能说明	创建系统警示日志,并调用错误处理程序	
	编程示例	ErrRaise "ERR_BATT",7055,ERRSTR_TASK,ERRSTR_CONTEXT,ERRSTR_UNUSED,ERRSTR_UNUSED,ERRSTR_UNUSED;	
错误写入	ErrWrite	编程格式	ErrWrite [\W,] | [\ I,] Header,Reason [\RL2] [\RL3] [\RL4];
		程序数据与添加项	\W:仅保存系统警示日志,数据类型 switch \I:仅保存操作提示日志,数据类型 switch Header:信息标题,数据类型 string Reason:第 1 行信息,数据类型 string \RL2、\RL3、\RL4:第 2~4 行信息,数据类型 string
	功能说明	创建示教器操作信息显示页,并写入系统日志	
	编程示例	ErrWrite "PLC error","Fatal error in PLC" \RL2:="Call service";	

(2) 系统日志创建指令

系统日志创建指令 ErrLog 可用来创建由编程、操作及外设等错误引起的系统警示(warning)、操作提示(information)信息。所创建的错误信息可作为系统日志(事件日志),保存到系统的 xml 文件或用户自定义的 xml 文件中;如需要,还可以在示教器上自动显示。

RAPID 错误信息由错误代码(ErrorId)和最大 5 行的信息文本组成。当错误信息用系统 xml 文件保存时,指令中的错误代码 ErrorId 应定义为 4800~4814;当错误信息以用户自定义 xml 文件保存时,指令中的错误代码 ErrorId 应定义为 5000~9999。系统警示(warning)或操作提示(information)信息可通过程序数据添加项\W(系统警示)或\I(操作提示),选择是否在示教器上显示;选择添加项时,错误信息将保存到系统日志(事件日志)中,但不在示教器上自动显示。

例如,通过以下程序,可将故错误信息"T_ROB1;p1;Position_error"的错误代码定义为 4800,并保存到到系统 xml 文件中,同时在示教器上显示该出错信息。

```
……
VAR errstr str1:="T_ROB1";
VAR errstr str2:="p1";
VAR errstr str3:="Position_error";
ErrLog 4800,str1,str2,str3,ERRSTR_UNUSED,ERRSTR_UNUSED;
……
```

如上述程序中的系统日志创建指令"ErrLog 4800,str1,str2,str3,ERRSTR_UNUSED,ERRSTR_UNUSED"改为"ErrLog 5210 [\W],str1,str2,str3,ERRSTR_UNUSED,ERRSTR_UNUSED",则可将错误信息的错误代码定义为 5210,它仅作为系统日志(事件日志)保存到在用户自定义的 xml 文件中,而不在示教器上显示。

(3) 错误处理程序调用与日志创建指令

错误处理程序调用与日志创建指令 ErrRaise 具有错误处理程序调用和系统日志创建双重功

能。指令一方面可通过指定的错误名称（ErrorName），自动调用程序中的错误处理程序块 ERROR 处理错误；同时，还可为该错误名称创建对应的错误信息与系统日志（事件日志）。

指令 ErrRaise 所指定的错误名称，需要通过 RAPID 错误编号定义指令 BookErrNo，在程序中事先定义（参见 BookErrNo 指令说明）；指令所创建的错误信息同样由错误代码和最大 5 行的信息文本组成，警示信息可作为系统日志（事件日志），保存在系统 xml 文件中。例如，通过以下程序，可利用指令所指定的错误名称“ERR_BATT”，自动调用程序中的错误处理程序块 ERROR；同时，还可为错误“ERR_BATT”创建错误代码为“4800”、信息文本为“T_ROB1；Backup battery status；no fully charged（后备电池未充满）”的错误信息，并将其保存到系统 xml 文件（事件日志）中。

```
  ……
  VAR errnum ERR_BATT:=-1 ;                                    // errnum 数据定义
  VAR errstr str1:=" T_ROB1" ;
  VAR errstr str2:="Backup battery status" ;
  VAR errstr str3:="no fully charged" ;
  ……
  BookErrNo ERR_BATT ;                                          // 错误编号定义
  ErrRaise "ERR_BATT",4800,str1,str2,str3,ERRSTR_UNUSED,ERRSTR_UNUSED;
                                                  //创建警示信息并调用错误处理程序
  ……
  ERROR                                                         // 错误处理程序
  IF ERRNO =ERR_BATT THEN
  TRYNEXT ;
  ENDIF
ENDPROC
  ……
```

(4) 错误写入

错误写入指令 ErrWrite 实际上属于示教器通信指令的一种，它可用来创建示教器的操作信息显示页面，并且能将此信息写入到系统日志中。

由作业程序创建的操作信息，其信息文本最多为 5 行（含标题），总字符数不能超过 195 字符；信息的类别可为系统错误（error）、系统警示（warning）或操作提示（information），它们在系统日志中的错误代码分别规定为 80001、80002、80003。

ErrWrite 指令不使用添加项\W 或\I 时，可将对应的错误信息作为系统错误（error）80001，保存到系统日志中，并在示教器的操作信息显示页面显示该信息；指定添加项\W 或\I 时，错误信息仅作为系统警示（warning）80002 或操作提示（information）80003，写入到系统的系统日志（事件日志）中，但不在示教器的操作信息显示页显示。

有关 ErrWrite 指令的详细说明及编程要求可参见后述的示教器通信指令说明。

10.3.3 故障恢复指令与函数

(1) 指令与功能

RAPID 故障恢复指令与函数命令，可用于故障处理程序块 ERROR 执行完成后的故障重试、重启移动、移动恢复模式设置，以及故障重试计数器清除、重试次数读取等操作。除移动恢复模式设置指令外，其他指令大多用于故障处理程序块 ERROR 编程。

RAPID 故障恢复指令及函数命令的名称、编程格式及示例如表 10.3.3 所示。

表 10.3.3 故障恢复指令及函数命令编程说明表

名称		编程格式与示例	
故障重试	RETRY	编程格式	RETRY；
		程序数据	—
	功能说明	再次执行发生错误的指令(只能用于错误处理程序)	
	编程示例	RETRY；	
重试下一指令	TRYNEXT	编程格式	TRYNEXT；
		程序数据	—
	功能说明	执行发生错误指令的下一指令(只能用于错误处理程序)	
	编程示例	TRYNEXT；	
重启移动	StartMoveRetry	编程格式	StartMoveRetry；
		程序数据	—
	功能说明	恢复轨迹、重启机器人移动	
	编程示例	StartMoveRetry；	
跳过系统警示	SkipWarn	编程格式	SkipWarn；
		程序数据	—
	功能说明	跳过指定的系统警示,不记录和显示故障信息	
	编程示例	SkipWarn；	
移动恢复模式设定	ProcerrRecovery	编程格式	ProcerrRecovery[\SyncOrgMoveInst]|[\SyncLastMoveInst] [\ProcSignal]；
		指令添加项	\SyncOrgMoveInst:恢复原轨迹,数据类型 switch \SyncLastMoveInst:恢复下一轨迹,数据类型 switch \ProcSignal:状态输出,数据类型 signaldo
	功能说明	设定机器人移动时的错误恢复模式	
	编程示例	ProcerrRecovery \SyncOrgMoveInst	
故障重试计数器清除	ResetRetryCount	编程格式	ResetRetryCount；
		程序数据	—
	功能说明	清除故障重试计数器的计数值	
	编程示例	ResetRetryCount；	
读取剩余故障重试次数	RemainingRetries	命令格式	RemainingRetries()
		命令参数	—
		执行结果	剩余故障重试次数,数据类型 num
	编程示例	Togo_Retries:＝RemainingRetries()；	

(2) 故障重试与跳过警示指令

故障重试指令 RETRY、TRYNEXT 用于系统故障处理程序块 ERROR 执行完成后的返回；跳过系统警示指令 SkipWarn，可跳过指定的系统警示信息（warning），不进行系统日志（事件日志）保存及故障信息显示。指令 RETRY、TRYNEXT、SkipWarn 只能在故障处理程序块 ERROR 中编程。

指令 RETRY 和 TRYNEXT 的区别，在于故障处理程序块 ERROR 执行完成后系统程序指针的返回位置：执行指令 RETRY，程序指针将返回到出现错误的指令上，并重新执行该指令；执行指令 TRYNEXT，控制系统将跳过出现错误的指令，将程序指针直接移动到下一指令上，继续执行后续程序。

例如，在下述程序中，当程序在执行指令“reg2：=reg3/reg4”时，出现 reg4=0（除数为 0）的系统预定义错误“ERR_DIVZERO”时，控制系统将自动调用错误处理程序块 ERROR，设定 reg4=1。ERROR 程序块执行完成后，可通过故障重试指令 RETRY，返回至出错指令“reg2：=reg3/reg4”并重新执行，因此，可得到“reg2=reg3”的程序执行结果。

```
……
reg2:=reg3/reg4 ;
MoveL p1,v50,z30,tool2 ;
……
ERROR
IF ERRNO =ERR_DIVZERO THEN
reg4:=1 ;
RETRY ;
ENDIF
ENDPROC
……
```

再如，在下述程序中，当程序在执行指令“reg2：=reg3/reg4”时，出现 reg4=0（除数为 0）的系统预定义错误“ERR_DIVZERO”时，控制系统将自动调用错误处理程序块 ERROR、设定 reg2=0。ERROR 程序块执行完成后，可通过故障重试指令 TRYNEXT，跳过出错指令“reg2：=reg3/reg4”、返回至出错指令后续的“MoveL p1，v50，z30，tool2”指令上，继续执行程序，为此，将得到“reg2=0”的程序执行结果。

```
reg2:=reg3/reg4 ;
MoveL p1,v50,z30,tool2 ;
……
ERROR
IF ERRNO =ERR_DIVZERO THEN
reg2:=0 ;
TRYNEXT ;
ENDIF
ENDPROC
……
```

(3) 重启移动指令

重启移动指令 StartMoveRetry 相当于恢复移动指令 StartMove 与故障重试指令 RETRY 的合成，它可以同时实现机器人移动恢复和控制系统的故障重试功能。

例如，在下述程序中，如果控制系统在执行“MoveL p1，v1000，z30，tool1 \WObj：=stn1”指令时，出现了系统预定义的错误“ERR_PATH_STOP”（停止轨迹错误），控制系统将自动调用错误处理程序块 ERROR，进行错误处理；错误处理程序块 ERROR 执行完成后，可直接利用移动重启指令 StartMoveRetry，返回至出错指令“MoveL p1，v1000，z30，tool1\WObj：=stn1；”，重新执行并启动机器人运动。

```
……
MoveL p1,v1000,z30,tool1 \WObj:=stn1 ;
……
ERROR
IF ERRNO =ERR_PATH_STOP THEN
StorePath ;                                  // 存储程序轨迹
……                                           // 错误处理
RestoPath ;                                  // 恢复程序轨迹
StartMoveRetry ;                             // 恢复移动并重试
ENDIF
ENDPROC
……
```

（4）移动恢复模式设定指令

RAPID 移动恢复模式设定指令 ProcerrRecovery 多用于连续移动指令的错误处理，它可通过添加项选择需要重启的移动指令。选择添加项\SyncOrgMoveInst 时，控制系统在错误处理程序块 ERROR 执行完成、利用指令 StartMove 恢复移动时，将继续执行原来的移动指令；选择添加项\SyncLastMoveInst 时，控制系统在错误处理程序块 ERROR 执行完成、利用指令 StartMove 恢复移动时，将跳过原来的移动指令、直接执行下一移动指令；选择添加项\ProcSignal，还可在指定的 DO 点上输出重启移动信号。

例如，对于以下程序，如机器人在执行移动指令“MoveL p1，v50，z30，tool2”时，出现了系统预定义的错误“ERR_PATH_STOP”（停止轨迹错误），控制系统将自动调用错误处理程序块 ERROR，进行错误处理。错误处理程序块 ERROR 执行完成后，可通过恢复移动指令 StartMove、故障重试指令 RETRY，重启移动指令“MoveL p1，v50，z30，tool2”移动，使得机器人运动到 p1 点。

```
……
MoveL p1,v50,z30,tool2 ;
ProcerrRecovery \SyncOrgMoveInst ;           // 设定移动恢复模式
MoveL p2,v50,z30,tool2 ;
……
ERROR                                        // 错误处理程序
IF ERRNO =ERR_PATH_STOP THEN
……
StartMove ;                                  // 恢复移动
RETRY;                                       // 故障重试
ENDIF
ENDPROC
```

如果上述程序中 ProcerrRecovery 指令的添加项改为 \SyncLastMoveInst，如机器人在执行移动指令“MoveL p1，v50，z30，tool2”时，同样出现了系统预定义的错误“ERR_PATH_STOP”（停止轨迹错误）；控制系统在错误处理程序块 ERROR 执行完成、通过恢复移动指令 StartMove 及故障重试指令 RETRY 重启移动时，将跳过指令“MoveL p1，v50，z30，tool2”，直接执行“MoveL p2，v50，z30，tool2”指令，使机器人运动到 p2 点。

(5) 故障重试计数器清除与读取

为了避免因故障处理指令执行滞后等因素引起的故障恢复失败，用户可以通过系统参数“No of Retry”（故障重试次数）的设置，使故障重试指令 RETRY、TRYNEXT 重复执行多次。控制系统已执行的重试次数，保存在故障重试计数器（RetryCount）中；剩余的故障重试次数，可通过 RAPID 函数命令 RemainingRetries 读取。

对于个别需要比系统参数 No of Retry 设置值更多次重试操作才能恢复的故障，为了简化操作、避免修改系统参数，在作业程序中，可通过指令 ResetRetryCount，清除故障重试计数器的当前值；通过重新计数，增加故障重试次数。

例如，通过以下程序，如故障重试所需要的时间较长，不能确保通过系统参数 No of Retry 设置故障重试次数恢复时，可以在剩余的故障重试次数 Togo_Retries 小于 2 次时，利用指令 ResetRetryCount 清除故障重试计数器，持续故障重试操作。

```
……
VAR numTogo_Retries ;
……
ERROR
……                                              // 故障处理程序
Togo_Retries:=RemainingRetries() ;              // 读取剩余重试次数
IFTogo_Retries < 2 THEN
ResetRetryCount ;                               // 清除重试计数器
ENDIF
RETRY;
ENDPROC
……
```

10.4 轨迹存储、记录指令编程

10.4.1 轨迹存储与恢复指令

(1) 指令与功能

作业程序中断、错误中断的优先级高于正常执行指令。控制系统在执行机器人移动指令时，如果出现程序中断或发生错误，将立即停止机器人运动、转入中断程序 TRAP 或错误处理程序块 ERROR。为了使控制系统能够在中断程序或错误处理程序块 ERROR 执行完成后，控制机器人继续执行移动指令、继续未完成的运动，可使用 RAPID 轨迹存储与恢复指令，来存储被中断的指令轨迹。

RAPID 轨迹存储与恢复指令的名称、编程格式与示例如表 10.4.1 所示。

表 10.4.1 轨迹存储与恢复指令编程说明表

名称	编程格式与示例		
程序轨迹存储	StorePath	编程格式	StorePath[\KeepSync];
		指令添加项	\KeepSync:保持协同作业同步,数据类型 switch
		程序数据	—
	功能说明	存储当前移动指令的轨迹,并选择独立或同步运动模式	
	编程示例	StorePath;	
剩余轨迹清除	ClearPath	编程格式	ClearPath;
		程序数据	—
	功能说明	清除当前指令所剩余的轨迹	
	编程示例	ClearPath;	
程序轨迹恢复	RestoPath	编程格式	RestoPath;
		程序数据	—
	功能说明	恢复 StorePath 指令保存的程序轨迹	
	编程示例	RestoPath;	
恢复移动	StartMove	编程格式	StartMove[\AllMotionTasks];
		指令添加项	\AllMotionTasks:全部任务有效,数据类型 switch
	功能说明	重新恢复机器人移动	
	编程示例	StartMove;	
沿原轨迹返回	StepBwdPath	编程格式	StepBwdPath StepLength,StepTime;
		程序数据	StepLength:返回行程(mm),数据类型 num StepTime:返回时间,数据已作废,固定 1
	功能说明	机器人沿原轨迹返回指定行程	
	编程示例	StepBwdPath 30,1;	
当前轨迹检查	PathLevel	命令格式	PathLevel()
		命令参数	—
		执行结果	1:原始轨迹。2:指令轨迹存储
	功能说明	检查机器人当前有效的移动轨迹	
	编程示例	level:=PathLevel();	
断电后的轨迹检查	PFRestart	命令格式	PFRestart([\Base]|[\Irpt])
		命令参数与添加项	\Base:基本轨迹检查,数据类型 switch \Irpt:指令存储轨迹检查,数据类型 switch
		执行结果	要求的轨迹存在为 TRUE,否则 FALSE
	功能说明	电源中断重启后的检查轨迹移动	
	编程示例	IF PFRestart(\Irpt)=TRUE THEN	

(2) 编程说明

轨迹存储指令 StorePath 可保存当前指令的程序轨迹；剩余轨迹清除指令 ClearPath 可清除当前指令尚未执行完成的剩余程序轨迹。指令 StorePath 所保存的程序轨迹可通过指令 RestoPath 恢复轨迹、并通过恢复移动指令 StartMove 重启移动。

程序轨迹存储与恢复指令可以用于诸如焊接机器人的焊钳更换、焊枪清洗等作业中断控制，指令的编程示例如下。

```
PROC main ()
......
VAR intnum int_move_stop ;                                  // 定义中断名称
......
CONNECT int_move_stop WITH trap_move_stop ;                 // 连接中断
ISignalDI di1,1,int_move_stop ;                             // 中断设定
......
MoveJ p10,v200,z20,gripper ;                                // 移动指令
MoveL p20,v200,z20,gripper ;
......
!**********************************************
TRAP trap_move_stop                                         // 中断程序
StopMove ;                                                  // 移动暂停
ClearPath ;                                                 // 剩余轨迹清除
StorePath ;                                                 // 程序轨迹保存
......                                                      // 中断处理
StepBwdPath 30,1 ;                                          // 沿原轨迹返回 30mm
MoveJ p10,v200,z20,gripper ;                                // 重新定位到起点
RestoPath ;                                                 // 程序轨迹恢复
StartMove ;                                                 // 恢复移动
......
```

对于以上程序，如控制系统在执行主程序“PROC main ()”移动指令“MoveL p20，v200，z20，gripper;”时，中断输入信号 di1 为“1”，控制系统将立即停止机器人运动、转入中断程序 TRAP trap _ move _ stop。

在中断程序 TRAP trap _ move _ stop 中，系统将首先通过指令 StopMove，暂停机器人移动；接着，利用指令 ClearPath，清除尚未执行完成的剩余程序轨迹；然后，利用轨迹存储指令 StorePath 保存指令的程序轨迹，并进行相关的中断处理。

中断处理完成后，可通过沿原轨迹返回指令 StepBwdPath，使机器人沿原轨迹退回 30mm；接着，通过关节插补指令“MoveJ p10，v200，z20，gripper;”，控制机器人重新返回到起点 p10；最后，利用程序轨迹恢复指令 RestoPath 恢复程序轨迹，通过移动恢复指令 StartMove 重启机器人移动，使得机器人重新进行指令“MoveL p20，v200，z20，gripper;”的运动。

10.4.2 轨迹记录、恢复指令与函数

(1) 指令、函数及功能

RAPID 轨迹记录指令可用于机器人移动轨迹的记录与恢复，它能够记录多条已执行的指令轨迹。利用轨迹记录指令记录的机器人移动轨迹，可保存在系统存储器中，如需要，可通过作业程序（如错误处理程序块 ERROR）的轨迹前进、回退指令，控制机器人沿记录轨迹前进、回退；或者，利用 RAPID 函数命令检查机器人回退、前进轨迹。

RAPID 轨迹记录指令与函数命令的名称、编程格式与示例如表 10.4.2 所示。

表 10.4.2 轨迹记录指令与函数命令编程说明表

名称	编程格式与示例		
开始记录轨迹	PathRecStart	编程格式	PathRecStart ID;
		程序数据	ID:轨迹名称,数据类型 pathrecid
	功能说明	开始记录机器人移动轨迹	
	编程示例	PathRecStart fixture_id;	
停止记录轨迹	PathRecStop	编程格式	PathRecStop [\Clear];
		指令添加项	\Clear:轨迹清除,数据类型 switch
	功能说明	停止记录机器人移动轨迹、清除轨迹记录	
	编程示例	RestoPath;	
沿记录轨迹回退	PathRecMoveBwd	编程格式	PathRecMoveBwd [\ID] [\ToolOffs] [\Speed];
		指令添加项	\ID:轨迹名称,数据类型 pathrecid \ToolOffs:工具偏移(间隙补偿),数据类型 pos \Speed:回退速度,数据类型 speeddata
	功能说明	机器人沿记录轨迹回退	
	编程示例	PathRecMoveBwd \ID:=fixture_id \ToolOffs:=[0,0,10] \Speed:=v500;	
沿记录轨迹前进	PathRecMoveFwd	编程格式	PathRecMoveFwd [\ID] [\ToolOffs] [\Speed];
		指令添加项	\ID:轨迹名称,数据类型 pathrecid \ToolOffs:工具偏移(间隙补偿),数据类型 pos \Speed:前进速度,数据类型 speeddata
	功能说明	机器人沿记录轨迹前进	
	编程示例	PathRecMoveFwd \ID:=mid_id;	
后退轨迹检查	PathRecValidBwd	命令格式	PathRecValidBwd ([\ID])
		命令参数	\ID:轨迹名称,数据类型 pathrecid
		执行结果	后退轨迹有效 TRUE,后退轨迹无效 FALSE
	编程实例	bwd_path:=PathRecValidBwd (\ID:=id1);	
前进轨迹检查	PathRecValidFwd	命令格式	PathRecValidFwd([\ID])
		命令参数	\ID:轨迹名称,数据类型 pathrecid
		执行结果	前进轨迹有效 TRUE,前进轨迹无效 FALSE
	编程实例	fwd_path:=PathRecValidBwd(\ID:=id1);	

(2) 编程示例

RAPID 轨迹记录指令与函数的编程示例如下。

```
VAR pathrecid id1 ;                                    // 程序数据定义
VAR pathrecid id2 ;
VAR pathrecid id3 ;
……
```

```
MoveJ p0,vmax,fine,tool1 ;
PathRecStart id1 ;                                  // 记录轨迹 id1
MoveL p1,v500,z50,tool1 ;
PathRecStart id2 ;                                  // 记录轨迹 id2
MoveL p2,v500,z50,tool1 ;
PathRecStart id3 ;                                  // 记录轨迹 id3
MoveL p3,500,z50,tool1;
PathRecStop ;                                       // 停止记录轨迹
……
ERROR                                               // 错误处理程序
StorePath ;                                         // 保存程序轨迹
IF PathRecValidBwd(\ID:=id3) THEN                   // 检查轨迹 id3
  PathRecMoveBwd \ID:=id3 ;                         // 如 id3 已记录、回退到 p2
ENDIF
IF PathRecValidBwd(\ID:=id2) THEN                   // 检查轨迹 id2
  PathRecMoveBwd \ID:=id2 ;                         // 如 id2 已记录、回退到 p1
ENDIF
  PathRecMoveBwd ;                                  // 沿 id1 回退到 p0
IF PathRecValidFwd(\ID:=id2) THEN                   // 检查轨迹 id2
  PathRecMoveFwd \ID:=id2 ;                         // 如 id2 已记录、前进到 p2
ENDIF
IF PathRecValidFwd(\ID:=id3) THEN                   // 检查轨迹 id3
  PathRecMoveFwd \ID:=id3 ;                         // 如 id3 已记录、前进到 p3
ENDIF
  PathRecMoveFwd ;                                  // 沿 id1 前进到 p1
  RestoPath ;                                       // 恢复程序轨迹
  StartMove ;                                       // 恢复移动
RETRY ;                                             // 故障重试
……
```

在上述程序中，机器人移动指令“MoveJ p0，vmax，fine，tool1”“MoveL p1，v500，z50，tool1”“MoveL p2，v500，z50，tool1”的运动轨迹，可通过轨迹记录指令 PathRecStart，分别记录、保存到名称为“id1”“id2”“id3”的 pathrecid 型程序数据中。如机器人移动指令执行过程中出现系统错误，控制系统可调用错误处理程序块 ERROR，并通过程序块 ERROR 中的后退轨迹检查函数命令 PathRecValidBwd，检查后退轨迹记录，使机器人沿原轨迹后退至运动起点 p0；然后，再通过程序块 ERROR 中的前进轨迹检查函数命令 PathRecValidFwd，检查前进轨迹记录、使机器人再次沿原轨迹前进至出现故障的移动指令终点（p1、p2 或 p3）；完成后，恢复程序轨迹、恢复移动、故障重试。

10.4.3 执行时间记录指令与函数

(1) 指令与功能

作业程序执行时间记录指令可用来精确记录程序指令的执行时间，系统计时器的计时单位为 ms，最大计时值为 4294967s（49 天 17 小时 2 分钟 47 秒）。执行时间计时器的时间值可以通过函数命令读入，读入的时间单位可以选择 μs。

作业程序执行时间记录指令及函数命令的名称、编程格式与示例如表 10.4.3 所示。

表 10.4.3 执行时间记录指令与函数命令编程说明表

名称	编程格式与示例		
计时器启动	ClkStart	编程格式	ClkStart Clock;
		程序数据	Clock:计时器名称,数据类型 clock
	功能说明	启动计时器计时	
	编程示例	ClkStart clock1;	
计时器停止	ClkStop	编程格式	ClkStop Clock;
		程序数据	Clock:计时器名称,数据类型 clock
	功能说明	停止计时器计时	
	编程示例	ClkStop clock1;	
计时器复位	ClkReset	编程格式	ClkReset Clock;
		程序数据	Clock:计时器名称,数据类型 clock
	功能说明	复位计时器计时值	
	编程示例	ClkReset clock1;	
启动执行时间记录	SpyStart	编程格式	SpyStart File;
		程序数据	File:文件路径与名称,数据类型 string
	功能说明	详细记录每一指令的执行时间,并保存到文件 file 中	
	编程示例	SpyStart "HOME:/spy.log";	
停止执行时间记录	SpyStop	编程格式	SpyStop;
		程序数据	—
	功能说明	停止记录指令执行时间	
	编程示例	SpyStop;	
计时器时间读入	ClkRead	命令格式	ClkRead(Clock \HighRes)
		命令参数	Clock:计时器名称,数据类型 clock \HighRes:计时单位 μs,数据类型 switch
		执行结果	计时器时间值,数据类型 num,单位 ms(或 μs)
	功能说明	读取计时器时间值	
	编程示例	time:=ClkRead(clock1);	
系统时间读取	GetTime	命令格式	GetTime([\WDay] | [\Hour] | [\Min] | [\Sec])
		命令参数与添加项	\Wday:当前日期,数据类型 switch \Hour:当前时间(小时),数据类型 switch \Min:当前时间(分),数据类型 switch \Sec:当前时间(秒),数据类型 switch
		执行结果	系统当前的时间值,数据类型 num
	功能说明	读取系统当前的时间	
	编程示例	hour:=GetTime(\Hour);	

(2) 编程示例

作业程序执行时间记录指令的编程示例如下，该程序可以通过计时器 clock1 的计时，将系统 DI 信号 di1 输入为“1”的延时读入到程序数据 time 中。

```
VAR clock clock1 ;                                    // 程序数据定义
VAR num time ;
……
ClkReset clock1 ;                                     // 计时器复位
ClkStart clock1 ;                                     // 计时器启动
WaitUntil di1 =1 ;                                    // 程序暂停,等待 di1 输入
ClkStop clock1 ;                                      // 停止计时
time:=ClkRead(clock1);                                // 读入计时值
……
```

程序执行时间记录启动/停止指令 SpyStart /SpyStop，可将每一程序指令的执行时间详细记录，并保存到指定的文件中，由于时间计算和数据保存需要较长的时间，因此，该功能多用于程序调试，而较少用于实际作业。

例如，利用指令 SpyStart /SpyStop 记录子程序 rProduce1 的指令执行时间，并将其保存到 SD 卡（“HOME:”）文件 spy. log 中的程序如下。

```
……
SpyStart "HOME:/spy.log";                             // 启动指令执行时间记录
rProduce1 ;                                           // 调用需要记录的程序
SpyStop ;                                             // 停止指令执行时间记录
……
!***********************************************************************
PROC rProduce1()
SetDo1,1 ;
IF di1=0 THEN
MoveL p1,v200,fine,tool0 ;
ENDIF
MoveL p2,v200,fine,tool0 ;
……
ENDPROC
!***********************************************************************
```

程序执行后，文件 spy. log 中保存的数据如表 10.4.4 所示，表中各列的含义如下，时间单位均为 ms。

任务：程序所在的任务名。

指令：系统所执行的指令。

进/出：该指令开始执行/完成的时刻，从 SpyStart 指令执行完成时刻开始计算。

代码：指令执行状态，“就绪”为完成指令的时间，“等待”为指令准备时间。

表 10.4.4　指令执行时间记录文件格式

任务	指令	进	代码	出
MAIN	SetDo1,1;	0	就绪	0
MAIN	IF di1=0 THEN	0	就绪	1

续表

任务	指令	进	代码	出
MAIN	MoveL p1,v200,fine,tool0;	1	等待	11
MAIN	MoveL p1,v200,fine,tool0;	498	就绪	498
MAIN	ENDIF	495	就绪	495
MAIN	MoveL p2,v200,fine,tool0;	498	等待	505
MAIN	MoveL p2,v200,fine,tool0;	812	就绪	812
MAIN	……	……	……	……
MAIN	SpyStop;	……	就绪	

例如，系统处理移动指令“MoveL p1，v200，fine，tool0 ;”的准备时间为 10ms，机器人实际移动时间为 487ms 等。

第11章

系统调试指令编程

11.1 示教器通信指令编程

11.1.1 显示控制指令与函数

(1) 指令与功能

机器人控制器和示教器通信是作业程序最常用的通信操作，示教器显示控制指令与函数可用于图 11.1.1 所示的 FlexPendant 示教器操作信息显示窗的编程。

示教器操作显示窗可通过示教器顶部 ABB 图标右侧的操作信息图标选择，底部的触摸功能键【清除】、【不显示日志】、【不显示任务名】，可用来清除显示信息、关闭显示窗、隐藏任务名。

利用 RAPID 示教器通信指令，用户不仅可在显示窗中显示信息文本，而且还可对操作信息显示窗的样式、对话操作界面等进行设计。其中，清屏、窗口选择、文本显示指令及连接测试函数等，是示教器通信常用的基本指令(命令)，相关指令与函数的名称、编程格式与示例如表 11.1.1 所示。

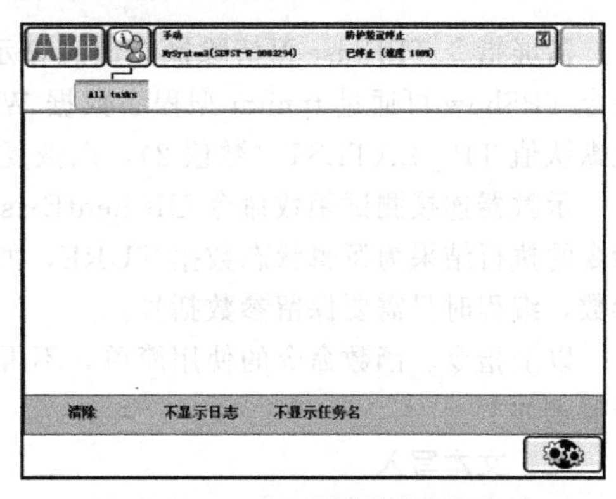

图 11.1.1 示教器操作信息显示窗

表 11.1.1 示教器基本通信指令、函数编程说明表

名称	编程格式与示例		
清屏	TPErase	程序数据	—
		指令添加项	—
		数据添加项	—
	编程示例	TPErase;	

续表

名称	编程格式与示例		
文本写入	TPWrite	程序数据	string
		指令添加项	—
		数据添加项	\Num | \Bool | \Pos | \Orient | \Dnum
	编程示例	TPWrite "No of produced parts=" \Num:=reg1;	
错误写入	ErrWrite	程序数据	Header,Reason
		指令添加项	\W,| \I,
		数据添加项	\RL2、RL3、\RL4
	编程示例	ErrWrite "PLC error","Fatal error in PLC" \RL2:="Call service";	
窗口选择	TPShow	程序数据	Window
		指令添加项	—
		数据添加项	—
	编程示例	TPShow TP_LATEST;	
用户界面显示	UIShow	程序数据	AssemblyName,TypeName
		指令添加项	—
		数据添加项	\InitCmd、\InstanceId、\Status、\NoCloseBtn
	编程示例	UIShow Name,Type \InstanceID:=myinstance \Status:=mystatus;	
示教器连接测试函数命令	UIClientExist	命令参数	—
		可选参数	—
		执行结果	逻辑状态数据 bool,已连接 TURE,未连接 FALSE
	编程示例	IF UIClientExist() THEN	

清屏指令 TPErase 可清除操作信息显示区的全部显示，以便写入新的信息。窗口选择指令 TPShow 可通过 tpnum 型程序数据 Window，选择操作信息显示页面，通常设定为系统默认值 TP_LATEST（数值 2），以恢复最近一次显示窗口。

示教器连接测试函数命令 UIClientExist 用来检查示教器的连接状态，如示教器已连接，命令的执行结果为逻辑状态数据 TURE，如未连接，则为 FALSE。UIClientExist 命令无需参数，编程时只需要保留参数括号。

以上指令、函数命令的使用简单，不再另行说明。文本、操作信息写入指令的编程格式与要求如下。

(2) 文本写入

文本写入指令 TPWrite 可将指定的文本（字符串）写入到操作信息显示区，指令的编程格式、程序数据及数据添加项含义如下。

```
TPWrite String [\Num] | [\Bool] | [\Pos] | [\Orient] | [\Dnum] ;
```

string：需要写入的字符串文本，数据类型 string。显示区的每行可显示 TPWrite 指令写入的 40 字符操作信息，程序数据 string 最大可定义 80 字符（2 行）。

多个 string 数据可通过运算符“+”连接，也可通过以下添加项之一，附加其他程序数据；附加数据作为文本信息显示时，系统可自动将其转换为 string 数据。

\Num：数据类型 num，文本后附加的 num 数据。num 数据转换为 string 数据时，将自动保留 6 个有效数字（符号、小数点除外），多余的小数位可自动进行四舍五入处理；如 num 数据 1.141367 的转换结果为字符"1.14137"等。

\Dnum：数据类型 dnum，文本后附加的 dnum 数据。dnum 数据转换为 string 数据时，将自动保留 15 个有效数字（符号、小数点除外），多余的小数位同样可自动进行四舍五入处理。

\Bool：数据类型 bool，文本附加的 bool 数据，bool 数据转换为 string 数据的结果为字符"TRUE"或"FALSE"。

\Pos：数据类型 pos，文本后附加的 pos 数据。pos 数据转换为 string 数据时，保留括号和逗号，如 pos 数据［817.3，905.17，879.1］的转换结果为字符"［817.3，905.17，879.1］"等。

\Orient：数据类型 orient，文本后附加的 orient 数据。orient 数据转换为 string 数据时，同样可保留括号、逗号，如方位［0.96593，0，0.25882，0］的转换结果为字符"［0.96593，0，0.25882，0］"等。

文本写入指令 TPWrite 的编程示例如下。

```
……
TPShow TP_LATEST ;                                    // 恢复最近一次窗口
TPErase ;                                                        // 清屏
TPWrite "Execution started" ;          // 显示操作信息:Execution started
……
VAR string str1:=T_ROB1 ;                                   // 定义程序数据
TPWrite "This task controls TCP robot with name "+ str1 ;
           //字符串连接,显示操作信息:This task controls TCP robot with name T_ROB1
……
VARnum reg1:=5 ;                                            // 定义程序数据
TPWrite "No of produced parts=" \Num:=reg1 ;
                              //附加数值,显示操作信息:No of produced parts=5
……
```

(3) 错误写入

错误写入指令 ErrWrite 可在示教器的操作信息显示窗写入程序指定的错误信息文本，并保存到系统日志（事件日志）中。

错误信息文本最多可显示 5 行（含标题），总字符数不能超过 195 字符。错误的类别可为系统错误（error）、系统警示（warning）或操作提示（information），它们在系统日志中的错误代码分别为 80001、80002、80003。

错误信息写入指令的编程格式、程序数据及添加项含义如下。

```
ErrWrite [\W,] | [\ I,] Header,Reason [\RL2] [\RL3] [\RL4]
```

\W 或\I：信息显示选择，数据类型 switch。添加项\W 或\I 均未指定时，示教器在显示错误信息的同时，将此信息作为系统错误（error）80001，保存到系统日志中；指定添加项\W，示教器不显示错误信息，但可作为系统警示（warning）80002，写入到系统日志中；指定添加项\I，示教器不显示操作信息，但作为操作提示（information）80003，写入到系统日志中。

Header：错误信息标题，数据类型 string，最大 46 个字符。

Reason：第 1 行信息显示内容，数据类型 string。

\RL2、\RL3、\RL4：第 2～4 行信息显示内容，数据类型 string。

例如，执行如下指令：

```
ErrWrite "PLC error","Fatal error in PLC" \RL2:="Call service";
```

示教器可显示以下错误信息，同时将错误信息作为系统错误 80001，保存到系统日志中。

PLC error

Fatal error in PLC

Call service

再如，执行如下指令：

```
ErrWrite \W,"Search error","No hit for the first search";
```

示教器不显示错误信息，但在系统日志中保存如下系统警示信息 80002：

Search error

No hit for the first search

(4) 用户界面显示

用户界面显示指令 UIShow 通常由机器人生产厂家编制，指令可在示教器上显示用户图形，图形文件应以扩展名“.dll”安装在“HOME:”路径下。

用户界面显示指令的编程格式、程序数据及添加项含义如下。

```
UIShow AssemblyName,TypeName [\InitCmd] [\InstanceID] [\Status][\NoCloseBtn];
```

AssemblyName：图形文件名称，数据类型 string。

TypeName：图形文件类型，数据类型 string。

\InitCmd：图形初始化数据，数据类型 string。

\InstanceID：用户界面识别标记，数据类型 uishownum。当指定的界面显示后，将保存该界面的识别号，因此，程序数据应定义为永久数据，以便其他 UIShow 调用。

\Status：指令执行状态标记，数据类型 num。指定添加项时，系统将等待、检查指令执行结果，“0”代表执行正确，负值代表指令出错。

\NoCloseBtn：关闭用户界面，数据类型 switch。

用户界面显示指令 UIShow 的编程示例如下。

```
CONST string Name:="TpsViewMyAppl.gtpu.dll";
CONST string Type:="ABB.Robotics.SDK.Views.TpsViewMyAppl";
CONST string Cmd1:="Init data string passed to the view";
CONST string Cmd2:="New init data string passed to the view";
PERS uishownum myinstance:=0;
VAR num mystatus:=0;
……
UIShow Name,Type \InitCmd:=Cmd1 \Status:=mystatus;
UIShow Name,Type \InitCmd:=Cmd2 \InstanceID:=myinstance \Status:=mystatus;
……
```

11.1.2 示教器应答指令编程

（1）指令与功能

示教器应答指令用于简单的对话操作，它可以在示教器显示文本信息的同时，进行对话操作。如操作者未按指令规定要求操作示教器按键，程序将进入等待状态，直至操作者操作指定的应答键。

示教器基本对话操作可以通过 num 或 dnum 数值输入、触摸功能键进行应答，相关的 RAPID 指令名称、编程格式与示例如表 11.1.2 所示。

表 11.1.2 示教器应答指令编程说明表

名称		编程格式与示例	
数字键应答对话	TPReadNum TPReadDnum	程序数据	TPAnswer、TPText
		指令添加项	—
		数据添加项	\MaxTime、\DIBreak、\DIPassive、\DOBreak]、\DOPassive、\BreakFlag
	编程示例	TPReadDnum value,"How many units should be produced?";	
功能键应答对话	TPReadFK	程序数据	TPAnswer、TPText、TPFK1、…、TPFK5
		指令添加项	—
		数据添加项	\MaxTime、\DIBreak、\DIPassive、\DOBreak]、\DOPassive、\BreakFlag
	编程示例	TPReadFK reg1,"More?",stEmpty,stEmpty,stEmpty,"Yes","No";	

（2）数值应答指令编程

num 或 dnum 数值应答指令 TPReadNum、TPReadDnum 的区别仅在于示教器输入的数值在作业程序中保存的数据类型，指令 TPReadNum 以 num 数据格式保存、指令 TPReadDnum 则以 dnum 格式保存，指令的编程格式及程序数据说明如下。

```
TPReadNum TPAnswer,TPText [\MaxTime] [\DIBreak] [\DIPassive] [\DOBreak]
          [\DOPassive] [\BreakFlag] ;
TPReadDnum TPAnswer,TPText [\MaxTime] [\DIBreak] [\DIPassive] [\DOBreak]
           [\DOPassive] [\BreakFlag] ;
```

TPAnswer：示教器输入数值，数据类型 num 或 dnum。程序数据用来存储示教器对话操作时，操作者所输入的数值，TPReadNum 为 num 数据，TPReadDnum 为 dnum 数据。

TPText：示教器显示，数据类型 string。用来指定示教器对话操作时写入显示器的文本，文本最大为 2 行、80 字符，每行最大可显示 40 个字符。

\MaxTime：操作应答等待时间，数据类型 num，单位 s。不指定添加项时，系统必须等待操作者操作触摸功能键应答后，才能结束指令，继续后续程序。指定添加项\MaxTime、但未选择添加项\BreakFlag 时，如操作者未在\MaxTime 规定的时间内，通过触摸功能键应答，系统将自动终止指令、并产生“操作应答超时（ERR _ TP _ MAXTIME）”错误。如指令同时指定了添加项\MaxTime 和\BreakFlag，则可按添加项\BreakFlag（见下述）的要求处理错误，并继续执行后续程序指令。

\DIBreak：终止指令执行的 DI 信号，数据类型 signaldi。使用添加项时，如果在指定的 DI 信号状态为“1”或“0”（指定\DIPassive）时，操作者尚未进行规定的应答操作，则自动终止指令，产生“操作应答 DI 终止（ERR _ TP _ DIBREAK）”错误，并根据添加项 \BreakFlag 的情况，进行相应的处理。

\DIPassive：终止指令执行的 DI 信号极性选择，数据类型 switch。未指定添加项时，DI 状态为“1”时终止指令；指定添加项时，DI 状态为“0”时终止指令执行。

\DOBreak：终止指令执行的 DO 信号，数据类型 signaldo。使用添加项时，当指定的 DO 信号状态为“1”或“0”（指定\DOPassive）时，操作者尚未通过触摸功能键应答，则终止指令、产生“操作应答 DO 终止（ERR _ TP _ DOBREAK）”错误，并根据添加项 \BreakFlag 的情况，进行相应的处理。

\DOPassive：终止指令执行的 DO 信号极性选择，数据类型 switch。未指定添加项时，DO 状态为“1”时终止指令；指定添加项时，DO 状态为“0”时终止指令。

\BreakFlag：错误存储，数据类型 errnum。未指定添加项时，当指令出现应答超时、DI 终止、DO 终止等操作出错时，系统停止执行程序并作为系统错误处理；指定添加项时，如指令应答超时、DI 终止、DO 终止操作出错，可在指定的程序数据上保存系统出错信息“ERR _ TP _ MAXTIME”、“ERR _ TP _ DIBREAK”或“ERR _ TP _ DOBREAK”，然后终止指令、继续后续程序。

num 数值应答指令 TPReadNum 的编程示例如下，指令 TPReadDnum 仅在于数值保存的数据类型不同，其他一致。

```
VAR num value ;                                                    // 程序数据定义
……
TPReadNum value,"How many units should be produced?" ;             // 对话显示与操作
FOR i FROM 1 TO value DO                                           // 重复执行
  produce_part ;                                                   // 子程序调用
ENDFOR
……
```

利用以上指令，可在示教器上显示文本“How many units should be produced?”，并且无限等待操作者输入数值应答。一旦操作者用数字键进行了应答，系统将以应答值作为子程序的重复执行次数，重复执行子程序 produce _ part。

(3) 功能键应答指令编程

功能键应答指令 TPReadFK 和数值应答指令的区别在于：它需要用示教器上触摸功能键进行应答，指令的其他功能相同。TPReadFK 指令的编程格式如下，程序数据 TPText 及全部数据添加项的含义均与数值应答指令 TPReadNum、TPReadDnum 相同；指令其他程序数据的说明如下。

```
TPReadFK TPAnswer,TPText,TPFK1,TPFK2,TPFK3,TPFK4,TPFK5 [\MaxTime]
         [\DIBreak] [\DIPassive] [\DOBreak] [\DOPassive] [\BreakFlag] ;
```

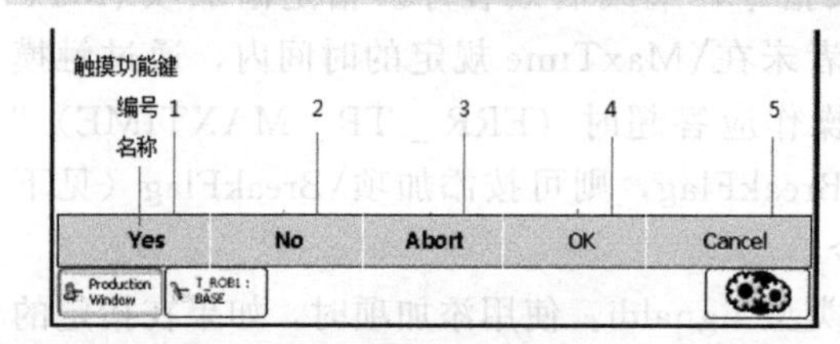

图 11.1.2 触摸功能键位置、编号与名称

TPAnswer：示教器输入的触摸功能键编号（1～5），数据类型 num。触摸功能键所显示的名称可通过程序数据 TPFK1～TPFK5 定义；触摸功能键位置、编号与名称的对应关系如图 11.1.2 所示。

TPFK1～TPFK5：触摸功能键1～5的名称显示，数据类型string。触摸功能键名称最大允许45字符，无名称显示的空白功能键，应指定系统预定义的空白字符stEmpty或空字符标记（""）。

功能键应答指令TPReadFK的编程示例如下。

```
VAR errnum errvar ;
……
TPReadFK reg1,"Go to service position?",stEmpty,stEmpty,stEmpty,"Yes","No" \Max-
Time:＝600 \DIBreak:＝di5 \BreakFlag:＝errvar ;
IF reg1 ＝4 OR errvar ＝ERR_TP_DIBREAK THEN
MoveL service,v500,fine,tool1 ;
Stop ;
ENDIF
IF errvar ＝ERR_TP_MAXTIME EXIT ;
……
```

以上程序中，指令TPReadFK定义了触摸功能键4为Yes、5为NO，并定义了操作应答等待时间（10min）、终止指令执行的DI信号（di5 ＝1）、出错信息保存程序数据errvar。执行指令时，示教器将显示信息"Go to service position?"和触摸功能键Yes、NO；如操作者操作触摸功能键Yes（reg1 ＝4）或di5 ＝1，则可将机器人定位到service位置并执行STOP指令，程序停止执行；否则，在10min后系统将发生ERR _ TP _ MAXTIME错误，执行EXIT指令，退出程序。

11.1.3 对话操作指令与函数

(1) 指令与功能

RAPID示教器对话操作指令与函数命令是用于FlexPendant示教器操作信息显示页的操作界面样式定义和操作对话编程。

利用示教器对话操作指令与函数命令所创建的FlexPendant操作信息显示窗，可通过指定的应答操作关闭，操作对话的形式可为触摸功能键应答、文本输入框应答、数字键盘应答、数值增减键应答等；应答操作的状态可保存在指定的程序数据中。

RAPID示教器对话操作指令与函数命令的名称、编程格式与示例如表11.1.3所示。

表11.1.3 对话操作指令与函数编程说明表

名称	编程格式与示例		
键应答对话设定指令	UIMsgBox	程序数据	MsgLine1
		指令添加项	\Header
		数据添加项	\MsgLine2、…\MsgLine5、\Wrap、\Buttons、\Icon、\Image、\Result、\MaxTime、\DIBreak、\DIPassive、\DOBreak]、\DOPassive、\BreakFlag
	编程示例	UIMsgBox "Continue the program ?";	
键应答对话设定函数	UIMessageBox	命令参数	—
		可选参数	\Header、\Message | \MsgArray、\Wrap、\Buttons | \BtnArray、\DefaultBtn、\Icon、\Image、\MaxTime、\DIBreak、\DIPassive、\DOBreak、\DOPassive、\BreakFlag

续表

名称	编程格式与示例		
键应答对话设定函数	UIMessageBox	执行结果	触摸功能键状态，数据类型 btnres
	编程示例	answer：=UIMessageBox(\Header：="Cycle step 3" \Message：="Continue with the calibration ?" \Buttons：=btnOKCancel \DefaultBtn：=resCancel \Icon：=iconInfo \MaxTime：=60 \DIBreak：=di5 \BreakFlag：=err_var)；	
菜单对话设定函数	UIListView	命令参数	ListItems
		可选参数	\Result、\Header、\Buttons | \BtnArray、\Icon、\DefaultIndex、\MaxTime、\DIBreak、\DIPassive、\DOBreak、\DOPassive、\BreakFlag
		执行结果	所选的菜单序号，数据类型 num
	编程示例	list_item：=UIListView (\Result：=button_answer \Header：="UIListView Header", list\Buttons：=btnOKCancel \Icon：=iconInfo \DefaultIndex：=1)	
输入框对话设定函数	UIAlphaEntry	命令参数	—
		可选参数	\Header、\Message | \MsgArray、\Wrap、\Icon、\InitString、\MaxTime、\DIBreak、\DIPassive、\DOBreak、\DOPassive、\BreakFlag
		执行结果	输入框所输入的文本，数据类型 string
	编程示例	answer：=UIAlphaEntry(\Header：="UIAlphaEntry Header",\Message：="Which procedure do you want to run?"\Icon：=iconInfo \InitString：="default_proc")	
数字键盘对话设定函数	UINumEntry UIDnumEntry	命令参数	—
		可选参数	\Header、\Message | \MsgArray、\Wrap、\Icon、\InitValue、\MinValue、\MaxValue、\AsInteger、\MaxTime、\DIBreak、\DIPassive、\DOBreak、\DOPassive、\BreakFlag
		执行结果	键盘输入的数值，数据类型 num、dnum
	编程示例	answer：=UIDnumEntry (\Header：="BWD move on path" \Message：="Enter the path overlap?" \Icon：=iconInfo \InitValue：=5 \MinValue：=0 \MaxValue：=10 \MaxTime：=60 \DIBreak：=di5 \BreakFlag：=err_var)	
数值增减对话设定函数	UINumTune UIDnumTune	命令参数	InitValue，Increment
		可选参数	\Header、\Message | \MsgArray、\Wrap、\Icon、\MinValue、\MaxValue、\MaxTime、\DIBreak、\DIPassive、\DOBreak、\DOPassive、\BreakFlag
		执行结果	调节后的数值，数据类型 num、dnum
	编程示例	tune_answer：=UIDnumTune (\Header：=" BWD move on path" \Message：="Enter the path overlap?" \Icon：=iconInfo，5，1 \MinValue：=0 \MaxValue：=10\MaxTime：=60 \DIBreak：=di5 \BreakFlag：=err_var)	

（2）键应答对话设定指令

键应答对话设定指令 UIMsgBox 用来创建示教器的触摸键应答操作对话页面。利用该指令，示教器可显示图 11.1.3 所示的操作对话显示页面。

键应答对话设定指令一旦执行，系统需要等待操作者通过操作对应的触摸功能键应答后，才能结束指令、关闭对话显示页，并继续执行后续指令；如需要，也可通过程序数据添加项，选择以操作超时出错、DI/DO 信号终止等方式，结束指令、关闭对话显示，并进行相应的操作出错处理。

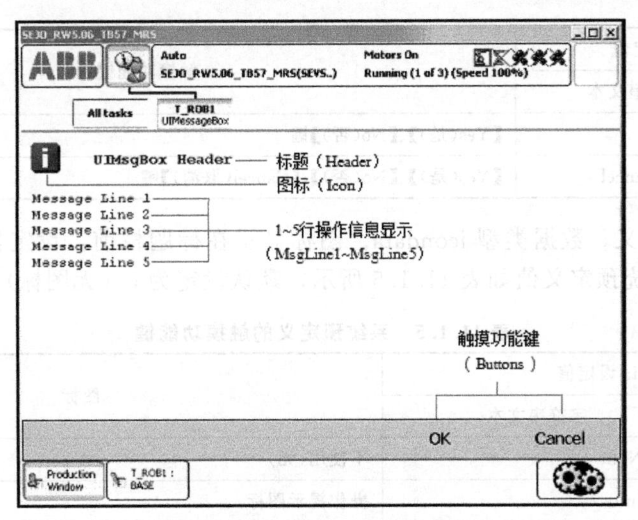

图 11.1.3 键应答对话页面

键应答对话设定指令 UIMsgBox 的编程格式如下，程序数据添加项\MaxTime、\DIBreak、\DIPassive、\DOBreak]、\DOPassive、\BreakFlag 的含义均与数值应答指令 TPReadNum、TPReadDnum 相同；指令其他程序数据的说明如下。

```
UIMsgBox [\Header,] MsgLine1 [\MsgLine2]… [\MsgLine5] [\Wrap] [\Buttons] [\Icon]
 [\Image] [\Result] [\MaxTime] [\DIBreak] [\DIPassive] [\DOBreak]
      [\DOPassive] [\BreakFlag] ;
```

\Header：操作信息标题，数据类型 string，最大允许 40 字符。

MsgLine1：第 1 行操作信息显示，数据类型 string，最大允许 55 字符。

\MsgLine2～\MsgLine5：第 2～5 行操作信息显示，数据类型 string，最大允许 55 字符。

\Wrap：字符串连接选择，数据类型 switch。未指定添加项时，MsgLine1…MsgLine5 信息为独立行显示；指定添加项时，MsgLine1…MsgLine5 间插入一空格后合并显示。

\Buttons：操作应答触摸功能键定义，数据类型 buttondata。操作应答触摸功能键显示在窗口右下方，设定值一般以字符串文本的形式指定，且只能定义其中的一组。系统预定义的功能键及含义如表 11.1.4 所示，系统默认设定“\Buttons：－btn OK”，即使用触摸功能键【OK（确认)】应答。

表 11.1.4 系统预定义的触摸功能键

buttondata 设定值		触摸功能键
数值	字符串文本	
－1	btnNone	不使用(无)
0	btnOK	【OK(确认)】键
1	btnAbrtRtryIgn	【Abort(中止)】、【Retry(重试)】、【Ignore(忽略)】键
2	btnOKCancel	【OK(确认)】、【Cancel(取消)】键
3	btnRetryCancel	【Rtry(重试)】、【Cancel(取消)】键

续表

buttondata 设定值		触摸功能键
数值	字符串文本	
4	btnYesNo	【Yes(是)】、【No(否)】键
5	btnYesNoCancel	【Yes(是)】、【No(否)】、【Cancel(取消)】键

\Icon：图标定义，数据类型 icondata。图标显示在标题栏前，设定值一般以字符串文本的形式指定，系统预定义值如表 11.1.5 所示，默认设定为 0（无图标）。

表 11.1.5 系统预定义的触摸功能键

icondata 设定值		图标
数值	字符串文本	
0	iconNone	不使用(无)
1	iconInfo	操作提示图标
2	iconWarning	操作警示图标
3	iconError	操作出错图标

\Image：用户图形文件名称，数据类型 string。如需要，操作信息窗也可显示用户图形，图形文件应事先存储在系统的“HOME:”路径下，像素规定为 185×300，像素超过时，只能显示图形左上方的 185 像素×300 像素图像。

\Result：应答状态存储数据名，数据类型 btnres。添加项用来指定保存触摸功能键应答操作状态的程序数据；程序数据的值一般为字符串，系统预定义的值如表 11.1.6 所示；当指令被\MaxTime、\DIBreak 或\DOBreak 终止时，数据值为 resUnkwn（数值 0）。

表 11.1.6 系统预定义的触摸功能键状态

btnres 数据值		触摸功能键状态
数值	字符串文本	
0	resUnkwn	未知
1	resOK	【OK(确认)】键应答
2	resAbort	【Abort(中止)】键应答
3	resRetry	【Retry(重试)】键应答
4	resIgnore	【Ignore(忽略)】键应答
5	resCancel	【Cancel(取消)】键应答
6	resYes	【Yes(是)】应答
7	resNo	【No(否)】应答

键应答对话设定指令 UIMsgBox 的编程示例如下。

```
……
UIMsgBox "Continue the program ?" ;
                    //第 1 行显示：Continue the program ?，应答键为默认【OK(确认)】键
……
!***********************************************
VAR btnres answer ;
```

```
UIMsgBox \Header:="UIMsgBox Header",
"Message Line 1"
\MsgLine2:="Message Line2"
\MsgLine3:="Message Line3"
\MsgLine4:="Message Line4"
\MsgLine5:="Message Line 5"
\Buttons:=btnOKCancel
\Icon:=iconInfo
\Result:=answer ;
                    //操作对话框如图 11.1.3 所示,应答键为【OK(确认)】、【Cancel(取消)】键
IF answer =resOK my_proc ;
……
! ***********************************************
VAR errnum err_var ;
UIMsgBox "Waiting for a break condition"
\Buttons:=btnNone \Icon:=iconInfo \MaxTime:=60 \DIBreak:=di5 \BreakFlag:=err_var ;
    //第 1 行显示:Waiting for a break condition;未指定应答键,利用 60s 超时、di5=1 关闭
……
```

(3) 键应答对话设定函数

键应答对话设定函数命令 UIMessageBox 的功能与 RAPID 键应答对话设定指令 UIMsgBox 基本相同，它同样可用来创建示教器的触摸功能键应答操作对话显示页面，但所显示的操作信息可扩展到 11 行，且还能自定义最大 5 个触摸功能键。

键应答对话函数命令 UIMessageBox 的执行结果为触摸功能键的应答状态，数据类型 btnres。命令的执行结果与可选参数\Buttons|\BtnArray 有关，使用可选参数\Buttons 时，执行结果为前述表 11.1.3 所示的系统预定义值；使用可选参数\BtnArray 时，执行结果为用户定义的触摸功能键的数组序号。

键应答对话设定函数命令 UIMessageBox 的编程格式、命令参数含义如下。

```
UIMessageBox ( [\Header] [\Message] | [\MsgArray] [\Wrap][\Buttons] | [\BtnArray]
               [\DefaultBtn] [\Icon] [\Image] [\MaxTime] [\DIBreak] [\DIPassive]
               [\DOBreak] [\DOPassive] [\BreakFlag]) ;
```

命令参数\Header、\Wrap、\Icon、\Image、\MaxTime、\DIBreak、\DIPassive、\DOBreak、\DOPassive、\BreakFlag 的含义和编程要求均与键应答对话设定指令 UIMsgBox 的同名添加项相同，其他参数说明如下。

\Message 或\MsgArray：可选参数\Message 用来写入第 1 行操作信息显示的内容，其含义与 UIMsgBox 指令程序数据 MsgLine1 相同；如使用参数\MsgArray，则可用数组的形式定义操作信息显示的内容，最大可显示 11 行，每行 55 字符。

\Buttons 或\BtnArray：可选参数\Buttons 用来选择系统预定义的触摸功能键，其含义与 UIMsgBox 指令添加项\Buttons 相同；如使用参数\BtnArray，则可用数组的形式自行定义触摸功能键，自定义触摸功能键最大为 5 个，每一功能键名称不能超过 42 字符。

\DefaultBtn：默认的执行结果，数据类型 btnres。定义命令出现应答超时、DI 终止、DO 终止操作出错时系统默认的执行结果；系统预定义的 btnres 值及含义见 UIMsgBox 指令

添加项\Buttons。

键应答对话设定函数命令 UIMessageBox 的编程示例如下，命令所显示的操作对话页面的基本显示同前述的图 11.1.3，但操作应答的触摸功能键为程序数据 my _ buttons{2}自定义的【OK】、【Skip】键。

```
……
VAR btnres answer ;                                              // 定义程序数据
CONST string my_message{5}:=["Message Line 1","Message Line 2",
"Message Line 3","Message Line 4","Message Line 5"] ;
CONST string my_buttons{2}:=["OK","Skip"] ;
……
answer:=UIMessageBox (\Header:="UIMessageBox Header" \MsgArray:=my_message
\BtnArray:=my_buttons \Icon:=iconInfo) ;                         // 显示操作对话框
……
IF answer =1 THEN                                    // 执行结果判断:操作【OK】键
! Operator selection OK
……
ELSEIF answer =2 THEN                              // 执行结果判断:操作【Skip】键
! Operator selection Skip
……
ELSE
! No such case defined
……
ENDIF
……
```

(4) 菜单对话设定函数

菜单对话设定函数命令 UIListView 可创建图 11.1.4 所示的操作信息显示页面，它需要操作者操作相应的菜单键，用触摸功能键【OK（确认）】应答；或者直接用菜单键应答（未指定应答功能键时）。

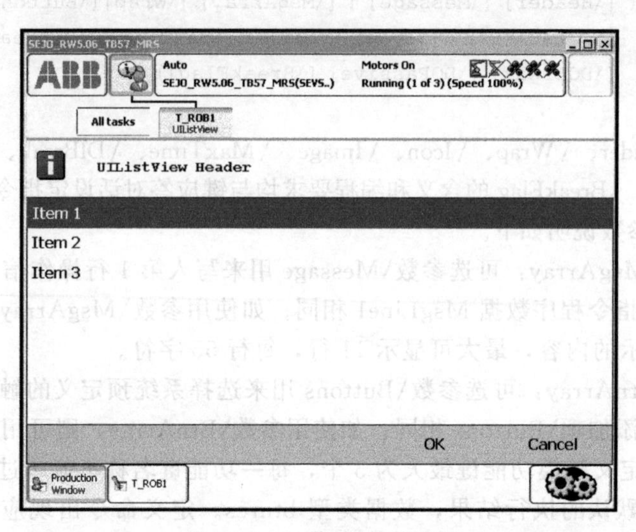

图 11.1.4 菜单对话页面

菜单对话设定函数命令被正常执行（应答）时，其执行结果为操作者选择的菜单序号（num 型数值）；当命令出现应答超时、DI 终止、DO 终止操作出错时，如指定\BreakFlag，则执行结果为参数\DefaultIndex 所定义的默认值或 0（参数\DefaultIndex 未定义）；如未指定\BreakFlag，则系统作为操作出错处理，无执行结果。

命令 UIListView 的编程格式及参数含义如下。

```
    UIListView ( [\Result] [\Header] ListItems [\Buttons] | [\BtnArray] [\Icon] [\De-
faultIndex]
              [\MaxTime] [\DIBreak] [\DIPassive] [\DOBreak] [\DOPassive] [\BreakFlag]);
```

命令参数\Header、\Buttons 或\BtnArray、\Icon、\MaxTime、\DIBreak、\DIPassive、\DOBreak、\DOPassive、\BreakFlag 的基本含义和编程要求均与键应答对话命令 UIMessageBox 的同名添加项相同。命令其他参数的含义如下。

\Result：触摸功能键的应答状态存储数据，数据类型 btnres。当指定参数\Buttons 选择系统预定义的触摸功能键时，执行结果可使用表 11.1.5 所示的字符串；如指定参数\BtnArray，用数组的形式自行定义触摸功能键时，执行结果为应答键对应的数组序号；参数\Buttons、\BtnArray 均未指定，或定义参数“\Buttons：=btnNone”，或指定参数\BreakFlag 时，\Result 值为 resUnkwn（数值 0）。

ListItems：菜单表名称，数据类型 listitem。Listitem 数据用来定义操作菜单，因此，它是命令必需的基本参数。Listitem 数据可定义多个菜单，它是一组由复合数据［image，text］组成的数组数据。

复合数据的数据项 image 为 string 型菜单图标文件名称，图形文件应事先存储在系统的“HOME:”路径下，像素规定为 28×28，如不使用图标；数据项应设定为空字符串（" "）或 stEmpty。数据项 text 为 string 型菜单文本，最大为 75 字符。

\DefaultIndex：默认的菜单序号，数据类型 num。当命令出现应答超时、DI 终止、DO 终止操作出错时，如指定\BreakFlag，则命令执行结果为本参数定义的默认值。

菜单对话设定函数命令 UIListView 的编程实例如下，命令定义了 3 个不使用图标的菜单，所显示的操作对话页面如图 11.1.4 所示，操作应答的触摸功能键为【OK】、【Cancel】键。

```
  ……
  CONST listitem list{3}:=[["","Item 1"],["","Item 2"],["","Item3"]];
  VAR num list_item ;
  VAR btnres button_answer ;
  ……
  list_item:=UIListView ( \Result:=button_answer \Header:="UIListView Header",
  list,\Buttons:=btnOKCancel \Icon:=iconInfo \DefaultIndex:=1) ;
  ……
```

（5）输入框对话设定函数

输入框对话设定函数命令 UIAlphaEntry 可创建图 11.1.5 所示的操作信息显示页面，它需要通过操作者在显示的文本输入框内输入文本（字符串）后，用触摸功能键【OK（确认）】应答。

UIAlphaEntry 命令被正常执行（应答）时，其执行结果为文本输入框内所输入的

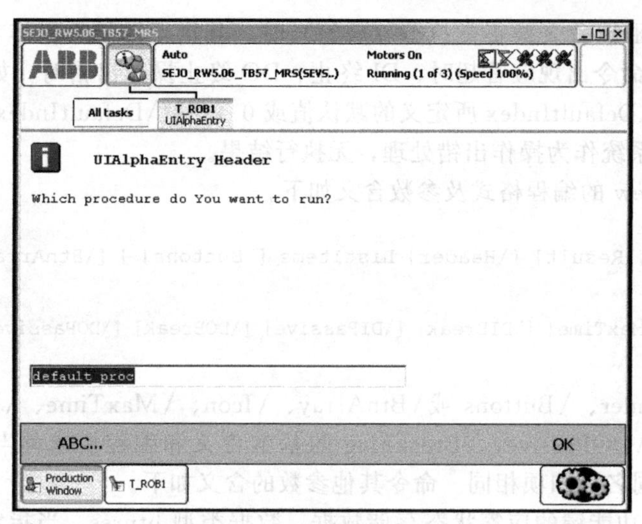

图 11.1.5　输入框对话页面

string 型字符；当命令出现应答超时、DI 终止、DO 终止操作出错时，如指定\BreakFlag，则执行结果为\InitString 定义的初始文本或空白（未定义\InitString 时）；如未指定\BreakFlag，则系统作为操作出错处理，无执行结果。

输入框对话设定函数命令 UIAlphaEntry 的编程格式、命令参数含义如下。

```
UIAlphaEntry ([\Header] [\Message] | [\MsgArray] [\Wrap][\Icon] [\InitString] [\MaxTime]
        [\DIBreak] [\DIPassive] [\DOBreak] [\DOPassive] [\BreakFlag]);
```

命令参数\Header、\Message 或\MsgArray、\Wrap、\Icon、\MaxTime、\DIBreak、\DIPassive、\DOBreak]、\DOPassive、\BreakFlag 的基本含义、编程要求均与键应答对话命令 UIMessageBox 的同名添加项相同，但是，因文本输入框需要占用 2 行显示，因此，利用\MsgArray 所定义的操作信息最大只能是 9 行、信息行长度最大为 55 字符。命令特殊的可选参数\InitString 含义如下。

\InitString：初始文本，数据类型 string，该文本可作为输入初始值自动在文本输入框显示，供操作者编辑或修改。

输入框对话设定函数命令 UIAlphaEntry 的编程示例如下，命令执行时可显示图 11.1.4 所示的操作信息显示页面；输入框的初始文本为“default _ proc”；命令需要等待操作者输入或修改文本后，用触摸功能键【OK（确认）】应答结束。

```
  ……
  answer:=UIAlphaEntry( \Header:="UIAlphaEntry Header" \Message:="Which proce-
dure
  do You want to run?" \Icon:=iconInfo \InitString:="default_proc");
  ……
```

(6) 数字键盘对话设定函数

数字键盘对话设定函数命令 UINumEntry、UIDnumEntry 可创建图 11.1.6 所示的操作信息显示页面，它需要操作者在显示的输入框内输入数值后，用触摸功能键【OK（确认）】应答。

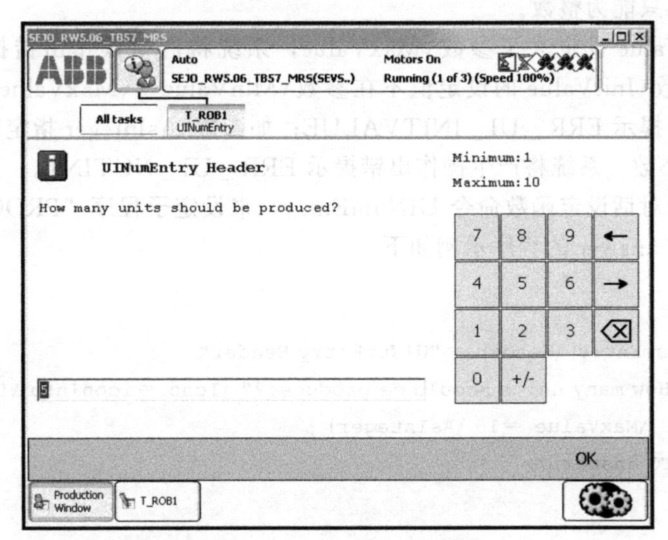

图 11.1.6　数字键盘对话页面

命令 UINumEntry、UIDnumEntry 只是输入数据形式（num 或 dnum）的不同，其他无区别。命令被正常执行（应答）时，其执行结果为输入框内所输入的 num（或 dnum）型数值；当命令出现应答超时、DI 终止、DO 终止操作出错时，如指定\BreakFlag，则执行结果为\InitValue 定义的初始值或 0（未定义\InitValue 时）；如未指定\BreakFlag，则系统作为操作出错处理，无执行结果。

命令 UINumEntry、UIDnumEntry 的编程格式及参数含义如下。

num 数值输入型：

```
UINumEntry ( [\Header] [\Message] | [\MsgArray] [\Wrap] [\Icon] [\InitValue]
             [\MinValue] [\MaxValue] [\AsInteger] [\MaxTime] [\DIBreak] [\DIPassive]
             [\DOBreak] [\DOPassive] [\BreakFlag]) ;
```

dnum 数值输入型：

```
UIDnumEntry ( [\Header] [\Message] | [\MsgArray] [\Wrap] [\Icon] [\InitValue]
              [\MinValue] [\MaxValue] [\AsInteger] [\MaxTime] [\DIBreak]
              [\DIPassive] [\DOBreak] [\DOPassive] [\BreakFlag]) ;
```

命令参数\Header、\Message 或\MsgArray、\Wrap、\Icon、\MaxTime、\DIBreak、\DIPassive、\DOBreak、\DOPassive、\BreakFlag 的基本含义和编程要求均与键应答对话命令 UIMessageBox 的同名添加项相同，但因输入框需要占用 2 行显示，键盘需要占用显示区，因此，利用\MsgArray 数组定义的操作信息最大只能为 9 行，参数\Message 或\MsgArray 定义的每行字符数只能在 40 字以下。命令其他可选参数的含义如下。

\InitValue：初始数值，数据类型 num（或 dnum）。该数值可作为输入初始值自动在输入框显示，供操作者编辑或修改。

\MinValue：最小输入值，数据类型 num（或 dnum）。最小值显示在数字键盘上方。

\MaxValue：最大输入值，数据类型 num（或 dnum）。最大值显示在数字键盘上方。

\AsInteger：不显示小数点，数据类型 switch。指定该添加项时，数字键盘将不显示小数点键，输入数值只能为整数。

如参数\MinValue 设定大于参数\MaxValue，系统将产生操作出错提示 ERR_UI_MAXMIN。如参数\InitValue 的设定值不在参数\MinValue～\MaxValue 规定范围内，系统将产生操作出错提示 ERR_UI_INITVALUE；如参数\AsInteger 指定时，初始值参数\InitValue 定义为小数，系统将产生操作出错提示 ERR_UI_NOTINT。

利用数字键盘对话设定函数命令 UINumEntry，来设定子程序“PROC produce_part”调用（执行）次数 answer 的程序示例如下。

```
……
answer:=UINumEntry(\Header:="UINumEntry Header"
\Message:="How many units should be produced?" \Icon:=iconInfo \InitValue:=5
\MinValue:=1 \MaxValue:=10 \AsInteger) ;
FOR i FROM 1 TO answer DO
produce_part ;
……
```

执行命令 UINumEntry 所显示的操作信息显示页面如图 11.1.6 所示，输入框的初始值为“5”；允许输入的值为 1～10。UINumEntry 命令需要等待操作者输入数值，并用触摸功能键【OK（确认）】应答结束，接着，系统可执行 IF 指令，连续调用子程序“PROC produce_part”中操作者所输入的次数。

(7) 数值增减对话设定函数

数值增减对话设定函数命令 UINumTure、UIDnumTure 可创建图 11.1.7 所示的操作信息显示页面，它需要操作者利用数值增减键调节数值后，用触摸功能键【OK（确认）】应答。

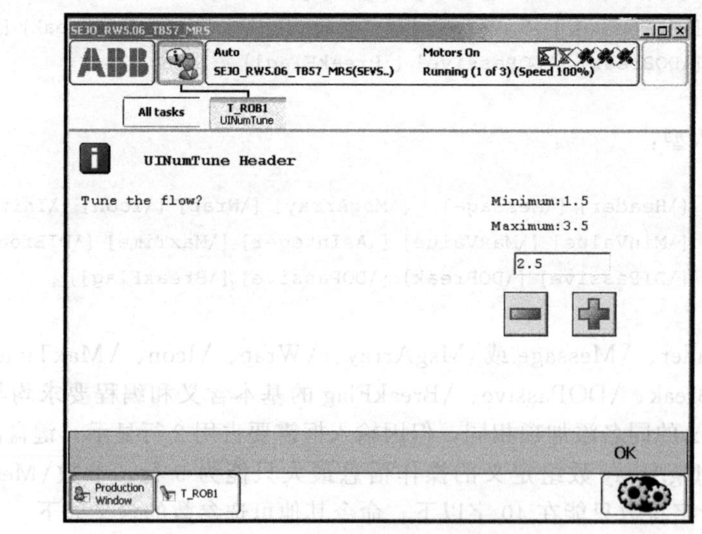

图 11.1.7 数值增减对话页面

命令 UINumTure、UIDnumTure 只是输入数据形式（num 或 dnum）的不同，其他无区别。命令被正常执行（应答）时，其执行结果为“+”或“-”键调节后的 num（或 dnum）型数值；当命令出现应答超时、DI 终止、DO 终止操作出错时，如指定\BreakFlag，则执行结果为\InitValue 定义的初始值或 0（未定义\InitValue 时）；如未指定\BreakFlag，则系统作为操作出错处理，无执行结果。

命令 UINumTure、UIDnumTure 的编程格式及参数含义如下。

num 数值调节型：

```
UINumTune ( [\Header] [\Message] | [\MsgArray] [\Wrap] [\Icon] InitValue,Increment
          [\MinValue] [\MaxValue] [\MaxTime] [\DIBreak] [\DIPassive] [\DOBreak]
          [\DOPassive] [\BreakFlag] ) ;
```

dnum 数值调节型：

```
UIDnumTune ( [\Header] [\Message] | [\MsgArray] [\Wrap] [\Icon] InitValue,Increment
           [\MinValue] [\MaxValue] [\MaxTime][\DIBreak] [\DIPassive] [\DOBreak]
           [\DOPassive] [\BreakFlag] ) ;
```

命令参数\Header、\Message 或\MsgArray、\Wrap、\Icon、\MaxTime、\DIBreak、\DIPassive、\DOBreak、\DOPassive、\BreakFlag 的基本含义和编程要求均与键应答对话命令 UIMessageBox 的同名添加项相同。\MsgArray 数组定义的操作信息最大仍可为 11 行，但是，因为数值调节图标占用显示区，因此，参数\Message 或\MsgArray 设定的每行字符数只能在 40 字以下。命令其他参数的含义如下。

InitValue：初始数值，数据类型 num（或 dnum）。该数值可作为输入初始值自动在输入框显示，供操作者编辑或修改。数值调节对话操作必须定义初始值，因此，参数 InitValue 为命令必需的基本参数。

Increment：增减增量，数据类型 num（或 dnum）。该数值为每次操作“+”或“−”键的增量值。数值调节对话操作必须定义增量值，因此，参数 Increment 同样为命令必需的基本参数。

\MinValue：最小输入值，数据类型 num（或 dnum）。最小值显示在数字键盘上方。

\MaxValue：最大输入值，数据类型 num（或 dnum）。最大值显示在数字键盘上方。

如参数\MinValue 设定大于参数\MaxValue，系统将产生操作出错提示 ERR_UI_MAXMIN。如参数 InitValue 的设定值不在参数\MinValue～\MaxValue 规定范围内，系统将产生操作出错提示 ERR_UI_INITVALUE。

利用数值增减对话设定函数命令 UINumTure，来调节程序数据 flow 的程序示例如下。

```
……
flow:=UINumTune( \Header:="UINumTune Header" \Message:="Tune the flow?"
\Icon:=iconInfo,2.5,0.1 \MinValue:=1.5 \MaxValue:=3.5) ;
……
```

执行命令 UINumTure 所显示的操作信息显示页面如图 11.1.7 所示，输入框的初始值为“2.5”，“+”“−”键的调节增量为 0.1，允许的数值调节范围为 1.5～3.5。命令需要等待操作者调节数值，并用触摸功能键【OK（确认）】应答结束。

11.2 程序数据测定指令编程

11.2.1 工具坐标系测定指令

(1) 指令与功能

程序数据自动测定是由机器人控制系统通过测试点定位，自动测试、计算、设定复杂程序数据的一种功能。程序数据自动测定功能既可通过机器人的示教操作实现，也可以通过程序指令的编程实现。

在作业程序中，程序数据自动测定功能包括工具坐标系测定、回转轴用户坐标系测定、工具负载测定、作业负载测定、外部轴负载测定等。利用程序数据自动测定功能，控制系统可自动完成 RAPID 工具数据 tooldata、工件数据 wobjdata 等多元复合复杂数据的测试、计算、设定。RAPID 工具及用户坐标系自动测定指令的编程要求如下，负载自动测定指令的编程要求详见后述。

RAPID 工具数据 tooldata 属于复合型数据，其格式如下，数据组成项的含义及设定要求可参见第 8 章 8.2 节。

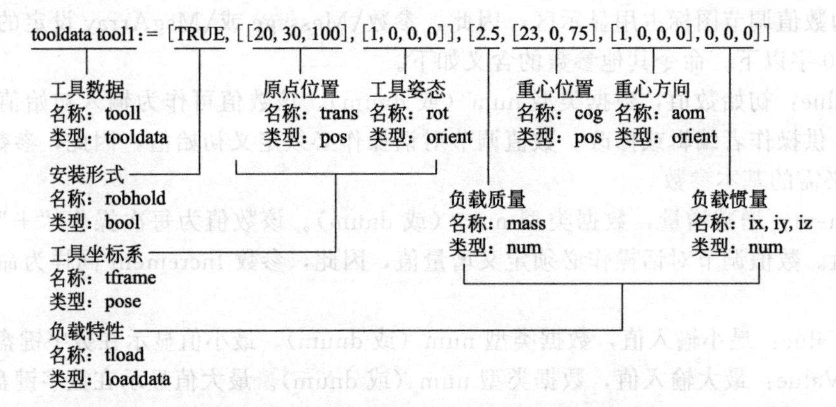

在 tooldata 数据中，工具坐标系数据 tframe、负载特性数据 tload 都是复合型数据，其数值需要通过较为复杂的测试和计算才能得到，因此，实际使用时，大多通过 RAPID 程序数据自动测定指令，由控制系统自动测试、计算、设定 tframe 数据与 tload 数据。在作业程序中，tframe 数据的自动测定，可通过下述的工具坐标系测定指令完成；tload 数据的自动测定，可通过后述的负载测定指令完成。

RAPID 工具坐标系自动测定指令的名称、编程格式与示例如表 11.2.1 所示。

表 11.2.1 工具坐标系自动测定指令编程说明表

名称	编程格式与示例		
移动工具 TCP 测定	MToolTCPCalib	编程格式	MToolTCPCalib Pos1,Pos2,Pos3,Pos4,Tool,MaxErr,MeanErr;
		程序数据与添加项	Pos1,Pos2,Pos3,Pos4:测试点 1～4,数据类型 jointtarget Tool:工具名称,数据类型 tooldata MaxErr:最大误差,数据类型 num MeanErr:平均误差,数据类型 num

续表

名称	编程格式与示例		
移动工具TCP测定	功能说明	利用4点定位,计算移动工具的坐标原点(TCP位置)	
	编程示例	MToolTCPCalib p1,p2,p3,p4,tool1,max_err,mean_err;	
移动工具方位测定	MToolRotCalib	编程格式	MToolRotCalib RefTip,ZPos [\XPos],Tool;
		程序数据与添加项	RefTip:TCP点位置,数据类型 jointtarget Zpos:工具坐标系+Z轴点,数据类型 jointtarget \Xpos:工具坐标系+X轴点,数据类型 jointtarget Tool:工具名称,数据类型 tooldata
	功能说明	利用2~3点定位,计算移动工具的坐标方位四元数	
	编程示例	MToolRotCalib pos_tip,pos_z \XPos:=pos_x,tool1;	
固定工具TCP测定	SToolTCPCalib	编程格式	SToolTCPCalib Pos1,Pos2,Pos3,Pos4,Tool,MaxErr,MeanErr;
		程序数据与添加项	Pos1,Pos2,Pos3,Pos4:测试点1~4,数据类型 robtarget Tool:工具名称,数据类型 tooldata MaxErr:最大误差,数据类型 num MeanErr:平均误差,数据类型 num
	功能说明	利用4点定位,计算固定工具控制点TCP	
	编程示例	SToolTCPCalib p1,p2,p3,p4,tool1,max_err,mean_err;	
固定工具方位测定	SToolRotCalib	编程格式	SToolRotCalib RefTip ZPos XPos Tool
		程序数据与添加项	RefTip:TCP点位置,数据类型 robtarget Zpos:工具坐标系+Z轴上的一点,数据类型 robtarget Xpos:工具坐标系+X轴上的一点,数据类型 robtarget Tool:工具名称,数据类型 tooldata
	功能说明	利用3点定位,计算固定工具方位四元数	
	编程示例	SToolRotCalib pos_tip,pos_z,pos_x,tool1;	

(2) 移动工具测定指令

对于大多数利用机器人手腕安装作业工具的移动工具作业,为了使控制系统能够自动测试、计算、设定工具坐标系数据 tframe,一方面需要通过 RAPID 移动工具 TCP 测定指令 MToolTCPCalib,测试 TCP 位置,设定 tframe 数据的工具坐标系原点数据项 trans;同时,还需要通过 RAPID 移动工具方位测定指令 MtoolRotCalib,测试工具方位,设定 tframe 数据的坐标旋转四元数 rot。

为了保证测试值的准确,控制系统在执行移动 TCP 测定、方位测定指令前,必须通过永久数据 PERS 定义指令,事先完成 tooldata 数据初始值的设定。在 tooldata 数据初始值上,工具安装形式数据项 robhold,必须定义为 TRUE(移动工具);工具坐标系数据 tframe 的初始值,应设定为 tool0,即"[0,0,0],[1,0,0,0]"。此外,执行移动工具 TCP 测定、方位测定指令前,还必须将工件数据 Wobj 定义为初始值 Wobj0;如程序中存在机器人偏移,也必须通过 PdispOff 指令予以撤销。

移动工具 TCP 位置测定指令 MToolTCPCalib 的测试点选择要求如图 11.2.1(a) 所示。测定时首先需要在大地坐标系上建立一个测试基准点;然后,给定 4 个工具姿态不同、但 TCP 均位于测试基准点的关节坐标位置(jointtarget)测试点 Pos1、Pos2、Pos3、Pos4,4 个测试点的关节坐标位置变化越大,测定结果就越准确。当以上设定准确时,便可通过机器人在 4 个测试点的关节绝对定位运动（MoveAbsJ），由控制系统自动测试、计算 TCP 在机器人手腕基准坐标系上的位置值，完成工具坐标系原点数据项 Trans 的设定；同时，控制系统还能够计算出原点的最大测量误差和平均测量误差。

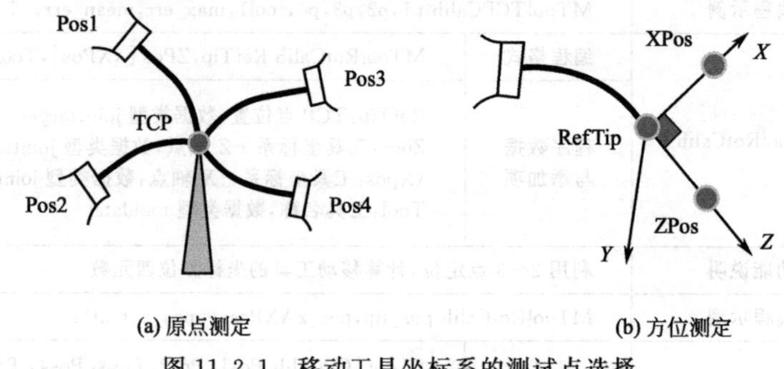

图 11.2.1 移动工具坐标系的测试点选择

移动工具方位测定指令 MtoolRotCalib 的测试点选择要求如图 11.2.1(b) 所示。测定时需要给定工具姿态保持不变 2 或 3 个关节坐标位置，关节位置的选择要求如下。

① 如果工具坐标系的 X、Y 轴方向与机器人手腕基准坐标系相同，测定时只需要给定 2 个关节位置，其中的一点应为工具坐标系原点 RefTip；另一点应为工具坐标系 $+Z$ 轴上的任意一点 Zpos。

② 如果工具坐标系的 X、Y 轴方向与机器人手腕基准坐标系不同，则需要给定 3 个关节位置，其中的一点应为工具坐标系原点 RefTip；另一点应为工具坐标系 $+Z$ 轴上的任意一点 Zpos；第 3 点应为工具坐标系 $+X$ 轴上的任意一点\Xpos。

当以上设定准确时，便可通过机器人在以上测试点的关节绝对定位运动（MoveAbsJ），由控制系统自动测试、计算工具坐标系的方位四元数、完成工具坐标系方位数据项 tframe.rot 的设定。

移动工具测定指令的编程示例如下。

```
CONST jointtarget p1:=[...] ;                                    // 定义测试点
CONST jointtarget p2:=[...] ;
CONST jointtarget p3:=[...] ;
CONST jointtarget p4:=[...] ;
PERS tooldata tool1:=[TRUE,[[0,0,0],[1,0,0 ,0]],[0.001,[0,0,0.001],[1,0,0,0],0,0,
0]];                                                            // 预定义工具数据
VAR num max_err ;                                               // 定义测量误差数据
VAR num mean_err ;
……
MoveAbsJ p1,v10,fine,tool0 ;                                    // 测试点定位
MoveAbsJ p2,v10,fine,tool0 ;
MoveAbsJ p3,v10,fine,tool0 ;
MoveAbsJ p4,v10,fine,tool0 ;
MToolTCPCalib p1,p2,p3,p4,tool1,max_err,mean_err ;              // 工具坐标原点测定
……
!****************************************************************
CONST jointtarget pos_tip:=[...] ;                              // 定义测试点
CONST jointtarget pos_z:=[...] ;
```

```
    CONST jointtarget pos_x:=[...] ;
    PERS tooldata tool1:=[TRUE,[[20,30,100],[1,0,0 ,0]],[0.001,[0,0,0.001],[1,0,0,0],
0,0,0]];                                                          // 预定义工具方位
    MoveAbsJ pos_tip,v10,fine,tool0 ;                                   // 测试点定位
    MoveAbsJ pos_z,v10,fine,tool0 ;
    MoveAbsJ pos_x,v10,fine,tool0 ;
    MToolRotCalib pos_tip,pos_z\XPos:=pos_x,tool1 ;                  // 工具坐标系方位测定
    ……
```

(3) 固定工具测定指令

对于工具固定安装、机器人移动工件的作业，工具坐标系数据 tframe 的自动测试、设定，需要利用 RAPID 固定工具测定指令实现。指令 SToolTCPCalib 用于固定工具的坐标系原点（TCP 位置）数据 tframe. trans 的测试、设定；指令 StoolRotCalib 用于固定工具的方位数据 tframe. rot 的测试、设定。

执行固定工具 TCP、方位测定指令前，同样必须利用永久数据 PERS 定义指令，事先完成安装形式 robhold、负载特性项 tload 等数据的初始值定义。其中，工具安装形式数据项 robhold，必须定义为 FALSE（固定工具）；工具坐标系数据 tframe 的初始值，应设定为 tool0，即“[0，0，0]，[1，0，0，0]”。同样，执行固定工具 TCP 测定、方位测定指令前，还必须将工件数据 Wobj 定义为初始值 Wobj0；如程序中存在机器人偏移，也必须通过 PdispOff 指令予以撤销。

固定工具 TCP 位置、方位测定指令的测试要求与移动工具测定类似，但其测试点必须以 TCP 位置数据 robtarget 的形式给定、测试点定位应使用关节插补指令 MoveJ，此外，方位测定指令 StoolRotCalib 只能使用 3 点定位方式。

固定工具测定指令的编程示例如下。

```
    ……
    CONST robtarget p1:=[...] ;                                        // 定义测试点
    CONST robtarget p2:=[...] ;
    CONST robtarget p3:=[...] ;
    CONST robtarget p4:=[...] ;
    PERS tooldata tool1:=[FALSE,[[0,0,0],[1,0,0,0]],[0,001,[0,0,0.001],[1,0,0,0],0,0,
0]];                                                              // 预定义工具数据
    VAR num max_err ;
    VAR num mean_err ;
    ……
    MoveJ p1,v10,fine,point_tool ;                                     // 测试点定位
    MoveJ p2,v10,fine,point_tool ;
    MoveJ p3,v10,fine,point_tool ;
    MoveJ p4,v10,fine,point_tool ;
    SToolTCPCalib p1,p2,p3,p4,tool1,max_err,mean_err ;              // 工具坐标原点测定
    ……
    !*******************************************************************
    ……
    CONST robtarget pos_tip:=[...] ;                                   // 定义测试点
    CONST robtarget pos_z:=[...] ;
```

```
CONST robtarget pos_x:=[...] ;
PERS tooldata tool1:=[FALSE,[[20,30,100],[1,0,0 ,0]],[0,001,[0,0,0.001],[1,0,0,
0],0,0,0]];                                                    //预定义工具数据
MoveJ pos_tip,v10,fine,point_tool ;                                  //测试点定位
MoveJ pos_z,v10,fine,point_tool ;
MoveJ pos_x,v10,fine,point_tool ;
SToolRotCalib pos_tip,pos_z,pos_x,tool1 ;                    //工具坐标系方位测定
……
```

11.2.2 回转轴用户坐标系测算函数

(1) 指令与功能

RAPID回转轴用户坐标系测算函数命令，可用来测试、计算、设定回转轴的用户坐标系原点和方位数据pose。用户坐标系的测试、计算基准为大地坐标系（world cooordinates）。

RAPID回转轴用户坐标系测算函数命令的名称、编程格式与示例如表11.2.2所示。

表11.2.2 用户坐标系测算函数编程说明表

名称		编程格式与示例	
用户坐标系测算	CalcRotAxFrameZ	命令格式	CalcRotAxFrameZ (TargetList, TargetsInList, PositiveZPoint, MaxErr, MeanErr)
		命令参数与添加项	TargetList:测试点位置,robtarget型数组 TargetsInList:测试点数量,数据类型num PositiveZPoint:+Z轴上的点,数据类型robtarget MaxErr:最大误差,数据类型num MeanErr:平均误差,数据类型num
		执行结果	用户坐标系数据(原点、方位)
	编程示例	resFr:=CalcRotAxFrameZ(targetlist,4,zpos,max_err,mean_err);	
外部轴用户坐标系测算	CalcRotAxisFrame	命令格式	CalcRotAxisFrame(MechUnit [\AxisNo], TargetList, TargetsInList, MaxErr, MeanErr)
		命令参数与添加项	MechUnit:机械单元名称,数据类型mecunit \AxisNo:轴序号(默认1),数据类型num TargetList:测试点位置,robtarget型数组 TargetsInList:测试点数量,数据类型num MaxErr:最大误差,数据类型num MeanErr:平均误差,数据类型num
		执行结果	外部轴用户坐标系数据(原点、方位)
	编程示例	resFr:=CalcRotAxisFrame(STN1 ,targetlist,4,max_err,mean_err);	

用户坐标系测算函数命令CalcRotAxFrameZ，可用于Z轴方向未知的回转轴用户坐标系测试、计算，命令可通过图11.2.2(a)所示的机器人TCP的多点（至少5点）关节插补(MoveJ)定位，由控制系统自动测定、计算用户坐标系原点和方位。测试点的选择要求为：$+X$轴上一点（p1）；XY平面任意不同位置上的若干点（不少于3点）；$+Z$轴上一点(zpos)；测试点的位置变化越大，测定结果就越准确。

外部轴用户坐标系测算函数命令CalcRotAxisFrame，可用于Z轴方向已知的外部回转轴用户坐标系测试、计算，命令需要通过图11.2.2(b)所示的机器人TCP的多点（至少4

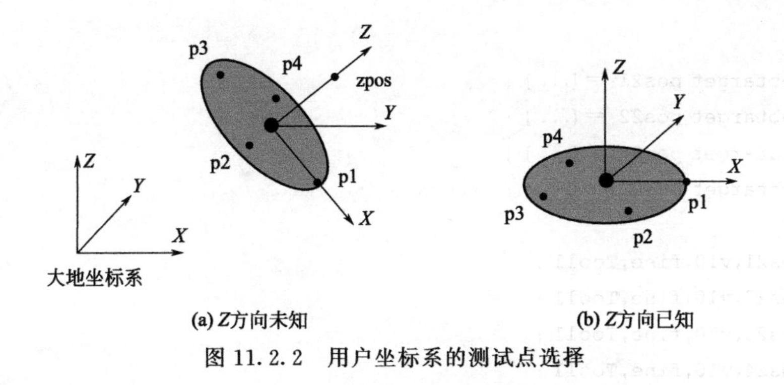

(a) Z方向未知　　(b) Z方向已知

图 11.2.2　用户坐标系的测试点选择

点）关节插补（MoveJ）定位，便可由控制系统自动测算用户坐标系原点和方位。测试点的选择要求为：+X 轴上一点（p1）；XY 平面任意不同位置上的若干点（不少于 3 点）；同样，测试点的位置变化越大，测定结果就越准确。

(2) 编程说明

利用用户坐标系测算函数命令编程时，XY 平面上的测试点需要以数组的形式定义，数组可以有 4～10 个 TCP 位置数据 robtarget，增加测试点，可提高用户坐标系的测算精度。函数命令 CalcRotAxFrameZ 的+Z 轴测试点 zpos，需要独立定义。

用户坐标系测算函数命令的编程示例如下。

```
……
VAR robtarget targetlist{4} ;                                   // 程序数据定义
VAR num max_err:=0 ;
VAR num mean_err:=0 ;
VAR pose resFr1:=[...] ;
VAR pose resFr2:=[...] ;
……
CONST robtarget zpos:=[...] ;                                   // 测试点定义
CONST robtarget pos11:=[...] ;
CONST robtarget pos12:=[...] ;
CONST robtarget pos13:=[...] ;
CONST robtarget pos14:=[...] ;
……
MoveJ pos11,v10,fine,Tool1 ;                                    // 测试点定位
MoveJ pos12,v10,fine,Tool1 ;
MoveJ pos13,v10,fine,Tool1 ;
MoveJ pos14,v10,fine,Tool1 ;
……
MoveJ zpos,v10,fine,Tool1 ;
targetlist{1}:=pos11 ;                                          // 数组定义
targetlist{2}:=pos12 ;
targetlist{3}:=pos13 ;
targetlist{4}:=pos14 ;
……
resFr1:=CalcRotAxFrameZ(targetlist,4,zpos,max_err,mean_err) ;  //用户坐标系测算
……
!**************************************************
```

```
……
CONST robtarget pos21:=[...] ;                                    // 测试点定义
CONST robtarget pos22:=[...] ;
CONST robtarget pos23:=[...] ;
CONST robtarget pos24:=[...] ;
……
MoveJ pos21,v10,fine,Tool1 ;                                      // 测试点定位
MoveJ pos22,v10,fine,Tool1 ;
MoveJ pos23,v10,fine,Tool1 ;
MoveJ pos24,v10,fine,Tool1 ;
……
targetlist{1}:=pos21 ;                                            // 数组定义
targetlist{2}:=pos22 ;
targetlist{3}:=pos23 ;
targetlist{4}:=pos24 ;
……
resFr2:=CalcRotAxisFrame(STN_1 ,targetlist,4,max_err,mean_err) ;
……                                                  // 外部回转轴用户坐标系测算
```

11.2.3 负载测定指令与函数

(1) 指令与功能

准确设定机器人负载，可使控制系统的伺服驱动获得最佳控制特性。RAPID负载测定指令与函数不仅可用于工具数据tooldata的负载特性参数的自动测试、计算与设定，而且，也是准确使用机器人碰撞检测功能的前提条件。

机器人负载的计算是一个复杂、烦琐的过程。为了获得准确的负载数据，用户可通过执行系统程序LoadIdentify、使用RAPID负载测定指令两种方式，使控制系统自动完成负载数据的测试、设定。RAPID负载测试系统程序LoadIdentify，可直接从系统程序编辑器文件目录ProgramEditor /Debug /CallRoutine... /LoadIdentify下选定、并启动执行。

RAPID负载测定指令、函数命令的名称、编程格式与示例如表11.2.3所示。

表11.2.3 负载测定指令与函数编程说明表

名称	编程格式与示例		
工具及作业负载测定	LoadId	编程格式	LoadId ParIdType，LoadIdType，Tool [\PayLoad] [\WObj] [\ConfAngle] [\SlowTest] [\Accuracy];
		指令添加项	—
		程序数据与添加项	ParIdType：负载类别，数据类型 paridnum LoadIdType：测定条件，数据类型 loadidnum Tool：工具名称，数据类型 tooldata \PayLoad：作业负载名称，数据类型 loaddata \WObj：工件名称，数据类型 wobjdata \ConfAngle：j_6 轴位置，数据类型 num \SlowTest：慢速测定，数据类型 switch \Accuracy：测量精度，数据类型 num
	功能说明	自动测定负载，并将工具负载、作业负载保存在指定的程序数据中	
	编程示例	%"LoadId"% TOOL_LOAD_ID，MASS_WITH_AX3，grip3 \SlowTest;	

续表

<table>
<tr><th>名称</th><th colspan="3">编程格式与示例</th></tr>
<tr><td rowspan="5">外部轴负载测定</td><td rowspan="3">ManLoadIdProc</td><td>编程格式</td><td>ManLoadIdProc [\ParIdType] [\MechUnit] | [\MechUnitName] [\AxisNumber] [\PayLoad] [\ConfigAngle] [\DeactAll] | [\AlreadyActive] [\DefinedFlag] [\DoExit];</td></tr>
<tr><td>指令添加项</td><td>\ParIdType:负载类别,数据类型 paridnum
\MechUnit:机械单元名称,数据类型 mecunit
\MechUnitName:机械单元名称,数据类型 string
\AxisNumbe:外部轴序号,数据类型 num
\PayLoad:外部轴负载名称,数据类型 loaddata
\ConfAngle:测定位置,数据类型 num
\DeactAll:机械单元停用,数据类型 switch
\AlreadyActive:机械单元生效,数据类型 switch
\DefinedFlag:测定完成标记名称,数据类型 bool
\DoExit:测定完成用 Exit 指令结束,数据类型 bool</td></tr>
<tr><td>程序数据</td><td>—</td></tr>
<tr><td>功能说明</td><td colspan="2">测定机械单元外部轴负载,并将负载保存在指定的程序数据中</td></tr>
<tr><td>编程示例</td><td colspan="2">ManLoadIdProc \ParIdType:=IRBP_L\MechUnit:=STN1 \PayLoad:=myload \ConfigAngle:=60 \AlreadyActive \DefinedFlag:=defined;</td></tr>
<tr><td rowspan="5">测定对象检查</td><td rowspan="3">ParIdRobValid</td><td>命令格式</td><td>ParIdRobValid(ParIdType [\MechUnit] [\AxisNo])</td></tr>
<tr><td>命令参数与添加项</td><td>ParIdType:负载类别,数据类型 paridnum
\MechUnit:机械单元名称,数据类型 mecunit
\AxisNo:轴序号,数据类型 num</td></tr>
<tr><td>执行结果</td><td>机器人负载测定功能有效或无效,Paridvalidnum 型数据</td></tr>
<tr><td>功能说明</td><td colspan="2">检查当前测定对象是否符合负载测定条件</td></tr>
<tr><td>编程示例</td><td colspan="2">TEST ParIdRobValid (TOOL_LOAD_ID)</td></tr>
<tr><td rowspan="5">测定位置检查</td><td rowspan="3">ParIdPosValid</td><td>命令格式</td><td>ParIdPosValid (ParIdType,Pos,AxValid [\ConfAngle])</td></tr>
<tr><td>命令参数与添加项</td><td>ParIdType:负载类别,数据类型 paridnum
Pos:当前位置,数据类型 jointtarget
AxValid:测定结果,bool 型数组
\ConfAngle:j_6 轴位置,数据类型 num</td></tr>
<tr><td>执行结果</td><td>数据类型 Bool,测定点适合 TRUE,否则为 FALSE</td></tr>
<tr><td>功能说明</td><td colspan="2">检查当前测定点是否适合负载测定</td></tr>
<tr><td>编程示例</td><td colspan="2">IF ParIdPosValid (TOOL_LOAD_ID,joints,valid_joints) =TRUE THEN</td></tr>
<tr><td rowspan="5">转矩补偿系统参数读取</td><td rowspan="3">GetModalPayLoadMode</td><td>命令格式</td><td>GetModalPayLoadMode()</td></tr>
<tr><td>命令参数</td><td>—</td></tr>
<tr><td>执行结果</td><td>系统参数 ModalPayLoadMode 设定值,数据类型 num</td></tr>
<tr><td>功能说明</td><td colspan="2">读取转矩补偿系统参数 ModalPayLoadMode 设定值</td></tr>
<tr><td>编程示例</td><td colspan="2">reg1:=GetModalPayloadMode() ;</td></tr>
</table>

RAPID 作业负载测定指令 LoadId 可用于作业负载、工具负载的自动测定。在执行指令 LoadId 前，机器人应满足以下条件。

① 确认需要测定的负载已正确地加载在机器人上。

② 确认机器人的 j_3、j_5 和 j_6 轴有足够的自由运动空间。

③ 确认机器人的 j_4 处于原位（0 度位置），手腕为水平状态。

④ 通过测定检查函数命令 ParIdRobValid，确认测定对象为有效对象。

⑤ 通过测定检查函数命令 ParIdPosValid，确认测定位置为有效位置。

⑥ 在 LoadId 指令前，通过以下指令，加载系统的负载测定程序模块：

```
Load \Dynamic,"RELEASE:/system/mockit.sys" ;
Load \Dynamic,"RELEASE:/system/mockit1.sys" ;
```

⑦ 测定完成后，再利用下述指令，卸载系统的负载测定程序模块：

```
UnLoad "RELEASE:/system/mockit.sys" ;
UnLoad "RELEASE:/system/mockit1.sys" ;
```

(2) 负载测定检查函数命令

RAPID 负载测定检查函数命令可用于测定对象、测定位置的检查，函数命令及编程要求分别如下。

① 测定对象检查函数 RAPID 负载测定对象检查函数命令 ParIdRobValid，可用来检查当前测定对象、测定位置是否符合测定条件。

函数命令 ParIdRobValid 的命令参数 ParIdType，用来设定需要测定的负载类别；它需要用 paridnum 型程序数据定义。程序数据 paridnum 是具有特定值的 num 数据，在作业程序中，它一般以字符串文本的形式编程。paridnum 数据的设定值及含义如表 11.2.4 所示。

表 11.2.4 paridnum 数据设定值及含义

设定值		含义
数值	字符串	
1	TOOL_LOAD_ID	工具负载测定
2	PAY_LOAD_ID	作业负载测定
3	IRBP_K	外部轴负载测定(IRBP K 型变位器)
4	IRBP_L 或 IRBP_C、IRBP_C_INDEX、IRBP_T	外部轴负载测定(IRBP L/C/T 型变位器)
5	IRBP_R 或 IRBP_A、IRBP_B、IRBP_D	外部轴负载测定(IRBP R/A/B/D 型变位器)

当命令参数 ParIdType 选择“IRBP _ K”或“IRBP _ L”“IRBP _ A”“IRBP _ B”等外部轴负载（ABB 工件变位器）时，还需要通过添加项\MechUnit、\AxisNo，分别指定外部轴（ABB 工件变位器）所在的机械单元名称、轴序号。

负载测定对象检查函数命令 ParIdRobValid 的执行结果为 paridvalidnum 型程序数据。paridvalidnum 数据是具有特定值的 num 数据，在作业程序中，它一般以字符串文本的形式编程，数据的含义如表 11.2.5 所示。

表 11.2.5 paridvalidnum 数据及含义

执行结果		含义
数值	字符串	
10	ROB_LOAD_VAL	有效的测定对象
11	ROB_NOT_LOAD_VAL	无效的测定对象
12	ROB_LM1_LOAD_VAL	负载小于 200kg 时，测定对象有效(IRB 6400FHD 机器人)

② 测定位置检查函数 RAPID测定位置检查函数命令ParIdPosValid，可用来检查机器人的当前位置是否适合负载的测定；如适合，命令的执行结果为逻辑状态TRUE；否则，执行结果为FALSE。

测定位置检查函数命令的执行结果为多元逻辑状态型数组。命令不仅需要定义测定的负载类别参数ParIdType，而且，还需要定义用来保存机器人轴（$j_1 \sim j_6$）、外部轴（$e_1 \sim e_6$）测定位置检查结果的12元bool型数组。如需要，还可通过添加项\ConfAngle，明确机器人j_6轴的位置；不使用添加项\ConfAngle时，控制系统默认$j_6=90°$。

RAPID负载测定检查函数命令的编程示例如下。

```
VAR jointtarget joints ;                                              // 程序数据定义
VAR bool valid_joints{12} ;                                           // 数组定义
……
IF ParIdRobValid(TOOL_LOAD_ID) < > ROB_LOAD_VAL THEN
EXIT ;                                             // 检查测定对象，无效时直接退出程序
ENDIF
joints:=CJointT() ;                                                   // 读取当前位置
IF ParIdPosValid (TOOL_LOAD_ID,joints,valid_joints) =FALSE THEN
EXIT ;                                             // 检查测定位置，不合适时直接退出程序
ENDIF
……
```

(3) 工具及作业负载测定指令

负载测定指令LoadId可用于工具负载、作业负载的测定。负载测定指令正常执行完成后，控制系统可自动将测定得到的工具负载、作业负载数据，分别保存至指定的工具数据tooldata或负载数据loaddata中。

负载测定指令LoadId通常以混合数据指令"%" LoadId"%"的形式编程，指令的程序数据及要求如下。

ParIdType：负载类别，数据类型paridnum。使用混合数据编程时，一般直接以表11.2.4的字符串文本作为设定值。例如，选择工具负载测定时，应设定为"TOOL_LOAD_ID"；选择作业负载测定时，应为"PAY_LOAD_ID"等。

LoadIdType：测定条件，数据类型loadidnum。使用混合数据编程时，一般直接以系统规定字符串文本的形式设定。如负载质量为已知，程序数据LoadIdType应设定为"MASS_KNOWN"；如负载质量为未知，程序数据LoadIdType应设定为"MASS_WITH_AX3"，即：需要通过j_3轴的运动，自动测定负载质量。

Tool：工具数据名称，数据类型tooldata。如指令用于工具数据tooldata的负载特性项tload测定，需要在执行测定指令前，通过永久数据定义指令PERS，事先完成tooldata数据的工具安装形式robhold、工具坐标系tframe等数据项的定义；同时，还需要将负载特性项tload中未知参数的初始值设定为0。

\PayLoad：作业负载名称，数据类型loaddata。该添加项仅用于作业负载测定指令，测定前同样需要通过永久数据定义指令PERS，事先定义程序数据。

\WObj：工件数据名称，数据类型loaddata。添加项仅用于作业负载测定指令，测定前同样需要通过永久数据定义指令PERS，事先定义程序数据。

\ConfAngle：j_6轴位置设定，数据类型num，未指定时默认90°。

\SlowTest：慢速测定，数据类型 switch。使用添加项时，控制系统仅进行慢速测定，测定的结果不保存。

\Accuracy：测定精度，数据类型 num。使用添加项时，可用百分率形式指定所需要的测定精度。

在作业程序中，负载测定指令 LoadId 之前，需要利用前述的负载测定检查函数命令 ParIdRobValid、ParIdPosValid，检查当前测定对象、测定位置是否符合测定条件。然后，需要通过程序装载指令 Load，加载系统程序模块 mockit. sys、mockit1. sys。测定完成后，还需要通过程序卸载指令 UnLoad，卸载系统程序模块 mockit. sys、mockit1. sys。

利用 LoadId 指令测定质量已知（5kg）的作业负载数据 piece5 的编程示例如下。

```
……
PERS tooldata grip3:=[FALSE,[[97.4,0,223.1],[0.924,0,0.383,0]],[6,[10,10,100],
[0.5,0.5,0.5,0.5],1.2,2.7,0.5]] ;                                    // 已知工具数据定义
PERS wobjdata wobj2:=[TRUE,TRUE,"",[[34,0,-45],[0.5,-0.5,0.5 ,-0.5]],[[0.56,10,
68],[0.5,0.5,0.5 ,0.5]]] ;                                           // 已知工件数据定义
PERS loaddata piece5:=[5,[0,0,0],[1,0,0,0],0,0,0] ;                  // 预定义作业负载数据
VAR num load_accuracy ;                                              // 定义测定精度数据
……
Load \Dynamic,"RELEASE:/system/mockit.sys" ;                         // 装载系统程序模块
Load \Dynamic,"RELEASE:/system/mockit1.sys" ;
%"LoadId"% PAY_LOAD_ID,MASS_KNOWN,grip3 \PayLoad:=piece5\WObj:=wobj2 \Accura-
cy:=load_accuracy ;                                                  // 测定作业负载并保存
UnLoad "RELEASE:/system/mockit.sys" ;                                // 卸载系统程序模块
UnLoad "RELEASE:/system/mockit1.sys" ;
……
```

利用 LoadId 指令测定质量未知的工具 grip3 负载数据、设定 tooldata 的负载特性项 tload 的编程示例如下。

```
……
PERS tooldata grip3:=[TRUE,[[97.4,0,223.1],[0.924,0,0.383,0]],[0,[0,0,0],[1,0,0,
0],0,0,0]] ;                                                         // 预定义工具数据
……
Load \Dynamic,"RELEASE:/system/mockit.sys" ;                         // 装载系统程序模块
Load \Dynamic,"RELEASE:/system/mockit1.sys" ;
%"LoadId"% TOOL_LOAD_ID,MASS_WITH_AX3,grip3 \SlowTest ;              // 慢速测定
%"LoadID"% TOOL_LOAD_ID,MASS_WITH_AX3,grip3 ;                        // 测定工具负载并保存
UnLoad "RELEASE:/system/mockit.sys" ;                                // 卸载系统程序模块
UnLoad "RELEASE:/system/mockit1.sys" ;
……
```

(4) 外部轴负载测定指令

RAPID 外部轴负载测定指令 ManLoadIdProc，用于机器人变位器、工件变位器等外部轴的负载测定，指令的程序数据及要求如下。

\ParIdType：负载类别，数据类型 paridnum。指定变位器类别，一般以表 11.2.4 中的字符串文本作为设定值。例如，设定 IRBP _ K、IRBP _ L、IRBP _ R，分别代表 ABB 公司规定的 K、L、R 型变位器等。

\MechUnit 或\MechUnitName：机械单元名称，数据类型 mecunit 或 string。指定变位器所在的机械单元名称（mecunit）或字符串文本形式的机械单元名称（string）。执行负载测定指令前，应通过机械单元生效指令 ActUnit，生效指定的机械单元。

\AxisNumbe：外部轴序号，数据类型 num。指定外部轴在机械单元中的序号。

\PayLoad：外部轴负载名称，数据类型 loaddata。该程序数据为需要测定的外部轴负载名称。所指定的外部轴负载，需要在测定指令前，利用永久数据定义指令 PERS 设定负载质量，同时，将 loaddata 数据的未知参数设定为初始值 0。

\ConfAngle：测定位置，数据类型 num。指定负载测定时的外部轴位置。

\DeactAll 或\AlreadyActive：测定时的机械单元工作状态选择（被停用或已生效），数据类型 switch。

\DefinedFlag：测定完成标记名称，数据类型 bool。该程序数据用来保存指令执行完成状态，正常测定完成时，其状态为 TRUE，否则为 FALSE。

\DoExit：测定完成用 Exit 指令结束，数据类型 bool。如设定为 TRUE，系统将自动执行 EXIT 命令，来结束负载测定、返回到主程序；如不指定或设定为 FALSE，则不能自动执行 EXIT 操作。

外部轴负载测定指令 ManLoadIdProc 的编程示例如下。

```
    ……
    PERS loaddata myload:=[60,[0,0,0],[1,0,0,0],0,0,0] ;          // 预定义外部轴负载
    VAR bool defined ;                                              // 定义测定完成标记
    ActUnit STN1 ;                                                  // 生效机械单元
    ……
    ManLoadIdProc \ParIdType:=IRBP_L \MechUnit:=STN1 \PayLoad:=myload \ConfigAn-
gle:=60 \AlreadyActive \DefinedFlag:=defined ;                      // 负载测定
    ……
```

11.3 系统数据设定指令编程

11.3.1 系统参数读写指令与函数

(1) 指令与功能

系统参数是直接影响系统结构和功能的重要数据，通常需要由机器人生产厂家的调试、维修人员在产品调试、维修时设定，用户原则上不应对其进行修改。

RAPID 程序的功能较强，为了便于系统参数的检查、设定与备份，编程人员也可以利用系统参数读写指令，对控制系统的配置参数及工具数据、工件数据，进行设定、修改、保存等操作；此外，还可利用 RAPID 函数命令读取部分系统信息。

RAPID 系统参数读写指令与函数命令的名称、编程格式与示例如表 11.3.1 所示。

表 11.3.1 系统参数读写指令与函数编程说明表

名称		编程格式与示例	
配置参数读取	ReadCfgData	编程格式	ReadCfgData InstancePath,Attribute,CfgData [\ListNo];
		程序数据与添加项	InstancePath:参数访问路径,数据类型 string Attribute:参数名,数据类型 string CfgData:读取的参数值,数据类型取决于参数 \ListNo:参数值序号,数据类型 num
	功能说明	将系统配置参数值读入到程序数据 CfgData 上	
	编程示例	ReadCfgData "/EIO/EIO_SIGNAL/process_error","Device",io_device;	
配置参数写入	WriteCfgData	编程格式	ReadCfgData InstancePath,Attribute,CfgData [\ListNo];
		程序数据与添加项	InstancePath:参数访问路径,数据类型 string Attribute:参数名,数据类型 string CfgData:写入的参数值,数据类型取决于参数 \ListNo:参数值序号,数据类型 num
	功能说明	将程序数据 CfgData 的值写入到系统配置参数值中	
	编程示例	WriteCfgData "/MOC/MOTOR_CALIB/rob1_1","cal_offset",offset1;	
配置参数保存	SaveCfgData	编程格式	SaveCfgData FilePath [\File],Domain;
		程序数据与添加项	FilePath:文件路径,数据类型 string \File:文件名,数据类型 string Domain:配置参数类别,数据类型 cfgdomain
	功能说明	将指定类系统配置参数保存到指定的路径或文件中	
	编程示例	SaveCfgData "SYSPAR" \File:="MYEIO.cfg",EIO_DOMAIN;	
系统重启	WarmStart	编程格式	WarmStart;
		程序数据	—
	功能说明	系统重启,生效配置参数	
	编程示例	WarmStart;	
机器人名称读入	RobName	命令格式	RobName()
		命令参数	—
		执行结果	当前任务的机器人名称,未控制机器人的任务为空字符串
	编程示例	my_robot:=RobName();	
系统基本信息读取	GetSysInfo	命令格式	GetSysInfo ([\SerialNo] | [\SWVersion] | [\RobotType] | [\CtrlId] | [\LanIp] | [\CtrlLang] | [\SystemName])
		命令参数	\SerialNo:系列号,数据类型 switch \SWVersion:软件版本,数据类型 switch \RobotType:机器人型号,数据类型 switch \CtrlId:控制系统 ID 号,数据类型 switch \LanIp:系统的 ip 地址,数据类型 switch \CtrlLang:控制系统使用的语言,数据类型 switch \SystemName:控制系统名称,数据类型 switch
		执行结果	命令要求的系统基本信息
	功能说明	读取控制系统基本信息	
	编程示例	version:=GetSysInfo(\SWVersion);	
控制系统序列号确认	IsSysId	命令格式	IsSysId(SystemId)
		命令参数	SystemId:系列号,数据类型 string

续表

名称	编程格式与示例	
控制系统序列号确认	IsSysId	执行结果	系列号与实际系统一致为 TRUE,否则 FALSE
	功能说明	控制系统序列号检查	
	编程示例	IF NOT IsSysId("6400－1234")THEN	

(2) 配置参数读写与保存指令

① 配置参数读写　配置参数是用于控制系统软硬件设定的基本参数。ABB 机器人控制系统的配置参数可通过 RAPID 指令 ReadCfgData、WriteCfgData，利用编程的方式设定与修改；参数修改后，需要通过系统重启指令 WarmStart，重启系统后生效。

使用系统配置参数读写指令，必须熟悉参数的功能、设定要求，以及参数名称、访问途径，因此，通常需要由机器人生产厂家的调试、维修人员进行编程。

例如，机器人 1 的 j_1 轴偏移校准参数名称为“cal _ offset”，参数的访问途径为“/MOC /MOTOR _ CALIB /rob1 _ 1”；因此，利用以下程序，可将 j_1 轴偏移量校准参数的值增加 1.2，并通过系统的重启操作，生效系统参数。

```
……
VAR num offset1 ;                                                    // 程序数据定义
……
ReadCfgData "/MOC/MOTOR_CALIB/rob1_1","cal_offset",offset1 ;         // 参数读入
offset1:＝offset1＋1.2 ;                                             // 数值处理
WriteCfgData "/MOC/MOTOR_CALIB/rob1_1","cal_offset",offset1 ;        // 参数写入
WarmStart ;                                         // 系统重启,生效配置参数
……
```

② 配置参数保存　RAPID 配置参数保存指令 SaveCfgData，可用文件的形式保存系统配置参数。ABB 机器人控制系统的配置参数保存在扩展名为.cfg 的系统文件中，常用的.cfg 文件及字符串文本形式的文件名如下。

系统配置参数：SYS.cfg，文件名 SYS _ DOMAIN。

伺服系统配置参数：MOC.cfg，文件名 MOC _ DOMAIN。

I/O 配置参数：EIO.cfg，文件名 EIO _ DOMAIN。

通信配置参数：SIO.cfg，文件名 SIO _ DOMAIN。

程序配置参数：PROC.cfg，文件名 PROC _ DOMAIN。

人机界面配置参数：MMC.cfg，文件名 MMC _ DOMAIN。

利用指令 SaveCfgData 保存配置参数时，需要用文件名来选择、指定需要保存的参数；如文件名定义为“ALL _ DOMAINS”，可一次性保存控制系统的全部配置参数。

例如，通过以下程序，可将控制系统的全部配置参数，一次性保存至用户文件夹 SYSPAR 中；然后，再将控制系统的 I/O 配置参数（EIO.cfg），单独保存到 SYSPAR 文件夹的 MYEIO.cfg 文件中。程序执行完成后，在用户自定义的文件夹 SYSPAR 中，将保存有控制系统的 EIO.cfg、MOC.cfg、SIO.cfg、PROC.cfg、SYS.cfg、MMC.cfg 文件，以及单独保存的 I/O 配置参数文件 MYEIO.cfg。

```
……
SaveCfgData "SYSPAR",ALL_DOMAINS ;                                   // 保存全部配置文件
```

```
SaveCfgData "SYSPAR" \File:="MYEIO.cfg",EIO_DOMAIN ;    // 单独保存 EIO.cfg 文件
……
```

(3) 系统信息读取函数命令

系统信息读取函数命令可用于当前任务的机器人名称，以及控制系统的名称、系列号、软件版本、ID号、机器人型号等基本信息的读取。

① 机器人名称读入 RAPID函数命令 RobName()，可读取现行任务中的机器人名称；机器人名称以字符串文本的形式读入，如现行任务不包含机器人运动，命令的执行结果为空白字符。

例如，通过以下程序，可将现行任务中的机器人名称读入到程序数据 my_robot 中；如任务中包含有机器人运动，则在示教器上显示信息"This task controls TCP robot with name"之后附加机器人名称（my_robot 文本）；如任务中不包含机器人运动（my_robot 为空白文本），则在示教器上显示信息"This task does not control any TCP robot"。

```
……
VAR string my_robot ;
……
my_robot:=RobName() ;
IF my_robot="" THEN
  TPWrite "This task does not control any TCP robot" ;
ELSE
  TPWrite "This task controls TCP robot with name "+ my_robot ;
ENDIF
……
```

② 系统信息读取 RAPID函数命令 GetSysInfo，可用于控制系统的序列号、软件版本、机器人型号、IP地址、使用的语言等基本信息的读取。

例如，执行下面的程序，可在相应的程序数据上获得如下格式的字符串文本信息。

```
……
VAR string serial ;
VAR string version ;
VAR string rtype ;
VAR string cid ;
VAR string lanip ;
VAR string clang ;
VAR string sysname ;
……
serial:=GetSysInfo(\SerialNo) ;
version:=GetSysInfo(\SWVersion) ;
rtype:=GetSysInfo(\RobotType) ;
cid:=GetSysInfo(\CtrlId) ;
lanip:=GetSysInfo(\LanIp) ;
clang:=GetSysInfo(\CtrlLang) ;
sysname:=GetSysInfo(\SystemName) ;
```

程序数据 serial：序列号，如 14～21858 等。

程序数据 version：软件版本，如 ROBOTWARE_ 5. 08. 134 等。

程序数据 rtype：机器人型号，如 2400/16 Type A 等。

程序数据 cid：控制器 ID，如 44～1267 等。

程序数据 lanip：控制系统 IP 地址，如 192. 168. 8. 103 等。

程序数据 clang：显示语言，如 en（英文）等。

程序数据 sysname：控制系统名称，如 MYSYSTEM 等。

11. 3. 2 系统数据设定指令

(1) 指令与功能

系统数据设定指令的功能类似程序数据定义指令，它多用于机器人工具数据 tooldata、工件数据 wobjdata、负载数据 loaddata 的设置与检查。利用 RAPID 系统数据设定指令，可将程序中已定义的工具、工件、负载数据，直接作为当前有效数据设置、命名；或者，将系统当前有效的工具、工件、负载数据，以及任务号、任务名称、数据名称，读入到指定的程序数据上。

RAPID 系统数据设定指令的名称、编程格式与示例如表 11. 3. 2 所示。

表 11. 3. 2 系统数据设定指令编程说明表

名称	编程格式与示例		
系统数据设置	SetSysData	编程格式	SetSysData SourceObject [\ObjectName];
		程序数据与添加项	SourceObject:系统数据,数据类型 tooldata 或 wobjdata、loaddata \ObjectName:数据名称,数据类型 string
	功能说明	将 SourceObject 指定的工具或工件、负载数据设置为系统当前有效数据	
	编程示例	SetSysData tool0 \ObjectName:="tool6";	
系统数据读入	GetSysData	编程格式	GetSysData [\TaskRef] | [\TaskName] DestObject [\ObjectName];
		程序数据与添加项	\TaskRef:当前任务号读取,数据类型 taskid \TaskName:当前任务名读取,数据类型 string DestObject:系统数据,数据类型 tooldata 或 wobjdata、loaddata \ObjectName:系统数据名称读取,数据类型 string
	功能说明	将系统当前有效的工具或工件、负载数据读入到 SourceObject 上	
	编程示例	GetSysData curtoolvalue \ObjectName:=curtoolname;	

(2) 编程示例

系统数据设置指令 SetSysData，可将程序数据 SourceObject 所指定的、程序中已定义的工具、工件、负载数据，直接设置为当前有效数据。

例如，利用以下程序，可将工具数据 tool5 直接设定为当前有效的工具数据，同时，将当前工具数据的名称由初始名“tool0”更改为“tool5”。

```
……
SetSysData tool5 ;                              // 设定 tool5 为当前工具数据
SetSysData tool0 \ObjectName:="tool5" ;          // 设定"tool5"为当前工具名称
……
```

系统数据读入指令 GetSysData，可将当前有效的工具、工件、负载数据，以及任务号、任务名称、数据名称，读入到指令指定的程序数据上。

例如，利用以下程序，可将机器人当前有效的工具数据及数据名称，分别读入到程序数据 curTvalu、curTname 中。

```
……
PERS tooldata curTvalu:=[TRUE,[[0,0,0],[1,0,0,0]],[2,[0,0,2],[1,0,0,0],0,0,0]] ;
                                                            //预定义工具数据
VAR string curTname ;                                       // 预定义工具名称
……
GetSysData curTvalu ;                                       // 读入当前工具数据
GetSysData curTvalu \ObjectName:=curTname ;                 // 读入当前工具名称
……
```

11.3.3 数据检索与设定指令

(1) 指令与功能

RAPID 数据检索与设定指令可在指定的程序区域（任务、模块、程序），或指定类别的数据（CONST、PERS、VAR）中，搜索指定的程序数据，并对其进行数值读取、数值设定等操作。如果需要，还可通过 RAPID 函数命令，获取检索对象所在的程序块信息。

RAPID 数据检索设定指令与函数命令的名称、编程格式与示例如表 11.3.3 所示。

表 11.3.3 数据检索设定指令与函数命令编程说明表

名称		编程格式与示例	
数据检索设定	SetDataSearch	编程格式	SetDataSearch Type [\ TypeMod] [\ Object] [\ PersSym] [\VarSym] [\ConstSym] [\InTask] | [\InMod] [\InRout] [\GlobalSym] | [\LocalSym] ;
		程序数据与添加项	Type:检索数据类型名,数据类型 string \TypeMod:用户定义的数据类型名,数据类型 string \Object:检索对象,数据类型 string \PersSym:永久数据 PERS 检索,数据类型 switch \VarSym:程序变量 VAR 检索,数据类型 switch \ConstSym:常量 CONST 检索,数据类型 switch \InTask:指定任务检索,数据类型 switch \InMod:指定模块检索,数据类型 string \InRout:指定程序检索,数据类型 string \GlobalSym:仅检索全局模块,数据类型 switch \LocalSym:仅检索局部模块,数据类型 switch
	功能说明	定义数据检索对象、检索范围等	
	编程示例	SetDataSearch "robtarget"\InTask	
数值数据读取	GetDataVal	编程格式	GetDataVal Object [\Block] | [\TaskRef] | [\TaskName] Value ;
		程序数据与添加项	Object:检索对象,数据类型 string \Block:程序块信息,数据类型 datapos \TaskRef:任务代号,数据类型 taskid \TaskName:任务名称,数据类型 string Value:数值,数据类型任意
	功能说明	检索指定的程序块,读取指定的数据值并保存到 Value 指定的程序数据中	
	编程示例	GetDataVal name\Block:=block,valuevar ;	

续表

名称	编程格式与示例		
数值数据设定	SetDataVal	编程格式	SetDataVal Object [\Block] | [\TaskRef] | [\TaskName] Value;
		程序数据与添加项	Object:检索对象,数据类型 string \Block:程序块信息,数据类型 datapos \TaskRef:任务代号,数据类型 taskid \TaskName:任务名称,数据类型 string Value:设定值,数据类型任意
	功能说明	将指定检索区的检索对象设定为程序数据 Value 定义的值	
	编程示例	SetDataVal name\Block:=block,truevar;	
全部数值数据设定	SetAllDataVal	编程格式	SetAllDataVal Type [\TypeMod] [\Object] [\Hidden] Value;
		程序数据与添加项	Type:检索数据类型名,数据类型 string \TypeMod:定义用户数据的模块名,数据类型 string \Object:检索对象,数据类型 string \Hidden:隐藏数据有效,数据类型 switch Value:设定值,数据类型任意
	功能说明	将 Type 所指定的程序数据类型,一次性设定为程序数据 Value 定义的值	
	编程示例	SetAllDataVal "mydata"\TypeMod:="mytypes"\Hidden,mydata0;	
数据检索	GetNextSym	命令格式	GetNextSym(Object,Block [\Recursive])
		命令参数	Object:检索对象,数据类型 string Block:程序块信息,数据类型 datapos \Recursive:可循环程序块,数据类型 switch
		执行结果	存在检索对象 TRUE,不存在 FALSE
	命令功能	确定检索对象是否存在,并将对象所在的程序块信息保存至参数 Block 中	
	编程示例	WHILE GetNextSym(name,block)DO	

(2) 编程示例

数据检索设定指令及函数命令的编程实例如下。

```
……
VAR datapos block ;                                           //程序数据定义
VAR num valuevar ;
VAR string name:="my. * " ;
……
SetDataSearch "num" \Object:="my. * " \InMod:="mymod";        // num 数据检索设定
WHILE GetNextSym(name,block) DO                                // num 数据检索
GetDataVal name\Block:=block,valuevar ;                        // num 数据读取
TPWrite name+" " \Num:=valuevar ;                              // num 数据显示
ENDWHILE
……
```

利用上述程序,可通过数据检索设定指令实现如下功能。

① 通过 SetDataSearch 指令,在添加项\InMod 所指定的程序模块 mymod 中,检索名称前缀为“my.”的 num 数据。

② 通过函数命令 GetNextSym，检查数据检索情况，并将函数命令的执行结果作为 WHILE 指令的循环执行条件，进行如下处理。

③ 如程序模块 mymod 存在前缀为“my.”的 num 数据，可通过指令 GetDataVal，将其数值读取到程序数据 valuevar 中。接着，利用 TPWrite 指令，在示教器上显示该程序数据（my.）的数值（valuevar 值）。

再如，利用下面的程序，可通过数据检索设定指令实现如下功能。

```
……
VAR datapos block ;                                                    //程序数据定义
VAR string name:="my. * " ;
VAR bool truevar:=TRUE ;
VAR mydata mydata0:=0 ;
……
SetDataSearch "bool" \Object:="my. * " \InMod:="mymod" ;         // bool 数据检索设定
WHILE GetNextSym(name,block) DO                                        // bool 数据检索
SetDataVal name\Block:=block,truevar ;                                 // bool 数据设定
ENDWHILE
……
SetAllDataVal "mydata"\TypeMod:="mytypes"\Hidden,mydata0 ;           //用户数据设定
……
```

① 通过 SetDataSearch 指令，在添加项\InMod 所指定的程序模块 mymod 中，检索名称前缀为“my.”的 bool 数据。

② 通过函数命令 GetNextSym，检查数据检索情况，并将函数命令的执行结果作为 WHILE 指令的循环执行条件，进行如下处理。

③ 如程序模块 mymod 存在前缀为“my.”的 num 数据，可通过指令 SetDataVal，将其数值设定为 TRUE。

④ 利用 SetAllDataVal 指令，将用户在程序模块 mytypes”中定义的所有数据类型为“mydata”的程序数据，全部设定为 0（mydata0）。

11.4 伺服控制指令与编程

11.4.1 伺服设定指令

(1) 指令与功能

从自动控制的角度看，驱动工业机器人关节轴运动的伺服驱动系统一般采用转矩、速度、位置 3 闭环结构；驱动系统可根据需要，选择转矩控制、速度控制、位置控制、伺服锁定等多种模式。

位置控制、伺服锁定、转矩控制是工业机器人伺服驱动系统常用的 3 种控制模式。对于机器人作业时需要连续运动的部件，如机器人本体关节轴，驱动系统需要选择位置控制模式，使驱动电机可实时跟随系统指令运动。伺服锁定模式多用于短时运动的部件，如机器人变位器、工件变位器等，这些部件在运动到位后，可选择伺服锁定模式，使驱动电机保持在

定位位置。转矩控制通常用于跟随轴控制，处于转矩控制的伺服电机可以输出规定的转矩，但不对电机转速、位置进行控制。

RAPID伺服设定指令可用于驱动系统控制模式的设定，它包括机械单元启用/停用、软伺服控制两类。其中，机械单元启用/停用指令，可对指定机械单元的所有运动轴，进行位置控制/伺服锁定模式的切换；软伺服控制指令可对指定的运动轴，进行位置控制/转矩控制模式的切换。

如果需要，还可通过RAPID函数命令读取、检查控制系统所配置的机械单元名称，以及机械单元的工作状态、运行时间等信息。

RAPID伺服设定指令的名称、编程格式与示例如表11.4.1所示。

表11.4.1 伺服设定指令及编程格式

名称	编程格式与示例		
启用机械单元	ActUnit	编程格式	ActUnit MechUnit；
		程序数据	MechUnit:机械单元名称,数据类型 mecunit
	功能说明	使能指定机械单元的运动轴,驱动系统进入位置控制模式	
	编程示例	ActUnit track_motion；	
停用机械单元	DeactUnit	编程格式	DeactUnit MechUnit；
		程序数据	MechUnit:机械单元名称,数据类型 mecunit
	功能说明	关闭指定机械单元的运动轴,驱动系统进入伺服锁定模式	
	编程示例	DeactUnit track_motion；	
启用软伺服	SoftAct	编程格式	SoftAct [\MechUnit,] Axis,Softness [\Ramp]；
		指令添加项	\MechUnit:机械单元名称,数据类型 mecunit
		程序数据与添加项	Axis:轴序号,数据类型 num Softness:柔性度(%),数据类型 num \Ramp:加减速倍率(%),数据类型 num,单位%
	功能说明	使能指定轴的驱动系统进入转矩控制模式	
	编程示例	SoftAct \MechUnit:=orbit1,1,40 \Ramp:=120；	
停用软伺服	SoftDeact	编程格式	SoftDeact [\Ramp]；
		指令添加项	\Ramp:加减速倍率(%),数据类型 num
	功能说明	撤销驱动系统的转矩控制功能,恢复位置控制模式	
	编程示例	SoftDeact \Ramp:=150；	
启动软伺服抖动	DitherAct	编程格式	DitherAct [\MechUnit] Axis [\Level]；
		指令添加项	\MechUnit:机械单元名称,数据类型 mecunit
		程序数据与添加项	Axis:轴序号,数据类型 num \Level:幅值倍率(%),数据类型 num
	功能说明	使指定的转矩控制轴产生抖动,以消除机械间隙	
	编程示例	DitherAct \MechUnit:=ROB_1,2；	
撤销软伺服抖动	DitherDeact	编程格式	DitherDeact；
		程序数据	—
	功能说明	撤销所有转矩控制轴的抖动功能	
	编程示例	DitherDeact；	

续表

名称	编程格式与示例		
机械单元名称读入	GetMecUnitName	命令格式	GetMecUnitName (MechUnit)
		命令参数	MechUnit:机械单元名称,数据类型 mecunit
		执行结果	字符型机械单元名称 UnitName,数据类型 string
	功能说明	读取字符型机械单元名称 UnitName,数据类型 string	
	编程示例	mecname:=GetMecUnitName(ROB1);	
机械单元启用检查	IsMechUnitActive	命令格式	IsMechUnitActive(MechUnit)
		命令参数	MechUnit:机械单元名称,数据类型 mecunit
		执行结果	机械单元启用 TRUE,停用 FALSE
	功能说明	检查机械单元是否启用	
	编程示例	Curr_MechUnit:=IsMechUnitActive(SpotWeldGun);	
机械单元状态检测	GetNextMechUnit	命令格式	GetNextMechUnit(ListNumber,UnitName [\MecRef] [\TCPRob] [\NoOfAxes][\MecTaskNo] [\MotPlanNo] [\Active] [\DriveModule] [\OKToDeact]);
		命令参数与添加项	ListNumber:机械单元列表序号,数据类型 num UnitName:字符型机械单元名称,数据类型 string \MecRef:机械单元名称,数据类型 mecunit \TCPRob:机械单元为机器人,数据类型 bool \NoOfAxes:机械单元轴数量,数据类型 num \MotPlanNo:使用的驱动器号,数据类型 num \Active:机械单元状态,数据类型 bool \DriveModule:驱动器模块号,数据类型 num \OKToDeact:可停用机械单元,数据类型 bool
		执行结果	指定的机械单元状态信息
	功能说明	检测指定机械单元的状态	
	编程示例	found:=GetNextMechUnit(listno,name);	
机械单元服务信息读入	GetServiceInfo	命令格式	GetServiceInfo(MechUnit [\DutyTimeCnt])
		命令参数与添加项	MechUnit:机械单元名称,数据类型 mecunit \DutyTimeCnt:机械单元运行时间,数据类型 switch
		执行结果	读取机械单元运行时间
	功能说明	读取机械单元运行时间等服务信息	
	编程示例	mystring:=GetServiceInfo(ROB_ID \DutyTimeCnt);	

(2) 机械单元启用/停用指令

机械单元又称控制轴组，它是由若干伺服轴组成的具有独立功能的基本运动单元，如机器人本体、机器人变位器、工件变位器等。机械单元的名称及所属的控制轴，必须通过系统配置参数定义；机械单元的工作状态可通过机械单元状态检测函数命令 GetNextMechUnit 检查；运行时间等服务信息可通过函数命令 GetServiceInfo 读取。

RAPID 机械单元启用/停用指令 ActUnit/DeactUnit，可用来使能/关闭指定机械单元全部运动轴的位置控制功能。机械单元启用后，该单元的全部伺服驱动轴将切换至位置控制模式，驱动电机可实时跟随系统指令运动；机械单元停用后，该单元的全部伺服驱动轴将切换至伺服锁定模式，驱动电机将保持在定位位置。为了确保定位位置的准确，执行机械单元启用/停用指令 ActUnit/DeactUnit 前，运动轴必须选择到位区间 fine 的准确定位停止方式。

例如，当机械单元 track _ motion 为机器人变位器时，执行以下程序，控制系统可通过 ActUnit track _ motion 指令，使变位器驱动轴进入位置控制模式，然后，通过外部轴定位指令 MoveExtJ，移动变位器、使机器人整体移动到 p0 点；定位完成后，再通过 DeactUnit track _ motion 指令，使变位器驱动轴进入伺服锁定模式、保持在 p0 点；随后，进行机器人的作业移动。

```
……
ActUnit track_motion ;                              // 启用机械单元
MoveExtJp0,vrot10,fine ;                            // 外部轴定位
DeactUnit track_motion ;                            // 停用机械单元
MoveL p10,v100,z10,tool1 ;
MoveL p20,v100,fine,tool1 ;
……
```

(3) 软伺服控制指令

软伺服（soft servo）控制多用于机器人工具与工件存在刚性接触的作业场合。软伺服功能启用后，驱动系统将切换至转矩控制模式，伺服电机的输出转矩将保持不变。处于转矩控制模式的伺服电机，其转速、位置的闭环控制功能将成为无效，因此，运动轴受到的作用力（负载转矩）越大，其定位误差也就越大。

软伺服启用指令 SoftAct 可将指定轴切换到转矩控制模式，驱动电机的输出转矩可通过程序数据 Softness（柔性度），以百分率的形式指定；柔性度 0 代表额定转矩输出（接触刚度最大），柔性度 100%代表最低转矩输出（接触刚度最小）。电机在转矩控制方式下的启制动加速度，可通过指令添加项\Ramp，以百分率的形式设定与调整。

当运动轴进入转矩控制方式后，如需要，还可通过软伺服抖动指令 DitherAct，使运动轴产生短时间的抖动，以消除摩擦力等因素的影响。伺服抖动的频率、转矩、幅值（位移）等参数均由控制系统自动设定，但抖动幅值可通过添加项\Level，以百分率的形式，在 50%～150%范围内调整。

例如，执行以下程序，当机器人运动到 p0 点后，可通过软伺服启用指令 SoftAct，使机器人 ROB _ 1 的 j_2 轴进入转矩控制模式，伺服电机的输出转矩为 50%额定转矩；停顿 2s 后，再通过软伺服抖动指令 DitherAct，使 j_2 轴抖动 1s；消除摩擦力等因素的影响。随后，通过指令 DitherDeact 撤销 j_2 轴抖动，利用指令 SoftDeact 使 j_2 轴重新切换至位置控制模式，进行正常的机器人运动。

```
MoveJ p0,v100,fine,tool1 ;
SoftAct \MechUnit:=ROB_1,2,50 ;                     // 启用软伺服
WaitTime 2 ;
DitherAct \MechUnit:=ROB_1,2 ;                      // 软伺服抖动
WaitTime 1 ;
DitherDeact ;                                       // 软伺服抖动撤销
SoftDeact ;                                         // 停用软伺服
MoveL p10,v100,z10,tool1 ;
……
```

11.4.2　独立轴控制指令

(1) 指令与功能

所谓独立轴（independent axis）是机器人中，利用位置控制或速度控制模式，独立运动的伺服控制轴。独立轴不能参与机器人TCP的关节、直线、圆弧插补运动。

独立轴选择位置控制模式时，可进行绝对位置定位、相对位置定位或进行增量移动；选择速度控制模式时，伺服电机将以指定的转速连续回转。

在ABB机器人上，可通过RAPID独立轴控制指令，将指定机械单元、指定轴定义为独立轴，并进行绝对位置定位、相对位置定位、增量移动或连续回转运动；独立运动结束后，可通过独立轴控制撤销指令，撤销独立控制功能，并对参考点（零点）进行重新设定。

RAPID独立轴控制指令及函数命令的名称、编程格式与示例如表11.4.2所示。

表11.4.2　独立轴控制指令与函数命令编程说明表

<table>
<tr><th>名称</th><th colspan="3">编程格式与示例</th></tr>
<tr><td rowspan="4">独立轴
绝对定位</td><td rowspan="2">IndAMove</td><td>编程格式</td><td>IndAMove MecUnit,Axis [\ToAbsPos] | [\ToAbsNum] ,Speed [\Ramp];</td></tr>
<tr><td>程序数据
与添加项</td><td>\MechUnit:机械单元名称,数据类型 mecunit
Axis:轴序号,数据类型 num
\ToAbsPos:TCP型绝对目标位置,数据类型 robtarget
\ToAbsNum:数值型绝对目标位置,数据类型 num
Speed:移动速度[(°/s)或 mm/s],数据类型 num
\Ramp:加速度倍率(%),数据类型 num</td></tr>
<tr><td colspan="2">功能说明</td><td>生效独立轴控制功能,并进行绝对位置定位</td></tr>
<tr><td colspan="2">编程示例</td><td>IndAMove Station_A,2\ToAbsPos:=p4,20;</td></tr>
<tr><td rowspan="4">独立轴
相对定位</td><td rowspan="2">IndRMove</td><td>编程格式</td><td>IndRMove MecUnit,Axis [\ToRelPos] | [\ToRelNum] [\Short] | [\Fwd] | [\Bwd],Speed [\Ramp];</td></tr>
<tr><td>程序数据
与添加项</td><td>\ToRelPos:TCP型相对目标位置,数据类型 robtarget
\ToRelNum:数值型相对目标位置,数据类型 robtarget
\Short:捷径定位,数据类型 switch
\Fwd:正向回转,数据类型 switch
\Bwd:反向回转,数据类型 switch
其他:同指令 IndAMove</td></tr>
<tr><td colspan="2">功能说明</td><td>生效回转轴独立控制功能,并进行相对位置定位</td></tr>
<tr><td colspan="2">编程示例</td><td>IndRMove Station_A,2\ToRelPos:=p5 \Short,20;</td></tr>
<tr><td rowspan="4">独立轴
增量移动</td><td rowspan="2">IndDMove</td><td>编程格式</td><td>IndDMove MecUnit,Axis,Delta,Speed [\Ramp];</td></tr>
<tr><td>程序数据
与添加项</td><td>Delta:增量距离[(°)或 mm]及方向,数据类型 num;正值为正向回转,负值为反向回转
其他:同指令 IndAMove</td></tr>
<tr><td colspan="2">功能说明</td><td>生效独立轴控制功能,并按指定的速度和方向移动指定的距离</td></tr>
<tr><td colspan="2">编程示例</td><td>IndDMove Station_A,2,-30,20;</td></tr>
<tr><td rowspan="4">独立轴
连续回转</td><td rowspan="2">IndCMove</td><td>编程格式</td><td>IndCMove MecUnit,Axis,Speed [\Ramp];</td></tr>
<tr><td>程序数据
与添加项</td><td>Speed:回转速度[(°/s)或 mm/s]及方向,数据类型 num;正值为正向回转,负值为反向回转
其他:同指令 IndAMove</td></tr>
<tr><td colspan="2">功能说明</td><td>生效回转轴独立控制功能,并按指定的速度和方向连续回转</td></tr>
<tr><td colspan="2">编程示例</td><td>IndCMove Station_A,2,-30;</td></tr>
</table>

续表

<table>
<tr><th>名称</th><th colspan="3">编程格式与示例</th></tr>
<tr><td rowspan="4">独立轴
控制撤销</td><td rowspan="2">IndReset</td><td>编程格式</td><td>IndReset MecUnit, Axis [\RefPos] | [\RefNum] [\Short] | [\Fwd] | [\Bwd] | \Old];</td></tr>
<tr><td>程序数据
与添加项</td><td>\RefPos: TCP 型参考点位置，数据类型 robtarget
\RefNum: 数值型参考点位置，数据类型 num
\Short: 捷径参考点位置，数据类型 switch
\Fwd: 参考点位于正向，数据类型 switch
\Bwd: 参考点位于负向，数据类型 switch
\Old: 参考点不变(默认)，数据类型 switch
其他：同指令 IndAMove</td></tr>
<tr><td>功能说明</td><td colspan="2">撤销独立轴控制、重新设定轴的参考点位置</td></tr>
<tr><td>编程示例</td><td colspan="2">IndReset Station_A, 1 \RefNum: = 300 \Short;</td></tr>
<tr><td rowspan="5">独立轴
到位检查</td><td rowspan="3">IndInpos</td><td>命令格式</td><td>IndInpos(MecUnit, Axis)</td></tr>
<tr><td>命令参数</td><td>MechUnit: 机械单元名称，数据类型 mecunit
Axis: 轴序号，数据类型 num</td></tr>
<tr><td>执行结果</td><td>独立轴到位 TRUE，否则 FALSE</td></tr>
<tr><td>功能说明</td><td colspan="2">检测独立轴是否完成定位</td></tr>
<tr><td>编程示例</td><td colspan="2">WaitUntil IndInpos(Station_A, 1) = TRUE;</td></tr>
<tr><td rowspan="5">独立轴
速度检查</td><td rowspan="3">IndSpeed</td><td>命令格式</td><td>IndSpeed(MecUnit, Axis [\InSpeed] | [\ZeroSpeed])</td></tr>
<tr><td>命令参数
与添加项</td><td>MechUnit: 机械单元名称，数据类型 mecunit
Axis: 轴序号，数据类型 num
\InSpeed: 到位速度检查，数据类型 switch
\ZeroSpeed: 零速检查，数据类型 switch</td></tr>
<tr><td>执行结果</td><td>速度符合检查条件 TRUE，否则 FALSE</td></tr>
<tr><td>功能说明</td><td colspan="2">检测独立轴速度是否到达规定值</td></tr>
<tr><td>编程示例</td><td colspan="2">WaitUntil IndSpeed(Station_A, 2 \InSpeed) = TRUE;</td></tr>
</table>

（2）编程说明

① 独立轴定位 当独立轴采用位置控制模式工作时，可根据需要，选择绝对位置定位、相对位置定位、增量移动 3 种运动方式。

独立轴绝对定位指令 IndAMove 可用于直线轴、回转轴，执行指令可将指定的运动轴定义为独立轴，并移动到指定的绝对位置。当回转轴选择独立轴绝对定位时，伺服电机的回转角度可以超过 360°；伺服电机的回转方向可根据目标位置和当前位置的差值，由控制系统自动判定。

独立轴相对位置定位指令 IndRMove 只能用于回转轴控制。选择独立轴相对位置定位的回转轴，其运动方向可通过添加项\Fwd 或\Bwd 选定，运动距离不能超过 360°；如果选择添加项\Short，独立轴以捷径定位方式定位、运动方向可由控制系统自动选择；选择捷径定位的回转轴实际运动距离不会超过 180°。

独立轴进行绝对、相对位置定位时，其定位目标位置可为机器人 TCP 位置（robtarget）或数值型位置（num）。目标位置以 TCP 位置数据 robtarget 指定时，系统需要根据 TCP 位置计算独立轴的运动距离；由于 TCP 位置与程序偏移有关，因此，以 robtarget 数据定义的目标位置，将受程序偏移指令 EOffsSet、PdispOn 的影响。目标位置以数值型数据 num 指定时，直线轴的单位为 mm，回转轴的单位为（°），num 数据指定的目标位置无需控制系统进行其他处理，因此，它不受程序偏移指令 EOffsSet、PDispOn 的影响。

独立轴增量移动指令 IndDMove，同样可用于直线轴、回转轴，它可使得独立轴在指定的方向、移动指定的距离；其运动方向可通过移动距离的正负符号指定。

② 到位检查 独立轴定位完成后，可通过 RAPID 函数命令 IndInpos、IndSpeed，分别进行定位位置、停止速度的检查与确认。

③ 速度控制 RAPID 独立轴连续回转指令 IndCMove，可将独立轴从位置控制模式切换至速度控制模式。速度控制的独立轴，将以指令规定的速度 Speed 连续回转，因此，它只能用于可无限回转的关节轴控制。独立轴连续回转时的运动方向，可通过速度数据 Speed 的正负符号指定。

④ 独立轴控制撤销 RAPID 独立轴控制撤销指令 IndRese，可用来撤销伺服轴独立控制功能、使之能够参与机器人 TCP 的关节、直线、圆弧插补运动。

撤销独立轴控制功能需要对运动轴的参考点（零点）进行重新设定，参考点重新设定操作只是改变控制系统的实际位置存储器数据，而不会产生轴运动。参考点位置可通过不同的添加项，选择以下设定方式。

添加项\RefPos：控制系统将根据添加项\RefPos 定义的机器人 TCP 位置，重新设定独立轴的参考点。

添加项\RefNum：控制系统将根据添加项\RefNum 定义的关节绝对位置，重新设定独立轴的参考点。

添加项\Old：控制系统将保持原来的参考点位置不变。

添加项\Fwd 或\Bwd、\Short：参考点方向设定，指定\Fwd，参考点位于正向；指定\Bwd，参考点位于反向；选择\Short，回转轴参考点位于±180°范围内。

(3) 编程示例

利用 RAPID 独立轴控制指令，控制工件变位器 Station _ A、Station _ B 独立运动的编程示例如下。

```
……
ActUnit Station_B ;                                        // 启用机械单元 Station_B
IndAMove Station_B,1\ToAbsNum:=90,20 ;                     // Station_B 第 1 轴 90°定位
DeactUnit Station_B ;                                      // 停用机械单元 Station_B
……
ActUnit Station_A ;                                        // 启用机械单元 Station_A
IndCMove Station_A,2,20 ;                                  // Station_A 第 2 轴正向连续回转
WaitUntil IndSpeed(Station_A,2 \InSpeed) =TRUE ;           // 等待速度到达
WaitTime 0.2 ;                                             // 暂停 0.2s
MoveL p10,v1000,fine,tool1 ;                               // 机器人运动
……
IndCMove Station_A,2,-10 ;                                 // Station_A 第 2 轴反向连续回转
MoveL p20,v1000,z50,tool1 ;                                // 机器人运动
……
IndRMove Station_A,2 \ToRelPos:=p1 \Short,10 ;             // Station_A 第 2 轴捷径定位
MoveL p30,v1000,fine,tool1 ;                               // 机器人运动
……
WaitUntil IndInpos(Station_A,2 ) =TRUE ;                   // 等待位置到达
WaitTime 0.2 ;                                             // 暂停 0.2s
IndReset Station_A,2 \RefPos:=p40\Short ;                  // 撤销独立轴控制、设定参考点
MoveL p40,v1000,fine,tool1 ;                               // TCP 定位
……
```

第12章

工业机器人程序设计实例

12.1 机器人搬运程序实例

12.1.1 机器人搬运系统

(1) 搬运机器人

搬运机器人（transfer robot）是从事物体移载作业的工业机器人的总称，主要用于物体的输送和装卸。从产品功能上看，用于部件装配的装配机器人（assembly robot）、用于物品分拣、物料码垛、成品包装的包装机器人（packaging robot），实际上也属于物体移载的范畴，故也可将其归至搬运工业机器人大类。

工业生产用的搬运机器人主要有输送和装卸两大类。输送类机器人通常用于物品的长距离、大范围、批量移动作业，无人搬运车（简称 AGV，automated guided vehicle）是其代表性产品。输送机器人需要有特定的运动机构——行走机构，其产品结构、功能、程序设计等均与本书所述的多关节机器人完全不同。装卸类机器人主要用于物品的小范围、定点移动和装卸作业，其代表性产品有上下料机器人（loading and unloading robot）、码垛机器人（stacking robot）、分拣机器人（picking robot）等。

工业生产用的装卸机器人、分拣机器人、码垛机器人的作业性质类似、操作和控制要求相近、产品结构雷同，因此，在实际应用时往往难以严格分类。特别是在自动化仓储系统、自动生产线上，工业机器人通常需要结合自动化仓库、物料输送线使用，组成具有装卸、分拣、码垛等功能的机器人综合搬运系统，其中的某些机器人可能需要同时承担多种功能。

例如，用于自动化仓库、自动生产线、自动化加工设备零件提取、移动、安放作业的装卸机器人，实际上也需要具有码垛机器人一样的定点堆放功能；同样，对于分拣、码垛作业的机器人来说，物品的提取、移动、安放也是必备的功能。

从这一意义上说，所谓的搬运、上下料、装配、分拣、码垛、包装机器人，也可认为是装卸类机器人的特殊应用，其产品结构、控制要求类似，编程、操作方法雷同。由于输送机器人的产品结构、功能、程序设计完全不同于多关节机器人，因此，本章后述的搬运机器人泛指用于搬运、上下料、装配、分拣、码垛、包装的工业机器人。

(2) 机器人搬运系统

从事物体移载作业的搬运类工业机器人系统的基本组成如图 12.1.1 所示，它通常由机器人基本部件、夹持器（工具）及工具控制设备等部件组成。如果必要，还可以在作业区增设防护网、警示灯等安全保护装置，以构成自动、安全运行的搬运工作站系统。

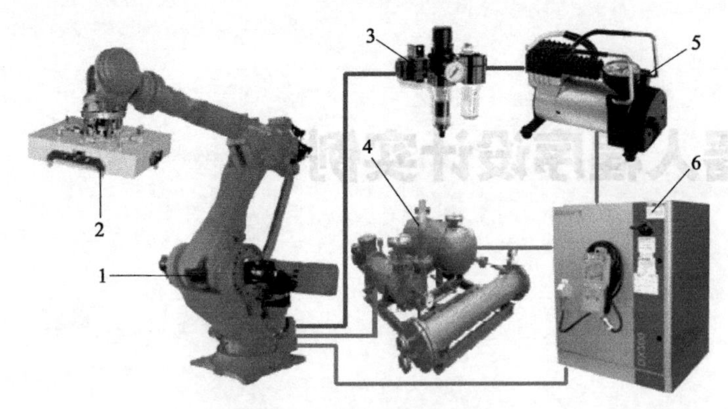

图 12.1.1 机器人搬运系统

1—机器人本体；2—夹持器；3—气动部件；4—真空泵；5—气泵；6—控制柜

① 机器人　机器人基本部件包括机器人本体、控制柜、示教器等，它们是用于机器人本体运动控制、对机器人进行操作编程的基本部件。

搬运机器人通常需要有较大的作业范围、较高的运动速度和灵活的运动性能，因此，多采用垂直串联结构。并联、SCARA 结构机器人通常只用于承载能力 5kg 以下、作业半径不超过 2m 的小型、平面搬运作业系统。

② 夹持器　夹持器是用来抓取物品的作业工具，其形式多样。夹持器的结构与作业对象的外形、体积、质量等因素密切相关，搬运机器人常用的夹持器有图 12.1.2 所示的吸盘（包括电磁吸盘、真空吸盘）和机械手爪两类。

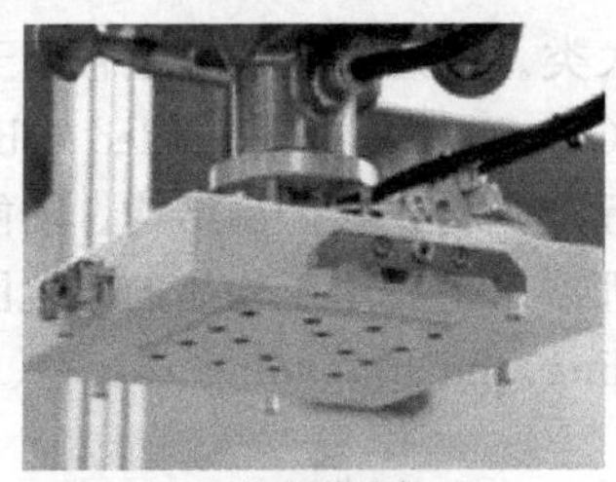

(a) 电磁吸盘

(b) 真空吸盘

(c) 手爪

图 12.1.2 搬运机器人常用夹持器

电磁吸盘是利用电磁吸力抓取金属零件的吸持装置，其结构简单、夹持力大、控制方便，是原材料、集装箱类物品搬运作业常用的作业工具。电磁吸盘可制成各种形状，而且对夹持面的要求不高，夹持作业通常不会损伤工件；但是，其夹持力与物品的材料导磁性能、体积有关，不能用于非导磁材料的抓取，而且，容易在物品上留下剩磁；因此，它不能用于非金属材料、非导磁材料以及不允许有剩磁的精密零部件夹持。

真空吸盘是利用吸盘内部和大气间的压力差来吸持物品的吸持装置，它对物品的材料无要求，适用面广、通用性好。真空吸盘要求物品具有光滑、平整、不透气的吸持面，且吸持力受压力差的限制，不可能超过大气压力，故多用于玻璃、金属、塑料或木材等轻量、板类物品，或密封包装的小型袋状物品的夹持。

机械手爪是利用机械锁紧机构或摩擦力来夹持物品的夹持装置，其适用范围广、夹持可靠、使用灵活方便、定位精度高。机械手爪可根据作业对象的外形、重量和夹持要求，设计成各种各样的形状；手爪的夹持力可根据要求设计、调整；但其结构相对复杂，因此，多用于大型、重载物品的夹持，以及不能使用电磁吸盘、真空吸盘的物品夹持。

③ 工具控制设备　工具控制设备是为夹持器提供动力、控制夹持器松/夹动作的控制装置，它与机器人所使用的夹持器种类有关。例如，使用电磁吸盘的机器人，需要配套相应的电源及通断控制装置；使用真空吸盘的机器人，需要配套真空泵、电磁阀等部件；使用机械手爪的机器人，则需要配套气泵、气动阀、气缸等气动部件，或配套液压泵、液压阀、油缸等液压部件。气动夹持器具有使用简单、安全清洁等优点，是中小型机器人常用的作业工具；液压夹持器的夹持力大、运动平稳，是大型机器人常用的专业工具。在分拣、仓储、码垛的机器人搬运系统上，有时还需要配备相应的物品识别、检视等传感系统，以及重量复检、不合格品剔除、堆垛整形、输送带等附加设备。

12.1.2　应用程序设计要求

(1) 搬运动作

作为简单例子，以下将介绍利用 ABB IRB120 工业机器人完成图 12.1.3 所示搬运作业的作业程序设计实例。

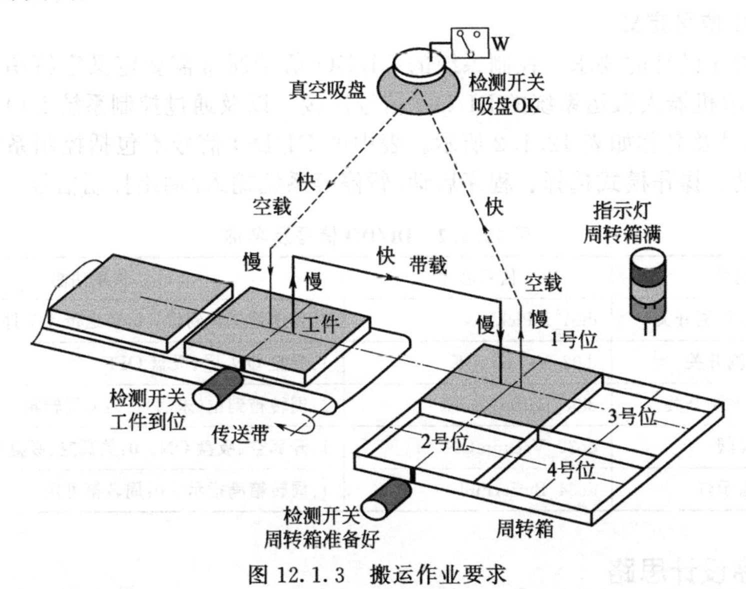

图 12.1.3　搬运作业要求

图 12.1.3 所示的搬运系统由搬运机器人、真空吸盘、控制装置、传送带、周转箱等主要部件组成。搬运作业要求机器人利用真空吸盘抓取传送带上的工件，并将工件依次放置到

周转箱的1～4号位置中；如果周转箱放满4个工件，控制系统应输出“周转箱满”的指示灯信号，提示操作者更换周转箱；周转箱更换完成后，可继续进行搬运作业。

以上搬运系统对机器人及辅助部件的动作要求及相关的传感器输入信号（DI）/输出控制信号（DO信号）如表12.1.1所示。

表 12.1.1 搬运作业动作表

工步	名称	动作要求	运动速度	DI/DO信号
0	作业初始状态	机器人位于作业原点	—	—
		周转箱准备好	—	周转箱准备信号为1
		传送带工件到位	—	工件到位信号为1
		吸盘真空关闭	—	吸盘ON信号为0
1	抓取预定位	机器人运动到抓取点上方	空载高速	保持原状态
2	到达抓取位	机器人运动到抓取点	空载低速	保持原状态
3	抓取工件	吸盘ON	—	吸盘ON为1、吸盘OK为1
4	工件提升	机器人运动到抓取点上方	带载低速	保持原状态
5	工件转移	机器人运动到放置点上方	带载高速	保持原状态
6	工件入箱	机器人运动到放置点	带载低速	保持原状态
7	放置工件	吸盘OFF	—	吸盘ON为0、吸盘OK为0
8	机器人退出	机器人运动到放置点上方	空载低速	保持原状态
9	返回作业原点	机器人运动到作业原点	空载高速	保持原状态
10	检查周转箱	周转箱满：取走、继续下步 周转箱未满：重复1～9	—	周转箱准备信号为0
		周转箱已满指示	—	周转箱已满信号为1
		重新放置周转箱、重复1～9	—	周转箱准备信号为1

（2）DI/DO信号定义

根据作业程序设计的要求，控制系统的DI/DO信号通常需要定义字符串文本名。现假设图12.1.3所示机器人搬运系统的DI/DO信号连接，以及通过控制系统I/O连接配置所定义的DI/DO信号及名称如表12.1.2所示。表中的DI/DO信号不包括控制系统本身配备的急停、伺服启动、操作模式选择、程序启动/暂停等系统输入/输出控制信号。

表 12.1.2 DI/DO信号及名称

DI/DO信号	信号名称	作用功能
传送带工件到位检测开关	di01_InPickPos	1：传送带工件到位。0：传送带无工件
吸盘OK检测开关	di02_VacuumOK	1：吸盘ON。0：吸盘OFF
周转箱准备好检测开关	di03_BufferReady	1：周转箱到位（未满）。0：无周转箱
吸盘ON阀	do32_VacuumON	1：开真空、吸盘ON。0：关真空、吸盘OFF
周转箱满指示灯	do34_BufferFull	1：周转箱满指示。0：周转箱可用

12.1.3 程序设计思路

（1）程序数据定义

作业程序设计前，首先应根据控制要求，通过示教操作、程序数据测试等方法，将机器人完成搬运作业所需要的定位点、运动速度，以及作业工具的形状、姿态、载荷等全部控制参数，定义为作业程序设计所需要的程序数据。

在本例中，假设根据上述搬运作业要求定义的 RAPID 程序数据如图 12.1.4、表 12.1.3 所示，程序数据的设定要求和方法，可参见本书前述的相关章节。

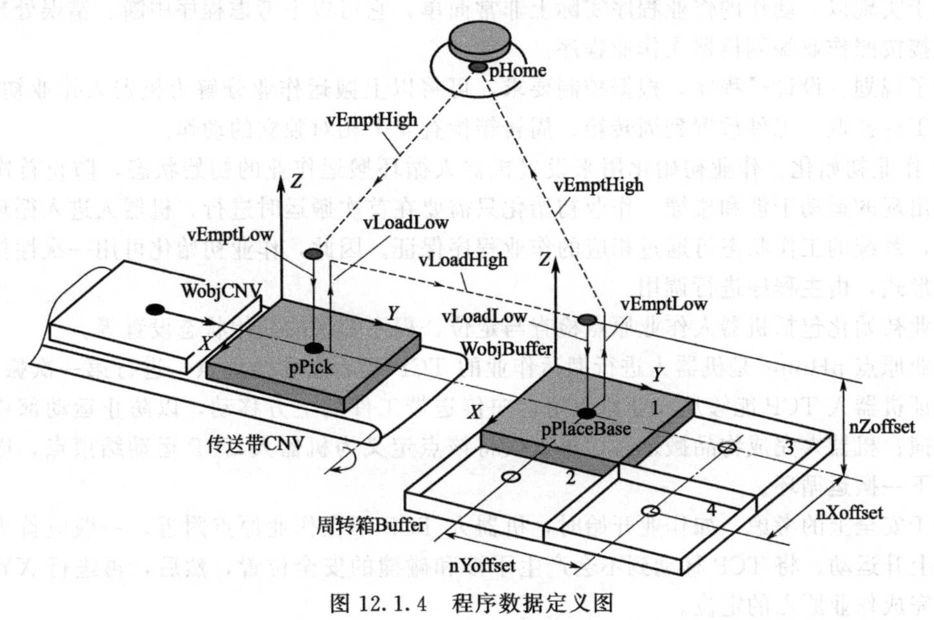

图 12.1.4　程序数据定义图

表 12.1.3　基本程序数据定义表

程序数据			含义	设定方法
性质	类型	名称		
CONST	robtarget	pHome	机器人作业原点	指令定义或示教设定
CONST	robtarget	pPick	工件抓取位置	指令定义或示教设定
CONST	robtarget	pPlaceBase	周转箱 1 号位置	指令定义或示教设定
CONST	speeddata	vEmptyHigh	空载高速	指令定义
CONST	speeddata	vEmptyLow	空载低速	指令定义
CONST	speeddata	vLoadHigh	带载高速	指令定义
CONST	speeddata	vLoadLow	带载低速	指令定义
CONST	num	nXoffset	周转箱 X 向位置间距	指令定义
CONST	num	nYoffset	周转箱 Y 向位置间距	指令定义
CONST	num	nZoffset	Z 向低速接近距离	指令定义
PERS	tooldata	tGripper	作业工具数据	指令定义或自动测定
PERS	loaddata	LoadFull	工件负载数据	指令定义或自动测定
PERS	wobjdata	wobjCNV	传送带坐标系	指令定义或自动测定
PERS	wobjdata	wobjBuffe	周转箱坐标系	指令定义或自动测定
PERS	robtarget	pPlace	周转箱放置点	程序自动计算
PERS	num	nCount	工件计数器	程序自动计算
VAR	bool	bPickOK	工件抓取状态	程序自动计算

以上程序数据为搬运作业所需的基本操作数，且多为常量 CONST、永久数据 PERS，故需要在程序主模块上予以定义。对于程序中数据运算、状态判断所需的其他程序变量 VAR，可在相应的程序中，根据需要进行个别定义；有关内容详见后述的程序实例。

(2) 应用程序结构设计

由于实现以上动作的作业程序实际上非常简单，它可以不考虑程序中断、错误处理等程序，直接按照作业编制机器人作业程序。

为了规划、设计子程序，根据控制要求，可将以上搬运作业分解为机器人作业初始化、传送带工件抓取、工件放置到周转箱、周转箱检查 4 个相对独立的动作。

① 作业初始化　作业初始化用来设置机器人循环搬运作业的初始状态，防止首次搬运时可能出现的运动干涉和碰撞。作业初始化只需要在首次搬运时进行，机器人进入循环搬运作业后，系统的工作状态可通过相应的作业程序保证。因此，作业初始化可用一次性执行子程序的形式，由主程序进行调用。

作业初始化包括机器人作业原点检查与定位、程序变量的初始状态设置等。

作业原点 pHome 是机器人进行搬运作业的 TCP 起始点和结束点，进行第一次搬运时，必须保证机器人 TCP 能够从作业原点附近向传送带工件的上方移动，以防止运动部件的干涉和碰撞；机器人完成物品搬运后，可直接将该点定义为机器人 TCP 运动结束点，以便直接进入下一搬运循环。

出于安全上的考虑，如作业开始时，机器人 TCP 不在作业原点附近，一般应首先进行 Z 轴的上升运动、将 TCP 移动到不会产生干涉和碰撞的安全位置，然后，再进行 XY 平面移动，完成作业原点的定位。

作业原点是 TCP 位置数据（robtarget），它需要同时保证 XYZ 坐标和工具姿态的正确，因此，判定原点需要对 robtarget 数据的（x, y, z）坐标值、工具姿态四元数（q_1, q_2, q_3, q_4）进行比较与判别。实现以上功能的程序需要有较多的运算、比较指令，而且，程序具有一定的通用性，故通常将其设计成具有独立功能的功能程序 FUNC。

如果能够保证机器人在首次运动时不产生干涉和碰撞，机器人的作业开始位置和作业原点允许有一定的偏差。因此，在作业原点检查与定位程序中，可将 XYZ 坐标和工具姿态四元数 $q_1 \sim q_4$ 误差不超过某一值［如±(20±0.5)mm］的点，视作作业原点。

作为参考，本例的作业初始化程序可设计为具有程序变量初始状态设置、能调用作业原点检查与定位子程序的独立程序 PROC rInitialize。在程序 PROC rInitialize 中，作业原点的检查和判别，需要通过 RAPID 功能程序 FUNC InHomePos 的调用完成；作业原点的定位运动可通过程序中的机器人运动实现。

② 传送带工件抓取　通过机器人 TCP 运动，完成"作业原点→传送带工件抓取位置上方→工件抓取位置→工件抓取位置上方"的移动；在传送带抓取位置，需要输出吸盘 ON 信号抓取工件；工件抓取完成后，还需要对机器人的负载、运动速度参数进行相应的调整，使机器人进入带载低速运动。

③ 工件放置到周转箱　通过机器人 TCP 运动，完成"传送带工件抓取位置上方→周转箱放置位置上方→放置位置→放置位置上方→作业原点"的移动；在周转箱放置位置，需要输出吸盘 OFF 信号、放置工件；工件放置完成后，同样需要对机器人的负载、运动速度参数进行相应的调整，恢复机器人的空载高速运动。

周转箱的 4 个工件放置位置选择，可通过简单工件的计数来确定。放置位置的坐标计算，可通过对工件计数器的计数值测试，利用 XY 坐标偏移实现。为了便于程序的修改，这一计算可使用独立的子程序编程。

④ 周转箱检查　用来检查周转箱是否已放满工件，如工件已放满，则需要输出周转箱已满信号，以等待操作者取走周转箱。周转箱是否已满，可通过工件计数器的计数值进行判断；当操作者取走周转箱后，工件计数器需要复位为初始值。

根据以上设计思路，搬运程序的程序模块结构，以及程序实现的主要功能可规划为表 12.1.4 所示。

表 12.1.4　RAPID 应用程序结构与功能

名称	类型	程序功能
mainmodu	MODULE	主模块，定义表 12.1.3 的基本程序数据
mainprg	PROC	主程序，进行如下子程序调用与管理 ①一次性调用初始化子程序 rInitialize，完成机器人作业原点检查与定位、进行程序中间变量的初始状态设置 ②循环调用子程序 rPickPanel、rPlaceInBuffer、rCheckBuffer；完成搬运动作
rInitialize	PROC	一次性调用 1 级子程序，完成以下动作： ①调用 2 级子程序 rCheckHomePos，进行机器人作业原点检查与定位 ②工件计数器设置为初始值 1 ③关闭吸盘 ON 信号
rCheckHomePos	PROC	由 rInitialize 调用的 2 级子程序，完成以下动作： ①调用功能程序 InHomePos，判别机器人是否处于作业原点；机器人不在原点时进行下述处理 ② Z 轴直线提升至原点位置 ③ XY 轴移动到原点定位
InHomePos	FUNC	由 rCheckHomePos 调用的 3 级功能子程序，完成机器人原点判别： ①X/Y/Z 位置误差不超过±20mm ②工具姿态四元数 $q_1 \sim q_4$ 误差不超过±0.05
rPickPanel	PROC	循环调用 1 级子程序，完成以下动作： ①确认机器人吸盘为空，否则，停止程序、示教器显示出错信息 ②机器人空载、快速定位到传送带工件抓取位置的上方 ③机器人空载、慢速下降到抓取位置 ④输出吸盘 ON 信号、抓取工件 ⑤设置机器人作业负载 ⑥机器人带载、慢速提升到传送带工件抓取位置的上方
rPlaceInBuffer	PROC	循环调用 1 级子程序，完成以下动作： ①调用放置点计算子程序 rCalculatePos，计算周转箱放置位置 ②机器人带载、高速定位到周转箱放置位置上方 ③机器人带载、低速下降到放置位置 ④输出吸盘 OFF 信号、放置工件 ⑤撤销机器人作业负载 ⑥机器人空载、慢速提升到放置位置上方 ⑦机器人空载、高速返回作业原点
rCalculatePos	PROC	由 rPlaceInBuffer 循环调用的 2 级子程序，完成以下动作： 工件计数器为 1：放置到 1 号基准位置 工件计数器为 2：X 位置偏移、放置到 2 号位 工件计数器为 3：Y 位置偏移、放置到 3 号位 工件计数器为 4：X/Y 位置同时偏移、放置到 4 号位 计数器错误，示教器显示出错信息、程序停止
rCheckBuffer	PROC	循环调用 1 级子程序，完成以下动作： ①如周转箱已满，输出周转箱已满信号，继续以下动作 ②等待操作者取走周转箱 ③工件计数器复位为初始值 1

12.1.4 应用程序示例

根据以上设计要求与思路，设计的RAPID应用程序如下。

```
!*******************************************************
MODULE mainmodu (SYSMODULE)                                  //主模块声明
  ! Module name: Mainmodule for Transfer                    //注释
  ! Robot type: IRB 120
  ! Software: RobotWare 6.01
  ! Created: 2017－06－06
!*******************************************************
                                           //定义程序数据(根据实际情况设定)
  CONST robtarget pHome:=[……];                               //作业原点
  CONST robtarget pPick:=[……];                               //抓取点
  CONST robtarget pPlaceBase:=[……];                          //放置基准点
  CONST speeddata vEmptyHigh:=[……];                          //空载高速
  CONST speeddata vEmptyLow:=[……];                           //空载低速
  CONST speeddata vLoadHigh:=[……];                           //带载高速
  CONST speeddata vLoadLow:=[……];                            //带载低速
  CONST num nXoffset:=……;                                    //周转箱X向间距
  CONST num nYoffset:=……;                                    //周转箱Y向间距
  CONST num nZoffset:=……;                                    //Z向低速接近距离
  PERS tooldata tGripper:=[……];                              //作业工具
  PERSloaddata LoadFull:=[……];                               //作业负载
  PERS wobjdata wobjCNV:=[……];                               //传送带坐标系
  PERS wobjdata wobjBuffer:=[……];                            //周转箱坐标系
  PERS robtarget pPlace:=[……];                               //当前放置点
  PERS num nCount;                                           //工件计数器
  VAR bool bPickOK;                                          //工件抓取状态
!*******************************************************
PROC mainprg ()                                              //主程序
    rInitialize;                                             //调用初始化程序
  WHILE TRUE DO                                              //无限循环
    rPickPanel;                                              //调用工件抓取程序
    rPlaceInBuffer;                                          //调用工件放置程序
    rCheckBuffer;                                            //调用周转箱检查程序
    Waittime 0.5                                             //暂停0.5s
  ENDWHILE                                                   //循环结束
ENDPROC                                                      //主程序结束
!*******************************************************
PROCrInitialize ()                                           //初始化程序
    rCheckHomePos;                                           //调用作业原点检查程序
    nCount:=1                                                //工件计数器预置
    bPickOK:=FALSE;                                          //撤销抓取状态
    Reset do32_VacuumON                                      //关闭吸盘
ENDPROC                                                      //初始化程序结束
!*******************************************************
PROCrPickPanel ()                                            //工件抓取程序
```

```
  IF bPickOK:=FALSE THEN
    MoveJOffs(pPick,0,0,nZoffset),vEmptyHigh,z20,tGripper\ wobj:=wobjCNV;
                                                        // 移动到 pPick 上方减速点
    WaitDI di01_InPickPos,1;                            // 等待传送带到位 di01=1
    MoveL pPick,vEmptyLow,fine,tGripper\ wobj:=wobjCNV;           // pPick 点定位
    Set do32_VacuumON;                                        // 吸盘 ON(do32=1)
    WaitDI di02_ VacuumOK,1;                              // 等待抓取完成 di02=1
    bPickOK:=TRUE;                                              // 设定抓取状态
    GripLoad LoadFull;                                          // 设定作业负载
    MoveLOffs(pPick,0,0,nZoffset),vLoadLow,z20,tGripper\ wobj:=wobjCNV;
                                                        // 提升到 pPick 上方减速点
 ELSE
    TPErase;                                                      //示教器清屏
    TPWrite "Cycle Restart Error";                              // 显示出错信息
    TPWrite "Cycle can't start with Panel on Gripper";
    TPWrite "Please check the Gripper and then restart next cycle";
    Stop;                                                           //程序停止
  ENDIF
 ENDPROC                                                    //工件抓取程序结束
 !*************************************************************
 PROCrPlaceInBuffer ()                                          // 工件放置程序
  IF bPickOK:=TRUE THEN
    rCalculatePos;                                      // 调用放置点计算程序
    WaitDI di03_BufferReady,1;                          // 等待周转箱到位 di03=1
    MoveJ Offs(pPlace,0,0,nZoffset),vLoadHigh,z20,tGripper\ wobj:=wobjBuffer;
                                                       // 移动到 pPlace 上方减速点
    MoveL pPlace,vLoadLow,fine,tGripper\ wobj:=wobjBuffer;       // pPick 点定位
    Reset do32_VacuumON;                                     // 吸盘 OFF(do32=0)
    WaitDI di02_ VacuumOK,0;                                  // 等待放开 di02=0
    Waittime 0.5                                                    // 暂停 0.5s
    bPickOK:=FALSE;                                             //撤销抓取状态
    GripLoad Load0;                                             // 撤销作业负载
    MoveLOffs(pPlace,0,0,nZoffset),vEmptyLow,z20,tGripper\ wobj:=wobjBuffer;
                                                        //移动到 pPlace 上方减速点
    MoveJ pHome,vEmptyHigh,fine,tGripper;                       //返回作业原点
    nCount:=nCount +1                                          // 工件计数器加 1
  ENDIF
 ENDPROC                                                    //工件放置程序结束
 !*************************************************************
 PROCrCheckBuffer ()                                          // 周转箱检查程序
  IF nCount>4 THEN
    Set do34_BufferFull;                                   // 周转箱满 ON(do34=1)
    WaitDI di03_BufferReady,0;                        // 等待取走周转箱 di03=0
    Reset do34_BufferFull;                                // 周转箱满 OFF(do34=0)
    nCount:=1                                                 //工件计数器复位
  ENDIF
 ENDPROC                                                  //周转箱检查程序结束
 !*************************************************************
```

```
PROCrCalculatePos ()                                              //放置点计算程序
  TEST nCount                                                     //计数器测试
  CASE 1:
    pPlace:=pPlaceBase;                                           //放置点 1
  CASE 2:
    pPlace:=Offs(pPlaceBase,nXoffset,0,0);                        //放置点 2
  CASE 3:
    pPlace:=Offs(pPlaceBase,0,nYoffset,0);                        //放置点 3
  CASE 4:
    pPlace:=Offs(pPlaceBase,nXoffset,nYoffset,0);                 //放置点 4
  DEFAULT:
    TPErase;                                                      //示教器清屏
    TPWrite "The Count Number is Error";                          //显示出错信息
    Stop;
  ENDTEST
ENDPROC                                                           //放置点计算程序结束
!*************************************************************
PROCCheckHomePos ()                                               //作业原点检查程序
  VAR robtarget pActualPos;                                       //程序数据定义
  IF NOTInHomePos( pHome,tGripper) THEN
                              //利用功能程序判别作业原点,非作业原点时进行如下处理
    pActualPos:=CRobT(\Tool:=tGripper \ wobj:=wobj0);             //读取当前位置
    pActualPos.trans.z:=pHome.trans.z;                            //改变 Z 坐标值
    MoveL pActualPos,vEmptyHigh,z20,tGripper;                     //Z 轴退至 pHome
    MoveL pHome,vEmptyHigh,fine,tGripper;                         //X、Y 轴定位到 pHome
  ENDIF
ENDPROC                                                           //作业原点检查程序结束
!*************************************************************
FUNC boolInHomePos (robtarget ComparePos,INOUT tooldata CompareTool)
                                                                  //作业原点判别程序
  VAR numComp_Count:=0;
  VAR robtargetCurr_Pos;
  Curr_Pos:=CRobT(\Tool:=CompareTool \ wobj:=wobj0);
                                                   //读取当前位置,进行以下判别
  IF Curr_Pos.trans.x>ComparePos.trans.x-20 AND
  Curr_Pos.trans.x<ComparePos.trans.x+20 Comp_Count:=Comp_Count+1;
  IF Curr_Pos.trans.y>ComparePos.trans.y-20 AND
  Curr_Pos.trans.y<ComparePos.trans.y+20 Comp_Count:=Comp_Count+1;
  IF Curr_Pos.trans.z>ComparePos.trans.z-20 AND
  Curr_Pos.trans.z<ComparePos.trans.z+20 Comp_Count:=Comp_Count+1;
  IF Curr_Pos.rot.q1>ComparePos.rot.q1-0.05 AND
  Curr_Pos.rot.q1<ComparePos.rot.q1+0.05 Comp_Count:=Comp_Count+1;
  IF Curr_Pos.rot.q2>ComparePos.rot.q2-0.05 AND
  Curr_Pos.rot.q2<ComparePos.rot.q2+0.05 Comp_Count:=Comp_Count+1;
  IF Curr_Pos.rot.q3>ComparePos.rot.q3-0.05 AND
  Curr_Pos.rot.q3<ComparePos.rot.q3+0.05 Comp_Count:=Comp_Count+1;
  IF Curr_Pos.rot.q4>ComparePos.rot.q4-0.05 AND
  Curr_Pos.rot.q4<ComparePos.rot.q4+0.05 Comp_Count:=Comp_Count+1;
```

```
  RETUN Comp_Count=7;                               //返回 Comp_Count=7 的逻辑状态
ENDFUNC                                             //作业原点判别程序结束
!****************************************************************
ENDMODULE                                           // 主模块结束
!****************************************************************
```

12.2 弧焊机器人程序实例

12.2.1 机器人弧焊系统

(1) 机器人焊接工艺

焊接是一种以加热、高温或高压方式，接合金属或其他热塑性材料（如塑料）的制造工艺与技术，它是制造业的重要生产方式之一。

焊接加工的环境恶劣，加工时产生的强弧光、高温、烟尘、飞溅、电磁干扰等，均有害于人体健康。甚至可能给人体造成烧伤、触电、视力损害、有毒气体吸入、紫外线过度照射等危害。焊接作业采用工业机器人，不仅可改善操作者的工作环境、避免人体受到伤害，而且还可实现自动连续工作、提高工作效率、改善加工质量。因此，焊接是最适合使用工业机器人的领域，同时也是工业机器人应用最广泛的领域，据统计，目前在企业所使用的工业机器人中，焊接机器人所占的比例高达50%左右。

金属焊接是工业上使用最广、最重要的焊接制造工艺，其工艺和方法可分钎焊、熔焊和压焊三大类、40余种。

① 钎焊　钎焊是用比工件熔点低的金属材料作填充料（钎料），将钎料加热至熔化、但低于焊件熔点的温度，然后利用液态钎料填充间隙，使钎料与焊件相互扩散、实现焊接的方法。

钎焊最典型的应用是电子产品的元器件焊接，钎焊作业有烙铁焊、波峰焊，以及表面安装（SMT）等专门的工艺与技术，使用机器人焊接的情况相对较少。

② 熔焊　熔焊是通过加热，使工件（parent metal，又称母材）、焊件（weld metal）以及焊丝焊条等熔填物局部熔化，形成熔池（weld pool），冷却凝固后接合为一体的焊接方法。熔焊不需要对焊接部位施加压力。

熔化金属材料的方法有很多种，例如，使用电弧、气体火焰、等离子、激光、摩擦和超声波等。其中，电弧熔化焊接（arc welding，简称弧焊）是目前金属熔焊中使用最广的方法，它可分TIG焊、MIG焊、MAG焊、CO_2焊等；用于弧焊作业的工业机器人称为弧焊机器人。气体火焰、激光、等离子的用途多样，它们不仅可用于焊接，而且还经常用于材料切割加工，其使用方法与弧焊机器人类似。

③ 压焊　压焊又称固态焊接，它是在加压条件下，使工件和焊件在固态下实现原子间结合的焊接方法。压焊一般不使用填充材料，但需要对焊接件施加压力，由于没有材料的熔化过程，压焊不会像熔焊那样引起有益合金元素烧损和有害元素的侵入，其焊接过程简单、安全、卫生；同时，由于压焊的加热时间短、温度比熔焊低，因而其热影响区小，许多难以采用熔焊的材料，往往可通过压焊进行焊接。

锻打焊接是最古老的金属固态焊接方法，现代压焊最常用的方法是电阻焊。电阻焊需要通过电极，对工件和焊件通电；由于工件和焊件接触处的电阻很大，通入大电流后，这一区域可被迅速加热至塑性状态，并在电极轴向压力的作用下，将工件和焊件将连接成为一体。目前常用的点焊机器人，一般都是以电阻焊为主的压焊工业机器人。

(2) 气体保护电弧焊

电弧熔化焊接简称弧焊（arc welding)，它是通过电极和焊接件间的电弧产生高温，熔化焊丝、焊条等熔填物，实现焊接的一种方法，在金属熔焊中使用非常普遍。

由于大气存在氧、氮、水蒸气，高温熔池如果与大气直接接触，金属或合金元素就会被氧化或产生气孔、夹渣、裂纹等缺陷，因此，通常需要用图 12.2.1 所示的方法，通过焊枪的导电嘴将氩气、氦气、二氧化碳或其混合气体连续喷到焊接区，来隔绝大气、保护熔池，这种焊接方式称为气体保护电弧焊。

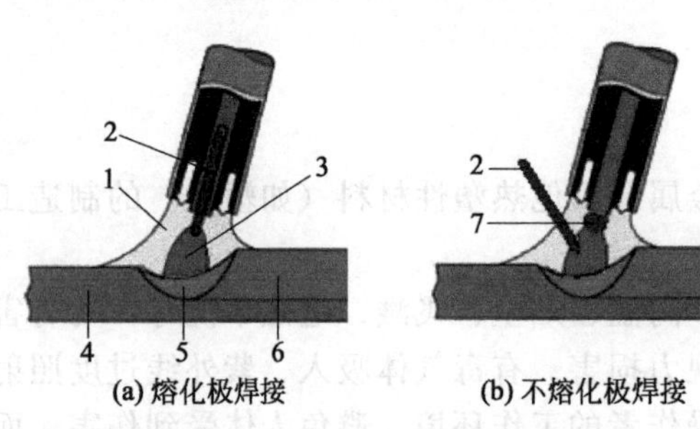

图 12.2.1 气体保护电弧焊原理
1—保护气体；2—焊丝；3—电弧；4—工件；5—熔池；6—焊件 7—钨极

弧焊通常以焊丝、焊条作为熔填物。当熔填物（焊丝、焊条）直接作为图 12.2.1(a) 所示的电极，产生电弧并熔化时，称为“熔化极气体保护电弧焊”；如果电极采用熔点极高的材料（如钨），只用来产生图 12.2.1(b) 所示的高温电弧，使熔填物（焊丝、焊条）、工件、焊接件同时熔化时，称为“不熔化极气体保护电弧焊”。两种焊接方式的电极正负极性相反。

根据所使用的保护气体不同，熔化极气体保护电弧焊目前主要有 MIG 焊、MAG 焊、CO_2 焊 3 种；不熔化极气体保护电弧焊则主要有 TIG 焊、原子氢焊、等离子弧焊等，其中以 TIG 焊为常用。

MIG 焊是惰性气体保护电弧焊（metal inert-gas welding）的英文简称，它所使用的保护气体为氩气（Ar)、氦气（He）等惰性气体。使用氩气（Ar）的 MIG 焊又称“氩弧焊”。MIG 焊几乎可用于所有金属的焊接，对铝及合金、铜及合金、不锈钢等材料尤为适合。

MAG 焊是活性气体保护电弧焊（metal active-gas welding）的英文简称，它所使用的保护气体为惰性气体和氧化性气体的混合物，如在氩气（Ar）中加入氧气（O_2)、二氧化碳（CO_2）或两者的混合物（O_2+CO_2），我国常用的活性气体为“80% Ar+20% CO_2”；由于混合气体中氩气的比例较大，故又称“富氩混合气体保护电弧焊”。MAG 焊主要适用于碳钢、合金钢和不锈钢等黑色金属的焊接，特别在不锈钢焊接中应用十分广泛。

CO_2 焊是二氧化碳（CO_2）气体保护电弧焊的英文简称，它所使用的保护气体为二氧化碳（CO_2）或二氧化碳（CO_2）和氩气（Ar）的混合气体。由于二氧化碳气体的价格低廉、焊缝成形良好，如使用含脱氧剂的焊丝，还可获得无内部缺陷的高质量焊接效果，因此，它是目前碳钢、合金钢等黑色金属材料最主要的焊接方法之一。

TIG 焊是钨极惰性气体保护电弧焊（tungsten inert gas welding）的英文简称，属于不熔化极气体保护电弧焊。TIG 焊可利用钨电极与工件、焊件间产生的电弧热，熔化工件、焊件和焊丝，实现金属熔合、冷凝后形成焊缝的焊接方法。TIG 焊所使用的保护气体一般为惰性气体氩气（Ar)、氦气（He）或氩氦混合气体，在特殊应用场合，也可添加少量的氢气（H_2)。用氩气（Ar）作为保护气体的 TIG 焊称为“钨极氩弧焊”，用氦气（He）作为保护气体的 TIG 焊称为“钨极氦弧焊”，由于氦气的价格昂贵，目前工业上使用以钨极氩弧焊为主。钨极氩弧焊可用于大多数金属和合金的焊接，但对铅、锡、锌等低熔点、易蒸发金属的焊接较困难；由于钨极氩弧焊的成本较高，故多用于铝、镁、钛、铜等有色金属及不锈钢、耐热钢等材料的薄板焊接。

(3) 机器人弧焊系统

用于电弧熔焊作业的机器人简称弧焊机器人。单机器人弧焊系统的组成如图 12.2.2 所示，它由机器人基本部件、焊枪（工具）和焊接设备、系统附件等组成。在自动化程度较高的系统上，有时还需要配备焊枪清洗装置、焊枪自动交换装置等系统附件，以及防护罩、警示灯等其他安全保护装置，以构成安全运行的弧焊工作站。

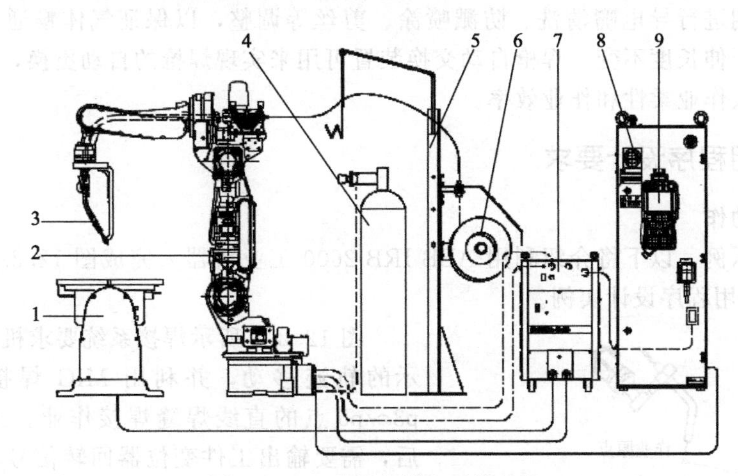

图 12.2.2　弧焊机器人系统组成

1—变位器；2—机器人本体；3—焊枪；4—保护气体；5—焊丝架；6—焊丝盘；7—焊机；8—控制柜；9—示教器

① 机器人　弧焊机器人本体一般采用 6 轴或 7 轴垂直串联结构，弧焊作业的工具为焊枪，其体积、重量均较小，对机器人的承载能力要求不高，因此，通常以承载能力 3～20kg、作业半径 1～2m 的中小规格机器人为主。

弧焊机器人需要进行焊缝的连续焊接作业，机器人需要具备直线、圆弧等连续轨迹的控制能力，对控制系统的插补性能、速度平稳性和定位精度的要求均较高；此外，还需要进行特殊的引弧、熄弧、送丝、退丝、剪丝等控制和焊接电流、电压等模拟量的自动调节，因此，控制系统通常需要配套专门的弧焊控制模块。

② 焊枪和焊接设备　弧焊机器人的作业工具通常为图 12.2.3 所示的焊枪。如果焊枪及气管、电缆、焊丝通过支架安装在机器人的手腕上，气管、电缆、焊丝从手腕、手臂外部引入，这种焊枪称为外置焊枪。如果焊枪直接安装在手腕上，气管、电缆、焊丝从机器人手腕、手臂内部引入，这种焊枪称为内置焊枪。外置焊枪、内置焊枪的质量均较轻，因此，弧焊对机器人的承载能力（3～20kg）的要求并不高，绝大多数中小规格的机器人都可满足弧焊机器人的承载要求。

焊接设备是焊接作业的基本部件，它主要有焊机、保护气体、送丝机构等。弧焊机是用于焊接电压、焊接电流、焊接时间等焊接工艺参数自动控制与调整的电源设备；以焊丝作为填充料的弧焊，在焊接过程中焊丝将不断被熔化、填充到熔池中，因此，需要有焊丝盘、送丝机构来保证焊丝的连续输送；此外，还需要通过气瓶、气管、气阀等，向导电嘴连续提供保护气体。

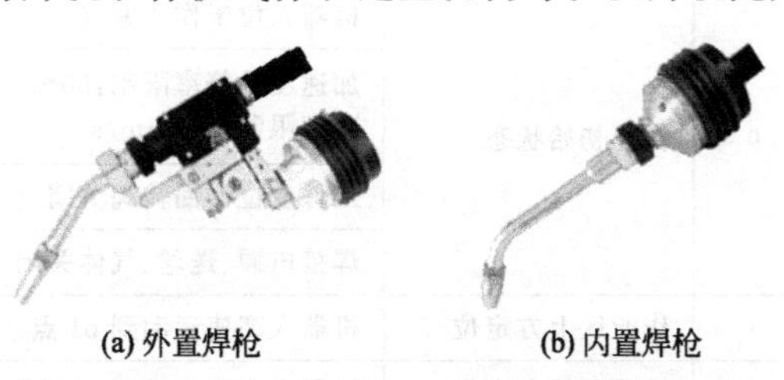

(a) 外置焊枪　(b) 内置焊枪

图 12.2.3　弧焊机器人的焊枪

③ 系统附件 弧焊系统常用的附件有变位器、焊枪清洗装置、焊枪自动交换装置等。

变位器可用来安装工件，实现工件的移动、回转、摆动或自动交换功能，提高系统的作业效率和自动化程度。

焊枪清洗装置和焊枪自动交换装置是高效、自动化弧焊作业生产线或工作站常用的配套附件。焊枪经过长时间焊接，必然会导致电极磨损、导电嘴焊渣残留等问题，从而影响焊接质量和作业效率；因此，在自动化焊接工作站或生产线上，一般都需要通过焊枪自动清洗装置，对焊枪定期进行导电嘴清洗、防溅喷涂、剪丝等调整，以保证气体畅通、减少残渣附着、保证焊丝干伸长度不变。焊枪自动交换装置可用来实现焊枪的自动更换，以改变焊接工艺、提高机器人作业柔性和作业效率。

12.2.2 应用程序设计要求

(1) 焊接动作

作为简单示例，以下将介绍利用 ABB IRB 2600 工业机器人完成图 12.2.4 所示焊接作业的 RAPID 应用程序设计实例。

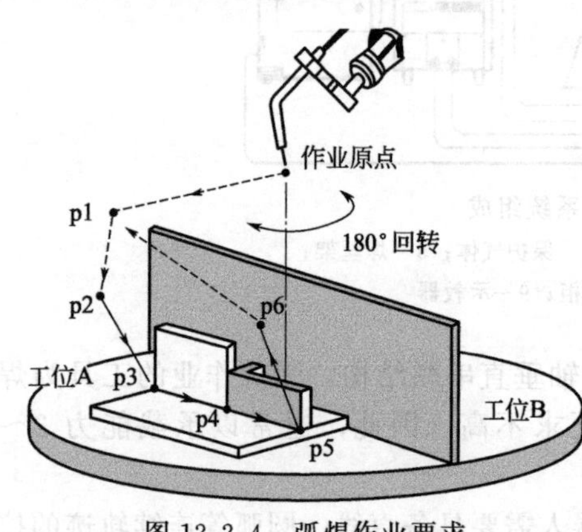

图 12.2.4 弧焊作业要求

图 12.2.4 所示焊接系统要求机器人能够按图示的轨迹移动，并利用 MIG 焊接，完成工件 p3～p5 点的直线焊缝焊接作业。工件焊接完成后，需要输出工件变位器回转信号，通过变位器的180°回转，进行工位 A、B 的工件交换，并由操作者在 B 工位完成工件的装卸作业；然后，重复机器人运动和焊接动作，实现机器人的连续焊接作业。

如果在焊接完成后，B 工位完成工件的装卸作业尚未完成，则中断程序执行、输出工件安装指示灯，提示操作者装卸工件；操作者完成工件装卸后，可通过应答按钮输入安装完成信号，程序继续。

如果自动循环开始时工件变位器不在工作位置，或者 A、B 的工件交换信号输出后，变位器在 30s 内尚未回转到位，则利用错误处理程序，在示教器上显示相应的系统出错信息，并退出程序循环。

以上焊接系统对机器人及辅助部件的动作要求，及相关的传感器输入信号 (DI) /输出控制信号 (DO 信号) 如表 12.2.1 所示。

表 12.2.1 焊接作业动作表

工步	名称	动作要求	运动速度	DI/DO 信号
0	作业初始状态	机器人位于作业原点	—	—
		加速度及倍率限制：50% 速度限制：600mm/s		
		工件变位器回转阀关闭	—	A、B 工位回转信号为 0
		焊接电源、送丝、气体关闭	—	电源、送丝、气体信号为 0
1	作业区上方定位	机器人高速运动到 p1 点	高速	同上
2	作业起始点定位	机器人高速运动到 p2 点	高速	同上

续表

工步	名称	动作要求	运动速度	DI/DO 信号
3	焊接开始点定位	机器人移动到 p3 点	500mm/s	焊接电源、送丝、气体信号为1;焊接电流、电压输出(系统自动控制)
4	p3 点附近引弧	自动引弧	焊接参数设定	
5	焊缝 1 焊接	机器人移动到 p4 点	200mm/s	
6	焊缝 2 摆焊	机器人移动到 p5 点	100mm/s	
7	P5 点附近熄弧	自动熄弧	焊接参数设定	焊接电源、送丝、气体信号为0;焊接电流、电压关闭(系统自动控制)
8	焊接退出点定位	机器人移动到 p6 点	500mm/s	
9	作业区上方定位	机器人高速运动到 p1 点	高速	同上
10	返回作业原点	机器人移动到作业原点	高速	同上
11	变位器回转	A、B 工位自动交换	—	A 或 B 工位回转信号为 1
12	结束回转	撤销 A、B 工位回转信号	—	A、B 工位回转信号为 0

(2) DI/DO 信号

根据作业程序设计的要求，控制系统的 DI/DO 信号通常需要定义字符串文本名。现假设图 12.2.4 所示机器人焊接系统的 DI/DO 信号连接，以及通过控制系统 I/O 连接配置所定义的 DI/DO 信号及名称如表 12.2.2 所示。表中的 DI/DO 信号不包括控制系统本身配备的急停、伺服启动、操作模式选择、程序启动/暂停等系统输入/输出控制信号；以及通过 ABB 弧焊机器人 I/O 配置文件（I/O signals configuration）定义的 DI/DO、AI/AO 信号。

表 12.2.2 DI/DO 信号及名称

DI/DO 信号	信号名称	作用功能
引弧检测	di01_ArcEst	1:正常引弧。0:熄弧
送丝检测	di02_WirefeedOK	1:正常送丝。0:送丝关闭
保护气体检测	di03_GasOK	1:保护气体正常。0:保护气体关闭
A 工位到位	di06_inStationA	1:A 工位在作业区。0:A 工位不在作业区
B 工位到位	di07_inStationB	1:B 工位在作业区。0:B 工位不在作业区
工件装卸完成	di08_bLoadingOK	1:工件装卸完成应答。0:未应答
焊接 ON	do01_WeldON	1:接通焊接电源。0:关闭焊接电源
气体 ON	do02_GasON	1:打开保护气体。0:关闭保护气体
送丝 ON	do03_FeedON	1:启动送丝。0:停止送丝
交换 A 工位	do04_CellA	1:A 工位回转到作业区。0:A 工位锁紧
交换 B 工位	do05_CellB	1:B 工位回转到作业区。0:B 工位锁紧
回转出错	do07_SwingErr	1:变位器回转超时。0:回转正常
等待工件装卸	do08_WaitLoad	1:等待工件装卸。0:工件装卸完成

(3) 弧焊特殊指令与程序数据

弧焊系统需要进行特殊的引弧、熄弧、送丝、退丝、剪丝等控制和焊接电流、电压等模拟量的自动调节，因此，不但控制系统通常需要配套专门的弧焊控制模块，而且还需要使用表 12.2.3 所示的 RAPID 弧焊控制专用指令及编程示例。

表 12.2.3 RAPID弧焊控制专用指令编程说明表

名称	编程格式与示例		
直线引弧	ArcLStart	编程格式	ArcLStartToPoint,Speed[\V],seam,weld [\Weave],Zone[\Z][\Inpos],Tool[\Wobj] [\TLoad];
		程序数据	seam:引弧、熄弧参数,数据类型 seamdata weld:焊接参数,数据类型 welddata \Weave:摆焊参数,数据类型 weavedata 其他:同 MoveL 指令
	功能说明	TCP 直线插补运动,在目标点附近自动引弧	
	编程示例	ArcLStart p1,v500,Seam1,Weld1,fine,tWeld \wobj:=wobjStation;	
直线焊接	ArcL	编程格式	ArcLToPoint,Speed[\V],seam,weld [\Weave],Zone[\Z][\Inpos],Tool[\Wobj] [\TLoad];
		程序数据	同上
	功能说明	TCP 直线插补自动焊接运动	
	编程示例	ArcL p2,v200,Seam1,Weld1,fine,tWeld \wobj:=wobjStation;	
直线熄弧	ArcLEnd	编程格式	ArcLEndToPoint,Speed[\V],seam,weld [\Weave],Zone[\Z][\Inpos],Tool[\Wobj] [\TLoad];
		程序数据	同上
	功能说明	TCP 直线插补运动,在目标点附近自动熄弧	
	编程示例	ArcLStart p1,v500,Seam1,Weld1,fine,tWeld \wobj:=wobjStation;	
圆弧引弧	ArcCStart	编程格式	ArcCStartCirPoint, ToPoint, Speed[\V], seam, weld [\Weave],Zone[\Z][\Inpos],Tool[\Wobj] [\TLoad];
		程序数据	同 MoveC、ArcLStart 指令
	功能说明	TCP 直线插补自动焊接运动,在目标点附近自动引弧	
	编程示例	ArcCStart p1,p2,v500,Seam1,Weld1,fine,tWeld \wobj:=wobjStation;	
圆弧焊接	ArcC	编程格式	ArcCCirPoint,ToPoint,Speed[\V],seam,weld [\Weave],Zone[\Z][\Inpos],Tool[\Wobj] [\TLoad];
		程序数据	同 MoveC、ArcLStart 指令
	功能说明	TCP 圆弧插补自动焊接运动	
	编程示例	ArcC p1,p2,v500,Seam1,Weld1,fine,tWeld \wobj:=wobjStation;	
圆弧熄弧	ArcCEnd	编程格式	ArcCEndCirPoint,ToPoint,Speed[\V],seam,weld [\Weave],Zone[\Z][\Inpos],Tool[\Wobj] [\TLoad];
		程序数据	同 MoveC、ArcLStart 指令
	功能说明	TCP 圆弧插补自动焊接运动,在目标点附近自动熄弧	
	编程示例	ArcCEnd p1,p2,v500,Seam1,Weld1,fine,tWeld \wobj:=wobjStation;	

以上指令中的 seamdata、welddata 及添加项\weavedata 是弧焊机器人专用的程序数据，需要在焊接程序中定义。程序数据及添加项的作用如下。

seamdata：主要用来定义焊枪的引弧、熄弧控制参数，例如，引弧/熄弧时的清枪时间（Purge _ time)、焊接开始前的提前送气时间（Preflow _ time)、焊接结束后的保护气体关闭延时（Postflow _ time）等。

welddata：主要用来设定焊接工艺参数，例如，焊接速度 Weld _ speed、焊接电压 Voltage、焊接电流 Current 等。

\weavedata：用来设定摆焊作业控制参数，例如，摆动形状（Weave_shape）、摆动类型（Weave_type）、行进距离（Weave_Length），以及L形摆和三角摆的摆动宽度（Weave_Width）、摆动高度（Weave_Height）等参数。

有关机器人弧焊作业的方式及工艺参数可参见人民邮电出版社2017年1月出版的《工业机器人完全应用手册》一书。

12.2.3　程序设计思路

（1）程序数据定义

作业程序设计前，首先需要根据控制要求，将机器人工具的形状、姿态、载荷，以及工件位置、机器人定位点、运动速度等全部控制参数，定义成RAPID程序设计所需要的程序数据。

根据上述弧焊作业要求，所定义的基本程序数据如表12.2.4所示，不同程序数据的设定要求和方法，可参见前述的相关章节。

表12.2.4　基本程序数据定义表

程序数据			含义	设定方法
性质	类型	名称		
CONST	robtarget	pHome	机器人作业原点	指令定义或示教设定
CONST	robtarget	Weld_p1	作业区预定位点	指令定义或示教设定
CONST	robtarget	Weld_p2	作业起始点	指令定义或示教设定
CONST	robtarget	Weld_p3	焊接开始点	指令定义或示教设定
CONST	robtarget	Weld_p4	摆焊起始点	指令定义或示教设定
CONST	robtarget	Weld_p5	焊接结束点	指令定义或示教设定
CONST	robtarget	Weld_p6	作业退出点	指令定义或示教设定
PERS	tooldata	tMigWeld	工具数据	手动计算或自动测定
PERS	wobjdata	wobjStation	工件坐标系	手动计算或自动测定
PERS	seamdata	MIG_Seam	引弧、熄弧数据	指令定义或手动设置
PERS	welddata	MIG_Weld	焊接数据	指令定义或手动设置
VAR	intnum	intno1	中断名称数据	程序自动计算

以上程序数据为搬运作业所需的基本操作数，且多为常量CONST、永久数据PERS，故需要在程序主模块上予以定义。对于程序中数据运算、状态判断所需的其他程序变量VAR，可在相应的程序中，根据需要进行个别定义；有关内容详见后述的程序实例。

（2）应用程序结构设计

为了使读者熟悉RAPID中断、错误处理指令的编程方法，在以下程序实例中使用了中断、错误处理指令编程，并根据控制要求，将以上焊接作业分解为作业初始化、A工位焊接、B工位焊接、焊接作业、中断处理5个相对独立的动作。

① 作业初始化　作业初始化用来设置循环焊接作业的初始状态、设定并启用系统中断监控功能等。

循环焊接作业的初始化包括机器人作业原点检查与定位、系统DO信号初始状态设置等，它只需要在首次焊接时进行，机器人循环焊接开始后，其状态可通过作业程序保证。为了简化程序设计，本程序沿用了前述搬运机器人同样的原点检查与定位方式。

中断设定指令用来定义中断条件、连接中断程序、起动中断监控。由于系统的中断功能一旦生效，中断监控功能将始终保持有效状态，中断程序就可随时调用，因此，它同样可在一次性执行的初始化程序中编制。

② A工位焊接　调用焊接作业程序，完成焊接；焊接完成后启动中断、等待工件装卸完成；输出B工位回转信号、启动变位器回转；回转时间超过时，调用主程序错误处理程序，输出回转出错指示。

③ B工位焊接　调用焊接作业程序，完成焊接；焊接完成后启动中断、等待工件装卸完成；输出A工位回转信号、启动变位器回转；回转时间超过时，调用主程序错误处理程序，输出回转出错指示。

④ 焊接作业　沿图12.2.4所示的轨迹，完成表12.2.1中的焊接作业。

⑤ 中断处理　等待操作者工件安装完成应答信号、关闭工件安装指示灯。

根据以上设计思路，应用程序的主模块及主、子程序结构，以及程序实现的功能可规划为表12.1.5所示。

表 12.1.5　RAPID应用程序结构与功能

名称	类型	程序功能
mainmodu	MODULE	主模块,定义表12.2.4的基本程序数据
mainprg	PROC	主程序,进行如下子程序调用与管理: ①一次性调用初始化子程序 rInitialize,完成机器人作业原点检查与定位、DO信号初始状态设置、设定并启用系统中断监控功能 ②根据工位检测信号,循环调用子程序 rCellA_Welding()或 rCellB _ Welding(),完成焊接作业 ③通过错误处理程序 ERROR，处理回转超时出错
rInitialize	PROC	一次性调用1级子程序，完成以下动作： ①调用2级子程序 rCheckHomePos，进行机器人作业原点检查与定位 ②设置DO信号初始状态 ③设定并启用系统中断监控功能
rCheckHomePos	PROC	由 rInitialize 调用的2级子程序，完成以下动作： ①调用功能程序 InHomePos，判别机器人是否处于作业原点；机器人不在原点时进行如下处理 ②Z 轴直线提升至原点位置 ③XY 轴移动到原点定位
InHomePos	FUNC	由 rCheckHomePos 调用的3级功能子程序，完成机器人原点判别： ①$X/Y/Z$ 位置误差不超过±20mm ②工具姿态四元数 q1-q4 误差不超过±0.05
rCellA_ Welding ()	PROC	循环调用1级子程序，完成以下动作： ①调用焊接作业程序 rWeldingProg ()，完成焊接 ②启动中断程序 tWaitLoading、等待工件装卸完成 ③输出B工位回转信号、启动变位器回转 ④回转时间超过时，调用主程序错误处理程序，输出回转出错指示
rCellB_ Welding ()	PROC	循环调用1级子程序，完成以下动作： ①调用焊接作业程序 rWeldingProg ()，完成焊接 ②启动中断程序 tWaitLoading、等待工件装卸完成 ③输出A工位回转信号、启动变位器回转 ④回转时间超过时，调用主程序错误处理程序，输出回转出错指示

续表

名称	类型	程序功能
tWaitLoading	TRAP	子程序 rCellA _ Welding ()、rCellB _ Welding () 循环调用的中断程序，完成以下动作： ①等待操作者工件安装完成应答信号 ②关闭工件安装指示灯
rWeldingProg ()	PROC	子程序 rCellA _ Welding ()、rCellB _ Welding () 循环调用的 2 级子程序，完成以下动作： 沿图 12.2.4 所示的轨迹，完成表 12.2.1 中的焊接作业

12.2.4 应用程序示例

根据以上设计要求与思路，设计的 RAPID 应用程序如下。

```
!*************************************************************
MODULE mainmodu (SYSMODULE)                          // 主模块 mainmodu 及属性
  ! Module name: Mainmodule for MIG welding                    // 注释
  ! Robot type: IRB 2600
  ! Software: RobotWare 6.01
  ! Created: 2017-06-18
!*************************************************************
                                          // 定义程序数据(根据实际情况设定)
  CONST robtarget pHome:=[……];                                // 作业原点
  CONST robtargetWeld_p1:=[……];                              // 作业点 p1
  ……
  CONST robtargetWeld_p6:=[……];                              // 作业点 p6
  ……
  PERS tooldata tMigWeld:=[……];                              // 作业工具
  PERS wobjdata wobjStation:=[……];                          // 工件坐标系
  PERSseamdata MIG_Seam:=[……];                           // 引弧、熄弧参数
  PERSweldda MIG_Weld:=[……];                                 // 焊接参数
  VAR intnum intno1;                                          //中断名称
!*************************************************************
 PROC mainprg ()                                              // 主程序
    rInitialize;                                         // 调用初始化程序
  WHILE TRUE DO                                                //无限循环
  IF di06_inStationA=1 THEN
    rCellA_Welding;                                   // 调用 A 工位作业程序
  ELSEIF di07_inStationB=1 THEN
    rCellB_Welding;                                   // 调用 B 工位作业程序
 ELSE
    TPErase;                                                  //示教器清屏
    TPWrite "The Station positon is Error";                // 显示出错信息
    ExitCycle;                                                // 退出循环
  ENDIF
    Waittime 0.5;                                             // 暂停 0.5s
```

```
  ENDWHILE                                                        // 循环结束
  ERROR                                                           //错误处理程序
    IFERRNO =ERR_WAIT_MAXTIME THEN                                // 变位器回转超时
    TPErase ;                                                     //示教器清屏
    TPWrite "The Station swing is Error" ;                        // 显示出错信息
    Setdo07_ SwingErr ;                                           // 输出回转出错指示
    ExitCycle ;                                                   // 退出循环
 ENDPROC                                                          //主程序结束
 ! *********************************************************
 PROCrInitialize ()                                               // 初始化程序
    AccSet 50,50 ;                                                // 加速度设定
    VelSet 100,600 ;                                              // 速度设定
    rCheckHomePos ;                                               // 调用作业原点检查程序
    Reset do01_WeldON                                             //焊接关闭
    Reset do02_GasON                                              //保护气体关闭
    Reset do03_FeedON                                             // 送丝关闭
    Reset do04_ CellA                                             // A 工位回转关闭
    Reset do05_ CellB                                             // B 工位回转关闭
    Resetdo07_ SwingErr                                           // 回转出错灯关闭
    Reset do08_WaitLoad                                           //工件装卸灯关闭
    IDelete intno1 ;                                              //中断复位
    CONNECT intno1 WITH tWaitLoading ;                            // 定义中断程序
    ISignalDO do08_WaitLoad,1,intno1 ;                            // 定义中断、启动中断监控
 ENDPROC                                                          //初始化程序结束
 ! *********************************************************
 PROCCheckHomePos ()                                              // 作业原点检查程序
    VAR robtarget pActualPos ;                                    //程序数据定义
    IF NOT InHomePos( pHome,tMigWeld) THEN
                           //利用功能程序判别作业原点,非作业原点时进行如下处理
    pActualPos:=CRobT(\Tool:=tMigWeld \ wobj:=wobj0) ;            // 读取当前位置
    pActualPos. trans. z:=pHome. trans. z ;                       // 改变 Z 坐标值
    MoveL pActualPos,v100,z20,tMigWeld ;                          // Z 轴退至 pHome
    MoveL pHome,v200,fine,tMigWeld ;                              // X、Y 轴定位到 pHome
  ENDIF
 ENDPROC                                                          //作业原点检查程序结束
 ! *********************************************************
 FUNC bool InHomePos (robtarget ComparePos,INOUT tooldataCompareTool)
                                                                  //作业原点判别程序
    VAR num Comp_Count:=0 ;
    VAR robtarget Curr_Pos ;
    Curr_Pos:=CRobT(\Tool:=CompareTool \ wobj:=wobj0) ;
                                                                  // 读取当前位置,进行以下判别
    IF Curr_Pos. trans. x>ComparePos. trans. x-20 AND
    Curr_Pos. trans. x<ComparePos. trans. x+20 Comp_Count:=Comp_Count+1 ;
    IF Curr_Pos. trans. y>ComparePos. trans. y-20 AND
    Curr_Pos. trans. y<ComparePos. trans. y+20 Comp_Count:=Comp_Count+1 ;
```

```
      IF Curr_Pos. trans. z>ComparePos. trans. z－20 AND
      Curr_Pos. trans. z<ComparePos. trans. z＋20 Comp_Count:＝Comp_Count＋1 ;
      IF Curr_Pos. rot. q1>ComparePos. rot. q1－0. 05 AND
      Curr_Pos. rot. q1<ComparePos. rot. q1＋0. 05 Comp_Count:＝Comp_Count＋1 ;
      IF Curr_Pos. rot. q2>ComparePos. rot. q2－0. 05 AND
      Curr_Pos. rot. q2<ComparePos. rot. q2＋0. 05 Comp_Count:＝Comp_Count＋1 ;
      IF Curr_Pos. rot. q3>ComparePos. rot. q3－0. 05 AND
      Curr_Pos. rot. q3<ComparePos. rot. q3＋0. 05 Comp_Count:＝Comp_Count＋1 ;
      IF Curr_Pos. rot. q4>ComparePos. rot. q4－0. 05 AND
      Curr_Pos. rot. q4<ComparePos. rot. q4＋0. 05 Comp_Count:＝Comp_Count＋1 ;
    RETUN Comp_Count＝7 ;                          //返回 Comp_Count＝7 的逻辑状态
  ENDFUNC                                            //作业原点判别程序结束
  ! ***********************************************************
  PROC rCellA_Welding()                              // A 工位焊接程序
      rWeldingProg ;                                 // 调用焊接程序
      Set do08_WaitLoad ;                            // 输出工件安装指示,启动中断
      Set do05_ CellB ;                              // 回转到 B 工位
      WaitDI di07_inStationB,1\MaxTime:＝30 ;        // 等待回转到位 30s
      Reset do05_ CellB ;                            // 撤销回转输出
      ERROR
      RAISE ;                                        // 调用主程序错误处理程序
  ENDPROC                                            // A 工位焊接程序结束
  ! ***********************************************************
  PROC rCellB_Welding()                              // B 工位焊接程序
      rWeldingProg ;                                 // 调用焊接程序
      Set do08_WaitLoad ;                            // 输出工件安装指示,启动中断
      Set do04_ CellA ;                              //回转到 A 工位
      WaitDI di06_inStationA,1\MaxTime:＝30 ;        // 等待回转到位 30s
      Reset do04_ CellA ;                            // 撤销回转输出
      ERROR
      RAISE ;                                        // 调用主程序错误处理程序
  ENDPROC                                            // B 工位焊接程序结束
  ! ***********************************************************
  TRAP tWaitLoading                                  // 中断程序
      WaitDI di08_bLoadingOK ;                       //等待安装完成应答
      Reset do08_WaitLoad ;                          // 关闭工件安装指示
  ENDTRAP                                            //中断程序结束
  ! ***********************************************************
  PROC rWeldingProg()                                // 焊接程序
      MoveJ Weld_p1,vmax,z20,tMigWeld \wobj:＝wobjStation ;        // 移动到 p1
      MoveL Weld_p2,vmax,z20,tMigWeld \wobj:＝wobjStation ;        // 移动到 p2
      ArcLStart Weld_p3,v500,MIG_Seam,MIG_Weld,fine,tMigWeld \wobj:＝wobjStation ;
                                                     //直线移动到 p3、并引弧
      ArcL Weld_p4,v200,MIG_Seam,MIG_Weld,fine,tMigWeld \wobj:＝wobjStation ;
                                                     //直线焊接到 p4
```

```
    ArcLEnd Weld_p5,v100,MIG_Seam,MIG_Weld\Weave:=Weave1,fine,tMigWeld
        \wobj:=wobjStation;                              // 直线焊接(摆焊)到 p5、并熄弧
    MoveL Weld_p6,v500,z20,tMigWeld \wobj:=wobjStation;                  // 移动到 p6
    MoveJ Weld_p1,vmax,z20,tMigWeld \wobj:=wobjStation;                  // 移动到 p1
    MoveJ pHome,vmax,fine,tMigWeld \wobj:=wobj0;                       // 作业原点定位
  ENDPROC                                                              //焊接程序结束
  !**********************************************************
  ENDMODULE                                                            // 主模块结束
  !**********************************************************
```

第13章

ABB机器人操作（上）

13.1 机器人手动操作

13.1.1 控制柜面板与示教器

工业机器人的操作与机器人用途、结构、功能以及所配套的控制系统有关，为了保证用户使用，机器人生产厂家都会根据产品的特点，提供详细的操作说明书；操作人员只需要按操作说明书提供的方法、步骤，便可完成所需要的操作。限于篇幅，本章仅对ABB机器人的手动操作、快速设置、应用程序编辑等通用操作进行介绍。

控制柜面板、示教器是工业机器人的基本操作部件，ABB机器人控制系统IRC5的控制柜面板、示教器结构和功能如下。

(1) 控制柜面板

ABB机器人控制系统IRC5的控制柜面板设计有图13.1.1所示的电源总开关、急停、伺服启动、操作模式选择等操作部件，其功能如下。

① 电源总开关　总开关，用于机器人控制系统总电源的通、断控制。

② 急停按钮　紧急停止按钮，用于紧急情况下的机器人快速停止。按下时所有运动部件都将以最快的速度制动、停止。急停按钮具有自锁功能，按钮一旦按下便可保持断开状态，它需要通过旋转、拉出等操作复位。

③ 伺服启动按钮　带灯按钮，用于伺服驱动主电源通断控制。按下按钮时可接通伺服驱动器的主电源、开放驱动器的逆变功率管，使伺服电机电枢通电。驱动器主电源接通后，指示灯亮。

④ 操作模式选择开关　3位带钥匙旋钮，用于控制系统操作模式选择。ABB机器人控制系统可根据需要选择自动、手动、手动快速3种操作模式。自动模式用于机器人的程序自动运行（再现）；手动模式为通常的机器人手动操作，机器人TCP的运动速度一般不超过250mm/s；手动快速用于机器人的高速手动，选择后，机器人将以关节轴最大速度运动。

手动快速模式是一种存在一定危险的操作，它必须在确保人身、设备安全的前提下，由专业操作人员进行，普通操作者原则上不应选择这一操作模式。

机器人开机时，需要接通电源总开关、复位急停按钮；然后，启动伺服、选择所需要的操作模式；接着，便可通过示教器进行相关操作。

（2）示教器

ABB机器人的示教器（FlexPendant）如图13.1.2所示，示教器触摸屏主要功能区，以及辅助操作按键、开关的功能如下。

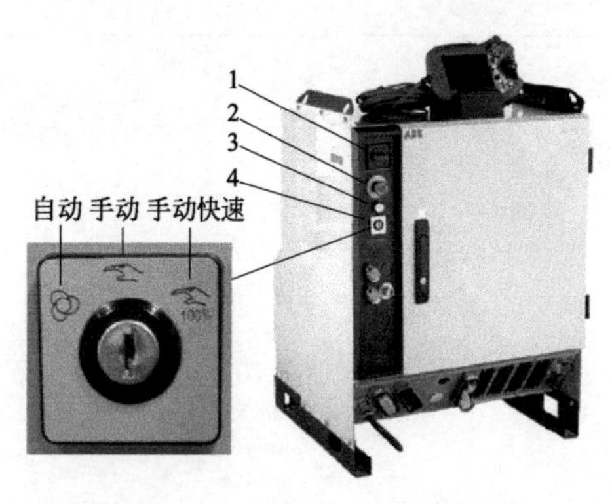

图13.1.1 ABB机器人控制柜面板

1—电源总开关；2—急停按钮；
3—伺服启动按钮；4—操作模式选择开关

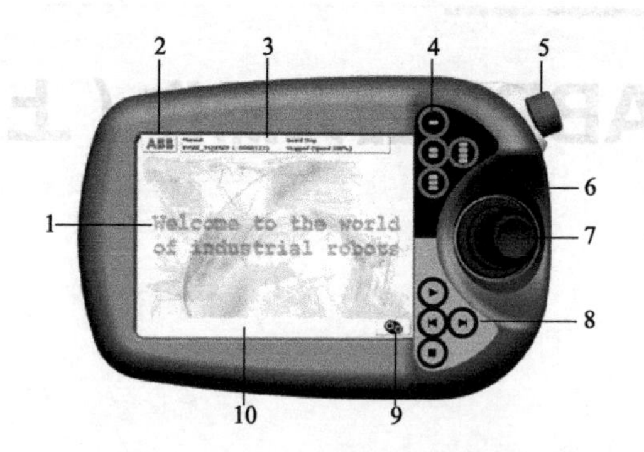

图13.1.2 ABB机器人示教器

1—主屏；2—主菜单；3—状态栏；4—用户定义键；
5—急停按钮；6—伺服ON开关（背面）；7—手动操作杆；8—自动运行控制键；9—快速设置；10—任务栏

① 主屏　系统主要显示/操作区。用于操作菜单、程序、数据、图标的显示，进行程序编辑、数据输入、功能选择等操作。

② 主菜单　控制系统主菜单显示。可选择示教器的显示/操作功能。

③ 状态栏　显示图13.1.3所示的控制系统基本状态。显示区A～F显示的信息如下。

A区：操作员窗口选择键，选择后可显示系统操作信息页面。

B区：控制系统当前的操作模式。

C区：控制系统名称、版本。

D区：机器人当前的工作状态。

E区：当前的程序运行状态。

F区：当前有效的机械单元图标。

图13.1.3　示教器状态栏显示

④ 用户定义键　按键。用户定义的快捷操作键（参见第14章14.4节）。

⑤ 急停按钮　急停按钮。作用与控制柜操作面板急停按钮完全一致，按下时控制系统紧急停止，系统所有运动部件快速制动。急停按钮一旦按下便可保持断开状态，它需要通过旋转、拉出等操作复位。

⑥ 伺服ON开关　手握开关。安装在示教器背面。出于安全的考虑，机器人手动操作时，必须用手握住示教器的伺服ON开关，机器人关节轴的驱动电机才能正/反转。

⑦ 手动操作杆　多方位操作杆。用于机器人手动操作时的坐标轴、运动方向控制。

⑧ 自动运行控制键　按键。用于程序自动运行启动/暂停、程序前进/后退控制。

⑨ 快速设置　系统常用参数设定。用于控制系统的机械单元（控制轴组）、手动操作坐

标系与运动轴、运动模式(关节轴运动、TCP运动、工具定向运动)、工具及工件数据、增量进给距离与速度、程序运行方式、关节轴运动速度等控制系统常用与基本参数的设定。

⑩ 任务栏 控制系统当前执行的操作显示、触摸屏功能切换等。

(3) 主菜单

主菜单用于示教器的显示/操作功能选择,它是示教器的主要功能键。由于控制系统软件版本、显示语言、页面选择方法的不同,示教器的主菜单在不同产品上可能稍有区别。操作主菜单触摸键【ABB】,主屏可显示图13.1.4所示的操作菜单(触摸键)。

ABB示教器的触摸操作键通常包括图标和文字标识两部分,由于控制系统软件版本、显示语言的不同,文字标识可能为中文或英文;此外,由于翻译的原因,部分标识的中文表达也不尽确切。为了便于阅读和编辑,在以下内容中,将以触摸键的文字标识来代替触摸键图标,并同时标注中英文。例如,触摸键" "将以图中的英文(中文)标识【HotEdit(热编辑)】代替等。对此,本章后述的内容中不再一一说明。

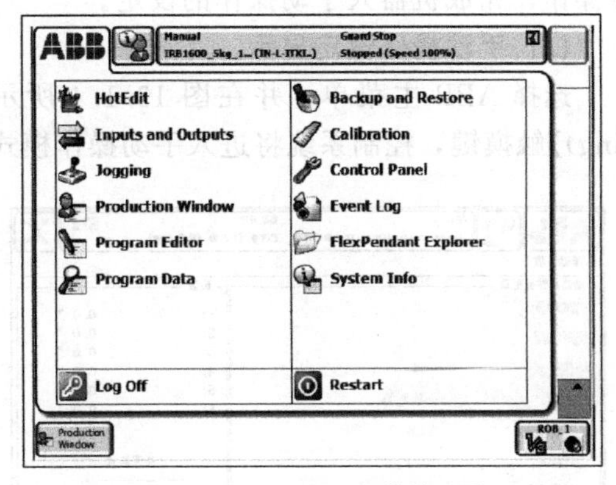

图13.1.4 ABB主菜单显示

ABB主菜单显示的操作菜单(触摸键)功能如下。

【HotEdit(热编辑)】:可进行程序点TCP位置数据(robtarget)的直接修改操作。热编辑可直接对运行中的程序进行(参见第14章14.2节)。

【Inputs and Outputs(输入/输出)】:用于控制系统输入/输出信号(DI/DO、AI/AO、安全信号)的状态检查、设定等(参见第14章14.5节)。

【Jogging(手动操作)】:手动控制机器人运动(参见本章后述)。

【Production Windows(生产窗口)】:自动运行程序显示与选择(参见第14章14.3节)。

【Program Editor(程序编辑器)】:可进行程序的输入、编辑、调试操作(参见本章后述及第14章)。

【Program Data(程序数据)】:可进行程序点、工具数据、用户数据等程序数据的输入与修改操作(参见本章后述)。

【Backup and Restore(备份与恢复)】:系统备份与恢复(参见第14章14.6节)。

【Calibration(校准)】:用于机器人零点设定、计数器更新(参见第14章14.5节)。

【Control Panel(控制面板)】:可进行显示器外观、系统监控、I/O信号配置、显示语言、日期与时间、系统诊断与配置等系统参数的设定等操作(参见第14章)。

【Event Log(事件日志)】:系统故障、操作履历信息显示与编辑(参见第14章14.5节)。

【FlexPendant Explorer(资源管理器)】:用于系统及用户文件的改名、删除、移动、复制等文件管理操作(参见第14章14.6节)。

【System Info(系统信息)】:显示操作系统、网络连接、控制模块、驱动模块等控制系统软硬件配置信息(参见第14章14.6节)。

【Log Off(注销)】:输入操作密码,进行用户登录或注销操作。

【Restart(重新启动)】:重新启动控制系统(参见第14章14.6节)。

13.1.2 手动操作条件设定

机器人的手动操作又称JOG操作，它是利用示教器的手动操作，控制机器人本体轴、外部轴移动的一种方式。机器人本体轴的手动操作，不但可进行关节坐标系的移动，而且也能进行机器人TCP的笛卡儿坐标系移动；但外部轴只能进行关节坐标系移动。

选择机器人手动操作前，首先应通过控制柜操作面板，接通电源总开关、复位急停按钮，然后，启动伺服、选择手动模式。在以上操作完成、控制系统正常启动后，可通过示教器操作，完成机器人手动操作的设定。

(1) 手动操作设定显示

选择ABB主菜单，并在图13.1.4所示的主菜单显示页面，选择【手动操作（Jogging)】触摸键，控制系统将进入手动操作模式，并显示图13.1.5所示的手动操作设定页面。

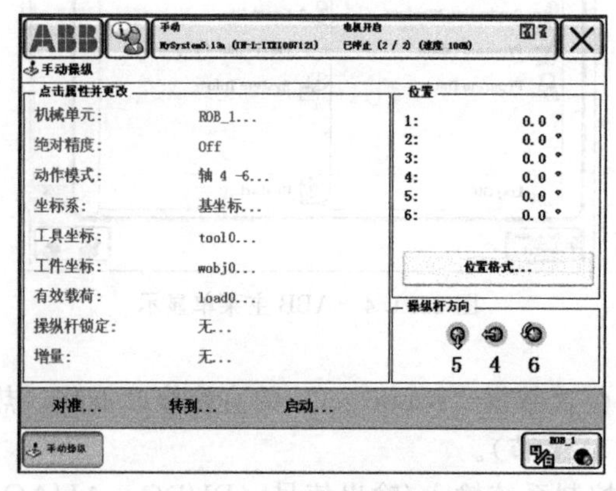

图13.1.5 手动操作设定页面

在手动操作设定页面上，通过“点击属性并更改”栏内显示的触摸操作键，可以进行如下手动操作设定。

【机械单元（Mechanical Unit)】：机械单元（控制轴组）选择。可根据机器人系统的机械单元配置，选择手动操作的对象，例如，ROB_1（机器人1）、ROB_2（机器人2）等。

【绝对精度（Absolute Accuracy)】：控制系统的绝对精度设定状态显示。如果控制系统的绝对精度功能设定为有效，状态显示为“ON”，否则显示“OFF”。

【动作模式（Motion Mode)】：手动操作的运动模式选择。可根据手动操作要求，选择关节轴运动、机器人TCP运动（线性）或工具定向（定向）运动。

【坐标系（Coordinate System)】：机器人TCP运动的坐标系选择，可根据需要选择基座、工具、工件、大地、用户等坐标系。

【工具坐标（Tool)】：中文翻译不准确，此键实际为工具数据tooldata编辑键。如果机器人安装有工具，可进行工具安装方式、TCP位置、工具坐标系方向、工具质量与重心、惯量等参数的设定与编辑（参见14.4.2节）。

【工件坐标（Work Object)】：中文翻译不准确，此键实际为工件数据编辑键。如果手动操作坐标系选择用户或工件坐标系，可进行工件安装方式、工件及用户坐标系的原点位置与坐标系方向等参数的设定与编辑（参见14.4.3节）。

【有效载荷（Payload)】：负载数据编辑键。如果机器人安装有工具（或工件），用来选择、编辑工具（或工件）的质量与重心、惯量等负载数据。实际负载参数优先于工具、工件数据中的负载数据（参见14.4.4节）。

【操纵杆锁定（Joystick Lock)】：操作杆锁定。禁止操作杆在某一方向的操作。

【增量（Increment)】：选择手动增量进给操作及增量进给距离。

通过“点击属性并更改”栏下方所显示的3个触摸操作键，可实现以下特殊的手动操作。

【对准...】：工具对准定向。选择本操作，可使工具坐标系的Z轴方向与基准坐标系最接近的坐标轴方向一致。

【转到...】：手动程序点定位。选择本操作，可将机器人直接移动到控制系统已定义的程序点。

【启动...】（或【停用...】）：手动启用（或停用）机械单元。选择本操作，可启用（或停用）指定的机械单元，使指定机械单元的运动轴，进行伺服锁定/位置控制模式切换（参见12.3节）。

在显示页右侧，可进行如下显示与操作。

【位置】：该栏可显示关节轴或机器人TCP的当前位置。

【位置格式...】：位置显示格式选择。选择本操作，可改变【位置】栏的位置显示格式、显示值。

【操纵杆方向】：显示当前有效的操纵杆及对应的运动轴、方向。

在以上设定项中，【动作模式（Motion Mode）】、【增量（Increment）】，以及【对准...】、【转到...】等触摸操作键，用于机器人手动操作方式的选择，操作者可根据实际操作需要，按照后述的机器人手动操作要求予以选择。

设定项中的【机械单元（Mechanical Unit）】、【启动...】（或【停用...】），以及【工具坐标（Tool）】、【工件坐标（Work Object）】、【有效载荷（Payload）】、【位置格式...】等，均为机器人手动操作的基本条件，对所有手动操作方式均有效，原则上应在手动操作前设定。手动操作基本条件设定的操作步骤如下。

(2) 启用/停用机械单元

ABB机器人系统中，除机器人以外的其他机械单元，可通过系统参数（system parameters）的设定或程序指令ActUnit/DeactUnit（参见12.3节），选择“启用”或“停用”。

机械单元一旦被停用，该单元所配置的全部运动轴都将处于伺服锁定状态，无法进行手动操作（机器人单元不能被停用）。因此，在机器人手动操作前，应根据实际需要，事先选定需要进行手动操作的机械单元，并将其启用；或者，选定不允许进行手动操作的机械单元，并将其停用。

机械单元启用/停用的操作步骤如下。

① 在图13.1.4所示的主菜单显示页面，选择【手动操作（Jogging)】键，使示教器显示图13.1.5所示的手动操作设定页面。

② 选择【机械单元（Mechanical Unit)】键，示教器将显示图13.1.6所示的机械单元选择页面。

在该显示页上，将列表显示机器人系统已配置的所有机械单元及当前的启用/停用状态；点击需要进行手动操作的机械单元图标（如【ROB_1】），选定机械单元，并点击【确定】键确认。

③ 根据手动操作的需要，将所选的、状态显示为“已停止”的机械单元，通过手动操作设定页面的【启动...】键启用，使之成为手动操作允许状态（已启动）；或者，将所选的状态显示为“已启动”机械单元，通过手动操作设定页面的【停用...】键停用，使之成为不允许手动操作状态（已停止）。

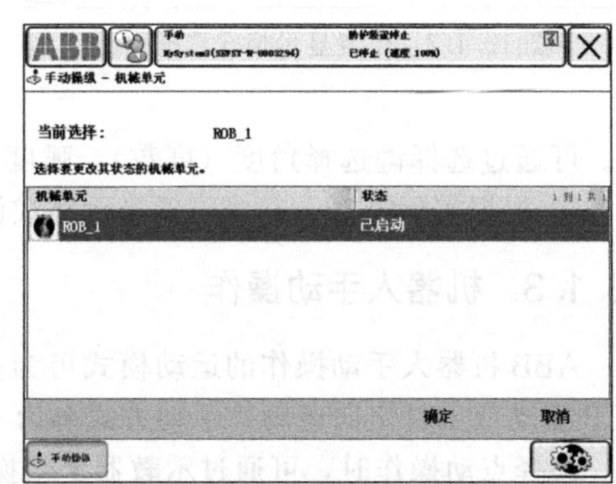

图13.1.6 机械单元选择页面

(3) 选择机器人工具、工件或负载数据

负载设定将直接影响机器人的运动速度、精度。负载设定不正确时，不仅影响机器人的定位精度，而且可能导致伺服驱动系统过载、产生系统错误。因此，在手动操作前，应根据机器人的实际状态，事先选择正确的工具、工件和负载数据。

如果机器人当前所使用的工具、工件或负载数据尚未输入，操作者应通过本章后述的工具、工件或负载数据创建操作，先完成工具、工件或负载数据的输入。工具、工件或负载数据输入完成后，可按以下步骤，选定机器人的工具、工件或负载数据。

① 在图 13.1.4 所示的主菜单显示页面，选择【手动操作（Jogging）】键，使示教器显示图 13.1.5 所示的手动操作设定页面。

② 选择【工具坐标（Tool）】键，示教器将列表显示已经输入系统的全部工具数据（tooldata）清单；选定机器人当前所安装的工具数据，并点击【确定】键确认。如机器人未安装工具，则选择工具数据 tool0。

③ 选择【工件坐标（Work Object）】键，示教器将列表显示已经输入系统的全部工件数据（wobjdata）清单；选定所需要的工件数据，并点击【确定】键确认。如机器人未安装工件，则选择工具数据 wobj0。

④ 选择【有效载荷（Payload）】键，示教器将列表显示已经输入系统的全部负载数据（loaddata）清单；选定所需要的负载数据，并点击【确定】键确认。如机器人未安装外部负载，则选择负载数据 load0。

（4）选择位置显示格式

机器人 TCP 的当前位置可在手动操作设定页面右侧的位置栏显示，机器人 TCP 位置的显示格式可根据实际操作需要，通过以下操作选择。

① 在图 13.1.4 所示的主菜单显示页面，选择【手动操作（Jogging）】键，使示教器显示图 13.1.5 所示的手动操作设定页面。

② 选择【位置格式...】键，示教器将显示图 13.1.7 所示的位置显示格式选择页面。在该页面，可通过对应栏的选择键，选择如下位置显示格式。

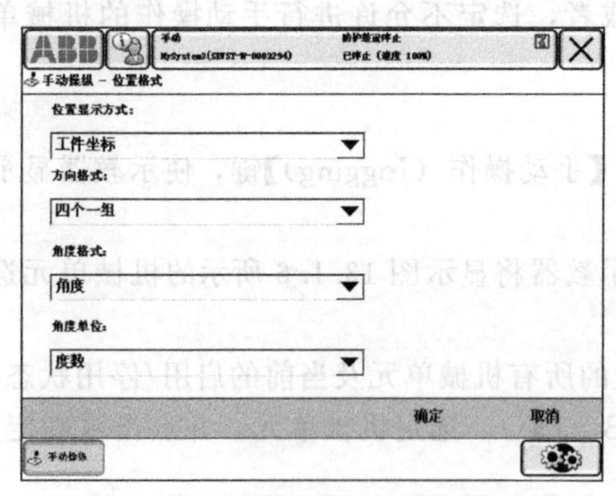

图 13.1.7 位置显示格式选择页面

位置显示方式：用于机器人 TCP 位置显示的坐标系选择。可通过选择键选择大地坐标系（大地坐标）、基座坐标系（基坐标）、工件坐标系（工件坐标）。

方向格式：用于工具姿态数据的显示格式选择。可通过选择键选择四元数（四个一组）、欧拉角。

角度格式：用于回转轴的位置显示格式选择。可通过选择键选择角度、弧度。

角度单位：用于回转轴的角度显示单位选择。可通过选择键选择角度（度数）、弧度。

③ 根据实际需要，完成位置显示格式设定，并按【确定】键确认。

13.1.3 机器人手动操作

ABB 机器人手动操作的运动模式可为关节轴（机器人本体轴或外部轴）运动、机器人 TCP 运动或工具定向运动，手动方式可为“点动”或“增量进给”。

选择点动操作时，可通过示教器手动操作杆的上下、左右及顺/逆时针旋转，控制机器人进行指定方向的移动；松开操纵杆，运动即停止。选择增量进给操作时，运动轴及方向同样可通过示教器手动操作杆控制，但是，每操作一次操作杆，机器人只能移动指定的距离；运动到位后，无论是否松开操作杆，机器人均将停止；需要继续运动时，必须在松开操纵杆后，进行再次操作。

关节轴、机器人 TCP 或工具定向的手动操作步骤如下。

(1) 关节轴点动

关节轴手动操作可用于图 13.1.8 所示的机器人本体轴或外部轴的关节坐标系手动移动（点动），其操作步骤分别如下。

① 检查机器人、变位器（外部轴）等运动部件均处于安全、可自由运动的位置。

② 在图 13.1.4 所示的主菜单显示页面，选择【手动操作（Jogging)】键，使示教器显示图 13.1.5 所示的手动操作设定页面；并完成机械单元、工具、工件、负载数据等手动操作基本条件的设定。

③ 选择手动操作设定页面的【动作模式（Motion Mode)】键，示教器可显示图 13.1.9 所示的运动模式选择页面。

④ 根据操作需要，选择显示页中的【轴 1-3】或【轴 4-6】图标、选定需要进行点动操作的机器人关节轴，并用【确定】键确认。

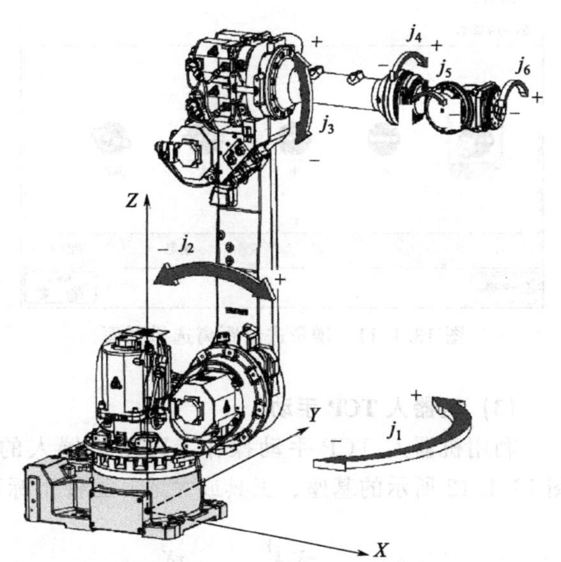

图 13.1.8 机器人本体轴点动

由于示教器的手动操作杆只能进行上下、左右及顺/逆时针旋转运动，因此，对于 6 轴机器人（系统标准配置），其关节轴的点动操作一次只能选择其中的 3 个轴，即 $j_1 \sim j_3$ 轴或 $j_4 \sim j_6$ 轴之一；其余 3 轴的点动操作，需要重新选择动作模式。

⑤ 握住示教器伺服 ON 开关、启动伺服。

⑥ 按图 13.1.10 所示的方向，通过手动操作杆的上下、左右及顺/逆时针旋转运动，控制机器人关节轴按指定的方向移动；松开操纵杆，关节轴运动即停止。

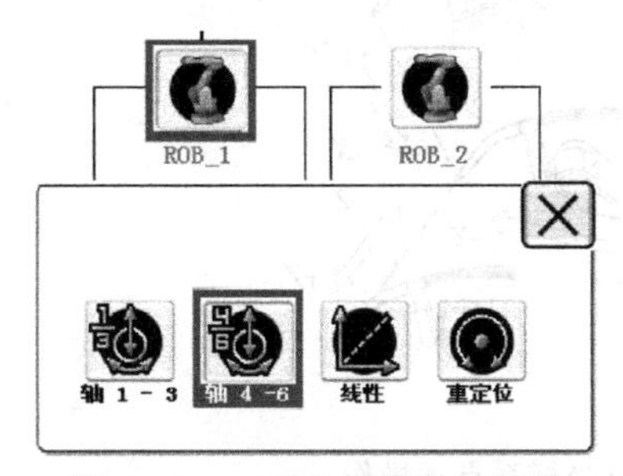

图 13.1.9 动作模式选择页面

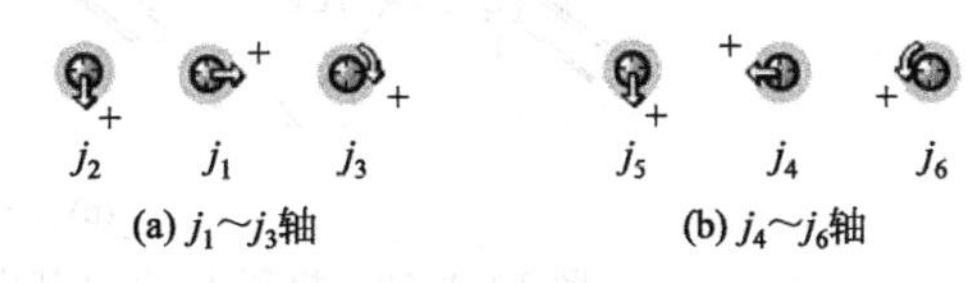

图 13.1.10 示教器操作杆与运动轴方向

(2) 关节轴增量进给

利用关节轴的手动增量进给操作，可使机器人关节轴在指定的方向、移动指定的距离。ABB 机器人的关节轴手动增量进给操作步骤如下。

①～④ 同关节轴点动操作，选定需要进行手动增量进给操作的关节轴。

⑤ 选择手动操作设定页面的【增量（Increment)】键，示教器可显示图 13.1.11 所示的

增量进给距离选择页面。

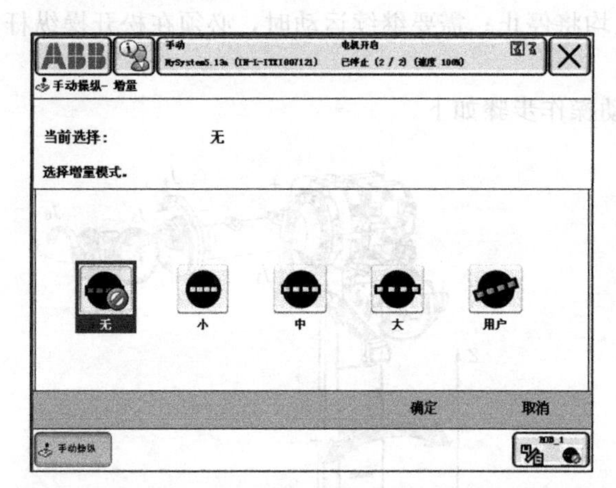

图 13.1.11 增量进给距离选择页面

⑥ 根据操作需要，选择【无】(增量进给无效)、【小】(0.005°)、【中】(0.02°)、【大】(0.2°)、【用户】(用户自定义的增量距离) 图标、设定增量距离，并用【确定】键确认。

⑦ 握住示教器伺服 ON 开关，启动伺服。

⑧ 按图 13.1.10 所示的点动操作同样的方向，通过手动操作杆的上下、左右及顺/逆时针旋转运动，控制机器人关节轴进行指定方向、指定距离的质量移动。需要继续增量运动时，可松开操纵杆，进行再次操作。

(3) 机器人 TCP 手动

利用机器人 TCP 手动操作，可使机器人的 TCP 点根据所选的笛卡儿坐标系，进行图 13.1.12 所示的基座、工具或大地、工件坐标系的 X、Y、Z 向点动或增量进给运动。

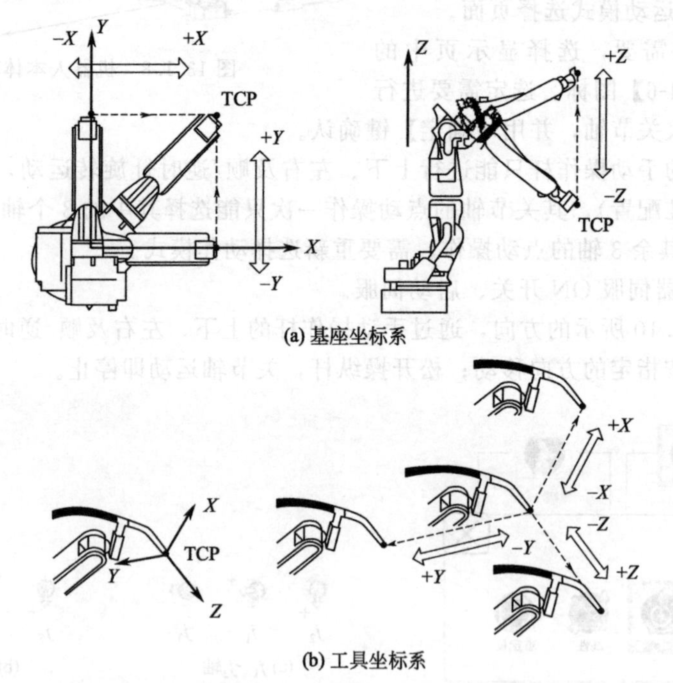

图 13.1.12 机器人 TCP 基座、工具坐标系点动操作

ABB 机器人的 TCP 手动操作步骤如下。

①～③ 同关节轴点动操作，完成手动操作基本条件的设定；并使示教器显示图 13.1.9 所示的运动模式选择页面。

④ 选择图 13.1.9 的【线性】图标，选择机器人 TCP 手动操作，并用【确定】键确认。

⑤ 选择手动操作设定页面的【坐标系 (Coordinate System)】键，示教器可显示图 13.1.13 所示的坐标系选择页面。

⑥ 根据需要点击【大地坐标】、【基坐标】、【工具】或【工件坐标】键，选择大地坐标系、基座坐标系、工具坐标系或工件坐标系之一，并用【确定】键确认。

⑦ 如需要进行增量进给操作，可通过关节轴同样的操作，在图 13.1.11 所示的增量进给距离选择页面上，选定增量进给距离。机器人 TCP 的增量进给距离【小】、【中】、【大】依次为 0.05mm、1mm、5mm。

⑧ 握住示教器伺服 ON 开关、启动伺服。

⑨ 按照图 13.1.14 所示的方向，利用示教器手动操作杆，控制机器人 TCP 在所选的坐标系上，进行点动或增量进给移动。

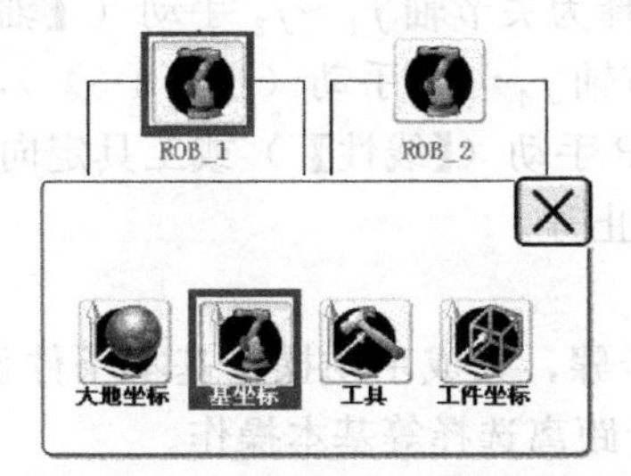

图 13.1.13 机器人 TCP 手动操作坐标系选择

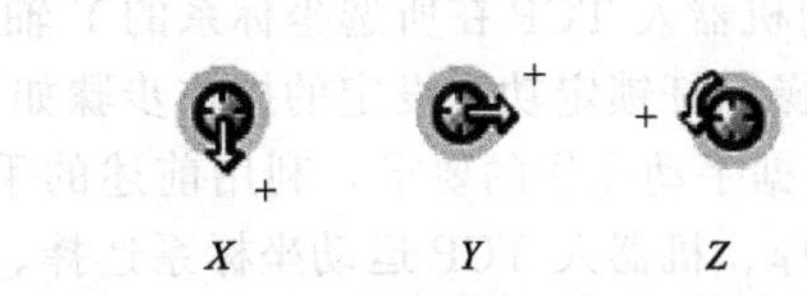

图 13.1.14 机器人 TCP 手动操作杆

(4) 手动工具定向

利用手动工具定向操作，可使机器人进行图 13.1.15 所示的 TCP 位置保持不变的工具定向点动或增量进给运动，进行工具方向的调整。ABB 机器人手动工具定向操作时，示教器手动操作杆所对应的运动轴和方向，取决于当前有效的坐标系；如果需要，也可通过机器人 TCP 手动操作同样的方法，改变当前有效的坐标系。

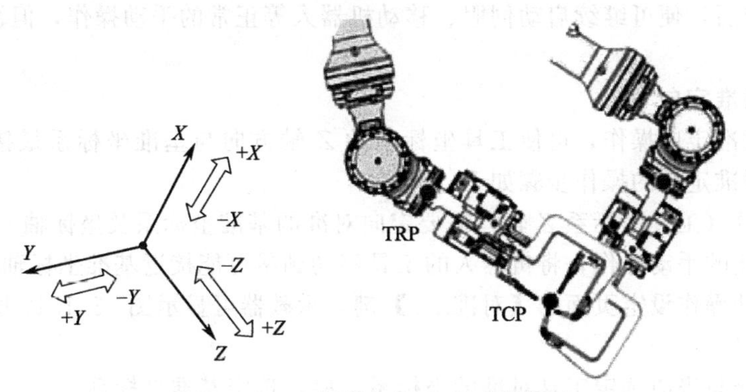

图 13.1.15 机器人 TCP 手动操作杆

ABB 机器人的 TCP 点动操作步骤如下。

①～③ 同关节轴点动操作，完成手动操作基本条件的设定，并使示教器显示图 13.1.9 所示的运动模式选择页面。

④ 选择图 13.1.9 的【重定位】图标，选择手动工具定向操作，并用【确定】键确认。

⑤ 如需要进行增量进给操作，可通过关节轴同样的操作，在图 13.1.11 所示的增量进给距离选择页面上，选定增量进给距离。手动工具定向的增量进给距离【小】、【中】、【大】依次为 0.05mm、1mm、5mm。

⑥ 握住示教器伺服 ON 开关，启动伺服。

⑦ 按图 13.1.14 所示的机器人 TCP 手动操作同样的方向，利用示教器手动操作杆，控

制工具在所选的坐标系上，进行点动或增量进给定向运动。

13.1.4 特殊手动操作

(1) 手动操纵杆锁定

为了预防机器人手动操作过程中可能发生的碰撞、干涉，ABB 机器人可通过手动操作设定页的操纵杆锁定功能设定，取消手动操纵杆在指定方向的动作信号，禁止对应关节轴或机器人 TCP 的手动操作。

利用操纵杆锁定功能禁止的关节轴或器人 TCP 运动，与手动操作的运动模式选择有关。例如，当操作杆的水平方向被锁定时，如运动模式选择为关节轴 $j_1 \sim j_3$ 手动（【轴 1-3】），则机器人的 j_1 轴运动被禁止；如运动模式选择为关节轴 $j_4 \sim j_6$ 手动（【轴 4-6】），则机器人的 j_4 轴运动被禁止；如运动模式选择为机器人 TCP 手动（【线性】）或工具定向（【重定位】），则机器人 TCP 在所选坐标系的 Y 轴运动被禁止等。

手动操纵杆锁定功能设定的操作步骤如下。

① 根据手动操作的要求，利用前述的手动操作步骤，完成手动操作基本条件设定、运动模式选择、机器人 TCP 运动坐标系选择、增量进给距离选择等基本操作。

② 根据所选的运动模式、坐标系，确定不允许进行手动操作的运动轴。

③ 选择手动操作设定页面的【操纵杆锁定（Joystick Lock)】键，示教器可显示图 13.1.16 所示的操纵杆锁定方向选择页面。

④ 根据需要点击对应的图标，取消手动操纵杆的左右（【水平方向】）、上下（【垂直方向】）、顺/逆时针旋转（【旋转】）动作信号，禁止对应轴的手动操作。重复点击同一图标，可进行生效/取消的切换；需要解除全部操纵杆锁定功能时，可直接点击图标【无】。

⑤ 点击【确定】键，生效手动操纵杆锁定功能。

操纵杆锁定后，便可继续启动伺服、移动机器人等正常的手动操作，但被禁止的轴将不能运动。

(2) 工具对准定向

利用工具对准定向操作，可使工具坐标系的 Z 轴方向与基准坐标系最接近的坐标轴方向一致。工具对准定向的操作步骤如下。

① 确定工具（工具坐标系 Z 轴）需要定向对准的基准坐标系及坐标轴。

② 利用前述的手动操作，将机器人的工具移动到尽可能接近基准坐标轴的位置。

③ 选择手动操作设定页面的【对准...】键，示教器可显示图 13.1.17 所示的工具对准定向操作页面。

④ 在“选择与当前选定工具对准的坐标系”栏，选定基准坐标系。

⑤ 握住示教器伺服 ON 开关、启动伺服。

⑥ 点击工具对准定向操作页面的【开始对准】键，机器人将自动进行工具对准定向运动，使工具坐标系 Z 轴与基准坐标系最接近的坐标轴方向一致。

⑦ 工具对准后，点击工具对准定向操作页面的【关闭】键，关闭显示页，结束操作。

(3) 手动程序点定位

利用手动程序点定位操作，可将机器人直接移动到控制系统已定义的程序点。手动程序点定位操作的步骤如下。

① 检查机器人、变位器（外部轴）等运动部件均处于安全、可自由运动的位置，并确保机器人由当前位置向程序点运动的过程中不会发生碰撞与干涉。

② 在手动操作设定页面，完成机械单元、工具、工件、负载数据等手动操作基本条件

的设定。

③ 选择手动操作设定页面的【转到...】键，示教器可显示已输入控制系统的程序点清单显示页面；点击所需要的程序点，选定手动程序点定位位置。

④ 握住示教器伺服 ON 开关，启动伺服。

⑤ 选择【转至】键，机器人 TCP 将以 250mm/s 的速度移动至程序点并定位。

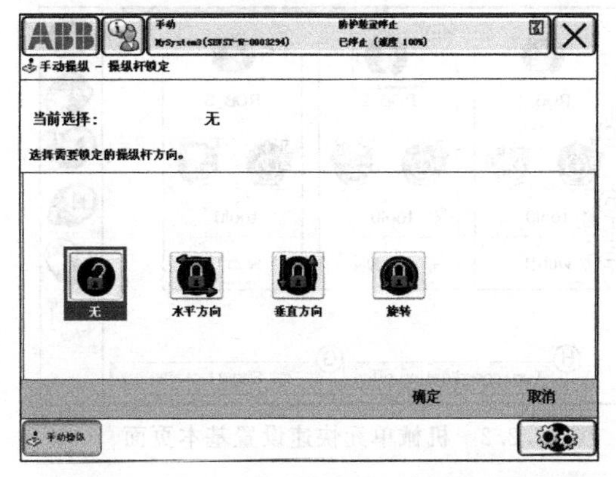

图 13.1.16　操纵杆锁定方向选择页面

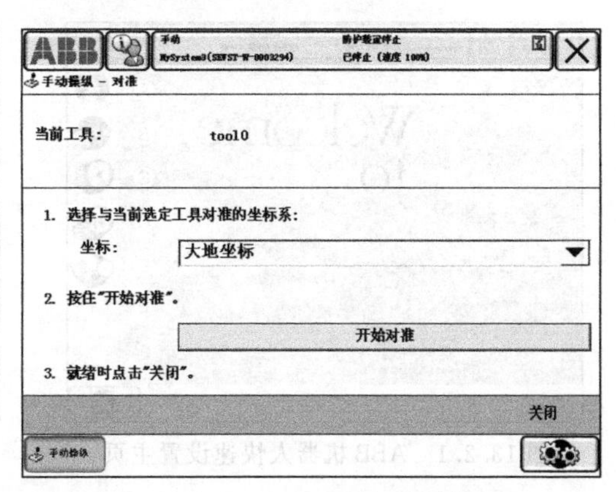

图 13.1.17　工具对准定向操作页面

13.2 机器人快速设置

13.2.1 手动操作快速设置

(1) 快速设置显示

快速设置是一种通过简单操作，完成机器人常用设定的快捷方式。利用快速设置，可简单、快速完成机器人手动操作、自动运行的基本设定，而无需再进行手动操作等设定。

ABB 机器人快速设定功能，可通过示教器右下角的【快速设置】触摸键打开；功能选择后，示教器右侧可显示图 13.2.1 所示的快速设置主页。

快速设置主页中有 A～F 共 6 个触摸选择图标键，其功能分别如下。

图标键 A：机械单元设定。可一次性设定机器人手动操作的机械单元、运动模式、工具数据、工件数据等基本参数。

图标键 B：增量进给设定。可进行机器人手动操作时的增量进给距离设定。

图标键 C：程序循环方式设定。可进行程序自动运行的单次或无限循环运行设定。

图标键 D：指令执行方式设定。可进行程序自动运行指令的步进、步退、跳过、下一移动指令等执行方式的设定。

图标键 E：移动速度设定。可进行程序自动运行的移动速度调整与设定。

图标键 F：任务设定。用于多任务作业的机器人系统，可进行程序自动运行的作业任务设定。

图标键 C～F 用于机器人程序自动运行的快速设置，其设置方法见后述。图标键 A（机械单元设定）、图标键 B（增量进给设定）用于机器人手动操作（点动、增量进给）的快速设置，其设置方法分别如下。

(2) 机械单元设定

利用机械单元设定操作，可一次性完成机器人手动操作的机械单元、运动模式、工具数据、工件数据等基本参数的设定。机械单元快速设置步骤如下。

① 选择图 13.2.1 快速设置主页中的机械单元快速设置图标键 A，示教器可显示图 13.2.2 所示的机械单元快速设置基本页面，并在不同的区域显示如下内容。

图 13.2.1 ABB 机器人快速设置主页

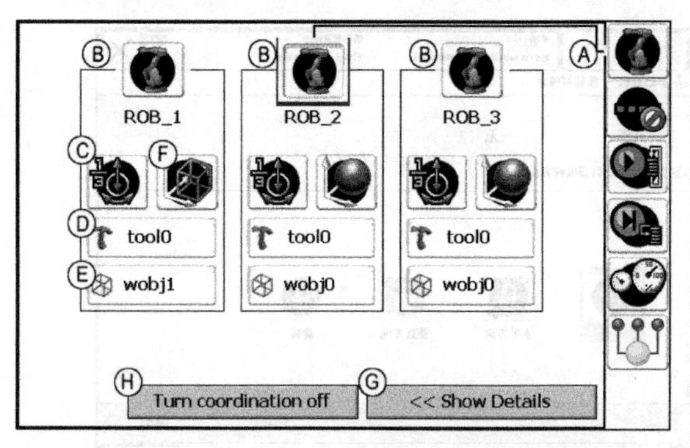

图 13.2.2 机械单元快速设置基本页面

B 区：系统机械单元设置区，当前选定的机械单元将被突出显示。例如，图中的机器人 2（ROB _ 2）为提出显示，表明它已被选定等。

C 区：当前选择的机器人手动操作运动模式。例如，图中的机器人 2（ROB _ 2）为关节轴 $j_1 \sim j_3$ 点动等。

D 区：当前选择的机器人工具数据 tooldata。例如，图中的机器人 2（ROB _ 2）为 tool0（tooldata 初始值）等。

E 区：当前选择的机器人工件数据 wobjdata。例如，图中的机器人 2（ROB _ 2）为 wobj0（wobjdata 初始值）等。

F 区：当前选择的手动操作坐标系。例如，图中的机器人 1（ROB _ 1）为工件坐标系；机器人 2（ROB _ 2）、机器人 3（ROB _ 3）为大地坐标系等。

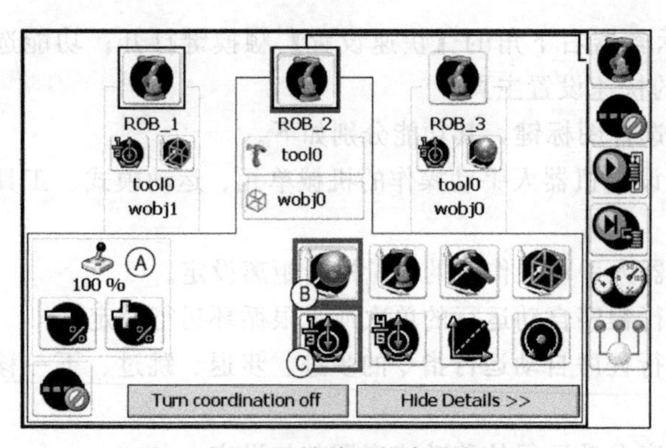

图 13.2.3 机械单元综合设定页面

② 在图 13.2.2 所示的机械单元快速设置基本显示页面上，如选择 G 区的【<< Show Details（显示详情)】触摸键，示教器可进一步显示图 13.2.3 所示的当前有效的机械单元综合设定页面。

在综合设定页的不同区域上，可进行的显示、设定如下。

A 区：机器人当前手动运动速度显示（图中为 100%）、速度调节及增量进给设定。操作【+ %】、【- %】键，可提高/降低机器人手动移动速度。选择【- - -】键可选择手动增量进给，设定增量进给距离。

B 区：机器人手动操作坐标系选择、设定。当前选定的坐标系将被突出显示（图中为大地坐标系）。B 区从左到右的图标依次为大地、基座、工具、工件坐标系。

C区：机器人手动操作动作模式选择、设定。当前选定的坐标系将被突出显示（图中为关节轴 $j_1 \sim j_3$ 点动）。C区从左到右的图标依次为关节轴 $j_1 \sim j_3$ 点动、关节轴 $j_4 \sim j_6$ 点动、机器人 TCP 笛卡儿坐标系点动、工具定向点动。

根据机器人手动操作的实际需要，完成机械单元快速设定项目的设置；设置完成后操作【Hide Details>>（隐藏详情）】，返回机械单元快速设置基本显示页面。

③ 在机器人手动操作的过程中，如需要进行运动模式、坐标系的修改，可直接选择图 13.2.2 机械单元快速设置基本显示页C区的运动模式图标、F区的坐标系图标，示教器将分别显示图 13.2.4、图 13.2.5 所示的运动模式、坐标系快速设置页面。

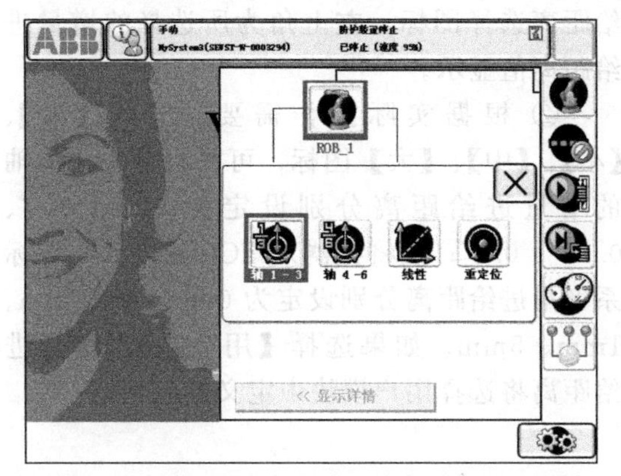

图 13.2.4 手动操作运动模式快速设置页面

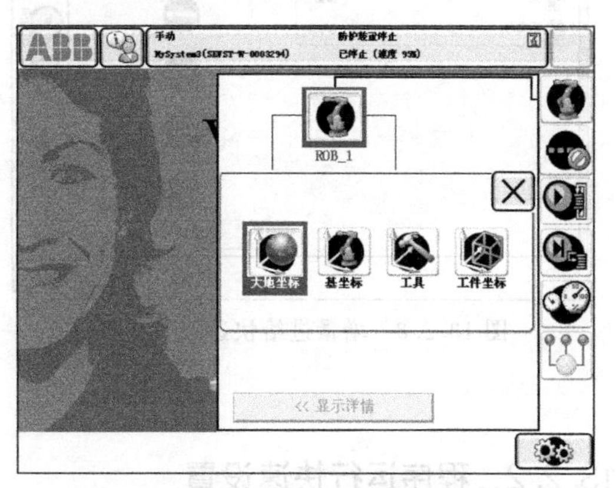

图 13.2.5 手动操作坐标系快速设置页面

在运动模式、坐标系快速设置页面上，选定对应的运动模式、坐标系图标，便可完成手动操作运动模式、坐标系的更改。更改完成后，按【×】键退出，可返回机械单元快速设置基本显示页面。

④ 当机器人需要在工具、工件坐标系进行手动操作时，可在图 13.2.2 所示的机械单元快速设置基本显示页面上，选择D区、E区的工具数据、工件数据图标，示教器将分别显示图 13.2.6、图 13.2.7 所示的系统已定义的工具数据、工件数据列表。

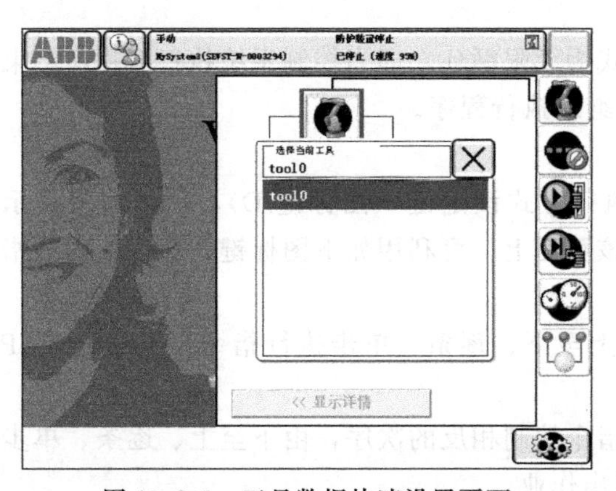

图 13.2.6 工具数据快速设置页面

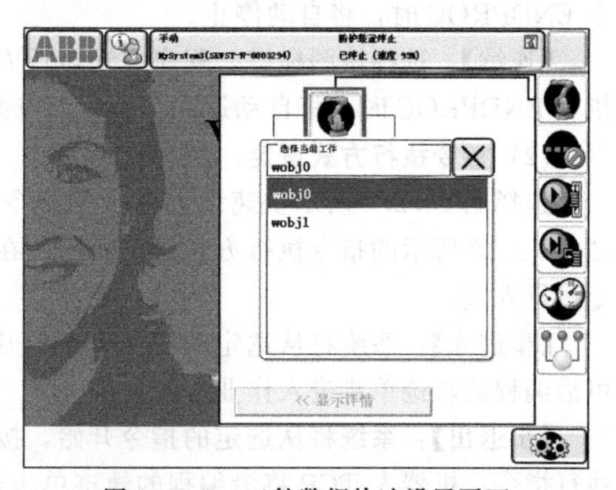

图 13.2.7 工件数据快速设置页面

工具数据、工件数据表中的工具数据 tool0、工件数据 wobj0 为系统预定义的初始值 0，在不使用工具、工件数据时，应选择 tool0、wobj0。

在工具数据、工件数据列表显示页面上，操作者可根据实际操作需要，选定手动操作所需的工具数据、工件数据。设置完成后，按【×】键退出，可返回机械单元快速设置基本显示页面。

（3）增量进给设定

ABB机器人的手动增量进给快速设置步骤如下。

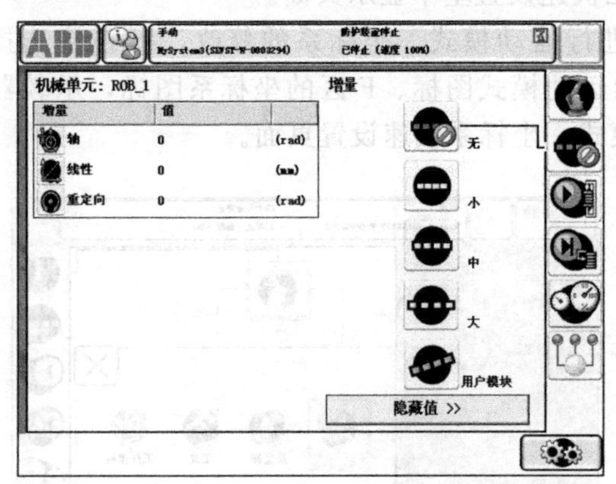

图 13.2.8 增量进给快速设置页面

① 选择图13.2.1快速设置主页中的增量进给快速设置菜单键B，示教器将显示图13.2.8所示的增量进给快速设置页面。

增量进给快速设置页面的右侧为增量进给距离选择图标，左上角为所选择的增量进给距离值显示。

② 根据实际操作需要，选择【无】、【小】、【中】、【大】图标，可将机器人关节轴的增量进给距离分别设定为0°、0.005°、0.02°、0.2°；或将机器人TCP的笛卡儿坐标系增量进给距离分别设定为0mm、0.05mm、1mm、5mm。如果选择【用户】，其增量进给距离将选择用户模块中定义的值。

13.2.2 程序运行快速设置

图13.2.1所示的快速设置主页C～F区的菜单，可用于机器人程序运行时的程序循环方式、指令执行方式、速度倍率设定，其菜单功能及设置操作步骤如下。

（1）程序循环方式设定

选择图13.2.1所示快速设置主页的程序循环方式设定键（图标键C），示教器将显示图13.2.9所示的程序循环方式设定页面。在该页面上，可利用如下图标键，选择不同的程序循环方式。

【单周】：选择该图标键，程序自动运行方式为单循环，即当控制系统执行至程序结束指令ENDPROC时，将自动停止。

【连续】：选择该图标键，程序自动运行方式为无限循环，即当控制系统执行至程序结束指令ENDPROC时，将自动返回至程序起点并继续执行程序。

（2）指令执行方式设定

选择图13.2.1所示快速设置主页的指令执行方式设定键（图标键D），示教器将显示图13.2.10所示的指令执行方式设定页面。在该页面上，可利用如下图标键，选择不同的指令执行方式。

【步进入】：系统将从选定的指令开始，由上至下、逐条、单步执行指令；机器人TCP可沿编程的轨迹单步进入作业。

【步退出】：系统将从选定的指令开始，按指令编制相反的次序，由下至上、逐条、单步执行指令；机器人TCP将沿编程的轨迹单步退出作业。

【跳过】：取消单步执行模式，系统将从选定的指令开始，自动、连续地执行后续的全部程序指令。

【下一移动指令】：系统将直接跳至当前选定指令后续的第一条机器人移动指令上，直接进入机器人运动；中间的非移动指令均被跳过。

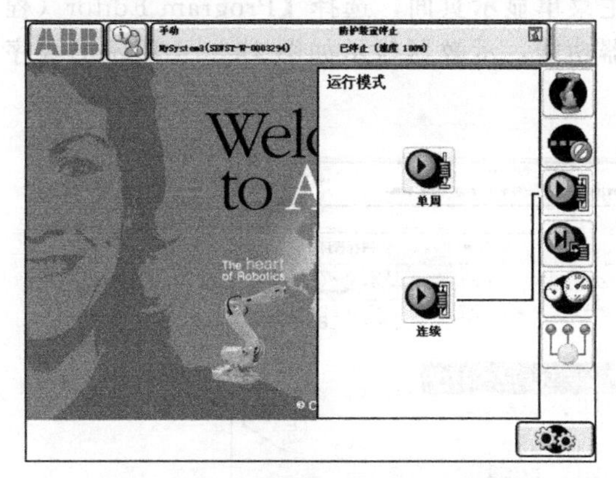

图 13.2.9　程序循环方式设定页面

图 13.2.10　指令执行方式设定页面

(3) 移动速度设定

选择图 13.2.1 所示快速设置主页的移动速度设定键（图标键 E），示教器将显示图 13.2.11 所示的移动速度设定页面。在该页面上，可利用如下图标键，选择不同的移动速度。

【－1％】、【＋1％】或【－5％】、【＋5％】：以倍率增减的形式，调整程序自动运行时的机器人外部轴编程速度。

【25％】、【50％】、【100％】：直接设定机器人外部轴的运动速度为编程速度的 25％、50％、100％。

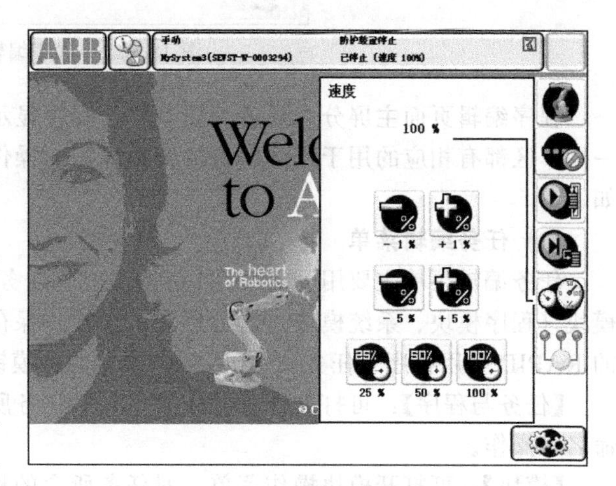

图 13.2.11　移动速度设定页面

(4) 任务设定

图 13.2.1 所示快速设置主页的任务设定键（图标键 F），用于安装多任务（multitasking）选择功能的复杂机器人作业系统，在普通机器人系统中较少使用，有关内容可参见 ABB 公司相关的说明书。

13.3 应用程序创建与编辑

13.3.1 程序编辑器功能

(1) 程序编辑器

根据 RAPID 应用程序结构（参见第 6 章 6.4 节），在 ABB 机器人上，一个完整的 RAPID 机器人应用程序称为任务（Task），任务由程序模块（Program Module）和系统模块（System Module）组成，程序模块又包含各种类型的作业程序（Routine，ABB 说明书称例行程序）。因此，用户如果需要创建一个完整的 RAPID 应用程序，就需要进行任务、模块、作业程序的输入与编辑操作。

利用示教器的程序编辑器功能，操作者可通过示教器进行任务、模块及作业程序的创建与编辑操作。

选择 ABB 主菜单，并在图 13.1.4 所示的主菜单显示页面，选择【Program Editor（程序编辑器）】触摸键，控制系统将生效程序编辑器功能，示教器显示如图 13.3.1 所示的程序编辑页面。

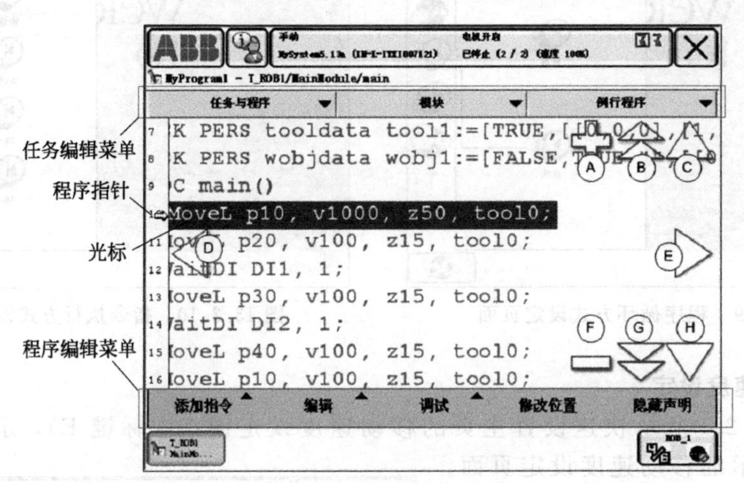

图 13.3.1 程序编辑页面

程序编辑页面主屏分为任务编辑菜单、程序显示与编辑区、程序编辑菜单 3 个区域，每一操作区都有相应的用于程序编辑的菜单显示、操作图标等触摸键。不同区域的操作键功能如下。

（2）任务编辑菜单

任务编辑菜单主要用于 RAPID 应用程序（任务）的编辑操作，它可对任务中所包含的模块（程序模块、系统模块）进行创建、加载、保存、删除等操作，从而生成操作者所需要的 RAPID 应用程序（任务）。任务编辑菜单的触摸键功能如下。

【任务与程序】：可打开任务操作菜单，对任务所含的程序进行创建、加载、保存以及重命名等操作。

【模块】：可打开模块操作菜单，对任务所含的模块（程序模块、系统模块）进行创建、加载、保存、重命名以及删除等操作。

【例行程序】：可打开 RAPID 程序操作菜单，对任务所含的各类程序（普通程序、功能程序、中断程序）进行输入（新建）、副本创建、程序声明更改以及程序删除等操作。

（3）程序显示与编辑区

程序显示与编辑区可显示需要编辑的程序以及程序编辑工具的图标键，其显示内容与图标键功能如下。

程序指针：选择、显示控制系统的程序指针（PP）位置，程序指针所指的指令，就是系统执行程序重启、单步等操作时的启动位置。

光标：选择、指示程序编辑的指令行。

图标键 A/F：文本放大/缩小键，可对程序显示区所显示的指令文本进行整体放大/缩小操作。

图标键 B/G：翻页键，可使程序显示区所显示的指令文本上/下移动一页。

图标键 C/H：换行键，可使程序显示区的光标上/下移动一行。

图标键 D/E：显示区左/右移动键，可使程序显示区的显示窗口左/右移动，以显示、编辑完整的指令文本。

(4) 程序编辑菜单

程序编辑菜单主要用于程序指令的输入、修改、删除，以及程序指针的调节等编辑操作，触摸键功能如下。

【添加指令】：可打开 RAPID 指令菜单，编辑、插入所需要的指令。

【编辑】：可打开编辑菜单，进行指令的剪切、复制、修改、删除等操作。

【调试】：可用于程序指针位置的调整、调试程序的运行。

【修改位置】：可通过手动示教、单步移动等方式，修改程序指令的位置数据。

【隐藏声明】：可关闭（隐藏）程序显示区的程序声明，仅显示程序指令。

13.3.2 任务创建与编辑

利用示教器的程序编辑器进行任务的输入（创建）与编辑的操作步骤分别如下。

(1) 任务创建与保存

在机器人控制系统中，任务以程序文件的形式保存，如不另行指定途径，程序文件（任务）将保存在系统文件夹的 HOME 目录下。

利用示教器的程序编辑器创建与保存一个任务的操作步骤如下。

① 选择 ABB 主菜单，并在图 13.1.4 所示的主菜单显示页面，选择【Program Editor (程序编辑器)】图标键，生效程序编辑器功能，使示教器显示图 13.3.1 所示的程序编辑页面。

② 点击任务编辑菜单区的【任务与程序（Tasks and Programs)】键，选择任务编辑操作后，示教器将显示任务编辑页面（参见图 13.3.2)。在任务编辑页面上，将显示系统已有的任务名称、程序文件名（程序名称）及类型。

③ 选择任务编辑页面的【文件】键，可进一步打开图 13.3.2 左下所示的程序文件（任务）编辑操作菜单。

④ 点击【新建程序...】操作键，选择程序文件（任务）创建操作后，示教器可显示任务创建页面。

但是，如果创建新任务时，控制系统已存在一个被打开（加载）的程序文件（任务），示教器将自动显示一个操作警示对话框，并显示触摸操作键【保存】、【不保存】、【取消】，操作者可根据实际需要，选择相应的触摸操作键，进行以下操作。

【保存】：控制系统将关闭并保存当前打开的程序文件。

【不保存】：控制系统将关闭当前打开的程序文件，并将其从系统的内存中删除。

【取消】：放弃任务创建操作，仍然显示当前打开的程序文件。

需要创建新任务时，应点击【保存】或【不保存】键，关闭当前打开的程序文件。

⑤ 点击任务创建页面上的任务（程序文件）名称栏的输入键【...】(或【ABC...】)，通过示教器显示的图 13.3.3 所示的文本输入软键盘，输入任务（程序文件）名称。

⑥ 任务（程序文件）名称输入完成后，通过【确定】键确认。这样，一个新的任务将在控制系统中创建。然后，可通过后述的模块输入与编辑操作、作业程序输入与编辑操作，创建新任务的模块及作业程序，并完成模块及作业程序的输入、编辑操作。

⑦ 选择任务编辑页面的【文件】键，再次打开图 13.3.2 所示的程序文件（任务）编辑操作菜单。

⑧ 点击【另存程序为...】操作键，程序文件（任务）将以默认的途径，保存到控制系统的硬盘中。如需要，也可点击程序文件名称栏的输入键【...】（或【ABC...】），利用图 13.3.3 所示的文本输入软键盘，输入新的任务名。

⑨ 输入完成后，点击【确定】键，创建的任务将被保存。

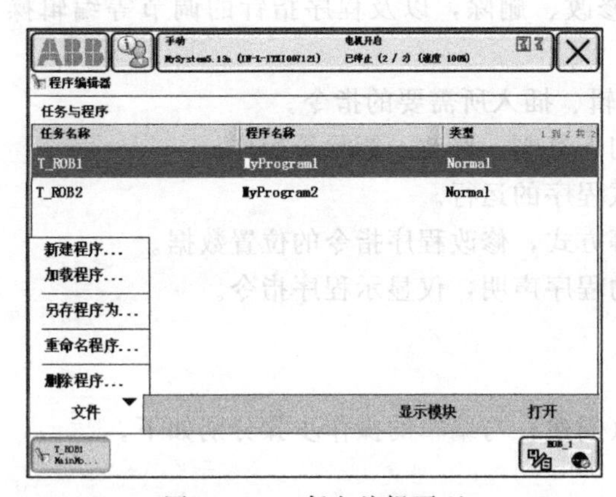

图 13.3.2 任务编辑页面

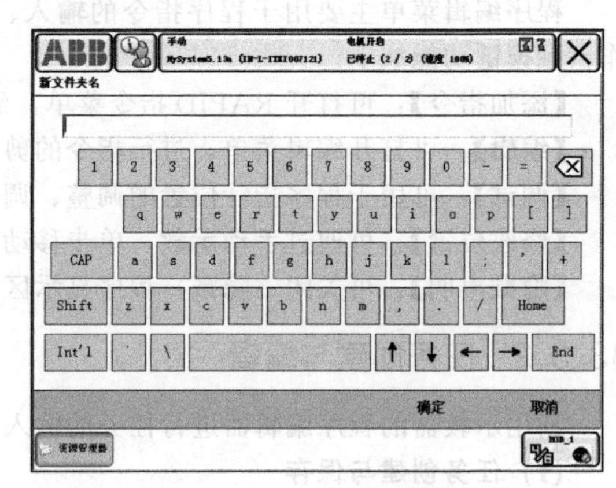

图 13.3.3 文本输入软键盘

(2) 任务加载

任务加载操作可将一个控制系统硬盘中已有的程序文件读入内存，作为当前任务显示、编辑、执行。利用示教器加载任务的操作步骤如下。

①～③ 通过“任务创建与保存”同样的操作，打开图 13.3.2 所示的程序文件（任务）编辑操作菜单。

④ 点击【加载程序...】操作键，选择程序文件（任务）加载操作后，示教器可显示系统现有的程序文件。

与任务创建同样，如果加载新任务时，控制系统已存在一个加载（打开）的程序文件（任务），示教器将自动显示一个操作警示对话框，并显示触摸操作键【保存】、【不保存】、【取消】，操作者可根据实际需要，选择相应的触摸操作键，进行与任务创建同样。

需要加载新任务时，应点击【保存】或【不保存】键，关闭当前加载（打开）的程序文件（任务）。

⑤ 选择需要加载的程序文件（文件类型为 pgf），点击【确定】；所选定的程序文件（任务）将被加载、并在示教器上显示。

(3) 任务删除

任务删除操作可将当前打开的程序文件（任务）从控制系统内存中删除，但系统硬盘的文件仍将保留。利用示教器删除任务的操作步骤如下。

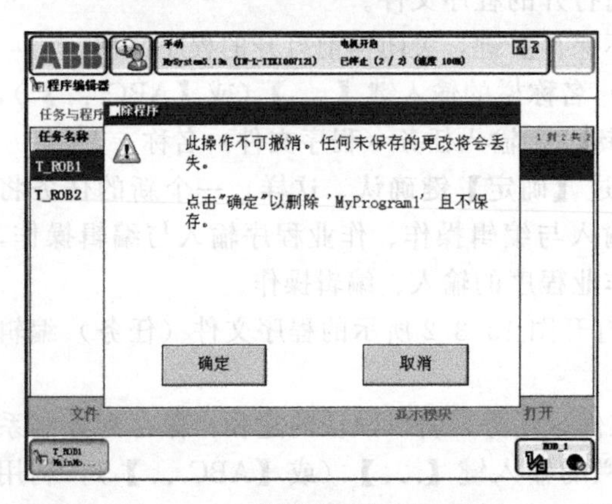

图 13.3.4 删除程序警示对话框

①～③ 通过“任务创建与保存”同样的操作，打开图 13.3.2 所示的程序文件（任务）编辑操作菜单。

④ 点击【删除程序...】操作键，示教器将显示图 13.3.4 所示的警示对话框。

⑤ 如果需要保存当前的程序文件，可选择【取消】键，先放弃程序删除操作，然后，通过“任务创建与保存”同样的操作，保存文件后，再进行程序删除操作。

如果当前的程序文件确认可以删除，则选择【确定】键，当前打开的程序文件（任务）

从控制系统内存中删除。

(4) 任务重命名

任务重命名操作可将当前打开的程序文件（任务）更改为其他的名称。利用示教器重命名任务的操作步骤如下。

①～③ 通过“任务创建与保存”同样的操作，打开图 13.3.2 所示的程序文件（任务）编辑操作菜单。

④ 点击【重命名程序...】操作键，示教器可显示图 13.3.3 所示的文本输入软键盘。

⑤ 输入新的任务名称后，点击【确定】键，当前任务的名称将被更改。

13.3.3 模块创建与编辑

RAPID 机器人应用程序（任务）由程序模块（Program Module）和系统模块（System Module）组成，因此，创建与编辑任务时，需要进行模块的输入与编辑操作。利用示教器的程序编辑器进行模块的输入（创建）与编辑的操作步骤如下。

(1) 模块创建与保存

利用示教器的程序编辑器创建与保存一个模块的操作步骤分别如下。

① 选择 ABB 主菜单，并在主菜单显示页面（参见图 13.1.4），选择【Program Editor（程序编辑器）】图标键、生效程序编辑器功能，使示教器显示程序编辑页面（参见图 13.3.1）。

② 点击任务编辑菜单区的【模块】键，选择模块编辑操作后，示教器将显示图 13.3.5 所示的模块编辑页面，并显示系统已有的模块名称、类型。

③ 选择模块编辑页面的【文件】键，可进一步打开图 13.3.6 所示的模块编辑操作菜单。

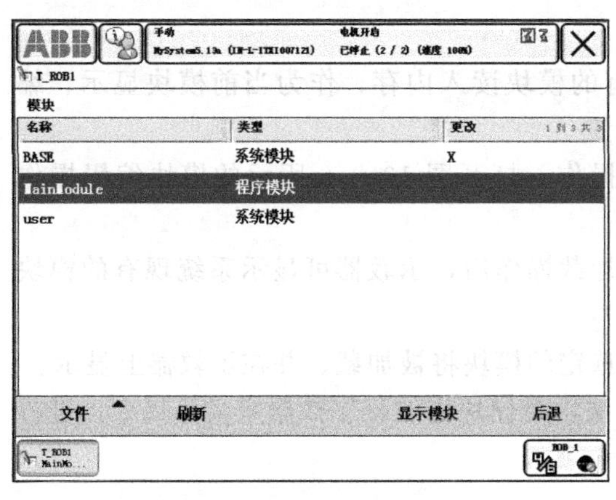

图 13.3.5　模块编辑页面

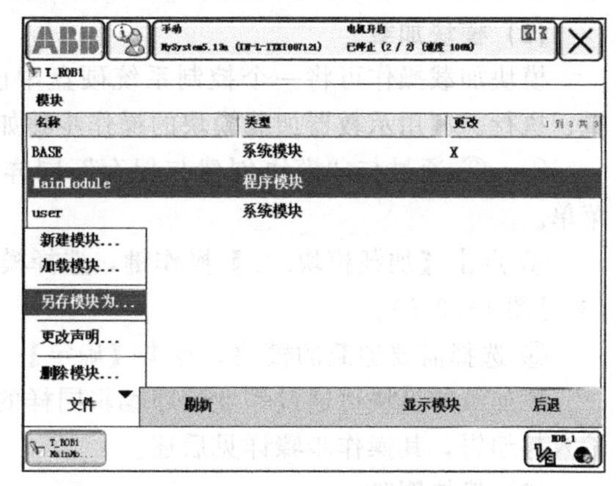

图 13.3.6　模块编辑操作菜单

④ 点击【新建模块...】操作键，选择模块创建操作后，示教器可显示图 13.3.7 所示的模块创建页面。

⑤ 点击模块创建页面上名称栏的输入键【ABC...】，通过示教器显示的文本输入软键盘（见图 13.3.3），输入模块名称（如 MainModule）。

⑥ 点击模块创建页面上类型栏的下拉键，选定模块的类型。例如，对于通常的程序模块（Program Module），应选择“Program”；如果是系统模块（System Module），则选择“System”。

模块名称、类型输入完成后，通过【确定】键确认。这样，一个新的模块将在控制系统中创建。然后，可通过后述的作业程序输入与编辑操作，创建模块的作业程序，并完成作业程序的输入、编辑操作。

⑦ 选择模块编辑页面的【文件】键，再次打开图 13.3.5 所示的模块编辑操作菜单。

⑧ 点击【另存模块为...】操作键，示教器可显示图 13.3.8 所示的模块保存页面。

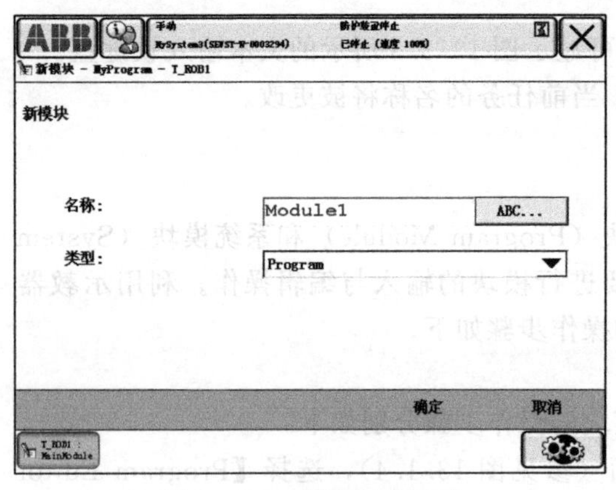

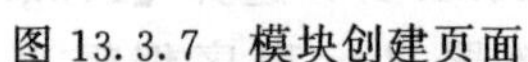
图 13.3.7 模块创建页面

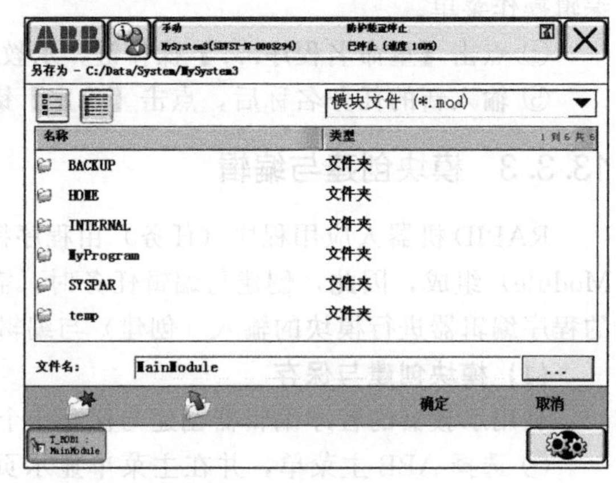

图 13.3.8 模块保存页面

新模块将以系统默认的途径（如 C：/Data/System/MySystem3）保存。如需要，也可点击文件名栏的输入键【...】，利用图 13.3.3 所示的文本输入软键盘，输入新的文件名。

⑨ 输入完成后，点击【确定】键，创建的模块将被保存。

模块创建完成后，便可通过作业程序编辑同样的方法，对模块中的程序数据定义等指令，进行输入与编辑，其操作步骤详见后述。

(2) 模块加载

模块加载操作可将一个控制系统硬盘中已有的模块读入内存，作为当前模块显示、编辑、执行。利用示教器加载模块的操作步骤如下。

①～③ 通过与“模块创建与保存”同样的操作，打开图 13.3.6 所示的模块编辑操作菜单。

④ 点击【加载模块...】操作键，选择模块加载操作后，示教器可显示系统现有的模块(参见图 13.3.5)。

⑤ 选择需要加载的模块，点击【确定】；所选定的模块将被加载、并在示教器上显示。

被加载的模块可通过作业程序编辑同样的方法，对模块中的程序数据定义等指令，进行输入与编辑，其操作步骤详见后述。

(3) 模块删除

模块删除操作可将当前打开的模块从控制系统内存中删除，但系统硬盘的模块仍将保留。利用示教器删除模块的操作步骤如下。

①～③ 通过与“模块创建与保存”同样的操作，打开图 13.3.6 所示的模块编辑操作菜单。

④ 点击【删除模块...】操作键，选择模块删除操作后，示教器将显示模块删除警示对话框。

⑤ 如果需要保存当前的模块，可选择【取消】键，先放弃模块删除操作，然后，通过“模块创建与保存”同样的操作，保存模块后，再进行模块删除操作。如果当前的模块确认

可以删除，则选择【确定】键，当前打开的模块从控制系统内存中删除。

(4) 模块重命名

模块重命名操作可将当前打开的模块更改为其他的名称。利用示教器重命名模块的操作步骤如下。

①～③ 通过与“模块创建与保存”同样的操作，打开图 13.3.6 所示的模块编辑操作菜单。

④ 点击【重命名模块...】操作键，示教器可显示文本输入软键盘（参见图 13.3.3）。

⑤ 输入新的模块名称后，点击【确定】键，当前模块的名称将被更改。

(5) 模块声明更改

模块声明中的属性通常只能通过离线编程软件编辑，但模块的类型可通过示教器的程序编辑器更改。利用示教器更改模块类型的操作步骤如下。

①～③ 通过与“模块创建与保存”同样的操作，打开图 13.3.6 所示的模块编辑操作菜单。

④ 点击【更改声明...】操作键，并在示教器显示的编辑页面上点击【类型】键。

⑤ 选定模块的类型，点击【确定】键，当前模块的类型将被更改。

13.3.4 作业程序创建与编辑

机器人作业程序（Routine，ABB说明书称例行程序）是 RAPID 程序的主体，其类型有普通程序（PROC）、功能程序（FUNC）、中断程序（TRAP）3 类。利用示教器的程序编辑器功能，创建、编辑作业程序的操作步骤如下。

(1) 作业程序创建

RAPID 作业程序需要通过程序声明来明确其使用范围、程序类型、程序名称及程序参数。作业程序声明的格式如下，其详细说明可参见第 7 章 7.3 节。

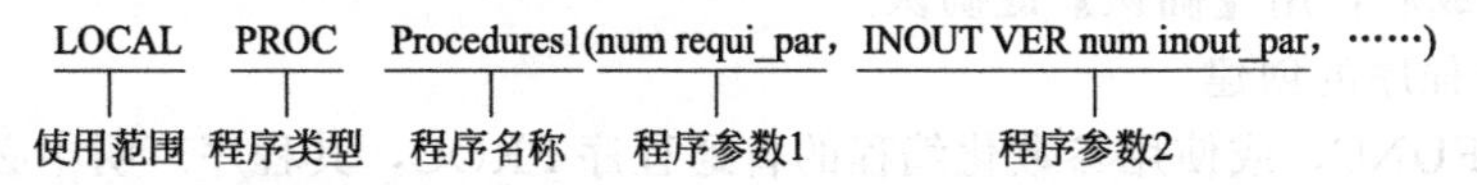

创建作业程序时，需要通过以下操作步骤，完成程序声明的输入与编辑。

① 选择 ABB 主菜单，并在主菜单显示页面（参见图 13.1.4），选择【Program Editor（程序编辑器）】图标键、生效程序编辑器功能，使示教器显示程序编辑页面（参见图 13.3.1）。

② 点击任务编辑菜单区的【例行程序】键，选择作业程序编辑操作。

③ 点击作业程序编辑操作显示页的【文件】键，打开作业程序编辑操作菜单，并在操作菜单中选择【新例行程序】键，示教器将显示图 13.3.9 所示的程序声明编辑页面。

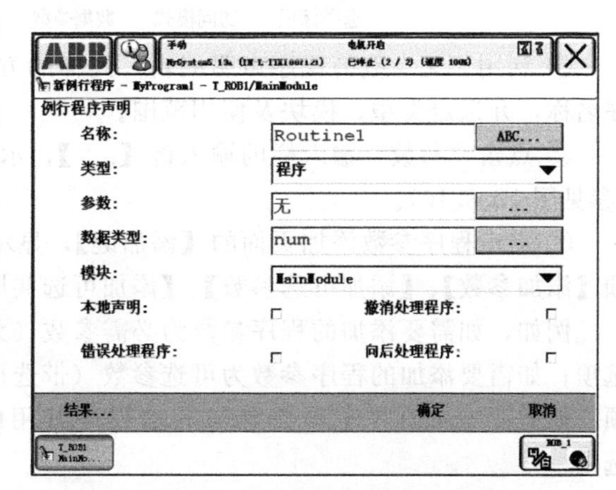

图 13.3.9 程序声明编辑页面

程序声明编辑页面的输入、显示栏作用与含义如下。

名称：可进行作业程序名称的输入、修改。

类型：可进行作业程序类别（普通程

序 PROC、功能程序 FUNC、中断程序 TRAP）的输入、修改。

参数：可进行作业程序参数的名称输入、修改。

数据类型：可进行作业程序参数的数据类型输入、修改。

模块：可输入、修改作业程序所属模块的名称。

本地声明、错误处理程序、撤销处理程序、向后处理程序：用于特殊作业程序的设定，通常不需要选择。例如，选择“本地声明”时，作业程序的使用范围将被限定为 LOCAL（局域程序），这样的作业程序就只能供本模块使用（调用）等。

程序声明编辑页面上的各显示栏，可根据需要，按照以下方法输入、编辑。

1）无参数程序的创建

对于不使用程序参数的普通程序 PROC，或无参数的中断程序 TRAP，无需进行程序参数的输入与编辑，其程序声明可直接通过以下操作输入与编辑。

① 打开程序编辑器、选择作业程序编辑、使示教器显示图 13.3.9 所示的程序声明编辑页面。

② 点击“名称”输入栏的输入键【ABC...】，利用文本输入软键盘（参见图 13.3.3），输入作业程序名称后，通过【确定】键确认。

③ 点击“类型”栏的下拉键、显示作业程序类型选择键，根据需要，点击选定程序类型。作业程序的类型有普通程序 PROC、功能程序 FUNC、中断程序 TRAP 三类，由于翻译的原因，示教器的程序类型显示可能为其他文字，如“过程”（即普通程序）、“函数”（即功能程序）、“陷阱”（即中断程序）等。

④ 点击“模块”栏的下拉键、显示系统已有的程序模块（名称）选择键，根据需要，点击选定作业程序所属的模块。

⑤ 如果作业程序只能供本模块使用（调用），点击“本地声明”的复选框，选定程序的使用范围为“LOCAL（局部程序）”。

⑥ 输入完成后，用【确认】键确认。

2）有参数程序的创建

功能程序 FUNC，或使用参数化编程的普通程序 PROC，其程序声明中必须包含程序参数。作业程序参数的格式如下，其编程要求与详细说明可参见第 7 章 7.3 节；有参数的程序声明需要通过以下操作输入与编辑。

\	INOUT VAR	num	par1 {*}	| num par2
选择标记	访问模式	数据类型	参数/数组名称	排斥参数

① 利用“无参数的程序声明编辑”同样的方法，在程序声明编辑页面上，输入作业程序名称，并选定类型、模块及使用范围。

② 点击“参数”输入栏的输入键【...】，示教器可显示程序声明的程序参数添加页面（参见图 13.3.10）。

③ 点击程序参数添加页面的【添加键】，显示图 13.3.10 左下所示的程序参数添加选择项【添加参数】、【添加可选参数】、【添加可选共用参数】，可根据需要予以选定。

例如，如需要添加的程序参数为必需参数（无选择标记“\”），直接选择【添加参数】选项；如需要添加的程序参数为可选参数（带选择标记“\”），则选择【添加可选参数】选项；如需要添加的程序参数是与其他程序共用的参数，则可选择【添加可选共用参数】选项。

④ 用文本输入软键盘（见图 13.3.3），输入程序参数（或数组）名称后，用【确定】键

确认；此时，示教器可显示图 13.3.11 所示的程序参数编辑页面。

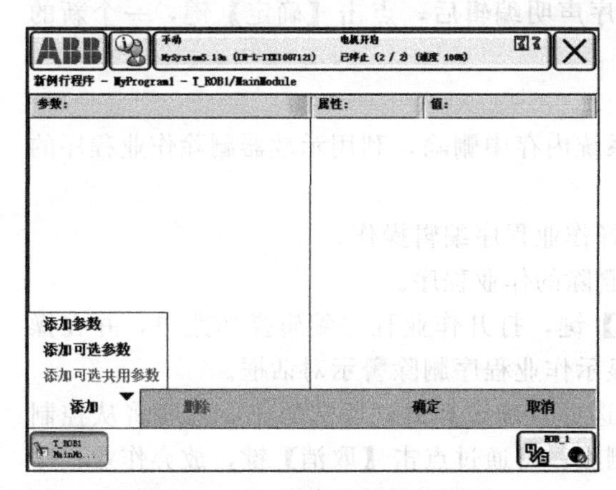

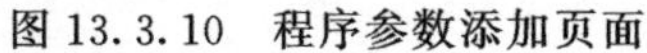
图 13.3.10 程序参数添加页面

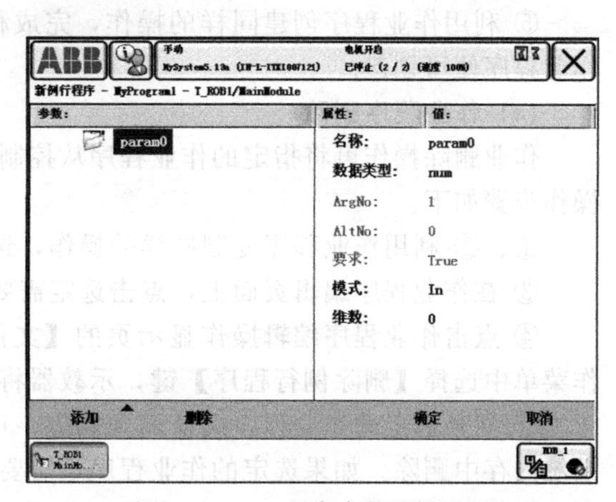

图 13.3.11 程序参数编辑页面

程序参数编辑页面的左侧为已输入的参数显示（如 param0）；编辑页面的右侧为程序参数的属性（属性）、设定值（值）显示与编辑区，该区域可显示程序参数的全部内容，如数据类型、访问模式（模式）、数组参数的价数（维数）等，点击选中该属性所对应的设定值后，可进行设定值的输入与修改。

⑤ 根据需要，完成程序参数属性的设定、修改，完成后，用【确认】键确认。示教器可返回程序声明编辑页面（图 13.3.9），并在编辑页面的“参数”“数据类型”栏，显示所输入的参数名称、数据类型。

程序声明输入完成、用【确认】键确认后，便可完成作业程序的创建。

(2) 作业程序复制

为了简化操作，作业程序编辑时可复制一个相近的作业程序，再在此基础上，通过指令编辑操作，简单完成作业程序的创建操作。

复制作业程序的操作步骤如下。

① 选择 ABB 主菜单，并在主菜单显示页面（参见图 13.1.4），选择【Program Editor (程序编辑器)】图标键、生效程序编辑器功能，使示教器显示程序编辑页面（参见图 13.3.1）。

② 点击任务编辑菜单区的【例行程序】键，选择作业程序编辑操作。

③ 在作业程序编辑页面上，点击选定需要复制的作业程序。

④ 点击作业程序编辑操作显示页的【文件】键，打开作业程序编辑操作菜单，并在操作菜单中选择【创建副本】键，系统便可生成一个原名称后缀“Copy”的新作业程序。

⑤ 利用下述的“程序声明更改”操作，修改程序声明后，点击【确定】键，一个新的作业程序便可创建。

(3) 程序声明更改

通过作业程序复制所创建的作业程序，需要按照新的作业程序要求，通过程序声明更改操作，重新定义程序的使用范围、程序类型、程序名称及程序参数。更改程序声明的操作步骤如下。

①、② 利用作业程序复制同样的操作，选择作业程序编辑操作。

③ 在作业程序编辑页面上，点击选定需要更改程序声明的作业程序。

④ 点击作业程序编辑操作显示页的【文件】键，打开作业程序编辑操作菜单，并在操

作菜单中选择【更改声明】键，示教器将显示程序声明编辑页面（参见图 13.3.9）。

⑤ 利用作业程序创建同样的操作，完成程序声明编辑后，点击【确定】键，一个新的作业程序便可创建。

(4) 作业程序删除

作业删除操作可将指定的作业程序从控制系统内存中删除，利用示教器删除作业程序的操作步骤如下。

①、② 利用作业程序复制同样的操作，选择作业程序编辑操作。

③ 在作业程序编辑页面上，点击选定需要删除的作业程序。

④ 点击作业程序编辑操作显示页的【文件】键，打开作业程序编辑操作菜单，并在操作菜单中选择【删除例行程序】键，示教器将显示作业程序删除警示对话框。

⑤ 如果选定的作业程序确认需要删除，可选择【确定】键，所选的作业程序将从控制系统内存中删除。如果选定的作业程序不需要删除，可通过点击【取消】键，放弃作业程序删除操作。

13.4 程序数据创建与编辑

13.4.1 创建与编辑的一般方法

(1) 程序数据编辑页面

RAPID 程序模块由程序数据（Program Data）、作业程序（Routine）组成。程序数据是 RAPID 指令的操作数，其数量众多、格式各异。为了便于用户使用，控制系统出厂时，生产厂家已对部分常用的基本程序数据进行了预定义，这些数据可直接在程序中使用，无需另行定义。但是，用于作业程序的程序点位置、特殊移动速度、特殊操作数以及作业工具、工件等程序数据，需要在模块或程序中定义。

RAPID 程序数据声明（定义）指令的基本格式如下，有关说明详见第 7 章 7.1 节。

TASK	PERS	pos	segpos{2}	:=[[0, 0, 0], [200, -100, 500]]
使用范围	数据性质	数据类型	数据名称/个数	初始值

数据声明（定义）指令通常直接通过示教器的程序数据创建操作生成。程序数据创建时，首先需要通过以下操作，显示程序数据编辑页面。

① 选择 ABB 主菜单，并在主菜单显示页面（参见图 13.1.4），选择【Program Data (程序数据)】图标键、生效程序数据显示、编辑功能，使示教器显示图 13.4.1 所示的程序数据类型显示页面。

程序数据显示页的上部为程序数据范围显示框与范围修改键【更改范围】，它可用于程序数据使用范围的显示与选择；中间为程序数据类型显示、选择区域，可用于数据类型的设定与选择；下部为数据显示与视图显示的操作键，可用于指定类型程序数据或全部程序数据的显示。

② 点击程序数据编辑页面的【更改范围】键，示教器将显示图 13.4.2 所示的程序数据使用范围选择页面。通过显示页的选择项，操作者可进行以下选择。

【仅限内置数据】：显示控制系统可使用的所有程序数据类型。

【当前执行】：显示系统当前使用的程序数据类型。

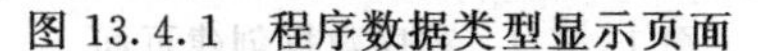

图 13.4.1 程序数据类型显示页面

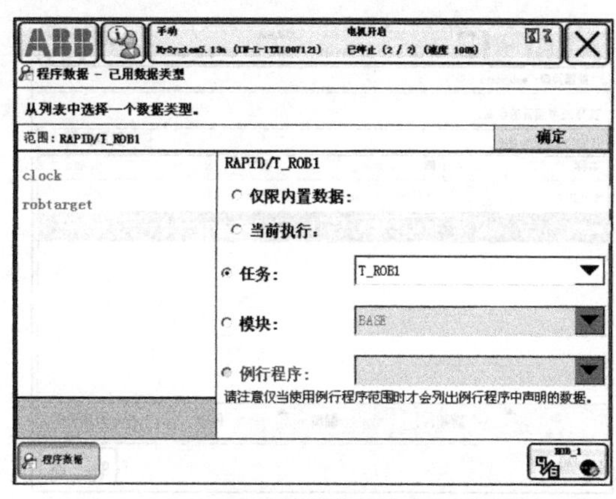

图 13.4.2 程序数据使用范围选择页面

【任务】：显示指定任务所使用的程序数据类型。需要指定的任务名称可通过输入框的下拉键选定。

【模块】：显示指定模块所使用的程序数据类型。需要指定的模块名称可通过输入框的下拉键选定。

【例行程序】：显示指定作业程序所使用的程序数据类型。需要指定的作业程序名称可通过输入框的下拉键选定。

③ 点击所需的使用范围、选定任务、模块、作业程序名称后，用【确定】键确认，示教器的程序数据类型显示、选择区将显示该范围的全部数据类型。

④ 在程序数据类型显示、选择区域，点击选定需要创建、编辑的程序数据类型，如 wobjdata 等。

⑤ 点击下部的【显示数据】键，示教器将显示图 13.4.3 所示的指定类型（如 wobjdata）的程序数据显示与编辑页面。

程序数据显示与编辑页面的中间区域，可显示控制系统已定义的指定类型程序数据的名称、现行值、所属的程序模块以及程序数据的使用范围列表。列表下方将显示程序数据编辑用的【新建...】、【编辑】、【刷新】等操作键，可用于下述的程序数据创建、编辑等操作。

（2）程序数据创建

程序数据创建的操作步骤如下。

① 根据需要创建的程序数据类型，通过程序数据编辑页面显示操作，使示教器显示显示图 13.4.3 所示的需要创建的程序数据显示与编辑页面。

② 点击程序数据显示与编辑页面的【新建...】键，示教器可显示图 13.4.4 所示的程序数据创建页面。

在该页面上，操作者可以通过对应的输入框，输入、选定程序数据的使用范围、数据性质等内容。显示页各输入框的功能如下。

【名称】：程序数据名称输入，点击输入栏的输入键【...】，便可利用示教器所显示的文本输入软键盘（参见图 13.3.3），输入程序数据名称。

【范围】：程序数据的使用范围选择。点击输入栏的下拉键，可选择全局（Global）、任务（Task）和局部（Local）。

【存储类型】：程序数据的性质选择。点击输入栏的下拉键，可选择常量（CONST）、永久数据（PERS）、变量（程序变量 VAR）。

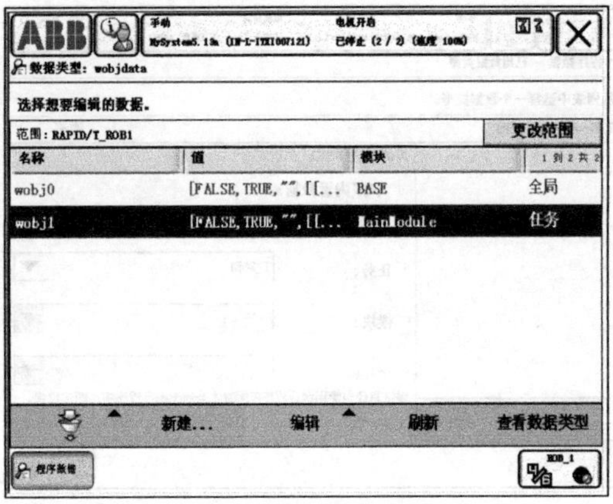

图 13.4.3 程序数据显示与编辑页面

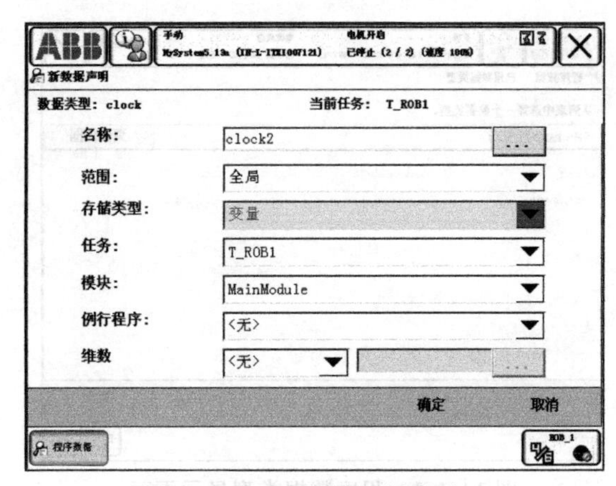

图 13.4.4 程序数据创建页面

【任务】、【模块】、【例行程序】：可选择使用、定义程序数据的任务、模块或作业程序名称。

【维数】：仅用于数组数据，对于多元数组数据，应利用输入栏的扩展键 1、2 或 3，选定 1、2 或 3 价数组；然后，再通过输入键【...】，利用示教器显示的文本输入软键盘（参见图 13.3.3)，输入数组数据的元数。有关数组数据的详细说明可参见第 7 章 7.1 节。

对于可设定初始值的程序数据，显示页还可显示【初始值】操作键（参见后述图 13.4.7)，选定后可完成初始值设定操作。

③ 完成输入项设定后，用【确定】键确认，一个新的程序数据将被创建。

(3) 程序数据编辑

系统已定义或创建的程序数据可通过程序数据编辑操作修改、删除，其操作步骤如下。

① 根据需要创建的程序数据类型，通过程序数据编辑页面显示操作，使示教器显示程序数据显示与编辑页面（参见图 13.4.3)。

② 点击程序数据显示与编辑页面的【编辑】键，示教器可显示图 13.4.5 所示的程序数据编辑操作菜单。

程序数据编辑菜单的编辑选项作用如下。

【删除】：删除选定的程序数据。

【更改声明】：可对程序数据名称、使用范围、性质、初始值等进行重新定义。

【更改值】：更改程序数据数值。

【复制】：复制选定的程序数据。

【定义】：利用示教操作定义程序数据，仅用于工具数据 tooldata、工件数据 wobjdata、负载数据 loaddata 的编辑操作。

【修改位置】：利用示教或其他方法修改程序点位置，仅用于 TCP 位置数据 robtarget、关节位置数据 jointtarget 的修改。

程序数据的删除、复制，以及数据声明、数值更改的操作步骤如下；有关工具数据 tooldata、工件数据 wobjdata、负载数据 loaddata 的定义，以及 TCP 位置数据 robtarget、关节位置数据 jointtarget 的修改操作，将在后述的内容中详细说明。

1) 程序数据删除

① 在程序数据显示与编辑页面（参见图 13.4.3）上，点击选定需要删除的程序数据。

② 点击【编辑】键，打开图 13.4.5 所示的程序数据编辑操作菜单后，点击【删除】键，示教器将显示程序数据删除警示对话框。

③ 如选定的程序数据确认需要删除，可选择【是】键，程序数据将从控制系统中删除。如果选定的程序数据不需要删除，可通过点击【否】键，放弃程序数据删除操作。

2）程序数据声明更改

① 在程序数据显示与编辑页面（参见图 13.4.3）点击选定需要更改的程序数据。

② 点击【编辑】键，打开图 13.4.5 所示的程序数据编辑操作菜单后，点击【更改声明】键，示教器将显示图 13.4.6 所示的程序数据更改页面。

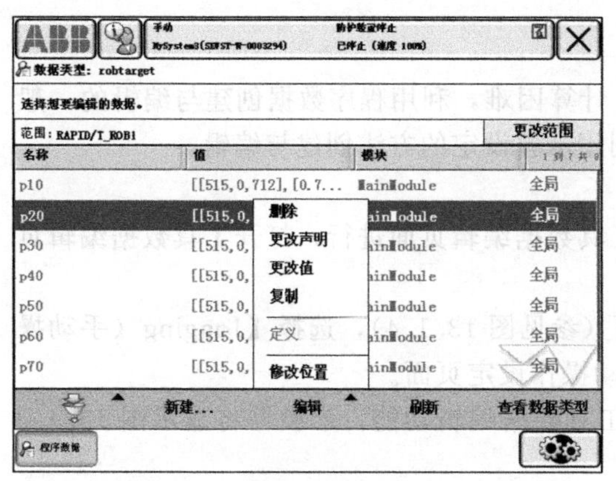

图 13.4.5 程序数据编辑操作菜单

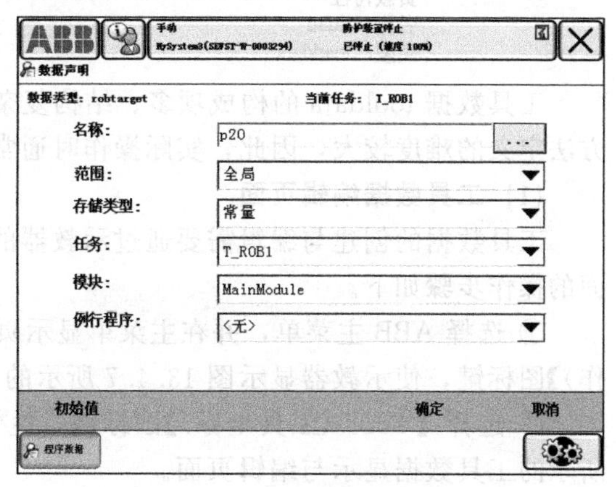

图 13.4.6 程序数据更改页面

③ 通过程序数据创建同样的操作，利用对应的输入框，输入、选定程序数据的使用范围、数据性质等内容。对于可设定初始值的程序数据，可点击【初始值】键，重新设定程序数据初始值。

④ 完成各项设定后，用【确定】键确认。

3）程序数据数值更改

① 在程序数据显示与编辑页面（参见图 13.4.3）上，点击选定需要更改的程序数据。

② 点击【编辑】键，打开图 13.4.5 所示的程序数据编辑操作菜单后，点击【更改值】键，示教器将根据程序数据类型，显示不同的数值编辑页面。

③ 根据程序数据数值设定要求，利用示教器的文本输入软键盘或输入选择扩展键，重新输入程序数据数值。

④ 完成数值修改后，用【确定】键确认。

4）程序数据数复制

① 在程序数据显示与编辑页面（参见图 13.4.3）上，点击选定需要复制的程序数据。

② 点击【编辑】键，打开图 13.4.5 所示的程序数据编辑操作菜单后，点击【复制】键，示教器可显示文本输入软键盘。

③ 利用文本输入软键盘，输入新程序数据的名称后，用【确定】键确认，一个新的程序数据将被生成。复制生成的程序数据具有源数据相同的数值。

13.4.2 工具数据创建与编辑

RAPID 工具数据 tooldata 是机器人作业必需的基本数据，其格式如下，它是由工具安装形式 robhold、工具坐标系 tframe、负载特性 tload 等数据项构成的复合型数据。

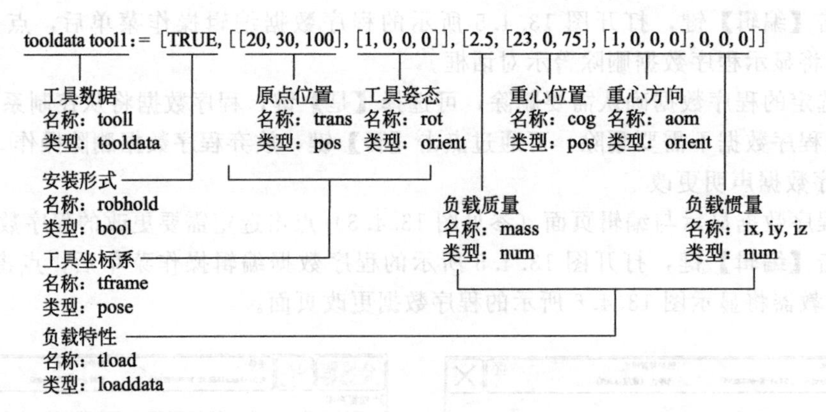

工具数据 tooldata 的构成项多、结构复杂、计算困难，利用程序数据创建与编辑的一般方法定义的难度较大，因此，实际操作时通常利用示教设定的方法创建与编辑。

(1) 工具数据编辑页面

工具数据的创建与编辑需要通过示教器的工具数据编辑页面进行，打开工具数据编辑页面的操作步骤如下。

① 选择 ABB 主菜单，并在主菜单显示页面（参见图 13.1.4），选择【Jogging（手动操作)】图标键，使示教器显示图 13.4.7 所示的手动操作设定页面。

② 选择【Tool（工具坐标)】图标键，生效工具数据编辑功能，示教器将显示图 13.4.8 所示的工具数据显示与编辑页面。

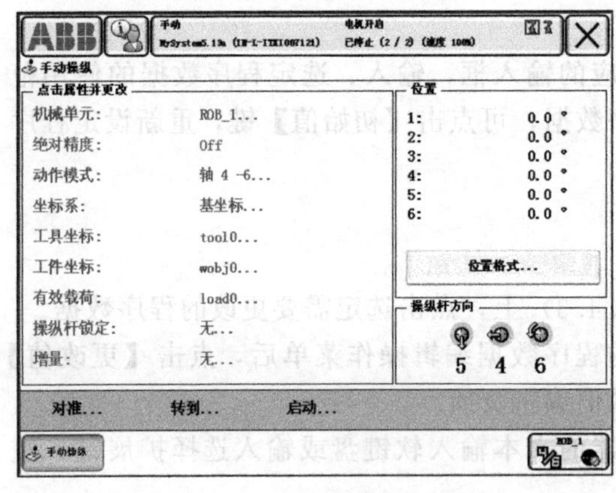

图 13.4.7 手动操作设定页面

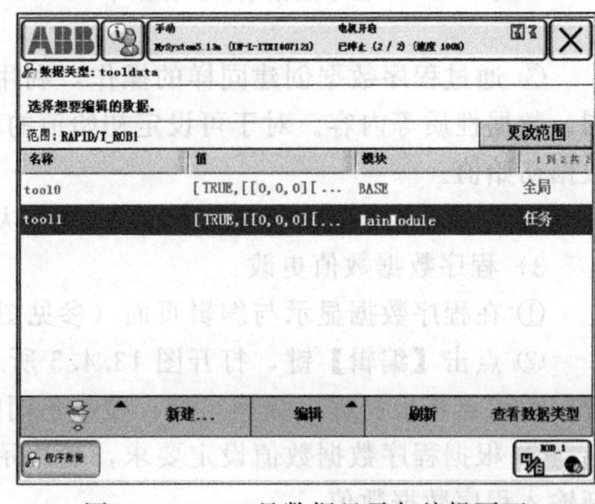

图 13.4.8 工具数据显示与编辑页面

工具数据显示与编辑页面的中间区域，可显示控制系统已定义的工具数据的名称、现行值、所属的程序模块以及使用范围列表。列表下方将显示工具数据编辑用的【新建...】、【编辑】、【刷新】等操作键，可用于下述的工具数据创建、编辑等操作。

(2) 工具数据创建

工具数据创建的操作步骤如下。

① 通过工具数据编辑页面显示操作，使示教器显示显示图 13.4.8 所示的工具数据显示与编辑页面。

② 点击工具数据显示与编辑页面的【新建...】键，示教器可显示图 13.4.9 所示的工具数据创建页面。

在工具数据创建与编辑页面上，操作者可以通过对应的输入框，输入、选定工具数据的使用范围、数据性质等内容。显示页各输入框的功能如下。

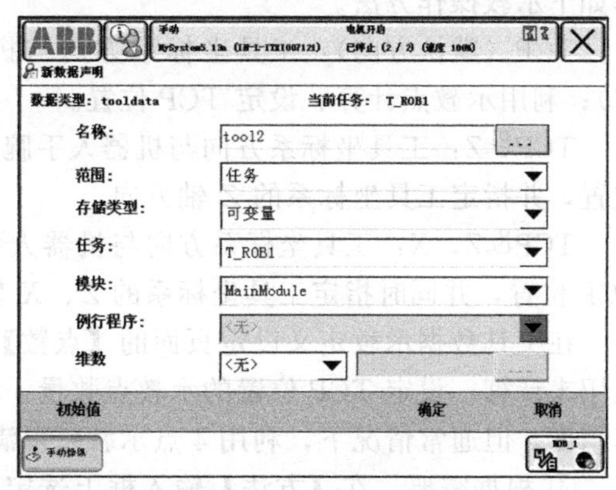

图 13.4.9 工具数据创建页面

【名称】：工具数据名称输入，点击输入栏的输入键【...】，便可利用示教器所显示的文本输入软键盘（参见图 13.3.3），输入工具数据名称。

【范围】：工具数据的使用范围选择。点击输入栏的下拉键，可选择全局（Global）、任务（Task）和局部（Local）。

【存储类型】：工具数据的性质选择，工具数据的性质总是为永久数据（PERS），中文“可变量”的翻译不确切。

【任务】、【模块】、【例行程序】：可选择使用、定义工具数据的任务、模块。工具数据只能在程序模块中定义，【例行程序】栏不能输入与编辑。

【维数】：用于数组型工具数据设定，由于工具数据的构成较复杂，通常情况不使用数组。如需要，可利用输入栏的扩展键 1、2 或 3，选定 1、2 或 3 价数组；然后，再通过输入键【...】，利用示教器显示的文本输入软键盘（参见图 13.3.3），输入数组型工具数据的元数；有关数组数据的详细说明可参见第 7 章 7.1 节。

③ 完成输入项设定后，用【确定】键确认，一个新的工具数据将被创建。

(3) 工具坐标系设定

工具坐标系 tframe 是工具数据 tooldata 最主要的组成项，它一般通过工具数据编辑的示教定义操作设定，其操作步骤如下。

① 通过工具数据编辑页面显示操作，使示教器显示图 13.4.8 所示的工具数据显示与编辑页面。

② 点击需要进行工具坐标系设定的工具数据，选中后，再选择【编辑】键，示教器可显示图 13.4.10 所示的工具数据编辑操作菜单。

③ 点击编辑操作菜单中的【定义】键，示教器可显示图 13.4.11 所示的工具坐标系的示教定义设定页面。

图 13.4.10 工具数据编辑操作菜单

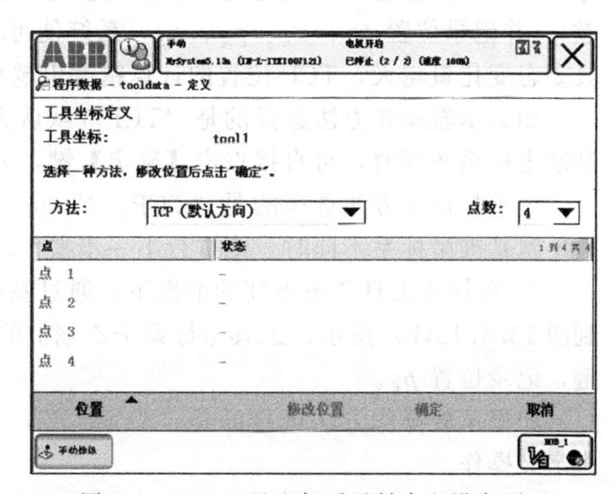

图 13.4.11 工具坐标系示教定义设定页面

在工具数据示教定义设定页面的【方法】输入框上，操作者可通过输入扩展选择键，选择如下示教操作方法。

TCP（默认方向）：工具坐标系方向与机器人手腕基准坐标系相同（参见第6章6.1节）；利用示教点计算、设定TCP位置。

TCP&Z：工具坐标系方向与机器人手腕基准坐标系不同；利用示教点计算、设定TCP位置，并指定工具坐标系的Z轴方向。

TCP&Z，X：工具坐标系方向与机器人手腕基准坐标系不同；利用示教点计算、设定TCP位置，并同时指定工具坐标系的Z、X轴方向。

在工具数据示教定义设定页面的【点数】输入框上，操作者可通过输入扩展选择键，输入用来计算、设定TCP位置的示教点数量。增量示教点数量，理论上可以提高TCP点的计算精度，但通常情况下，利用4点示教已可满足TCP位置精度的一般要求。

④ 根据需要，在【方法】输入框上选定工具坐标系的示教方法，在【点数】输入框上选定示教点数（如5点）。

⑤ 如图13.4.12(a)所示，选择一个合适的位置，作为工具坐标系测定的基准点；然后，通过机器人点动、增量进给等手动操作，使得工具TCP点尽可能对准测试基准点；定位完成后，点击【修改位置】键，记录第一点位置p_1。

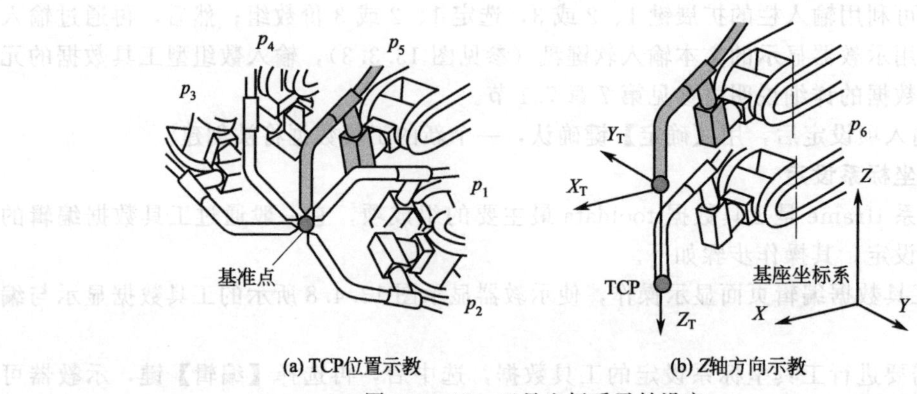

(a) TCP位置示教　　(b) Z轴方向示教

图13.4.12　工具坐标系示教设定

⑥ 在保持工具TCP点对准测试基准点的前提下，通过机器人点动、增量进给等手动操作，改变工具姿态，并通过【修改位置】键，依次记录进行第2、3、4、5点定位（5点示教），并记录位置p_2、p_3、p_4、p_5，系统便可自动计算、设定TCP位置。各示教点间的工具姿态变化量越大，TCP位置的计算精度也越高。

如果示教操作方法选择的是“TCP（默认方向）”，即：工具坐标系方向与机器人手腕基准坐标系相同时，可直接点击【确定】键，完成工具坐标系示教定义操作。

如示教操作方法选择的是“TCP&Z”或“TCP&Z，X”，即：工具坐标系方向与机器人手腕基准坐标系不同时，则进行下一步操作。

⑦ 在保持工具姿态不变的前提下，通过基座（大地）坐标系的点动操作，使TCP移动到图13.4.12(b)所示、工具坐标系$+Z$轴上的一点p_6上，完成定位后，点击【修改位置】键，记录位置p_6。

如果示教操作方法选择的是“TCP&Z”，可直接点击【确定】键，完成工具坐标系示教定义操作。

如示教操作方法选择的是“TCP&Z，X”，则继续通过基座（大地）坐标系的点动操作，使TCP移动到工具坐标系$+X$轴上的一点p_7上，定位完成后，点击【修改位置】键，

记录位置 p_7；然后，点击【确定】键，完成工具坐标系示教定义操作。

⑧ 如果示教点选择不合理，或者，需要另行示教，可点击【位置】键，打开位置编辑菜单，然后选择【全部重置】操作，便可重复④～⑦，重新设定示教点。

⑨ 如果示教点还需要继续使用，可点击【位置】键，打开位置编辑菜单，然后选择【保存】操作，将示教点保存到程序文件中。

（4）工具数据编辑

系统已定义或创建的工具数据可通过工具数据编辑操作修改、删除，其操作步骤如下。

① 通过工具数据编辑页面显示操作，使示教器显示显示图 13.4.8 所示的工具数据显示与编辑页面。

② 点击需要进行编辑的工具数据，选中后，再选择【编辑】键，打开工具数据编辑操作菜单（参见图 13.4.10）。

工具数据编辑菜单的编辑选项作用如下。

【删除】：删除选定的工具数据。

【更改声明】：可对工具数据名称、使用范围、初始值等进行重新定义。工具数据的性质总是为永久数据 PERS（中文“可变量”的翻译不确切），不可更改。

【更改值】：更改工具数据数值。

【复制】：复制选定的工具数据。

【定义】：利用示教操作定义工具坐标系（参见前述）。

工具数据的删除、复制，以及数据声明、数值更改的操作步骤如下。

1）工具数据删除

① 通过工具数据编辑页面显示操作，使示教器显示工具数据显示与编辑页面（参见图 13.4.8），并点击选定需要删除的工具数据。

② 点击【编辑】键，打开图 13.4.10 所示的工具数据编辑操作菜单后，点击【删除】键，示教器将显示工具数据删除警示对话框。

③ 如选定的工具数据确认需要删除，可选择【是】键，工具数据将从控制系统中删除。如果选定的工具数据不需要删除，可通过点击【否】键，放弃工具数据删除操作。

工具数据一经删除，与工具数据相关的全部数据（工具坐标系、负载特性等）均将被清除，因此，所有与工具数据相关的作业程序，都必须进行相应的修改后才能运行。此外，工具数据一旦被删除，被暂停的程序也不能从当前位置重启运行。

2）工具数据声明更改

① 通过工具数据编辑页面显示操作，使示教器显示工具数据显示与编辑页面（参见图 13.4.8），并点击选定需要删除的工具数据。

② 点击【编辑】键，打开图 13.4.10 所示的工具数据编辑操作菜单后，点击【更改声明】键，示教器将显示图 13.4.9 所示的工具数据声明更改页面。

③ 通过工具数据创建同样的操作，利用对应的输入框，输入、选定工具数据的使用范围、数据性质等内容。

④ 完成各项设定后，用【确定】键确认。

3）工具数据数值更改

① 通过工具数据编辑页面显示操作，使示教器显示工具数据显示与编辑页面（参见图 13.4.8）；并点击选定需要更改数值的工具数据。

② 点击【编辑】键，打开图 13.4.10 所示的工具数据编辑操作菜单后，点击【更改值】键，示教器将显示工具数据的数值编辑页面。

工具数据数值更改页面上，可通过对应的输入框，进行如下数据项的手动输入，数据项的含义可参见第8章8.2节。

robhold：工具安装形式，选择“TRUE”为机器人移动工具、机器人手腕安装工具的安装形式；选择“FALSE”为机器人移动工件、工具固定的安装形式。

tframe. trans. x、tframe. trans. y、tframe. trans. z：分别为工具TCP（即工具坐标系原点）在机器人手腕基准坐标系上的 X、Y、Z 坐标值（单位mm）。

tframe. rot. q1、tframe. rot. q2、tframe. rot. q3、tframe. rot. q4：分别为工具坐标系相对于机器人手腕基准坐标系的旋转四元数 q_1、q_2、q_3、q_4。

tload. mass：工具质量（单位kg）。

tload. cog. x、tload. cog. y、tload. cog. z：分别为工具重心在机器人手腕基准坐标系上的 X、Y、Z 坐标值（单位mm）。

tload. aom. q1、tload. aom. q2、tload. aom. q3、tload. aom. q4：分别为工具重力方向相对于机器人手腕基准坐标系的旋转四元数 q_1、q_2、q_3、q_4。

tload. ix、tload. iy、tload. iz：分别为工具在手腕基准坐标系 X、Y、Z 轴上的转动惯量（$kg \cdot m^2$）。

③ 根据程序数据数值设定要求，利用示教器的文本输入软键盘或输入选择扩展键，重新输入工具数据的数值。

④ 完成数值修改后，用【确定】键确认。

4）工具数据数复制

① 通过工具数据编辑页面显示操作，使示教器显示工具数据显示与编辑页面（参见图13.4.8），并点击选定需要复制的工具数据。

② 点击【编辑】键，打开图13.4.10所示的工具数据编辑操作菜单后，点击【复制】键，示教器可显示文本输入软键盘。

③ 利用文本输入软键盘，输入新工具数据的名称后，用【确定】键确认，一个新的工具数据将被生成。复制生成的工具数据具有源数据相同的数值。

13.4.3 工件数据创建与编辑

RAPID工件数据wobjdata是用来描述工件安装特性的程序数据，它可用来定义用户坐标系、工件坐标系等参数，特别是对于工具固定、机器人移动工件的作业系统，必须在作业程序中定义工件数据wobjdata。

工件数据wobjdata的格式如下，它是由工件安装形式robhold、工装安装形式ufprog、运动单元名称ufmec、用户坐标系uframe、工件坐标系oframe等数据项构成的复合型数据。

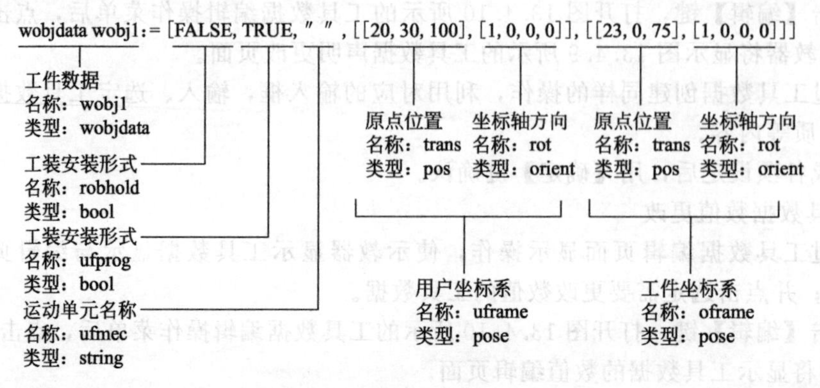

工件数据 wobjdata 的构成项多、结构复杂、计算困难，利用程序数据创建与编辑的一般方法定义的难度较大，因此，实际操作时通常利用以下示教设定的方法创建与编辑。

（1）工件数据编辑页面

工件数据的创建与编辑需要通过示教器的工件数据编辑页面进行，打开工件数据编辑页面的操作步骤如下。

① 选择 ABB 主菜单，并在主菜单显示页面（参见图 13.1.3），选择【Jogging（手动操作）】图标键，使示教器显示手动操作设定页面（参见图 13.4.7）。

② 选择【工件坐标（Work Object)】图标键，生效工件数据编辑功能，示教器将显示图 13.4.13 所示的工件数据显示与编辑页面。

工件数据显示与编辑页面的中间区域，可显示控制系统已定义的工件数据的名称、现行值、所属的程序模块以及使用范围列表。列表下方将显示工件数据编辑用的【新建...】、【编辑】、【刷新】等操作键，可用于下述的工件数据创建、编辑等操作。

（2）工件数据创建

工件数据创建的操作步骤如下。

① 通过工件数据编辑页面显示操作，使示教器显示图 13.4.13 所示的工件数据显示与编辑页面。

② 点击工件数据显示与编辑页面的【新建...】键，示教器可显示图 13.4.14 所示的工件数据创建页面。

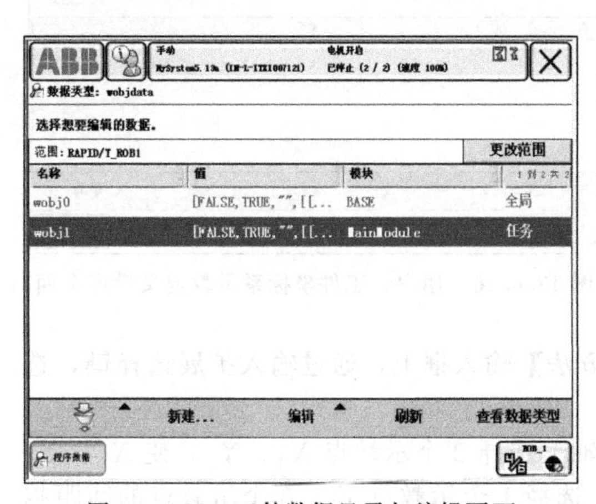

图 13.4.13 工件数据显示与编辑页面

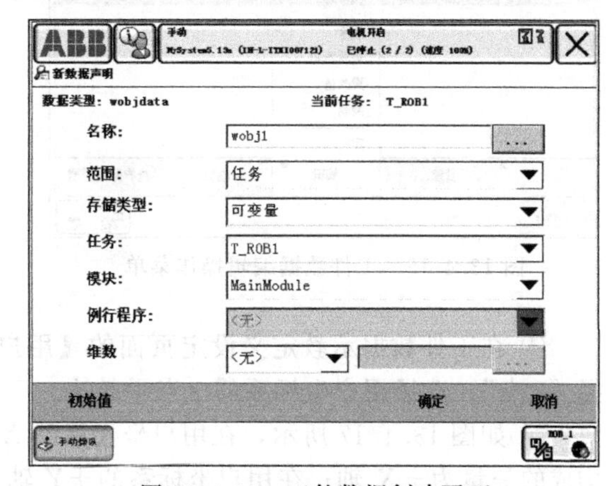

图 13.4.14 工件数据创建页面

在工件数据创建页面上，操作者可以通过对应的输入框，输入、选定工件数据的使用范围、数据性质等内容。显示页各输入框的功能如下。

【名称】：工件数据名称输入，点击输入栏的输入键【...】，便可利用示教器所显示的文本输入软键盘（参见图 13.3.2)，输入工件数据名称。

【范围】：工件数据的使用范围选择。点击输入栏的下拉键，可选择全局（Global)、任务（Task）和局部（Local)。

【存储类型】：工件数据的性质选择，工件数据的性质总是为永久数据（PERS)，中文“可变量”的翻译不确切。

【任务】、【模块】、【例行程序】：可选择使用、定义工件数据的任务、模块。工件数据只能在程序模块中定义，【例行程序】栏不能输入与编辑。

【维数】：用于数组型工件数据设定，由于工件数据的构成较复杂，通常情况不使用数组。如需要，可利用输入栏的扩展键 1、2 或 3，选定 1、2 或 3 价数组；然后，再通过输入键【...】，利用示教器显示的文本输入软键盘（参见图 13.3.2），输入数组型工件数据的元数；有关数组数据的详细说明可参见第 7 章 7.1 节。

③ 完成输入项设定后，用【确定】键确认，一个新的工件数据将被创建。

(3) 用户、工件坐标系设定

用户坐标系 uframe、工件坐标系 oframe 是工件数据 wobjdata 最主要的组成项，它一般通过工件数据编辑的示教定义操作设定，其操作步骤如下。

① 通过工件数据编辑页面显示操作，使示教器显示图 13.4.13 所示的工件数据显示与编辑页面。

② 点击需要进行用户、工件坐标系设定的工件数据，选中后，再选择【编辑】键，示教器可显示图 13.4.15 所示的工件数据编辑操作菜单。

③ 点击编辑操作菜单中的【定义】键，示教器可显示图 13.4.16 所示的用户、工件坐标系的示教定义设定页面。

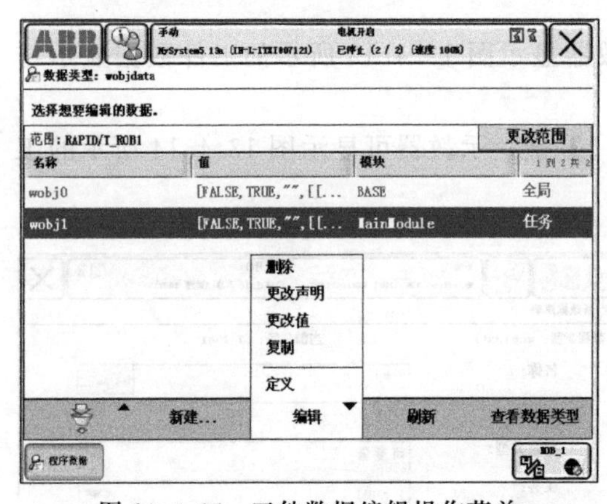

图 13.4.15 工件数据编辑操作菜单

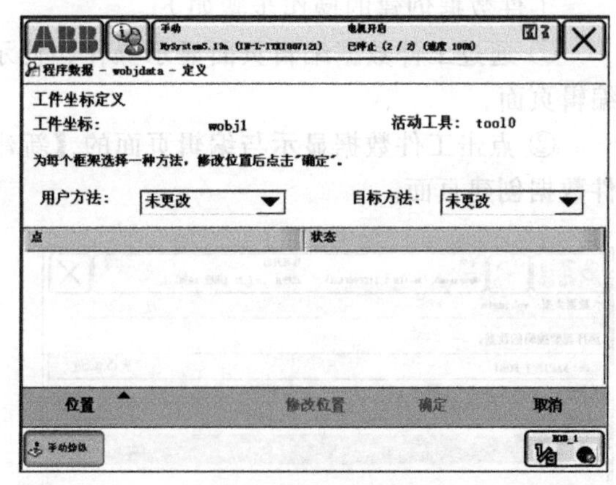

图 13.4.16 用户、工件坐标系示教定义设定页面

④ 在工件数据示教定义设定页面的【用户方法】输入框上，通过输入扩展选择键，选择“3 点”，选择用户坐标系的 3 点示教法。

⑤ 如图 13.4.17 所示，在用户坐标系的 X 轴上选择 2 个示教点 X_1、X_2，使 X_1、X_2 构成的矢量为 $+X$ 轴；在用户坐标系的 $+Y$ 轴上选择 1 个示教点 Y_1。3 个示教点的间距越大，所得到的用户坐标系就越准确。

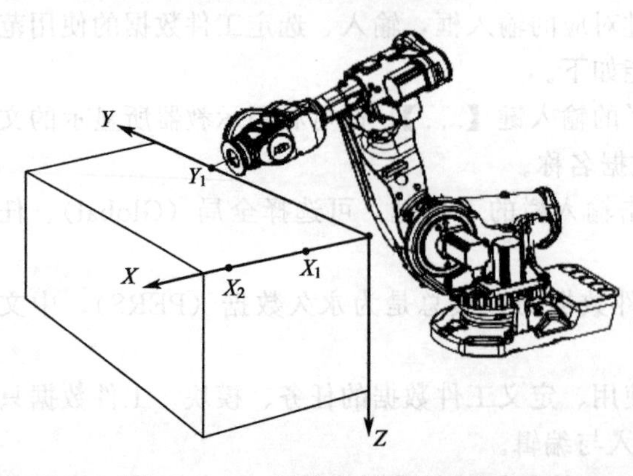

图 13.4.17 用户坐标系的示教点

⑥ 在机器人手腕上安装测试针，并通过机器人点动、增量进给等手动操作，使测试针对准示教点 X_1；定位完成后，点击【修改位置】键，记录第一点位置 p_1。

⑦ 继续通过机器人点动、增量进给等手动操作，依次使测试针对准示教点 X_2、用【修改位置】键记录位置 p_2，使测试针对准示教点 Y_1、用【修改位置】键记录位置 p_3。

⑧ 点击【确定】键，完成用户坐标系的示教定义操作。

⑨ 如果需要进一步进行工件坐标系的示教设定，可在工件数据示教定义设定页面的【目标方法】输入框上，通过输入扩展选择键，选择“3点”，选择工件坐标系的3点示教法。然后，通过用户坐标系示教设定同样的操作（步骤⑤～⑧），完成工件坐标系的示教定义操作。

（4）工件数据编辑

系统已定义或创建的工件数据可通过工件数据编辑操作修改、删除，其操作步骤如下。

① 通过工件数据编辑页面显示操作，使示教器显示图13.4.13所示的工件数据显示与编辑页面。

② 点击需要进行编辑的工件数据，选中后，再选择【编辑】键，示教器可显示图13.4.15所示的工件数据编辑操作菜单。

工件数据编辑菜单的编辑选项作用如下。

【删除】：删除选定的工件数据。

【更改声明】：可对工件数据名称、使用范围、初始值等进行重新定义。工件数据的性质总是为永久数据PERS（中文“可变量”的翻译不确切），不可更改。

【更改值】：更改工件数据数值。

【复制】：复制选定的工件数据。

【定义】：利用示教操作定义用户、工件坐标系（参见前述）。

工件数据的删除、复制，以及数据声明、数值更改的操作步骤如下。

1）工件数据删除

① 通过工件数据编辑页面显示操作，使示教器显示工件数据显示与编辑页面（参见图13.4.13），并点击选定需要删除的工件数据。

② 点击【编辑】键，打开图13.4.15所示的工件数据编辑操作菜单后，点击【删除】键，示教器将显示工件数据删除警示对话框。

③ 如选定的工件数据确认需要删除，可选择【是】键，工件数据将从控制系统中删除。如果选定的工件数据不需要删除，可通过点击【否】键，放弃工件数据删除操作。

工件数据一经删除，与工件数据相关的全部数据均将被清除，因此，所有与工件数据的作业程序，都必须进行相应的修改后才能运行。此外，工件数据一旦被删除，被暂停的程序也不能从当前位置重启运行。

2）工件数据声明更改

① 通过工件数据编辑页面显示操作，使示教器显示工件数据显示与编辑页面（参见图13.4.13）；并点击选定需要删除的工件数据。

② 点击【编辑】键，打开图13.4.15所示的工件数据编辑操作菜单后，点击【更改声明】键，示教器将显示图13.4.14所示的工件数据声明更改页面。

③ 通过工件数据创建同样的操作，利用对应的输入框，输入、选定工件数据的使用范围、数据性质等内容。

④ 完成各项设定后，用【确定】键确认。

3）工件数据数值更改

① 通过工件数据编辑页面显示操作，使示教器显示工件数据显示与编辑页面（参见图13.4.13）；并点击选定需要更改数值的工件数据。

② 点击【编辑】键，打开图13.4.15所示的工件数据编辑操作菜单后，点击【更改值】键，示教器将显示工件数据的数值编辑页面。

工件数据数值更改页面上，可通过对应的输入框，进行如下数据项的手动输入，数据项的含义可参见第8章8.2节。

robhold：工件安装形式，选择“TRUE”为机器人移动工件、工具固定的安装形式；选择“FALSE”为机器人移动工具、工件固定的安装形式。

ufprog：工装安装形式，选择“TRUE”为工装固定作业系统；选择“FALSE”为带工装变位器的协同作业系统。

ufmec：工装移动的机械单元名称，用于工装移动的协同作业系统。

oframe. trans. x、oframe. trans. y、oframe. trans. z：分别为工件坐标系原点在用户坐标系上的X、Y、Z坐标值（单位mm）。

oframe. rot. q1、oframe. rot. q2、oframe. rot. q3、oframe. rot. q4：分别为工件坐标系相对于用户坐标系的旋转四元数q_1、q_2、q_3、q_4。

uframe. trans. x、uframe. trans. y、uframe. trans. z：分别为用户坐标系原点在大地（或基座）坐标系上的X、Y、Z坐标值（单位mm）。

uframe. rot. q1、uframe. rot. q2、uframe. rot. q3、uframe. rot. q4：分别为用户坐标系相对于大地（或基座）坐标系的旋转四元数q_1、q_2、q_3、q_4。

③ 根据程序数据数值设定要求，利用示教器的文本输入软键盘或输入选择扩展键，重新输入工件数据的数值。

④ 完成数值修改后，用【确定】键确认。

4）工件数据数复制

① 通过工件数据编辑页面显示操作，使示教器显示工件数据显示与编辑页面（参见图13.4.13）；并点击选定需要复制的工件数据。

② 点击【编辑】键，打开图13.4.15所示的工件数据编辑操作菜单后，点击【复制】键，示教器可显示文本输入软键盘。

③ 利用文本输入软键盘，输入新工件数据的名称后，用【确定】键确认，一个新的工件数据将被生成。复制生成的工件数据具有源数据相同的数值。

13.4.4 负载数据创建与编辑

(1) 负载数据及编辑

RAPID负载数据loaddata是用来描述机器人负载特性的程序数据。工业机器人的负载通常包括3类：一是安装在机身（上臂）上的辅助控制部件，如点焊机器人的阻焊变压器等，在ABB机器人上称之为上臂载荷；二是作业工具，在ABB机器人上称之为工具载荷；三是搬运、码垛类机器人的物品，即作业负载，在ABB机器人上称为有效载荷。

机器人的上臂载荷通常由机器人生产厂家在系统参数上设定，工具载荷应通过工具数据tooldata中的负载数据项tlood定义。作业负载（有效载荷）只有在带载作业时才会产生，它需要通过移动指令添加项\Tload所指定的负载数据loaddata定义。

机器人负载数据（tlood、loaddata）包含了负载质量、重心位置、惯量等参数，其测试、计算比较复杂，因此，在实际使用时，通常都需要通过运行机器人控制系统配套提供的自动测试软件，由控制系统自动测试、计算、设定。在ABB机器人上，负载数据loaddata的自动测定功能，需要利用ABB主菜单【Program Editor（程序编辑器）】中的【调试】操作，通过运行服务程序loadIdentify实现，有关内容详见第14章14.3节。

由系统通过自动测试获得的工具负载数据，可直接作为工具数据tooldata的负载特性数据项tlood设定。由系统通过自动测试获得的作业负载数据，通常包含了工具，因此，作业负载（有效载荷）\Tload一经指令，就无需再考虑工具负载，工具数据tooldata中的负载特性数据项 tload 将自动成为无效。

loaddata 数据是由负载质量 mass、重心位置 cog、重力方向 aom、$X/Y/Z$ 轴转动惯量 ix/iy/iz 等数据项组成的多元复合数据，其格式与工具数据的负载特性项数据 tload 相同，有关说明可参见第 8 章 8.2 节。对于质量、重心位置、惯量已知的作业负载（有效载荷），其负载数据 loaddata 的创建与编辑方法如下。

① 选择 ABB 主菜单，并在主菜单显示页面（参见图 13.1.3），选择【Jogging（手动操作）】图标键，使示教器显示手动操作设定页面（参见图 13.4.7）。

② 选择【有效载荷（Payload）】图标键，生效负载数据编辑功能，示教器将显示图 13.4.18 所示的负载数据显示与编辑页面。

负载数据显示与编辑页面的中间区域，可显示控制系统已定义的负载数据的名称、现行值、所属的程序模块以及使用范围列表。列表下方将显示负载数据编辑用的【新建...】、【编辑】、【刷新】等操作键，可用于下述的负载数据创建、编辑等操作。

（2）负载数据创建

负载数据创建的操作步骤如下。

① 通过负载数据编辑页面显示操作，使示教器显示显示图 13.4.18 所示的负载数据显示与编辑页面。

② 点击负载数据显示与编辑页面的【新建...】键，示教器可显示图 13.4.19 所示的负载数据创建页面。

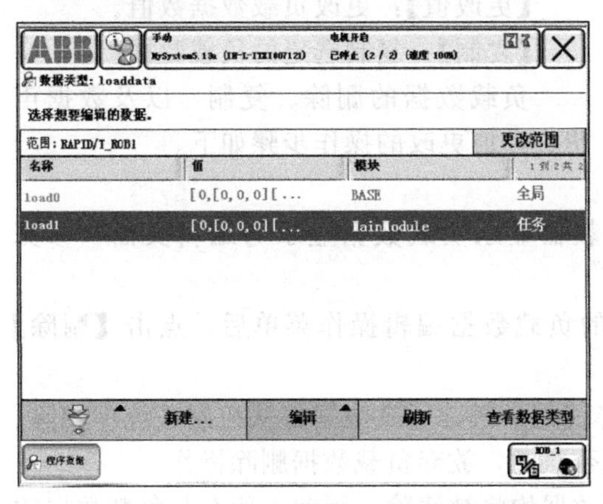

图 13.4.18 负载数据显示与编辑页面

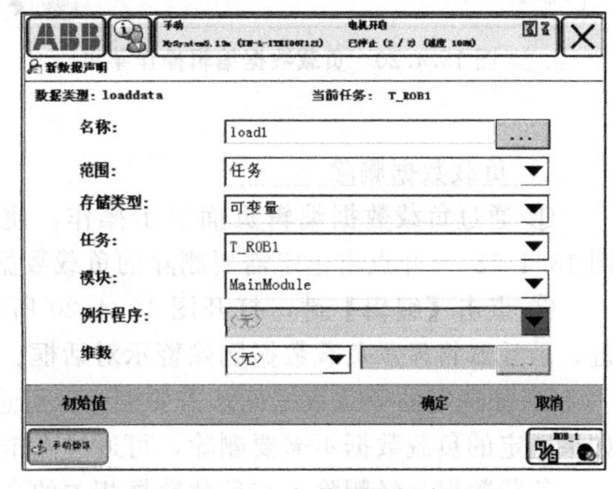

图 13.4.19 负载数据创建页面

在负载数据创建与编辑页面上，操作者可以通过对应的输入框，输入、选定负载数据的使用范围、数据性质等内容。显示页各输入框的功能如下。

【名称】：负载数据名称输入，点击输入栏的输入键【...】，便可利用示教器所显示的文本输入软键盘（参见图 13.3.2），输入负载数据名称。

【范围】：负载数据的使用范围选择。点击输入栏的下拉键，可选择全局（Global）、任务（Task）和局部（Local）。

【存储类型】：负载数据的性质选择，负载数据的性质总是为永久数据（PERS），中文“可变量”的翻译不确切。

【任务】、【模块】、【例行程序】：可选择使用、定义负载数据的任务、模块。负载数据只能在程序模块中定义，【例行程序】栏不能输入与编辑。

【维数】：用于数组型负载数据设定，由于负载数据的构成较复杂，通常情况不使用数组。如需要，可利用输入栏的扩展键 1、2 或 3，选定 1、2 或 3 价数组；然后，再通过输入键【...】，利用示教器显示的文本输入软键盘（参见图 13.3.2），输入数组型负载数据的元数；有关数组数据的详细说明可参见第 7 章 7.1 节。

③ 完成输入项设定后，用【确定】键确认，一个新的负载数据将被创建。

(3) 负载数据编辑

系统已定义或创建的负载数据可通过负载数据编辑操作修改、删除，其操作步骤如下。

① 通过负载数据编辑页面显示操作，使示教器显示图 13.4.18 所示的负载数据显示与编辑页面。

图 13.4.20 负载数据编辑操作菜单

② 点击需要进行编辑的负载数据，选中后，再选择【编辑】键，示教器可显示图 13.4.20 所示的负载数据编辑操作菜单。

负载数据编辑菜单的编辑选项作用如下。

【删除】：删除选定的负载数据。

【更改声明】：可对负载数据名称、使用范围、初始值等进行重新定义。负载数据的性质总是为永久数据 PERS（中文“可变量”的翻译不确切），不可更改。

【更改值】：更改负载数据数值。

【复制】：复制选定的负载数据。

负载数据的删除、复制，以及数据声明、数值更改的操作步骤如下。

1）负载数据删除

① 通过负载数据编辑页面显示操作，使示教器显示负载数据显示与编辑页面（参见图 13.4.18），并点击选定需要删除的负载数据。

② 点击【编辑】键，打开图 13.4.20 所示的负载数据编辑操作菜单后，点击【删除】键，示教器将显示负载数据删除警示对话框。

③ 如选定的负载数据确认需要删除，可选择【是】键，负载数据将从控制系统中删除。如果选定的负载数据不需要删除，可通过点击【否】键，放弃负载数据删除操作。

负载数据一经删除，与负载数据相关的全部数据均将被清除，因此，所有与负载数据的作业程序，都必须进行相应的修改后才能运行。此外，负载数据一旦被删除，被暂停的程序也不能从当前位置重启运行。

2）负载数据声明更改

① 通过负载数据编辑页面显示操作，使示教器显示负载数据显示与编辑页面（参见图 13.4.19）；并点击选定需要删除的负载数据。

② 点击【编辑】键，打开图 13.4.20 所示的负载数据编辑操作菜单后，点击【更改声明】键，示教器将显示图 13.4.19 所示的负载数据声明更改页面。

③ 通过负载数据创建同样的操作，利用对应的输入框，输入、选定负载数据的使用范围、数据性质等内容。

④ 完成各项设定后，用【确定】键确认。

3）负载数据数值更改

① 通过负载数据编辑页面显示操作，使示教器显示负载数据显示与编辑页面（参见

图 13.4.18）；并点击选定需要更改数值的负载数据。

② 点击【编辑】键，打开图 13.4.20 所示的负载数据编辑操作菜单后，点击【更改值】键，示教器将显示负载数据的数值编辑页面。

负载数据数值更改页面上，可通过对应的输入框，进行如下数据项的手动输入，数据项的含义可参见第 8 章 8.2 节。

load. mass：等效负载质量（单位 kg）。

load. cog. x、load. cog. y、load. cog. z：分别为等效负载重心在大地（或基座）坐标系上的 X、Y、Z 坐标值（单位 mm）。

load. aom. q1、load. aom. q2、load. aom. q3、load. aom. q4：分别为等效负载重力方向相对于大地（或基座）坐标系的坐标旋转四元数 q_1、q_2、q_3、q_4。

load. ix、load. iy、load. iz：分别为等效负载在大地（或基座）坐标系 X、Y、Z 轴上的转动惯量（$kg \cdot m^2$）。

③ 根据程序数据数值设定要求，利用示教器的文本输入软键盘或输入选择扩展键，重新输入负载数据的数值。

④ 完成数值修改后，用【确定】键确认。

4）负载数据数复制

① 通过负载数据编辑页面显示操作，使示教器显示负载数据显示与编辑页面（参见图 13.4.18）；并点击选定需要复制的负载数据。

② 点击【编辑】键，打开图 13.4.20 所示的负载数据编辑操作菜单后，点击【复制】键，示教器可显示文本输入软键盘。

③ 利用文本输入软键盘，输入新负载数据的名称后，用【确定】键确认，一个新的负载数据将被生成。复制生成的负载数据具有源数据相同的数值。

第14章

ABB机器人操作（下）

14.1 程序输入与编辑

14.1.1 指令输入与编辑

程序指令是作业程序的主体，在作业程序被创建、声明编辑完成后，就可以利用示教器的程序编辑器功能，进行程序指令输入与编辑操作。

RAPID 程序指令由指令码、操作数两部分组成，指令码可通过指令输入操作选定，操作数可通过指令编辑操作修改，机器人移动指令的目标位置还可通过示教编程操作输入。作业程序的指令输入、编辑方法分别如下。

（1）程序编辑页面

作业程序的指令需要通过程序编辑器的程序编辑页面输入与编辑，显示程序编辑页面的操作步骤如下。

① 选择 ABB 主菜单，示教器显示如图 14.1.1 所示。

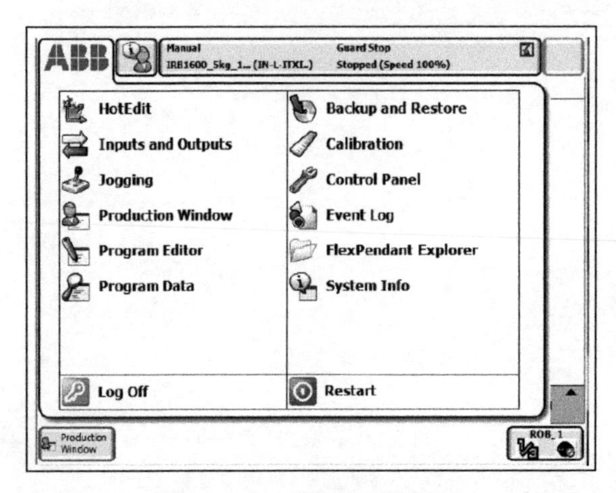

图 14.1.1　主菜单显示页面

② 选择【Program Editor（程序编辑器）】图标键，使示教器显示图 14.1.2 所示的程序编辑页面。

程序编辑页面上方的任务编辑菜单，主要用于 RAPID 应用程序（任务、模块、作业程序）的创建、加载、保存、删除等操作，有关内容可参见第 13 章。程序编辑页面中间的程序显示与编辑区，可显示需要编辑的程序指令以及用于页面选择、光标移动、显示区放大、缩小等处理的图标键，其功能可参见第 13 章 13.3 节。

程序编辑页面的程序编辑菜单主要

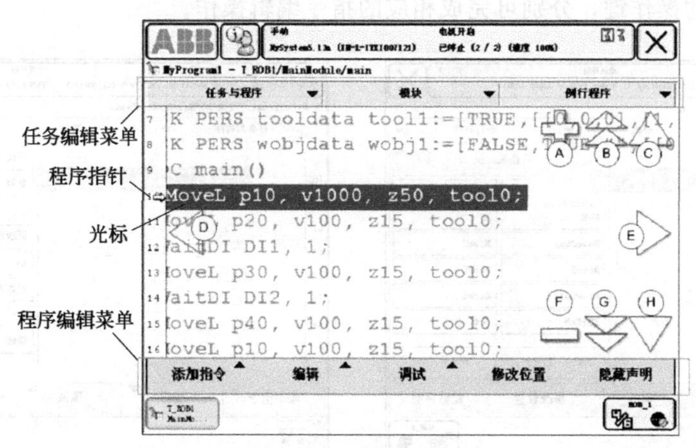

图 14.1.2 程序编辑页面

用于指令的输入与编辑、程序指针的调节、程序点修改等编辑操作。编辑菜单键的主要功能如下。

【添加指令】：可打开 RAPID 指令菜单，编辑、插入所需要的指令。

【编辑】：可打开编辑菜单，进行指令的剪切、复制、修改、删除等操作。

【调试】：可用于程序指针位置的调整、调试程序的运行。

【修改位置】：可通过手动示教、单步移动等方式，修改程序指令的位置数据。

【隐藏声明】：可关闭（隐藏）程序显示区的程序声明，仅显示程序指令。

（2）指令输入

程序指令的指令码输入，需要通过程序编辑页面的【添加指令】操作菜单进行，其操作步骤如下。

① 在 ABB 主菜单上选择【Program Editor（程序编辑器）】，使示教器显示图 14.1.2 所示的程序编辑页面。

② 在程序显示区上，点击需要输入指令的程序行，使光标定位至指令输入行。

③ 点击【添加指令】键，示教器将显示图 14.1.3 所示的 RAPID 指令清单。

④ 在指令清单区，点击选择需要输入的指令码，该指令将被插入至程序显示区所选定的指令输入行。

如果当前指令清单上没有所需要输入的指令码，可通过点击指令清单下方的【下一个→】、【上一个←】键，改变指令清单区的显示内容，选择所需要的指令码。

⑤ 指令插入后，便可利用下述的指令编辑操作，输入、修改指令的操作数，完成指令的输入操作。

⑥ 重复以上步骤②～⑤，完成作业程序的全部指令输入。

（3）指令编辑

指令编辑可用于指令的剪切、复制、删除以及指令操作数的修改等操作，指令编辑的操作步骤如下。

① 在 ABB 主菜单上选择【Program Editor（程序编辑器）】，使示教器显示图 14.1.2 所示的程序编辑页面。

② 在程序显示区上，点击需要编辑的程序行，使光标定位至需要编辑的指令上。

③ 点击【编辑】键，示教器将显示图 14.1.4 所示的指令编辑菜单。

在指令编辑菜单上，有【剪切】、【复制】、【更改所选内容...】、【删除】等多个编辑操作键，通过不同的操作键，分别可完成相应的指令编辑操作。

图 14.1.3 RAPID 指令清单显示

图 14.1.4 指令编辑菜单

点击指令编辑菜单上的文本输入键【ABC...】，示教器可显示文本输入软键盘（参见图 14.3.3），进行表达式、字符串文本指令的输入与编辑。对于机器人移动指令，还可进行关节插补 MoveJ 和直线插补 MoveL 的指令变换。

指令编辑的一般方法如下，对于机器人移动指令，还可通过后述的手动示教操作进行输入与编辑。

1）操作数更改

① 点击指令编辑菜单的【更改所选内容...】键，或者，双击程序显示区的指令行，示教器可显示当前指令的全部操作数，并进行所需要的修改。

例如，对于直线插补指令 MoveL，示教器将显示图 14.1.5 所示的移动目标位置 To-Point、移动速度 Speed、到位区间 Zone、工具数据 Tool 等操作数。

② 点击指令操作数显示页的操作数，或者，直接双击程序显示区指令行的操作数，光标将定位至指定的操作数上，示教器将显示系统已创建的可作为操作数使用的程序数据清单。

例如，点击 MoveL 指令操作数显示页的 p10（图 14.1.5），或者，直接双击程序显示区指令行的操作数 p10，示教器将显示图 14.1.6 所示的系统已创建的机器人 TCP 位置数据（程序数据 robtarget）清单。

③ 如需要修改的操作数已创建，可在程序数据清单中直接点击，选中所需的操作数后，按【确定】键，所选的程序数据将替代原指令的操作数，完成操作数的更改操作。

如所需的操作数尚未创建，或者，需要进行表达式输入，则需要利用后述的表达式输入与编程操作，输入表达式并创建程序数据；或者，通过第 13 章 13.4 节的程序数据创建与编辑操作，在创建程序数据后，再进行操作数更改。

④ 重复以上步骤②～③，完成全部操作数的更改。

2）剪切、复制、删除指令

① 点击指令编辑菜单的【剪切】或【复制】键，光标选中的指令将被【剪切】或【复制】到程序编辑器的粘贴板中。

点击指令编辑菜单的【删除】键，光标选中的指令将被直接删除。

② 如果需要复制指令，可点击程序显示区，使光标选定需要粘贴的程序行，再选择指令编辑菜单的【粘贴】键，程序编辑器粘贴板中的内容将被复制到指定的指令行。

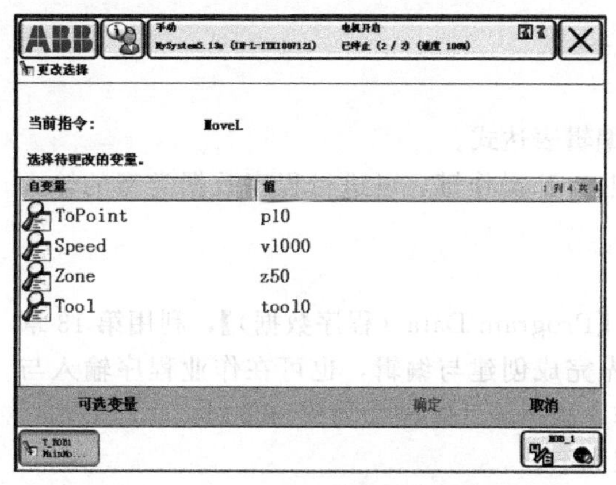

图 14.1.5 MoveL 指令操作数显示

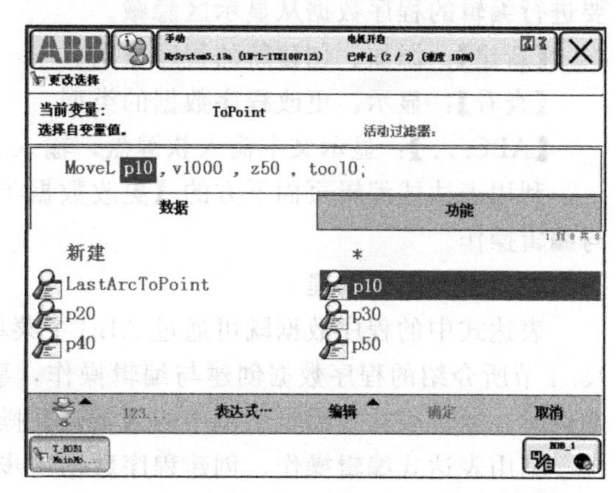

图 14.1.6 系统已创建的 TCP 位置数据显示

14.1.2 表达式、函数输入与编辑

(1) 表达式编辑页面

如果作业程序中的操作数需要使用 RAPID 表达式或函数命令，例如，“MoveL RelTool (p1,0,0.100\Rx:=0,Ry:=0,Rz:=90)，v300，fine，tool0;” “MoveL Offs (p1,0,0.100)，v300，fine，tool0;”等，这样的操作数输入与编辑，需要通过程序编辑器的表达式编辑页面进行。显示表达式编辑页面的操作步骤如下。

① 利用指令操作数更改同样的操作，打开程序编辑器、选定需要编辑的指令，使光标定位至需要编辑的指令上。

② 点击【编辑】键，使示教器显示图 14.1.4 所示的指令编辑菜单后，利用【更改所选内容...】操作；或者，直接双击指令行的操作数，使示教器显示图 14.1.6 所示的系统已创建的程序数据清单。

③ 点击图 14.1.6 所示的程序数据清单显示页的【表达式】键，示教器可显示图 14.1.7 所示的表达式输入与编辑页面。

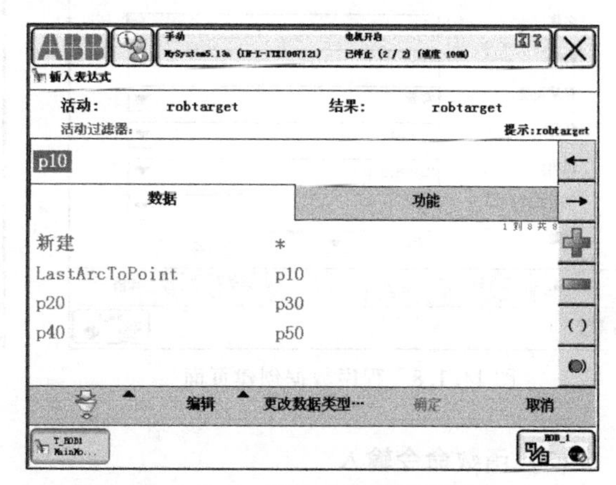

图 14.1.7 表达式编辑页面显示

表达式编辑页面右侧的编辑工具的作用如下。

【←】、【→】：光标移动键，选择表达式的数据输入、编辑位置。

【+】：添加表达式，选择后可插入表达式。

【−】：删除表达式，选择后可删除表达式。

【()】：插入括号，选择后可在光标位置插入括号。

【(●)】：删除括号，选择后可删除表达式中的括号。

如选择表达式编辑页面下方的【编辑】键，可打开表达式编辑菜单、进行以下输入与编辑操作。

“过滤器”图标：用于程序数据筛选操作，打开后可设置程序数据的筛选要求，将不需要进行编辑的程序数据从显示区隐藏。

【新建】：添加、创建新的程序数据。

【查看】：显示、更改程序数据的类型。

【ABC...】：显示文本输入软键盘，输入、编辑表达式。

利用表达式编辑页面下方的【更改数据类型...】操作键，可进行程序数据类型的输入与编辑操作。

(2) 程序数据创建

表达式中的程序数据既可通过 ABB 主菜单【Program Data（程序数据）】，利用第 13 章 13.4 节所介绍的程序数据创建与编辑操作，事先完成创建与编辑，也可在作业程序输入与编辑时，通过表达式编辑菜单中的【新建】操作，根据表达式需要创建与添加。

利用表达式编辑操作，创建程序数据的步骤如下。

① 利用表达式编辑页面显示操作，使示教器显示图 14.1.7 所示的表达式编辑页面。

② 点击【编辑】键，打开表达式编辑菜单，并选择【新建】键，示教器可显示图 14.1.8 所示的程序数据创建页面。该页面的显示内容、含义及输入编辑方法，均与程序数据创建操作完全相同，有关内容详见第 13 章 13.4 节。

③ 通过第 13 章 13.4 节所介绍的程序数据创建与编辑同样的操作，完成输入项设定后，用【确定】键确认，一个新的程序数据将被创建。

④ 点击图 14.1.7 所示表达式编辑页面的【更改数据类型...】键，示教器可显示图 14.1.9 所示的数据类型显示与选择页面。

⑤ 在数据类型显示与选择页面上，点击选定数据类型后，按【确定】键确认，完成程序数据类型定义。

⑥ 如果程序数据需要定义初始值，可点击程序数据创建页面的【初始值】键，示教器将根据程序数据的类型，显示对应的初始值输入页面，操作者按要求输入所需要的初始值后，用【确定】键确认。

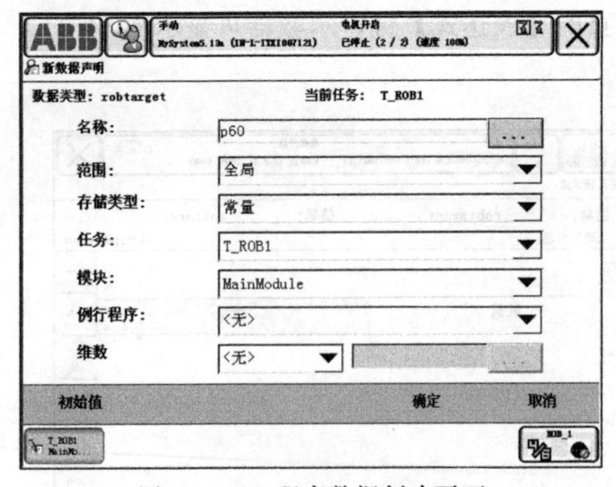

图 14.1.8 程序数据创建页面

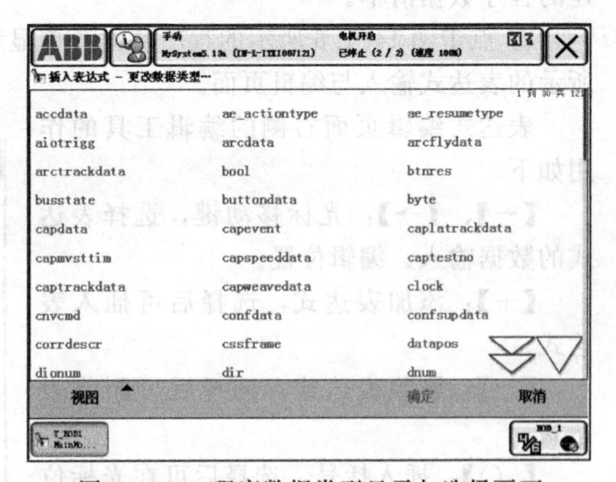

图 14.1.9 程序数据类型显示与选择页面

(3) 函数命令输入

作业程序指令中的部分操作数可以利用 RAPID 函数命令编程，例如，移动指令的目标位置，可直接通过位置偏置函数 Offs 指定等。

使用 RAPID 函数命令编程的指令与操作数的输入与编辑操作步骤如下。

① 利用指令操作数更改同样的操作，打开程序编辑器，选定需要编辑的指令，使光标

定位至需要编辑的指令上。

② 点击【编辑】键，使示教器显示图 14.1.4 所示的指令编辑菜单后，利用【更改所选内容...】操作；或者，直接双击指令行的操作数，使示教器显示图 14.1.6 所示的系统已创建的程序数据清单。

③ 点击程序数据清单显示页的【功能】键，示教器可显示 RAPID 函数命令清单。

④ 在 RAPID 函数命令清单显示页上，点击需要的函数命令（如 offs），示教器可显示对应的函数命令编辑页面。

⑤ 在函数命令编辑页面上，可点击函数命令的表达式示例，添加命令式。如果需要，也可通过【编辑】键，打开函数命令编辑菜单，然后选择【全部】，直接利用示教器显示的文本输入软键盘，输入与编辑所有的 RAPID 函数命令式；或者，选择【仅限选定内容】，利用示教器显示的文本输入软键盘，输入与编辑指定的函数命令式。

⑥ 函数命令式编辑完成后，点击【确定】键确认。

14.1.3 程序点示教编辑

工业机器人移动指令的目标位置（程序点）也可通过手动示教操作进行输入与编辑，利用示教操作输入与编辑程序点的方法如下。

(1) 移动指令示教输入

ABB 机器人移动指令的示教输入操作步骤如下。

① 在 ABB 主菜单上选择【Program Editor（程序编辑器）】，使示教器显示图 14.1.2 所示的程序编辑页面。

② 利用机器人点动、增量进给等手动操作（参见 13 章 13.1 节），将机器人移动到需要输入的移动指令目标位置（程序点）上。

③ 在程序显示区上，点击需要编辑的程序行，使光标定位至需要编辑的指令行上。

④ 点击【添加指令】菜单，使示教器显示图 14.1.3 所示的 RAPID 指令清单。

⑤ 点击所需的移动指令代码，如 MoveJ 等，输入移动指令。这样，便可生成一条以机器人当前示教位置（在指令中以 * 表示程序点）为目标位置的移动指令，如“MoveJ * v50 z50 tool0”等。

⑥ 如需要，可利用更改操作数同样的方法，完成指令中其他操作数（如移动速度、到位区间等）的修改。

⑦ 再次利用机器人点动、增量进给等手动操作，将机器人移动到下一条移动指令的目标位置，重复③～⑥，完成全部移动指令的示教输入。

(2) 程序点示教编辑

程序点的编辑的操作步骤如下。

① 在 ABB 主菜单上选择【Program Editor（程序编辑器）】，使示教器显示程序编辑页面（参见图 14.1.2）。

② 利用“指令编辑”“操作数更改”同样的操作，用光标选定需要修改的移动指令与程序点。

③ 通过机器人手动（点动、增量进给）操作，在确保工具、工件数据与要求一致的前提下，将机器人移动到示教位置（程序点）上。

④ 点击程序编辑页面的【修改位置】键，示教器将显示程序点修改提示对话框。

⑤ 选择对话框中的【修改】，原指令中的程序点位置将被机器人当前的示教位置所替代；点击对话框中的【取消】，程序点位置将保持原来的值不变。

⑥ 重复步骤②～⑤，完成全部程序点的示教编辑。

(3) 程序运行时的示教编辑

程序点的示教编辑也可在程序自动运行的过程中进行，程序自动运行的示教器显示如图 14.1.10 所示，程序点示教编辑的基本步骤如下。

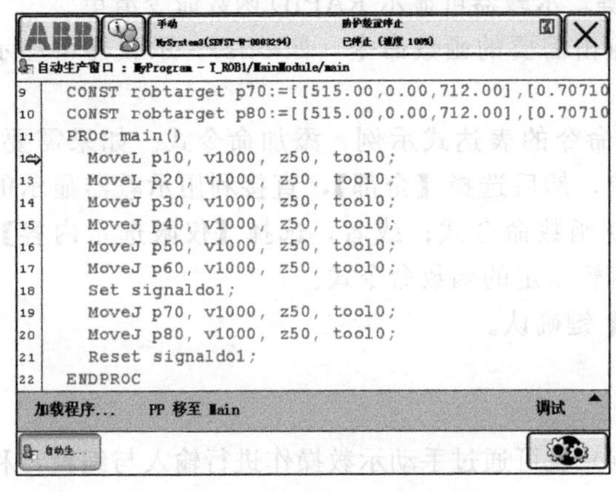

图 14.1.10 程序自动运行显示

① 停止程序自动运行，并将控制系统的操作模式切换至手动。

② 通过单步运行程序（见后述），将程序指针定位到需要修改程序点的指令上。

③ 利用机器人手动（点动、增量进给）操作，将机器人 TCP 移动到需要修改的位置（示教点）上。

④ 点击图 14.2.3 所示程序自动运行显示页的【调试】键，并选择【修改位置】操作键；示教器将显示程序点修改提示对话框。

⑤ 选择对话框显示栏的【修改】，原指令中的程序点位置将被机器人当前的示教位置所替代。

⑥ 重复步骤②～⑤，完成全部程序点的示教编辑。

14.2 程序镜像与程序点热编辑

14.2.1 镜像程序编辑

(1) 功能说明

ABB 机器人控制系统的镜像程序编辑功能，可用于机器人对称作业的程序制作，它可将源程序中的全部程序点，一次性转换为基准平面对称的程序点，以生成机器人多工件对称作业的应用程序。

例如，对于图 14.2.1 所示的作业，如源程序的机器人运动轨迹为 $P_0 \to P_1 \to P_2 \to P_0$，当选择基座坐标系的 XZ 平面为基准编制镜像程序时，便可生成机器人运动轨迹为 $P'_0 \to P'_1 \to P'_2 \to P'_0$ 的镜像程序。

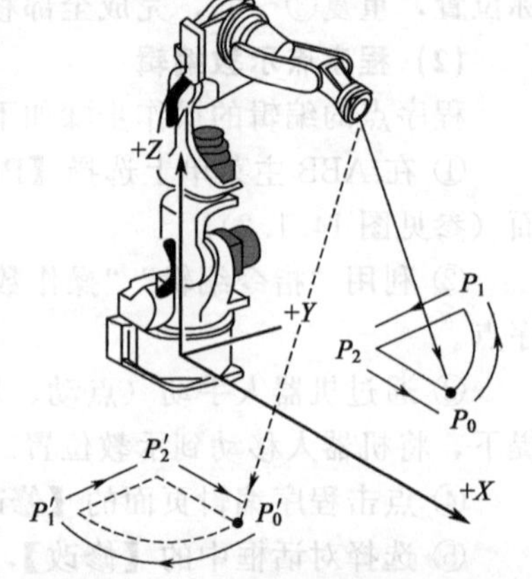

图 14.2.1 镜像程序示例

ABB 机器人控制系统的镜像程序编辑功能，不仅可用来生成一个实现镜像作业的完整作业程序，而且还可用来生成一个完整的实现镜像作业的任务或程序模块。如果仅仅需要对程序中的某些程序点进行镜像变换，可直接通过 RAPID 函数命令 MirPos 实现，有关内容可参见第 8 章 8.4 节。

ABB 机器人控制系统的生成镜像程序的基准平面可通过以下两种方式指定。

① 使用控制系统默认的镜像模式，以机器人基座坐标系的 XZ 平面作为镜像的基准平面，将源程序（任务、程

序模块）中的所有程序点，一次性转换为图 14.2.1 所示的机器人基座坐标系 *XZ* 平面对称的程序点。

② 以特定工件坐标系的指定平面（*XZ* 平面或 *YZ* 平面）为镜像的基准平面，将源程序（任务、程序模块）中的所有程序点，一次性转换为镜像平面对称的程序点。用于镜像变换的工件坐标系，同样可通过 3 点示教的方式创建，有关内容可参见第 13 章 13.4 节。

利用镜像程序编辑功能可生成一个新的作业程序（或任务、模块），在新的作业程序（或任务、程序模块）中，所有的机器人 TCP 位置数据 robtarget，都将被转换为镜像平面对称的 TCP 位置数据 robtarget，并以原程序数据名称加后缀“_m”的新名称存储。

镜像程序编辑的程序点变换，对全部使用范围（全局 Global、任务 Task、局部 Local）、所有性质（常量 CONST、永久数据 PERS、程序变量 VAR）的 TCP 位置数据 robtarget，以及通过指令中通过示教操作设定的 TCP 位置数据“*”均有效。但是，对程序中的其他非 TCP 位置数据 robtarget 均无效，例如，程序中的 *XYZ* 坐标数据 pos、方位数据 orient、坐标系姿态数据 pose 等，均不能进行镜像变换。此外，镜像程序编辑功能只能对有位置值（初始值）的程序点（robtarget 数据）进行镜像变换，如果程序点没有定义初始值，它将不能进行镜像变换。

(2) 镜像程序编辑

利用镜像程序编辑功能生成镜像程序的操作步骤如下。

① 在 ABB 主菜单上选择【Program Editor（程序编辑器)】，使示教器显示的程序编辑页面（参见图 14.1.2)。

② 点击【编辑】键，使示教器显示图 14.2.2 所示的指令编辑菜单。

③ 点击【镜像（映射)】键，生效镜像程序编辑功能。

④ 如果需要对程序模块中的所有作业程序都进行镜像变换，点击【模块】键；如果仅需要对当前的作业程序进行镜像变换，点击【例行程序】键。示教器将显示程序模块或作业程序的镜像程序编辑页面。

⑤ 点击程序模块或作业程序名称栏的输入键【...】，利用文本输入软键盘输入新的程序模块或作业程序名称。

⑥ 如使用控制系统默认的镜像模式，以机器人基座坐标系的 *XZ* 平面作为镜像的基准平面，可直接点击【确定】键，生效基座坐标系镜像设定。

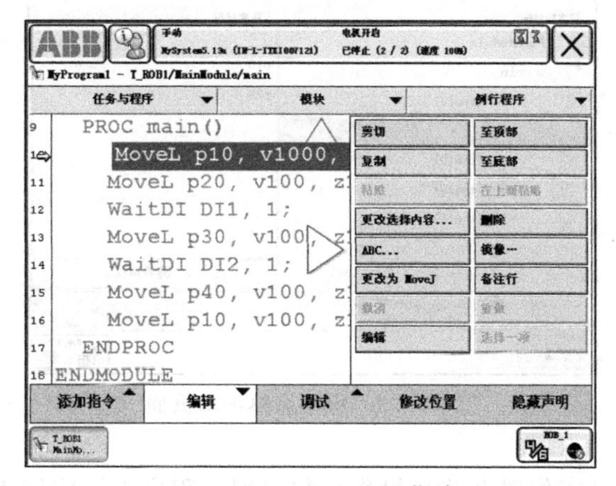

图 14.2.2 指令编辑菜单

如果以特定工件坐标系的指定平面（*XZ* 平面或 *YZ* 平面）为镜像的基准平面，可点击镜像程序编辑页面的【高级选项】键，打开镜像基准坐标系设定功能，并进行如下操作：

取消【基座镜像（映射)】设定项的选择框，取消基座坐标系镜像功能。

点击【工件】名称栏的输入键【...】，选定作为镜像基准的工件坐标系。

点击【镜像坐标（映射框架)】的输入键【...】，选定镜像变换的基准平面。

点击【镜像轴（需映射的轴)】，选定需要进行镜像变换的坐标轴（*X* 或 *Y*)。

点击【确定】键，保存基准坐标系设定数据，返回镜像程序编辑页面。

点击【确定】键，生效工件坐标系镜像设定。

⑦ 在示教器显示的操作提示对话框中选择【是】，系统将自动生成镜像程序；选择【否】，可放弃镜像程序编辑操作。

14.2.2 程序点热编辑

机器人的关节坐标位置数据 jointtarget、TCP 位置数据 robtarget 是作业程序中的机器人移动目标位置及定位点，称为程序点。程序点不仅可通过程序数据创建与编辑操作、机器人手动示教等方式输入与编辑，而且还可以通过控制系统的热编辑（HotEdit）功能，进行动态位置调节（热编辑）。

程序点热编辑是一种可用于任何操作模式的程序点动态位置调节功能，它对运行中的程序同样有效。但是，程序点热编辑功能只能用于程序中已创建（定义）的 TCP 位置（robtarget 数据）的修改，对于以关节位置（jointtarget 数据）定义的程序点，只能通过前述的程序数据编辑、机器人手动示教等方式编辑。

程序点热编辑的方法如下。

(1) 程序点热编辑显示

热编辑只能用于控制系统中已定义（创建）的机器人 TCP 位置（robtarget 数据）的调节；关节位置数据的编辑只能通过手动示教、程序数据编辑的方式改变。

程序点热编辑功能可直接通过 ABB 主菜单上的【HotEdit（热编辑）】键打开。点击打开【HotEdit（热编辑）】功能后，示教器可显示图 14.2.3 所示的程序点热编辑页面。

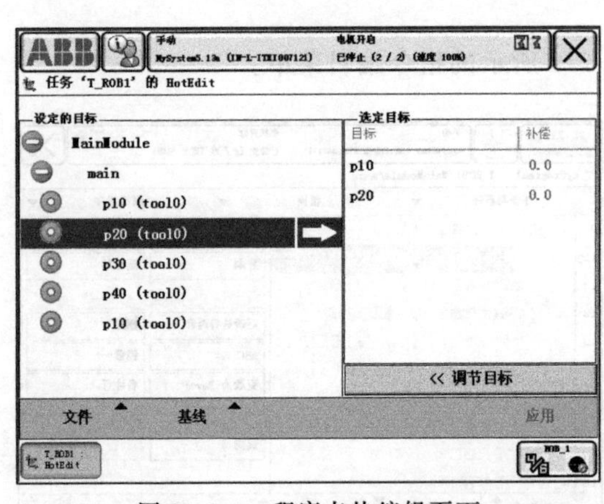

图 14.2.3 程序点热编辑页面

程序点热编辑页面的显示栏可用来选择、显示热编辑的程序点，操作键可用于热编辑操作与数据保存，其显示内容、操作键功能分别如下。

1）程序点选择与显示

热编辑的程序点可通过【设定的目标】、【选定目标】栏选择与显示。

【设定的目标】：该栏显示树状的程序模块、作业程序中所有可进行热编辑（动态位置调节）的程序点名称。

点击选中的程序点可显示添加键【→】；点击【→】键，可将该程序点添加至右侧的【选定目标】栏，进行热编辑（动态位置调节）操作。如果同一程序点被应用于任务中的不同程序模块或作业程序，热编辑时只需要选择其中之一，程序点的动态位置调节结果，对其他的程序模块、作业程序同样有效。

【选定目标】：该栏以列表的形式，显示需要进行热编辑的程序点名称（目标）以及程序点的位置调节值（补偿）；点击程序点选中后，可进行程序点删除或利用【<<调节目标】操作菜单，对其进行动态位置调节（热编辑）操作。

2）热编辑操作

程序点的热编辑操作可通过显示页面的【<<调节目标】键选择，点击【<<调节目标】键，可显示以下操作键。

【调节模式】：程序点位置调节的运动模式选择，可通过图标键选择【线性】（机器人 TCP 运动）、【重定位】（工具定向运动）、【外轴】（外部轴运动）。有关运动模式的说明，可参见第 13 章 13.1 节。

【坐标系】：程序点位置调节的坐标系选择，可通过图标键选择【工具】（工具坐标系）、【工件】（工件坐标系）。

【增量】：可设定【＋】/【－】调节键每次操作的移动距离。

【＋】/【－】：程序点位置调节的 X、Y、Z 轴偏移方向键。

3）热编辑数据保存

程序点的热编辑数据可通过【文件】、【基准（基线）】键保存。

点击【文件】键，可打开程序点热编辑数据文件的操作菜单，并选择如下操作。

【选项另存为...】：热编辑数据文件保存，选择操作菜单、并利用文本输入软键盘输入文件名后，可将【选定目标】栏的程序点热编辑数据，以文件的形式保存至系统。

【打开选项】：可打开程序点热编辑数据文件，并在【选定目标】栏显示。

【清除选项】：可清除【选定目标】栏所显示的热编辑程序点及调节值。

点击【基准（基线）】键，可打开程序点基准位置设定菜单，并选择如下操作。

【提交选项】：将当前程序点热编辑后的位置，作为新的程序点位置（基准位置）保存至系统。

【恢复选项】：删除当前程序点的热编辑位置调节值、恢复程序点基准位置；程序点在【选定目标】栏的位置调节值（补偿）将成为 0。

【提交整个程序】：将所有热编辑后的程序点位置，作为新的程序点位置（基准位置）一次性保存至系统。

【恢复整个程序】：删除所有程序点的热编辑位置调节值；一次性恢复全部程序点的基准位置，使全部程序点的位置调节值（补偿）成为 0。

（2）程序点热编辑操作

程序点热编辑的操作步骤如下。

① 在 ABB 主菜单上选择【HotEdit（热编辑）】键，使示教器显示图 14.2.3 所示的程序点热编辑页面。

② 在【设定的目标】显示栏上，点击选择需要进行热编辑的程序点，并通过添加键【→】将其添加至【选定目标】显示栏。

③ 在【选定目标】显示栏上，点击选择需要进行热编辑的程序点后，用【＜＜调节目标】键，打开热编辑操作菜单。

④ 根据需要，通过点击相应的热编辑操作菜单键，选定程序点位置调节的运动模式、坐标系；设定位置调节增量。

⑤ 利用 X、Y、Z 轴偏移方向键，调节程序点位置。

⑥ 如热编辑调节后的程序点位置，需要作为新的程序点位置保存，可点击【基准（基线)】键，并选择【提交选项】操作菜单，当前程序点热编辑后的位置将作为新的程序点位置(基准位置）保存至系统。如需要重新调节当前程序点的位置，可点击【基准（基线)】键，并选择【恢复选项】操作菜单，删除当前程序点的热编辑位置调节值、恢复程序点基准位置；使程序点在【选定目标】栏的位置调节值（补偿）成为 0。

如果需要对所有热编辑程序点进行热编辑位置保存或基准位置恢复操作，可点击【基准(基线)】键，并选择【提交整个程序】或【恢复整个程序】操作菜单，一次性保存所有程序点的热编辑位置或恢复所有程序点的基准位置。

⑦ 如程序点热编辑数据需要以文件的形式保存，可点击【文件】键，并【选项另存为...】操作菜单，然后，利用文本输入软键盘输入文件名，【选定目标】栏的程序点热编辑

数据将以文件的形式保存至系统。

如果需要，也可选择【打开选项】操作菜单，选定程序点热编辑数据文件，使之在【选定目标】栏显示。或者，选择【清除选项】操作菜单，清除【选定目标】栏所显示的热编辑程序点及调节值。

14.3 程序调试与自动运行

14.3.1 程序调试操作

(1) 操作部件

为了检查作业程序的动作与机器人运动，编辑完成后的程序通常需要进行程序调试操作。与数控机床等自动化设备相比，工业机器人的程序调试具有以下特点。

① 机器人的程序自动运行，不仅可以在自动模式下进行，而且也可以在手动操作模式（手动、手动快速）下进行。

② 程序调试时，不仅可选择自动、单步（步进）的方式执行程序，而且还可选择单步后退（步退）的方式执行程序。

③ 利用手动操作模式进行程序自动运行时，可以通过示教器上的手握开关（伺服ON）开关控制驱动器，松开手握开关，机器人运动立即停止。

ABB机器人示教器的主要调试操作部件如图14.3.1所示，操作部件的作用如下。

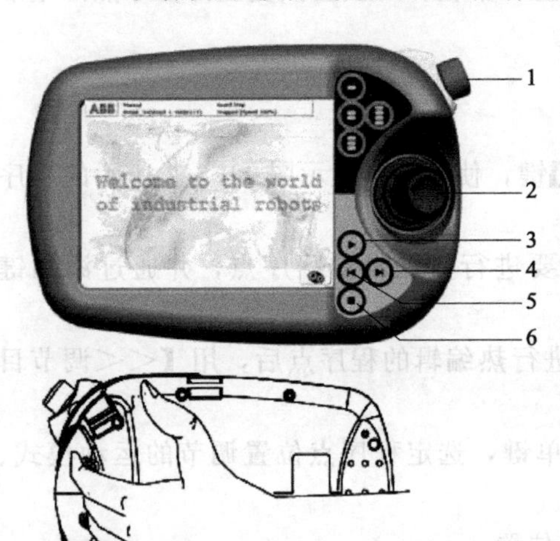

图14.3.1 示教器的主要调试操作部件
1—急停；2—手动操纵杆；3—程序启动；4—程序步进；5—程序步退；6—程序停止；7—手握开关

急停：控制系统紧急停止按钮，按下后可立即断开伺服驱动器主电源，系统所有运动部件均快速停止。控制系统紧急停止后，必须通过控制柜操作面板上的伺服启动键，重新接通伺服驱动器主电源，才能恢复工作。

手动操纵杆：用于机器人手动操作控制，详见第13章13.1节。

程序启动：程序运行启动键。在自动模式下，可利用该键启动程序自动运行；在手动模式（程序调试）时，按下并保持该键，可以连续执行程序指令；松开后可停止程序运行。

程序步进：程序单步前进键。在手动模式（程序调试）时，按住该键，可按指令编程的次序，向前执行一条指令。

程序步退：程序单步后退键。在手动模式（程序调试）时，按住该键，可按照指令编程相反的次序，向后执行一条指令。

程序停止：程序运行停止键。在自动模式下，可利用该键停止程序自动运行。

手握开关：伺服ON开关（ABB手册称为止动开关）。在手动操作模式下，按下开关可启动伺服；松开开关可关闭伺服、暂停机器人运动；松开后再次按下，可使伺服重新启动、机器人继续运动。手握开关对自动操作模式无效。

（2）程序调试

机器人的程序调试通常在手动操作模式下进行，其操作步骤如下。

① 接通控制系统总电源；将操作模式开关置于手动模式（手动或手动高速）。

② 检查机器人工作环境，确保机器人可以安全、可靠运行。

③ 在ABB主菜单上选择【Program Editor（程序编辑器）】键，使示教器显示程序编辑页面（参见图14.1.2）。如果需要，按第13章13.3节介绍的操作步骤，加载需要进行调试的任务、程序模块、作业程序。

④ 点击【调试】键，示教器可显示图14.3.2所示的程序调试操作菜单。

⑤ 根据需要，按照以下方式选择程序调试的开始位置（程序指针位置）。

调试主程序：选择【PP移至Main】，程序指针将定位至主程序的起始指令行。

调试作业程序：选择【PP移至例行程序...】，程序指针将定位至指定作业程序的起始指令行。

调试指定指令：点击程序显示区的指令行，定位光标后，选择【PP移至光标】，程序指针将定位至光标选定的指令行。

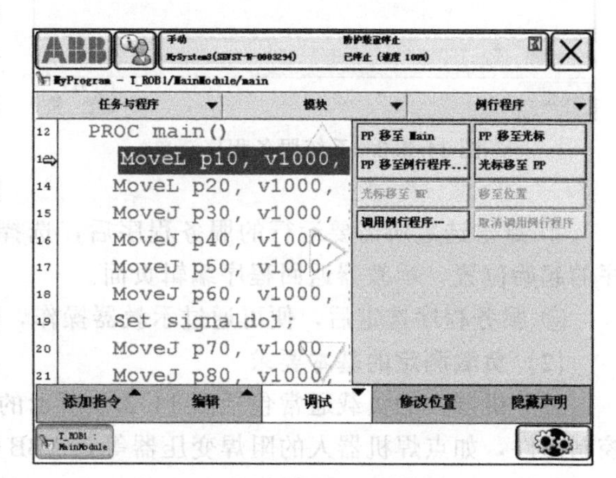

图14.3.2 程序调试操作菜单

⑥ 根据需要，通过示教器的自动运行快速设置操作（详见第13章13.2节），选定程序的循环方式（单循环、连续）、指令执行方式（步进、步退、跳过、下一移动指令）及移动速度倍率。

⑦ 如果需要，通过后述的碰撞监控设定，修改碰撞监控灵敏度，或者，选择机器人锁住的程序模拟运行模式（参见14.4节）。

⑧ 用控制柜操作面板上的伺服启动按钮，接通伺服驱动器主电源，并握住示教器手握开关、启动伺服。但是，机器人锁住的程序模拟运行，只能在驱动器主电源关闭的状态下进行，此时无需启动伺服。

⑨ 根据指令执行方式的需要，按住示教器上的“程序启动”或“程序步进”“程序步退”操作键，控制系统将从程序指针行开始，按要求执行程序的自动连续运行或步进、步退单步运行。

14.3.2 负载自动测试操作

（1）系统服务程序及选择

机器人的负载数据loaddata（包括工具负载、等效负载等）的计算比较复杂，它需要进行负载质量、重心位置、惯量等的测定与计算，因此，在实际使用时，通常都需要通过运行机器人控制系统配套提供的服务程序，由控制系统进行自动计算与设定。

控制系统配套提供的服务程序可通过程序调试操作选择，其方法如下。

① 在ABB主菜单上选择【Program Editor（程序编辑器）】键，使示教器显示程序编辑页面（参见图14.1.2）。

② 点击【调试】键，使示教器可显示图14.3.2所示的程序调试操作菜单。

③ 点击【调用例行程序…】键，示教器可显示图14.3.3所示的系统服务程序清单。系统服务程序多用于机器人系统的维修维护，例如：

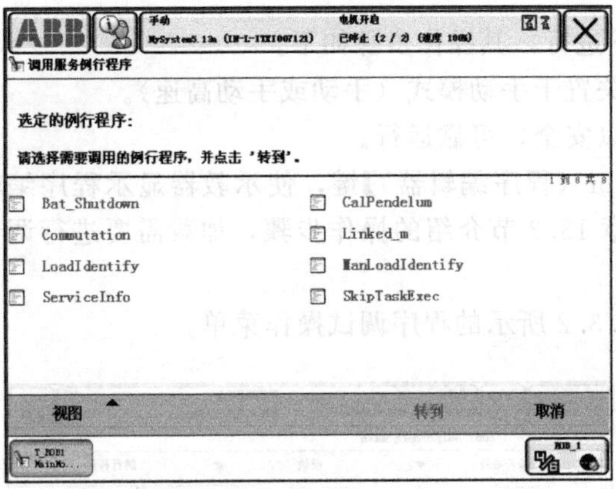

图 14.3.3 系统服务程序清单

Bat _ shutdown：绝对编码器后备电池关闭程序，在机器人运输、储存等阶段，运行该程序可关闭绝对编码器后备电池，节省电池电量。后备电池关闭时，伺服电机绝对编码器的转数（已回转的圈数）计数值将丢失，但校准数据可保留。

CalPendulum：机器人校准程序，用于机器人位置校准。

ServiceInfo：定期维护服务程序，用于机器人系统主要部件（如减速器、电机等）的使用寿命监控等。

LoadIdentify：负载测定服务程序，用于机器人负载数据的自动测定等。

④ 点击选定所需要运行的服务程序后，选择【转到】键，程序指针将被调整至服务程序的起始位置，示教器返回程序编辑页面。

⑤ 服务程序选定后，便可通过示教器操作，启动、运行系统服务程序。

(2) 负载测定的基本要求

工业机器人的负载通常包括图 14.3.4 所示的 3 类：一是安装在机身（上臂）上的辅助控制部件，如点焊机器人的阻焊变压器等，ABB 称为上臂载荷；二是作业工具，ABB 称为工具载荷；三是搬运、码垛类机器人的物品，即作业负载，ABB 称为有效载荷。

机器人机身上的辅助控制部件（上臂载荷）通常由机器人生产厂家在系统参数上设定，工具负载（工具载荷）应通过工具数据 tooldata 中的负载数据项 tlood 进行定义。作业负载（有效载荷）只有在带载作业时才会产生，它需要通过移动指令添加项\Tload 所指定的负载数据 loaddata 定义。

ABB 机器人的工具负载与作业负载，可通过控制系统的负载测定服务程序 LoadIdentify，自动测试、计算与设定。服务程序 LoadIdentify 运行的基本要求如下。

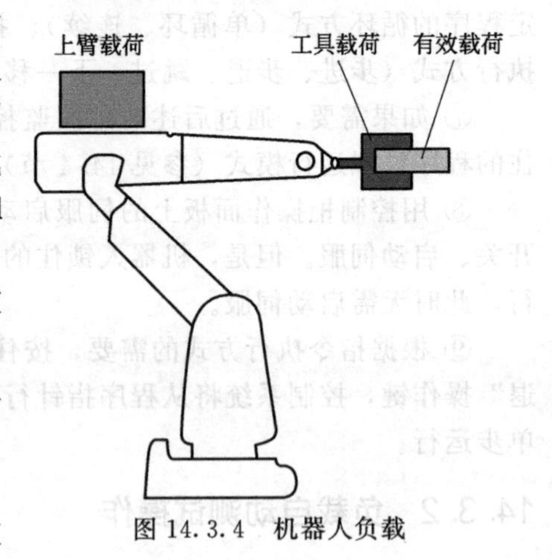

图 14.3.4 机器人负载

1) 工具负载测定

通过服务程序 LoadIdentify 进行工具负载测定时，需要满足以下条件。

① 机器人为水平面垂直向上的标准安装方式，j_3、j_5、j_6 轴位于 0°位置，作业工具已经正确安装在机器人上。

② 为了保证系统能够得到较为准确的工具负载数据，进行工具负载测试时，应拆除工具上的连接电缆和管线。

③ 机器人运行负载测定程序时，j_3、j_5 分别需要进行±3°、±30°偏摆；j_6 轴需要在 0°及 90°（或−90°）2 个测试位置，进行±30°偏摆运动。机器人需要保证 j_3、j_5、j_6 轴能够有足够的自由运动区间。

④ 控制系统的操作模式选择手动。

⑤ 工具数据 tooldata 已通过手动操作设定页面选定（参见第 13 章 13.1 节），且不能为

初始值 tool0。

⑥ 移动速度倍率已设定为 100%（参见第 13 章 13.2 节）。

2）作业负载测定

通过服务程序 LoadIdentify 进行作业负载测定时，除了需要满足工具负载测试同样的基本条件外，还需要增加以下条件。

① 工具负载测试已完成，工具数据 tooldata 已正确设定。

② 工具坐标系已正确设定，即工具 TCP 位置、坐标轴的方向均已确定。

③ 载荷数据 loaddata 已通过手动操作设定页面选定（参见第 13 章 13.1 节），且不能为初始值 load0。

(3) 负载测定操作

利用系统服务程序 LoadIdentify 测定负载数据时，首先应根据负载测定要求（工具负载或作业负载），核对负载测定条件；确认后，通过前述“系统服务程序及选择”同样的操作，选定负载测定服务程序 LoadIdentify；接着，用示教器的手握开关启动伺服、按示教器程序启动键启动程序运行。

LoadIdentify 程序启动后，可根据示教器的操作提示进行相关操作。由于软件版本的不同，负载测试的操作在不同机器人上可能有所不同，具体应参见生产厂家随机提供的说明书。

作为参考，ABB 机器人负载测试的一般操作如下。

① 在 LoadIdentify 程序运行提示框中，选择【确定】，可运行 LoadIdentify 程序；选择【取消】，并点击【取消调用例行程序】，可退出 LoadIdentify 程序运行。

② 点击【工具】或【有效载荷】，可检查负载数据的测定内容（工具负载或作业负载）、数据名。如测定内容、数据名正确，用【确认】键确认。

如测定内容、数据名不正确，可松开手握开关、停止机器人运动；然后，利用手动操作设定页面，重新选择工具数据或负载数据。工具数据或负载数据重新选定后，返回 LoadIdentify 程序运行页面，再次用手握开关启动伺服、按示教器程序启动键启动程序运行；然后，点击【重试】键继续。

③ 根据需要，在示教器的提示框中选定测量方法，在负载质量已知时，可输入负载质量后，用【确定】键确认。

④ 在配置角度提示框中，选择 j_6 轴的第 2 测试位置，第 2 测试位置最好选择 90°（或 −90°），如 90°（或 −90°）位置无法实现 ±30°偏摆运动，可点击【其他】、输入新的测试位置。

⑤ 如果机器人未处于负载测试的正确位置，在负载测试前，控制系统需要先将机器人移动到测试位置；完成后，点击【确认】键确认。

⑥ 以上设置完成后，可开始测试运动。如果希望机器人在正式测试负载前，先进行慢速测试试验，可在示教器的提示框中选择【是】；否则，点击【否】，直接进行正式测试。

⑦ 将控制系统的操作模式切换至自动模式，点击【移动】键，机器人开始正式负载测试运动。

⑧ 测试结束后，将控制系统操作模式切换至手动模式，用手握开关启动伺服、按示教器程序启动键启动后，点击【确认】键，完成测试操作，示教器将显示负载测试结果。

⑨ 如果需要将负载测试结果数据设定到工具数据或负载数据（有效载荷）上，可点击【是】，完成工具数据或负载数据（有效载荷）的自动设定。

LoadIdentify 程序的结束指令为程序退出（EXIT），测试完成后，系统将清除全部执行状态数据；因此，负载自动测试操作完成后，需要启动作业程序时，必须从主程序的起始位置开始运行。

14.3.3 程序自动运行

(1) 自动运行的准备

程序创建与编辑、程序调试完成后，通常可以进行自动运行。启动程序自动运行前，需要进行以下检查与操作。

① 检查机器人符合自动运行条件，确保工作区无障碍物和无关人员。

② 检查机器人停止位置合理，所需要的作业工具、工件均已正确安装。

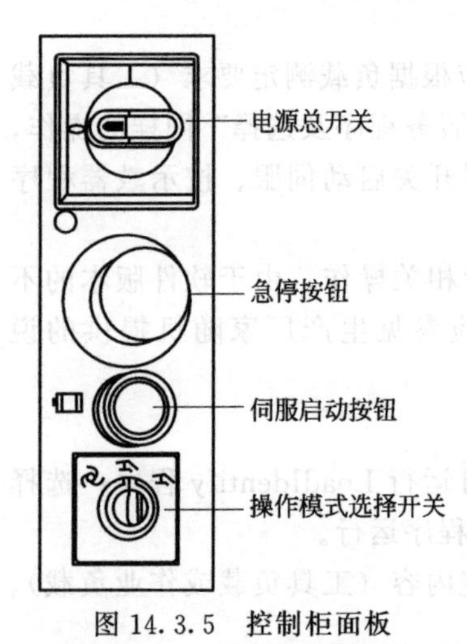

图 14.3.5 控制柜面板

③ 接通图 14.3.5 所示控制柜面板上的总电源开关。

④ 复位图 14.3.5 所示控制柜面板以及示教器、其他操作部位的全部急停按钮。

⑤ 按下图 14.3.5 所示控制柜面板上的伺服启动按钮，接通伺服驱动器主电源。

⑥ 如果必要，通过第 13 章 13.2 节的快速设置操作，完成程序循环方式、指令执行方式、速度倍率等项目的设定。

⑦ 检查作业所需的程序点数据、工具数据、工件数据均已创建完成。

(2) 程序选择与指针调整

自动运行准备工作完成后，可通过自动运行显示页或程序编辑页面，选择自动运行程序、调整程序指针，其方法分别如下。

1）通过自动运行显示页选择

如果程序直接利用自动运行显示页选择，可进行以下操作。

① 在 ABB 主菜单中选择【Production Windows（生产窗口）】，示教器可显示图 14.3.6 所示的自动运行页面。

② 确认当前的程序为需要运行的程序，否则，点击【加载程序...】后，利用任务、模块加载操作，加载需要运行的任务、程序模块（参见第 13 章 13.3 节）。

③ 点击【PP 移至 Main】，将程序指针定位至主程序起始位置。

2）通过程序编辑页面选择

如果程序通过程序编辑页面选择，可进行以下操作。

① 在 ABB 主菜单中选择【Program Editor（程序编辑器）】，使示教器显示程序编辑页面（参见图 14.1.2）。

② 确认当前的程序为需要运行的程序，否则，按第 13 章 13.3 节介绍的操作步骤，加载需要进行调试的任务、程序模块。

③ 点击【调试】键，使示教器显示程序调试操作菜单（参见图 14.3.2）。

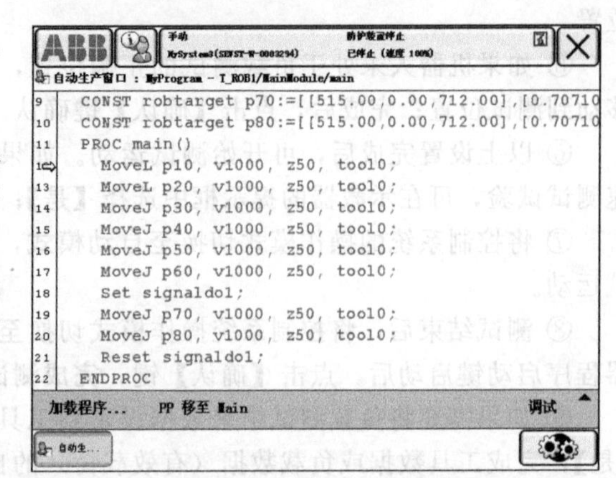

图 14.3.6 程序自动运行显示页面

④ 点击【PP 移至 Main】键，将程序指针定位至主程序起始位置。

(3) 操作模式选择与程序启动/停止

ABB 机器人的程序自动运行，既可在自动操作模式下进行，也可在手动操作模式下进行，其程序启动步骤分别如下。

1）在自动模式下启动/停止

在自动模式下启动程序自动运行的操作步骤如下。

① 将图 14.3.5 所示、控制柜面板上的操作模式开关置“自动”位置。

② 按示教器上的程序启动键，启动程序自动运行。

③ 按示教器上的程序停止键，可停止程序的自动运行。

2）在手动模式下启动/停止

① 将图 14.3.5 所示、控制柜面板上的操作模式开关置“手动（或手动快速）”位置。

② 按住示教器的手握开关，启动伺服。

③ 按示教器上的程序启动键，启动程序自动运行。

④ 松开示教器的手握开关，可停止程序的自动运行。

14.4 控制系统设定

14.4.1 系统参数及碰撞监控设定

(1) 系统参数的选择与保存

ABB 机器人控制系统的参数可通过 ABB 主菜单【控制面板】中的【配置】页面，显示、检查与设定，选择与保存系统参数的操作步骤如下。

① 在 ABB 主菜单中选择【Control Panel（控制面板）】，使示教器显示图 14.4.1 所示的控制面板设定页面。

② 在控制面板设定页面上，点击选定【配置】图标，示教器可显示图 14.4.2 所示的系统配置选择页面。

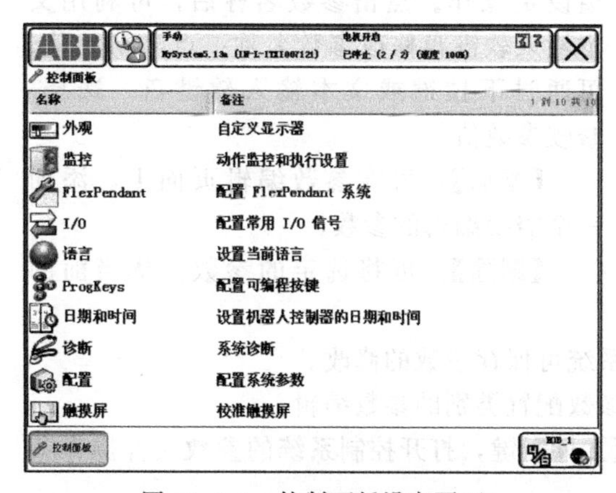

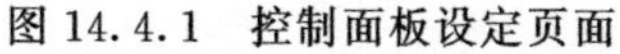

图 14.4.1　控制面板设定页面

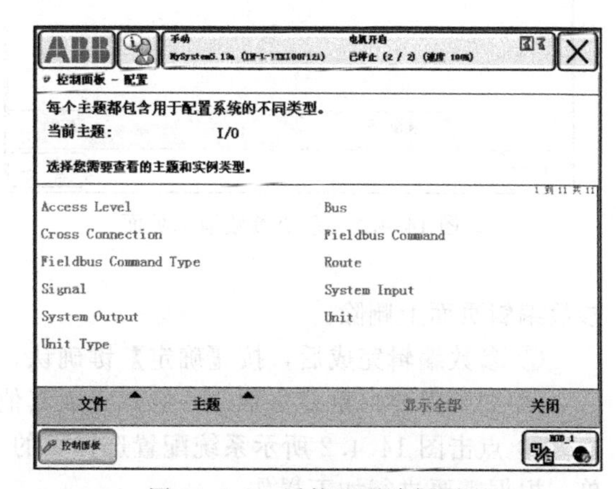

图 14.4.2　系统配置选择页面

控制系统需要配置的参数类别，可点击系统配置选择页的【主题】键，打开配置选择（主题）操作菜单后，进行以下选择。

【Controller】：控制器参数配置。

【Communication】：通信参数配置。

【I/O】：I/O 参数配置。

【Man－machine Communication】：人机界面参数配置。

【Motion】：运动参数配置。

参数配置类别选定后，便可分类显示控制系统参数，并对其进行后述的参数编辑、设定以及显示添加、删除等操作。

点击系统配置选择页的【文件】键，可打开控制系统的参数文件操作菜单，并进行如下操作。

【另存为】：保存所选类别的系统参数。

【全部另存为】：保存所有的系统参数。

【加载参数】：可选择参数文件，并加载为控制系统的当前参数。

（2）系统参数的显示与设定

显示与设定系统参数的操作步骤如下。

① 在 ABB 主菜单中选择【Control Panel（控制面板）】，使示教器显示图 14.4.1 所示的控制面板设定页面。

② 在控制面板设定页面上，点击选定【配置】图标，使示教器显示图 14.4.2 所示的系统配置选择页面。

③ 点击【主题】键，打开配置选择（主题）操作菜单，选定参数配置类别。

④ 点击参数配置选择页的类型名称，例如，图 14.4.2 所示 I/O 配置参数的“Access Level”，示教器便可显示图 14.4.3 所示的系统参数编辑页面。

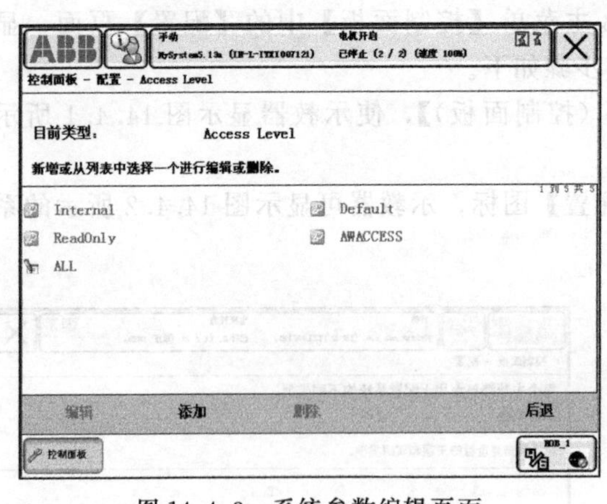

图 14.4.3 系统参数编辑页面

⑤ 在控制系统参数编辑页面上，点击选定参数后，便可显示指定参数的名称、设定值等内容。

⑥ 根据需要，通过显示页的操作键，进行如下编辑、设定操作。

【编辑】：可进行参数名称编辑、参数值设定操作。点击参数名称后，可利用文本输入软键盘修改参数名称；点击初始值，可通过下拉键或文本输入软键盘，选择、修改参数值。

【添加】：可在参数编辑页面上，添加一个需要编辑的参数。

【删除】：可将选定的参数，从当前的参数编辑页面上删除。

⑦ 参数编辑完成后，按【确定】键确认，系统可保存参数的修改。

⑧ 如果需要，重复步骤③～⑥，完成其他参数配置类别的参数编辑。

⑨ 点击图 14.4.2 所示系统配置选择页的【文件】键，打开控制系统的参数文件操作菜单，根据需要进行如下操作。

【另存为】：仅保存当前配置类别的系统参数。

【全部另存为】：保存所有配置类别的系统参数。

【加载参数】：选择参数文件，并加载为控制系统的当前参数。参数加载时，可根据需要在加载提示框中选择如下操作。

“删除现有参数加载”：清除控制系统原有参数，全部设定为参数文件中的参数值。

“没有副本时加载参数”：如果控制系统原有参数未保存副本，全部设定为参数文件中的参数值。

“加载参数并替换副本”：清除控制系统原有参数，全部设定为参数文件中的参数值，同时替换参数文件副本。

⑩ 重启控制系统，生效系统参数。

(3) 碰撞监控与机器人锁住设定

在机器人自动运行过程中，为了减轻因碰撞而引起的机械部件损坏，机器人可以通过控制系统的碰撞监控功能，来自动停止程序运行及机器人运动。如果需要，还可选择机器人锁住的程序模拟运行模式。

ABB 机器人碰撞监控功能的设定操作步骤如下。

① 在 ABB 主菜单中选择【Control Panel（控制面板）】，使示教器显示图 14.4.1 所示的控制面板设定页面。

② 在控制面板设定页面上，点击选定【监控】图标，示教器可显示图 14.4.4 所示的碰撞监控功能设定页面。

③ 根据需要，在碰撞监控功能设定页面上进行如下设定。

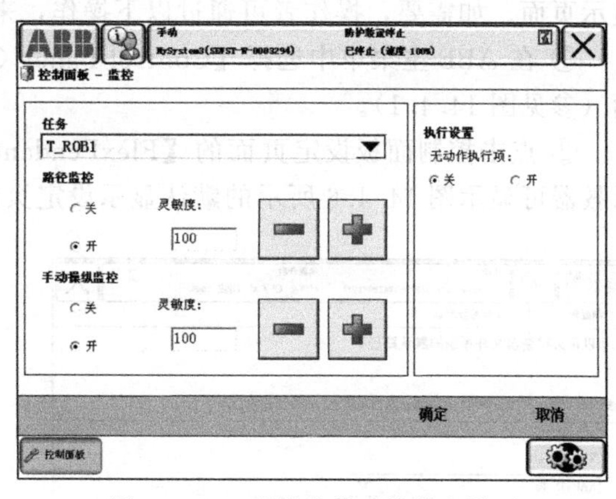

图 14.4.4 碰撞监控功能设定页面

任务：通过输入框的下拉键显示、选定 RAPID 应用程序（任务）。

执行设置：该设定通常用于机器人调试，当无动作执行项选择“开”时，“机器人锁住”功能将生效，此时，进行程序自动运行时将不再产生机器人运动，但程序中的其他指令照常执行。ABB 机器人锁住只能在伺服主电源未接通的状态下使用。

路径监控：点击选择框“开”或“关”，可启用或关闭机器人在自动、手动高速模式自动运行程序时的碰撞检测功能。功能启用时，可通过加、减键调节碰撞检测灵敏度。

手动操纵监控：点击选择框“开”或“关”，可启用或关闭机器人在手动模式自动运行程序时的碰撞检测功能。功能启用时，同样可通过加、减键调节碰撞检测灵敏度。

机器人碰撞检测的灵敏度调节范围为 0～300，数值越小、灵敏度就越高，但是过高的灵敏度可能会导致机器人无法正常运动，因此，设定值原则上不应小于 80。

14.4.2 系统显示与操作设定

系统显示设定可用来改变 RAPID 应用程序文件保存、加载时的默认途径，以及不同操作模式下的控制系统默认显示页面、示教器墙纸（背景图案）、未定义程序点的命名规则等。常用的系统显示设定操作如下。

(1) 默认途径设定

RAPID 应用程序文件的默认途径设定功能，可用来设定控制系统文件保存、加载时的默认途径。如需要，操作者可通过以下操作，来设置、改变系统默认的文件途径。

① 在 ABB 主菜单中选择【Control Panel（控制面板）】，使示教器显示控制面板设定页面（参见图 14.4.1）。

② 点击控制面板设定页面的【FlexPendant】图标，选择【文件系统默认途径】键，示教器可显示图 14.4.5 所示的文件系统默认途径设定页面。

③ 根据需要，可在显示页的“文件类型”输入框上，用下拉键显示、选择以下系统文件类型。

【RAPID 程序】：RAPID 应用程序文件（任务）。

【RAPID 模块】：RAPID 程序模块文件。

【配置文件】：系统配置参数文件。

④ 如果需要设定、改变文件默认途径，可点击“默认途径”输入框的【浏览...】键，在示教器显示的途径中，选定保存、加载所选文件的默认途径。

如果需要清除默认途径设定，可直接点击【清除】键，删除所选文件保存、加载的默认途径设定。

⑤ 点击【确认】键，生效所选文件的默认途径。

(2) 默认显示页面设定

默认显示页面设定可用来选择系统在不同操作模式（自动、手动、手动快速）下的默认显示页面。如需要，操作者可通过以下操作，来设置、改变控制系统的默认显示页。

① 在 ABB 主菜单中选择【Control Panel（控制面板）】，使示教器显示控制面板设定页面（参见图 14.4.1）。

② 点击控制面板设定页面的【FlexPendant】图标，选择【操作模式更改时查看】键，示教器可显示图 14.4.6 所示的默认显示设定页面。

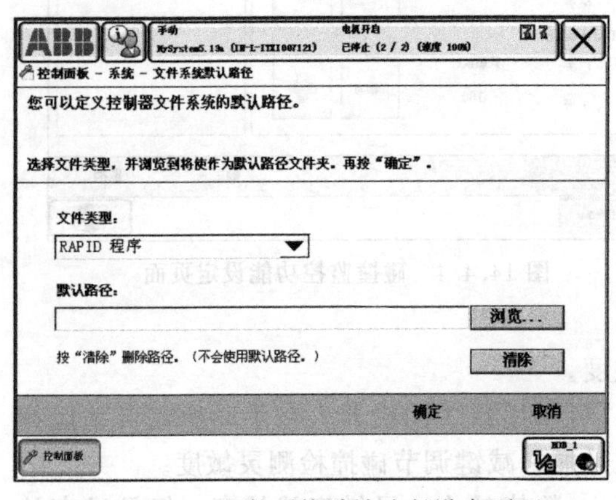

图 14.4.5 文件系统默认途径设定页面

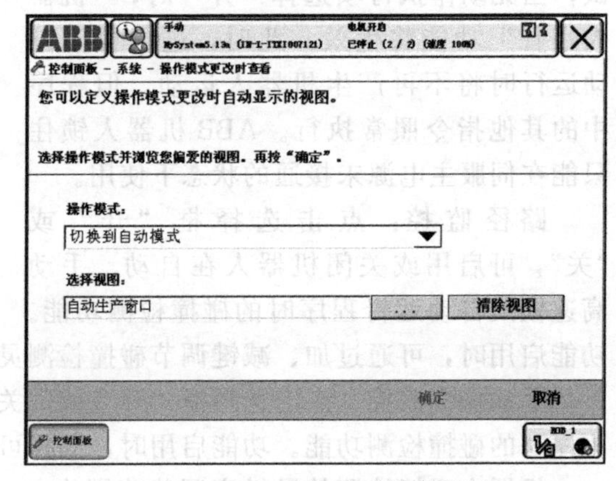

图 14.4.6 默认显示设定页面

③ 根据需要，可在显示页的“操作模式”输入框上，用下拉键显示、选择以下需要设定的操作模式。

【切换到自动模式】：自动模式默认显示页设定。

【切换到手动模式】：手动模式默认显示页设定。

【切换到手动全速模式】：手动快速模式默认显示页设定。

④ 如果需要设定、改变操作模式默认的显示页，可点击“选择视图”输入框的【...】键，在示教器显示的显示页列表中，选择所选操作模式的默认显示页。如果需要清除显示页设定，可直接点击【清除视图】键，删除所选操作模式的默认显示页设定；此时，即使切换

控制系统的操作模式，示教器也不会自动改变显示页。

⑤ 点击【确认】键，生效所选操作模式的默认显示页。

(3) 墙纸设定

墙纸设定功能可用来改变示教器的背景图案。如需要，操作者可通过以下操作，将控制系统硬盘中 gif 格式的图片，设定为示教器的墙纸；图片的像素以 640×390 为最佳。

① 在 ABB 主菜单中选择【Control Panel（控制面板）】，使示教器显示控制面板设定页面（参见图 14.4.1）。

② 点击控制面板设定页面的【FlexPendant】图标，选择【背景图案】键，示教器可显示图 14.4.7 所示的示教器墙纸设定页面。

③ 点击【浏览】键，示教器可显示控制系统保存的全部图片，点击选定后，对应的图片将设定为示教器墙纸。点击【默认】键，示教器将选择系统默认的墙纸图片。

④ 点击【确认】键，生效所选的墙纸。

(4) 程序点命名规则设定

在 RAPID 程序中，移动指令的目标位置（程序点）可以是系统已定义的程序数据，也可以是用“*”代替的、通过示教操作等方法指定的未定义程序数据。如果需要，使用者可通过以下操作，来设定程序中未定义名称的程序点“*”的命名规则，由控制系统自动生成程序点的名称。

① 在 ABB 主菜单中选择【Control Panel（控制面板）】，使示教器显示控制面板设定页面（参见图 14.4.1）。

② 点击控制面板设定页面的【FlexPendant】图标，选择【位置编程规则】键，示教器可显示图 14.4.8 所示的程序点命名规则设定页面。

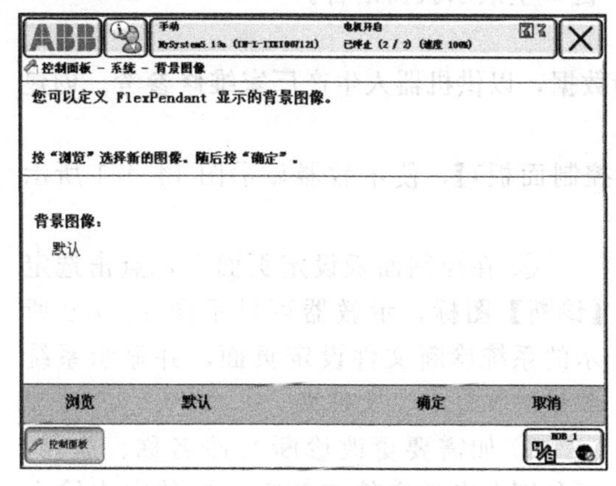

图 14.4.7 示教器墙纸设定页面

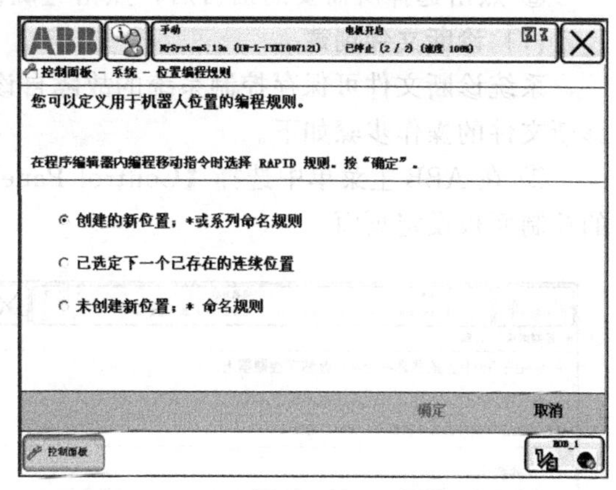

图 14.4.8 程序点命名规则设定页面

③ 根据需要，可在显示页上点击选定复选框，设定以下程序点命名规则。

【创建新的位置；*或系列命名规则】（系统默认设定）：输入（添加）移动指令时，控制系统可自动生成按顺序排列的程序点名称 p10、p20、p30…；如自动生成的程序点名已被使用，则跳过这一程序点名，生成下一个未使用的程序点名。

例如，操作者输入移动指令 MoveJ 时，系统可依次生成指令“MoveJ p10…”“MoveJ p20…”“MoveJ p30…”；如程序点 p20 已被使用，则生成指令“MoveJ p10…” “MoveJ p30...”“MoveJ p40…”等。

【已选定下一个已存在的连续位置】：输入（添加）移动指令时，如果上一条移动指令的程序点名称已确定，控制系统可自动生成后续按顺序排列的程序点名称 p10、p20、p30、…；如上一条移动指令的程序点名称未确定，则以“*”代替程序点名称。

例如，操作者输入移动指令 MoveJ 时，如上一条移动指令为“MoveJ p10…”，则自动生成指令“MoveJ p20…”；如上一条移动指令为“MoveJ p50…”，则自动生成指令“MoveJ p60…”；如上一条移动指令为“MoveJ *…”，则指令仍然为“MoveJ *…”等。

【未创建新位置；* 命名规则】：程序点名称自动功能无效，不论上一条移动指令的程序点名称是否定义，未命名的程序点总是以“*”代替。

④ 点击【确认】键，生效程序点“*”的命名规则。

(5) 系统日期、时间设定

控制系统内部的日期、时间可通过如下操作进行设定。

① 在 ABB 主菜单中选择【Control Panel（控制面板）】，使示教器显示图 14.4.1 所示的控制面板设定页面。

② 在控制面板设定页面上，点击选定【日期和时间】图标，示教器可显示控制系统的日期和时间设定页面。

③ 点击日期、时间显示区的加、减键，可调节控制系统的日期和时间。

④ 点击【确认】键，生效控制系统的日期和时间设定。

(6) 显示语言设定

示教器的显示语言可通过如下操作进行设定。

① 在 ABB 主菜单中选择【Control Panel（控制面板）】，使示教器显示图 14.4.1 所示的控制面板设定页面。

② 在控制面板设定页面上，点击选定【语言】图标，示教器可显示已安装的语言表。

③ 点击选择所需要的语言后，点击【确认】键，生效示教器语言。

(7) 诊断文件创建

系统诊断文件可保存控制系统的故障自诊断数据，以供机器人生产厂家维修参考。创建诊断文件的操作步骤如下。

① 在 ABB 主菜单中选择【Control Panel（控制面板）】，使示教器显示图 14.4.1 所示的控制面板设定页面。

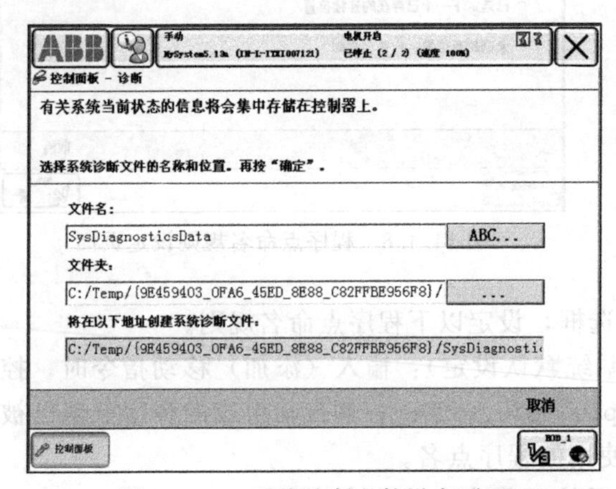

图 14.4.9 系统诊断文件设定页面

② 在控制面板设定页面上，点击选定【诊断】图标，示教器可显示图 14.4.9 所示的系统诊断文件设定页面，并显示系统默认的文件名、文件夹。

③ 如需要更改诊断文件名称、途径，可分别点击“文件名”输入框的文本输入键【ABC...】，以及“文件夹”输入框的输入键【...】；利用文本输入软键盘、系统文件选择操作，输入系统诊断文件的名称、途径。

④ 检查“将在以下地址创建系统诊断文件”栏的显示，如正确，点击【确认】键，创建系统诊断文件；如不正确，点击【取消】键退出后，重新输入、选择系统诊断文件的名称、途径。

14.4.3　示教器设定

(1) 示教器操作与显示设定

ABB 机器人控制系统的示教器亮度、对比度、显示方向均可通过示教器外观设定操作设置，设置示教器的一般方法如下。

① 在 ABB 主菜单中选择【Control Panel（控制面板）】，使示教器显示图 14.4.1 所示的控制面板设定页面。

② 在控制面板设定页面上，点击选定【外观】图标，可显示图 14.4.10 所示的示教器设定页面。

③ 可根据需要，进行如下调节与设定。

亮度、对比度调节：点击对应显示区的加、减键，可调节示教器的亮度、对比度。

【默认设定】：点击选择后，可将改变示教器亮度、对比度的默认值。

【向右旋转】：正常情况下，操作者应使用左手握住示教器、用右手进行操作；点击选择【向右旋转】时，示教器显示可向右旋转 180°，使操作者可使用右手握住示教器、用左手进行操作。

④ 点击【确认】键，生效示教器设定。

(2) 用户按键设定

在 ABB 机器人示教器上，图 14.4.11 所示的四个用户按键功能，可通过如下操作定义。

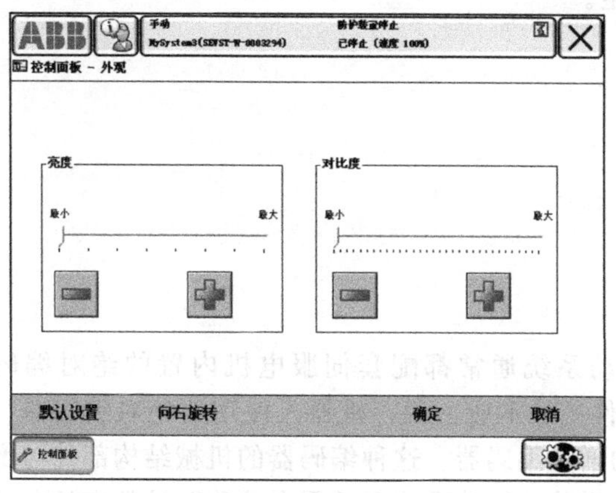

图 14.4.10　示教器设定页面

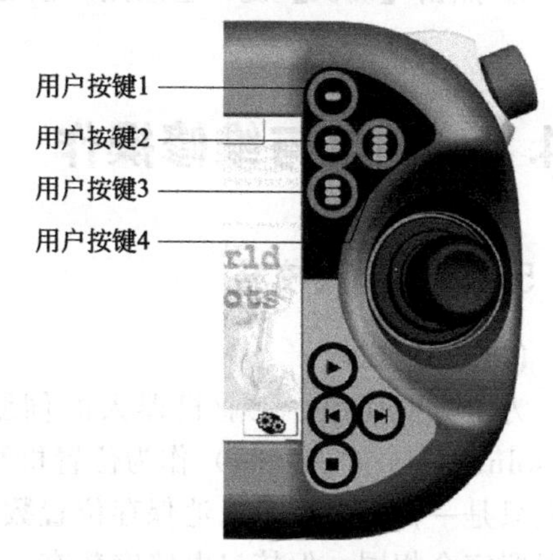

图 14.4.11　示教器用户按键

① 在 ABB 主菜单中选择【Control Panel（控制面板）】，使示教器显示图 14.4.1 所示的控制面板设定页面。

② 在控制面板设定页面上，点击选定【ProgKeys】图标，示教器可显示图 14.4.12 所示的用户按键设定页面。

③ 点击【按键 1】或【按键 2】、【按键 3】、【按键 4】图标，选定需要进行功能设定的按键。

④ 根据需要，在按键功能设定框上，用下拉键进行如下设定。

“类型”设定框：可用下拉键定义以下按键功能。

【无】：不使用该按键。

【输入】：按键作为控制系统特殊输入信号使用，例如，用来作为中断条件、启动中断程序等。

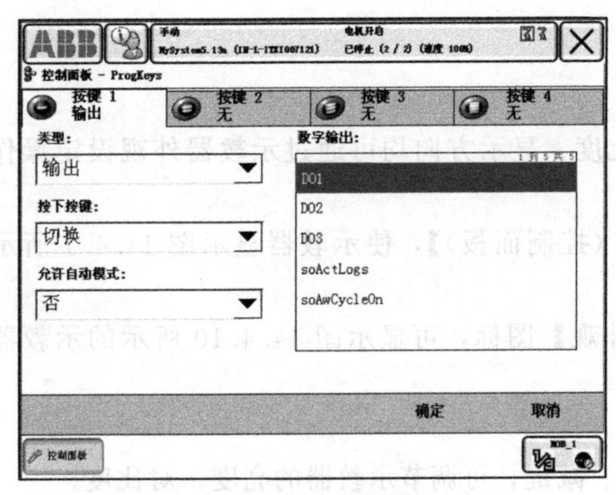

图 14.4.12 用户按键设定页面

【输出】：按键可直接用来控制开关量输出，受按键控制的开关量输出信号地址（名称）可在右侧的地址显示区显示，并通过点击选定。

【系统】：按键可作为程序试运行时的“机器人锁住”信号使用，信号为“1”时，程序中的移动指令将不产生机器人运动。

“按下按钮”设定框：可用下拉键定义按键产生的信号形式。

【切换】：操作按键，产生状态“0”“1”交替变换的信号（作交替通断触点用）。

【设为 1】：按下按键，产生状态为“1”的信号（作常开触点用）。

【设为 0】：按下按键，产生状态为“0”的信号（作常闭触点用）。

【按下/松开】：产生一个下降沿信号。

【脉冲】：按下按键，可产生一个脉冲信号。

“允许自动模式”设定框：可用下拉键【是】或【否】，定义按键信号对自动操作模式是否有效。

⑤ 点击【确认】键，生效用户按键设定。

14.5 调试与维修操作

14.5.1 机器人校准

(1) 功能说明

为了方便使用，工业机器人的伺服驱动系统通常都配套伺服电机内置的绝对编码器(absolute rotary encoder) 作为位置检测器件。从本质上说，机器人使用的绝对编码器，实际上只是一种通过后备电池保存位置数据的增量编码器。这种编码器的机械结构部件与增量编码器完全相同，但接口电路安装有存储“零脉冲”计数值和“零点偏移”计数值的存储器(计数器)。

绝对编码器的“零脉冲”为电机每转 1 个，其计数值代表了电机所转过的转数，在 ABB 机器人资料上，通常称为“转数计数器（revolution counters）”。绝对编码器的零点偏移利用编码器的计数脉冲计数，例如，对于每转输出脉冲为 220 的编码器，偏移 360°时，其计数值就是 1048576 (220)；在 ABB 机器人资料上，通常称为“电机校准偏移（motor calibration offset）”，简称“校准参数”。

绝对编码器的零脉冲计数值（转数计数器）和零点偏移计数值（校准参数），在机器人控制系统关机时，可通过后备电池保持；在开机时，可由控制系统自动读入。因此，在正常情况下，即使机器人开机时不进行回参考点操作，也可以保证控制系统具有正确的位置，从而起到绝对编码器同样的效果。但是，如果后备电池失效或电池连接线被断开，其计数值将消失；另外，如电机与机器人的机械连接被脱开，机器人或电机的任何位置变动，都将导致机器人位置的不正确。所以，一旦出现以上情况，就必须通过工业机器人的校准操作，来重新设定编码器的零脉冲计数值（转数计数器）和零点偏移计数值（校准参数）。

工业机器人的转数计数器只需要与电机转过的圈数（转数）相一致，其校准操作比较简单，一般只需要通过目测观察，使机器人的关节轴停止在图 14.5.1 所示的基准刻度附近，便可重置计数值。

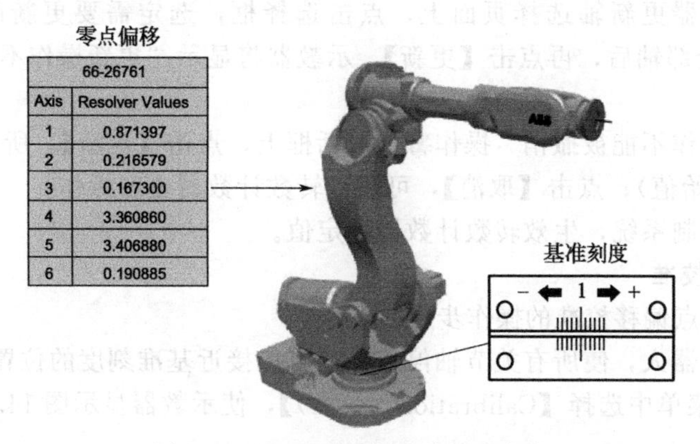

图 14.5.1 ABB 机器人的校准参数

工业机器人的零点偏移校准参数非常精密，其校准操作必须使用专门的测量工具，因此，通常需要由专业调试、维修人员完成。为了便于用户使用，ABB 机器人通常将出厂调试时的零点偏移值（电机校准参数），以标签的形式贴在机器人机身上，用户校准时可以直接输入。

ABB 机器人的转数计数器、零点偏移计数器的校准方法如下。

（2）转数计数器校准

ABB 机器人转数计数器校准的操作步骤如下。

① 手动操作机器人，使所有关节轴停止在尽可能接近基准刻度的位置上。

② 在 ABB 主菜单中选择【Calibration（校准）】，使示教器显示图 14.5.2 所示的校准机械单元选择页面。

③ 在校准机械单元选择页面上，点击图标选定机械单元，示教器可显示图 14.5.3 所示的机械单元（如机器人）校准页面。

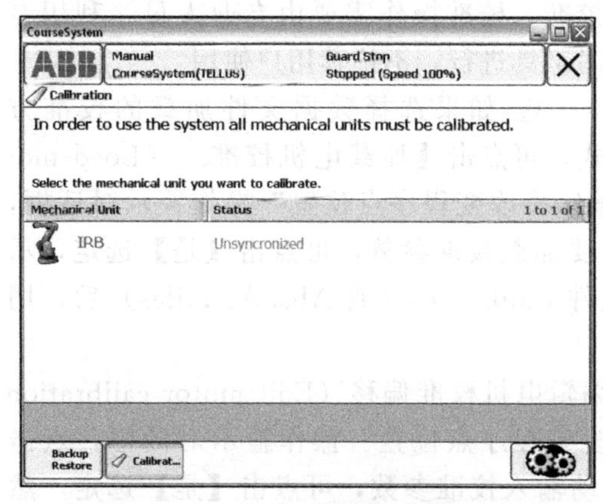

图 14.5.2 校准机械单元选择页面

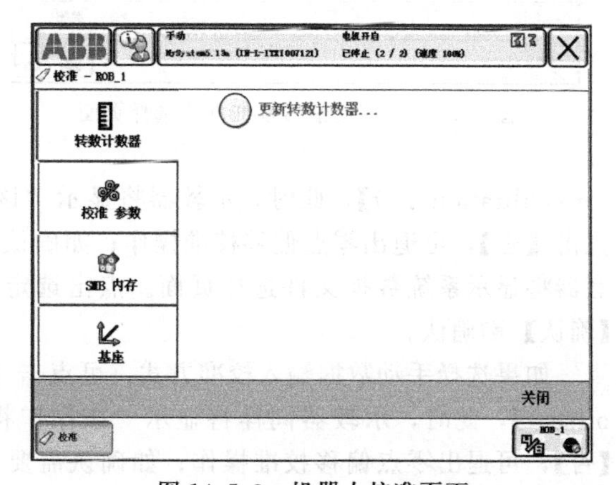

图 14.5.3 机器人校准页面

④ 点击【转数计数器】图标、选定转数计数器校准操作，示教器可显示【更新转数计

数器...】图标（参见图14.5.3）。

⑤ 点击【更新转数计数器...】图标，示教器将显示“更新转数计数器将改变程序点位置”操作警示对话框，点击【否】，可退出转数计数器更新操作；如确认需要更新转数计数器，可点击【是】选定，示教器将显示转数计数器更新轴选择页面。

⑥ 在转数计数器更新轴选择页面上，点击选择框，选定需要更新的轴，或者，点击【全选】框，选定全部轴后，再点击【更新】，示教器将显示“更新操作不能被撤销”操作警示对话框。

⑦ 在“更新操作不能被撤销”操作警示对话框上，点击【更新】，所选轴的转数计数器将被更新（重置初始值）；点击【取消】，可放弃转数计数器更新操作。

⑧ 重新启动控制系统，生效转数计数器设定值。

（3）零点偏移校准

ABB机器人零点偏移校准的操作步骤如下。

① 手动操作机器人，使所有关节轴停止在尽可能接近基准刻度的位置上。

② 在ABB主菜单中选择【Calibration（校准）】，使示教器显示图14.5.2所示的校准机械单元选择页面。

③ 在校准机械单元选择页面上，点击图标选定机械单元，示教器可显示图14.5.3所示的机械单元（如机器人）校准页面。

④ 点击【校准参数】图标、选定零点偏移校准操作，示教器可显示图14.5.4所示的零点偏移校准方式选择页面；操作者可根据实际需要，选择如下校准操作方式。

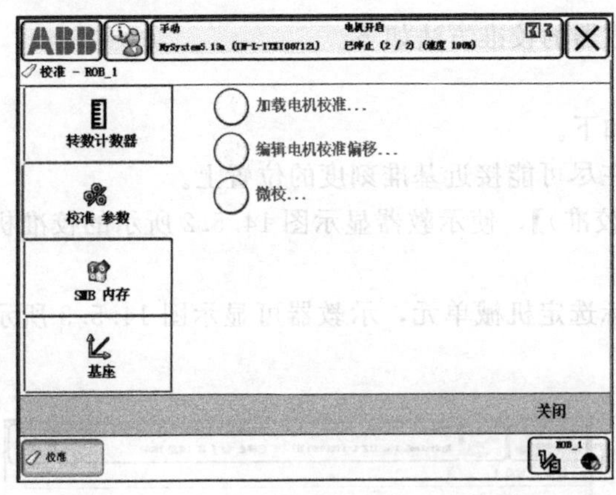

图14.5.4　零点偏移校准方式选择页面

【加载电机校准...（Load motor calibration...）】：数据文件加载。利用系统数据文件Calib. files（或Abs. Acc. files），加载零点偏移校准参数。

【编辑电机校准偏移（Edit motor calibration offset）】：手动数据输入。直接通过示教器输入零点偏移校准参数。

【微校...（Fine calibration...）】：机器人重新校准。重新进行机器人的零点偏移校准，校准操作需要由专业人员、利用专门工具进行，不推荐用户使用。

⑤ 如果选择数据文件加载的校准方式，可点击【加载电机校准...（Load motor calibration...）】，此时，示教器将显示“该操作将改变程序点位置”操作警示对话框，点击【否】，可退出零点偏移校准操作；如确认需要加载校准参数，可点击【是】选定，示教器将显示系统数据文件选择页面。点击选定文件Calib. files（或Abs. Acc. files）后，用【确认】键确认。

如果选择手动数据输入校准方式，可点击【编辑电机校准偏移（Edit motor calibration offset）】，此时，示教器同样将显示“该操作将改变程序点位置”操作警示对话框，点击【否】，可退出零点偏移校准操作；如确认需要手动输入校准参数，可点击【是】选定，然后，再按下述步骤，继续进行手动数据输入校准操作。

⑥ 手动数据输入校准方式选定后，示教器将显示图14.5.5所示的零点偏移值输入与编辑页面，在该页面上可显示机器人关节轴（Axis）、零点偏移值（Offset Value）以及数据有

效状态（Valid），操作者可根据需要，进行如下操作。

⑦ 点击需要进行零点偏移值输入、编辑的关节轴，例如，Irb _ 6（机器人 j6 轴），该轴的零点偏移值（Offset Value）显示栏将成为数据输入框，并显示数据输入与编辑软键盘（参见图 14.5.5）。

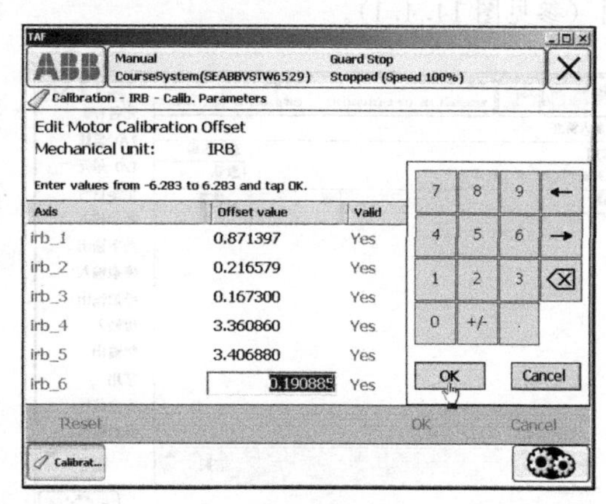

图 14.5.5　零点偏移值编辑页面

⑧ 按照关节轴零点偏移值显示区上方的输入范围要求（如－6.283～6.283），对照图 14.5.1 所示的机器人机身上粘贴的零点偏移值标签，或者，按生产厂家技术文件所提供的数据，正确输入零点偏移值、并用【确认（OK)】键确认后，示教器可显示“要求重新启动系统，新数据才能生效”的操作提示框。

⑨ 如果需要，重复步骤⑦、⑧，完成全部轴的零点偏移值输入后，重启控制系统，生效零点偏移参数。

14.5.2　I/O 状态检查与设定

机器人控制系统用于作业工具等辅助部件控制的 DI/DO 信号、AI/AO 信号、GI/GO 组信号，以及控制系统内部的操作面板、示教器连接信号的状态，均可通过示教器进行检查；输出信号 DO、AO、GO 还可通过仿真操作，设定输出状态。

ABB 机器人的 I/O 状态检查与设定方法如下。

(1) I/O 状态检查与仿真

机器人控制系统连接的输入/输出信号状态，可通过示教器的输入/输出页面检查与设定，其方法如下。

① 在 ABB 主菜单中选择【Inputs and Outputs（输入/输出)】，使示教器显示图 14.5.6 所示的 I/O 信号显示页面。

② 点击 I/O 信号显示页面的【视图】键，可打开 I/O 信号类型选择操作菜单。

③ 在 I/O 信号类型选择操作菜单上，点击选定 I/O 信号类型后，示教器可显示图 14.5.7 所示的指定类型的 I/O 信号状态表，并显示 I/O 信号名称（名称）、状态（值）、信号类型（类型）、仿真值（仿真），以及用于信号筛选的“过滤器”图标、输出信号仿真的操作键（【虚拟】）。

④ 如果需要进行输出信号的仿真操作，可点击 I/O 信号状态表中的信号名称、选定输出信号后，按【虚拟】键，选择仿真操作后，修改仿真值。对于 DO 信号（开关量输出）可直接用“0（FALSE）”或“1（TRUE）”设定仿真值；对于 AO（模拟量输出）及 GO（开关量输出组)，可点击数值输入键【123...】，利用文本输入软键盘，输入仿真值。仿真值设定后，点击【确定】键，系统便可输出仿真值；点击【取消虚拟】键，可撤销仿真输出，恢复信号正常状态。

(2) I/O 信号显示配置

复杂机器人控制系统的 I/O 信号数量较多，为了便于操作和检查，如果需要，操作者可通过如下 I/O 信号显示配置操作，对信号的显示方式进行重新设定。

① 在 ABB 主菜单中选择【Control Panel（控制面板)】，使示教器显示控制面板设定页

面（参见图 14.4.1）。

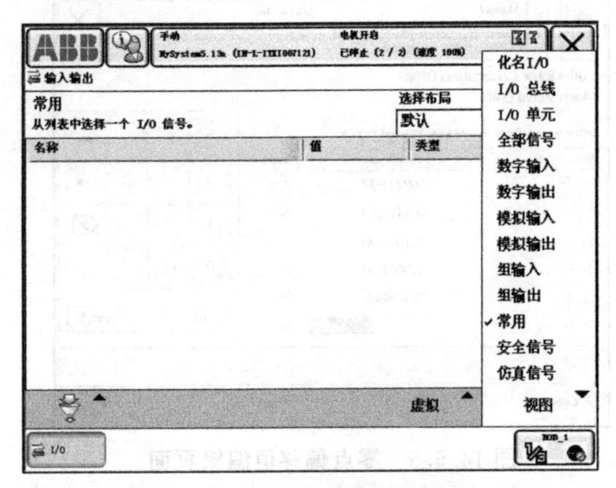

图 14.5.6 I/O 信号显示页面

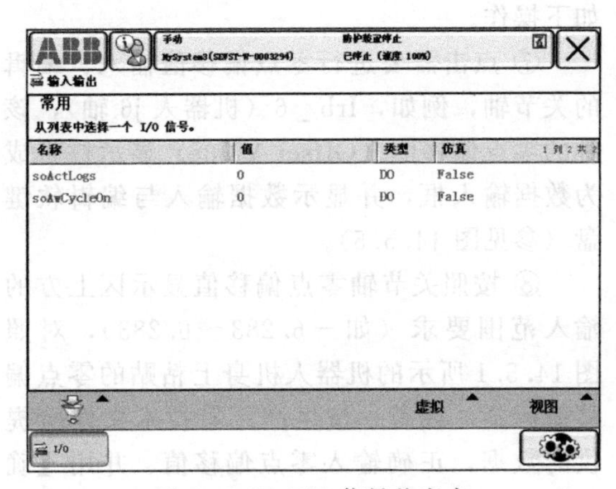

图 14.5.7 I/O 信号状态表

② 点击【I/O】键，可打开 I/O 信号配置页面，示教器将显示控制系统的 I/O 显示配置页面，并显示所有的 I/O 信号及配置选择框。

③ 在 I/O 信号显示配置页面上，选择【名称】，示教器将以信号名称为序，依次显示系统 I/O 信号；选择【类型】，示教器将按信号的类型，分类显示系统 I/O 信号；选择【全部】，示教器可显示控制系统所有的 I/O 信号；选择【无】，可重新调整信号的显示位置。

④ 点击选中需要进行显示配置的信号后，可点击上移、下移箭头，重新排列信号的显示次序。

⑤ 信号显示次序调整后，点击【预览】键，可检查信号显示配置效果；点击【应用】键，可保存显示配置设定；点击【编辑】键，可返回 I/O 显示配置页面。

⑥ 在全部信号的显示配置设定完成后，点击【应用】键，保存显示配置设定。

14.5.3 系统日志与系统诊断

系统日志保存了控制系统的运行状态、故障信息、操作信息；利用系统日志，操作者可及时了解控制系统的工作状态，作为系统调试、维修的参考。

ABB 机器人的系统日志可通过以下方法显示与编辑。

(1) 日志详情显示

控制系统日志不仅记录了控制系统最近发生的故障（警示、操作）履历，而且还可以通过详情显示操作，显示故障（警示、操作）的具体内容、发生故障（警示、操作）可能的原因，以及控制系统的处理结果等详细内容。ABB 机器人显示系统日志详情的操作步骤如下。

① 在 ABB 主菜单中选择【Event Log（事件日志）】，示教器可显示图 14.5.8 所示的系统故障（警示、操作）履历表。

在系统故障（警示、操作）履历表显示页面上，可按故障（警示、操作）发生的时间次序（逆序），依次显示最近发生的故障（警示、操作）代码（代码）、名称（标题）、发生时间等履历信息（消息），以及翻页、换行、文件保存、删除等触摸操作键。

② 点击翻页、换行键，使示教器显示需要查看的履历信息（消息），并点击显示行选定，示教器可显示图 14.5.9 所示的详情显示页面，并显示以下内容。

A 区：系统所发生的故障、警示、操作信息的代码。

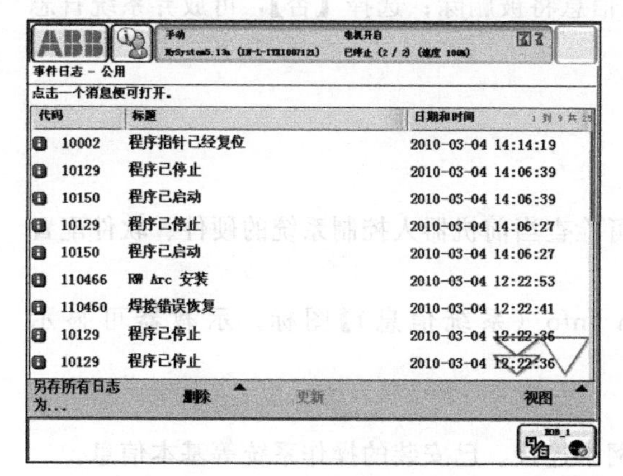

图 14.5.8 系统履历表显示

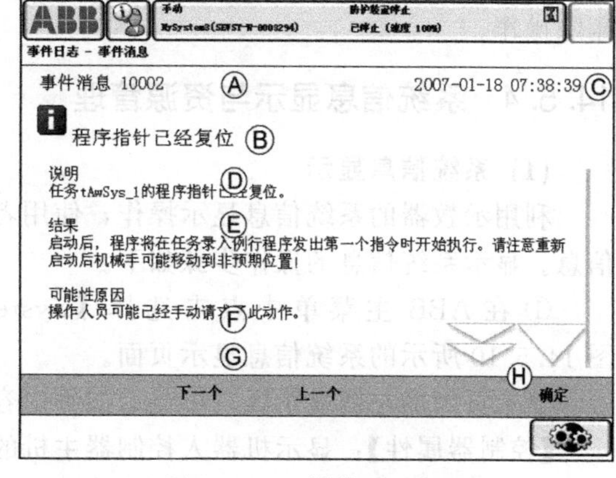

图 14.5.9 详情显示页面

B 区：系统所发生的故障、警示、操作信息的名称。

C 区：故障、警示、操作发生的时间。

D 区：说明故障、警示、操作信息的具体内容。

E 区：控制系统的处理结果。

F 区：发生故障（警示、操作）可能的原因。

G 区：对于某些故障，控制系统可在该区域显示排除故障的建议措施。

H 区：触摸操作键。

③ 点击【下一个】、【上一个】键，可显示下（上）一履历信息的详情；点击【确定】键可返回履历表显示页。

(2) 日志编辑

在 ABB 机器人控制系统上，系统内存最多可保存最近发生的 150 次故障（警示、操作）履历信息，次数超过时，早期的履历信息将被自动删除。如果操作者需要保存相关履历信息，可通过日志编辑操作，保存、删除系统日志。

1）系统日志保存

系统日志保存操作可将系统内存中的履历信息，保存到控制系统的硬盘中，以便今后查看。保存系统日志的操作步骤如下。

① 在 ABB 主菜单中选择【Event Log（事件日志）】，使示教器显示图 14.5.9 所示的系统故障（警示、操作）履历表。

② 点击【另存所有日志为...】键，示教器可显示系统日志文件保存对话框，操作者可根据需要进行文件夹选择、文件名输入框等操作。

③ 文件夹、文件名输入完成后，点击【确定（保存)】键确认。

2）系统日志删除

① 在 ABB 主菜单中选择【Event Log（事件日志）】，使示教器显示图 14.5.8 所示的系统故障（警示、操作）履历表。

② 点击【删除】键，可显示日志删除操作菜单，如需要删除全部履历信息，可直接选择【删除全部日志】操作键。

如只需要删除指定类别的履历信息，可点击【视图】键，并在视图操作菜单上选定履历信息类别，然后点击【删除】键，在删除操作菜单上选择【删除日志】操作菜单。

③ 需要删除的履历信息选定后，示教器文件删除操作提示对话框。系统日志确认需要

删除时，可点击【是】，系统内存中的全部履历信息将被删除；选择【否】，可放弃系统日志删除操作。

14.5.4　系统信息显示与资源管理

（1）系统信息显示

利用示教器的系统信息显示操作，使用者可检查当前机器人控制系统的硬件、软件配置信息。显示系统信息的操作步骤如下。

① 在 ABB 主菜单中点击选择【System Info（系统信息）】图标，示教器可显示图 14.5.10 所示的系统信息显示页面。

显示页面的左侧显示区，可显示如下内容。

【控制器属性】：显示机器人控制器主机的网络连接、已安装的操作系统等基本信息。

【系统属性】：显示机器人控制器配置的控制模块、驱动模块等硬件信息。

显示区的右侧可显示指定属性的详细信息。

② 点击左侧显示区的图标、选定需要查看的属性，右侧便可显示属性的详细信息。

（2）资源管理器

利用示教器的资源管理器操作，使用者可查看控制系统的文件系统，并可进行文件重命名、删除、移动等编辑操作。资源管理器的显示、编辑操作步骤如下。

① 在 ABB 主菜单中点击选择【FlexPendant Explorer（资源管理器）】图标，示教器可显示图 14.5.11 所示的资源管理器显示页面，通过触摸操作键，进行如下操作。

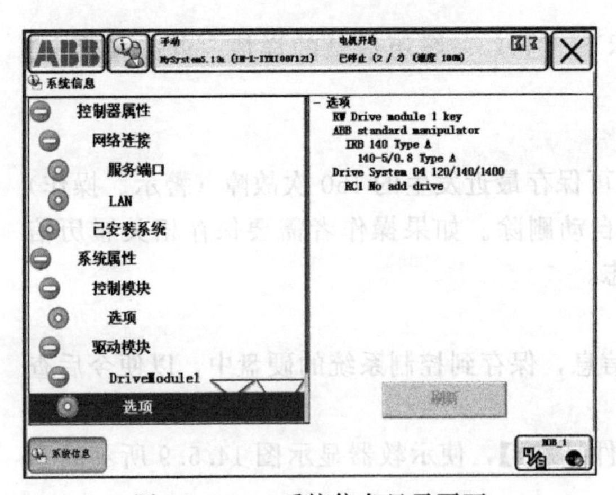

图 14.5.10　系统信息显示页面

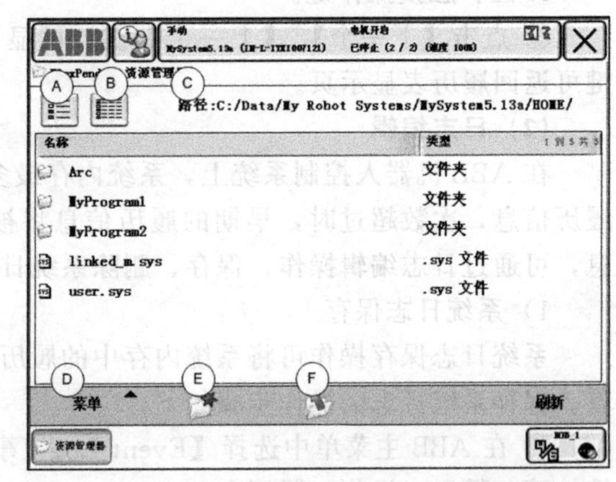

图 14.5.11　资源管理器显示页面

图标键 A：简单视图显示键，点击选定后，可保留文件（文件夹）显示区的文件名（名称）显示栏、隐藏显示区的文件类型（类型）显示栏。

图标键 B：详细视图显示键，点击选定后，可显示文件（文件夹）显示区的文件名（名称）、类型（类型）显示栏。

显示区 C：显示文件（文件夹）显示区的文件目录途径。

【菜单】键 D：点击后可打开文件编辑操作菜单。

图标键 E：新建文件夹键，点击后可新建一个文件夹。

图标键 F：返回键，点击后可返回上级目录。

【刷新】键：文件（文件夹）显示区显示刷新。

② 根据需要，选定图标键，进行所需要的操作。

14.6 系统重启、备份与恢复

14.6.1 系统重启与引导操作

（1）系统重启

利用系统重启操作，一般用来更新控制系统的软、硬件，生效控制系统的参数、配置文件；当控制系统的硬件被更换、重新安装机器人操作系统（Robot Ware）、重新安装系统配置文件时，需要进行控制系统的重启操作。

注意： 系统重启操作有可能删除机器人操作系统、清除全部应用程序与机器人配置参数，导致控制系统无法工作，因此，除了“热启动”外的系统重启操作，原则上应由ABB的专业调试、维修人员进行。

ABB机器人控制系统的重启操作步骤如下。

① 在ABB主菜单中点击选择【Restart（重新启动）】图标，示教器可显示图14.6.1所示的系统重启页面，并通过触摸操作键，进行如下操作。

【热启动】：利用当前的机器人操作系统（Robot Ware），重启机器人控制器。系统当前的系统参数、程序文件都将作为副本保存，通过离线软件（RobotStudio On-line）输入的配置将生效，自动运行的程序可直接从暂停位置重新启动。

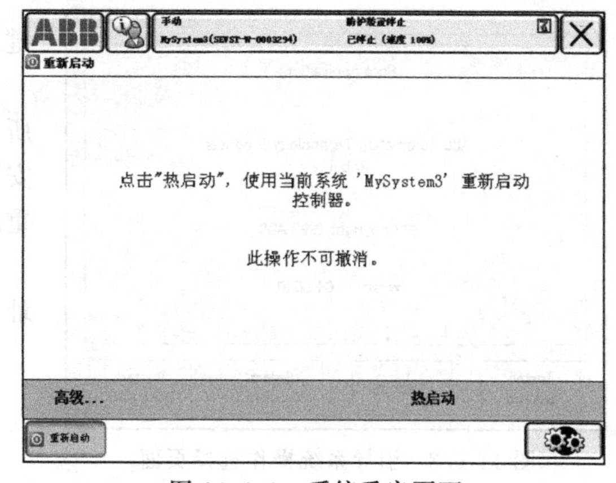

图14.6.1 系统重启页面

【高级...】：点击可打开重启方式选择对话框，并选择如下系统重启方式。

“X-启动”：停止当前操作系统运行，保存系统参数、配置文件与应用程序的恢复文件，重新安装操作系统。

“C-启动”：永久性删除当前操作系统及所有的系统参数、配置文件与应用程序，使用已安装或重新安装的其他操作系统重启。执行“C-启动”后，将无法恢复机器人控制系统原有的状态。

“P-启动”：删除当前的RAPID应用程序，重启系统。

“I-启动”：删除所有用户安装的RAPID应用程序、配置参数，恢复出厂默认设置、重启系统。

“B-启动”：利用上一次正常关机的状态，重启系统。

“关机”：保存当前的数据，关闭系统。

② 对于正常的系统参数、配置更改，可直接选择“热启动”方式，点击【热启动】键，重启系统。如果选择其他重启方式，继续以下操作。

③ 点击【高级...】键、打开重启方式选择对话框，选定所需要的系统重启方式，并点击【确认】键确认；此时，示教器将显示系统重启警示对话框。

④ 对于“P-启动”“I-启动”“B-启动”，可在系统重启警示对话框中，点击所选择的重启方式键，直接执行所选的系统重启操作。

如果用户选择了“X-启动”“C-启动”，还需要通过下述的引导系统（Boot Application）操作，重新安装操作系统（见下述）。

（2）引导系统操作

引导系统（Boot Application）用来选择、设定与安装机器人控制计算机（控制器）的操作系统。如果用户需要重新安装机器人控制器的操作系统（Robot Ware），例如，选择了“X-启动”“C-启动”重启方式，就需要通过引导系统操作，选择、设定与安装控制器的操作系统。

注意：引导系统操作将重新安装机器人操作系统，可能导致机器人控制系统无法工作，因此，原则上只能由ABB的专业调试、维修人员进行。

ABB机器人控制计算机（控制器）的引导系统操作，可通过以下操作步骤进入。

① 在ABB主菜单中点击选择【Restart（重新启动）】图标，示教器可显示图14.6.1所示的系统重启页面。

② 点击【高级...】键，打开重启方式选择对话框，选定“X-启动”（或“C-启动”），并点击【确认】键确认，示教器将显示系统重启警示对话框。

③ 在示教器显示的系统重启警示对话框中，选定“X-启动”（或“C-启动”），示教器将进入引导系统操作，并显示图14.6.2所示的引导系统操作选择页面。

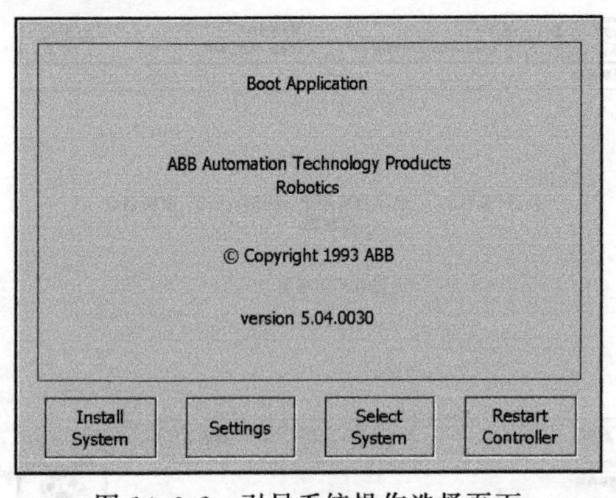

图14.6.2 引导系统操作选择页面

在引导系统操作选择页面上，可通过操作键选择如下操作。

【Install System】：系统安装。通过图14.6.3所示的控制柜操作面板上的USB接口，连接安装有操作系统（Robot Ware）的存储器，重新安装操作系统。

【Settings】：网络设定。设定USB接口地址，显示示教器硬件、软件版本等。

【Select System】：选择机器人操作系统。

【Restart System】：执行系统重启操作。

1）系统安装

如果需要通过USB接口存储器，重新安装操作系统，其操作步骤如下。

① 在图14.6.2所示的引导系统操作选择页面上，点击【Install System】键，选择系统安装操作；示教器将显示USB储存器连接操作提示框。

② 将安装有操作系统的USB存储器，插入控制柜操作面板上的USB接口（参见图14.6.3）。

③ 点击操作提示框的【Continue】键，控制计算机（控制器）将从USB存储器中读入并安装操作系统（Robot Ware）；点击【Cancel】键，可中止操作系统安装操作。

④ 机器人操作系统（Robot Ware）安装完成后，示教器将显示系统重启操作提示框；在操作提示框上，点击【OK】键确认。

⑤ 在图14.6.2所示的引导系统操作选择页面上，选择【Restart System】键，并在示教器显示的操作提示框上，点击【OK】键确认。控制计算机（控制器）将以新的机器人操作系统重新启动。

2）网络设定

设定USB接口地址，显示示教器硬件、软件版本的操作步骤如下。

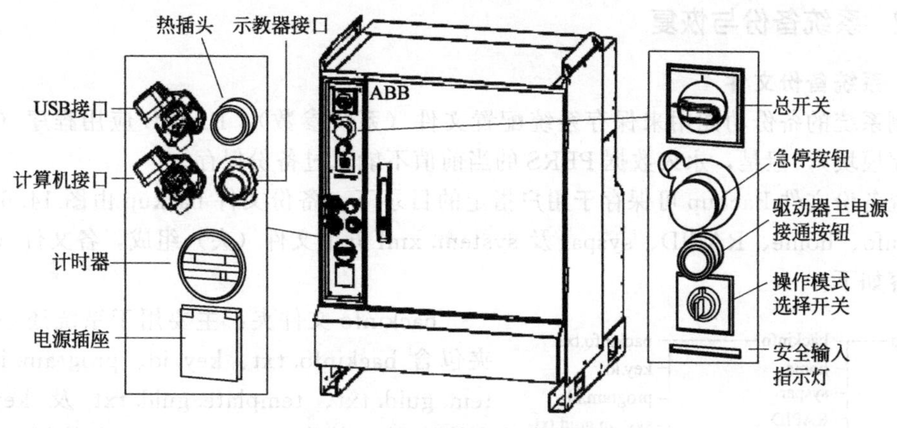

图 14.6.3 控制柜操作面板

① 在图 14.6.2 所示的引导系统操作选择页面上，点击【Settings】键，选择网络设定；示教器将显示图 14.6.4 所示的网络设定页面。

在网络设定页面上，可通过选择框，进行如下网络连接操作。

【Use no IP address】：断开网络连接。

【Obtain an IP address automatically】：自动获取 IP 地址。

【Use the following IP address】：手动设定 IP 地址。

【Service PC information】：显示控制器与服务计算机连接的网络设置。

【Misc.】：显示示教器的硬件、软件版本信息。

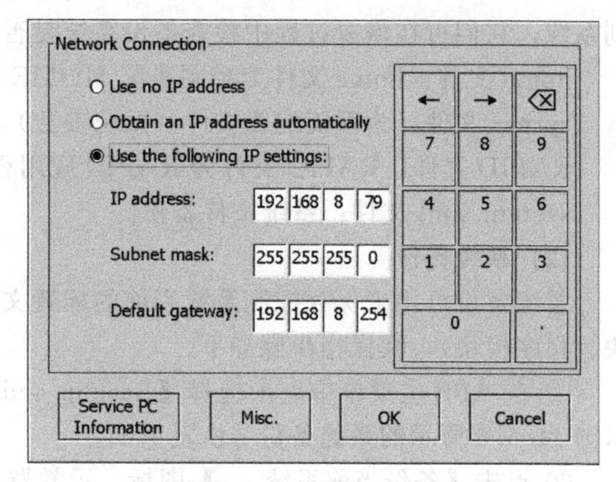

图 14.6.4 网络设定页面

② 根据需要选择网络连接操作，如果选择手动设定 IP 地址操作，可利用示教器数字输入软键盘输入地址；设置完成后，点击【OK】键确认。

③ 在图 14.6.2 所示的引导系统操作选择页面上，选择【Restart System】键，并在示教器显示的操作提示框上，点击【OK】键确认，控制计算机（控制器）将重启并更新网络设置参数。

3）选择机器人操作系统

如果控制系统需要重装、更新、升级操作系统，可通过以下操作步骤选择操作系统。

① 在图 14.6.2 所示的引导系统操作选择页面上，点击【Select System】键，示教器可显示已安装在控制计算机上的操作系统及选择对话框。

② 点击需要安装的操作系统，选定后，点击【Select】键选定。

③ 点击【Close】键，并用【OK】键确认，可关闭操作系统及选择对话框、返回引导系统操作选择页。

④ 在引导系统操作选择页面上，选择【Restart System】键，并在示教器显示的操作提示框上，点击【OK】键确认。控制计算机（控制器）将以新的机器人操作系统重新启动。

14.6.2 系统备份与恢复

(1) 系统备份文件

控制系统的备份功能用来保存系统配置文件（系统参数）、RAPID 应用程序（系统模块、程序模块），但是，永久数据 PERS 的当前值不能通过备份保存。

系统备份文件 Backup 可保存于用户指定的目录下。备份文件 backup 由图 14.6.5 所示的 backinfo、home、RAPID、syspar 及 system.xml 五个文件（夹）组成，各文件（夹）的主要内容如下。

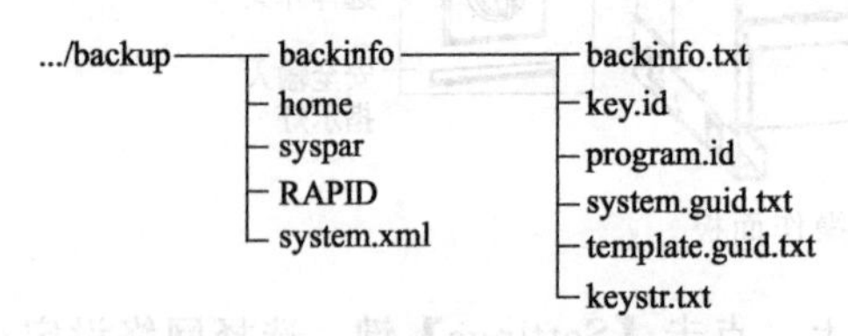

图 14.6.5 系统备份文件的组成

backinfo 文件夹：主要用于系统还原，文件夹包含 backinfo.txt、key.id、program.id、system.guid.txt、template.guid.txt 及 keystr.txt 六个文件。其中，backinfo.txt 文件用于系统还原，用户不能以其他方式对其进行编辑；文件 key.id 和 program.id 用于系统创建；system.guid.txt、template.guid.txt、keystr.txt 用来识别系统，它们可在恢复过程中检查备份系统是否被正确加载。

home 文件：home 文件为控制系统 HOME 文件的备份。

syspar 文件：为系统配置文件（系统参数）的备份。

RAPID 文件：RAPID 文件为 RAPID 应用程序的备份。

system.xml 文件：系统文件备份。

(2) 系统备份

系统备份可用来保存控制系统当前的配置文件（系统参数）、RAPID 应用程序（系统模块、程序模块），其操作步骤如下。

① 在 ABB 主菜单中点击选择【Backup and Restore（备份与恢复）】图标，示教器可显示图 14.6.6 所示的系统备份与恢复页面。

② 点击【备份当前系统...】图标，示教器将显示图 14.6.7 所示的系统备份设定页面，并显示系统默认的文件夹名称、途径。

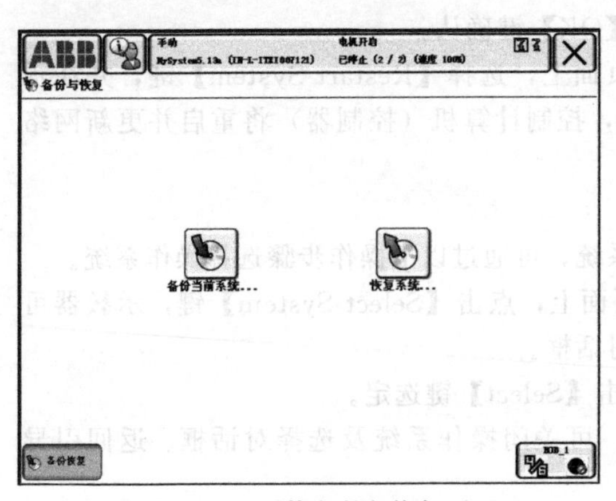

图 14.6.6 系统备份与恢复页面

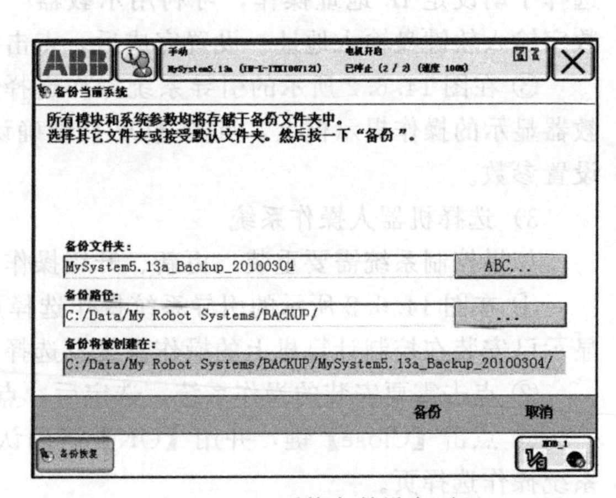

图 14.6.7 系统备份设定页面

③ 如需要更改备份文件夹名称、途径，可分别点击“备份文件夹”输入框的文本输入键【ABC...】，以及“备份途径”输入框的输入键【...】；利用文本输入软键盘、系统文

件选择操作，输入备份文件夹的名称、途径。但是，为了保证系统备份、恢复操作的正常执行，用户原则上不应修改系统默认的文件夹名称、途径。

④ 检查“备份将被创建在”栏的显示，如正确，点击【备份】键、备份系统；如不正确，点击【取消】键退出后，重新输入、选择备份文件夹的名称、途径。

(3) 系统恢复

系统恢复操作可通过备份文件恢复控制系统的配置文件（系统参数）、RAPID 应用程序（系统模块、程序模块），其操作步骤如下。

① 在 ABB 主菜单中点击选择【Backup and Restore（备份与恢复)】图标，示教器可显示图 14.6.6 所示的系统备份与恢复页面。

② 点击【恢复系统...】图标，示教器将显示图 14.6.8 所示的系统恢复设定页面，并显示系统默认的备份文件夹名称、途径。

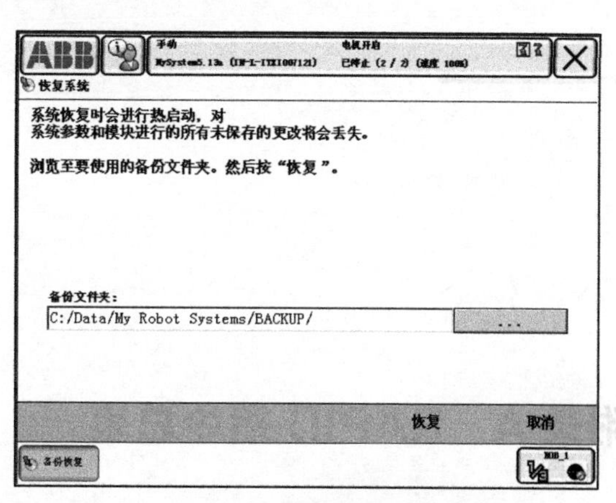

图 14.6.8 系统恢复设定页面

③ 检查“备份文件夹”栏的显示，如正确，点击【恢复】键、恢复系统；如需要更改备份文件夹的名称、途径，可点击“备份文件夹”输入框的输入键【...】，重新选择系统备份文件。

附录

附录A　RAPID指令总表

附录B　RAPID函数命令总表

附录C　RAPID程序数据总表

附录D　系统预定义错误表

扫码下载阅读